水产品质量安全与检测技术

何庆华　主编
吴永宁　主审

U0296415

科学出版社

北京

内 容 简 介

本书以水产品的质量安全和检测技术为纲领,系统地介绍了国际水产品质量安全先进管理经验、我国水产品质量安全监管体系、"三品一标"和可追溯体系等内容,并重点阐述了水产品生产技术、水产品质量安全影响因素、水产品质量安全控制方法和水产品检测技术。

本书可作为全国高等院校食品质量与安全、水产学、海洋学、食品科学与工程、食品加工等相关专业的教师和学生的教材和参考用书,也可供水产品质量安全监管和检测企事业单位的科技人员参考。

图书在版编目(CIP)数据

水产品质量安全与检测技术 / 何庆华主编. —北京:科学出版社,2019.8

ISBN 978-7-03-061794-1

Ⅰ. ①水⋯ Ⅱ. ①何⋯ Ⅲ. ①水产品－质量管理－安全管理 ②水产品－检测技术 Ⅳ. ①TS254.7

中国版本图书馆 CIP 数据核字(2019)第 129525 号

责任编辑:朱 丽 孙静惠 杨新改 / 责任校对:杜子昂
责任印制:吴兆东 / 封面设计:耕者设计工作室

科 学 出 版 社 出版

北京东黄城根北街 16 号
邮政编码:100717
http://www.sciencep.com

北京中石油彩色印刷有限责任公司印刷
科学出版社发行 各地新华书店经销

*

2019 年 8 月第 一 版 开本:B5(720×1000)
2019 年 8 月第一次印刷 印张:28 3/4
字数:560 000

定价:138.00 元
(如有印装质量问题,我社负责调换)

前　言

　　水产品是人类食物的重要组成部分，是老百姓消费升级的食品之一，并提供了其他食物无法提供的一些营养素，丰富了老百姓的餐桌。但是，水产品是目前动物性食品质量安全风险的重灾区。近年来，农业农村部组织的国家农产品质量安全例行监测（风险监测）结果显示水产品抽检合格率最低，水产品的质量安全问题不容忽视，直接关系到老百姓"舌尖上的安全"。但目前尚缺少针对于水产品质量安全与检测技术的系统性教材或专著，这给作者所从事的教学、科研、检测以及相关市场的监管工作造成了一些困扰。

　　本书除了讲述水产品质量安全的重要性、水产品质量安全管理体系和关键控制点及安全生产技术外，还对水产品质量安全检测技术进行了重点阐述，包括国家颁布的标准方法以及新的检测方法和技术。本书的主要内容是水产品质量安全与检测技术领域近几年的最新研究成果，具有较强的时代特点。例如，本书不仅对最新的国内和国外的水产品安全管理条例进行了比较和介绍，还涉及最新的水产品质量安全领域的检测对象，如微塑料、重金属、渔用麻醉剂等。本书涉及的内容和技术方法新颖。

　　本书的编写工作，得到了深圳大学、国家食品安全风险评估中心、北京市疾病预防控制中心、深圳市农产品质量安全检验检测中心、深圳职业技术学院、深圳海关、深圳市计量质量检测研究院、中国农业科学院、深圳市易瑞生物技术股份有限公司、深圳市绿诗源生物技术有限公司、深圳市三方圆生物科技股份有限公司等的大力支持。全书共 13 章，第 1 章，绪论，由何庆华和张士春完成；第 2 章，水产品质量安全管理体系，由欧阳子程和杨国武完成；第 3 章，水产品质量安全关键控制点，由黄林丽和张兵完成；第 4 章，水产品安全生产技术，由王梓莹和张玲完成；第 5 章，水产品检测技术，由钟仕花和冯婉滢完成；第 6 章，水产品病原微生物（病原体）污染与检测技术，由唐勇军和赵芳完成；第 7 章，水产品农药残留检测技术，由黄林丽、谭攀和孙晶玮完成；第 8 章，水产品兽药残留检测技术，由魏焘、钟松清和张可煜完成；第 9 章，水产饲料添加剂检测技术，由王梓莹和任萍萍完成；第 10 章，水产品食品添加剂检测技术，由李嘉慧、金虹和严义勇完成；第 11 章，水产品有机污染物检测技术，由黄林丽、张磊和秦智峰完成；第 12 章，水产品重金属检测技术，由欧阳子程、王防修和金刚完成；第 13 章，水产品生物毒素检测技术，由赵榕、范赛、崔悦、刘平、李丽萍、陈东和崔霞完成。全书主要由何庆华统稿，由吴永宁主审。

　　本书综合了一线检测人员、研究人员和任课教师的意见，力争体现系统性、完整性和实用性。但是由于本书涉及的内容广泛，加之作者水平有限，书中难免有疏漏之处，祈盼各位同仁和读者的谅解和指正。

何庆华

2019 年 8 月

目 录

第1章 绪 论

1.1 概 述

1.1.1 水产品及分类

水产品即水产和水产加工制品。水产品的概念有狭义和广义两种，狭义的水产品是指所有适合人类食用的海洋和淡水渔业生产的水产动植物产品及其加工产品的总称。广义的水产品是指生活在水里能被人类所用的物品及其制品。广义的水产品不仅包括作为人类食物的水产品，也包括作为工业原料的水产品，如工业印染和纺织浆纱用的海藻酸钠及铸造用藻胶、琼脂、卡拉胶、甲壳素、鱼胶和鱼油等，还包括医药用的甘露醇、碘和鱼肝油等，以及用作饲料原料的鱼粉和鱼浆。

水产加工品是指水产品经过物理、化学或生物的方法加工如加热、盐渍、脱水等，制成以水产品为主要特征配料的产品。水产加工品包括水产罐头、预包装加工的方便水产食品、冷冻水产品、鱼糜制品和鱼粉或用作动物饲料的副产品等。水产食品是以水产品为主要原料加工制成的食品。

水产品的分类方法众多。根据生物学分类，水产品可以分为藻类植物、腔肠动物、软体动物、甲壳动物、棘皮动物、鱼类和爬行类等。

根据 GB 2760—2014 的食品分类系统（表 1-1），水产品是指鱼类、甲壳类、贝类、软体类、棘皮类等水产及其加工制品等，食品分类号为 09.0。主要分类包括鲜水产、冷冻水产品及其制品、预制水产品（半成品）、熟制水产品（可直接食用）、水产品罐头和其他水产品及其制品。水产品仅指水产动物，而水产植物，如食用藻类的食品分类号则为 04.03。食用藻类包括新鲜食用藻类和加工食用藻类。其中，新鲜食用藻类包括未经加工鲜食用藻类、经表面处理的鲜食用藻类以及去皮、切块或切丝的食用藻类，而加工食用藻类包括冷冻食用藻类、干制食用藻类、腌渍的食用藻类、食用藻类罐头、经水煮或油炸的藻类、其他加工食用藻类。该分类所涉及的水产品是狭义水产品定义的范畴。

表 1-1 根据 GB 2760—2014 对水产品的分类

水产品分类	产品名称
鲜水产	鱼类，甲壳类，贝类，软体类，棘皮类
冷冻水产品及其制品	冷冻水产品，冷冻挂浆制品，冷冻鱼糜制品（包括鱼丸等）

水产品分类	产品名称
预制水产品（半成品）	醋渍或肉冻状水产品，腌制水产品，鱼子制品，风干、烘干、压干等水产品，其他预制水产品（如鱼肉饺皮）
熟制水产品（可直接食用）	熟干水产品，经烹调或油炸的水产品，熏、烤水产品，发酵水产品，鱼肉灌肠类
水产品罐头	罐头制品
食用藻类	新鲜食用藻类，加工食用藻类
其他水产品及其制品	

根据《水产及水产加工品分类与名称》（SC 3001—1989）（表 1-2），水产品包括鲜、活品，冷冻品，干制品，腌制品，罐制品，鱼糜及鱼糜制品，动物蛋白饲料，水产动物内脏制品，助剂和添加剂类，水产调味品，医药品类和其他水产品等 12 类。该分类方法根据加工的工艺和特点进行分类，适用于水产行业的计划、统计、产品生产和流通。该分类所涉及的水产品是广义水产品定义的范畴。

表 1-2　根据 SC 3001—1989 对水产品的分类

分类名称	产品名称
鲜、活品	①海水鱼类：大黄鱼、小黄鱼、黄姑鱼、白姑鱼、带鱼、鲳鱼、鲅鱼（马鲛鱼）、鲐鱼、鳓鱼、鲈鱼、鲱鱼、蓝圆鲹、马面鲀、石斑鱼、鲬鱼、鲽鱼、沙丁鱼、鳀鱼、鳕鱼、海鳗、鳐鱼、鲨鱼、鲷鱼、金线鱼、其他海水鱼类。 ②海水虾类：东方对虾、日本对虾、长毛对虾、斑节对虾、墨吉对虾、宽沟对虾、鹰爪虾、白虾、毛虾、龙虾、其他海水虾类。 ③海水蟹类：梭子蟹、青蟹、其他海水蟹类。 ④海水贝类：鲍鱼、泥蚶、毛蚶（赤贝）、魁蚶、贻贝、红螺、香螺、玉螺、泥螺、栉孔扇贝、海湾贝类、牡蛎、文蛤、杂色蛤、青柳蛤、大竹蛏、缢蛏、其他海水贝类。 ⑤其他海水动物：墨鱼、鱿鱼、章鱼。 ⑥淡水鱼类：青鱼、草鱼、鲢鱼、鳙鱼、鲫鱼、鲤鱼、鲮鱼、鲑（大麻哈鱼）、鳜鱼、团头鲂、长春鳊、鲂（三角鳊）、银鱼、乌鳢（黑鱼）、泥鳅、鲶鱼、鲥鱼、鲈鱼、黄鳝、罗非鱼、虹鳟、鳗鲡、鲟鱼、鳇鱼、其他淡水鱼类。 ⑦淡水虾类：日本沼虾、罗氏沼虾、中华新米虾、秀丽白虾、中华小长臂虾、其他淡水虾类。 ⑧淡水蟹类：中华绒螯蟹、其他淡水蟹类。 ⑨淡水贝类：中华园田螺、铜锈环棱螺、大瓶螺、三角帆蚌、褶纹冠蚌、背角无齿蚌、河蚬、其他淡水贝类。 ⑩其他淡水动物：鳖（甲鱼）、牛蛙、棘胸蛙、蜗牛
冷冻品	①冻海水鱼类：冻大黄鱼、冻小黄鱼、冻黄姑鱼、冻白姑鱼、冻带鱼、冻鲳鱼、冻鲅鱼、冻鲐鱼、冻鲈鱼、冻蓝圆鲹、冻石斑鱼、冻鳓鱼、冻海鳗、冻河鲀、冻比目鱼、冻鲬鱼、冻沙丁鱼、冻马面鲀、冻鱼块、冻鱼片、其他冻海水鱼类。 ②冻海水虾类：冻对虾、冻去头对虾、冻鹰爪虾、冻虾仁、冻龙虾、其他冻海水虾类。 ③冻海水贝类：冻扇贝柱、冻赤贝肉、冻贻贝肉、冻杂色蛤肉、冻蛏肉、冻文蛤肉、冻海螺肉、冻牡蛎肉、其他冻海水贝类。 ④其他冷冻海产品：冻梭子蟹、冻鱿鱼、冻墨鱼、冻墨鱼片。 ⑤冻淡水鱼类：冻银鱼、冻青鱼、冻草鱼、冻鲢鱼、冻鳙鱼、冻鲤鱼、冻鲮鱼、冻鲑鱼、冻鲫鱼、冻鳜鱼、冻泥鳅、冻鳝鱼片、冻黑鱼片、其他冻淡水鱼类。 ⑥冻淡水虾类：冻淡水虾、冻淡水虾仁。 ⑦冻淡水贝类：冻田螺肉、冻蚬肉、其他冻淡水贝类

续表

分类名称	产品名称
干制品	①鱼类干制品：大黄鱼干（黄鱼鲞）、鳗鱼干、银鱼干、海蜒、青鱼干、调味马面鱼干、烤鱼片、烤鳗、调味烤鳗、鱼松、其他鱼类干制品。 ②虾类干制品：虾米（海产）、虾米（淡水）、虾皮、对虾干。 ③贝类干制品：干贝、鲍鱼干、贻贝干（淡菜）、蛤干、海螺干、牡蛎干、蛏干、其他贝类干制品。 ④藻类干制品：淡干海带、盐干海带、熟干海带、调味熟干海带、紫菜、裙带菜、石花菜、江蓠、麒麟菜、马尾藻、其他藻类干制品。 ⑤其他水产干制品：梅花参、刺参、乌参、茄参、鱼翅、鱼皮、鱼唇、明骨、鱼肚、鱿鱼干、墨鱼干、章鱼干
腌制品	①腌制品：咸鲅鱼、咸鳓鱼、咸黄鱼、咸鲳鱼、咸鲐鱼、咸鲑鱼、咸带鱼、咸鲢鱼、咸鳙鱼、咸鲤鱼、咸金线鱼、糟鱼、醉鱼、其他鱼类腌制品。 ②其他腌制品：咸泥螺、醉泥螺、醉蟹、盐渍海蜇皮、盐渍海蜇头、盐渍熟裙带菜
罐制品	①鱼罐头：清蒸鱼罐头、油浸鱼罐头、鲜炸鱼罐头、茄汁鱼罐头、五香鱼罐头、熏鱼罐头。 ②其他水产品罐头：杂色蛤罐头、贻贝罐头、扇贝罐头、海螺罐头、蟹肉罐头
鱼糜及鱼糜制品	鱼糜、鱼香肠、鱼丸、鱼糕、鱼卷、鱼饼、鱼面、虾片、仿蟹肉、仿虾仁、仿扇贝柱
动物蛋白饲料	鱼粉、鱼浆（液体鱼蛋白饲料）
水产动物内脏制品	鲜海胆黄、海胆酱、盐渍海胆黄、鲟鳇鱼子、鲑鱼子、盐渍鲱鱼子、虾子、乌鱼蛋
助剂和添加剂类	印染用海藻酸钠、纺织浆纱用海藻酸钠、食用海藻酸钠、藻酸丙二酯、褐藻酸及铸造用藻胶、琼脂、卡拉胶、甲壳素、鱼胶、鱼油
水产调味品	鱼露、蚝油、虾油、虾酱、虾味汤料、海藻汤料、其他水产调味品
医药品类	甘露醇、碘、角鲨烯、鱼脂酸丸、鱼肝油酸钠、蛋白胨、清鱼肝油、乳白鱼肝油、果汁鱼肝油、维生素 AD 胶丸、维生素 E 胶丸、维生素 AD 滴剂、维生素 E 滴剂、九合维生素糖丸、六和维生素糖丸、畜禽用鱼肝油、海马、海螵蛸
其他水产品	①海藻凝胶食品：海藻蜇皮、海藻果珠、海藻胶果冻粉、海藻果冻、海藻凉粉、海藻鱼子。 ②珍珠类：淡水珍珠、海水珍珠、珍珠粉、珍珠层粉

除了国家标准 SC 3001—1989 和 GB 2760—2014 对水产品的分类外，国际水生动植物标准统计分类（International Standard Statistical Classification of Aquatic Animals and Plants，ISSCAAP）也对水产品进行了分类（表 1-3）。该分类主要用于捕捞和养殖渔业统计数据的收集。ISSCAAP 是根据联合国粮食及农业组织编制的术语进行分类，旨在根据其分类学、生态学和经济特点，将商业品种分为 50 个组和 9 个类别，9 个类别包括淡水鱼类，洄游鱼类，海洋鱼类，甲壳纲动物，软体动物，鲸鱼、海豹和其他水生哺乳动物，其他水生动物，水生动物产品和水生植物。

表 1-3　根据国际水生动植物标准统计分类法对水产品的分类

分类名称	产品名称
淡水鱼类	鲤鱼、鲃鱼及其他鲤鱼、罗非鱼和其他鲫鱼、其他淡水鱼
洄游鱼类	鲟、白鲟、河鳗、鲑鱼、鳟鱼、多春鱼、鲱鱼、其他洄游鱼类

分类名称	产品名称
海洋鱼类	鲽鱼、大比目鱼、鳗鱼、大西洋鳕鱼、无须鳕鱼、黑线鳕鱼、其他沿海鱼类和底层鱼类、鲱鱼、沙丁鱼、凤尾鱼、金枪鱼、鲣鱼、旗鱼、其他深海鱼、鲨鱼、虹鱼、银鲛鱼、其他不确定的海洋鱼类
甲壳纲动物	淡水甲壳动物、螃蟹、海蜘蛛、龙虾、多刺岩龙虾、皇帝蟹、海螯虾、小虾、对虾、磷虾、浮游甲壳动物、其他海洋甲壳动物
软体动物	淡水软体动物、鲍鱼、花螺、海螺、牡蛎、蚌、扇贝、栉孔扇贝、蛤蜊、贝壳、乌贼、章鱼、其他海洋软体动物
鲸鱼、海豹和其他水生哺乳动物	蓝鲸、鳍鲸、抹香鲸、领航鲸、海狗、海豹、海象、其他水生哺乳动物
其他水生动物	青蛙和其他两栖动物、龟、鳄、短吻鳄、海鞘和其他尾索动物、马蹄蟹及其他节肢动物、海胆及其他棘皮动物、其他水生无脊椎动物
水生动物产品	珍珠、珍珠母贝壳、珊瑚、海绵
水生植物	褐海藻、红藻、绿色海藻及其他水生植物

此外，联合国粮食及农业组织还制定了渔业商品国际标准统计分类（International Standard Statistical Classification of Fishery Commodities，ISSCFC），ISSCFC 法旨在收集商品统计数据。ISSCFC 与海关编码分类、国际贸易标准分类以及 ISSCAAP 相关联。

1.1.2　水产品生产与贸易

2016 年全世界水产品捕捞和养殖产量为 2.022 亿 t（鲜重），包括鱼类、甲壳纲动物、软体动物及其他水产动物和水生植物。其中，全球鱼类、甲壳纲动物、软体动物及其他水产动物的产量为 1.709 亿 t（鲜重），产量持续增长，捕捞量为 9090 万 t，相对 2015 年减少了 1.9%，水产养殖产量为 8000 万 t，相对 2015 年增加了 5.2%。全球水生植物产量达到 3120 万 t，主要品种是海藻，而水产养殖的产量占比高达 96.5%，约 3010 万 t。

中国与全球水产品产量的比较如表 1-4 所示。中国的水产品产量从 1950 年占全球产量的 4.8%，1990 年占 14.3%，发展到 2000 年占 31.7%，2012～2016 年稳定在 40% 左右。2016 年中国的捕捞和养殖产量为 8152 万 t（鲜重），占世界总量的 40.3%。中国在国际水产养殖方面居举足轻重的地位，水产养殖占全球产量的 61.5%，而水产捕捞相对较低，为 19.3%。

2000～2016 年全球水产品产量的年平均复合增长率为 2.34%，低于 20 世纪 90 年代（2.87%）的水平。20 世纪 90 年代中国水产品产量增长速度最快，十年时间增长了 1.95 倍，年复合增长率达到 11.43%，从 2000 年到 2016 年，近二十年时间增长了 88%，年复合增长率为 4.04%。水产品产量趋于稳定。这与水产养殖的开发程度趋于饱和有关，特别是对海洋、江河、湖泊等水体的环境保护和治理，限制了养殖水面的过度开发，整个水产行业的发展达到了增长的极限。同时，水产行业已经从过去单一追求产量转变到产量和质量并重，在农业供给侧改革的指导下，已经走到以提高质量为主的发展道路上来。

表 1-4 中国和全球水产品产量比较

年份	中国/(万 t)	全球/(万 t)	中国比重
1950	96	1988	4.8%
1970	378	6739	5.6%
1990	1467	10285	14.3%
2000	4328	13648	31.7%
2007	5614	15646	35.9%
2008	5782	15947	36.3%
2009	6047	16333	37.0%
2010	6348	16683	38.1%
2011	6621	17588	37.6%
2012	7037	18064	39.0%
2013	7366	18888	39.0%
2014	7616	19344	39.4%
2015	7882	19912	39.6%
2016	8152	20216	40.3%

全球水产品捕捞国家中，中国的捕捞量排在首位，其次依次是印度尼西亚、印度、美国和俄罗斯，捕捞量超过 100 万 t 的国家有 19 个，其总量超过全球捕捞总量的 73%。从捕捞的品种来看，阿拉斯加鳕鱼为捕捞量最大的鱼类，鳀鱼排在第二位，其他捕捞量较大的鱼类依次为金枪鱼、大西洋鲱鱼和太平洋鲭鱼。根据联合国粮食及农业组织的统计，海洋捕捞的品种超过 1680 种，其中捕捞量在前 25 位的品种总量占所有捕捞量的 42%，剩下的海洋捕捞品种的量相对较小，而且每年的捕捞量变化较大，主要原因是气候和环境的变化。

2016 年全球水产动物捕捞量为 9090 万 t（表 1-5），比 2015 年的捕捞量减少了约 175 万 t。其中，减少的主要是海洋鱼类的捕捞量，2016 年为 7930 万 t，比 2015 年的捕捞量减少了约 200 万。海洋鱼类捕捞量减少的原因主要是受到了厄尔尼诺异常气候现象的影响，特别是秘鲁和智利对鳀鱼的捕捞量变化较大，减少了 110 万 t。2015 年水产动物的捕捞量达到了历年的峰值，到 2016 年其主要品种的捕捞量均有不同幅度的减少。全球内陆的捕捞量为 1160 万 t，近年来内陆捕捞量持续增加，但是在总的捕捞量中占比不到 13%，所占比重较小。全球水产动物和植物的捕捞量比较稳定，中国水产动物的捕捞量基本保持小幅增长，而水产植物捕捞量则逐步减少。

表 1-5 中国和全球各类水产品产量比较（万 t）

年份	中国				全球			
	养殖水产动物	捕捞水产动物	养殖水产植物	捕捞水产植物	养殖水产动物	捕捞水产动物	养殖水产植物	捕捞水产植物
2007	3141	1466	974	33	4994	9045	1497	110
2008	3273	1479	993	37	5291	8947	1586	123
2009	3478	1492	1049	28	5569	8918	1734	112
2010	3673	1541	1109	25	5896	8781	1899	107
2011	3862	1577	1155	27	6180	9218	2078	112
2012	4111	1617	1283	26	6644	8952	2355	113
2013	4355	1627	1356	28	7015	9057	2686	130
2014	4547	1711	1333	25	7367	9121	2736	120
2015	4705	1759	1392	26	7605	9265	2936	106
2016	4924	1756	1448	24	8003	9090	3014	109

在水产养殖量方面，2016 年水产动物（不包括水生植物和非食品产品）养殖量排在首位的国家是中国，养殖量达到 4924 万 t，排在前十位的国家还有印度（570 万 t）、印度尼西亚（495 万 t）、越南（360 万 t）、孟加拉国（220 万 t）、埃及（137 万 t）、挪威（133 万 t）、智利（104 万 t）、缅甸（102 万 t）和泰国（96 万 t），这十大生产国对全球水产动物产量的贡献总量为 89.3%。其中，中国贡献了养殖总量的 61.5%。

在养殖品种方面，食用水产动物养殖量排在首位的是鳍鱼，产量达到 5410 万 t，占总产量的 67.6%，其次依次为软体动物（1710 万 t，占 21.4%）、甲壳动物（790 万 t，占 9.9%）和其他水生动物品种（90 万 t，占 1.1%）。内陆的鳍鱼是全球食用鱼养殖业中最重要的品种。2016 年，来自内陆水产养殖的鳍鱼产量为 4750 万 t，占全球食用鱼养殖量的 59.3%。

在水产养殖产量方面，2001～2016 年全球水产养殖产量的年平均复合增长率为 5.8%，明显低于 20 世纪 80 年代（10.8%）和 20 世纪 90 年代（9.5%）的水平。2016 的年增长率为 5.2%。水产养殖业对捕捞总产量的贡献从 2000 年的 25.7%稳步上升到 2016 年的 46.8%。2007～2016 年全球水产养殖产量的年平均复合增长率为 5.43%，中国水产养殖产量年平均复合增长率为 4.47%。这与水产养殖的发达程度有关。20 世纪 70 年代，中国政府和民众就重视水产养殖的发展，到了 21 世纪，中国的水产养殖行业已经趋于成熟，增长开始放缓。近年来，智利、越南、印度尼西亚等发展中国家以及挪威等发达国家大力发展水产业，水产业产量增长较快。

在发展中国家和欠发达国家淡水养殖业占主要地位，而在发达国家和发展中国家海水养殖和海洋捕捞则各自具备不同的竞争优势。这与各个国家的水面资源、养殖传统和养殖技术水平有关。从养殖水面资源来看，发达国家具备发展淡水养殖的条件，但当地居民没有淡水养殖的传统，居民对淡水养殖产品的需求较少，而是以海水捕捞和海水养殖产品为主。因此，淡水养殖量排在全球前 20 位的国家中，只有美国是发达国家，其他均为发展中国家。淡水养殖的品种主要以低值水产品为主，这为发展中国家和欠发达国家的国民提供了可利用的蛋白质资源。由于发展中国家和欠发达国家的国民对物美价廉的淡水养殖产品的需求增长，未来淡水养殖量的增长将会持续。

在淡水养殖产品的品种方面，中国无论在鱼类，还是在甲壳类、贝类、藻类和其他动物的产量上，均排在第一位。中国甲壳类、贝类和藻类的产量占全球产量的比重均超过 90%。甲壳类的虾、蟹和小龙虾是中国的传统养殖品种，也受到中国消费者的喜爱。养殖户会根据养殖品种的单位经济价值，来调整养殖品种和规模。近年来，虾、蟹和小龙虾的消费需求持续增长，虾、蟹和小龙虾等品种的淡水养殖还将保持较高水平的增长。

在水产品的贸易方面，鱼类生产的相当一部分进入国际贸易渠道，2016 年全球生产的鱼类大约 35%（鲜重）出口到其他国家，全球鱼类和鱼类产品出口金额达到 1430 亿美元，比 2015 年增长 7%，2014 年达到最高点，为 1490 亿美元。与 2014 年相比，2015 年鱼类和渔业产品贸易减少了 10%。主要原因是美元强劲升值，特别是欧盟、挪威和中国等主要海产品出口国和地区的货币汇率相对美元大幅贬值，导致出口金额减少。渔业主要进口国是发达国家，2016 年，发达国家占总渔业进口额的 71%，美国和日本合计占 25%，而欧盟占 39%，欧盟是全球最大的水产品进口市场。

渔业主要出口国是中国，其次是挪威、越南和泰国。发展中国家在全球渔业出口中扮演着重要角色。2016 年，发展中国家在渔业出口总额中所占的比例按金额计算约为 53%，按数量（鲜重）计算约为 59%。近几十年来，发展中国家的渔业净出口额（即出口总值减去进口总值）呈持续上升趋势，从 1996 年的 170 亿美元增长到 2006 年的 250 亿美元，2016 年进一步增长到 370 亿美元，金额明显高于大米、咖啡和茶等其他农产品。

在主要进出口鱼的品种方面，按贸易额计算，鲑鱼和鳟鱼是最主要的品种，占 2016 年国际贸易鱼类产品总值的 18%。其他主要出口品种是淡水虾和海水虾，占 16% 左右，其次是海底鱼，如真鳕鱼、无须鳕鱼、黑线鳕和阿拉斯加鳕鱼占 10%，金枪鱼占 9%。2016 年，鱼粉约占出口总值的 3%，鱼油占 1%。

1.1.3 水产品消费特点

全球渔业总产量的 88%或超过 1.51 亿 t 用于直接人类消费,其余的 12%(约2000 万 t)用于非食品产品,主要用于鱼粉和鱼油的生产。大约 45%的鱼类以活的或者冰鲜的形式用于人类的消费。如图 1-1 所示,水产动物的捕捞量在 20 世纪 50年代到 90 年代快速增长,后期增长已经十分缓慢,甚至出现下降。而养殖量则在50 年代到 90 年代增长缓慢,90 年代至今,呈高速增长态势,已经超过了捕捞量,这与世界人口的增长和人均水产动物消费量增长均密切相关。

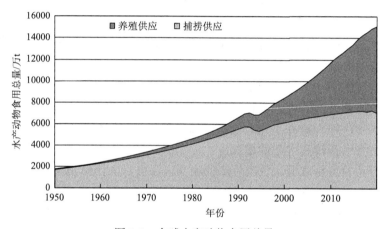

图 1-1　全球水产动物食用总量

在全球范围内,鱼类为 32 亿人提供了人均动物蛋白质摄取量的近 20%,为51 亿人提供了 10%的动物蛋白质。全球人口增长与水产动物消费量如图 1-2 所示。

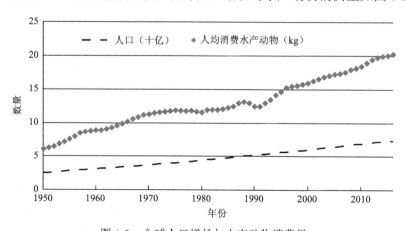

图 1-2　全球人口增长与水产动物消费量

2016 年全球鱼类人均消费量增长到约 20.3kg，水产养殖业在可获得的食用鱼供应总量中所占份额（10.8kg）超过捕捞渔业（9.6kg）。

我国水产养殖业和捕捞业规模均排在全球第一位，而且水产品的品类繁多，供应充足，在食品和动物蛋白质供应方面占重要的比重，也为国民生活水平的提升发挥了重要作用。在消费量方面，2013 年，全球鱼类人均消费量估计为 19.8kg（表 1-6），其中鱼类蛋白质约占动物蛋白质摄入量的 16.8%，占所有蛋白质消费量的 6.7%。而中国鱼类人均消费量为 37.9kg，鱼类蛋白质占动物蛋白质摄入量的 22.6%，占所有蛋白质消费量的 9.1%，均高于全球平均水平。水产养殖和捕捞业发达的日本和挪威，鱼的人均消费量远高于中国和全球的平均水平，鱼类蛋白质占动物蛋白质和总蛋白质的消费量比值处于较高水平。大洋洲鱼类年人均消费量为 25.2kg，高于亚洲、欧洲和非洲。鱼的消费量与居民收入呈正相关，我国农村的人均消费量低于城镇居民，随着农村居民收入的进一步提高，农村居民对鱼的消费量将进一步增长，将来我国鱼类人均消费量还有增长空间。

表 1-6 中国及其他地区鱼类的消费和占总摄入量的比重（2013 年）

地区	年人均鱼类消费量（kg）	鱼蛋白质[g/(人·天)]	动物蛋白质[g/(人·天)]	总蛋白质[g/(人·天)]	鱼/动物蛋白质消费比值（%）	鱼/总蛋白质消费比值（%）
全球	19.8	5.4	32.1	80.8	16.8	6.7
中国	37.9	9.0	39.9	98.6	22.6	9.1
日本	48.9	17.5	48.5	87.7	36.1	20.0
美国	21.5	5.1	69.8	109.6	7.3	4.6
挪威	52.1	14.6	66.0	110.9	22.1	13.2
大洋洲	25.2	6.6	60.5	94.7	10.9	6.9
亚洲	23.2	6.2	27.0	78.0	23.0	7.9
欧洲	21.8	6.5	57.8	102.0	11.2	6.4
非洲	10.1	2.9	16.0	66.6	18.1	4.4

在水产品消费种类方面，我国居民消费水产品主要以鱼类和虾类为主，贝类、蟹类和藻为补充。由于自然资源、饮食文化等因素影响，沿海地区和内陆地区居民的消费种类有明显的差别。沿海地区的水产品消费中海水鱼最多，其次为虾类、淡水鱼、贝类、蟹类和藻类。而内陆地区的水产品消费则以淡水鱼为最多，其次为虾类、海水鱼、贝类、蟹类和藻类。

在水产品消费形态方面，中国居民大多偏爱形态完整、未经加工的鲜活水产品，整条消费占绝大多数，而分割消费很少。食用部位最多的是鱼肉，其次是鱼头、鱼尾、鱼皮和鱼杂。沿海地区居民对水产品新鲜度要求较高，倾向于选择购买整条形式和原汁原味的清蒸烹饪方式。内陆地区居民水产品消费形态则呈多样化，除了鲜活、冰冻或冰鲜的整条产品外，去鳞皮、去内脏和去头尾的"三去"初级加工水产品和鱼糜制品均占有一定的比例。

在水产品购买场所上，农贸市场、超市和专卖店是我国居民最主要的购买场所。随着电子商务的蓬勃发展，支付方式的丰富，物流配送体系的完善，线上消费成为人们线下农贸市场、超市和专卖店等传统消费模式的重要补充。生鲜电商已经成为一种水产品的新型零售方式，在一线城市和部分二线城市随处可见。将互联网手机软件（APP）和线下门店覆盖生鲜水产品和餐饮服务，运用大数据和人工智能技术精准定位消费者的需求，并采用标准化的水产品采购、加工、运输以及烹饪流程，通过融合线上服务、线下体验以及物流配送，提升人们的消费体验，既满足了消费者对水产品的高品质和安全要求，也考虑到了消费的时效性。生鲜电商仍然存在价格偏高、烹饪水平待提高、消费人群少且不稳定、消费模式接受程度低等一些问题，但是这种新的水产品零售模式为消费者提供了一种全新的消费体验，将逐步影响老百姓特别是年轻人对水产品的消费习惯与观念。

1.1.4　水产品营养特性

水产品是人类食物的重要组成部分，是老百姓消费升级的食品之一，并提供了其他食物无法提供的一些营养素，丰富了老百姓的餐桌。水产品的品种十分丰富，不仅色香味俱佳，而且含有丰富的蛋白质、多不饱和脂肪酸、矿物质、维生素和膳食纤维等营养素和功能性成分，易被人体吸收，是公认的健康食品。

在蛋白质方面，鱼类、虾类、蟹类、贝类、软体类、棘皮类水产动物的蛋白质含量较高，一般鱼肉中含量在15%～20%，虾类、蟹类和鱼类相当，贝类的含量较低，为8%～15%。其中，鱼翅、海参、干贝等含蛋白质70%以上。水产品蛋白质的氨基酸种类全面，比例也比较合理，富含人体必需的氨基酸，特别是赖氨酸和精氨酸含量较高，符合人体对氨基酸的需要。此外，鱼肉中的结缔组织含量远少于畜禽肉，鱼肉的肌纤维纤细，组织蛋白质的结构松软，水分含量高，肉质细嫩，易为人体消化和吸收，比较适合患者、老年人和儿童等人群食用，所以营养价值较高，属于优质的蛋白质。

在脂肪酸方面，水产动物的脂肪含量差别比较大，大多数脂肪含量较低，鱼类脂肪含量仅为1%～10%，多数为1%～3%，并且多由不饱和脂肪酸组成。其中长链、多价不饱和脂肪酸占较大比例，如二十二碳六烯酸（DHA）和二十碳五烯酸（EPA）等，易被消化，不易引起动脉硬化，更适合老年人及心血管患者食用，如黄鱼的脂肪中不饱和脂肪酸占62%，带鱼的占61%，黄鳝的占69%，对虾的占60%。大西洋鲑的鱼肉中含有16种不饱和脂肪酸，占所有脂肪酸的71.90%，DHA

和 EPA 占比分别为 11.77% 和 9.46%，因此大西洋鲑是具有优良的多不饱和脂肪酸的食材。

在维生素方面，鱼类和贝类的维生素含量因种类而异，普遍含有较多的脂溶性维生素，如维生素 A、维生素 D 和维生素 E，也含有 B 族维生素。不同种类水产品富含的维生素有所不同，鳝鱼、海蟹和河蟹中富含维生素 B_1，紫菜中富含类胡萝卜素（高达 33mg/100g），海藻富含维生素 B_1、B_2 和 B_{12}，这些维生素在其他蔬菜中比较少见。牡蛎和蛤蜊等富含维生素 E，含量高达 100mg/100g。鱼肝油含有丰富的脂溶性维生素 A 和 D，是婴幼儿早期食品中不可或缺的营养素。

在矿物质方面，水产品富含矿物质，且种类齐全，不仅含有钙、磷、钾、镁等常量元素，还含有铁、锌、铜、碘、硒等微量元素。海洋藻类还有"人类矿物质营养的宝库"的美称。不同的水产品富含的矿物质元素不同，如海带富含钠、钾、铁、硒、碘等，特别是碘的含量很高，高达 240mg/100g。牡蛎、墨鱼、扇贝等富含锌和铜元素，其中牡蛎含锌量高达 71mg/100g，鲍鱼、蛤蜊、墨鱼等富含铁元素，含量在 20mg/100g 以上。很多水产品都富含矿物质元素，是极好的营养来源。

在膳食纤维方面，海藻中含有丰富的膳食纤维，如海藻酸钠、卡拉胶、琼脂、褐藻胶等。海带、裙带菜等褐藻都含有丰富的膳食纤维，其中褐藻酸的含量在 10%～35%，还含有褐藻糖胶和海藻淀粉等膳食纤维。

在功能性成分方面，水产品中常含有一些生理活性物质，如牛磺酸对人体的免疫有重要的促进作用，海水鱼、贝类、紫菜等均含有丰富的牛磺酸，长期摄入对健康有益。雨生红球藻富含虾青素，其含有的虾青素被大西洋鲑等摄入后，沉积在鱼肉中，不仅可以呈现诱人的颜色，还能够被人体吸收，具有极强的抗氧化作用。

1.2 水产品质量安全

水产品质量安全是指水产品质量符合水产品质量安全国家标准、行业标准或者地方标准，符合保障人的健康、安全的要求。水产品质量安全是农产品质量安全的重要组成部分。国民对美好生活的需要日益增长，饮食结构的不断优化，对食品的质量和营养价值提出了更高的要求，而水产品作为低脂肪和高蛋白质食品的代表，已经成为人们消费的首选。水产品的质量安全也受到广大消费者的密切关注。

1.2.1 影响水产品质量安全的因素

影响水产品质量安全的因素有很多，包括从产地到餐桌的任何一个环节，而我国的水产品质量安全问题主要集中在生产和流通的环节，主要包括抗生素残留、非法使用药物、生物性因素、生物毒素污染以及农药、重金属和持久性有机污染物等环境污染物等。

1. 抗生素残留

抗生素具有促生长和防病治病的作用，广泛用于集约化水产养殖业和饲料工业。抗生素的滥用现象比较严重，而且在水产养殖过程中，疾病具有复杂性以及养殖利润微薄，导致其休药期的制定和执行比较困难。所以抗生素及其代谢物可能会或多或少地残留在水产品中。如果抗生素残留量超标的水产品被消费者食用，进而在人机体蓄积，可能造成慢性中毒，引起机体损害，甚至癌变等健康风险。例如，氯霉素会影响人脊髓的造血功能，出现再生障碍性贫血。此外，抗生素在水体和环境中残留，也会增加微生物耐药性和生物多样性改变的风险。

2. 非法使用药物

少数养殖户为了追求经济效益，在养殖过程中非法使用孔雀石绿、氯霉素和硝基呋喃类药物。虽然使用药物起到预防和治疗疾病的作用，达到了增产增收的目的，但是水产品一旦在没有足够休药期的情况下流入市场，将对消费者身体造成严重的健康隐患，严重影响了水产品的质量安全。特别是在水产品的流通环节，非法使用药物的情况比较严重，为了防止鱼和甲壳类动物的受伤或死亡，保证其鲜活和卖相，减少运输过程中或者销售环节的损失，在暂养水中使用孔雀石绿、氯霉素和硝基呋喃类等违禁药物，已经是当前主要的水产品安全隐患。

近年来还发现在运输和餐馆的水产品暂养水中，存在非法使用丁香酚类化合物和间氨基苯甲酸乙酯甲磺酸盐等麻醉剂的现象，麻醉剂的使用可以减少水产品在暂养过程中的应激而使得其运动减少，从而减少受伤和死亡。虽然丁香酚类化合物和间氨基苯甲酸乙酯甲磺酸盐等在其他部分国家作为合法的鱼用麻醉剂，但是中国尚未批准麻醉剂在水产品暂养过程中使用。

3. 生物性因素

生物性因素包括细菌、病毒、细菌毒素和生物毒素的污染，可能会导致肠道传染病、人畜共患传染病。水产品的生物污染可分为一次性污染和二次性污染。一次性污染是指鱼贝类遭受自然界微生物感染发病，从而导致鱼贝类自身的污染。导致水产品一次性污染的微生物主要是鱼贝类病原菌，如鳗弧菌、嗜水气单胞菌、柱状屈挠杆菌等。二次性污染是指来自自然环境的污染，其中包括鱼贝类捕获后储存和加工过程中的污染，二次性污染的微生物主要包括病原微生物和腐败微生物。水产品二次性污染的病原微生物主要有沙门菌、副溶血性弧菌、致病性大肠杆菌等。生物性污染还可能来源于水产品加工过程中的污染，加工水产品可能被外界接触环境中的各种微生物所污染，包括加工设备、用具、容器、包装物、运送车辆、储存冷库、不洁的水和空气、加工操作车间、销售柜台、接触人员（健康和卫生状况）等。水产品储藏不善或存放时间过长也会使水产品发生变化从而导致腐败，腐败微生物主要是各种杆菌及弧菌等。

4. 农药、重金属和持久性有机污染物等环境污染物

工业"三废"的排放和农用投入品（化肥、农药等）的使用，造成水体、土壤或空气被农药、重金属和持久性有机污染物等污染后，通过水体、土壤和饲料等途径传递到水产品，造成水产品中重金属等环境污染物超标。天然水体和土壤中重金属的本底过高，也会导致当地生产的水产品重金属超标。

5. 生物毒素污染

水产品的种类繁杂，生活环境广泛，食物来源多样，生物毒素污染的种类也十分复杂。生物毒素污染主要来自两方面：一方面来自外源的生物毒素，如水产动物摄食含有生物毒素的饲料后累积的，或者寄生体内的微生物所分泌的毒素被鱼体吸收后积累的，或者水产品加工储藏过程中，滋生真菌，从而导致的真菌毒素污染。另一方面是水产动物自身物质代谢所产生的毒素。生物毒素主要包括河鲀毒素、贝类毒素、雪卡毒素、微囊藻毒素、节球藻毒素、真菌毒素等。

6. 掺假等人为因素

掺假、假冒、加入防腐剂等人为因素均可能造成水产品的质量安全问题。

1.2.2　我国水产品质量安全的现状及存在问题

为了全面加强农产品质量安全监管工作，提高我国农产品质量安全水平，2001 年开始，针对蔬菜农药残留超标和畜产品中"瘦肉精"污染突出等问题，农业部首先对北京、天津、上海和深圳 4 个城市开展蔬菜和畜产品质量安全例行监测工作。随后，不断扩大例行监测的范围和品种。2001 年至 2003 年，农业部将每次例行监测结果以亲笔信的形式向各被监测城市的分管市领导和省级农业行政主管部门领导反馈数据，并提出有针对性的工作建议。从 2004 年起，农业部开始公开发布监测信息，初步建立了我国农产品质量安全例行监测制度，为《中华人民共和国农产品质量安全法》的实施打下了前期基础。2006 年 4 月 29 日，第十届全国人民代表大会常务委员会第 21 次会议审议通过了《中华人民共和国农产品质量安全法》，明确要求建立农产品质量安全监测制度，并发布农产品质量安全信息。

目前，我国已经建立了相对完善的农产品质量安全例行监测（风险监测）制

度。到 2018 年第三季度，例行监测范围覆盖了 31 个省（区、市）和 5 个计划单列市，153 个大中城市 470 个蔬菜生产基地、162 个生猪屠宰场、382 辆（个）水产品运输车或暂养池、1550 个农产品批发（农贸）市场和超市，监测产品种类覆盖了蔬菜、水果、畜禽产品和水产品等 4 大类产品 83 个品种，监测参数覆盖了农兽药残留和非法添加物参数 122 项，抽检样品达到 10042 个。

2013～2018 年全国农产品质量安全例行监测抽检合格率如表 1-7 所示，近年的全国农产品质量安全水平稳中向好。2018 年的监测结果显示，2018 年前三季度抽检总体合格率为 97.6%。其中，水产品、畜禽产品、蔬菜和水果的抽检合格率分别为 95.5%、98.6%、97.3%和 98.8%。例行监测结果还显示，水产品抽检合格率一直在所有监测种类中最低，可见水产品的质量安全问题十分突出，也暴露了我国水产品质量检测的缺失。目前，农业部门已经将水产品的“三鱼两药”［指大菱鲆（多宝鱼）、鳜鱼、乌鳢（黑鱼）三种鱼类，孔雀石绿、硝基呋喃两类药物］问题纳入专项整治行动，重点解决鳜鱼、大菱鲆和乌鳢非法使用孔雀石绿、硝基呋喃的问题，确保水产品的质量安全。由此可见，我国在水产品质量安全保障方面还有很多工作需要做。

表 1-7　2013～2018 年全国农产品质量安全例行监测抽检合格率（%）

年份	总体	水产品	畜禽产品	蔬菜	水果
2013	97.5	94.4	99.7	96.6	96.8
2015	97.1	95.5	99.4	96.1	95.6
2016	97.5	95.9	99.4	96.8	96.2
2017	97.8	96.3	99.5	97.0	98.0
2018*	97.6	95.5	98.6	97.3	98.8

＊2018 年数据为前三季度数据。

我国水产品质量安全方面主要存在以下问题：

1. 生产方式粗放、产业集中度低以及源头环境污染严重

我国是水产养殖大国，水产品产量位居世界前列，但生产技术较为落后，生产方式粗放，大量依赖兽药、农药等化学投入品，造成水产品中存在有害物质残留的风险。现在我国水产品养殖业存在规模小、分散、集约化程度低、生产水平较低以及企业和从业人员的质量安全管理能力不足等问题。水产品质量安全与产业集中度密切相关，集中度高的水产品生产企业其质量安全控制能力相对较强，而集中度低的相对较弱，监管难度也大。另外，我国在工业化和城市化进程中，没有平衡好经济发展和生态环境保护的关系，导致了水污染、大气污染和土壤污染，这些都会严重危害水产品的生产环境，导致环境污染物残留，造成水产品质量下降和食品安全问题。淡水和海水污染也会影响水产品的卫生质量，导致食源性疾病。

2. 水产品流通环节经营秩序不规范

我国的鲜活水产品质量安全问题主要集中在生产和流通环节。在生产环节上，水产品产地的监管和控制较为容易，开展监管的力度也较大，出现质量安全问题的频率得到了有效的控制。据报道，2014 年以来，水产品产地的质量安全抽检合格率达到了 99%以上。而在流通环节，水产品合格率明显低于产地检测的结果，主要是在此环节水产品可能存在使用违禁物质或非食用添加物的现象。流通环节成为水产品质量安全问题的薄弱环节，主要是因为部分经营者为了追求最大利润，非法使用违禁药物来保鲜和保活，这已经成为批发、零售和餐饮环节的主要水产品安全问题。同时，在运输和储藏过程中，没有按照水产品冷藏链的要求进行低温保存和运输，使有害微生物大量繁殖，最终引发质量安全问题。容器和包装材料不合格也可能导致微生物污染。此外，在水产品加工过程中，未能按照工艺要求操作，微生物杀灭不完全造成致病微生物超标，继而出现食品安全问题。

3. 水产品质量安全法规体系还不完善

我国先后制定了《中华人民共和国食品安全法》、《中华人民共和国农产品质量安全法》、《中华人民共和国渔业法》、《中华人民共和国动物防疫法》等近 20 部与食品安全相关的法律，《农药管理条例》、《兽药管理条例》等近 40 部相关行政法规，以及《无公害农产品管理办法》、《新食品原料安全性审查管理办法》等 150 余部相关部颁规章，特别是《中华人民共和国食品安全法》、《中华人民共和国食品安全法实施条例》的修订和颁布，以及《食品安全风险评估管理规定（试行）》的试行，使水产品的生产、加工、流通、消费和监管做到了有法可依，对水产品的质量安全保障产生巨大的促进作用。但是仍然存在规范性和实施成效不够的缺点。例如，《中华人民共和国食品安全法》仍然无法涉及田间等初级生产过程的安全操作和潜在风险因素，尚不能做到对整个水产品产业链的全面覆盖。

4. 水产品质量安全标准体系不够完善

我国现已有《无公害农产品 产地环境评价准则》（NY/T 5295—2015）、《无公害农产品 生产质量安全控制技术规范 第 1 部分：通则》（NY/T 2798.1—2015）、《绿色食品 产地环境质量》（NY/T 391—2013）和《绿色食品 农药使用准则》（NY/T 393—2013）等食品质量安全标准近 3000 个，也有专门针对水产品的相关标准，但存在检测标准不统一、指标设置过繁、费用过高以及覆盖指标不全等问题。而且水产养殖安全生产、加工、流通有关的标准很少，通过流通环节保障质量安全的标准严重不足，这可能是水产品在流通环节质量安全问题频发的重要原因。

5. 监测系统待完善、监管效能待提高

近几年全国都对食品质量安全检测系统进行了更新升级，但是农产品质量安全监测系统仍然不够完善，存在检测手段落后、人员素质低下、经费不足、监测制度不完善等问题。另外，市场监管工作不断下沉到基层，而相应的监管人员却未得到有效补充，部分监管环节出现真空。同时，监管工作过度依赖"集中整治"、"百日行动"、"专项治理"等运动式监管方式，信息化监管手段和方式单一。

6. 社会舆论和消费习惯需要引导

涉及水产品质量安全问题时，社会舆论往往片面强调政府监管责任，忽视了社会各方的力量，没有充分利用养殖户、批发商、经营者和消费者等的作用，没有实现社会共治。例如，企业是质量安全问题的第一责任主体，企业主体责任落实不到位，没有严格落实进货查验、出厂检验、质量安全自查、水产品召回等各项制度，有的还存在主观故意违法的现象。在自媒体时代，舆论的传播速度和广度往往超出想象，容易导致舆论一边倒的现象，因此，对舆论的监督以及及时和正确引导显得尤为重要。另外，需要引导消费者树立正确的消费观。我国传统饮食文化注重食物的色、香、味和形，消费者在购买水产品时偏爱水产品的鲜、活、颜色和味道等方面，而没有注重内在的质量和安全。

7. 水产品质量安全检测技术体系不够健全

水产品质量安全检测技术体系不够健全主要体现在以下几个方面。首先，对水产品质量安全检测技术体系的重要性认识不够，政府的投入力度不够，导致水产品质量安全检测技术体系的建立进展缓慢。水产品质量安全检测关系到人们的生命健康，也关系到我国渔业的可持续发展，需要政府和相关的检测部门加大投入，通过立法的手段明确各自的责任，政府在加大投入的同时，需要加大对硬件和人员的建设力度。其次，缺乏专业化的水产品质量安全检测机构，《中华人民共和国食品安全法》颁布之后取消了免检制度，在一定程度上加强了水产品检测的安全性，但也存在具备国际水平的检测机构不足，检验检测整体水平低的问题。大部分地区的水产品质量安全检测机构才刚刚开始组建，取得专业认证的机构或实验室很少，检测人员的培训和经验缺乏，管理流程也没有标准化。再次，存在多个检测机构并存，职责不明确的问题。水产品质量检测机构或者部门往往分属于农业、质量监督、食品与药品监督、商检或者动植物检验检疫等不同部门，会出现对同一项目多头管理和重复检测的现象，这不仅加重了水产品养殖和销售单

位的负担，也影响各个执法主体之间的协调性。最后，水产品质量安全检测相关的行业和国家标准制定也不够健全。

1.2.3 我国水产品质量安全保障

目前，对于我国水产品质量安全保障方面还有待系统和深入研究，尤其是针对全产业链整体进行质量安全保障的模式或方法尚需进一步深入研究。鉴于水产品质量安全的特殊性，以下将以水产品质量安全的现状和问题为出发点，从水产品生产、加工、流通和消费等环节，以及"三品一标"、可追溯体系和水产品质量安全检测技术体系等方面，提出保障我国水产品质量安全的措施。

1. 规范水产品生产经营模式

水产品生产和经营主体应明确自己的责任，加强《中华人民共和国农产品质量安全法》和《中华人民共和国食品安全法》等相关法律法规学习、宣传和执行力度，提高水产品生产经营从业人员的质量安全意识。同时，水产品生产和经营主体要做好从业人员的技术培训工作，在源头上保障水产品的质量安全。关键是建立从产地到餐桌的全程食品安全管理控制体系，将监督管理的重点从最终产品的检测过渡到生产经营的全程控制。水产品养殖阶段应推动实施良好农业操作规范，生产加工阶段实施良好卫生操作规范，流通阶段要进一步严格食品市场准入制度和加强食品市场的监管，加强食品追踪监测和对食源性疾病的控制。

2. 建设"三品一标"和发展品牌水产品

农业农村部农产品质量安全中心渔业产品认证分中心负责对"三品一标"水产品的认证和登记工作。"三品一标"的具体内容是无公害农产品、有机农产品、绿色农产品这"三品"和农业产品地理标识这"一标"。"三品一标"是由政府主导的安全优质农产品的公共品牌。这个举措是为了使农业产品质量过关，并且保证人民能够吃上健康无公害的农业产品。我国认证"三品一标"总数已达 14 万个，"三品一标"跟踪抽检合格率达到 99%以上。"三品一标"要求生产者对产地环境、农业投入品使用、生产过程和终端产品进行质量控制，能及时发现生产过程中的质量安全隐患并予以补救，从而确保农产品的质量安全。

大力推广水产品的"三品一标"建设是发展水产品品牌战略的重要手段，这对于我国水产品的标准化和可持续发展具有重要意义。"三品一标"是品牌水产品发展和升级的重要载体，是加快水产养殖现代化的发展步伐，使水产养殖逐步走向规模化、标准化生产和产业化经营，有效带动相关产业快速发展的一项重要举措。"三品一标"的认证也促进了水产品行业的结构升级，是农业供给侧改革的重要内容。目前，水产品的"三品一标"如火如荼，为水产品的品牌化和规范化打下了坚实的基础，不仅可以利用品牌效应，提升水产品质量安全，提高产量和增加养殖效益，还可以促进农业发展，提高水产品的市场竞争力。

3. 水产品质量安全可追溯体系

从目前全球食品安全法治保障的发展趋势来看，建立健全完整的食品追溯制度是大势所趋。食品安全溯源系统是运用现代网络技术、数据库管理技术和条码技术，对食品链从生产、加工、包装、运输到存储、销售所有环节的信息，进行采集、记录、整理、分析和录入，最终可以通过电子终端设备查询的质量保障系统。通过规范农产品分类、编码标识、平台运行、数据格式、接口规范等关键技术标准，实现全国农产品质量安全追溯管理"统一追溯模式、统一业务流程、统一编码规则、统一信息采集"。通过建立农产品的追溯管理运行制度、搭建信息化追溯平台和制定追溯管理技术标准，建设全国统一的农产品和食品质量安全追溯管理信息平台，将是维护人民群众"舌尖上的安全"的重大举措，也是推进农业信息化的重要内容。

农业农村部农产品质量安全中心开发建设了国家农产品质量安全追溯管理信息平台（http://www.qsst.moa.gov.cn/），并在 2017 年 8 月开始试运行。该平台选择了部分基础条件好的省份开展区域试运行，优先选择大菱鲆、猪肉、生鲜乳、苹果、茶叶等几类农产品统一开展试点，不断总结试点经验，探索追溯推进模式，逐步健全农产品质量安全追溯管理运行机制，进一步加大推广力度，扩大实施范围，初步实现了全程可追溯、互联共享的农产品监管追溯信息平台。

建立全国统一的追溯管理信息平台、制度规范和技术标准，有利于积极开展水产品全程追溯管理，提升综合监管效能；有利于倒逼生产经营主体强化质量安全意识，落实好第一责任；有利于畅通公众查询渠道，提振公众消费信心。建立水产品质量安全追溯体系，对于提升水产品质量安全智慧监管能力、促进水产品产业健康发展、确保水产品消费安全具有重大意义。

4. 提高消费者的质量安全意识

水产品消费阶段应加强对消费者的宣传教育和全社会参与意识。政府也要向市民大力宣传相关的食品安全法规，提高消费者的安全意识。告诫消费者在购买水产品时如何辨别假冒伪劣产品，在全社会营造安全生产、放心消费的氛围。提高全社会对水产品质量安全重要性和质量安全问题给人民造成严重危害的认识，对水产品生产行业的经营者和从业人员进行质量安全教育和培训。同时重视全民水产品质量安全知识的普及，加强宣传教育工作，使消费者成为水产品质量安全问题解决的主要参与者。

5. 提高水产品生产和加工技术

推广先进生产技术和管理体系，加快推进水产品生产的规模化与标准化，鼓励企业运用 HACCP、ISO 22000 等先进的管理体系将水产品质量安全风险最小化，严格执行水产品产地准出和市场准入制度，加大对企业和合作社等养殖企业的支持力度。同时，应大力提高水产品加工技术，增强水产品加工技术自主创新能力，延伸水产品产业链，提高高标准水产品的比重，使传统粗放水产加工业向现代化精细加工业转变，使水产品消费类型由相对单一的鲜活和冷冻整条消费向多元特色的消费转变，使水产品加工形式由初级加工水产品向精深加工水产品转变。此外，还要改进水产品储运技术和流通效率，加大储运技术研发力度，加强水产品配套物流体系建设，提高水产品流通中的成活率和新鲜度，满足水产品产量不足地区对鲜活水产品的消费需求。

6. 建立水产品质量安全风险监测和预警系统

水产品质量安全风险的监测和预警容易被忽视。从近年来出现的水产品质量安全事故可以看到，在水产品生产、加工、流通到消费全链条，监管部门没有对可能存在的质量安全风险进行预测和控制。现实情况是，出口水产品加工企业已经使用了 HACCP 体系，但鲜有面向国内市场运用 HACCP 系统，这就无法对国内消费的水产品的质量安全进行控制。因此，有必要对水产品质量安全进行综合分析与研究，建立水产品质量安全风险的监测和预警系统，转变管理模式，使水产品生产、加工、流通到消费过程中的风险完全可以预测，并将风险控制到最小。

7. 完善水产品质量安全检测技术体系

水产品行业存在品种繁杂、小规模企业多和质量安全形势复杂的特点，目前还需要依赖大量的检测进行质量安全的监管工作，形成了大量检测需求，也催生了大量的小检测机构和第三方检测公司，就整体水平而言，尚无法达到国际同行的水准，也存在重复建设以及检测资源和数据不能共享等问题。因此，建立专业的水产品质量安全检测机构或者团队是当务之急。

水产品质量安全检测机构的建设方面，要完善市场准入和准出机制，并合理布局水产品质量检测机构。在省会城市、大城市以及沿海渔业发达的城市，应建立专门的水产检测机构，要对原有的检测部门和监督部门进行调整，成立专业的水产品质量安全实验室，或在综合实验室配备水产品质量安全检测人员，做好水产品质量安全检测的建设工作。并根据区域消费和经济发展特点，开展贴近市场和针对性的检测项目，为区域渔业发展服务。在仪器设备方面，需要配备专业化的仪器检测设备，对于投入大、难度高的检测项目，为了保证检测质量，应该进行分层检测，利用具有资质的大型检测机构的资源，送检到更高级别的检测机构。通过加强不同检测机构的协同合作，促进检测资源和数据的共享，才能从根本上发挥检测机构在水产品质量安全中的作用。

另外，还需提高水产品质量安全检测领域的科技水平，加强水产品质量安全检测的理论和技术的研究，加强与发达国家和地区的技术合作和研究，提升水产品质量安全的检测技术和能力，丰富检测手段，向国际同行看齐。此外，也需要发挥我国高校和研究机构的优势，培养掌握先进水产品质量安全检测技术人才，使他们不仅拥有扎实的理论基础，还具有强的动手能力，为我国的水产品质量安全保障提供专业性人才。

第 2 章 水产品质量安全管理体系

我国是世界水产养殖大国，养殖产量约占世界水产养殖总产量的 70%，水产品及水产品加工是国内农业的一个重要组成部分，健全水产品的安全与质量是管理工作的重中之重，根本解决途径是实施从产地到餐桌的全过程质量控制和管理。国内水产品质量安全管理体系，主要包括行政管理体系、质量标准体系、检验检测体系、认证体系、科技支持体系、信息服务体系、法律法规体系、示范推广体系、市场营销体系等。目前，我国水产品质量安全相关的法规、标准、检测体系、认证体系等管理体系经过多年的努力和改革之后已经基本成型，但仍须完善。本章将结合其他国家食品安全监管体系特征及经验，分析我国水产品质量安全管理体系现状并提出改进建议。

良好操作规范（good manufacturing practices，GMP）：生产（加工）符合安全卫生要求的食品应遵循的作业规范。GMP 的核心包括：良好的生产设备和卫生设施、合理的生产工艺、完善的质量管理和控制体系。

危害分析和关键控制点（hazard analysis and critical control point，HACCP）体系：生产（加工）安全食品的一种控制手段；对原料关键生产工序及影响产品安全的人为因素进行分析，确定加工过程中的关键环节，建立、完善监控程序和监控标准，采取规范的纠正措施。

良好农业规范（good agricultural practices，GAP）：GAP 作为一种适用方法和体系，通过经济的、环境的和社会的可持续发展措施，来保障食品安全和食品质量。GAP 主要针对未加工和最简单加工（生的）出售给消费者和加工企业的大多数果蔬的种植、采收、清洗、摆放、包装和运输过程中常见的微生物的危害控制，其关注的是新鲜果蔬的生产和包装，但不限于农场，包含从产地到餐桌的整个食品链的所有步骤。

2.1 国内外水产品质量安全管理体系

2.1.1 日本

日本是临海国家，水产养殖业发达。由于 20 世纪中期暴发"水俣病"、"森永毒奶粉"等食品安全问题，日本政府意识到强化食品安全法制标准和监管体系建设的严重性和迫切性，在日本民众积极配合下，建立了比较完备的食品质量安全管理和标准法规体系，大大提高了水产品的质量安全，重振了消费者的信心。

日本水产品质量安全管理体系组织架构如图 2-1 所示。日本政府涉及水产品安全的机构为内阁府食品安全委员会、厚生劳动省、农林水产省以及内阁府消费者厅[1]。根据新的《食品安全基本法》[2]，日本成立食品安全委员会，明确风险分析的基本理念，对各机构进行职能重整，将食品风险分析划归于新成立的食品安全委员会负责，职能分离后，食品安全委员会成为食品风险分析和评估机构，而厚生劳动省和农林水产省为食品风险管理机构。食品风险评估机构对食品进行风险分析和评估，风险管理机构可以委托任务，获得风险评估结果并得到建议[3]。它们三者责任共担，保证相关人员的信息对称性，确保政策决策过程的公开公正，明确食品安全管理过程中孰轻孰重，汲取经验教训，形成了覆盖从生产到消费全过程的科学系统的食品监管体系[4]。

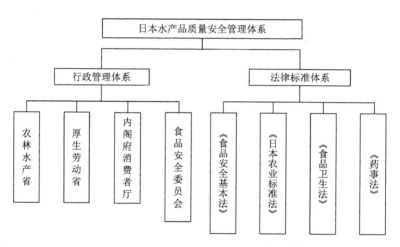

图 2-1　日本水产品质量安全管理体系[5]

日本的食品安全主要依靠都、道、府、县地方行政管理部门监管，地方政府设立有 517 个保健所。在地方，厚生劳动省设有地方厚生局以及检疫所，农林水产省设有地方农政局。进口食品主要依靠厚生劳动省监管。

日本是一个法制比较健全的国家，与水产品质量及安全卫生相关的法规有《食品安全基本法》、《农林物质标准化及质量标志管理法》（简称《日本农业标准法》，也称《JAS 法》）、《日本有机农业标准》（也称 JAS 标准）、《食品卫生法》等[6]。

日本现行的《药事法》经过 25 次修改后于 2008 年开始实施。该法规定了动物医药品制造及进口、使用的禁止事项以及农林水产省根据此法制定的水产养殖药物使用规定等。现行的《水产养殖用药第 21 号通报》就是农林水产省基于该法制定并定期修改的水产养殖药物使用规定。《水产养殖用药第 21 号通报》规定了不同养殖水产动物不同病害的适用药物及用法、用量和休药期等使用标准，同时要求进行用药记录，记录内容应包括使用药物的名称、使用时间、使用地点、养殖水产动物名称（包括尾数和症状）、用法用量、休药期等，避免药物残留事件的发生。

《JAS 法》确定了 JAS 规格（日本农林规格）和食品品质标准，依据该法律规格，日常接触到的食品应有 JAS 标识、原产地等信息。日本的《食品卫生法》是从公共卫生的角度，确保食品安全，是比其他任何措施都重要的规则，是以预防因饮食引起卫生危害发生、保护国民健康为目的的。

2.1.2　挪威

挪威的水产养殖业非常发达，其水产品出口量位列世界第 3 位。挪威的水产品质量安全管理体系主要由渔业部行政管理体系、渔业法规体系和执法体系构成。渔业部的管理范围涉及海洋捕捞、海洋安全、资源保护、海洋科研、鱼品质量、出口贸易、渔业立法以及渔业资金等。

为保证水产品的质量安全，挪威全面展开水产品质量的管理，设置机构，制定并实施政策。挪威水产品质量安全管理体系如图 2-2 所示。挪威水产品质量安全管理体系可分为行政管理体系、渔业法规体系和执法体系，水产品质量安全管理和监控职责分配至 5 个机构负责：食品安全局、营养和海产品研究所、渔业局、

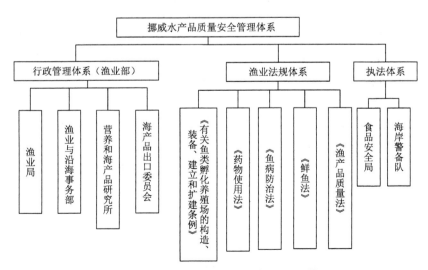

图 2-2　挪威水产品质量安全管理体系[7]

渔业与沿海事务部、海产品出口委员会。在水产品质量安全方面，这5个机构执行各自任务又相互合作。

挪威渔业与沿海事务部负责制定渔业法律法规、渔业规划、经费预决算以及负责国际渔业事宜等，追求可持续发展的本国水产业，逐渐建成了一个完善的管理和监控系统，保证水产品生产全过程的质量安全。为使理论与实际操作更好结合，特别是在防治鱼病和水产品处理方法的研究方面，政府有关部门与养殖者合作制定养殖法规、条例，从而提高挪威水产品的市场竞争力。

挪威食品安全局起草和提供有关立法的信息，通过风险管理、风险评估和风险通报对水产品进行风险分析，促进植物、鱼类和动物的健康，确保食品消费者安全健康。而后为农业和粮食部、渔业与沿海事务部以及卫生和保健服务部提供咨询意见。同时，挪威食品安全局基于风险的检查，就食品安全领域和应急计划的最新发展情况提供最新信息。

挪威渔业局主要负责贯彻和执行渔业及水产养殖的法律法规，保护渔业资源，具体管理水产养殖业的发展。渔业法规的制定和实施都是基于可持续发展和有效预防而进行的。挪威渔业局还负责水产养殖许可证和远洋渔船捕捞证的颁发。

随着挪威海洋捕捞和海水养殖的发展及法规制度的逐渐成熟，挪威又成立了营养和海产品研究所和海产品出口委员会两个机构来专门负责海产品的质量安全。营养和海产品研究所主要从事水产品生产全过程的风险评估，实施水产品的检测监管。海产品出口委员会成为政府、研究机构、渔业行业和消费者之间的沟通媒介，实现消费者与政府相关部门、渔业行业和研究机构的信息传递。

挪威对养殖水产品生产环节的质量安全规制主要是水产养殖病害报告制度、用药监督制度、养殖产品检测制度、饲料监管制度、养殖记录规定和产品标签规定等。这些制度的制定和执行，为水产品从产地到餐桌的质量安全提供了保障，挪威也非常重视加强在水产业方面HACCP的建设。挪威国内的标准主要采用欧盟标准。

为保证水产品质量管理体系的运行，挪威制定了完善的渔业标准和法律法规。其中，《有关鱼类孵化养殖场的构造、装备、建立和扩建条例》、《药物使用法》、《鱼病防治法》等主要规范水产养殖操作过程，《鲜鱼法》、《渔产品质量法》等则针对水产品质量控制和销售方面。

2.1.3 美国

美国食品被认为是世界上最安全的食品之一，从产地到餐桌，美国在水产品安全监管方面十分重视整个过程的有效控制。为确保水产食品原料生产的安全，美国在水产养殖环节中积极推行 GAP；在水产品加工环节则重点采用 GMP[8]和 HACCP[9]。美国水产品质量安全管理体系如图 2-3 所示，美国水产品质量安全行政管理体系及主要职能如表 2-1 所示。

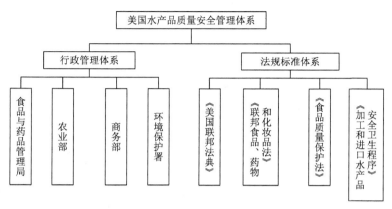

图 2-3　美国水产品质量安全管理体系

表 2-1　美国水产品质量安全行政管理体系及主要职能

机构	主要职能
食品与药品管理局	制定水产品标准，监管水产品中有毒有害物质残留，制定和颁布水产品的最大残留限量值，进口水产品检验取样和检测工作
农业部	负责粮食、肉类、家禽等农产品质量安全标准、检测与认证体系的建设和管理工作
商务部	下属的国家海洋渔业署负责监管鱼类海产品的质量安全工作，进行自愿海鲜检查，海洋产品原料、饲料和宠物食品认证
环境保护署	负责饮用水的监管，并负责设定食品农药残留容许量，制定农药耐药标准

美国法规的主要执行和监督机构是食品与药品管理局和农业部，关于水产品质量安全监管的法律法规主要包括：《美国联邦法典》、《联邦食品、药物和化妆品法》、《食品质量保护法》、《加工和进口水产品安全卫生程序》等，其中针对贝类产品，制定了《贝类卫生控制计划》。

美国的标准有三个层次：由农业部、卫生和人类服务部、环境保护署等政府机构经联邦政府授权制定的国家标准；由民间团体制定的行业标准；由农场主和贸易商制定的企业操作规范。美国对食品标准的监管十分重视，严格执行标准，每 5 年复审一次标准体系[10]。

2.1.4　泰国

泰国的水产养殖业十分发达，其已经成为全球水产品市场主要供应国之一，出口量和出口额呈逐年递增的趋势，水产品出口创汇已成为泰国重要的外汇收入来源。泰国水产品质量安全管理体系如图2-4所示。泰国主管水产品质量安全的机构主要是渔业局和卫生部。渔业局及其下属单位主要负责进出口水产品的质量安全工作，其职责与我国的商检系统相似，而卫生部负责国内市场的水产品质量安全。

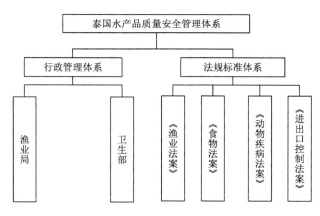

图2-4　泰国水产品质量安全管理体系[11]

2.1.5　中国

　　我国水产品质量安全管理体系如图2-5所示，基本框架为：渔业行政主管部门组织草拟或制定质量管理的法规、标准和规范，并依据法规、标准和规范，运用产品抽查、生产许可证和质量认证等手段，对捕捞、养殖、加工、流通等领域的生产者、企业，对各个环节的投入品和产出品进行监督、管理和执法，以确保水产品的使用安全，保护广大消费者的利益。同时必须大力建立健全水产品质量安全保障体系，即水产品质量安全标准体系、水产品质量安全监督检验体系、水产品质量安全认证体系、水产品生产技术推广体系、水产品质量安全执法体系、水产品质量安全市场信息体系等[12]。

　　其中，我国水产品质量管理和卫生管理分为两个独立的管理体系。

　　水产品质量管理法规体系如下。法律：《中华人民共和国产品质量法》、《中华人民共和国渔业法》；规章：《水产养殖质量安全管理规定》、《水产冷冻厂（库）管理办法》；行业规范：《水产品加工质量管理规范》、《船上渔获物加冰保鲜操作技术规程》、《渔获物装卸操作技术规程》、《水产品销售与配送良好操作规范》、《水产品冻结操作技术规程》、《冻鱼贮藏操作技术规程》；标准：有各类水产品质量标准37个。

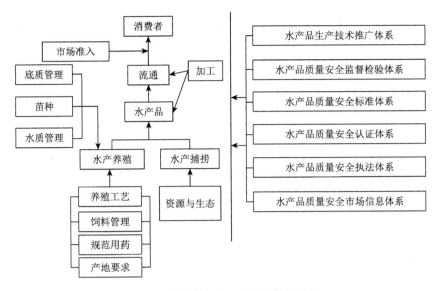

图 2-5　我国水产品质量安全管理体系

水产品卫生管理法规体系如下。法律:《中华人民共和国食品安全法》;规章:《进出口食品安全管理办法》、《出口食品厂、库最低卫生要求》;标准:《食品企业通用卫生规范》。

我国养殖水产品质量安全管理的部门及职责如表 2-2 所示。

表 2-2　我国养殖水产品质量安全管理的部门及职责

环节	养殖	加工	流通	消费
主管部门	农业农村部	国家市场监督管理总局	商务部、国家市场监督管理总局	卫生部
负责领域	环境和渔药、饲料等投入品	食品添加剂和外源性污染	假冒伪劣	卫生许可、疾病防治和不科学的饮食习惯
辅助部门	生态环境部、国家质量监督检验检疫总局	卫生部、国家市场监督管理总局	卫生部、国家市场监督管理总局	国家市场监督管理总局

2.1.6　比较与总结

2000 年,联合国粮食及农业组织(FAO)和世界卫生组织(WHO)提出了《强化国家食品控制体系指南》来指导并协调各国改进食品(水产品)安全管理体系,从中总结了三种食品(水产品)安全管理体制:一是以日本为代表的齐抓共管型,即建立在多个部门共同负责基础上的食品安全管理体系,也称多部门体系;二是部门垄断型或唯一型，以挪威为代表，即由一个专门独立的、统一的食品安全管理机构进行食品安全监管工作的体系，即单一部门体系；三是美国所使用的整合型，即一个部门为主，多个部门协同管理，在国家层面上对食品安全管理体系进行协调整合，按照食品品种来划分各监管部门的职能，品种确定，则需监控该食品品种的整个生产流程，有效避免监管盲区和盲点[13]。我国采取的是齐抓共管模式，虽与日本模式相同，但在法律法规体系等方面，我国仍与日本存在一定的差距，还有很多需要完善的地方。通过与多个国家水产品质量安全管理体系的比较，为我国的水产品质量管理提出以下几点建议：

1. 推进水产品安全监管体制和模式的改革

目前我国的食品问题严峻，监管体制并不能解决当前食品安全严峻形势，与多个发达国家比较容易得知我国食品安全监管体系的不足之处，结合我国的国情和目前体系结构，积极推进监管体制和模式的改革。

2. 完善水产品安全法律体系

对现有的法律法规及规章制度进行修改完善，以《中华人民共和国食品安全法》为中心，兼顾国情和国民的承受能力，在保持社会稳定的大前提下，对与水产品有关的技术规章和法律标准进行修改完善，相关部门应多与水产品生产者、经营者以及消费者联系沟通，法律法规的修改完善尽可能贴合实际，增加市场竞争力。

3. 实现从产地到餐桌的全程监管

对比可见，实行从产地到餐桌的监控计划是大部分国家的水产品质量管理的共同点之一。食品原料的养殖、运输、储存、加工、销售至进入消费者的餐桌是一个不可分割的完整过程。只在最终环节进行检测，假若产品出现问题，则意味着将产生巨大的经济损失。保证水产品质量从源头开始，覆盖从产地到餐桌水产品链的各个方面，通过完善的从产地到餐桌的全程控制体系来确保水产品质量安全。

4. 建立水产品安全社会信用体系

结合目前网络信息技术的优势，政府部门可建立社会食品安全信用系统，对生产、加工、使用单位的食品质量安全卫生情况进行跟踪监测并进行结果登记，增加消费者对于水产品安全信用系统的参与度，将质量安全直接与生产、加工、使用单位的利益形成密切关系。

2.2　水产品质量安全的饲养管理要求

为满足国内外市场需求，全面提高水产品质量安全水平，必须从源头抓起，实施从产地到餐桌的全过程质量管理，对与水产品质量安全有关的各个环节，即对水域环境、养殖、捕捞、加工、流通等过程和各个过程中的投入品进行严格的质量控制。水产品的质量安全生产控制技术应涵盖整个水产品生产过程，包括水产品的产前、产中、产后等一系列环节，是一个有机联系的整体。

针对水产品质量安全的饲养管理，主要技术及要求包括以下几个方面：

2.2.1　产地要求

鱼类的养殖基地必须远离有害场所，建在无化工厂、传染病医院、造纸厂、食品加工厂及放射性生物质等污染源的环境中，生态环境良好，无或不直接受工业"三废"及农业、城镇生活、医疗废弃物污染的水（地）域。修建材料应无毒，池中央设排污孔，雨水、生活污水等不得进入，排水管道布局合理，无交叉污染环节。生产基地使用前应彻底消毒。产地在生产过程中应加强管理，注重环境保护，制定环保制度。合理利用资源，提倡养殖用水循环使用，排放应符合海水养殖水排放要求及其他相关规定。产地在醒目位置应设置产地标识牌，内容包括产地名称、面积、范围和防污染警示等。

2.2.2　清塘消毒

对于池塘消毒要选用副作用小或无毒副作用的清塘药物，减少使用漂白粉量，禁止用剧毒药物消毒。生石灰是其中较为理想的清塘药物，与水反应所放出的大量热量，能在有效消灭病原体和有害生物的同时改善水质和底质。定期清理池塘底泥，底泥过多，会积累大量的有机物和微生物，可使得生物耗氧和化学耗氧剧增，水体底部溶氧无法满足耗氧量，从而造成池塘底质缺氧，影响水生动物的生长。

2.2.3　苗种选择

水产苗种生产和引进必须符合《中华人民共和国渔业法》和《水产苗种管理办法》的规定。所有用于水产养殖的苗种必须来自经水生动物检验检疫机构检疫合格、生产条件和设施符合水产苗种生产技术操作规程的要求的良种苗种场或育苗基地，个体大小要均匀，质量符合种质标准。天然苗种须捕自无污染的水域，体质要健壮、无病无伤，做好产地记录。因地制宜选择高产、抗病力强的优质品种，减少病害发生，做到尽量不施药。在苗种的捕捞、运输过程中，应根据苗种特点配备氧气等必要的设施，运输工具应符合卫生要求，防止污染、损伤。苗种放入养殖水域前应进行筛选，建立苗种投放记录，以确保苗种的健康，必要时应进行暂养。

2.2.4 水质管理

良好的水质有利于保障水产养殖顺利进行，也是保证水产品质量安全的关键因素。通常用水色和透明度等来判断水产养殖水质的好坏，池水的透明度一般在20～30cm为佳，通过过肥抑藻、瘦水培藻技术进行水质调节，加强水体透明度控制。应每隔15d左右向池塘加注新水10～15cm，加注新水可改善水质，有利于浮游生物的更新换代；通过蓝藻（微囊藻）等生物菌进行生物调控，能有效降低水体中氨、氮、亚硝酸盐和硫化氢等有害物质的含量。基地养殖水面禁止使用燃油机动船只。

任何企、事业单位和个体经营者排放的工业废水、生活污水和有害废弃物，必须采取有效措施，保证最近渔业水域的水质符合渔业水质标准的要求。未经处理的工业废水、生活污水和有害废弃物严禁直接排入鱼、虾类的产卵场、索饵场、越冬场和鱼、虾、贝、藻类的养殖场及珍贵水生动物保护区。严禁向渔业水域排放含病原体的污水，如须排放此类污水，必须经过处理和严格消毒。

除以上外，通常可用溶解氧、氨、氮、亚硝酸盐、肥度（透明度）、pH值（酸碱度）、硫化氢、磷酸盐等定量指标进行水质管理。渔业水质标准要求如表2-3所示。

表2-3　GB 11607—1989对渔业水质标准的规定[14]

序号	项目	标准值（mg/L）
1	色、臭、味	不得使鱼、虾、贝、藻类带有异色、异臭、异味
2	漂浮物质	水面不得出现明显的油膜或浮沫
3	悬浮物质	人为增加的量不得超过10，而且悬浮物质沉积于底部后，不得对鱼、虾、贝类产生有害的影响
4	pH值	淡水6.5～8.5，海水7.0～8.5
5	溶解氧	连续24h中，16h以上必须大于5，其余任何时候不得低于3，对于鲑科鱼类栖息水域冰封期，其余任何时候不得低于4
6	生化需氧量（5天，20℃）	不超过5，冰封期不超过3
7	总大肠菌群	不超过5000个/L（贝类养殖水质不超过500个/L）

序号	项目	标准值（mg/L）
8	汞	≤0.0005
9	镉	≤0.005
10	铅	≤0.05
11	铬	≤0.1
12	铜	≤0.01
13	锌	≤0.1
14	镍	≤0.05
15	砷	≤0.05
16	氰化物	≤0.005
17	硫化物	≤0.2
18	氟化物（以 F⁻计）	≤1
19	非离子氨	≤0.02
20	凯氏氮	≤0.05
21	挥发性酚	≤0.005
22	黄磷	≤0.001
23	石油类	≤0.05
24	丙烯腈	≤0.5
25	丙烯醛	≤0.02
26	六六六（丙体）	≤0.002
27	滴滴涕	≤0.001
28	马拉硫磷	≤0.005
29	五氯酚钠	≤0.01
30	乐果	≤0.1
31	甲胺磷	≤1
32	甲基对硫磷	≤0.0005
33	呋喃丹	≤0.01

2.2.5　养殖底质要求

池塘是水产养殖动物生活的场所，养殖塘底质影响水产养殖业的可持续发展。营造良好的底质环境条件有利于发展健康养殖、无公害养殖、生态养殖，是实现养殖品种快长、高产、高质、高效、无污染、无残留、无公害的有效手段。

1. 养殖池塘底质修复与改良技术

1）清淤

底泥是由池中剩余饲料、水生动物粪便及尸体、腐殖质等在水底发酵分解形成的有机颗粒沉入水底，并与池底泥沙等混合形成。一定时间内，适宜厚度的底泥能起到增肥、调节和缓冲水质突变的作用。但若底泥过厚，积累大量的有机物和微生物，使得生物耗氧和化学耗氧剧增，水体底部溶氧无法满足耗氧量，氨氮、甲烷、硫化氢、亚硝酸盐等有害有毒物质含量持续升高，造成池塘底质缺氧，也会导致水产动物的生存空间变小，影响水生动物的生长。为充分发挥底泥的良好作用，水产养殖过程中须定期进行清淤。

2）晒塘

清淤结束后，排干池中残水，在晴天情况下曝晒塘底一个月左右，使底泥产生宽达 2～3cm、深达 10cm 左右的裂缝，增加底泥透气性，另外阳光的紫外线可加速底泥中有机化合物的风化分解和消毒杀菌。

3）药塘

一般于苗种放养前使用生石灰药塘，干法药塘用量为 100kg/亩（1 亩≈666.7m²），带水药塘用量为 150kg/亩。用生石灰进行药塘，生石灰遇水后发生化学反应，可产生大量的热能，调节底泥 pH 值，从而杀菌、除害、增肥、补钙、改良底质土壤。

4）施肥

清塘后，投施堆沤发酵好的畜禽粪肥，以培育底栖生物，底栖生物以底泥中的粪便、有机碎屑等为食，从而减少池塘底部有机物的积累，减缓池底老化。同时，底栖生物也是河蟹等水生动物的天然饵料。

5）种草

在蟹、虾养殖池塘中种植水草，水草在光合作用下能释放大量氧气，还能吸收池水以及淤泥中的氨氮、二氧化碳、有机分解物等，净化水质和底质。另外，水草也是蟹、虾喜食的植物性饵料。现在较为常见的蟹、虾池塘，一般选择栽种复合型水草，主要品种有苦草、伊乐藻、轮叶黑藻、水花生、水浮萍等[15]。

2. 渔业底质标准

水产养殖底质应无工业废弃物和生活垃圾，无大型植物碎屑和动物尸体，无异色、异臭。底质指标：pH 值、硫离子浓度、钙离子浓度、有机质含量、酸交换能力。渔业底质部分指标标准应符合表 2-4 的规定。

表 2-4　NY 5362—2010 对渔业底质标准要求

序号	项目	限量值
1	粪大肠菌群（湿重）（MPN/g）	≤40（供人生食的贝类增养殖底质≤3）
2	汞（干重）（mg/kg）	≤0.2
3	镉（干重）（mg/kg）	≤0.5
4	铜（干重）（mg/kg）	≤35
5	铅（干重）（mg/kg）	≤60
6	铬（干重）（mg/kg）	≤80
7	砷（干重）（mg/kg）	≤20
8	石油类（干重）（mg/kg）	≤500
9	多氯联苯（PCB 28、PCB 52、PCB 101、PCB 118、PCB 138、PCB 153、PCB 180 总量）（干重）（mg/kg）	≤0.02

2.2.6　饲料管理

饲料是水产动物营养的主要来源，其质量和投喂技术直接影响水产品的产量和生态环境。饲料应能达到营养档次、颗粒大小适宜，满足养殖对象正常生长发育，无农药残留，有毒有害物质含量控制在安全允许范围内，无致病微生物，霉菌毒素不超过标准，不污染环境，不影响人体健康，制作工艺应提高饲料利用效率，减少水质污染，并形成技术规程[16]。饲料卫生指标及限量必须符合水产行业关于无公害食品渔用饲料安全限量的规定。

1. 饲料生产者管理要求

设立饲料、饲料添加剂生产企业，应当符合饲料工业发展规划和产业政策，有与生产饲料、饲料添加剂相适应的厂房、设备和仓储设施，与生产饲料、饲料添加剂相适应的专职技术人员，必要的产品质量检验机构、人员、设施和质量管理制度，符合国家规定的安全、卫生要求的生产环境，符合国家环境保护要求的污染防治措施，国务院农业行政主管部门制定的饲料、饲料添加剂质量安全管理规范规定的其他条件。饲料、饲料添加剂生产企业应当按照国务院农业行政主管部门的规定和有关标准，对采购的饲料原料进行查验或者检验。

饲料生产企业使用限制使用的饲料原料、单一饲料、饲料添加剂、药物饲料添加剂、添加剂预混合饲料生产饲料的，应当遵守国务院农业行政主管部门的限制性规定。禁止使用国务院农业行政主管部门公布的饲料原料目录、饲料添加剂品种目录和药物饲料添加剂品种目录以外的任何物质生产饲料。

　　饲料、饲料添加剂生产企业应当如实记录采购的饲料原料、单一饲料、饲料添加剂、药物饲料添加剂、添加剂预混合饲料和用于饲料添加剂生产的原料的名称、产地、数量、保质期、许可证明文件编号、质量检验信息、生产企业名称或者供货者名称及其联系方式、进货日期等。记录保存期限不得少于2年。

　　饲料、饲料添加剂生产企业，应当按照产品质量标准以及国务院农业行政主管部门制定的饲料、饲料添加剂质量安全管理规范和饲料添加剂安全使用规范组织生产，对生产过程实施有效控制并实行生产记录和产品留样观察制度。

　　饲料、饲料添加剂生产企业应当对生产的饲料、饲料添加剂进行产品质量检验；检验合格的，应当附具产品质量检验合格证。未经产品质量检验、检验不合格或者未附具产品质量检验合格证的，不得出厂销售。

　　饲料、饲料添加剂生产企业应当如实记录出厂销售的饲料、饲料添加剂的名称、数量、生产日期、生产批次、质量检验信息、购货者名称及其联系方式、销售日期等。记录保存期限不得少于2年。

　　饲料、饲料添加剂生产企业发现其生产的饲料、饲料添加剂对养殖动物、人体健康有害或者存在其他安全隐患的，应当立即停止生产，通知经营者、使用者，向饲料管理部门报告，主动召回产品，并记录召回和通知情况。召回的产品应当在饲料管理部门监督下予以无害化处理或者销毁。

2. 饲料经营者管理要求

　　饲料、饲料添加剂经营者应当符合下列条件：有与经营饲料、饲料添加剂相适应的经营场所和仓储设施；有具备饲料、饲料添加剂使用、储存等知识的技术人员；有必要的产品质量管理和安全管理制度。饲料、饲料添加剂经营者进货时应当查验产品标签、产品质量检验合格证和相应的许可证明文件，不得对饲料、饲料添加剂进行拆包、分装，不得对饲料、饲料添加剂进行再加工或者添加任何物质。禁止经营国务院农业行政主管部门公布的饲料原料目录、饲料添加剂品种目录和药物饲料添加剂品种目录以外的任何物质生产的饲料。

　　饲料、饲料添加剂经营者应当建立产品购销台账，如实记录购销产品的名称、许可证明文件编号、规格、数量、保质期、生产企业名称或者供货者名称及其联系方式、购销时间等。购销台账保存期限不得少于2年。

　　养殖者应当按照产品使用说明和注意事项使用饲料。在饲料或者动物饮用水中添加饲料添加剂的，应当符合饲料添加剂使用说明和注意事项的要求，遵守国务院农业行政主管部门制定的饲料添加剂安全使用规范。

　　饲料、饲料添加剂经营者发现其销售的饲料、饲料添加剂具有前面规定情形的，应当立即停止销售，通知生产企业、供货者和使用者，向饲料管理部门报告，并记录通知情况。

3. 饲料使用者管理要求

养殖者使用自行配制的饲料的，应当遵守国务院农业行政主管部门制定的自行配制饲料使用规范，并不得对外提供自行配制的饲料。使用限制使用的物质养殖动物的，应当遵守国务院农业行政主管部门的限制性规定。禁止在饲料、动物饮用水中添加国务院农业行政主管部门公布禁用的物质以及对人体具有直接或者潜在危害的其他物质，或者直接使用上述物质养殖动物。禁止在反刍动物饲料中添加乳和乳制品以外的动物源性成分。

养殖者发现其使用的饲料、饲料添加剂具有"饲料使用者管理要求"第一条规定情形的，应当立即停止使用，通知供货者，并向饲料管理部门报告。

4. 饲料行政管理体系

国务院农业行政主管部门和县级以上地方人民政府饲料管理部门应当加强饲料、饲料添加剂质量安全知识的宣传，提高养殖者的质量安全意识，指导养殖者安全、合理使用饲料、饲料添加剂。

饲料、饲料添加剂在使用过程中被证实对养殖动物、人体健康或者环境有害的，由国务院农业行政主管部门决定禁用并予以公布。

国务院农业行政主管部门和省、自治区、直辖市人民政府饲料管理部门应当按照职责权限对全国或者本行政区域饲料、饲料添加剂的质量安全状况进行监测，并根据监测情况发布饲料、饲料添加剂质量安全预警信息。

国务院农业行政主管部门和县级以上地方人民政府饲料管理部门，应当根据需要定期或者不定期组织实施饲料、饲料添加剂监督抽查；饲料、饲料添加剂监督抽查检测工作由国务院农业行政主管部门或者省、自治区、直辖市人民政府饲料管理部门指定的具有相应技术条件的机构承担。饲料、饲料添加剂监督抽查不得收费。

国务院农业行政主管部门和省、自治区、直辖市人民政府饲料管理部门应当按照职责权限公布监督抽查结果，并可以公布具有不良记录的饲料、饲料添加剂生产企业、经营者名单。

县级以上地方人民政府饲料管理部门应当建立饲料、饲料添加剂监督管理档案，记录日常监督检查、违法行为查处等情况[17]。

2.2.7　规范用药

所有水产用药必须符合国家标准，使得渔药的生产、经营和使用，保证质量，确保安全有效。准确诊断养殖对象的疾病，对症下药，渔药的选择严格按国家标准控制，严禁使用违禁药品，切勿病急乱投药。严格按照药物使用说明使用抗菌药，药物浓度过大则会引发药害和残留现象，当药物浓度达不到抑菌和杀菌作用时，特别是亚致死浓度下细菌容易被诱导成耐药菌。渔药须具备登记证、生产批准证及执行标准号，严格控制从种苗到成鱼养殖过程中药品的使用规范，针对不同阶段使用药品严格登记记录，建立追溯体系。另外，为防止药物残留，必须重视水产品的休药期，在水产品上市前的一定时间内禁止使用药物，以保证水产品质量安全。

2.3　水产品质量安全的投入品使用要求

2.3.1　饲料

饲料是指经工业化加工、制作的供动物食用的产品，包括单一饲料、添加剂预混合饲料、浓缩饲料、配合饲料和精料补充料。

单一饲料是指来源于一种动物、植物、微生物或者矿物质，用于饲料产品生产的饲料。农业部第 1773 号公告公布了《饲料原料目录》，其中第四部分为单一饲料品种目录。根据《饲料原料目录》，我国目前允许使用的单一饲料共有六类[18]。

预混合饲料指由两种（类）或者两种（类）以上营养性饲料添加剂为主，与载体或者稀释剂按照一定比例配制的饲料。预混合饲料可视为配合饲料的核心，因为其含有的微量活性组分常是配合饲料饲用效果的决定因素。其中，预混合饲料还分为单项预混合饲料和复合预混合饲料。单项预混合饲料是由单一添加剂原料或同一种类的多种饲料添加剂与载体或稀释剂配制而成的匀质混合物，主要是由于某种或某类添加剂使用量非常少，需要初级预混才能更均匀分布到大宗饲料中。生产中常将单一的维生素、单一的微量元素（硒、碘、钴等）、多种维生素、多种微量元素各自先进行初级预混分别制成单项预混料等。复合预混合饲料是按配方和实际要求将各种不同种类的饲料添加剂与载体或稀释剂混合制成的匀质混合物，如微量元素、维生素及其他成分混合在一起的预混料。

浓缩饲料又称蛋白质补充饲料，是指主要由蛋白质、矿物质和饲料添加剂按照一定比例配制的饲料，具有蛋白质含量高（一般在 30%～50%）、营养成分全面、使用方便等优点。一般在全价配合饲料中所占的比例为 20%～40%。它的原料中含有下列物质：矿物质，包括骨粉、石粉（钙粉）或贝壳粉；微量元素，包括硫酸铜、硫酸锰、硫酸锌、硫酸亚铁、碘化钾、亚硒酸钠等；氨基酸、抗氧化剂、抗生素、蛋白质饲料以及多种维生素等。它是按照使畜禽生长发育良好、肉质好、营养价值高所需的营养标准进行计算，采用现代化的加工设备，将以上原料充分混合而制成的。这种浓缩饲料可以作为一个单独的饲料品种供应饲养单位，用户按一定比例掺入能量饲料，搅拌均匀后即成为配合饲料。例如，产蛋鸡饲料的配合比为30%蛋鸡浓缩饲料，70%能量饲料；猪饲料的配合比为20%浓缩饲料，80%能量饲料。浓缩饲料最适合农村专业户养猪、养鸡使用。利用自己生产的粮食和副产品，再配以浓缩饲料，即可直接饲喂，减少了不必要的运输环节，节本省工。

配合饲料是指以动物的不同生长阶段、不同生理要求、不同生产用途的营养需要，以及饲料营养价值评定的实验和研究为基础，按科学配方把多种不同来源的饲料，依一定比例均匀混合，并按规定的工艺流程生产的饲料。配合饲料按营养成分和用途分类：全价配合饲料、浓缩饲料、精料混合料、添加剂预混料、超级浓缩料、混合饲料、人工乳或代乳料。配合饲料按饲料形状分类：粉料、颗粒料、破碎料、膨化饲料、扁状饲料、液体饲料、漂浮饲料、块状饲料。目前常用的工艺流程有人工添加配料、容积式配料、一仓一秤配料、多仓数秤配料、多仓一秤配料等。

精料补充料指为了补充以粗饲料、青饲料、青贮饲料为基础的草食动物的营养而用多种饲料原料按一定比例配制的饲料，也称混合精料。精料补充料主要由能量饲料、蛋白质饲料、矿物质饲料和部分饲料添加剂组成，主要适合于饲喂牛、羊、兔等草食动物。这种饲料营养不全价，不单独构成饲料，仅组成草食动物日粮的一部分，用以补充采食饲草不足的那一部分营养。即牛、羊等草食动物在所采食的青、粗饲草及青贮饲料外，给予适量的精料补充料，可全面满足饲喂对象的各种营养需要。饲喂时必须与粗饲料、青饲料或青贮饲料搭配在一起。在变换基础饲草时，应根据动物生长情况及时调整给量。

草食动物精料补充料配方设计过程一般步骤如下：

（1）调查和了解使用精料补充料的背景。主要是了解动物的生产状况及季节，青饲料、粗饲料、青贮饲料等的饲喂量，精料与粗料比例，饲料的营养组成等情况。

（2）明确草食动物从青饲料、粗饲料、青贮饲料等获得的营养量。

（3）从动物特定状态下营养需要总量中扣除青饲料、粗饲料、青贮饲料等获得的营养量，作为精料补充料需要提供的营养量。

（4）用试差法计算精料补充料中各种原料的配比，或用计算机规划法设计优化配方。

饲料应由具有生产许可证的厂家按照有关标准生产，检测合格，应在良好的环境条件下储存，并在规定保质期内使用。推荐使用氮、磷排泄量低，对环境污染小的环保型配合饲料，渔用配合饲料的安全性应符合无公害食品渔用配合饲料安全限量的要求。

1. 原料要求

（1）加工渔用饲料所用原料应符合各类原料标准的规定，不得使用受潮、发霉、生虫、腐败变质及受到石油、农药、有害金属等污染的原料。

（2）皮革粉应经过脱铬、脱毒处理。

（3）大豆原料应经过破坏蛋白酶抑制因子的处理。

（4）鱼粉生产所使用的原料只能是鱼、虾、蟹类等水产动物及其加工的废弃物，不得使用受到石油、农药、有害金属或其他化合物污染的原料加工鱼粉。必要时，原料应进行分拣，并去除沙石、草木、金属等杂物。原料应保持新鲜并及时加工处理，避免腐败变质。已经腐败变质的原料不应再加工成鱼粉。

（5）鱼油的质量应符合二级精制鱼油的要求[19]。

（6）使用的药物添加剂种类及用量应符合《无公害食品　渔用药物使用准则》[20]、《饲料药物添加剂使用规范》[21]、《禁止在饲料和动物饮用水中使用的药物品种目录》[22]、《食品动物禁用的兽药及其它化合物清单》[23]的规定。

2. 安全指标

渔用配合饲料的安全指标限量、适用范围见表 2-5。

表 2-5　渔用配合饲料的安全指标限量、适用范围[24]

项目	限量	适用范围
铅（以 Pb 计）（mg/kg）	≤5.0	各类渔用配合饲料
汞（以 Hg 计）（mg/kg）	≤0.5	各类渔用配合饲料
无机砷（以 As 计）（mg/kg）	≤3	各类渔用配合饲料
镉（以 Cd 计）（mg/kg）	≤3	海水鱼类、虾类配合饲料
	≤0.5	其他渔用配合饲料
铬（以 Cr 计）（mg/kg）	≤10	各类渔用配合饲料
氟（以 F 计）（mg/kg）	≤350	各类渔用配合饲料
游离棉酚（mg/kg）	≤300	温水杂食性鱼类、虾类配合饲料
	≤150	冷水性鱼类、海水鱼类配合饲料
氰化物（mg/kg）	≤50	各类渔用配合饲料
多氯联苯（mg/kg）	≤0.3	各类渔用配合饲料
异硫氰酸酯（mg/kg）	≤500	各类渔用配合饲料
噁唑烷硫酮（mg/kg）	≤500	各类渔用配合饲料
油脂酸价（KOH）（mg/g）	≤2	渔用育苗配合饲料
	≤6	渔用育成配合饲料
	≤3	鳗鲡育成配合饲料
黄曲霉毒素 B_1（mg/kg）	≤0.01	各类渔用配合饲料
六六六（mg/kg）	≤0.3	各类渔用配合饲料
滴滴涕（mg/kg）	≤0.2	各类渔用配合饲料
沙门菌（CFU/25g）	不得检出	各类渔用配合饲料
霉菌（CFU/g）	≤3×10⁴	各类渔用配合饲料

3. 使用要求

养殖者应当按照产品使用说明和注意事项使用饲料。在饲料或者动物饮用水中添加饲料添加剂的，应当符合饲料添加剂使用说明和注意事项的要求，遵守国务院农业行政主管部门制定的饲料添加剂安全使用规范。养殖者使用自行配制的饲料的，应当遵守国务院农业行政主管部门制定的自行配制饲料使用规范，并不得对外提供自行配制的饲料。使用限制使用的物质养殖动物的，应当遵守国务院农业行政主管部门的限制性规定。禁止在饲料、动物饮用水中添加国务院农业行政主管部门公布禁用的物质以及对人体具有直接或者潜在危害的其他物质，或者直接使用上述物质养殖动物。禁止在反刍动物饲料中添加乳和乳制品以外的动物源性成分。养殖过程中需及时完成养殖及饲料记录。

2.3.2　渔用药物

渔用药物（fishery drugs）简称渔药，是所有养殖过程使用药物的统称，是指预防、控制和治疗水产动植物的病、虫害，促进养殖品种健康生长，增强机体抗病能力以及改善养殖水体质量的一切物质。目前我国水产养殖用药大体可分为水产动物用药和水产植物用药，以水产动物用药种类居多、用药量最大。

按其用途，渔用药物又可分为抗菌药、消毒药、驱杀虫剂、水质（底质）改良剂、中药、激素与促生长代谢药物和生物制品（疫苗、干扰素和免疫制剂等）。主要归类为消毒剂、抗菌药、驱杀虫药、水质（底质）剂和中药 5 类，或概括为抗菌抑菌类药物、驱杀虫类药物和水质（底质）改良类物质 3 类，另有促生长物质和催产用激素类药物 2 类。渔药的使用应严格遵循国家有关部门的有关规定，严禁使用未经取得生产许可证、批准文号与没有生产执行标准的渔药。

水产用消毒剂原料多为化学物质。生石灰作为传统消毒物质，在水产养殖业中早已被广泛应用，另有茶籽饼、鱼藤酮和巴豆等传统清塘用天然物质在局部地区使用。除此之外，使用较多的还有含氯制剂（如漂白粉、强氯精和三氯异氰尿酸钠粉等）、含溴制剂（如溴氯海因粉等）以及含碘消毒剂（如聚维酮碘和高聚碘等）。其他类型的消毒剂还包括醛类和季铵盐类。水产养殖用消毒制剂主要用于杀灭养殖环境、动物体表和工具上的有害生物或病原微生物，控制疾病传播或发生，具有破坏生物活性的功能，但对养殖动物有一定的刺激性。

水产用驱杀虫药物主要是用来杀灭或驱除水产动物体内、体表或养殖环境中的寄生虫以及敌害生物的一类药物，用于抵御寄生虫对养殖动物的侵害。根据用药的方式，可分为内服和泼洒两类。根据驱杀对象可分为抗原虫药、抗蠕虫药、杀甲壳动物药和除害药，主要包括有机磷类、拟除虫菊酯类、咪唑和一些氧化剂。

驱杀方式主要是触杀和胃毒。其中盐酸氯苯胍粉、阿苯达唑粉和甲苯咪唑溶液等是水产养殖常用的驱杀虫药。

抗菌抑菌药是用来治疗细菌性疾病的一类药物,具有抑制细菌、病毒和真菌繁殖的功能,主要由抗生素和合成抗菌药组成,在防治传染性疾病中具有十分重要的地位,其中以抗生素类尤为突出。抗生素类(如氟苯尼考)主要包括氨基糖苷类、四环素类和酰胺醇类;合成抗菌药主要是磺胺类药物和喹诺酮类药物。目前水产用抗菌类药物使用不规范,尤其是滥用抗菌抑菌类药物作为预防疾病的药物,导致水产品药残超标以及增强病原耐药性问题十分突出,亟须管理。

中草药制剂由于具有增强免疫功能、抗应激、抑制微生物活性和驱虫等多功能性,以及无残留、无公害等特点,在水产养殖业中的应用日益得到重视。需要特别指出的是,以抗菌作用为例,如果使用抗生素,在防治细菌性病害的同时,又易带来药源性疾病,其毒副作用、药物残留和耐药性增强等也会影响人体健康,而许多中草药也具备明显的抗病毒、细菌作用,却无毒副残留和耐药性产生,因而成为无公害养殖的首选药物。常用中草药有三黄粉、大蒜和板蓝根等。

水产用水质(底质)改良剂是指改良水体、底质等养殖环境的物质,可转化或促进转化水体环境中有毒有害物质、增加水体有益或营养元素,调整水产养殖生物环境,净化水质,达到提高养殖品种健康水平及改良养殖环境的目的。一般分化学性和生物性两类:常见的化学环境改良剂有生石灰、EDTA 及沸石粉等;常见的生物环境改良剂有光合细菌、枯草芽孢杆菌、乳酸菌和反硝化细菌等。

渔用药物的使用方法如表 2-6 所示。

表 2-6　渔用药物使用方法

渔药名称	用途	用法与用量	休药期(d)	注意事项
氧化钙(生石灰)(calcii oxydum)	用于改善池塘环境,清除敌害生物及预防部分细菌性鱼病	带水清塘:200~250mg/L(虾类:350~400mg/L)全池泼洒:20~25mg/L(虾类:15~30mg/L)		不能与漂白粉、有机氯、重金属盐、有机络合物混用
漂白粉(bleaching powder)	用于清塘、改善池塘环境及防治细菌性皮肤病、烂鳃病、出血病	带水清塘:20mg/L全池泼洒:1.0~1.5mg/L	≥5	1. 勿用金属容器盛装。2. 勿与酸、铵盐、生石灰混用
二氯异氰尿酸钠(sodium dichloroisocyanurate)	用于清塘及防治细菌性皮肤溃疡病、烂鳃病、出血病	全池泼洒:0.3~0.6mg/L	≥10	勿用金属容器盛装
三氯异氰尿酸(trichloroisocyanuric acid)	用于清塘及防治细菌性皮肤溃疡病、烂鳃病、出血病	全池泼洒:0.2~0.5mg/L	≥10	1. 勿用金属容器盛装。2. 针对不同的鱼类和水体的 pH,使用量应适当增减

续表

渔药名称	用途	用法与用量	休药期(d)	注意事项
二氧化氯 (chlorine dioxide)	用于防治细菌性皮肤病、烂鳃病、出血病	浸浴: 20～40mg/L, 5～10min 全池泼洒: 0.1～0.2mg/L, 严重时 0.3～0.6mg/L	≥10	1. 勿用金属容器盛装。 2. 勿与其他消毒剂混用
二溴海因 (dibromodimethyl hydantoin)	用于防治细菌性和病毒性疾病	全池泼洒: 0.2～0.3mg/L		
氯化钠(食盐) (sodium chloride)	用于防治细菌、真菌或寄生虫疾病	浸浴: 1%～3%, 5～20min		
硫酸铜 (蓝矾、胆矾、石胆) (copper sulfate)	用于治疗纤毛虫、鞭毛虫等寄生性原虫病	浸浴: 8mg/L(海水鱼类: 8～10mg/L), 15～30min 全池泼洒: 0.5～0.7mg/L(海水鱼类: 0.7～1.0mg/L)		1. 常与硫酸亚铁合用。 2. 广东鲂慎用。 3. 勿用金属容器盛装。 4. 使用后注意池塘增氧。 5. 不宜用于治疗小瓜虫病
硫酸亚铁(硫酸低铁、绿矾、青矾) (ferrous sulphate)	用于治疗纤毛虫、鞭毛虫等寄生性原虫病	全池泼洒: 0.2mg/L(与硫酸铜合用)		1. 治疗寄生性原虫病时需与硫酸铜合用。 2. 乌鳢慎用
高锰酸钾(锰酸钾、灰锰氧、锰强灰) (potassium permanganate)	用于杀灭锚头鳋	浸浴: 10～20mg/L, 15～30min 全池泼洒: 4～7mg/L		1. 水中有机物含量高时药效降低。 2. 不宜在强烈阳光下使用
四烷基季铵盐络合碘 (tetraalkyl quaternary ammonium complex iodine)(季铵盐含量50%)	对病毒、细菌、纤毛虫、藻类有杀灭作用	全池泼洒: 0.3mg/L(虾类相同)		1. 勿与碱性物质同时使用。 2. 勿与阴性离子表面活性剂混用。 3. 使用后注意池塘增氧。 4. 勿用金属容器盛装
大蒜 (crow's treacle, garlic)	用于防治细菌性肠炎	拌饵投喂: 10～30g/kg b.w., 连用 4～6d(海水鱼类相同)		
大蒜素粉(garlic powder) (含大蒜素10%)	用于防治细菌性肠炎	0.2g/kg b.w., 连用 4～6d(海水鱼类相同)		
大黄 (medicinal rhubarb)	用于防治细菌性肠炎、烂鳃	全池泼洒: 2.5～4.0mg/L(海水鱼类相同) 拌饵投喂: 5～10g/kg b.w., 连用 4～6d(海水鱼类相同)		投喂时常与黄芩、黄柏合用(三者比例5:2:3)
黄芩 (raikai skullcap)	用于防治细菌性肠炎、烂鳃、赤皮、出血病	拌饵投喂: 2～4g/kg b.w., 连用 4～6d(海水鱼类相同)		投喂时常与大黄、黄柏合用(三者比例为2:5:3)

渔药名称	用途	用法与用量	休药期(d)	注意事项
黄柏 （amur corktree）	用于防治细菌性肠炎、出血	拌饵投喂：3～6g/kg b.w.，连用4～6d（海水鱼类相同）		投喂时需与大黄、黄芩合用（三者比例为3∶5∶2）
五倍子 （Chinese sumac）	用于防治细菌性烂鳃、赤皮、白皮、疖疮	全池泼洒：2～4mg/L（海水鱼类相同）		
穿心莲 （common andrographis）	用于防治细菌性肠炎、烂鳃、赤皮	全池泼洒：15～20mg/L 拌饵投喂：10～20mg/kg b.w.，连用4～6d		
苦参 （lightyellow sophora）	用于防治细菌性肠炎、竖鳞	全池泼洒：1.0～1.5mg/L 拌饵投喂：1～2g/kg b.w.，连用4～6d		
土霉素 （oxytetracycline）	用于治疗肠炎病、弧菌病	拌饵投喂：50～80mg/kg b.w.，连用4～6d（海水鱼类相同，虾类：50～80mg/kg b.w.，连用5～10d）	≥30（鳗鲡） ≥21（鲇鱼）	勿与铝、镁离子及卤素、碳酸氢纳、凝胶合用
噁喹酸 （oxolinic acid ）	用于治疗细菌肠炎病、赤鳍病，香鱼、对虾弧菌病，鲈鱼结节病，鲕鱼疖疮病	拌饵投喂：10～30mg/kg b.w.，连用5～7d（海水鱼类：1～20mg/kg b.w.，对虾：6～60mg/kg b.w.，连用5d）	≥25（鳗鲡） ≥21（香鱼、鲤鱼） ≥16（其他鱼类）	用药量不同的疾病有所增减
磺胺嘧啶 （磺胺哒嗪） （sulfadiazine）	用于治疗鲤科鱼类的赤皮病、肠炎病，海水鱼链球菌病	拌饵投喂：100mg/kg b.w.，连用5d（海水鱼类相同）		1. 与甲氧苄胺嘧啶（TMP）同用，可产生增效作用。 2. 第一天药量加倍
磺胺甲噁唑 （新诺明、新明磺） （sulfamethoxazole）	用于治疗鲤科鱼类的肠炎病	拌饵投喂：100mg/kg b.w.，连用5～7d		1. 不能与酸性药物同用。 2. 与甲氧苄胺嘧啶同用，可产生增效作用。 3. 第一天药量加倍
磺胺间甲氧嘧啶（制菌磺、磺胺-6-甲氧嘧啶） （sulfamonomethoxine）	用于鲤科鱼类的竖鳞病、赤皮病和弧菌病	拌饵投喂：50～100mg/kg b.w.，连用4～6d	≥37（鳗鲡）	1. 与甲氧苄胺嘧啶同用，可产生增效作用。 2. 第一天药量加倍
氟苯尼考 （Florfenicol）	用于治疗鳗鲡爱德华氏病、赤鳍病	拌饵投喂：10.0mg/kg b.w.，连用4～6d	≥7（鳗鲡）	
聚维酮碘 （聚乙烯吡咯烷酮碘、皮维碘、PVP-1、伏碘） （povidone iodine）（有效碘1.0%）	用于防治细菌烂鳃病、弧菌病、鳗鲡红头病。并可用于预防病毒病，如草鱼出血病、传染性胰腺坏死病、传染性造血组织坏死病、病毒性出血败血症	全池泼洒： 海、淡水幼鱼、幼虾：0.2～0.5mg/L 海、淡水成鱼、成虾：1～2mg/L 鳗鲡：2～4mg/L 浸浴： 草鱼种：30mg/L，15～20min 鱼卵：30～50mg/L（海水鱼卵25～30mg/L），5～15min		1. 勿与金属物品接触。 2. 勿与季铵盐类消毒剂直接混合使用

注：①用法与用量栏未标明海水鱼类与虾类的均适用于淡水鱼类。
②休药期为强制性。

渔用药物的使用基本原则有以下几点：

（1）渔用药物的使用应以不危害人类健康和不破坏水域生态环境为基本原则。

（2）水生动植物增养殖过程中对病虫害的防治，坚持"以防为主，防治结合"。

（3）渔药的使用应严格遵循国家和有关部门的有关规定，严禁生产、销售和使用未经取得生产许可证批准文号与没有生产执行标准的渔药。

（4）积极鼓励研制、生产和使用"三效"（高效、速效、长效）、"三小"（毒性小、副作用小、用量小）的渔药。

（5）病害发生时应对症用药，防止滥用渔药与盲目增大用药量或增加用药次数、延长用药时间。

（6）食用鱼上市前，应有相应的休药期。休药期的长短，应确保水产品的药物残留限量符合《无公害食品　水产品中渔药残留限量》要求。

（7）水产饲料中药物的添加应符合国家农业标准要求，不得选用国家规定禁止使用的药物或添加剂，也不得在饲料中长期添加抗菌药物，提倡使用水产专用渔药、生物源渔药和渔用生物制品。

（8）两种或两种以上的药物混合使用，注意药物的配伍，以防形成拮抗作用，降低药效，或形成毒性更强的药物，引起鱼类死亡。渔药要交替使用，不能长期使用同一种药物，防止产生抗药性，不能超剂量或低于规定剂量用药。

（9）用药后，要注意观察鱼类的活动情况，看有什么异常情况发生，以便采取解救措施，同时要做好观察、用药记录，为以后做好病害防治积累经验[20]。

2.3.3　添加剂

添加剂的使用贯穿水产品生产的全过程。食品添加剂是指为改善食品品质、色、香、味以及防腐和加工工艺的需要加入食品中的化学合成物质或者天然物质。按其来源分为天然与合成两类，天然食品添加剂主要来自动植物组织或微生物的代谢产物，人工合成食品添加剂是通过化学手段产生一系列化学反应而制成。现阶段天然食品添加剂的品种较少，价格较高，人工合成食品添加剂的品种比较齐全，价格较低，因此，加工厂往往会使用人工合成食品添加剂。

食品添加剂按其用途分为：防腐剂、抗氧化剂、护色剂、酸度调节剂、抗结剂、消泡剂、漂白剂、膨松剂、胶基糖果中基础剂物质、着色剂、乳化剂、酶制剂、增味剂、面粉处理剂、被膜剂、水分保持剂、稳定剂和凝固剂、甜味剂、增稠剂、食品用香料和食品工业用加工助剂等。

企业对食品添加剂的使用进行规范，应遵循以下原则，具体参照 GB 2760—2014：

（1）不应对人体产生任何健康危害。

（2）不应掩盖食品腐败变质。

（3）不应掩盖食品本身或加工过程中的质量缺陷或以掺杂、掺假、伪造为目的而使用食品添加剂。

（4）不应降低食品本身的营养价值。

（5）在达到预期效果的前提下尽可能降低在食品中的使用量。

在下列情况下可使用食品添加剂：①保持或提高食品本身的营养价值；②作为某些特殊膳食用食品的必要配料或成分；③提高食品的质量和稳定性，改进其感官特性；④便于食品的生产、加工、包装、运输或者储藏。

2.4　水产品质量安全的加工要求和卫生规范

水产品的加工应严格执行水产行业标准《水产品加工质量管理规范》的规定要求。

2.4.1　基本概念

预处理：改变水产品形状完整性的预处理，如宰杀、去头、去皮、去脏、去鳍等。

冷却：将水产品温度降低至接近融冰温度的过程。

冷冻：将水产品放置在制冷设备中降温，使其快速通过最大结晶带温度范围的过程。只有产品达到热平衡后，产品的热中心温度达到−18℃以下，才认为冷冻完全。

一般作业区：清洁度要求低于准清洁作业区的作业区域，主要用于生产普通水产品的作业区。

准清洁作业区：必须设有防蝇防鼠设施，但清洁度要求次于清洁作业区的作业区域，主要用于生产预制水产食品的作业区。

清洁作业区：清洁度要求最高的作业区域，主要用于生产即食水产品及产品包装的作业区。

食品防护：保护食品生产和供应过程，防止食品遭受人为破坏和蓄意污染。

2.4.2　原料、辅料及加工用水与冰

1. 原料

1）基本要求

（1）所有用于水产食品加工的水产品原料必须采自无污染水域，品质新鲜，不得含有毒有害物质，也不得被有毒有害物质污染，不得使用任何未经许可的食品添加剂。

（2）所有用于水产食品加工的贝类原料必须采自符合中华人民共和国渔政渔港监督管理局颁布的《贝类生产环境卫生监督管理暂行规定》要求的未被污染水域，贝类原料必须使用活品，并应按有关规定进行暂养或净化。若在原料产地收购脱壳的贝肉，企业应派员检查原料来源并监督贝肉加工过程。

（3）水产品原料在储存及运输过程，不仅要有防雨、防尘设施，还应根据原料特点配备冷冻、冷藏、保鲜、保温、保活等设施。运输工具应符合卫生要求，运输作业应防止污染，防止原料受损伤；储存及运输中要远离有毒有害物品。

（4）作为加工原料的养殖水产品必须经过停药期的处理，其药物残留量不得超过中华人民共和国农业部颁布的《动物性食品中兽药最高残留限量》（农业部2002 年 235 号公告）中的规定。

（5）所有水产品原料必须进行进厂检查验收，以确保原料的来源和质量符合强制性标准或法规的要求。

2）野生水产品

（1）野生水产品原料的捕捞船、加工船或运输船应获得政府主管部门的许可。

（2）鲜活水产品应在适宜的存活条件下运输。

（3）冰鲜水产品捕捞后应立即冷却，温度宜保持在 0～4℃。

（4）保鲜用冰（水）应符合 GB 5749—2006 或清洁海水的卫生要求。

（5）捕捞和在船上的预处理、冷却、冷冻处理等操作应符合国家卫生要求。

3）养殖水产品

（1）养殖水产品原料应来自于政府主管部门许可的养殖场，养殖环境、水质、饲料、用药等方面应符合有关规定。

（2）养殖水产品应在适当的卫生条件下宰杀或处理，如果宰后不能立即加工，应保持冷却。

（3）捕捞和运输要求同野生水产品。

4）进口水产品

进口水产品原料应有输出国主管部门的卫生/健康证书和原产地证书，并经政府主管部门检验合格。

5）双壳贝类

（1）双壳贝类加工企业应制定贝类卫生控制程序，保证贝类原料的安全性和可追溯性。

（2）双壳贝类原料应来自政府主管部门允许养殖或捕捞的水域，养殖者和捕捞者应获得政府主管部门的许可，在必要时进行净化处理。

（3）装载双壳贝类原料的每一个容器应附有标签，散装贝类原料应提供相关文件，标签或文件应注明贝类养殖或捕捞的日期、水域、种类、数量以及养殖者或捕捞者的名称。验收时应保留相关信息资料，以确保贝类原料的可追溯性。

（4）去壳双壳贝类应有包装，保持冷藏，并附有标签，标签应注明加工日期、去壳处理企业或设施的名称、地址及政府主管部门的许可编号。

（5）对双壳贝类原料进行贝毒检测，保证原料的安全性。

6）其他水产品

（1）对河鲀鱼等自身带有生物毒素的水产品原料的处理和验收应符合有关规定。从事河鲀鱼检验和加工的人员应具有专业资格。

（2）半成品原料应来自于政府主管部门许可的企业。

（3）超过保质期的原料和辅料不应用于水产品加工。

（4）应充分评估原料和辅料中存在的过敏原物质的风险，并有效控制。

2. 辅料

（1）加工过程中使用的辅料（包括食品添加剂等）必须符合国家有关规定。食品添加剂的使用要符合《食品安全国家标准 食品添加剂使用标准》的规定，严禁使用未经许可或水产品进口国禁止使用的食品添加剂。

（2）采购食品添加剂应当查验供货者的许可证和产品合格证明文件。食品添加剂必须经过验收合格后方可使用。

（3）运输食品添加剂的工具和容器应保持清洁、维护良好，并能提供必要的保护，避免污染食品添加剂。

（4）食品添加剂的储藏应有专人管理，定期检查质量和卫生情况，及时清理变质或超过保质期的食品添加剂。仓库出货顺序应遵循先进先出的原则，必要时应根据食品添加剂的特性确定出货顺序。

3. 加工用水与冰

加工用水应符合《生活饮用水卫生标准》[25]（GB 5749—2006）的要求。所用海水应符合《海水水质标准》[26]（GB 3097—1997）规定的第一类。加工用水必须充足。使用非自来水的工厂，应设净化池或消毒设备；储水池（塔或槽）应设有防止外来污染的措施，使用的地下水源应远离污染源；不允许直接使用地表水。生产过程使用的冰块应符合《人造冰》（SC/T 9001—1984）[27]的要求，其制冰、破碎、运输均应在严格的卫生条件下定期进行水质卫生检测，并保存记录。

2.4.3 生产设施

1. 厂区环境

（1）应考虑环境给食品生产带来的潜在污染风险，并采取适当的措施将其降至最低水平。

（2）工厂要远离有害场所，周围无物理、化学、放射性的污染源。

（3）厂区道路应通畅，主要通道铺设水泥或沥青；厂区环境优美，绿化良好，排水系统畅通，地面平整无破损，不积水，不起尘。

（4）厂区无不良气味，无有毒有害气体、烟尘及危害水产品卫生的设施。

（5）厂区禁止堆放不必要的器材、物品；禁止饲养畜禽；消除害虫的孳生地。

（6）厂区厕所有冲水、洗手、防蝇、防虫设施，墙壁、地面应易清洗消毒并保持清洁卫生。

（7）废弃物下脚料必须放入专用的、不渗水、有盖的容器中，并及时处理、清除。

（8）生产过程中废水废料的排放或处理应符合国家环境保护的有关规定。

2. 厂房及设施

（1）车间按工艺流程要求布局合理，与生产能力相适应，无交叉污染环节。

（2）车间的一般作业区、准清洁作业区、清洁作业区应有明显的标示区分、隔离分流。

（3）车间地面采用无毒、坚固、不渗水建筑材料。地面平坦无裂缝，易于清洗消毒，以水冲洗的车间地面应有一定坡度，不积水。排水系统畅通，易于清洗，排水及通风口有防虫蝇及有害动物侵入的装置。

（4）车间墙壁、天花板应使用无毒、防水、防霉、不渗水、不脱落、平滑、易清洗的浅色涂料或其他建筑材料。墙角、地角、顶角应有一定的弧度。

（5）车间门窗应以平滑、易清洗、不透水、耐腐蚀的坚固材料制作，要严密不变形，生产过程经常开闭的门窗应设有防虫蝇装置（如水幕、窗纱等）。内窗台应有斜度与水平面下斜。

（6）车间内位于生产线上方的照明设施应加设防爆灯罩或采用其他安全型照明设施，以防灯具破裂时污染食品及容器。

（7）车间供电、供水及排水系统应能适应生产需要。必要时应设储水设备，储水设备要定期清洗消毒。供、排水管应有明确的标示。

（8）加工、包装车间应装有换气或空气调节设备，进、排气口有防止害虫侵入的装置。

（9）原料、辅料及包装材料应设专库存放，并保持清洁卫生，定期清理消毒，并设有防霉、防鼠、防虫蝇设施，内外包装材料要分开存放。

3. 卫生设施

（1）车间总出入口处应设独立的消毒间，内设洗手盆及靴鞋消毒池。洗手盆的数量以平均 10～15 人一个为宜，洗手设施附近应备有洗涤用品、消毒液及干手用品，水龙头应采用非手动式开关；靴鞋自动清洗和消毒池的深度应足以浸没鞋面。

（2）加工生食鱼、贝片、熟虾仁等即食水产品的车间入口处应设置隔离的消毒间。

（3）与车间相连的更衣室应有充足的空间和与加工人员数量相适应的更衣柜及鞋柜；更衣室内应通风良好，有适当照明；加工即食水产品的车间更衣室除满足上述要求外，还应在更衣室或其他适当场合设置紫外线消毒装置。

（4）与车间相连的卫生间内应设有冲水装置、洗手消毒设施，并有洗涤用品和干手用品，水龙头应为非手动式，卫生间要保持清洁卫生，门窗不得直接开向车间。

（5）加工区内应设有足够的洗手和消毒设施，确保加工操作人员及时清洗消毒。

4. 生产设备

（1）设备间应按工艺流程合理布局，不得有交叉污染发生。

（2）所有用于原料处理及可能接触原料的设备、用具，应由无毒、无害、无污染、无异味、不吸附、耐腐蚀且可承受重复清洗和消毒的材料制造。车间内禁用竹木器具。

（3）水产品加工使用的设备均应符合安全卫生原则，防止微生物及外来物质的污染。

（4）直接接触食品的设备，其表面上的全部接缝处应连接光滑，以防止原料碎片或其他物质的留存。

（5）操作台、工具应及时清洁消毒，盛放已加工好的水产食品的容器不得直接接触地面。

（6）加工中使用的全部工具、器具以及接触食品的设备表面，在操作过程中应经常清洗消毒，每日班前班后必须进行有效的清洗和消毒。

（7）加工废弃物应存放于专用的、不渗水、带盖的容器中，并有专用运输工具。加工废弃物应及时处理，所用容器及运输工具应及时清洗消毒。

（8）冷库应设自动温度记录系统和自动温度报警装置；库内照明灯应有防爆装置，库门设有风幕或挡风帘，冷藏库内应备有足够的垫板，垫板高度不低于 10cm。

2.4.4　成品包装、标签、储存、运输

1. 成品包装、标签

（1）包装材料必须是由国家批准可用于食品的材料。所用材料必须保持清洁

卫生，在干燥通风的专用库内存放，内外包装材料要分开存放。

（2）直接接触水产食品的包装、标签必须符合食品卫生要求，应不易褪色，不得含有有毒有害物质，不能对内容物造成直接或间接的污染。

（3）包装标签必须符合《食品安全国家标准　预包装食品标签通则》的规定。

2. 储存

（1）应建立和执行适当的仓储制度，发现异常应及时处理。

（2）未经包装的产品不得进入成品库，易串味的产品不得混放，库内堆放物品应距离墙壁有 30cm 的空隙，离库顶有 50cm 的空隙，离地面应有 10cm 的空隙。

（3）应定时记录库房温度。原始记录的保存期不得少于 2 年。

（4）库内存放产品整齐，各种不同规格及不同等级的产品应分别存放，批次清楚，不能混放。水产食品不应与有异味的物品同库储藏。

（5）库内保持清洁，定期消毒、除霜、除异味，有防霉、防虫设施，符合食品卫生要求。应定期查看产品，对包装破损和储存时间较长的产品应重新检验合格后方可出厂。

3. 运输

（1）运输工具必须符合卫生要求，使用前必须清洗消毒。

（2）运输水产食品时，不得与有毒有害物品混装。

（3）冰鲜、冷冻水产食品必须按要求严格控制运输温度，并尽量减少运输时间和温度波动，防止产品变质。

（4）根据食品的特点和卫生需要选择适宜的储存和运输条件，必要时应配备保温、冷藏、保鲜等设施。不得将食品与有毒、有害或有异味的物品一同储存运输[28]。

2.4.5　生产过程的监控

1. 检验机构设置及要求

（1）水产品加工企业必须设立与生产能力相适应、在企业负责人直接领导下的检验机构，并配备具有中等以上专业技术水平或经主管部门专业培训、考核合格、持有证书的专业检验人员。

（2）检验机构应具备检验工作所需的检验场所和仪器设备，并有健全的检验管理制度。

2. 检验控制

（1）检验人员必须从原料进厂、加工直至成品出厂全过程进行监督检查，重点做好原料验收、半成品检验和成品检验工作，确保加工过程在安全卫生的条件下进行。

（2）检验人员应对加工过程进行监督，监督内容主要为：加工过程是否严格按加工工艺和标准卫生操作规范的要求操作，关键控制点是否符合 HACCP 原则要求。

3. 记录控制

（1）各项检验控制必须要有原始记录。
（2）各项原始记录按规定保存。
（3）原始记录格式规范、填写认真、字迹清晰。

4. 卫生控制

生产企业应制定标准卫生操作规范的书面文件并组织实施，对水产食品加工操作过程中下列卫生要点实施严格的控制。

（1）保证与食品接触的水或用来制冰的水的安全性。
（2）保证与食品接触的器具、手套和工作服的清洁。
（3）防止不洁物体与食品、食品包装材料的接触，防止生品和熟品的交叉污染。
（4）保持消毒间、更衣室、卫生间的清洁卫生。
（5）避免食品、食品包装材料与润滑剂、燃料、杀虫剂、洗涤剂、浓缩剂和其他化学、物理、生物等污染性物质的接触。
（6）正确标示、储存以及使用有毒化合物。应用于食品加工的清洗剂、防腐剂、润滑剂、杀虫剂等必须保证其品种、质量、使用方法及储存方式符合我国的强制性标准或法规的要求。
（7）控制生产人员的卫生健康条件，防止能引起食品、食品包装材料和与食品接触的工具、器具表面的微生物污染。
（8）防止来自企业排放的有害物质的污染。
（9）预防并控制害虫的危害。

2.4.6 卫生管理

1. 卫生管理制度

（1）应制定食品加工人员和食品生产卫生管理制度以及相应的考核标准，明确岗位职责，实行岗位责任制。

（2）应根据食品的特点以及生产、储存过程的卫生要求，建立对保证食品安全具有显著意义的关键控制环节的监控制度，良好实施并定期检查，发现问题及时纠正。

（3）应制定针对生产环境、食品加工人员、设备及设施等的卫生监控制度，确立内部监控的范围、对象和频率。记录并存档监控结果，定期对执行情况和效果进行检查，发现问题及时整改。

（4）应建立清洁消毒制度和清洁消毒用具管理制度。清洁消毒前后的设备和工器具应分开放置、妥善保管，避免交叉污染。

2. 加工过程的卫生控制

（1）原料预处理、精加工、成品内外包装等不同清洁卫生要求的区域，应按照加工工艺和产品特点进行相对隔离，防止人流、物流和气流交叉污染。

（2）加工过程中应避免废水、废弃物对原料及产品造成污染；盛放产品的容器不应直接接触地面。

（3）维修设备时，不应影响加工过程和造成产品污染，维修后应对区域进行清洗消毒。

（4）加工过程中产生的不合格品应隔离存放，有明显标识，并在质量管理人员的监督下妥善处理。

3. 厂房及设施卫生管理

（1）厂房内各项设施应保持清洁，出现问题及时维修或更新；厂房地面、屋顶、天花板及墙壁有破损时，应及时修补。

（2）生产、包装、储存等设备及工器具、生产用管道、裸露食品接触表面等应定期清洁消毒。

4. 食品加工人员健康管理

（1）应建立并执行食品加工人员健康管理制度。

（2）食品加工人员每年应进行健康检查，取得健康证明；上岗前应接受卫生培训。

（3）食品加工人员如患有痢疾、伤寒、甲型病毒性肝炎、戊型病毒性肝炎等消化道传染病，以及患有活动性肺结核、化脓性或者渗出性皮肤病等有碍食品安全的疾病，或有明显皮肤损伤未愈合的，应当调整到其他不影响食品安全的工作岗位。

5. 食品加工人员卫生要求

（1）进入食品生产场所前应整理个人卫生，防止污染食品。

（2）进入作业区域应规范穿着洁净的工作服，并按要求洗手、消毒；头发应藏于工作帽内或使用发网约束。

（3）进入作业区域不应配戴饰物、手表，不应化妆、染指甲、喷洒香水；不得携带或存放与食品生产无关的个人用品。

（4）使用卫生间、接触可能污染食品的物品或从事与食品生产无关的其他活动后，再次从事接触食品、食品工器具、食品设备等与食品生产相关的活动前应洗手消毒。

（5）非食品加工人员不得进入食品生产场所，特殊情况下进入时应遵守和食品加工人员同样的卫生要求[28]。

6. 加工船的特殊要求

1）设施卫生要求

（1）存放捕捞水产品的区域应与机房和人员住处有效隔离并确保不受污染。

（2）加工设施应不生锈、不发霉，其设计应确保融冰水不污染捕捞水产品。

（3）存放捕捞水产品的容器或储槽应由无毒、无害、防腐蚀的材料制作，其表面应光滑，易于清洗和消毒。

（4）配备自动温度记录装置，温感器应安装在温度最高的地方。

（5）每次使用前后储存器具应彻底清洗和消毒。

（6）冷却系统应确保捕捞水产品和海水混合物在 6h 内降到 3℃，16h 后降到 0℃。

（7）冻结设施可使产品中心温度达到−18℃以下。

（8）冻藏库温度应保持在−18℃以下。

（9）生活设施和卫生设施应保持清洁卫生。卫生间应配备洗手消毒设施。

2）捕捞作业卫生要求

（1）作业应清洁卫生，捕捞水产品作业区域和器具应防止化学品、燃料或污水等的污染。

（2）捕捞水产品的清洗、处理和保存应防止损伤鱼体。处理后应立即进行冷却。无冷却设施的，捕捞水产品在船上存放不应超过 8h。

（3）清洗和冷却用水或冰应使用符合 GB 5749—2006 的生活饮用水或清洁海水，并不受污染。

（4）作业区域、设施以及船舱、储槽和容器每次使用前后应清洗和消毒。

（5）定期灭虫和灭鼠。清洗剂、消毒剂和杀虫剂等化学品应单独存放保管。

（6）保存必要的作业和温度记录[28]。

参 考 文 献

[1] 杜艳艳, 郭斌梅, 余文哲. 发达国家食品安全监管体系及对中国的启示. 全球科技经济瞭望, 2013, （5）: 71-76.

[2]　Food Safety Commission. The Food Safety Basic Law. [2019-01-29].http://www.fsc.go.jp/sonota/fsb_law1807.pdf.

[3]　钟湘志，边红彪. 日本食品监控体系中的认证认可制度. WTO 经济导刊，2010，（5）：90-92.

[4]　Ministry of Health，Labour and Welfare. Food Safety Information. https://www.mhlw.go.jp/english/topics/foodsafety/index.html[2019-01-29].

[5]　Ministry of Health，Labour and Welfare. Relationship between national and local governments. [2019-01-29]. https://www.mhlw.go.jp/english/topics/foodsafety/administration/dl/01.pdf.

[6]　Ministry of Health，Labour and Welfare. Food Sanitation Act. [2019-01-29]. http://www.japaneselawtranslation.go.jp/law/detail/?id=12&vm=04&re=01.

[7]　邵桂兰，刘景景，邵兴东. 透过挪威经验看我国水产品质量安全管理体系与政府规制. 中国渔业经济，2006，（5）：17-20.

[8]　Refusal of Inspection or Access to HACCP Records Pertaining to the Safe and Sanitary Processing of Fish and Fishery Products. [2019-01-29]. https://www.fda.gov/regulatory-information/search-fda-guidance-documents/guidance-industry-refusal-inspection-or-access-haccp-records-pertaining-safe-and-sanitary-processing.

[9]　Center for Food Safety and Applied Nutrition. Guidance for Industry：Seafood HACCP and the FDA Food Safety Modernization Act[2019-01-29]. https://www.fda.gov/regulatory-information/search-fda-guidance-documents/guidance-industry-seafood-haccp-and-fda-food-safety-modernization-act.

[10]　黄秀香. 发达国家食品安全监管对我国的启示. 中共福建省委党校学报，2014，（10）：91-96.

[11]　穆迎春，马兵，宋怿，等. 国内外养殖水产品质量安全管理体系建设现状及比较分析. 渔业现代化，2010，（4）：57-62.

[12]　宋怿. 关于我国水产品质量安全管理体系建设的探讨. 中国渔业经济，2003，（5）：37-39.

[13]　张守文. 发达国家食品安全监管体制的主要模式及对我国的启示. 中国食品学报，2008，（6）：1-4.

[14]　国家环境保护局. GB 11607—1989 渔业水质标准. 北京：中国标准出版社，1989.

[15]　唐玉华. 养殖池塘底质改良实用技术. 渔业致富指南，2016，（23）：26-27.

[16]　蒲亚军，吴宗文，梁勤朗，等. 优质水产品质量安全控制体系建设. 食品安全导刊，2014，（23）：27-31.

[17]　国务院. 国务院令第 266 号 饲料和饲料添加剂管理条例. 北京：中国农业出版社，2011.

[18]　中华人民共和国农业部. 中华人民共和国农业部公告第 1773 号 饲料原料目录. 北京：中国农业出版社，2012.

[19]　中华人民共和国农业部. SC/T 3502—2016 鱼油. 北京：中国农业出版社，2017.

[20]　中华人民共和国农业部. NY 5071—2002 无公害食品渔用药物使用准则. 北京：中国标准出版社，2002.

[21]　中华人民共和国农业部. 农业部公告第 168 号 饲料药物添加剂使用规范. 北京：中国农业出版社，2001.

[22]　中华人民共和国农业部. 禁止在饲料和动物饮用水中使用的药物品种目录. 中国兽药杂志，2012，（S1）：45-47.

[23]　中华人民共和国农业部. 农业部公告第 193 号 食品动物禁用的兽药及其它化合物清单. 北京：中国农业出版社，2002.

[24]　中华人民共和国农业部. NY 5072—2002 无公害食品渔用配合饲料安全限量. 北京：中国标准出版社，2002.

[25]　中华人民共和国卫生部. GB 5749—2006 生活饮用水卫生标准. 北京：中国标准出版社，2006.

[26]　国家环境保护局. GB 3097—1997 海水水质标准. 北京：中国标准出版社，2006.

[27]　国家标准局. SC/T 9001—1984 人造冰. 北京：中国标准出版社，1984.

[28]　国家卫生和计划生育委员会，国家食品药品监督管理总局. GB 20941—2016 水产制品生产卫生规范. 北京：中国标准出版社，2016.

第3章 水产品质量安全关键控制点

　　随着水产食品行业的发展，从养殖、加工、储藏、运输、销售到餐桌各个环节发生的一些水产品的安全问题也日渐凸显。养殖环境的污染，渔药与饲料添加剂的滥用，生产、储运过程中不规范操作造成了水产品的微生物、理化污染及物理危害等现象，都严重影响了水产品的质量安全。水产品质量安全问题直接涉及消费者的身体健康及水产行业的稳定发展，因此，如何提高水产品质量安全、改善当前的水产品安全状况已成为政府、养殖者和加工、储运参与者以及消费者等利益相关方日益重视的问题。

　　只有明确水产品质量安全的影响因素，将水产品的养殖、加工直至产品销售到消费者手里的整个过程中每个关键控制点都做到位，才能确保水产品及其加工产品的质量安全。所以，本章系统分析了影响水产品质量安全的因素且着重分析了环境因素，并结合实际情况对水产品养殖、加工、储藏、运输和销售环节中的关键控制点进行了详细分析以确保最大程度降低因各种因素引入的质量安全风险，对水产品质量安全风险评估进行了概述，介绍了水产品质量安全市场准入并针对现行水产品质量安全市场准入制度存在的问题给出了建议。

3.1 水产品质量安全的影响因素

　　水产品质量安全的影响因素繁多，可以分为外部因素和内部因素，外部因素主要是指环境因素、人为因素（包括养殖者、加工者、监管者和消费者的行为），内部因素主要是指水产养殖内部各环节的影响，尤其是水产品生产各环节的关键控制点，如养殖环节的种苗、饲料和水质安全等，加工环节的加工原料、添加剂和卫生安全等。

3.1.1 环境因素

　　影响水产品质量安全的环境因素主要是指影响水产品生存、生长和发育的各种天然和经过人工改造的水体等自然因素的总体，包括水产品生产水体及其水域周边土壤、大气及生物、微生物等。而考察水产品产地环境质量主要是看水产品产区水域环境组成要素及环境整体相对于水体环境的主体（鱼、虾、蟹等水中生物）的生长条件与要求满足的优劣程度。

我国具有得天独厚的自然资源优势，使得海水养殖产量常年位居世界首位，水产养殖业迅猛发展，带动着水产品加工业等的发展，水产品生产和加工在国民经济中占有重要地位。而水产养殖是依托于水域环境而进行的经济活动，水体环境是水产养殖的物质基础之一，水产养殖动物在特定水域内的生长发育状况与水环境质量密切相关。另外，水生生物的生存状况也是水质好坏的晴雨表。环境污染直接影响养殖生产的安全和养殖产品的质量安全，进而关系到养殖生产的经济效益和广大消费者的身体健康。因此，有关部门对此要高度重视。然而，渔药、添加剂的滥用导致的药物残留，现代工业的飞速发展，大量“三废”排入江、河、湖、海等水域和大气中导致的水体富营养化、重金属及石油类污染（2018 年 11 月 4 日凌晨，福建泉州码头的一艘石化产品运输船发生泄漏，69.1t 碳九产品漏入近海，造成水体污染），水体环境恶化导致的微生物污染加剧等，都严重影响了水产品的质量安全。不规范的水产养殖会产生许多环境问题，而水产品养殖产地环境质量的下降又影响水产品质量安全。

3.1.2　水产养殖经营方式

水产养殖经营方式也是影响水产品质量安全的重要因素。目前，虽然我国水产养殖发展迅速，养殖规模不断扩大，但是我国大多数水产养殖经营存在分布散乱、组织化程度低、市场要素介入少的特点，制约着水产养殖安全发展。

（1）散户式经营，管理粗放。我国作为水产养殖大国，养殖水域面积广阔，分布广泛，类型复杂多样，但是很多还以农户经营为主，规模小、层级低、管理粗放，养殖生产主要依靠生产者的知识储备和经验积累。

（2）组织化程度低。目前我国水产养殖的用户群按养殖规模主要分为普通的种养水产农户、小规模企业、水产大户等 3 类。从我国水产养殖的经营模式来看，规模化生产主要存在公司模式、公司+农户模式、农业专业合作社模式。然而，前两种模式虽然存在以獐子岛集团股份有限公司、山东东方海洋科技股份有限公司等大型上市企业为代表的海水养殖公司，以大湖水殖股份有限公司、湛江国联水产股份有限公司、湖北武昌鱼集团股份有限公司等上市企业为代表的淡水养殖公司，但数量占养殖总规模的比重低。农业专业合作社模式发展迅速，至 2018 年年底，全国依法注册登记数量达到 217.3 万家[1]。目前我国水产养殖专业合作社还处于起步阶段，现有的合作社大多还比较松散，存在人力与技术资源不足、管理水平和业务水平低下、合作社融资困难、对接市场能力不足、社区服务功能落后、开展渔业保险阻力大等问题。

（3）资本等其他市场要素介入低。我国水产养殖分布地方土地密集，劳动密集，总体上占据大量土地、水域面积，但是由于水产养殖总体上属于低附加值产业，又受到现有农村土地制度的限制，资本等市场要素介入程度较低。

我国水产养殖经营方式具有上述特点，对水产品质量安全有负面影响如下：

（1）我国散户式经营较多，经营主体以农民为主，大多没有系统学习过养殖经营，导致很多淡水池塘的经营规划不合理，缺乏可持续性和长远性考虑，进行的粗放式养殖产量低、效益低。部分养殖池塘由于长期缺乏改造，日渐老化，清淤工作被忽视，造成池底淤积严重，不仅影响了养殖生产，而且产生的有毒有害物质直接威胁到水产品质量安全。而高度集约化的养殖模式虽然实现了增产的目标，但简单的集约化其负面影响也不容忽视。养殖种类中有大量不需要投饲养殖的种类，如滤食性鱼类、贝类、低营养层次的藻类，但投饲养殖比例的提高等使水产养殖鱼粉比率平均值并没有下降，海水鱼虾等的养殖还呈现高能耗、高排污及过分依赖鱼粉的弊端。另外集约化程度的提高增大了养殖业对能源的依赖，产生更多的 CO_2。这些现象都表明我国养殖模式需要创新，朝着节能、低碳、减排的生态集约化养殖模式发展。

（2）规模化程度低，推升各类成本。一方面，目前农产品市场交易中的信息不对称现象十分明显，导致了农产品和水产品的种植养殖面积、产量与价格剧烈波动，而小规模的养殖户对市场信息的搜集、捕捉和分析能力较差且生产规模越小其能力越低。在这种情形下，高质量农产品的供应者往往由于得不到合理的回报而主动退出市场，严重打击了农户的生产积极性，对水产品安全、经济发展和社会稳定和谐产生了不利影响。另一方面，针对小规模经营者，由于分布散乱，政府需要投入更多的公共资源和经费来进行监管，导致管理成本大幅度提升。

（3）保障水产品质量的能力差，承担社会责任能力薄弱。在水产品生产过程中，养殖环节是第一个重要环节，但是受到产业链、环境等因素的影响，而加工、储藏、运输、销售环节也存在监管空白，不能保障水产品质量安全。我国水产养殖以农户和专业合作社为主，个体农户社会责任感普遍较低，大多缺乏承担社会责任的能力，而专业合作社也未能形成能有效保障水产品质量安全的运作模式，而且其承担社会责任的资产有限，导致水产养殖参与者承担社会责任的能力相当薄弱。

3.1.3　水产品产业链

从我国养殖水产品产业的发展现状来看，水产品产业链目前还存在诸多问题。首先，企业总体规模小，未能形成如中粮集团有限公司、双汇集团等对全行业有重大影响的全产业链管理企业。中粮集团有限公司的"全产业链粮油食品企业"

战略强调以终端消费者需求为导向，其所有粮油食品产品都追求可以从餐桌倒推至种植养殖源头的每一道环节，通过从种植养殖到最后提供给消费者产品的全过程的每一个环节的可控管理，实现粮油食品卫生安全的可追溯性，形成一条从源头到终端消费的完整的粮油食品全产业链条。其次，可追溯体系构建难度较大。水生生物具有品种繁杂、不易标识（特别是水产苗种）等特点，水产品产业链的各个链条间（即各个链条的产业）信息不对称现象严重，各产业间交叉融合程度较低，可追溯体系构建存在不少制度、技术、可操作性困难。例如，水产品产业链中的第一个重要环节——水产苗种质量存在较大隐患：一是水产苗种的种质质量，苗种质量差易引发养殖病害，增加养殖过程中用药的概率；二是水产苗种药物残留问题，苗种培育极易受细菌感染或出现水霉病，违规用药发生情况增加；三是水产品在存活、保鲜技术上要求较高，在运输环节中水产品质量安全管理工作任务艰巨。3.3 节将详细分析各个环节影响水产品质量安全的因素。

3.2 影响水产品质量安全的环境因素

近年来，因药物过量使用，工业废水、生活垃圾大量排放，水生生物资源遭到破坏等原因，库区水质逐渐变坏，使水体中含重金属元素及有害物质等。这些有害物质在水生动物身体上不断积累，成为制约和影响水产品质量安全的重要因素。

3.2.1 药物残留影响水产品质量

我国是世界水产养殖产量最大的国家，到 2016 年，全国水产品总产量达到 6372 万 t，水产动物养殖产量达 4924 万 t，占世界水产品养殖总产量的 59%。在保持高产量的过程中，水产养殖用药也持续增加，到 2012 年，水产养殖用药量达 4 万多 t，水质与底质改良剂 15 万多 t，养殖用药及相关"非药品"成为影响水产品质量的最主要因素[2]。

水产品药物残留主要表示水生生物在养殖时，由于药物使用造成的水生生物体内药物含量积累，也包括药物及代谢物与水生生物体内大分子有效结合进而形成的残留物质。水产品在生长过程中，所应用的各类药物都有可能造成水产品药物残留。本节就水产品药物残留的来源、影响进行分析研究，以期为控制水产品体内药物残留量提供依据。

1. 药物残留来源

1）滥用药物

在水产品的养殖过程中，有很多养殖者在没有疾病时不做相应的预防措施，在产生疾病后又由于缺乏对药物使用的正确认识，未掌握药物的特性，在用药剂量、给药方法、用药部位和用药动物的种类等方面不遵守用药规定，盲目大量用药，并且这种现象十分严重。这使得养殖的水产品对于药物有一定免疫能力，使疾病防治方面难度加大，还直接对养殖的水产造成了药源性的损伤，同时又形成了新的疾病，使得不得不再次使用药物对疾病进行治疗，长此以往，形成了一种恶性循环，使养殖的水产品体内的药物残留越来越多。往往暴发性水产品疾病的发生都是由于在发病初期，没有被养殖户充分重视，没有在专业技术人员的指导下合理用药，病情严重时才请专业人员进行诊断，导致病情已恶化，且受检测条件所限，已很难快速诊断出鱼类致病主要因子，治愈率低。因此不当的投药方式在一定程度上不仅不能有效地控制疾病，而且还会引起养殖水体污染、水体生态结构破坏等不良后果，严重威胁着水产品质量安全。同时，某些养殖户依然使用氯霉素、呋喃唑酮、孔雀石绿等国家已明令禁止的高毒、高残留类渔药。

2）投喂含药量超标的饲料

随着水产养殖的集约化和规模化发展，饲料药物的使用量开始增加，药物添加也逐渐成为促进水产养殖业发展的有利手段。由于药物残留问题，磺胺类、硝基呋喃类、喹噁啉类和硝基咪唑类等抗菌药物以及甲基睾丸酮、雌激素等激素类药物被禁止使用。但是有少数的饲料加工企业为了自身的利益在饲料中违法或超量添加药物，有些饲料没有严格遵守农兽药的使用措施，有些可能使用已有药物残留或被污染的原料来生产饲料，长期投喂这些含药量超标的饲料就会造成水产品的药物残留。

3）不遵守休药期规定

休药期是指养殖水产品在停止给药后到产品许可销售及食用的间隔时间。药物在被水产品摄入后可以通过代谢和排泄来降低体内的药物残留量，在达到规定残留限量以下后上市才能保证水产品的质量安全。由于影响药物消除速度的因素包括鱼种、用药量以及给药途径等方面，因此各种渔药对不同种类的水产品都有着不同的休药期。例如，以 $250 \times 10^{-6} \mathrm{d}^{-1}$ 的剂量连续喂养太平洋鲑盐酸土霉素 4d，停药 7d 后才允许食用，而以 $55 \times 10^{-6} \sim 83 \times 10^{-6} \mathrm{d}^{-1}$ 的剂量连续喂养鲤鱼烷基三甲铵钙土霉素 10d 要停药 21d 才允许食用[3]。目前我国使用的很多水产药物缺乏明确的休药期规定，有些养殖生产者对休药期意识不强，在水产品上市前仍随便用药，这也是造成水产品药物残留的重要原因。

4）渔用药物基础研究相对滞后

一是我国渔药药理学等基础理论滞后，渔药研究缺乏系统性，偏重应用效果，在药动学、药效学、毒理学和药物对环境影响等方面的研究还很欠缺，导致渔药的使用存在着很大的盲目性。二是有效安全的渔药匮乏，制剂水平较低，一些禁用渔药没有更好的替代药品，致使禁用渔药仍在私下使用，导致渔药药效不明显，如孔雀石绿暂时还没有安全有效的替代药物，新型无公害水产专用药物和免疫制品的研制也较落后。一些渔药中对氧化剂的剂量没有严格控制，甚至会意外爆炸。三是渔药对水产养殖动物的生理活动影响研究甚为缺乏。四是部分渔药生产企业作为推动渔药生产的主体，往往只追求经济利益，忽视对渔药基础研究，导致我国渔药的科技含量偏低。

5）渔药的管理体制和机制存在漏洞

相关部门没有严格管理渔药的使用，对渔药的管理体制和机制存在漏洞，导致渔药滥用现象没有得到遏制。主要表现在渔药管理主体责任落实不明确，相关职能部门存在管理职能相互交错、不衔接或责任不明的领域，渔药的监管和监督存在多重管理的现象，养殖户缺乏渔药安全使用知识，致使渔药监管质量与效率低下。

6）其他途径的药物使用

例如，水产品在加工、储藏、运输、销售环节用到的消毒剂、保鲜剂、防腐剂等都有可能造成药物残留，如 2001 年"氯霉素事件"的原因是工人用氯霉素作为消毒剂引起药物残留。

2. 药物残留对水产品质量安全的影响

1）药物残留严重破坏养殖水环境

药物可以通过直接施放于水中造成水环境药物残留而污染养殖环境，或间接随被用药的水产品的排泄物进入环境，这些排泄物通常是粪便等，进入环境中的药物可以是药物本体或其代谢物的形式。养殖水域中存在许多维持生态稳定和代谢平衡的微生物，如光合细菌和硝化细菌等，这些残留药物或其代谢产物对低等水生动物而言有较高的毒性作用，使水环境中对药物较敏感的有益微生物和低等水生动物消失或减少；饲料中不加节制地添加和使用的抗生素，长期排入养殖水体中，会造成敏感菌株耐药性增强，且储存于水环境中的耐药基因还会通过水环境进行扩散和演化，在多种环境因子的作用下，可产生转移、转化或在动植物体内蓄积残存。残留药物还会通过食物链影响水生生物的正常活动，破坏水域生态平衡。

2）药物残留引起水产品质量安全事故

渔药等的不规范使用造成的药物残留现象日益严重，不仅污染了环境，也威胁到水产品质量安全，目前我国已经发生过多起因药物残留引起的水产品质量安全事故，如 2001 年"氯霉素事件"使我国蒙受巨大经济损失，2005 年"孔雀石绿事件"再次引起全社会对水产品质量安全的关注，2006 年底"多宝鱼呋喃类药物残留事件"导致整个产业遭受重创等。水产品质量安全事故的发生打击了消费者对水产品质量安全的信心，严重影响了我国水产品的对外贸易，由此造成的经济损失不可估量。药物残留问题成为制约我国水产出口的首要问题，成为国际对我国出口水产品限制的主要理由。

3）药物残留影响水产食品安全和人类的健康

在水产养殖生产中，为了达到快速有效的治疗效果，往往会加大渔药的使用范围、剂量和次数，造成部分病原生物产生耐药性。耐药性的增强将造成使用药量持续增大或改用其他种类药物治疗同种疾病，最终造成同类疾病无药可用的严重后果。用药量增大，药效反而越来越差，不仅增加了成本，更增加了防治难度。水产养殖中的药物残留还严重危害人类的健康，耐药性的产生诱导消费者体内某些耐药菌株的产生，延误治疗过程。虽然水产品中的药物残留量通常较低，引发的急性中毒事件相对较少，但水产品中残留的药物在被人体吸收后很难排出体外，长期摄入药物残留超标的水产品，药物在人体内蓄积到一定量后，就会对人体产生慢性、蓄积性毒性作用。例如，治疗水霉病的孔雀石绿，属于强致癌类药物，经药物残留在人体，当积累到一定浓度会对人体产生致畸、致癌、致突变的作用，即常说的"三致"作用；再如氯霉素，过度使用会破坏骨髓造血功能，导致再生障碍性贫血。同时，水产养殖药物残留还会造成人体变态反应或过敏反应。在水产养殖中经常使用的磺胺类、四环素类、喹诺酮类等药物，都是特别容易引起变态反应的抗菌药物。这些药物都具有抗原性，在水产品体内残留累积，通过食物链进入人体后，就会使某些极其敏感的人形成抗体，且致敏。当这部分人群再次吸入带有抗生素的药物时，就一定会出现变态或过敏反应。较轻的过敏反应者在临床上会出现荨麻疹、喉头水肿、恶心呕吐、腹痛腹泻等症状；而重者则会出现血压急剧下降，继而迅速引发过敏性休克，甚至会导致死亡。

3.2.2　无机污染影响水产品质量安全

无机污染主要指各种有害的金属、盐类、酸、碱性物质及无机悬浮物等造成的污染。有机污染指有机物质的污染。

1. 水体富营养化

氮、磷及有机质是海洋生态环境中重要的营养物质，但是当海水中的氮、磷和有机质含量严重超标，就会造成海水富营养化，破坏正常的海洋生态环境，从而影响水产品质量。

首先，富营养化水体的特征十分明显，是由于受到人类活动的影响，生物所需的氮、磷等营养物质大量进入水库、湖泊、河口等缓流水体，引起藻类及其他浮游生物迅速繁殖，而通常水体中的藻类以硅藻和绿藻为主，蓝藻的大量出现就是水体富营养化的征兆。蓝藻和红藻为主的自养型生物生长迅速，其他藻类种类则逐渐减少，随着富营养化的发展，整个水体中最终以蓝藻为主。蓝藻水华将导致水生生态系统紊乱，水生生物种类减少，物种多样性破坏，将影响部分水生动物的生长。

其次，藻类繁殖迅速，生长周期短，密度急剧增加，造成水体透明度降低，阳光难以穿透水层，以致不能为水生植物提供足够的营养能量，影响水生植物的光合作用和相关能量代谢。同时，浮游生物的大量繁殖消耗了水中大量的氧和绝大部分的能量，使水中溶解氧严重不足，而水面植物的光合作用，则可能造成局部溶解氧过饱和。溶解氧过饱和以及水中溶解氧少，会对水生动物（主要是鱼类）造成直接影响，导致水生动物大量窒息死亡。

最后，富营养化水体中含有的大量氮、磷容易在水体底层堆积，一方面，水体底泥中含有的有机物质在厌氧条件下被微生物进行分解可能会产生有害物质进而危害水生动物。另一方面，一些浮游生物可能通过氮、磷等营养素产生生物毒素对水生生物造成伤害，如石房蛤毒素是一种已知毒性最强的海洋生物毒素，常常在赤潮或水华期间大量发生。此外，富营养化水由于富含亚硝酸盐和硝酸盐，长期饮用会导致人畜体内代谢失调，进而中毒致病。

2. 赤潮

由于水体的富营养化，在适宜的光照和水温条件下，海水中某些浮游植物、原生动物或细菌暴发性增殖或高度聚集会引发赤潮。赤潮不仅严重破坏海洋生态环境，间接或直接造成海洋生物死亡，而且还直接影响水产品质量安全。

有毒赤潮生物能分泌毒素，如麻痹性贝毒（PSP）、腹泻性贝毒（DSP）、神经性贝毒（NSP）、记忆丧失性贝毒（ASP），这些毒素可以直接造成其他海洋生物死亡，严重的还可能导致摄食者中毒乃至死亡，腹泻性贝毒的活性成分冈田软海绵酸还是强烈的致癌因子。有毒藻类代谢物可通过鱼或贝类等食物链对人类造成毒害，如甲藻中产生的麻痹性贝毒被滤食性贝类或其他无脊椎动物捕食，从而在捕食者体内富集，可造成人类消化系统或神经系统中毒。

3. 重金属

自然界中的重金属元素约有 45 种，部分人类生命活动所不可或缺的重金属元素（如铁、铜、锌）如果在人体内沉淀过量就会造成反作用，而一些有害元素（如汞、铅、镉）在低浓度就能产生毒性。重金属属于无机污染物，主要是指铅、镉、砷、汞、铬、铜、锌的污染，电镀、化工、冶金等行业在生产过程中排出含有重金属的废水，这些废水直接或间接排入海洋，导致一些近岸海域海水、底泥中重金属含量超标。重金属不易被微生物分解，易于沿食物链传递，主要通过与生物体内的酶、细胞壁及细胞成分的相互作用来影响水生动物的正常生命活动。重金属元素在环境中进行迁移，进入食物链后就有可能由于生物浓缩及生物放大的作用在人体内沉积蓄积，因此，重金属污染是水产品质量安全的重要危险源之一。表 3-1 为《食品安全国家标准 食品中污染物限量》（GB 2762—2017）中规定的水产品中铅、镉、汞、砷、铬的限量指标。

表 3-1　水产品中重金属标准限量（GB 2762—2017）

重金属	水产品种类	限量（mg/kg）
铅	水产动物及其制品 　鲜、冻水产动物（鱼类、甲壳类、双壳类除外） 　鱼类、甲壳类 　双壳类 　水产制品（海蜇制品除外） 　海蜇制品	1.0（去除内脏） 0.5 1.5 1.0 2.0
镉	水产动物及其制品 　鲜、冻水产动物 　　鱼类 　　甲壳类 　　双壳类、腹足类、头足类、棘皮类 　水产制品 　　鱼类罐头（凤尾鱼、旗鱼罐头除外） 　　凤尾鱼、旗鱼罐头 　　其他鱼类制品（凤尾鱼、旗鱼制品除外） 　　凤尾鱼、旗鱼制品	 0.1 0.5 2.0（去除内脏） 0.2 0.3 0.1 0.3
无机砷	水产动物及其制品（鱼类及其制品除外） 鱼类及其制品	0.5 0.1
甲基汞	水产动物及其制品（肉食性鱼类及其制品除外） 肉食性鱼类及其制品	0.5 1.0
铬	水产动物及其制品	2.0

养殖环境中铅、镉、砷、汞、铬、铜、锌等重金属超过一定浓度水平，会对水产动物的呼吸运动、机体免疫以及生长繁殖等方面产生危害，不同重金属元素对水产品质量安全影响不同。

1）铅

铅是蓄积性毒物，急性毒性 LD_{50} 70mg/kg（大鼠经静脉），对水生动物的毒性作用主要是损害造血器官、肾脏以及影响呼吸、繁殖等。铅可导致红细胞溶血、雄性性腺、神经系统、肝肾和血管等的损害。

2）镉

无机镉对机体产生的危害主要表现为引起水生动物机体器官的氧化性损伤，影响体内酶的活性以及扰乱机体的内分泌系统等。镉是高毒和蓄积性物质，可产生致畸、致癌、致突变作用，牡蛎能将周围水域中含量非常低的镉浓集起来，铜、锌的存在能增加镉的毒性。

3）砷

单质砷无毒性，砷化合物均有毒性。三价砷比五价砷毒性大，约为 60 倍；有机砷与无机砷毒性相似。人口服三氧化二砷中毒剂量为 5～50mg，致死量为 70～180mg（体重 70kg 的人，约为 0.76～1.95mg/kg，个别敏感者 1mg 可中毒，20mg 可致死，但也有口服 10g 以上而获救者）。人吸入三氧化二砷致死浓度为 0.16mg/m³（吸入 4h），长期少量吸入或口服可产生慢性中毒。在含砷化氢为 1mg/L 的空气中，呼吸 5～10min，可发生致命性中毒。

4）汞

水生动物体内的汞不但与谷胱甘肽（GSH）等抗氧化物结合，降低机体清除自由基的能力，而且产生自由基，使体内脂质过氧化物（LPO）含量升高，导致细胞死亡。汞易在生物体中富集，在底泥中可发生生物甲基化作用，使得水中持续含有毒性更强的甲基汞，生物体内汞通常以甲基汞形式存在，汞对鱼卵有毒害。

5）铬

自然界铬主要以三价铬和六价铬的形式存在。铬是一种毒性较高的重金属，在动物体内存在的铬主要是 Cr^{3+}，Cr^{3+} 可协助胰岛素发挥作用，为糖和胆固醇代谢所必需。但 Cr^{6+} 是一种致畸、致癌、致突变物质，对动物有毒害作用，可与氧结合成铬酸盐或重铬酸盐，使核酸、核蛋白沉淀，干扰酶系统。铬对无脊椎动物的毒性比对鱼类的毒性大得多，牡蛎对铬最敏感，10～12μg/L 铬可致牡蛎死亡，某些浮游植物可将水中铬浓缩 2300 倍[4]。

6）铜

铜是生物体必需的微量元素，但是，当其浓度超过限制浓度时，会引起生物中毒，影响鱼类的生长、生殖以及体内酶活性等。0.06mg/L 铜能抑制大型藻类的光合作用。过量的铜会使鱼类的鳃部受到广泛的破坏，出现黏液、肥大和增生，使鱼窒息，另外，还可造成鱼体消化道损害。海洋浮游植物对铜的浓集系数为 3 万，海洋鱼类为 1000。

7）锌

锌作为微量元素在生物代谢中有重要作用，但浓度较高时能降低鱼类的繁殖力，如 0.18mg/L 锌使雌性鱼产卵次数明显减少。人吸入锌会引起口渴、胸部紧束感、干咳、头痛、头晕、高热、战栗等。锌粉尘对眼有刺激性，口服锌刺激胃肠道。长期反复接触锌对皮肤有刺激性。

3.2.3　石油类污染影响水产品质量

影响水产品质量安全的环境因素——石油类污染，是海洋最主要的污染物。近年来，由于海上石油勘探和海上运输等行业的迅速发展，石油开发造成的油田泄漏、车辆船舶运输的溢油事故、码头作业含油污废水排放、工业和生活废水排放等，使得石油成为近海中最主要的污染物。石油类污染直接危害海洋生物，并通过食物链的传递，影响水产品质量安全和食用者健康。双壳贝类（如牡蛎、扇贝、菲律宾蛤仔等）属滤食性生物，其不完全解毒途径，使得更易蓄积亲脂性化合物石油烃，同时石油类又含有多种难以被微生物降解的致癌化合物，特别是石油烃衍生出的多环芳烃化学性质稳定，不易降解，易在生物体内富集，且某些组分对人体和生物具有较强的致癌、致突变作用。被石油类污染的水产品被食用后，会在体内逐级积累并危及人体的健康和安全，所以石油类污染作为影响水产品质量安全的重要环境因素，引起世界各国的重视。近年来影响较大的油田泄漏事故是 2011 年 6 月 11 日位于渤海中部的蓬莱"19-3"油气田溢油事故。7 月 5 日国家海洋局初步调查确定，溢油造成劣四类海水面积 840km^2，单日溢油最大分布面积 158km^2，事故附近海域海水石油烃平均浓度高出历史背景值 40.5 倍，最高浓度是历史背景值的 86.4 倍。溢油事故不仅使渤海天然渔业资源受到严重破坏，严重影响了沿岸海水养殖生产，而且溢油对生态环境影响深远，被污染海域的生物群落状况需要历经数年才能恢复到原来水平。因此，对石油类污染的影响进行分析非常必要。

石油烃（petroleum hydrocarbons，PHs）主要是由碳和氢元素组成的烃类物质，约几万种成分，主要可以分为饱和烃、芳香烃和极性化合物。不同的石油类产品含有的烃类组分不同，所具有的特性也有较大差异。石油烃中饱和烃组分溶解性差，易挥发，没有嗅觉和味觉效应，对水生生物毒性低，所以对海产品的安全构不成危害。但芳香烃组分在水体中的溶解量很高，尤其是其中的多环芳烃（polycyclic aromatic hydrocarbons，PAHs）具有致癌作用，不易降解，在水体和生物体中的残留时间较长，是石油烃造成海产品有毒污染的最主要成分。多环芳烃按物化性质主要分为两类，一类是含 2～3 个苯环的低分子量的芳烃，该类化合物易挥发，水中溶解度大，对水生生物有一定毒性，另一类是含 4～6 个苯环的高分子量的芳烃。与低分子量化合物相比，含 4～6 个苯环的高分子量化合物沸点高，水溶性较差，易于沉降，具有较强的亲脂能力，加之贝类属于滤食性生物，不易迁移，个体代谢能力有限，PAHs 更易富集于底栖贝体体内，所以其更易累积于贝体脂质中。苯并[a]芘（benzoapyrene，BaP）是多环芳烃中致癌性最强的物质之一，通常作为致癌性多环芳烃类的标记物。水体中石油烃的来源主要是与石油相关产业的污染，如石油开采或轮船运输泄漏。

《无公害食品 水产品中有毒有害物质限量》（NY 5073—2006）规定水产品中石油烃≤15mg/kg，《食品安全国家标准 食品中污染物限量》（GB 2762—2017）给出了熏、烤水产品的苯并[a]芘限量指标为 5.0μg/kg。日本未在"肯定列表制度"中规定石油烃的相关限值，石油烃适用统一限值类物质的规定，为 0.01mg/kg。韩国农林水产食品部在我国蓬莱油田漏油事故后，宣布对从渤海湾临近海域（山东省、辽宁省和河北省）进口的水产品进行油渍残留等的精密检查，主要检查指标是 BaP，制定的限量标准是鱼类须低于 2μg/kg，蛤蜊须低于 10μg/kg，软体和甲壳类须低于 5μg/kg。欧盟法规中制定了食品中 BaP 的残留限（表 3-2）。

表 3-2　欧盟对苯并[a]芘的限量规定

食品种类	最大限量（μg/kg）
油类和脂肪（包括可可油）	2.0
熏肉及其制品	5.0
熏鱼及其制品的肉（应用于熏甲壳类产品）	5.0
鱼肉（除了熏鱼肉）	2.0
甲壳类、头足类（除了熏制品）	5.0
双壳软体动物	10.0
谷类加工食品和婴幼儿食品	1.0
婴幼儿配方奶	1.0
婴幼儿特殊医疗膳食食品	1.0

首先，石油烃对于水产品感观品质具有重要的影响。人类的感官尤其是嗅觉对石油烃异味比较敏感，即使是生物体中含有少量或微量石油烃，感官正常的人也能够对此做出正确的感官判断。双壳贝类属等的滤食性生物用于代谢的混合氧化系统存在缺陷，因而体内污染物的释放与鱼类和甲壳类动物相比慢得多。研究表明，菲律宾蛤仔体内石油烃浓度在 25mg/kg 以下时，贝体具有固有的鲜香味，品尝不出石油烃异味。当贝体中石油烃浓度达 30mg/kg 左右时，从蒸煮贝体的蒸汽中可嗅到轻微的异味，但无口味上的感觉。当贝体中石油烃浓度超 50mg/kg 时，则贝体出现明显的石油烃异味，因此，25～30mg/kg 应被认为是菲律宾蛤仔出现石油烃异味的阈值。青蛤和文蛤的异味阈值实验表明，当贝类体内的石油烃浓度达到 30～35mg/kg 时，贝类就出现异味，当贝类体内的石油烃浓度达到 50mg/kg 时，则有比较明显的异味，异味阈值定为 30mg/kg。因此，贝类的石油烃异味阈值大于甲壳类动物的 12～16mg/kg，但小于鱼类的 50～100mg/kg[5]。

石油类污染还对水产品质量安全的其他方面存在较大的影响：

（1）石油类含有多种难以被微生物降解的致癌化合物，特别是石油烃衍生出的多环芳烃，对生物的毒性很强。人们食用了被石油类污染的贝类，会在体内逐级积累并危及人体的健康和安全。

（2）油类中的水溶性组分对鱼类有直接毒害作用，可使鱼类出现中毒甚至死亡。

（3）油膜附着在鱼鳃上会妨碍鱼类的正常呼吸，对鱼虾的生存、生长极为不利。

（4）油类附在藻类、浮游植物上会妨碍光合作用，造成藻类和浮游植物死亡，进而降低水体的饵料基础，对整个生态系统造成损害。

（5）沉降性油类会覆盖在底泥上，破坏底栖生态环境，妨碍底栖生物的正常生长和繁殖，使一些动物幼虫、海藻孢子失去合适的附着基质。

（6）油类还可降低鱼类的繁殖力，在受油类污染的水体中，鱼卵难于孵化，孵出鱼苗多呈畸形，死亡率高。

石油烃污染物对浮游植物群落的多样性、均匀度、种类数和优势种组成及优势度都有显著影响，因此，石油烃污染物可能会对浮游植物的群落结构产生影响。研究发现，芘能够抑制浮游植物和细菌的生长，从而降低了浮游植物的生物量，使浮游植物群落组成发生改变，导致整个浮游生物系统综合功能发生改变。

3.2.4　微生物污染影响水产品质量

微生物污染影响水产品质量可分为一次性污染和二次性污染。一次性污染是指鱼虾贝类遭受到自然界病原菌，如鳗弧菌、嗜水气单胞菌、柱状屈挠杆菌等的感染发病导致的自身污染。二次性污染是指来自自然环境的污染，其中主要包括水产品捕获后受到沙门菌、副溶血性弧菌、致病性大肠杆菌等病原微生物以及各种杆菌、弧菌等腐败微生物的污染。

近年来我国微生物污染带来的水产品安全事故不断发生，如 2009 年上海市水产品中副溶血性弧菌平均检出率为 38.5%，尤其是甲壳类水产动物检出率为51.0%；2012 年，全国出口的贝类产品被国外通报 26 批，其中 3 批检出大肠杆菌，4 批检出大肠菌群，1 批检出金黄色葡萄球菌，4 批检出菌落总数，1 批检出沙门菌，1 批检出腹泻性贝类毒素。2016 年 3 月，国家食品药品监督管理总局公布的食品抽检名单中江苏省东昌钰海苔有限公司生产的海苔因大肠菌群超标 152 倍被通报；浙江省瑞安市华盛水产有限公司生产的熟虾皮的菌落总数超标 21 倍被通报[6]。水产品微生物超标现象严重，了解水产品常见的微生物污染，对进行水产品微生物控制十分必要。下面介绍水产品养殖和加工过程存在的主要病原微生物及其危害。

1. 弧菌

弧菌是革兰阴性菌，该类菌属菌体短小，弯曲成弧形，尾部带鞭毛。弧菌属广泛分布于河口、海湾、近岸海域的海水和海洋动物体内。目前 91 种弧菌中致病性弧菌有 12 种，但具有确切食源性致病性的弧菌主要为副溶血性弧菌、河流弧菌、霍乱弧菌和创伤弧菌。

1）副溶血性弧菌

副溶血性弧菌属于嗜盐性细菌，广泛存在于世界各国的沿海地区，隶属于弧菌科弧菌属，是引起食源性疾病的主要病原菌之一，也是海洋生物的重要病原菌，我国沿海食物中毒和夏季腹泻主要就是副溶血性弧菌引发的。近海海水及海底沉积物中副溶血性弧菌不仅使海产食品副溶血性弧菌带菌率增高，还使附近塘、河中养殖的淡水鱼、虾贝等受其污染，沿海地区带菌饮食从业人员，生熟食品工具的交叉使用，食用污染该菌又未经良好加工的海产品等均可引起食物中毒。副溶血性弧菌引起的食物中毒，在细菌性食物中毒中占的比例很高，其危害仅次于沙门菌、大肠杆菌、金黄色葡萄球菌和肉毒杆菌。

2）河流弧菌

河流弧菌是一种嗜盐菌，广泛存在于河流或出海口水中，抵抗力较强，是世界范围内海水鱼类和贝类养殖的主要威胁之一，是引起鲍鱼死亡的主要病原菌。引起河流弧菌中毒的食品主要是海产品（近海鱼的带菌率高达 30%），其次是被海产品和工具污染的熟食品，或者是生食海鱼、食用热处理不彻底海产品等。河流弧菌对热敏感，通过加热能够将其杀死。

3）霍乱弧菌

霍乱弧菌是引起烈性传染病霍乱的病原体，自 1817 年以来，已发生过 7 次世界性霍乱大流行，主要发生在夏、秋季节。食用或饮用被该类细菌污染的水产品和水源等是诱发腹泻疾病的主要因素，其发病率超过沙门菌和志贺菌，特别是水源被该类菌污染后会造成霍乱病的暴发流行。

4）创伤弧菌

创伤弧菌是人和动物共患病的重要致病菌，在医学界和鱼病学界都广为重视。按寄主范围和生化反应类型可划分为生物 1 型和生物 2 型两个生物型。其中生物 2 型菌株是鱼类的重要病原菌，使鱼的体表溃烂，特别是对鳗鲡显示出很强的专一感染特性，被认为是鳗鲡弧菌病的原发性病原菌。

2. 沙门菌

沙门菌广泛存在于自然界中，是主要食源性病原微生物之一。在我国，以沙门菌引起的食物中毒居细菌性食物中毒的首位。动物性食品是引起沙门菌食物中毒的主要食品，鱼、贝、虾类水产品是其中之一。水产品带菌主要是由于其生长的水环境污染了该菌，其次是在加工过程中被人、苍蝇、鼠类等传染而带菌。

3. 大肠杆菌

大肠杆菌是一个很大的菌属，包括致病性和非致病性大肠杆菌，是水产养殖中常见的微生物。多年来，致病性大肠杆菌中的致泻性大肠杆菌引起的腹泻病例一直位于第二位。大肠杆菌是人及各种动物肠道中的正常寄居菌，常随粪便从人及动物体排出，广泛散播于自然界，所以一旦检出大肠杆菌，即意味着直接或间接地被粪便污染。儿童和老人是该菌的易感人群，对其中 O157: H7 出血性大肠杆菌的感染发病率高达 50%。

4. 嗜水气单胞菌

嗜水气单胞菌属于弧菌科气单胞菌属，是嗜温、有动力的气单胞菌群，普遍存在于淡水、污水、淤泥、土壤和人类粪便中，对水产动物、畜禽和人类均有致病性，是一种典型的"人→兽→鱼"共患病病原，各种淡水鱼都可感染，尤其是人工密集养殖的温水鱼在水温较高的季节最为常发，给淡水养殖业造成惨重的经济损失。人类可因致病性嗜水气单胞菌感染而发生腹泻、食物中毒和继发感染。

5. 迟钝爱德华菌

迟钝爱德华菌是目前在水产养殖中有极大危害的病原菌，迄今该菌已在二十多种鱼类养殖中引发了病害，造成了巨大损失。另外，它是爱德华菌属中唯一感染人的成员。迟钝爱德华菌比较容易感染本来已患有肝炎和肿瘤疾病的人群，还可引起人的脑膜炎、肝脓肿、蜂窝组织炎、骨髓炎和败血症等。

6. 其他

单核细胞增生李斯特菌、金黄色葡萄球菌、假单胞菌等常见的致病菌和肺炎克雷伯菌、阪崎肠杆菌、香港海鸥型菌、洋葱伯克霍尔德菌等不常见的致病菌在水产养殖和水产食品中也不同程度地被检出，已引起研究者的高度重视。

3.3 影响水产品质量安全的生产环节

作为生鲜产品，养殖、储存、运输、销售等很多环节中处理稍有不慎，就可以对水产品的质量产生很大的影响。全面分析影响水产品质量安全的生产环节，可为水产品质量安全风险控制提供依据。

3.3.1 养殖环节

养殖环节作为水产品物流的开端，对保证水产品质量安全的意义十分重大。水产养殖过程中，存在的质量安全问题包括养殖品种和种苗的选择、养殖及捕捞的水域污染、渔业投入品污染、养殖者自身的安全意识淡薄、养殖生产管理不当，这些养殖环节中存在的安全隐患都会造成水产品质量下降。

1. 养殖品种和种苗的选择

养殖品种和种苗的选择是水产品养殖环节首要考虑的因素，不同品种的水产品在养殖过程中的注意事项不同，种苗质量的选择也是影响后期水产品质量的关键因素，选择优质品种和质量好的种苗可以减少疾病的发生，保障水产品质量安全。但是实际情况是绝大多数的个体养殖户、小规模养殖场等没有意识到养殖品种选择的重要性，相当一部分养殖户在考虑选择何种养殖品种的水产品时有一定的随机性，或者是跟风选择，视其他养殖户的选择而定。选择养殖品种不仅要考虑当地市场需求，而且养殖条件是否适宜该品种水产品的生长习性特点都是需要全面了解的。自然环境对不同品种的水产品养殖影响是不同的，温度等因素的变化会影响水产品品质。综合市场因素选择适宜的养殖品种后还要选择质量好的种苗，控制种苗质量可以大大减少目前鱼、虾、蟹类水产品出现病害后治愈率极低的现象。

2. 养殖及捕捞的水域污染

水域作为水产动植物赖以生存和生长的基础环境，也存在药物残留、无机和有机污染、石油类污染和微生物污染的安全隐患。水域环境随着现代化农业、水产养殖业等迅猛发展遭到一定程度的破坏，鱼虾和贝类等水产品受到排放到水域中的有害物质污染，严重影响水产品质量安全水平，造成了各种有害后果。例如，我国江浙等一带海域水体环境有机、无机污染严重造成的赤潮现象频发，积聚了赤潮毒素的贝类被人们食用后导致贝类食物致死性中毒事故。

3. 渔业投入品污染

为保障水产品养殖生产顺利进行，渔业投入品的使用不可避免。渔业投入品包括渔用饲料、渔药、水环境投入品以及其他化学制剂等。其他化学制剂主要指清塘剂、化学增氧剂、水质改良剂、水产品抗应激剂等水质调节剂，这些化学制剂都直接作用于水体，与水产品进行密切接触，化学制剂的不当使用和质量也将影响水产品的质量安全。在渔业生产过程中，不良投入品在饲料和渔药使用中造成的污染较为严重。

饲料的使用是把双刃剑，优质的饲料适量使用可以大幅度提高水产品的产量，保障水产品的质量。饲料的品质受配方、原料、生产工艺等多种因素的影响。养殖生产过程中水产品种类繁多，更新快，所需的饲料种类也繁多，饲料配方复杂多变，质量参差不齐。有些饲料为增大药效滥用激素或添加违规违禁的化学剂，造成饲料中有毒有害物质超标。当前，针对渔业饲料中存在卫生指标超标的问题，农业部门每年会对饲料产量进行质量检查，发现有将近 1/2 的企业生产的饲料重金属含量超标。另外，某些饲料由于储存不当而受到污染，腐烂变质后仍然继续使用，水产品经这些质量不过关的饲料喂养后将造成病害发生甚至死亡，水产品质量得不到保证，人类健康也受到威胁。

渔药的使用也直接关系到水产品的质量安全。渔户在水产品生产过程中存在滥用渔药的现象，包括不对症用药、随意增加药品剂量、用药后不执行休药期等，造成药物残留于水产品体内。部分渔民甚至随意使用环丙杀星、磺胺类、土霉素等限用药物和硝基呋喃类、氯霉素等杀菌类、抗生素类违禁药物。

水产品在养殖环节后，将由生产者带入流通环节，如果在养殖期间没有从源头做好质量安全监控，那么其已经产生的质量安全问题将会随着流通延续到后续的流通环节。

4. 养殖户自身的安全意识和责任感

养殖户在水产品质量安全方面意识淡薄。以我国第四大淡水湖洪泽湖为例，洪泽湖水产品的养殖从业人员以农户为主，其受教育程度在初中及以下，大部分从业人员欠缺水产养殖质量安全管理方面知识，对于水产养殖期间的药物使用和病害防治认识不深。加之责任感不强，养殖户为降低成本、增大产量，获取最大利益，在水产品渔业投入品的采购和使用过程中，往往会选择使用添加激素的低成本饲料；在水产品病害时，没有请专业人员诊断而自行盲目用药。不仅用药方面，养殖过程中遇见的大多数问题均是凭借养殖户多年经验处理。养殖过程缺乏对养殖环节操作规范性的重视，养殖户的思维惯性是采用传统的养殖方式方法，认为养殖过程中水产品产量是依靠自然，实际上饲料配比、药物使用上的随意性对水产品质量安全产生极大的威胁。

5. 水产品安全管理存在问题

水产品质量安全需要相关法律法规和标准保障。我国颁布实施了水产品质量安全相关法律法规和标准，和水产品质量安全直接相关的法律、规范主要有《中华人民共和国渔业法》、《中华人民共和国水污染防治法》、《中华人民共和国食品安全法》、《鱼类产地检疫规程（试行）》、《饲料和饲料添加剂管理条例》、《水产苗种管理办法》以及相关的技术规范等。这些标准基本涵盖了水产品生产的各个环节，上至法律位阶较高的国家标准，下到针对性较强的技术规范，但是相关法律法规及标准还存在以下两个问题：

第一，缺乏统一的标准，难以具体执行。我国虽然颁布了200多项与国际接轨的水产品质量安全国家和行业标准，其中与水产相关的标准分为国家标准、行业标准、地方标准和企业标准。但是执行的标准太多，又没有明确规定应该选用哪一个标准，造成标准使用的混乱和不执行任何标准的现状。

　　第二，相关法律法规和标准与相关单位脱节。例如，《水产养殖质量安全管理规定》第十条规定"水产养殖生产应当符合国家有关养殖技术规范操作要求。水产养殖单位和个人应当配置与养殖水体和生产能力相适应的水处理设施和相应的水质、水生生物检测等基础性仪器设备"，而在实际中大多数养殖单位并没有相应的基础性仪器设备，也没有要购买这些基础性仪器设备的计划。最关键的是大部分养殖企业并不清楚相关的法律法规和标准。

　　除了相关法律法规和标准不完善，在水产品养殖过程中企业的安全管理也存在问题。多数企业在管理方面非常薄弱，表现在：没有对从业人员进行筛选培训，造成从业人员素质较低；缺乏科学的指导和监督，存在违规用药情况；养殖场管理工作不重视，养殖品种记录、用药记录、捕捞记录等不完整，少部分为空白；给药方式、给药量、给药种类无法追踪，给监管部门的监管工作及养殖场自身的管理工作带来盲区。

3.3.2　加工环节

　　随着水产品消费需求的增大，水产品也朝着多元化发展，除了传统的生鲜品，涌现了许多水产加工食品，主要包括水产冷冻冷藏品、干制品、腌制品、熏制品、罐头食品、鱼糜制品、鱼油鱼粉和藻类加工品等。水产品进行加工处理后不仅可以大大延长保质期，便于运输、储藏和销售，而且提高物流效率、降低物流损失。我国水产品加工业兴起，但是与世界水平相比，我国加工企业在水产品加工和综合利用方面还存在很多问题，水产品加工比例远远低于世界平均水平。据 FAO 统计，世界水产品产量的 75%左右是经过加工后销售的，鲜销比例不足总产量的25%，而目前我国水产品加工比例仅占总产量的 30%左右，其中淡水水产品的加工比例更低，加工比例不足 5%，鲜销比例超过 95%[7]。

　　制约我国水产品加工业发展的主要原因是加工企业的发展落后。我国加工企业在水产品加工方面存在着四个特点影响水产品的质量安全。第一，我国大型的加工企业较少，分布较广的中小型企业设备简单、自动化程度低、加工技术方法低，使用传统工艺加工耗时耗力，而且传统工艺的加工方法对水产品质量安全没有保证。第二，加工企业没有良好的卫生规范，标准体系不健全，特别是没有认识到加工方法和技术（如加工前的处理技术、杀菌抑菌的技术、发酵的技术等）是随着水产品的具体差别而有其对应的注意事项。以贝类产品预处理加工为例，一些被轻度污染的贝类产品大多在没有经过严格、有效的净化处理的情况下流向市场，其中隐藏的致病菌通过储藏、运输、销售环节的流通，最终由消费者为这些携带致病菌的水产品买单。第三，加工企业深加工层次低、高附加值产品少、综合利用率低。加工过程中产生的许多副产品，主要用来生产鱼粉，用于养殖饲料，不仅没有充分利用其中其他价值成分，还使得很多水产品对鱼粉依赖性增大。粗加工水产品出口量很大，但深加工的水产品出口量少。第四，水产品加工企业的组织化程度低，规范化管理机制不健全、水产品加工企业资质认证制度缺乏等造成水产加工企业发展参差不齐，企业分布较为分散，不利于形成大规模、高水准的加工企业，进而不利于水产企业通过市场竞争提高产品质量。

在水产品加工流程中，影响水产品加工质量的因素概括起来可以分为三方面：一是生物因素，包括外部因素微生物污染繁殖和内部因素酶的作用；二是化学因素，包括农药残留、重金属等；三是物理因素，包括冷冻和冻结前加工中的各种物理因素。

在水产品生产的环境里，存在着许多微生物，它们通过各种途径进入加工的流通品中，从而造成对水产品的污染。加工环节的微生物污染包括以下几种：

（1）由土壤引起的污染。例如，龙虾水陆两栖，喜打洞穴居，受土壤的污染，带菌数很高。收购的原料品进入工厂后，有可能对生产车间的空气和用具造成污染，从而污染加工中的水产品。

（2）通过加工用水污染。水产品加工中离不开水，水质的好坏对产品的卫生质量影响很大，如果加工用水不清洁或连续使用造成富营养化，则其不仅是微生物的污染源，还是微生物污染加工品的一条途径。

（3）通过空气污染。在水产品加工车间，人员密集，据监测，龙虾加工车间菌数多时可达 4000 个/m³，每个人在呼吸空气的过程中，也把口腔、鼻腔的微生物带进空气。如果有人患有呼吸道疾病，则周围空气很有可能就带有致病微生物，而操作台上的半加工品就暴露在空气中，因而受到污染。

（4）通过人和动物污染。在水产品加工流程中，大部分产品经过了人的手指操作，因而人体可作为媒介，引起微生物污染。特别是手指，如果不常修剪，不注意清洗消毒，很容易引起加工中的流通品微生物污染。有些动物也会引起微生物污染。而且有食品的地方，正是这些动物活动频繁的场所。

（5）通过工用器具及杂物污染。水产品加工过程中，要接触许多工用器具，这些工用的器具是否清洁，与水产品的卫生质量直接有关，如果不符合卫生要求，它们都可以作为媒介，起到传播微生物的作用而引起污染。

在水产品的加工流程中，化学品使用不当，如杀菌剂、防腐剂以及进行腌制烟熏保藏时使用的化学剂等大量使用，会造成化学污染，化学污染危及水产品安全卫生质量，并进而通过食物链对人体的健康产生危害。除养殖环节带来的重金属和药物残留等化学污染外，加工中外来的化学污染主要包括防腐剂的污染及有关工用器具和包装材料污染。加工环节的化学污染主要包括以下几种：

（1）防腐剂的污染。在水产品加工过程中，为了防止微生物污染繁殖，要采用消毒药物对工用器具进行清洗消毒。例如，蒸煮后的虾体在两次冷却时，冷却水也加入消毒药物，抑制微生物生长。因此，如果消毒药物的浓度掌握不适，就会在水产品上造成残留。例如，产品中的余氯不应超过 10mg/kg，如果使用含氯的消毒剂，滥用剂量，就会使余氯残留量大大增加。

（2）有关工用器具和包装材料的污染。生产设备、盛装容器、包装材料等与水产品接触过程中，如果它们含有毒有害物质，就有可能迁移到要加工的水产品中，造成污染，危害人体健康。例如使用的塑料包装容器、纸包装容器、陶瓷包装容器和金属包装容器，这些工用器具及包装物所用的材料，涉及许多化工原料，成分复杂，使用了不允许使用的品种就可能对产品造成污染。

目前我国容许使用的食品容器包装材料的热塑性塑料有聚乙烯、聚丙烯、聚苯乙烯、聚氯乙烯、聚碳酸酯、聚对苯二甲酸乙二醇酯、尼龙、苯乙烯-丙烯腈-丁二烯共聚物、苯乙烯与丙烯腈的共聚物等，热固性塑料有三聚氰胺甲醛树脂等。在这些塑料及制品制造过程中，工厂为了增加塑料的稳定性，提高塑料及制品的物理性能，经常加入一些增塑剂、稳定剂、抗氧化剂、着色剂等助剂。这些助剂成分复杂、品种多，有些是有毒有害的化学物质。非法使用的回收塑料中还含有大量的有毒添加剂、重金属、色素、病毒等。纸包装材料可能存在造纸过程中的添加物，包括荧光增白剂、防渗剂/施胶剂、填料、漂白剂、染色剂等，还可能含有过高的多环芳烃化合物。而我国在纸包装上印刷的油墨，大多是含甲苯、二甲苯的有机溶剂型凹印油墨，为了稀释油墨常使用含苯类溶剂，可能造成残留的苯类溶剂超标。陶瓷包装容器的釉料特别是各种彩釉中往往含有有毒的重金属元素，如铅、镉、锑、铬、锌、钡、铜、钴等，甚至含有铀、钍和镭-226 等放射性元素。金属包装材料与容器的内壁涂料含有双酚 A（BPA）、双酚 A 二缩水甘油醚（BADGE）、双酚 F 二缩水甘油醚（BFDGE）、酚醛甘油醚（NOGE）及其衍生物，瓶盖垫圈中的增塑剂大部分是邻苯二甲酸二(2-乙基己基)酯（DEHP），DEHP 是目前日常生活中使用最广泛且毒性较大的一种酞酸酯。橡胶中添加的助剂有硫化剂、硫化促进剂、防老剂等，这些助剂品种多、成分复杂，有些是有毒性的，如防老剂 D 含有 β-萘胺，是一种明显的致癌物质。

3.3.3　储藏环节

市场上水产品主要以鲜活和冷冻的形式销售，以鲜活形式消费的主要是淡水产品，以冷冻形式消费的主要是海水产品。另外，水产品不仅极易受地区、季节等环境因素的影响，而且在流通过程中的储藏环节，如果温度、时间控制不当，水产品就会腐败而失去营养价值。因此，随着人们生活水平的提高、消费观念的改变，水产品储藏过程的质量安全备受关注。

首先，分析影响水产品储藏质量的最重要因素——储藏温度。不同储藏温度条件下水产品的品质和货架期有显著差异。按照不同的品质要求和相应的允许货架期，水产品在储藏环节需要保持的温度不同。第一种是 2～10℃的冰鲜冷藏，水产品在这个温度阶段质量是最好的，但是货架期最短，需要尽可能地缩短运输时间，在货架期内商品价值最高时销售。第二种是−18℃以下的低温冷藏，相比 2～10℃，−18℃显著抑制了微生物的繁殖、挥发性盐基氮（total volatile basic nitrogen，TVB-N）值的增长、pH 值的变化速率，并使巯基含量下降，货架期显著增长，所以虽然水产品的质量有所下降，但是使用是最广泛的。第三种是−30℃以下的超低温冷藏，此时水产品的品质保持是优于−18℃的低温，也延长了货架期，但是超低温很难达到，适用范围太窄，只适用于一些对品质要求较高的水产品。例如，对金枪鱼使用−55℃的超低温冷藏链，以保持金枪鱼作为生鱼片食用的品质要求。随着水产业的发展，水产品的储藏保鲜方法不断改进，但是目前还有很多待提高的地方：一是目前应用最多的冰温冷藏保鲜时间短，不能大幅度提高水产品的货架期，而储藏效果最好的温度很难普遍应用；二是储藏保鲜效果好的纯天然生物保鲜剂制作成本高，技术复杂，也不能广泛应用于生产；三是冻藏保鲜的水产品在保鲜过程中不仅口感降低，而且往往营养流失大；四是一些批发商冷藏设备简陋，对部分需要低温或冷藏储存的鲜活水产品和冰鲜冷冻水产品，有的没有储藏安全意识或为了节约成本，冷藏温度达不到要求，造成水产品腐败变质，进而带来质量安全问题。

其次，储藏环节使用药物影响水产品质量。水产品储藏时，批发商贩在鲜活水产品储存过程中为了减少水产品因病害死亡造成的经济损失，会滥用药物，部分商贩甚至随意使用违禁药物，造成药物残留于水产品体内。

最后，储藏环境的卫生安全影响水产品质量。部分批发商的水产品储存环境的卫生情况令人堪忧，各种杂物、污物与水产品共同存放，使水产品在储存中受到交叉污染。

3.3.4　运输环节

与储藏环节相同，在水产品运输过程，最重要的影响因素就是冷链的控制。因为水产品极易腐败变质，所以无论是鲜活还是冷冻的水产品都对冷链要求非常高。针对水产品的运输需要专业的运输设备，水产品的装箱卸货都需要在冷库或低温环境下进行。但是我国水产品冷链设备还不完善，据统计，我国处于无冷链保证的运销状态的水产品约 80%，在物流运输上水产品的损失率约为 25%～30%[8]。在水产品运输过程中，物流运输专业性不高，大部分配送车辆仅依靠简单的冰块来维持低温环境，水产品不但在运输过程中没有得到严格的温控保证，而且在装卸货、转运过程中暴露在常温下，又无水体充氧设施，增加了水产品变质的风险，造成大量的水产品在流通中损耗。

水产品在运输过程中还经常出现的问题有：运输环节为了提高鲜活水产品存活率，不法商家常在运输水体中加入孔雀石绿或丁香酚，以提高鲜活水产品存活率，这种现象在走私进口的水产品（如石斑鱼）中更为严重，因为其货值高，运输成本也高；暂养环节为了让待售鲜活水产品存活率高，不患皮肤病（溃烂、水霉等），不法商贩在水里放孔雀石绿或甲醛等违禁药进行杀菌或保鲜。以鳜鱼为例，鳜鱼属于中高档淡水鱼，在市场上一般以鲜活的方式销售，且大部分在酒店消费，鳜鱼在运输过程中常见的问题是运输中使用孔雀石绿等禁药。由于鲜活鳜鱼在运输途中常因碰撞发生感染，使用孔雀石绿可防止水霉发生，从而延长鳜鱼的存活时间。2006 年香港食物安全中心查出内地输出到香港的部分鳜鱼含有微量孔雀石绿。另外，运输鲜活水产品存在工用器具和包装材料的污染，污染物在水产品体内沉积，影响消费者身体健康。

3.3.5　销售环节

销售环节是水产品流通过程中的最后一道环节，是指打捞好或加工后的水产品到消费者手中的阶段，流通主体以超市和农贸市场为主，还包括批发市场和餐饮酒店等零售商。与储藏、运输环节一样，零售商在水产品冷藏时间、冷藏温度、添加剂的使用方面存在类似的质量安全问题，即某些销售者在销售鲜活水产品过程中，为保持水产品色泽鲜艳、防止腐败，使用孔雀石绿、甲醛等违禁药物，一些厂家在加工过程中，随意或超量使用食品保鲜剂、着色剂，有的加工者为延长产品货架期，添加抗生素以达到灭菌的目的，造成水产品加工污染，甚至危害人类健康。除此之外，销售环节影响水产品质量安全的最大问题在于销售场所的环境。

有数据显示，70%的农副产品交易是通过农贸市场实现的，农贸市场为城市居民提供新鲜的蔬菜副食品，是满足城市居民副食品需求的主要交易场所[9]。我国许多中心城市的农贸市场在经过升级改造后，其环境和条件已极大改善，但是仍然有很大部分的农贸市场水产品冷冻、冷藏和储存的设施不完备，缺乏保鲜和检测等硬件设备；部分水产品仍是露天经营，卫生环境差，水产品宰杀区污水横流，垃圾遍地；水产品基本来源于沿海城市，因种类不同养殖过程存在较大差异，对存在药物残留、添加剂使用等问题的水产品未能进行有效的筛查，很多摊贩摊位虽然面积狭小，但出售的水产品种类很多，不能做到分类分区销售，很多水产品甚至混杂摆放，交叉污染情况严重；市场内多为商贩与农民个体经营，安全意识低，管理困难，有毒有害的违禁渔药、饲料以及化学剂等在利益的驱使下被非法使用的情况时有发生。

超市由于其购物环境整洁干净等优点一直深受广大居民的信任，随着超市的发展，出售的水产品品种也在日益丰富，越来越多的居民选择购买超市的水产品。表 3-3 对农贸市场和生鲜超市水产品的销售情况进行了对比。

表 3-3 农贸市场和生鲜超市水产品销售情况比较[10,11]

类别	农贸市场	生鲜超市
农业基础	小农经济	现代化大农业生产
水产品种类	少且有重复，新鲜程度波动大	品种丰富且较新鲜
购物环境	脏乱差，摊位分散	整洁干净，摆放整齐
营业时间	白天经营，无法满足上班族	营业时间长
水产品价格	较低，可讨价还价	较高，有让利促销活动
水产品质量	质量无保障	接受严格质检、安全监测，相对放心
水产品加工	加工少且不卫生	各类加工食品多，质量有保障
购物便利度	仅提供生鲜产品	一站式购物
购物感受	压抑、无乐趣	可做休闲放松方式

然而生鲜超市在水产品的经营管理方面尚有欠缺。按照规定，冷冻水产品应在 −18℃ 的低温环境中储存，而部分超市冷冻陈列柜的温度常常高于冰冻水产品的保质温度，使得有的冷冻水产品在消费者购买时已经部分融化；还有部分消费者在自由选购冷冻或冰鲜水产品时往往忘记随手关上冰柜门，柜门总是处于常开状态，在相当长的一段时间内也没有相关超市工作人员巡查到这一情况，使得柜外热气进入柜中，柜内温度升高，给影响水产品质量安全的微生物繁殖创造了条件。近年各地超市频繁出现用油鱼冒充鳕鱼的"假鳕鱼"事件，消费者在食用假鳕鱼后产生腹痛腹泻等不良反应，引起消费者极大的恐慌和愤慨，而日本和意大利等国都已将冒充鳕鱼的油鱼列入"禁止入口"鱼种。

另外水产品的销售点无论是农贸市场亦或是超市等都存在经营者销售台账不完善的问题，尤其是农贸市场在买卖过程中没有条件使用规范的票据，加之水产品交易量大而且频繁，使得存在质量安全隐患的水产品无法溯源，市场门槛较低，批发市场没有建立市场准入制度，往往会有部分未经过检验检疫的水产品进入市场直接销售，使得不合格水产品进入市场成为可能。另外，目前对市场经营主体的管理和培育相对滞后，主要是针对市场本身的运营，如场地、道路的打扫及市场内交通秩序的维护、水产品交易的管理和租金、水电费收缴的管理，这种原始管理方式严重制约了市场的发育和成熟。

3.3.6 监管环节

从现实情况来看，水产品质量安全必须通过监管进行保障。北京"福寿螺"

广州管圆线虫病、"多宝鱼"使用违禁药物（环丙沙星、氯霉素、孔雀石绿、红霉素等）、"桂花鱼"出现孔雀石绿等的质量安全事件会不时出现在媒体报道中。"福寿螺"、"多宝鱼"、"桂花鱼"事件披露后，北京、上海、广州、杭州、香港等地市场已纷纷停售问题产品，不仅使这些产品的生产企业遭受沉重打击，还导致整个水产品产业面临信任危机。监管环节主要存在监管实效性差和职能分工不明确两个问题。

1. 检测技术实效性差

越来越多的检测技术被运用到水产品安全检测中，传统的生物检测和仪器分析方法，费时费力，无法快速给出结果。近年来，快速检测方法应运而生，《总局办公厅关于印发食品快速检测方法评价技术规范的通知》（食药监办科〔2017〕43 号）和《总局关于规范食品快速检测方法使用管理的意见》（食药监科〔2017〕49 号）均对快速检测方法的应用给出了指导性意见。尽管如此，目前的快速检测技术尚不成熟，无法满足快速检测要求。对于快速检测不合格的水产品，监管部门仍然需要送样至有资质的检验检测机构采用仪器确证，实效性差，往往让不合格水产品流入市场，对消费者健康造成危害。

2. 监管部门多，监督管理困难

目前我国水产品质量安全监管体制为按环节进行监管，存在责任不清、多头管理的现象。有关职能部门按条线分级设置检测机构过多，质检、农林、渔业、检验检疫、环保等部门按条线设置机构，检测力量分散，且各地分布存在较大的不平衡性，检测能力较强的检测机构多集中在市区，缺乏统一规划和管理，导致检测不利，监督管理困难。重复管理和重复抽样检测现象普遍存在，浪费了人力、物力和财力，更使水产品质量安全无法达到有效监管。例如，在养殖过程中使用违禁药物无人管理，饲料厂商为了提高饲料销量添加大量抗生素，等等。

3.4　水产品质量安全风险控制

目前，我国水产品质量安全管理体系已初步完善，水产品标准、检测、认证体系框架也初步形成，但水产品质量安全关键控制点设置不一致，水产品质量安全关键控制点如图 3-1 所示。下面将对水产品生产过程各个环节的关键控制点进行分析，并对水产品质量安全风险评估进行概述，旨在控制产品质量安全风险。

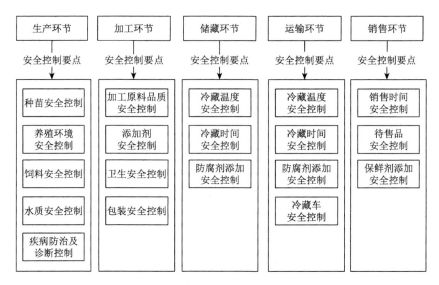

图 3-1　水产品质量安全关键控制点

3.4.1　水产品生产环节关键控制点

生产优质水产品必须从原料抓起，加大对投入品（包括苗种、饲料、渔药等）的质量监督、管理，保证各个生产环节均达到要求，确保最终产品质量。水产品生产环节的质量安全风险控制在于以下几点。

1. 种苗安全控制

选择优良的养殖品种，放养优质的苗种，是保证水产品质量安全的必要前提条件。健康苗种的适应性强，抗病能力强，耐高密度养殖，进而可减少渔药的投入，防止其对养殖水体中有益生物的杀灭和破坏养殖水体的生态平衡，为渔业安全提供保障。鱼种是水产养殖获得高产高效的关键因素之一，其种苗质量是水产养殖业持续稳定发展最重要的物质保证。目前我国海、淡水养殖品种除保留了野生型对环境温度等变化适应性较强的优点外，更多地表现为对养殖环境变化的不适应性。同时，野生型群体经过数代养殖后，其子孙性状分离，可能有一部分个体对某些环境（病原）敏感，易发生死亡，并诱发其他个体死亡。另外，我国多数育苗场家的设施、设备比较简陋，苗种培育期间各种要素的可控程度差，大多数养殖场都面临着有效群体数量较少、逆向选择、近亲交配以及由此引起的经济性状衰退和基因库萎缩等问题，出现鱼种生长慢、早熟、抗病力差等症状，暴发性鱼病频繁发生，经济损失严重。因此，在养殖中应该从正规原、良种场引进和放养健康的不带传染性病原生物的苗种。为控制种苗安全具体要遵循以下三个原则：

1）加强苗种生产管理

加强苗种生产管理，重点控制要素为苗种来源是外购还是自繁。外购的受精卵、苗种、亲本应来自经有关行政部门批准并持有水产苗种生产许可证的苗种苗场。有些水产品如鲑鳟鱼在目前国内养殖场疫情形势严峻，疫病防控难度增大，禁止从国内引进发眼卵和种苗，只能从国外无疫区有生产资质的苗种场引进，国外进口则必须提供原产地健康证明和检疫许可证。在使用自繁苗种时，应确保亲本质量、生产设施合规、按标准生产、卫生状况良好并定时做好育苗记录。投苗前做好苗种检疫及消毒工作，苗种投放密度要合理。健康、优质的苗种是渔业生产的物质基础。

2）严格遵守种苗输入和输出检疫制度

销售前经检疫合格取得合格证后方可出售。另外，苗种场要主动接受相关渔业部门定期和随机抽检、复检。以鲑鳟鱼为例：每批次鲑鳟鱼发眼卵和苗种在引进后和销售前（或入箱前）都要申报检疫，主要进行传染性造血器官坏死病病毒（IHNV）和传染性胰腺坏死病病毒（IPNV）检测，须在检疫隔离场按规定隔离检疫，隔离检疫期为 45d，检疫合格后方可解除隔离。

3）开展无规定疫病苗种场试点建设

无规定疫病水产苗种场建设是依据《中华人民共和国动物防疫法》等有关规定，在水生动物防疫检疫方面进行的尝试。经部分省市试点，取得了初步经验，证明可以通过建立人工隔离设施、采取无规定疫病育苗技术、全程疫病监控及阳性批次无害化处置等技术措施，达到生产无规定疫病水产苗种的目的。

试点单位要严格按照《无规定动物疫病区管理技术规范》的相关要求开展试点建设，配置与生产能力相适应的养殖废水处理设施及相应的水质检测等仪器设备；制定和完善苗种生产技术操作规范、疫病防疫制度和重大疫病应急预案等各项管理制度；制定和实施生物安全管理措施计划，加强苗种生产、检疫、质量、用药、消毒、档案及销售的管理工作。

2. 养殖环境安全控制

养殖环境控制关键点包括以下几方面：养殖区域内污染源、水质水源、养殖场土地、养殖地对周围的影响。养殖水环境保持得好能直接有效地防控水产养殖病害，是水产养殖的重中之重，养殖水体投入品可以改善养殖生物环境条件，促进物质循环，调整水体生态平衡，目前常见的有肥料、增氧剂、水质改良剂、抗应激剂等，采购的投入品应确保名称、成分、生产商及批准文号齐全，在养殖过程中应做好水质监测工作。应现场检查养殖环境，同时做好监控。目前我国水体污染越来越严重，影响我国水产品的质量。水产品养殖环境控制可参考《农、畜、水产品产地环境监测的登记、统计、评价与检索规范》（GB/T 22339—2008）。

1) 养殖水质安全控制

养殖水质安全控制主要包括水源选择、水质处理。水源条件是渔业养殖的最基本的物质基础。在日常的养殖生产中，首先要控制好水源，水源选好管好就决定了水质的基本条件，水源是健康养殖的关键。池塘水质应该满足渔业用水标准，水质要清新，不能含有过量的对人体有害的重金属及化学物质，池塘底泥及周围土壤中的重金属含量不超标。每天都应测定养殖水体的温度、pH值、溶解氧、氨氮、硫化物等指标。通过水质分析及底质污染指标监测，测出污染物组成、变化及迁移情况。以上监控都要建立纠偏、验证程序，并保存记录。对水质的监测可参考如下标准：《渔业水质标准》（GB 11607—1989）、《无公害食品 淡水养殖用水水质》（NY 5051—2001）、《无公害食品 海水养殖用水水质》（NY 5052—2001）。

2) 科学规划水产养殖区域

每个地区都会有水质较好的天然水体，同时也会有水质较差的天然水体。在进行水产养殖时，要酌情挑选水质较好、污染较少的天然水体，在附近开展水产养殖。对于一些水质较差、污染较为严重的水体，要避免在附近进行水产养殖。为了使水产养殖者更好地选择水产养殖区域，各级政府对天然水体要科学地进行功能分区和规划，当地渔业行政相关部门要经过实地采样、分析、研究并对管辖区域内的水体进行环境评价，还要将本地天然水体进行对比排名，选出可以进行水产养殖的天然水体以及污染严重无法进行水产养殖的天然水体，然后进行公示。在此基础上规划水产养殖水域，核定养殖区域并核发养殖许可证。核发养殖许可证后相关部门须对水域生态环境质量负责。科学有效的前期评估和监测将事半功倍，可保证渔业水域尽可能远离污染程度较重的水域，保证渔业用水的安全，避免以前只要有水的区域就可养鱼的做法，尽可能减少外源性污染对水产养殖环境的污染。此外，要建立风险规避措施，每个养殖区在条件允许的情况下要开辟第二水源，从而确保水产养殖的正常进行。若有可能，需在养殖用水的进水口处建立相应的水处理设施，进行初步的水处理，以保证用水的安全，将水体外源性污染对水产养殖环境的负面效应降至最低。通过科学规划水产养殖区域，可以有效地规避水产养殖环境的污染源。

科学规划水产养殖区域，首先，在养殖选址时必须重点考虑水源条件，即引水渠道不能经过污染区。对于水源，还要求水源稳定、充足、清洁、卫生，水温适宜，水质良好，无任何污染，符合国家渔业水质标准，同时要求注排水方便，且单注单排，在注、排水口处要建好拦鱼网具，既避免敌害生物及野杂鱼入池，又可防止逃鱼。水源进入养殖池前要在蓄水池中过滤和消毒，以杀灭病原体和敌害生物。其次，要了解水体的水质参数，包括pH值、溶解氧、氨氮毒性、总氮、亚硝基氮及盐度等。淡水养殖水体最适宜的pH值为7.5～8.5，当pH值下降到 7 以下，则应采用生石灰来提高 pH 值，如发现 pH 值超过 9 时则及时加注淡水进行调节。溶解氧必须控制在 5mg/L 以上，水体若缺氧可致鱼类出现烦躁、呼吸加快等症状，甚至死亡。水体中的氨氮主要来源于饲料、肥料及水生动物的排泄物等，为了降低氨氮毒性，需要在养殖初期注意清理水体，搞好饲料、肥料的投放；养殖中后期可使用适量的沸石粉改善底质，吸附氨氮，降解有机物。水体中的亚硝酸盐应控制在 0.1mg/L 以下，二氧化碳不超过 20mg/L，硫化氢不超过 0.2mg/L，浮游植物量在 20～100mg/L[12]。

3）政府调控

水产养殖离不开良好的水质，要使水产养殖环境远离污染，首先要做的就是保护好天然水体不受污染。然而在现实生活中，养殖水源的取用受各种因素的影响，养殖业者往往没有选择余地，只能被动地接受现有的水源，无法验证取用的水源是否受到外源污染物的影响。养殖业者在受污染的天然水源面前表现为弱势群体，是受害者。所以水质安全控制首先需要发挥政府职能，加强对江河湖海等天然水体的保护，减少外源性污染对水产养殖的影响。当地政府的环保部门和农业部门也要大力整顿工业污染、农业污染，关闭一些污染严重的工厂，同时降低农业污染物的排放量。如此一来，天然水体的水质有了保障，水产养殖环境的污染源也就得到有效控制。

4）推广循环水养殖方法

解决水产养殖的自身污染是一项长期而紧迫的任务。国外通行的做法是：一是严格限制自然水体的养殖开发，避免污染水环境；二是大力发展工厂化循环水养殖，节水减排。我国是一个人口众多的发展中国家，池塘、网箱、滩涂等养殖作为水产养殖的主要方式，不仅是农民收入的重要来源之一，是水产商品养殖生产的主要基地，也是我国渔业经济的支柱之一，因此要全面限制对水面的养殖开发显然不符合中国的国情。工厂化循环水养殖是一种先进的现代化养殖方式，但由于其水处理设备的投入和运行成本较高，对我国农村千家万户式的养殖经营管理体制来说实际意义不大。而水产养殖的自身污染属于农业面源的污染之一，必须得到有效控制。在这种情况下，需要养殖业者创新思维，建立适宜我国的环境友好型和资源节约型的水产养殖业。这就促生了区域或局部的循环水养殖，即利用区域或局部内的一组养殖水面，经适当改造后将其功能细化，分别成为水源池、养殖池、净化池和沉淀池等，使其相互沟通，形成循环体系，不对外环境排水，只需适当补充水源以弥补蒸发所带来的损失。或可借助人工湿地的原理，促使养殖水流经人工湿地得以净化，然后再回到养殖池塘并循环使用，不但节约了水资源，而且可实现污染物的零排放。中国水产科学研究院淡水渔业研究中心的标准化生态渔池即采用此项技术，不从外界取水，也不外排水。水源依靠天然降水蓄积于蓄水池中，经过适当处理后进入池塘。池塘排水进入排水沟，排水沟中铺垫碎石，种植水生植物，成为人工湿地。控制排水在人工湿地中的停留时间，最后再回流入蓄水池，实现了零排放。

5）防治水质污染

采取科学的养殖方式是保证水质安全的关键，为了保障水质安全就必须严防水质污染，而防治水质污染的重点是要管理使用好投入品。

首先，要注意合理施肥。适度培肥，可使浮游生物处于良好的生长状态，增加水体中的溶解氧和营养物质，从而培育出良好的水质，辅助鱼类生长。一般5～6月以施有机肥为主，每7～10d一次；7～9月以施化肥为主，每4～6d施肥一次。对于养殖鲢、鳙等为主的池塘，应根据水质情况及天气情况施肥，一般要求水质透明度在25cm左右，水色应以茶褐色为佳。同时应注意一次施肥量不宜过多，注重少施勤施。人畜粪等有机肥，每次每亩可施100～150kg；化肥每次每亩用尿素1kg或硫铵1.5kg，加过磷酸钙1～1.5kg[13]。

其次，要科学投喂饲料。饲料投入对水质影响很大，应把握科学投喂的原则。在投喂时投喂量应根据天气、水质及鱼类摄食情况灵活掌握。春季水温低，鱼体小，食量少，在晴天气温升高时，可投放适量的精饲料。当气温达15℃以上时，投饲量可逐渐增加，每天投喂量可占鱼体总质量的1%左右。夏初水温升至20℃左右时，每天投喂量可占鱼体总质量的2%～3%。夏季也是鱼病多发季节，因此要注意适量投喂，并保证饲料适口、均匀。盛夏水温上升至30℃以上时，鱼类食欲旺盛，生长迅速，要加大投喂量，日投喂量可占鱼体总重的3%～4%，但需注意饲料质量并防止剩料，调节水质，防止污染。秋季天气转凉，水温渐低，但水质稳定，生长较快，仍可加大投喂量，日投喂量可占鱼体总重的2%～3%。冬季水温持续下降，鱼类采食量日渐减少，但在晴好天气，仍可少量投喂，以保持鱼体肥满度[14]。精饲料以投下半小时内吃完为度；青饲料以当日吃完为准；贝类以下次投喂前吃完为宜。一般精饲料每天投喂2次，上午9～10时及下午2～3时各投喂一次；青饲料每天投喂1～2次。要严格控制上午鱼类浮头时投喂和夜间投喂，以免造成病害。精饲料要求营养全面且充足，宜采用正规厂家生产的全价配合饲料；青饲料及鲜活贝类要求适合鱼类口味，无毒无害。避免投喂霉变饵料。在饲料品种上讲究粗精搭配。同时要求定点投喂，有条件的地方可搭建饵料台以方便投喂并观察鱼类吃食情况。

最后，注意加强病害防治，科学使用渔药。要坚持定期防病，每月可使用药物对池水、饲料、用具、食场等进行消毒。要防止浮头发生。鱼类时常因水质过肥、天气闷热而缺氧浮头，极易造成死鱼现象。要加强预防，一般每天巡塘3次以上，重点时期在黎明、中午、黄昏，严格检查吃食情况和有无浮头之兆。要及时清除池塘及饲料台残饵、污物，清除池周杂草。发现池中有死鱼，应及时捞出，检查死因，对症治疗，同时对病死鱼要做远离深埋处理，以免败坏水质、诱发鱼病或使鱼病蔓延。还要注意轮捕轮放。随着鱼类的快速生长，池塘载鱼量大幅上升，水质恶化的概率越来越大，此时注意搞好轮捕轮放，释放水体空间，控制好水体载鱼量，达到调控水质、防患于未然的作用。

6）推广"生态优先"养殖模式

我国地域面积广阔，生态类型复杂，适宜养殖的水产品种众多，所以水产养殖的模式比较丰富。传统的高放密养已不适应现代水产养殖业的发展需求。现代水产养殖行业需要推广"生态优先"养殖方式，通过生态循环养殖技术吸污净化水质，又能增加水体溶氧，还可以促进池水循环利用，从而实现养殖安全，提高水产品质量，调整水产业结构，促进水产行业规模化、产业化发展。科学的水产养殖应做到以下几点：

第一，合理的放养密度使养殖水体的生态系统处于一种动态平衡状态，系统中的物质流、能量流处于一种良性循环过程中，养殖之前首先通过对具体养殖区域环境容量的测算和分析，了解该区域水体环境对污染负荷的承载能力，确保养殖过程中产生的污染负荷不至超过水体环境的自净能力。在此基础上决定养殖品种、养殖密度和养殖模式。因为池塘水质在有机质污染和自净能力相平衡情况下稳定，当养殖密度上升，鱼类排泄物增加，有机质污染超过池塘自净能力时，水质不稳定且极易变坏，鱼病增多。另外，放养品种要突出主养品种，现在用配合饲料养鱼不宜沿袭传统的放养模式，即多种吃食性鱼同池混养，而应以一种吃食性鱼为主养鱼。

第二，合理调整和优化养殖结构，利用不同养殖生物的生理特性，充分考虑其食性及对营养利用的差异进行多品种混养，使得物质循环和能量流动有效合理。一般主养的吃食性优质鱼类如草、鳊、鲫等放养比例要大，一般占放养总量的80%左右，而鲢、鳙等滤食性鱼类只能占20%左右。利用不同品种所处的生态位差异来分级利用营养物质，维系养殖水域的生态平衡，且充分发挥养殖水体环境的生产潜力。例如，中国传统的综合养鱼理论有其积极的一面，是最原始和朴素的生态养殖方法。通过对其方法的升级和更新，充分利用水体空间，分层次养殖滤食性—杂食性—肉食性鱼类；采用鱼菜-鱼农模式，在养殖水面上利用浮床种植蔬菜、花卉，使营养物质在养殖生物—水体—水生植物之间循环；进行养殖动物和藻类的共养，利用大型海藻吸收多余营养盐，并随着藻类的收获降低水体的有机物和营养负荷，提高养殖的经济效益和生态效益。这些方法使得水体中的物质流和能量流最大限度地发挥效应，减少外源性营养物质的投入，降低污染累积，保证生态优良。例如，在东亚的部分养殖场，混养鱼类、滤食性贝类和大型海藻，网箱养殖鱼类产生的饵料残渣、排泄物等有机废物可以被大型海藻和贝类利用，这样的养殖系统可以减少对环境的污染，并增加养殖产出[15]。

3. 饲料安全控制

养殖饲料及饲料添加剂直接关乎水产品质量安全，饲料的购买、加工、储藏和使用等各个环节都应严格管理，以确保最大程度降低因饲料问题引入的质量安全风险。养殖饲料质量安全控制关键点包括以下几方面：饲料质量安全说明、批准文号、生产许可证、饲料药物添加剂、维生素添加剂、矿物质类添加剂、重金属添加剂。对饲料的控制要求包括以下几方面：饲料的质量安全是否符合《饲料卫生标准》（GB 13078—2017）要求；批准文号是否被撤销；生产许可证是否合格；饲料药物添加剂是否属于禁用药物；维生素添加剂是否符合标准、法规规定；矿物质类添加剂是否符合标准、法规规定。采购的饲料必须选择生产许可证、执行标准齐全和信誉良好的饲料加工企业作为供应商。认真实行饲料投料记录和进出仓记录的管理。建立饲料产品检测报告和留样管理制度，做到无公害水产品养殖用饲料质量可追溯的管理。加强饲料到场存放管理，所有投入品的进购必须做好进出仓登记管理。为了确保饲料质量安全，国家颁布了以下文件、标准可供参考：《饲料卫生标准》（GB 13078—2017）、《饲料药物添加剂使用规范》、《饲料和饲料添加剂管理条例》、《禁止在饲料和动物饮用水中使用的药物品种目录》和《饲料标签》（GB 10648—2013）。

1）加大科研力度

当前水产养殖自身产生的污染源，其中大多来自于人工投放的饲料、肥料、渔药等。传统水产养殖业科研力度不足，所研发的水产养殖类辅助工具的环保性也不够。针对于此，还需要相关研发人员进一步加大科研力度，根据水产养殖环境的实际情况研发辅助产品。通过科学的配比方式来搭配各种辅助产品，进而使各元素的比例达到平衡。与此同时，在生产饲料、肥料与渔药时，还要使用品质高、利用率高、适应性好、无毒害的原料来生产。在养殖过程中使用优质种苗，避免携带细菌或病毒的种苗进入水产养殖环境。

2）加强监管

渔业行政管理部门也要进一步加强对生产环节养殖投入品的监管，禁止水产养殖使用违禁药物，同时禁止滥用饲料添加剂。在具体执行过程中，渔业行政管理部门首先要制定水产养殖规章制度，其中指明养殖禁止使用的违禁药物和饲料添加剂。与此同时，要定期对当地水产养殖户进行调查，一旦发现滥用饲料添加剂的情况，要立刻采取措施处理，从而通过监督管理来避免水产养殖污染源的产生。

3）健全相关标准与法律

当前我国在水环境污染以及水产养殖辅助产品等方面还未有全面、完善的标准，导致很多地区的天然水环境遭到了重大污染，而一些毒性较高、污染性较高的水产养殖辅助产品也在市场大范围流通。针对于此，国家要进一步健全水环境污染标准和水产养殖辅助产品生产标准，同时辅以相应的法律法规。这样一来就可以通过法律法规有效地避免养殖水体环境污染出现。

4. 疾病防治及诊断安全控制

水产养殖过程中的病害防治工作应做到"预防为主，防治结合"。针对目前鱼疾病防控研究的成果进行集成，将水质调控、疾病诊断、消毒防疫与免疫防治结合起来，建立健康养殖疾病防控规程；构建疾病生态防控体系，有效控制疾病对水产品养殖的危害，为水产品产业的发展提供疫病防疫的技术保障。加强重要传染性疫病和鱼种新型重大传染性疾病的快诊方法和防疫措施研究与集成，提出针对不同鱼种阶段健康养殖的疾病关键防疫技术规程。如果在鱼感染疾病前采取了有效的预防措施，即可杜绝或减少鱼病发生，降低损失，当发现了鱼病后，就难免造成一定的损失，所以对鱼病应及早发现，及时治疗。应当制定并实施鱼病防治书面计划，每年进行审核、修订，内容包括疾病预防、治疗计划、主要病害、环境治理措施、防治方案。相关人员应熟悉病害防治工作，并按照分工进行相应操作。

鱼病预防一般有以下措施：生产操作细心，避免鱼体受伤；鱼苗、鱼种入池前严格消毒；定期对池水进行消毒；捞出死鱼及时深埋；发病鱼池中使用过的渔具应浸洗消毒。鱼病诊断包括群体检查、个体检查 2 种。群体检查主要检查鱼类群体的游动状态、摄食情况及抽样存活率等是否正常；个体检查通过外观检查、解剖检查、显微镜检查等方法进行检查。鱼病的防治、诊断、治疗都应该合理用药，尽量减少水产品中药物残留，确保水产品质量安全，同时对病死动物采取相应的处理措施。鱼病防治、诊断控制中可参考如下标准：《良好农业规范 第 13 部分：水产养殖基础控制点与符合性规范》（GB/T 20014.13—2013）、《无公害食品 水产品中渔药残留限量》（NY 5070—2002）、《无公害食品 渔用药物使用准则》（NY 5071—2002）。

渔药安全控制主要包括以下几点：渔药说明、渔药领取、渔药抽检、渔药使用、疫苗使用、渔药残留。检查渔药名称是否属于禁用药物、批准文号是否被撤销、生产许可证是否合格。渔药不能危害鱼（虾、蟹）的健康，不能对人类健康产生影响，可参考如下规定《兽药标签和说明书管理办法》、《注销的兽药产品批准文号目录》、《兽药管理条例》、《食品动物禁用的兽药及其它化合物清单》和《绿色食品 兽药使用准则》（NY/T 472—2006）。

3.4.2　水产品加工环节关键控制点

我国水产品的种类和数量都较世界其他国家更有优势，但是很多加工企业的加工设备技术和一些发达国家相比比较落后，加工的利用率及精深加工的比例较低，质量控制体系和标准需要进一步完善。因此水产品加工方面需要进一步加大政府部门扶持和监管力度，完善相关法律法规。首先，政府部门对水产品加工企业应该给予资金扶持和政策扶持，传统的加工方式给予改变，加工过程中注重安全性和技术性，推进渔业产业化。其次，加强安全质量监控力度，水产品生产加工质检监督部门进一步履行对食品生产加工企业的监管职能，监督水产加工企业建立健全质量安全保障体系，依照标准进行生产加工。最后，制定水产品相关的安全标准，完善相关法律法规，严格按照法律法规进行生产。

水产品加工是将水产品通过物理、生物和化学的方法将其制成以水产品为主要配料的产品。水产加工食品又分为水产干制食品、冷冻食品、烟熏烤制品、水产调味品、罐头制品等。制作这些产品的加工方法有前期处理技术、罐头加工技术、冷冻加工技术、烟熏烤制技术、干制技术等。水产品进入流通流域要经过加工、储存、运输、销售等多个环节。在这些环节中，为了防止水产品的腐败变质，需要掌握加工存储的有效方法，采取正确的保鲜措施，减少损失。

水产品加工企业应具备基本生产条件和卫生条件，按 GMP、HACCP、《水产品加工质量管理规范》和国家有关规定执行。加工工厂要制定卫生管理标准书，以作为卫生管理及评核的依据。下面将针对水产品加工过程中的原料、添加剂、包装等关键控制点进行安全控制。

1. 加工原料品质安全控制

水产品是一种极具风味但又易腐败的食品，捕捞者及加工企业应当剔除那些有病的、已知存在有害物质的、已经腐烂的原料，同时，保持捕捞水产品的新鲜品质，需要将产品原料尽可能及时通过整个加工过程和销售链。并严格按照《进出口水产品检验检疫监督管理办法》、《食品安全国家标准 预包装食品标签通则》（GB 7718—2011）等法规进行加工和流通。

首先，在前期处理加工中，水产品要经过清洗、去污处理，将被污染的存在致病菌的贝类严格地进行净化处理，将鱼体内的脏器、黑膜彻底清除，在处理过程中要特别注意的是有的鱼类胆汁中含有毒素，如果将其胆汁弄破会影响水产品的质量安全。

其次，在将水产品加工为罐头时，如果罐头加热不够和杀菌不严密，有细菌残留，罐内水产品含硫蛋白质分解与罐内铁壁产生反应生成黑色硫化物，导致罐内壁或食品发黑发臭。肉毒梭状芽孢杆菌耐热性很强，加热不够会有个别芽孢存活时，会在罐头中生长繁殖产生肉毒毒素，食用后会引起食物中毒。罐头包装采用金属包装材料，因为这些材料的化学稳定性差，在加工处理过程中罐头的金属涂层受损，溶解到罐头中会引起罐头食品金属含量超标并使产品产生异味。

2. 添加剂安全控制

1）规范使用水产品添加剂

政府部门应制定规范、加强监管，杜绝水产品中不规范和超量使用焦亚硫酸钠等添加剂的现象。首先，要统一相关行业规范，扩大《食品添加剂使用卫生标准》中关于亚硫酸盐（包括焦亚硫酸钠）等添加剂的使用范围，允许添加到虾、蟹等水产品中作为保鲜剂，并明确使用剂量，并对渔业捕捞者就添加剂的使用进行指导；其次，要加强市场监管，在码头、批发市场、农贸市场、超市等地的抽检，明确将亚硫酸盐残留物等规定有使用剂量的添加剂的检测纳入检测范围，对残留量不符合规范的应依法进行处理；最后，应加大标签声明制度的推广，和国际上通用的销售做法接轨，做到充分尊重消费者的知情权和选择权，如在水产品的销售标签的醒目位置上明确标注该食品是否含有亚硫酸盐及亚硫酸盐残留物等的含量。

2）全面开展风险评估，完善现行标准

对我国现行的与国际食品法典委员会（CAC）规定不同的标准，尤其是要求过于严格的限量标准，以科学数据为依据，以风险评估为基础，完善我国现行食品添加剂限量标准，包括对现行限量标准的修订、扩大部分添加剂使用范围、提高部分限量标准要求等，使我国水产品中食品添加剂标准更加合理、科学，能够满足行业监管需求、有效保护消费者的健康，同时也为应对国外技术性贸易措施提供科学依据和技术支撑。

3）完善沟通协调机制，提高行业参与度

进一步完善标准制修订沟通协调机制，在标准立项、申报、起草、发布以及修订的全过程中，提高行业协会和企业的参与度，从而在保证消费者健康的前提下，增加食品添加剂标准的可行性，使其与生产实际情况更加匹配，能够有序地推动水产行业发展，避免出现标准要求与实际加工情况严重脱节的现象，促进水产行业向标准化、多元化、规模化发展。

3. 卫生安全控制

加工过程中要注意以下卫生控制环节：工厂的设计和结构以及与水产品接触的设备及用具要便于清洗和消毒，减少水产品的污染、损伤和腐败；确立清洁和消毒计划，确保容器、厂房和设备的所有部分按规定要求进行清洁；确保个人卫生，不应该有患病者、传染病携带者从事水产品加工的准备、处理或运输工作，避免产品污染。具体管理规范如下：

（1）严格分区管理。在生产过程中应按照生产工艺的先后次序和水产品特点，将水产品原料预处理、半成品粗略加工、精细加工、成品的包装根据不同清洁卫生要求划分生产区域，各加工区域的产品应分别存放，防止人流、物流交叉污染。

（2）严防加工生产过程中的污染。加工过程中的废水、废弃物对成品、半成品不得造成污染；盛放产品的容器（包括水管）不得直接接触地面。维修设备时，不得污染产品原料、辅料、半成品、成品，维修完成后要对工作区域进行清洗消毒。各项工艺操作应能有效地防止产品变质和受到有害微生物及有毒有害物品的污染。加工企业应根据自身的生产特点制定有效的清洗消毒计划，指定专人负责实施。

（3）严格执行卫生检测。预处理、加工、烘干和储存等工序的时间和温度控制应严格按照产品特点及卫生要求进行。对在捕捞和生产加工过程中会产生金属碎片危害的产品应设置金属探测器，使用前及使用过程中要定时校准。包装容器和包装物料应符合卫生标准，不得含有有毒有害物质，在使用前经过清洗和消毒。内、外包装物料应分别专库存放，包装物料库应干燥、通风，保持清洁卫生。

（4）推广应用新技术。水产品加工企业要加强水产品深加工技术及酶技术等新技术的应用，采用"栅栏"技术研究微生物、水份和保藏期的关系，配以 HACCP 管理技术，寻求不用高温而有较长保藏期的高水分食品的工艺条件。

（5）操作人员要求。水产品加工企业工作人员必须获得健康证才能上岗，如患有传染病、皮肤病坚决不能参与工作。

4. 包装安全控制

水产品包装安全控制包括包装名称、规格、标记等方面。包装材料必须是经国家批准可用于食品的材料。所用材料必须清洁卫生，存放在干燥通风的专用库内，内外包装材料分开存放。直接接触水产品的包装、标签必须符合食品卫生要求，应不易褪色，不得含有有毒有害物质，不能对内容物造成直接或间接污染，包装标签必须符合规定。所有用于原料处理及可能接触原料的设备、用具应用无毒、无害、无污染、无异味、不吸附、耐腐蚀且可重复清洗、消毒的材料制造，可参考《食品安全国家标准　预包装食品标签通则》（GB 7718—2011）。

水产品经济损失不仅发生在产品自身的质量上，而且多发生在外包装质量上。一是材质不过硬，经不住长途运输和多次搬运，造成包装体破碎，损坏了产品的内在质量。尤其是水产品一经污染，便成了次品、废品。二是不符合"绿色包装"的要求，材料中含有污染环境和影响健康的有毒成分，最终影响了水产品自身的质量。三是包装标识图案及文字说明不符合进口国的要求和规定，最终导致产品"退回没商量"。如今一些国家已将水产品的包装检验标准从原先的几项、十几项增加到几十项，有些指标甚至细化到了包装的印刷层面。例如标签，只要是在包装上少了标识，即使产品品质再优良，也照退不误。

3.4.3　水产品储藏环节关键控制点

水产品储藏阶段是指捕获、加工后的水产品进行储藏的阶段。生产的产品应尽可能快地冷冻储藏，因为在冷冻前不必要的延迟会导致产品温度升高，从而增加质量恶变，因微生物活动和不希望的化学反应而降低货架期。储藏库应考虑预期产品的容量、类型、预期储藏时间和最适合温度要求来设计，如若长时间存放，应当冻结储藏，温度范围在-70～-30℃。

1. 冷藏温度、时间安全控制

根据水产品的特点将水产品的风险等级划分为 3 类。第一类是"高风险"类，如烟熏鱼、烤鱼，这类加工后的水产品容易产生霉菌；第二类是"中等风险"类，如真空包装罐头类的水产食品，这类产品容易出现肉毒杆菌、沙门杆菌等污染；第三类是"低风险"类，这类主要是冰冻水产品，冰冻产品必须储藏在规定的温度、湿度内以防止产品变质。水产品主要采用低温储藏方式，以保证产品的鲜度及加工质量。冷藏：将水产品放在-3～10℃的温度区域内，以未冻结状态进行储藏。冻结储藏：将水产品保持-18℃或以下，使其在充分冻结的状态下进行储藏。水产品冷藏不仅要考虑温度，还要考虑冷藏、冻结时间。冷藏的水产品存放时间不宜过长，长时间存放应该冻结储藏，可参考如下标准：《水产品低温冷藏设备和低温运输设备技术条件》（SC/T 9020—2006）。

水产品的冷藏保鲜方法，因品种不同、产地不同，其保鲜方法各异，因此选择合理有效的保鲜方法才是关键。目前，能够被广泛应用的保鲜技术比较少，保鲜技术使用较多的是气调保鲜和冷藏保鲜。气调保鲜包装过程中，保护气体的组成和混合比例也不相同。英国金枪鱼采用 35%～45%二氧化碳和 55%～65%氮气，气调保鲜包装的货架期为 6d，家禽采用 25%～35%二氧化碳和 65%～75%氮气，气调保鲜包装的货架期为 7d。选用孔径 60μm 的 PET 为材料，采用不同浓度的二氧化碳、氧气、氮气混合对鲍鱼包装，结果表明，60%二氧化碳、20%氧气和 20%氮气组成的混合气体保鲜效果最佳，在 0～4℃条件下，保质期可达 25d；选用 90μm 的 PET 为材料，对梅童鱼进行气调保鲜包装，结果表明，60%二氧化碳、20%氧气和 20%氮气组成的混合气体保鲜效果最佳，在 0～4℃条件下，货架寿命可高达 20d[16]。此外，单一保鲜技术的成效不显著，不同保鲜技术相结合可以更好地延长储藏时间，如冰温技术与气调保鲜包装（modified atmosphere packaging，MAP）技术结合能更好地延长新鲜水产品的货架期。同样条件下，新鲜水产品在冰温条件下的货架期比其在冷藏条件下的货架期长。在冰温与高 CO_2 浓度气调结合条件下，鲑鱼的良好品质可保持长达 3 周。国内有研究表明，冰温气调储藏可显著延长鱼丸的货架期，冰温条件下空气包装样品保鲜期有 40d，是 5℃下保鲜期（8d）的 5 倍；冰温条件下 75% CO_2：25% N_2 包装的鱼丸的保鲜期长达 50d[17]。因此复合保鲜剂将成为生物保鲜研究的创新方向，将不同优点保鲜技术相互结合，充分发挥各种保鲜技术优势，从而增强保鲜效果、提高水产品品质、延长其货架期，实现水产品经济效益和社会效益的最大化，推动水产行业的快速发展。

2. 防腐剂添加安全控制

防腐剂控制集中在防腐剂名称、用量两方面。应检测防腐剂是否有毒、是否禁用、是否用量超标等。水产品防腐剂添加量监测应严格按照《食品安全国家标准 食品添加剂使用标准》（GB 2760—2014）的要求，以保证水产品质量。

传统的化学防腐剂如苯甲酸钠、亚硝酸钠等具有一定的毒性。因此，寻找安全无毒的生物保鲜剂取代化学防腐剂已成为人们关注的热点。生物保鲜剂来源于生物体自身组成成分或其代谢产物，安全无毒、可被生物降解、不会造成二次污染，如壳聚糖、有机酸、茶多酚、乳酸链球菌素、生物酶等生物保鲜剂可单独或联合使用。

3.4.4　水产品运输环节关键控制点

水产品运输阶段除了要考虑储藏问题，还要对冷藏车进行安全控制。专业的冷藏车需要具有良好的隔热车体，以减少车内与外界的热交换；具有有效的制冷、加温设备，以建立车内的热平衡，保持温度稳定；具有装货设备、通风设备，以保证合理装载货物，保证车内温度均匀；具有可靠的检温仪表，能正确反映车内温度状况。运输生鲜水产品应注意以下几点：

（1）在运输过程中应避免巨大的颠簸而导致包装破损，当运输中有维持低温的设施时，应避免该类设施发生故障；

（2）样品化冻后，为避免下层的产品泡在化冻水中，影响保鲜效果，应在整体产品的下方放置具有吸水性的无污染物（如食品包装用高吸水纤维），来吸收样品化冻的水，并在产品下方放置支架将产品垫起，以避免产品与化冻水接触；

（3）产品包装应采用结实不易破损的包装盒，并根据样品的数量适当调整冰袋数量，保证冰袋的制冷范围能够兼顾到所有的产品，从而最大程度减缓样品化冻的速度，以达到更好的保温效果和更长的保鲜时间。

3.4.5　水产品销售环节关键控制点

水产品销售时还应注意选择合适的销售时机，加强完善农贸市场与超市的科学管理体系，促进生鲜超市的发展。选择最佳销售时机可以使利益最大化，加强销售场所的科学管理和促进水产品生鲜超市的发展可以进一步保障水产品质量安全。

1. 选择最佳销售时机

一般水产品销售时间以冬季为主，这时鱼一般都长到上市规格，继续饲养不但降低饲料转化率，并且规格过大有时也不利于销售，冬季温度低，鱼的成活率也高，也方便长途运输，这时也临近年关，过年吃鱼一直是中国人的传统，因而此时市场需求量很大，鱼价相应也会上涨。夏季温度较高，出塘成活率低，运输时也会出现死亡，一般很少有长途运输，适宜选择就近销售；而冬天成活率高，单车载鱼量也大，可适当扩展销售区域[18]。

以上海为例，在上海农场，河蟹的最佳销售时间是 9 月到 11 月，草鱼的最佳销售时间在 12 月到次年 1 月，因为草鱼一般都比较大，买回家一般都是做鱼干、鱼丸等，为过年做准备，年后市场需求量会下降很多。

2. 加强销售场所的科学管理

农贸市场最大问题就是设施不全、管理混乱、监管无序。首先，应从政府入手，政府应落实相关政策和启动足够资金，对农贸市场进行合理的规划与改造，完善水产品储藏、保鲜等所需的基本设施；监管部门应该明确各方面职能，城管、环卫、税收等机构多管齐下，维护农贸市场秩序、促进农贸市场科学良性发展。其次，要从销售者入手，销售商户应该协同合作，积极配合政府对农贸市场进行改造和管理，另外，滥用药物与添加剂、服务态度恶劣等主要是因为市场经营者学历不高、法制安全意识淡薄等，因此政府应该充分发挥职能，主导开展诸如"三下乡"之类的科技普及活动，为农贸市场的经营者灌输科学的营销管理经验，为经营者增收创收。最后，农贸市场和超市都应该做到销售账目清晰明确，有有效的发票收据，做到产品可溯源，推动追溯体制和市场准入制度的建立，对进入市场的水产品进行检验检疫，使不合格的水产品不流入市场。

3. 促进水产品生鲜超市的发展

农贸市场仍然是城乡居民传统的水产品购买场所，尤其是对于水产品等生鲜食品，消费者更倾向于选择去农贸市场选购，主要是由于目前水产品在超市销售的比例还较少，如大连超市销售的比例仅为 5% 左右，远低于发达国家的 65%～80%[19]。但农贸市场的水产品摊点卫生条件差，管理混乱，难以符合现代城市的发展规划。水产品又是易腐性产品，而农贸市场自身环境大多脏、乱、差，仓储、制冰等基础配套设施严重不足，使得水产品卫生安全难以保障。同时，部分销售人员法制观念淡薄,在经营中以死充活,以次充好,以小充大,掺假作弊现象不断。对此,应借鉴水产品发达国家的零售经验,将农贸市场的数量逐步压缩,进而转变向超级市场过渡的发展方向。从消费者角度而言,超市购物环境优越,水产品卫生安全值得信赖;从政府角度而言,加大在超市出售水产品比例,减少水产品农贸市场的数量,易于管理与监督食品安全,出现问题便于追查责任;另外,从城市整体规划而言,传统业态的水产品集贸市场受到规模、卫生等越来越多的限制,被迫倒闭或进行硬件的现代化改造,否则难以符合现代化城市规划发展方向。所以,改造或减少水产品农贸市场数量,其功能逐步被大中型连锁超市替代的方向已不可避免。

3.5　水产品质量安全的风险评估

风险评估是我国《中华人民共和国农产品质量安全法》和《中华人民共和国食品安全法》对农产品质量安全确立的一项最基本法律制度,也是国际社会对农产品质量安全管理的最通行做法。对水产品质量安全实施风险评估,既是政府依法履行监管职责、及时发现和预防水产品质量安全风险隐患的客观需要,也是对水产品质量安全进行科学管理和构建统一、规范的水产品质量安全标准体系的现实需要。当前,水产品质量安全风险评估研究尚处于探索阶段,如何综合评价水产品质量安全与水产品产地安全,正确引导生产者在提高水产品产量的同时提高质量安全水平已成为农业产业发展的关键点。水产品质量安全风险评估是制定水产品国家标准的重要依据,也是突破水产品技术性贸易措施的重要手段,对科学指导水产品质量安全管理、促进农业产业健康发展具有十分重要的意义。

3.5.1　风险评估的概念和方法

风险评估是风险分析体系的基础与核心。它以科学研究为基础,系统地、有目的地评价已知的或潜在的一切与食品有关的,会对人体产生负面影响的危害。其最初是由于在面临科学的不确定性时需要制定保护公众健康的决策而发展起来的,风险评估一般表述为"对特定时期内因暴露而对生命与健康产生潜在不良影响的特征性描述"。

根据危害物的性质不同,风险评估分为化学危害物风险评估、生物危害物风险评估和物理危害物风险评估三种基本模式。其中物理性危害可通过一般性措施进行控制,如良好操作规范等;其中化学危害物风险评估是指通过对相关的科学信息技术及其不确定信息进行组织分析,来评估化学危害物(包括食品添加剂、农药残留和兽药残留、天然毒素和环境污染物如铅、镉、汞等)对人体健康造成的潜在的不良影响以及暴露水平和观察到的影响之间的直接关系；生物危害物风险评估是针对致病性细菌、病毒、蠕虫、原生动物、藻类和它们产生的某些毒素而言的，由于受很多复杂因素的影响及缺少足够的资料，目前还停留在定性阶段的评估。

按照风险评估的过程，可将风险评估分为四个阶段：危害识别、危害描述、暴露评估和风险特征描述。国际食品法典委员会（CAC）对其定义如下：

危害识别是食品安全风险评估的第 1 个步骤，CAC 将其定义为确定食品中可能存在的对人体健康造成不良影响的生物性、化学性或物理性因素的过程。对于已知的物质，主要是通过查阅该物质现有的流行病学资料和毒理学资料，或参考比较成熟的结论，从而确定该物质是否对人体的健康和生态环境造成损害。

危害描述是对风险源中可能存在的生物、化学和物理因素对人体健康和生态环境不良效果进行定性和定量评价，也称剂量-反应评估。此阶段的主要目的是获取某危害剂量与度量终点效应之间的直接关系。

暴露评估是风险评估中需要进行计算的一步，它是对人群暴露于环境介质中接触风险源的强度、接触频率和接触时间进行的估算和预测。此阶段的主要任务是暴露人群的特征鉴定与风险源在环境中的浓度与分布的确定。

作为水产品安全风险评估的最后一个步骤，风险特征描述是通过整合并综合分析危害特征描述与暴露评估的信息，评估目标人群的潜在健康风险，为风险管理决策制定提供科学方面的建议。CAC 将风险特征描述定义为：在危害识别、危害特征描述和暴露评估的基础上，对特定人群中发生已知的或潜在的健康损害效应的概率、严重程度以及评估过程中伴随的不确定性进行定性和（或）定量估计。最后将明确的结论以标准的文件形式表述出来，为风险管理部门和政府提供科学的决策依据。

面对目前持续增加的食品安全事件等问题，食品安全风险评估是一种强有力的工具，因为没有任何一种食品可以被认为有绝对的安全（零风险），无论是从产地到餐桌体系的各环节，还是食品原料加工过程的各步骤均在确保食品安全方面扮演着重要角色。因此，科学的食品安全风险评估，对科学制定或修订食品安全生产、流通等国家标准，确定食品安全监督管理的重点领域、重点品种、重点物质，评价食品安全监督管理措施的效果，及早发现新的可能危害食品安全的因素，客观判断某一因素是否构成食品安全隐患或者某一食品是否安全，从而建立食品安全预警体系及在促进我国现代经济发展、保障人民生命财产安全，以及维护社会稳定等方面，具有重要的社会意义。

3.5.2 水产品微生物风险评估

近年来，伴随着经济全球化的迅速发展，微生物引起食物中毒的食品安全问题频发，食源性疾病发生率不断上升，引发了世界各国的重视，截至 2016 年，世界卫生组织/联合国粮食及农业组织（WHO/FAO）已连续发表了 19 部关于微生物风险评估的系列报告。我国的微生物风险评估起步较晚，但从 2000 年起建立了食源性疾病监测网络，对沙门菌、副溶血性弧菌、大肠杆菌等发生率较高的致病菌微生物进行了风险评估，而食源性致病菌事件最容易发生在水产品中，其中一般在生鲜海鲜中检测出的副溶血性弧菌是引起食源性疾病暴发数最多的。可见微生物风险已经对人们生活造成了严重威胁，探究水产品微生物风险评估是对水产品质量安全控制不可缺少的重要部分。

为降低食源性病原菌通过食物链传播的风险，通过不断实践，建立和实施了 HACCP 及 GMP 等生产过程质量控制体系。病原菌对不同条件、不同人群的暴发和危害程度有很大区别，因此在进行微生物风险评估的过程中，要解决的最大问题就是，关键指标适当可接受水平如何制定，制定为多少最适当。微生物风险评估还具有特定性、动态性和定性数据不确定的特点，具体如表 3-4 所示。

表 3-4　微生物风险评估特点、具体表现、难点

特点	具体表现	难点
特定性	特定微生物在特定水产品中危害不同	如对需要高温烹饪的和低温冷藏的水产品中的病原菌评估对象不同
动态性	微生物具有生长、繁殖功能，有些产毒微生物还会产生毒素	暴露评估模型的构建要综合考虑各种因素的相互作用
定性数据不确定性	微生物限量没有固定标准	在评估中很难有是或者否的定性数据

3.5.3　水产品渔药残留风险评估现状

20 世纪 60 年代以来，渔药可以提高水产动物生长性能、提高饲料转化率，并且可以用于防治水产养殖动物疾病，降低其发病率和死亡率，因此被广泛用于水产养殖。然而，极大部分的个体养殖户缺乏对渔药剂量、毒性的深刻认识，有病没病先用药的观念导致渔药滥用，水产品渔药残留事件频发，引起人们的恐慌。为了保障水产品质量安全，消除人们对水产品渔药残留的担忧，规范渔药的使用，更好地对水产品质量安全进行监管，需要开展水产品渔药残留风险评估。

渔药残留可以通过间接和直接途径危害人体健康，如直接摄取渔药残留的水产品或间接皮肤接触等。渔药残留带来的危害主要有过敏反应、微生物方面的危害及渔药毒性药物学效应等。目前，我国针对水产品渔药残留的风险评估较少，研究较为深入的是渔药中氯霉素残留的风险评估。开展渔药残留风险分

析工作主要参考各成员国在美国召开的 Codex 会议上按照食品标准程序讨论并初步达成一致意见的食品中兽药残留法典委员会制定的食品中渔药残留风险分析原理和方法学。目前针对水产品渔药残留风险评估，一些国际组织和国家开展了一些工作，取得了一些成果，如截至 2004 年 8 月，食品添加剂联席专家委员会一共评估了约 75 种渔药，大约有 50 种获得了 Codex 正式的最大残留限量（maximum residue limit，MRL）；1999～2000 年欧盟兽药产品委员会共评价了 700 个"老的"、37 个"新的"、55 个"扩展使用的"渔药[20]。此外美国设立的新兽药评估办公室的主要职责就是为试图获得渔药生产及销售许可的申请人评估其所提交的资料，对新渔药的安全性、有效性等进行评估。这些国际组织和国外对渔药残留风险评估的成果可以作为我国开展水产品渔药残留风险评估工作的借鉴。

3.5.4　水产品重金属风险评估

重金属风险评估较为重要的三步可以概括为：毒性效应评估；暴露评估；重金属风险描述。暴露评估主要是膳食摄入评估，比较通用的方法是概率评估法。在水产品重金属风险评估中，最常用的是蒙特卡罗模拟，其原理是利用食品消费数据和残留浓度数据，对每一个人的食品消费数据乘以所有浓度数据产生出多个摄入量的可能，消费数据都经过这样的上千次运算，得出摄入量分布曲线，曲线上分布的频率就被认为是摄入量的发生率。例如，2000 年美国在进行鱼类甲基汞暴露评估时就运用了蒙特卡罗模拟[21]。

毒性效应评估的主要依据是动物毒理学实验数据和流行病学研究结果等数据，由此找出最敏感的评估点，得出剂量-反应关系，剂量-反应关系是推导一种重金属剂量水平，摄入量等于或小于这种剂量，就不会导致可观察到的健康效应。并通过剂量-反应关系曲线确定最大无毒性反应剂量（NOAEL）或 BMD（基线剂量），考虑不确定因子，最后以 NOAEL 或 BMD 除以不确定系数（UF）得出暂定每周耐受摄入量（provisional tolerable weekly intake，PTWI），有时也用每日耐受量（TDI）表示，与此有所差异的是农药及兽药残留风险评估得出的是每日允许摄入量（ADI），这主要是由于重金属在体内的半衰期长。血液和尿液中金属形态是较常用的毒理学生物标志物，但不同重金属毒性效应评估的最佳敏感器官有所差异，还有些较常用的有神经反应和头发等。例如，铅和甲基汞最敏感的健康终点都是神经，PTWI 确定是以血液中金属浓度为指标。部分有特异性靶器官的重金属，如镉 PTWI 确定使用的是肾脏镉累积模型；有机锡是一种杀虫剂，通过动物实验研究确定 TDI。

暴露评估的准确性决定了水产品中重金属风险评估结果的精确性，所以重金属膳食暴露评估非常重要。目前，FAO/WHO 重金属暴露评估步骤如下：对某一重金属膳食暴露量有贡献的水产品进行归类，选用该重金属平均残留浓度，按每人每天 1.5kg 固形物食品来调整水产品的日消费量，并将二者相乘，用以评估该重金属饮食摄入量风险。但是，方法中利用均值参与摄入量计算的科学性尚值得商榷。水产品中重金属风险评估中暴露评估的难度很大，主要是因为存在许多不可确定因素，如居住环境、年龄差异和饮食习惯等。因此，进行风险评估定量时的关键步骤就是要根据水产品中不同重金属的存在形式（如水产品中的甲基汞、有机锡）、不同水产品重金属富集规律等因素，调整暴露于重金属污染的人群差异、暴露量大小、暴露频度、持续时间、暴露途径等，并进行综合估算。影响暴露量评估准确性的另一个问题是消费量数据的来源。目前主要是采用调查问卷的方式获取水产品消费量数据，因此调查结果受地域、调查方式甚至被调查者的主观性等影响，所以针对水产品重金属风险评估描述，应该对不同地区、不同种族、不同年龄、不同性别、不同水产品、不同重金属种类进行科学的细分，分开调查、分开评估，如港口、沿海区域的人群水产品食用量引起的可能暴露量要远超内陆地区。

重金属风险描述是把水产品重金属暴露评估结果和重金属 PTWI 或 TDI 相比较，通过数学模型、概率分布等方法综合评价水产品中该重金属的风险，确定有害结果发生的概率、可接受的风险水平及评价结果的不确定性等。

3.5.5　加强我国水产品安全风险评估工作的建议

1. 开展水产品风险评估，逐步建立和完善水产品安全风险评估体系

目前，我国的水产品存在很多安全卫生问题，这些潜在的安全问题需要对其进行风险评估。以海藻中的无机砷问题为例，无机砷为剧毒化合物，而有机砷的毒性较低。藻类中的有机砷与多糖类结合，我国的食品卫生标准中只是严格限制了无机砷含量，但是海藻中与多糖类结合的有机砷是否会分解为无机砷，如果会，什么情况下会分解，分解后多糖类是否有抑制作用，等等，这些都需要继续认真探讨，不能直接依据标准判定藻类含无机砷就不安全，由此可见标准制定前应该进行风险评估。

做好国家食品安全风险监测工作，组织制定、实施本行政区域的食品安全风险监测方案。近几年来，水产品中的监测项目主要包括：即食水产干制品中的单核细胞增生李斯特菌、副溶血性弧菌；生食动物性水产品的副溶血性弧菌、创伤弧菌、诺沃克病毒、异尖线虫等寄生虫；鲜活水产品中的孔雀石绿、硝基呋喃及其代谢物，氯霉素等药物；新鲜贝类中的麻痹性贝类毒素、腹泻性贝类毒素、河鲀毒素等。根据我国水产品安全监管重点和大宗进出口水产品，制定我国水产品安全风险评估规划，提出风险评估计划，并逐步有序开展水产品风险评估。目前，我国应尽快采用国际认可的手段及时而适宜地对水产品开展风险评估，逐步建立和完善食品安全风险评估体系，为水产品安全监管和标准研究提供技术支撑，提升我国出口水产品的竞争力，并加强对我国进口水产品的安全监管。

2. 建立健全规章制度，开展具有中国特色的水产品安全风险评估

丰富和准确的数据是风险评估结果精确性的基本保障，然而我国缺乏有效的基础数据。目前我国开展风险评估工作所用的毒理学实验、流行病学等的数据大多是参考国外文献或数据库，水产品的风险评估受很多因素的影响，数据具有地域性，所以我国需要开展具有中国特色的风险评估，提高中国风险评估的准确性。另外在开展对微生物和化学物质的风险评估时应用到许多模型，我国对此的原创性研究较差，大多是引用国外的模型，没有从整体上进行研究，在数据和理论支持上均受到限制。

因此，首先应该从法律法规着手，政府应该制定水产品安全风险评估规划，并健全相应的规章制度，规范化和科学化水产品质量安全风险评估工作，使得水产品质量安全风险评估工作有法可依，水产品质量安全风险监测工作顺利开展。同时充分发挥政府职能，将科学技术研究作为水产品质量安全风险评估工作理论和技术支撑，加强各部门的交流合作，整合各方资源，建立规范、科学、高效的具有中国特色的水产品质量安全风险评估工作机制。只有确保风险评估工作机制的完善，水产品质量安全风险监测的结果及时、客观和准确，才能有效实施水产品质量安全风险评估制度。

3. 加大水产品风险研究力度，加快水产品风险评估人才队伍建设

我国于 2007 年 5 月成立了国家农产品质量安全风险评估专家委员会，但是还未成立专门针对于水产品质量安全风险评估的专家委员会。我国的风险评估专家队伍建立较晚，缺乏成熟的风险评估人才，另外专业的风险评估机构还不完善，风险评估工作进展缓慢，与发达国家相比还有较大差距。因此，我国应该以水产品质量安全风险评估实验室和实验站为基础，尽快建立水产品质量安全风险评估专家委员会，开展水产品风险评估项目，进行水产品风险因子的监测和评估工作，为进行水产品风险评估积累更加准确的数据与资料，建立和完善水产品质量安全风险评估技术工作体系，充分发挥专家委员会在风险分析上的决策咨询作用，并对质检人员进行技术培训，建立一批专业从事水产品安全风险评估的研究队伍。同时加强国际间风险评估技术的培训与交流，深化国际交流与合作，与国外风险评估专业机构建立全面、密切的合作关系，提高我国在水产品安全领域的影响力。

4. 充分利用风险评估的结果进行风险管理，确保风险管理的有效性

风险评估是制定标准的基础，实际落实《中华人民共和国食品安全法》中"食品安全风险评估结果是制定、修订食品安全标准和实施食品安全监督管理的科学依据"。国际食品法典委员会水产与水产加工品专业委员会（Codex Alimentarius Commission-Codex Committee on Fish & Fishery Products，CAC-CCFFP）是水产品国际标准的制定委员会，其标准中安全限量指标的制定需要风险评估的数据作支撑，近年来我国专家利用积累的风险评估资料积极跟踪并参与国际水产品标准的制修定，王联珠等参与紫菜国际标准制定，并在标准制定过程中提出了促进我国紫菜贸易的建议措施。中国水产流通与加工协会每年召开罗非鱼产业发展论坛并发布罗非鱼产业发展年度报告书，并根据产业风险，分为不同风险等级，对整个罗非鱼产业起到良好的风险预警作用。风险管理是一门应用性和操作性要求较高的学科领域，因此，在风险评估的基础上，指导风险管理的政策制定与实施，针对存在的风险提出切实可行的解决办法，特别是在我国现阶段经济发展高速增长时期，水产品安全问题近几年屡有发生，各级政府应予以高度重视，对各种可能发生的水产品安全问题防患于未然。将水产品风险评估的结果，充分应用到风险管理中，给政府主管部门、行业及企业提供风险预警及控制措施，以确保我国水产品生产、流通和食用的安全。

3.6　水产品质量安全市场准入

市场准入制度是通过对进入销售环节的商品设置一定门槛式标准的方式加强对进入市场的产品进行控制，从而加强市场经济秩序的维护和管理的一种制度，通常用于加强相关产品质量的监管。在我国的市场经济运行过程中，市场准入制度有很多发挥的空间和余地，通过实行特定产品的市场准入，可以指定拥有一定程度以上质量指标，满足一定要求的产品才可以流入市场，是产品质量监管和控制从生产、流通到销售各个环节中的最后一个门槛。

水产品质量安全市场准入，是指政府为了规范水产品市场秩序，保障消费者消费安全，通过必要的法定程序，准许符合产品质量安全标准的水产品进入市场销售的管理行为和过程。建设和实行市场准入制度，主要是严把市场入口的产品质量关，符合一定质量标准的产品可以进入市场，不合格的拒之市场大门之外。

分析影响情况可知，我国水产品安全监管体系不健全，存在诸多问题，尤其是生产环节点多面广，流通环节落后，监管存在困难，因此很多地方在监管过程中往往将监管重点放在了销售环节，通过对销售环节的质量检测和销售主体的资

质审查等监管方式进行监管。在我国目前的水产品质量安全可追溯体系的建设过程中，各地在实践探索尝试的过程中，也十分重视水产品市场准入制度，如通过对水产品进行市场准入登记备案和索票查验，核准进入销售环节的资格并记录可追溯信息，保障水产品安全性。作为水产品从生产到销售全链条的最后一个环节，也是水产品质量安全可追溯体系和水产品安全监管的最后一个环节，水产品市场准入制度相对于其他环节的风险预警、质量控制、安全监管方面的能力相对较弱，但同时也作为最后一个门槛，守住这一环节，也能够有效弥补前面所有环节的不足所带来的风险，更加凸显其重要性。作为水产品质量安全可追溯体系的重要一环和保障制度，市场准入制度应该有效利用水产品质量安全可追溯体系的系统和技术，与其他体系制度相互配合

3.6.1　现行水产品市场准入制度所存在的问题

虽然国家商务部建议出台流通加工领域的食品安全检测标准和方法，但是还未有一套统一的准入标准，水产品检测的网络体系框架也还没建立起来。然而，全国已有不少城市根据本地的水产品市场运行状况，出台了适宜的水产品市场准入机制。各地已将水产品市场的准入制度作为监管水产品市场的重要依据。实行水产品质量安全准入制度是政府行为，通常食品质量安全准入包括三项制度：对食品生产企业实施生产许可证制度；对养殖企业生产的水产品实施强制性检验制度；对市场实行准入制度。以上三项制度缺一不可，实行审查生产条件，强制检验，加贴标识等措施，可以从源头上保障食品质量安全。现行水产品质量安全检测体系及市场准入制度存在的主要问题有以下几点。

1. 水产品质量安全检验检测体系建设不健全

开展检验检测是实施水产品市场准入的重要手段。水产品市场准入机制能否有效实施的关键是要有健全的水产品检测体系来作其重要技术保障。然而由于目前政府投入资金还远远不够，全国大多数水产品批发市场规模较小，建设一个能开展水产品检测的普通检测室需要配备相应的仪器设备、检测人员，支付日常运行经费等，资本庞大，而水产品快速检测由于未经过认证，检测结果不能作为执法依据，检测手段受限。当前所实施或颁布的水产品市场准入机制都强调了水产品检测这一环节，但现有日常的检测项目单一，设置不合理，检测主要针对氯霉素、喹乙醇、呋喃唑酮等药物。然而，水产品种类繁多，质量安全隐患各不相同。因此，没有足够的资金投入，就无法健全水产品质量安全检验检测体系，就不能满足市场准入对水产品检测的要求，市场检测工作进展缓慢导致监管工作也很难进行。

2. 水产品质量安全生产过程管理不到位

近些年来，水产品市场的产品种类和数量丰富化，市场间的良性竞争有助于水产品质量的提高。但我国市场准入标准不一，未形成统一的水产品的规格质量标准和包装标准，有的地方甚至连质量标准还都没有建立，也没有明确规定标准化加工生产的水产品应该达到怎样的产品规格质量，各地目前所实施或颁布的水产品质量安全市场准入制度都是以省、市当地政府出台的实施方案为主要依据，因此水产品准入制度只适用于对应地区。养殖过程管理对水产品质量安全起着关键作用，目前管理制度有待完善，管理体制不顺，水产品因物流量大、来源广、质量参差不齐，在具体事务管理上存在职责模糊、合力不足等问题，一些相关部门无专职机构、编制和经费，制约了准入工作的全面开展。各地都在积极探索养殖、流通和销售环节中的系列管理制度，但都处于探索阶段，未形成成熟体系，需要不断完善。以水产品质量安全可追溯制度为例，水产品质量安全可追溯是市场准入的灵魂，而目前很多水产生产企业之所以敢肆无忌惮地使用违禁药品，主要是因为当产品质量安全问题暴露出来以后，不能追溯到危害制造者并追究其责任。目前我国尚未建立一套行之有效的水产品质量安全可追溯制度。

3. 对市场准入机制的宣传力度不够到位

广大的消费者或是经商户对国家颁布的一些标准、要求，如《中华人民共和国农产品质量安全法》、《无公害农产品管理办法》知之甚少，一部分市场经营者甚至认为水产品质量安全市场准入完全是政府的事，没有把提高水产品质量安全当成经营者自身的责任与义务，对水产品质量安全市场准入制度的重要性、必要性、迫切性认识不深刻、不到位。具体体现在水产品流通领域缺乏宣传力度，水产品市场准入机制尚未建立健全，绝大多数的消费者不知怎样识别水产品质量安全标签、检测合格证等，更不知出了问题该如何投诉。

3.6.2 进一步完善水产品质量安全市场准入制度的建议

水产品质量安全关系到每个人的健康，关系到国家的社会稳定，关系到经济的可持续发展，应该引起全社会的广泛关注。根据我国水产品市场准入制度所存在的问题，对其进行完善，从根本上保障水产品的质量安全。

1. 建立完善水产品监督检测体系

（1）加大政府投入。积极争取国家有关部门对水产品市场准入的支持，加大对水产品质量安全标准的制修定、检测检验体系建设、水产品质量安全认证等建设的投入。建立水产品质量安全检验检测的网络体系，形成省、市、县三级联动的水产品检测体系，为检测机构配备专业技术人员和相应的检验、检测仪器设备。县级检测工作作为主体，进行水产品上市前的强制检测，由生产者（包括捕捞渔民及养殖户）提出检测申请，达到合格标准后才能上市。检测结果应纳入水产品质量安全追溯系统，可供相关利益者上网查询，开展市场抽查，加强流通环节中水产品保鲜剂、添加剂及有害物质的检测。

（2）完善水产品检测指标。针对当前检测项目单一，设置不合理，应增加水产品的检验、检测指标。具体包括：用于捕捞渔获物保鲜的有害物质残留、养殖水产品的药物残留、贝类毒素和重金属及销售环节中的添加剂等。虽然平时对产品进行全指标检测不太现实，但应该把握水产品质量安全的动态，摸清主要的有害物质种类，实行重点治理，在节假日等消费旺季还可实行全检。除此之外，随着检测技术水平的提高，检测手段的不断完善，还可逐步推进更好的快速检测项目，如药物残留、色素、激素、生物毒素等的检测。要尽可能地普及药物残留的检验、检测方法，完善药物残留的检验、检测方法标准，要最大程度地满足水产品市场准入这一需求。

（3）健全水产品准入标准。针对当前各地准入标准不一致的问题，国家目前最基础的工作应是尽快建立健全水产品质量安全标准体系。政府可依据相关的法律法规，对我国各省市所颁布的涉及水产品质量安全市场准入制度方面的相关法律法规以及政策文件进行一次全面的清理，加快制定和完善有关法律法规及其实施细则的步伐，使水产品市场准入监管能够做到有法可依，有法可治。同时，还要进一步健全行政执法体系，把现阶段的工作重点放在对水产品、水产加工品、药物残留、渔业生产基地、渔业水域环境、水产养殖病害和水产批发市场的检验检测上，由国家、地方和企业各自所制定的标准共同组成较为完善的水产品市场准入的统一标准。

2. 加强水产品质量安全市场管理

针对农产品质量安全市场管理、追溯制度、准入检测等，国家在相关法规，如《食用农产品市场销售质量安全监督管理办法》中有涉及。此外，加强水产品质量安全市场管理需要详细制定水产品质量安全追溯制度和实行入市验证检测制度。

（1）建立水产品质量安全追溯制度。建立水产品养殖、加工、储藏、运输至市场销售各个环节的购销台账，详细记载购买渠道、数量、时间和销售对象，台账要和产品实物相符。对水产品养殖经营者进行质量管理培训，考核登记备案，养殖经营者严格遵循渔药饲料及其他投入品等的使用要求，记载投入品的名称、来源、用法、用量和使用、停用的日期以及防疫、检疫情况；水产品经营者、超市和餐饮服务单位（含单位食堂）建立水产品进货记录，索要检测合格证或购买凭证，记载购买渠道、数量、时间，并做到产品与凭证相符，逐步实现生产记录可存储、产品流通可追踪、储运信息可查询，使发生质量问题的水产品得到及时有效的追根溯源。在经营场所的显著位置要设置公示牌，标明摊位号、水产品品种和品牌及来源，公示产品标签，张贴产品检验合格证明和有关证书（认证文书复印件等），接受执法人员监督检查和群众监督。所有上市销售的农产品，需经自检或委托检验检测机构检测合格后方可上市销售；检测不合格的应进行无害化处理，不能处理的，应就地销毁。推行水产品标识管理，上市的水产品要附产品标签，标明供货单位（经销者）、产品名称、进货日期、产品规格、产品种类、产地、生产者和经营者，捕捞产品要标明产地。

（2）实行入市验证检测制度。经认证为无公害、绿色、有机食品的水产品，实行上市免检制度，凭认证证书和专用标志、产地标识及检测证明可以直接进入市场；国外入境上市的水产品凭入境检验、检疫证书进入市场销售；经农业行政主管部门认定的无公害水产品基地的产品，实行索证抽检制度，凭产地认定证书和近期（半年内有效）产品检验合格证明可以直接进入市场销售，无近期产品检验合格证明的，进行现场抽检，合格后方可进入市场销售；其他水产品上市前，都应当接受产地市级以上渔业行政主管部门的检测检验，检测检验合格后方可进入市场销售。运输和销售时必须携带检测检验合格证明。经检测不合格的水产品，进行无害化处理或依法处置。

3. 加大对市场准入机制的引导、宣传力度

切实加大对水产品质量安全市场准入制度的宣传培训力度，增强人们对该市场准入机制的必要性、重要性及迫切性的认识。切实采取措施，广辟宣传途径，充分利用报刊、网络、广播、电视等媒体，明确宣传手段，以政府为主导，配合各级渔业主管部门、各有关单位加大对水产品生产者、经营者、消费者和管理者水产品质量安全相关法律法规、政策和市场准入相关知识的宣传力度。增强水产品生产者、经营者和消费者的水产品质量安全意识及责任感，为实施水产品市场准入创造良好的社会氛围。通过举办培训班、养殖场现场指导培训、深入市场门店对经营商户进行宣讲等方式，加大对基地和市场水产品质量安全检验检测人员的技术培训指导力度。除此之外，还可以通过发放市场准入知识宣传小册子对消费者普及水产品准入知识，增强水产品安全识别能力，让消费者了解怎么识别水产品质量安全标签、检测合格证等，增强消费者维权意识，才能与生产者或经营者形成互动，给生产经营者以足够的压力，促使其更能接受市场准入机制。

参 考 文 献

[1] 刘亚丽, 闫述乾. 关于国内农民专业合作社的文献综述. 农村金融研究, 2019, (7): 67-70.

[2] 郭正富. 水产养殖用药对水产品质量的影响及对策. 中国畜牧兽医文摘, 2015, (4): 204.

[3] 胡莹莹, 王菊英, 马德毅. 近岸养殖区抗生素的海洋环境效应研究进展. 海洋环境科学, 2004, (4): 76-80.

[4] 张秀成, 熊芳园, 李长举, 等. 浅谈水产饲料中的重金属污染. 当代水产, 2015, (10): 94-95.

[5] 王群, 宋怿, 孟娣, 等. 石油烃对水产品质量安全影响及风险评估. 食品安全质量检测学报, 2014, (2): 628-633.

[6] 时培芝, 朱波. 浅谈我国水产品的微生物污染与控制措施. 中国市场, 2017, (1): 222, 227.

[7] 付万冬, 杨会成, 李碧清, 等. 我国水产品加工综合利用的研究现状与发展趋势. 现代渔业信息, 2009, (12): 3-5.

[8] 张松. 我国冷链物流现状问题分析. 管理观察, 2013, (18): 58-60.

[9] 蒋逸民. 我国城市农贸市场监管问题与对策建议. 决策咨询, 2012, (4): 89-92.

[10] 陈剑. 城市农贸市场, 向何处去? 中国商贸, 2002, (6): 78-79.

[11] 付立政. 大型城市生鲜农产品销售模式研究. 舟山: 浙江海洋大学, 2016.

[12] 王文彬. 加强养殖管理 发展节水渔业. 渔业致富指南, 2017, (11): 17-20.

[13] 王文彬. 水产养殖过程中疾病的综合预防措施. 渔业致富指南, 2012, (20): 51-53.

[14] 王文彬. 水产饲料的科学使用与管理. 新农村, 2016, (3): 29-30.

[15] 杨宇峰. 世界海水养殖发展与养殖渔业生态系统管理. 华南师范大学学报 (自然科学版), 2010, (S1): 1-4.

[16] 孙洁, 陶宁萍. 气调保鲜包装技术在水产品加工中的应用. 中国水产, 2006, (8): 68-69.

[17] 励建荣, 刘永吉, 李学鹏, 等. 水产品气调保鲜技术研究进展. 中国水产科学, 2010, (4): 869-877.

[18] 封琦, 袁圣, 唐晟凯. 水产品最佳销售时机的选择. 海洋与渔业, 2015, (1): 65-66.

[19] 赵昭, 包特力根白乙. 大连市水产品流通问题研究. 现代商业, 2010, (2): 6-8.

[20] 刘丽, 伍远安, 廖伏初, 等. 水产品质量安全风险评估的研究概述. 湖泊保护与生态文明建设——第四届中国湖泊论坛, 2014.

[21] 刘潇威, 何英, 赵玉杰, 等. 农产品中重金属风险评估的研究与进展. 农业环境科学学报, 2007, (1): 15-18.

第4章　水产品安全生产技术

4.1　安全水产品产地的环境监测技术

中国农业发展进入新阶段，特别是"无公害食品行动计划"实施以来，农产品质量安全工作得到全面加强，农产品质量安全水平有了明显提高。同时近年来水产品产地环境安全也日渐引起关注。水产品产地环境检验结果符合无公害要求是生产无公害水产品的前提条件和重要的基础条件，也是提高水产品质量的有效方法和途径。因此，水产品产地环境的监测和检测，在生产无公害水产品的过程中占有重要地位。

我国水产品根据来源可分为海水捕捞、海水养殖、淡水捕捞、淡水养殖等，流通环节更为复杂，产品要经过原料加工、流通渠道、储藏和销售诸多环节，加大了水产品风险发生的概率。目前，我国淡水养殖多以池塘养殖为主，并且小而散，不能形成规模，老旧池塘居多，宜造成池塘污泥积淤及水产品排泄物、残留食饵及部分死亡鱼体等废物沉积，长时间随天气、温度变化等发生大量分解，产生有毒有害物质；另外一些工业废水、城市生活污水、农业投入品等废水、废液流入河流、水库等水域，也是造成水产品产地环境恶化的原因[1]。因此，从源头控制水产品的质量安全是很有必要的。

4.1.1　水产品产地环境要求

水产品产地环境是指影响水产品生存、生长、发育和水产品质量的各种天然和经过人工改造的水体等自然因素的总体，包括水产品生产用水体及其水域周边土壤、大气和生物、微生物等。水产养殖必须要有优良的水体环境作为基础。养殖水体的水源主要来自天然水体，即海洋、河流和湖泊等。

渔业水质应符合《渔业水质标准》[2]的要求，淡水养殖用水水质应符合《无公害农产品　淡水养殖产地环境条件》[3]，海水水质应符合《无公害食品　海水养殖产地环境条件》[4]。

1. 渔业水质标准

渔业水质的标准，应符合《渔业水质标准》，详见表 2-3。标准值单项超标，即表明不能保证鱼、虾、贝正常生长养殖，产生危害程度应参考背景值、渔业环境的调查数据及有关渔业水质基准资料进行综合评价。

2. 淡水养殖产地水质标准

对于淡水养殖产地，应加强产地环境保护，实施环保措施，防范污染；还应设置并明示产地标识牌，内容应包括产地名称、面积、范围和防污染警示等。淡水养殖用水的水质应无异色、异臭、异味。淡水养殖用水水质应符合《无公害农产品　淡水养殖产地环境条件》要求，详见表 4-1。

表 4-1　淡水养殖水质要求

序号	项目	限量值
1	总大肠杆菌群（个/L）	≤5000
2	总汞（mg/L）	≤0.0001
3	镉（mg/L）	≤0.005
4	铅（mg/L）	≤0.05
5	铬（六价）（mg/L）	≤0.05
6	砷（mg/L）	≤0.05
7	石油类（mg/L）	≤0.05
8	挥发酚（mg/L）	≤0.005
9	五氯酚钠（mg/L）	≤0.01
10	甲基对硫磷（mg/L）	≤0.0005
11	乐果（mg/L）	≤0.1
12	呋喃丹（mg/L）	≤0.01

资料来源：摘自参考文献[3]。

淡水养殖产地底质应满足：无工业废弃物和生活垃圾，无大型植物碎屑和动物尸体。淡水底栖类水产养殖产地底质应符合《无公害农产品　淡水养殖产地环境条件》要求，详见表 4-2。

表 4-2　淡水水产养殖产地底质要求

序号	项目	限量值（以干重计）（mg/kg）
1	总汞	≤0.2
2	镉	≤0.5
3	铅	≤60
4	铬	≤80
5	砷	≤20
6	滴滴涕*	≤0.02

*四种衍生物（p, p'-DDE、o, p'-DDT、p, p'-DDD 和 p, p'-DDT）的总量。

资料来源：摘自参考文献[3]。

3. 海水养殖产地水质标准

海水养殖业的迅速发展，为人类提供了丰富的蛋白质，带来了巨大的经济效益。但由于对养殖生态系统缺乏科学深入的认识，缺乏科学有效的管理和调控，养殖区生态环境恶化现象日益突出，严重影响了水产养殖业的可持续发展。在海水养殖过程中，养殖用海水水质符合水质标准要求是十分重要的。海水养殖用水水质和产地底质应符合《无公害食品 海水养殖产地环境条件》要求，详见表 4-3和表 4-4。

表 4-3　海水养殖水质要求

序号	项目	限量值
1	色、臭、味	不得有异色、异臭、异味
2	粪大肠菌群（MPN/L）	≤2000（供人生食的贝类养殖水质≤140）
3	汞（mg/L）	≤0.0002
4	镉（mg/L）	≤0.005
5	铅（mg/L）	≤0.05
6	总铬（mg/L）	≤0.1
7	砷（mg/L）	≤0.03
8	氰化物（mg/L）	≤0.005
9	挥发性酚（mg/L）	≤0.005

资料来源：摘自参考文献[4]。

表 4-4　海水水产养殖产地底质要求

序号	项目	限量值
1	粪大肠菌群（湿重）（MPN/g）	≤40（供人生食的贝类增养殖底质≤3）
2	汞（干重）（mg/kg）	≤0.2
3	镉（干重）（mg/kg）	≤0.5
4	铜（干重）（mg/kg）	≤35
5	铅（干重）（mg/kg）	≤60
6	铬（干重）（mg/kg）	≤80
7	砷（干重）（mg/kg）	≤20
8	石油类（干重）（mg/kg）	≤500
9	多氯联苯（PCB28、PCB52、PCB101、PCB118、PCB138、PCB153、PCB180 总量）（干重）（mg/kg）	≤0.02

资料来源：摘自参考文献[4]。

4.1.2　环境监测技术

建立一个安全的水产品生产产地首先需要考虑产地的选择、布点与采样以及产地的环境监测技术。

1. 产地的选择[5]

在进行产地的选择时，需要考虑的主要风险因子包括病原体、贝类毒素、重金属、农药、石油类、其他持久性有机污染物等。

控制这些主要的风险因子，是保证水产品产地安全的关键步骤，具体应遵循以下几个要求：

应选择无工业、农业、林业、医疗及生活废弃物和废水污染的产地进行养殖。

海上滩涂、网箱、筏式（吊笼、延绳等）、底播（增养殖）和围栏养殖应选择符合 GB 3097—1997 一类水质标准的自然海水水域进行，而且应远离港口、航道和排污口。

在湖泊、水库和自然河道等自然水域养殖应选择符合 GB 3838—2002 规定的三类水质标准以上的水域。

海水贝类养殖应在当地渔业行政主管部门划定的一至三类贝类生产区域内进行，不应在赤潮频发区、贝类禁养区或尚未进行划型的区域进行养殖。

不应使用未经处理的废水（包括电厂冷却废水）进行养殖。

不应在施用农药的稻田中进行养殖。

2. 布点与采样[6]

在进行产地的布点时，应考虑其布点的数量。根据水资源的分布、特点与水质条件等情况设置不同的布点数量以及采样时间和频率：

对于以天然降雨为灌溉水的地区，可以不采灌溉水样。

对于同一水源（系），水质相对稳定、均匀的，布设 1 个到 3 个采样点；不同水源（系）的，则相应增加布点数量。

深海渔业养殖用水可不设采样点；近海（滩涂）渔业养殖用水布设 1 个到 3 个采样点；淡水养殖用水，水源（系）单一的，布设 1 个到 3 个采样点，水源（系）分散的，应适当增加采样点数。

加工用水，每个水源布设 1 个采样点。

水产养殖用水，在生长期采样 1 次。

不同季节，水质变化大的水源（系），则应根据实际情况适当增设采样次数。

3. 渔业水质监测

渔业水质应按照《渔业水质标准》要求进行监测，详见表 4-5。渔业水域的水质监测工作，由各级渔政监督管理部门组织渔业环境监测站负责执行。

表 4-5　渔业水质分析方法

序号	项目	测定方法	试验方法标准编号
1	悬浮物质	重量法	GB 11901
2	pH 值	玻璃电极法	GB 6920
3	溶解氧	碘量法	GB 7489
4	生化需氧量	稀释与接种法	GB 7488
5	总大肠杆菌群	多管发酵法、滤膜法	GB 5750
6	汞	冷原子吸收分光光度法	GB 7468
		高锰酸钾-过硫酸钾消解 双硫腙分光光度法	GB 7469
7	镉	原子吸收分光光度法	GB 7475
		双硫腙分光光度法	GB 7471
8	铅	原子吸收分光光度法	GB 7475
		双硫腙分光光度法	GB 7470
9	铬	二苯碳酰二肼分光光度法（高锰酸盐氧化）	GB 7467
10	铜	原子吸收分光光度法	GB 7475
		二乙基二硫代氨基甲酸钠分光光度法	GB 7474
11	锌	原子吸收分光光度法	GB 7475
		双硫腙分光光度法	GB 7472
12	镍	火焰原子吸收分光光度法	GB 11912
		丁二酮肟分光光度法	GB 11910
13	砷	二乙基二硫代氨基甲酸银分光光度法	GB 7485
14	氰化物	异烟酸-吡唑啉酮比色法、吡啶-巴比妥酸比色法	GB 7486
15	硫化物	对二甲氨基苯胺分光光度法	
16	氟化物	茜素磺酸锆目视比色法	GB 7482
		离子选择电极法	GB 7484
17	非离子氨	纳氏试剂比色法	GB 7479
		水杨酸分光光度法	GB 7481
18	凯氏氮		GB 11891
19	挥发性酚	蒸馏后 4-氨基安替比林分光光度法	GB 7490
20	黄磷		

续表

序号	项目	测定方法	试验方法标准编号
21	石油类	紫外分光光度法	
22	丙烯腈	高锰酸钾转化法	
23	丙烯醛	4-己基间苯二酚分光光度法	
24	六六六（丙体）	气相色谱法	GB 7492
25	滴滴涕	气相色谱法	GB 7492
26	马拉硫磷	气相色谱法	
27	五氯酚钠	气相色谱法	GB 8972
		藏红剂分光光度法	GB 9803
28	乐果	气相色谱法	
29	甲胺磷		
30	甲基对硫磷	气相色谱法	
31	呋喃丹		

资料来源：摘自参考文献[2]。

4. 淡水水质监测

淡水水质监测应按照《无公害农产品 淡水养殖产地环境条件》进行监测，详见表 4-6 和表 4-7。

4-6　淡水养殖水质监测方法

序号	项目	测定方法	检出限（mg/L）	依据标准
1	总大肠菌群	（1）多管发酵法	—	GB/T 5750.12
		（2）滤膜法		
2	总汞	（1）原子荧光法	0.00006	GB/T 8538
		（2）冷原子吸收分光光度法	0.0004	HJ 597
		（3）原子荧光法	0.0004	HJ 694
3	镉	（1）无火焰原子吸收分光光度法	0.0005	GB/T 5750.6
		（2）电感耦合等离子体质谱法	0.00005	HJ 700
		（3）原子吸收分光光度法	0.001	GB 7475
4	铅	（1）无火焰原子吸收分光光度法	0.002	GB/T 5750.6
		（2）电感耦合等离子体质谱法	0.00009	HJ 700
		（3）原子吸收分光光度法	0.01	GB 7475
5	铬（六价）	二苯碳酰二肼分光光度法	0.004	GB/T 7467

续表

序号	项目	测定方法	检出限（mg/L）	依据标准
6	砷	（1）原子荧光法	0.00003	HJ 694
		（2）二乙基二硫代氨基甲酸银分光光度法	0.00004	GB/T 7485
		（3）原子荧光法	0.007	GB/T 8538
7	石油类	（1）红外分光光度法	0.01	HJ 637
		（2）紫外分光光度法	0.01	GB 17378.4
8	挥发酚	4-氨基安替比林分光光度法	0.0003	HJ 503
9	五氯酚钠	气相色谱法	0.01	HJ 591
10	甲基对硫磷	（1）气相色谱法	0.0001	GB/T 5750.9
		（2）气相色谱法	0.0004	GB/T 13192
11	乐果	（1）气相色谱法	0.0001	GB/T 5750.9
		（2）气相色谱法	0.0006	GB/T 13192
12	呋喃丹	液相色谱法	0.0001	GB/T 5750.9

注：对于有多种测定方法的项目，在测定结果出现争议时，以方法（1）为仲裁方法。

资料来源：摘自参考文献[3]。

表 4-7　淡水底栖水质监测方法

序号	项目	测定方法	检出限（mg/kg）	依据标准
1	总汞	（1）微波消解/原子荧光法	0.002	HJ 680
		（2）原子荧光法	0.002	GB 17378.5
		（3）冷原子吸收光度法	0.005	GB 17378.5
2	镉	（1）石墨炉原子吸收分光光度法	0.01	GB/T 17141
		（2）无火焰原子吸收分光光度法	0.04	GB 17378.5
		（3）火焰原子吸收分光光度法	0.05	GB 17378.5
3	铅	（1）石墨炉原子吸收分光光度法	0.1	GB/T 17141
		（2）无火焰原子吸收分光光度法	1.0	GB 17378.5
		（3）火焰原子吸收分光光度法	3.0	GB 17378.5
4	铬	（1）火焰原子吸收分光光度法	5.0	HJ 491
		（2）无火焰原子吸收分光光度法	2.0	GB 17378.5
		（3）二苯碳酰二肼分光光度法	2.0	GB 17378.5
5	砷	（1）微波消解/原子荧光法	0.01	HJ 680
		（2）原子荧光法	2.0	GB 17378.5
		（3）氢化物-原子吸收分光光度法	3.0	GB 17378.5
6	滴滴涕	气相色谱法	—	GB 17378.5

注：对于有多种测定方法的项目，在测定结果出现争议时，以方法（1）为仲裁方法。

资料来源：摘自参考文献[3]。

5. 海水水质监测

海水水质监测应按照《无公害食品　海水养殖产地环境条件》进行监测，详见表 4-8 和表 4-9。

表 4-8　海水养殖水质监测方法

序号	项目	检验方法	检出限（mg/L）	依据标准
1	色、臭、味	（1）比色法	—	GB/T 12763.2—2007
		（2）感官法	—	GB 17378.4—2007
2	粪大肠菌群	（1）发酵法	—	GB 17378.7—2007
		（2）滤膜法		
3	汞	（1）原子荧光法	7.0×10^{-6}	GB 17378.4—2007
		（2）冷原子吸收分光光度法	1.0×10^{-6}	
		（3）金捕集冷原子吸收分光光度法	2.7×10^{-6}	
4	镉	（1）无火焰原子吸收分光光度法	1.0×10^{-5}	GB 17378.4—2007
		（2）阳极溶出伏安法	9.0×10^{-5}	
		（3）火焰原子吸收分光光度法	3.0×10^{-4}	
5	铅	（1）无火焰原子吸收分光光度法	3.0×10^{-5}	GB 17378.4—2007
		（2）阳极溶出伏安法	3.0×10^{-4}	
		（3）火焰原子吸收分光光度法	1.8×10^{-3}	
6	总铬	（1）无火焰原子吸收分光光度法	4.0×10^{-4}	GB 17378.4—2007
		（2）二苯碳酰二肼分光光度法	3.0×10^{-4}	
7	砷	（1）原子荧光法	5.0×10^{-4}	GB 17378.4—2007
		（2）砷化氢-硝酸银分光光度法	4.0×10^{-4}	
		（3）氢化物发生原子吸收分光光度法	6.0×10^{-5}	
		（4）催化极谱法	1.1×10^{-3}	
8	氰化物	（1）异烟酸-吡唑啉酮分光光度法	5.0×10^{-4}	GB 17378.4—2007
		（2）吡啶-巴比妥酸分光光度法	3.0×10^{-4}	
9	挥发性酚	4-氨基安替比林分光光度法	1.1×10^{-3}	GB 17378.4—2007
10	石油类	（1）荧光分光光度法	1.0×10^{-3}	GB 17378.4—2007
		（2）紫外分光光度法	3.5×10^{-3}	
11	甲基对硫磷	气相色谱法	4.2×10^{-4}	GB /T 13192—1991
12	乐果	气相色谱法	5.7×10^{-4}	GB /T 13192—1991

注：对于有多种测定方法的项目，在测定结果出现争议时，以方法（1）为仲裁方法。

资料来源：摘自参考文献[4]。

表 4-9　海水底栖水质监测方法

序号	项目	测定方法	检出限（mg/kg）	依据标准
1	总大肠菌群	（1）发酵法	—	GB 17378.7—2007
		（2）滤膜法		
2	汞	（1）原子荧光法	2.0×10^{-3}	GB 17378.5—2007
		（2）冷原子吸收分光光度法	5.0×10^{-3}	
3	镉	（1）无火焰原子吸收分光光度法	0.04	GB 17378.5—2007
		（2）火焰原子吸收分光光度法	0.05	
4	铅	（1）无火焰原子吸收分光光度法	1.0	GB 17378.5—2007
		（2）火焰原子吸收分光光度法	3.0	
5	铜	（1）无火焰原子吸收分光光度法	0.5	GB 17378.5—2007
		（2）火焰原子吸收分光光度法	2.0	
6	铬	（1）无火焰原子吸收分光光度法	2.0	GB 17378.5—2007
		（2）二苯碳酰二肼分光光度法	2.0	
7	砷	（1）原子荧光法	0.06	GB 17378.5—2007
		（2）砷钼酸-结晶紫外分光光度法	3.0	
		（3）氢化物-原子吸收分光光度法	1.0	
		（4）催化极谱法	2.0	
8	石油类	（1）荧光分光光度法	1.0	GB 17378.5—2007
		（2）紫外分光光度法	3.0	
		（3）重量法	20	
9	多氯联苯	气相色谱法	59×10^{-6}	GB 17378.5—2007

注：对于有多种测定方法的项目，在测定结果出现争议时，以方法（1）为仲裁方法。

资料来源：摘自参考文献[4]。

4.2　安全水产品污染控制技术

目前，我国的水产养殖行业发展十分迅速，但养殖技术水平较低，不仅养殖过程不够规范，养殖方法也严重缺乏科学性及合理性，特别是个别养殖户为了追求经济利益，没有对养殖过程严加管理，随意排放养殖污水，导致养殖环境污染更加严重。水产养殖废水不仅会污染生态环境，更会影响水产品的质量，最终危害人们的身体健康。因此，解决水产养殖废水问题，是关乎经济民生的重大问题。科学合理利用养殖废水可以有效缓解水污染问题，这样不仅节省了宝贵的水资源，而且还可以使水产养殖保持可持续发展[7]。

目前中国的养殖水体净化技术主要有：机械过滤、紫外线和臭氧杀菌、水体增氧、人工湿地和人工培育有益藻类或投放生物制剂等。常用的装备有池塘清淤机、水质净化杀菌装置、过滤机、高效生物净化器、增氧装备和水质自动监控系统等，解决了养殖水体有机颗粒物过滤分离、生物净化、消毒杀菌和水质自动检测等养殖水体净化基本问题，形成了有一定特色的养殖水体净化系统模式。

4.2.1　物理处理技术

1. 物理过滤

物理过滤是养殖水体净化技术中的一个重要环节。其主要目的是去除悬浮于水体中的颗粒性有机物及浮游生物、微生物等[8]。过滤法利用过滤器或具有吸附过滤功能的物质，对水产养殖废水进行过滤，将养殖废水中的大颗粒悬浮物过滤出来。此外，还可以利用过滤物质的吸附作用，对养殖废水中的金属、氨、氮等溶解态污染物进行吸附，使之脱离水体，从而使养殖废水得到净化处理。

目前常用的物理过滤方式有砂滤、网袋式过滤、转鼓式微滤、弧形筛网过滤等[9]。

2. 泡沫分离

泡沫分离是利用通气鼓泡在液相中形成的气泡为载体，对液相中的溶质或颗粒进行分离，从而去除污浊物。研究表明，在水产养殖中，因水深绝大部分都在 1m 左右，在泡沫分离中不需用压缩空气，而是通过回转翼和水体流动对气泡分化。若用负压空气，则效率更高。

3. 微纳米气泡技术

微纳米气泡是指直径为 $0.1 \sim 50 \mu m$ 的微小气泡，其中直径 $>1 \mu m$ 的微小气泡称为微气泡（micro-bubble），直径为 $1 \mu m \sim 1 nm$ 的超微小气泡称为纳米气泡（nano-bubble）。微纳米气泡具有比表面积大、水力停留时间长、表面带负电、自身增压溶解、能产生大量自由基、传质效率高、气体溶解率高等特性，具有通常气泡所不具备的物理与化学特性。在水体增氧、水质净化、生物制药、医疗卫生、精密化学反应等领域都有重要的价值。

微纳米气泡发生装置的研究和应用越来越受到广泛关注。在渔业相关领域中，如工业化循环水养殖系统水处理单元的悬浮颗粒物去除、微藻细胞的采收以及水产品加工废水净化中使用的泡沫分离器或气浮机等的研究与应用，都涉及微纳米级的气泡[10]。

4.2.2　生物处理技术

生物处理对于净化养殖系统中的水体有着核心作用。通常生物处理是利用硝化细菌和亚硝化细菌将氨氮和亚硝酸盐氧化成硝酸盐，去除水体中的有机物、氨氮、亚硝酸盐等有毒物质。常用以下几种方式。

1. 生物膜法

生物膜法是利用生物过滤器中存在的微生物，来处理养殖废水中的污染物。法国科学家在政府的资助下，在此领域进行了长期研究，如生物膜的细菌群落组成和数量；氨氧化、硝化过程的能量和氧气消耗；养殖废水中不同 C/N 比对生物滤器效能的影响，并在此基础上获得生物滤器硝化动力学模型，建立了生物滤器的设计与管理规范。中国学者在这方面也开展了大量研究[11]，水产行业常用的有生物转盘和生物滤池等，去除氨氮效率可达 80%以上[12]。

2. 人工湿地净化技术

人工湿地是一种自然的净化系统，具有将污染物同化、转换的能力，具有不需能源输入及不必经常维护便可自给自足等优点，是一种省能、低成本、无二次污染、操作维护简单、不破坏生态的绿色环保技术。

人工湿地应用于水产养殖废水时，主要是去除悬浮物、氮、磷等营养盐。人工湿地有效处理一般废污水时，通常需要较低的水力负荷或较长的水力停留时间，一般人工湿地的占地面积都比较大。在循环水养殖系统中，循环水处理单元须以高水力负荷操作以迅速去除毒性物质，保持适合的养殖水水质环境。因此人工湿地若应用于循环水养殖系统，在高的水力负荷下，预期将可以大大减少土地使用的面积。

3. 使用微生物制剂

采用微生物制剂改良水质是符合当今渔业发展方向的生物防治方法。微生物制剂又称有益微生物，常见的主要由枯草芽孢杆菌、硝化菌和反硝化菌、酵母菌、乳酸菌、光合细菌（PBS）等菌株组成。目前应用最广泛的是光合细菌。光合细菌由于具有多种不同的生理功能，如固氮、脱氢、固碳、氧化等作用，会把水体中的有毒物质作为基质加以利用，促进有机物的循环，使水体中的氨氮、亚硝酸盐含量显著降低，还可以降低水体的化学需氧量（COD），稳定水体的 pH 值。

用生物方法净化水体可以减轻养殖污染，抑制病原菌生长，有利于防治疾病，促进水生动物迅速生长，从而形成良性生态循环，保持生态平衡，同时具有无二次污染、收效大等优点，但控制管理技术较高，难以在水产养殖行业大规模推广。

4.2.3　化学处理技术

化学处理技术主要有氧化法和电化学法 2 种，利用化学处理技术对水产养殖废水进行处理，其效果较好，但在处理过程中，需要使用化学添加剂，如果控制不好，很可能会对水体造成二次污染[13]。

1. 氧化法

氧化法是以臭氧、过氧化氢、二氧化氯等具有较强氧化性的化学物质为氧化剂，利用氧化作用对水产养殖废水中的有机物质进行分解，从而使养殖废水得到有效的净化处理。

2. 电化学法

电化学法是利用电流的作用，通过对养殖废水输入一定的电流，溶解其中的亚硝酸盐和氨、氮等物质，使养殖废水得到净化处理。

3. 物理化学处理技术

高密度的养殖条件下，水体中除了存在一些理化性的致病因子外，还有一定数量的致病菌。这不仅会大量消耗水体中的溶解氧，还会对养殖产生严重的负面影响[14]。水体净化系统中一般配有消毒杀菌设备，利用物理、化学的措施减少致病因子对水产品生长的影响。常见的消毒杀菌设备有紫外线消毒器、化学消毒器、臭氧发生器等。紫外线消毒器的消毒效果稍差[15]，但其副作用小，安全性较好；化学消毒器的消毒效果较好，但如果使用不当也可能会对养殖水体造成二次污染；用臭氧对水产养殖水体进行消毒时，由于养殖生物在水中产生许多可变因素，使用方法也因养殖对象不同而改变，使用时除了对处理装置的结构有所要求外，还要掌握好臭氧含量在水体中的安全浓度。

4.2.4　实施无公害和绿色水产品的生产

从 2001 年起，农业部开始组织实施"无公害食品行动计划"，其初衷是解决低收入者的农产品消费问题。随着工作的深入，该计划已发展出"菜篮子"产品和出口农产品。无公害水产品是指：产地环境、生产过程和产品质量符合国家有关标准和规范的要求，经认证合格获得认证证书并允许使用无公害农产品标志的未经加工或者初加工的水产品。广义的无公害水产品分为 2 类：第一类是完全不使用渔药、农药、化肥、添加剂等人工合成化学物质而生产出来的水产品，称为纯天然水产品，如有机食品、生态食品、AA 级绿色食品等；第二类是生产中允许限品种、限量、限时使用渔药、农药、化肥、添加剂等人工合成的化学物质而生产的水产品，A 级绿色食品即属此类。目前，"无公害食品行动计划"已成为食品药品放心工程的重要组成部分。

4.2.5　水产品生产加工中危害分析和关键控制点体系的建立

在水产养殖方面我国逐渐推行 HACCP 系统管理体系，已经在养殖环境、水质、苗种、饲料、药物等方面颁布了许多相关的国家标准，如《无公害食品　渔用配合饲料安全限量》（NY 5072—2002），《无公害食品　水产品中有毒有害物质限量》（NY 5073—2006）等，这些标准是制定 HACCP 计划的依据。目前我国相当一部分的水产品生产企业已通过了 HACCP 体系认证。

4.2.6　水产品可追溯体系的建立

2005 年 5 月，由欧盟第六框架计划项目资助，我国农业部渔业主管部门举办的海水贝类食品安全研究会中介绍了欧盟质量追溯制度等信息，同时也提出了我国建立质量跟踪体系的建议。ISO 9000 对可追溯性的定义为：根据记载的标识，追踪实体的历史、应用情况和所处场所的能力。就产品而言，它将涉及：原材料和零部件的来源，产品形成过程的历史，交付后产品的分布和场所。对于易腐烂的鲜活水产品需要一套可行的产品链与合适的信息记录、管理、监控系统以实现水产品的可追溯性。欧盟正在推行关于水产品全链的可追溯性法律法规（EC 178/2002）。

4.2.7　预测微生物学的应用

预测微生物学（predictive microbiology）是通过预测微生物计算机软件模拟系统，确定相关温度、pH 值、水分活度、防腐剂等环境因素后，在不进行微生物检测的情况下，判断产品中微生物的生长、残存、死亡的情况，快速对产品的微生物安全和品质进行预测的技术。预测微生物学在食品领域并不是全新的概念。早在 20 世纪 20 年代，微生物数字模型的应用就成功地防止了肉毒杆菌对罐头食品的污染。但预测微生物学技术在水产品中的应用才刚刚起步，它是通过对水产品中各种微生物的基本特征及其受各种因子影响程度的研究，建立微生物数据库，使用计算机建模程序导出微生物生长、残存、死亡的数学模型，在不进行微生物检测分析的情况下，运用模型快速对其中微生物进行动态的预测，实现对水产品加工及储藏过程中产品质量和安全进行客观和定量的评估及安全预警。

4.3　水产品安全生产的良好操作技术规范

良好操作规范（good manufacturing practice，GMP）是食品生产、加工、包

装、储存、运输和销售的政府强制性规范性卫生法规，是一种食品安全和质量保证体系。食品 GMP 制度的主要目的是在食品制造、包装和储藏等过程中，确保人员、建筑、设施和设备能符合良好的生产条件，预防食品在不卫生的条件下，或在可能引起污染或变质的环境中操作，确保食品生产过程的安全；防止异物、毒物和有害微生物污染食品；双重检验制度，防止人为过失；标签管理制度，建立完善的生产记录、报告存档的管理制度。

食品 GMP 是对食品生产过程中的各个环节、各个方面实行全面质量控制和为保证产品质量必须采取的监控措施。食品 GMP 管理主要包括硬件和软件：硬件是指食品企业的厂房、设备和卫生设施等方面的技术要求，而软件是指生产工艺、规范的生产行为、完善的管理组织和严格的管理制度等。

GMP 的特点是以科学为基础，对各项技术性标准作出具体规定，作为生产标准加以执行，以保证产品的质量。

GMP 所规定的范围包括：人员、建筑物与设施、设备、生产与加工管理、卫生检验管理和卫生质量记录、缺陷水平等卫生要求。

食品企业执行 GMP 最根本的目的就是降低食品生产过程中人为的错误；防止食品在生产过程中遭到污染或品质劣变；建立健全自主性品质保证体系。

从 GMP 制度的性质来看，可分为两类 GMP，即作为国家法规需强制实施的 GMP（如中国、美国和日本的食品企业 GMP）和作为建议性文件起指导性作用的 GMP（如 WHO 制定的药品生产 GMP）。

GMP 有助于企业确保食品的安全卫生并能及时发现和解决生产中的安全问题。在实际生产中，执行 GMP 的意义是非常重要的，它可以为食品生产提供一套必须遵循的组合标准；为卫生行政部门、食品卫生监督员提供监督检查的依据；为建立国际食品标准提供基础素材；便于食品的国际贸易；使食品生产经营人员认识食品生产的特殊性，提供重要的教材，由此产生积极的工作态度，培养对食品质量高度负责的精神，消除生产上的不良习惯；使食品生产企业对原料、辅料、包装材料的要求更为严格；有助于食品生产企业采用新技术、新设备，从而保证食品质量。我国食品企业 GMP 的颁布和实施，是对《中华人民共和国食品安全法》的进一步贯彻执行，对保证食品安全卫生，加快改善食品厂的卫生面貌，实现卫生管理标准化和规范化，保障人民健康，起到积极的重要作用。

4.3.1　生产用原料和辅料的卫生要求

就水产食品来说，原料主要来源于海水或淡水水生生物，如鱼、虾、贝、藻等，辅料有香辛料、调味料、食品添加剂等。这些原料在饲养、捕捞、运输、储存等过程中都有可能受到环境及意外的微生物和寄生虫的污染，如鱼贝类在海（淡）水中易受到二次污染。在捕捞、渔船上处理、暂存等过程中，还有可能使水产食品原料体内所附着的微生物和寄生虫扩大污染。因此，水产食品原辅料卫生和安全控制是一个不容忽视的问题。由于水产食品原料种类繁多，要求各异，其中贝类原料有可能含有贝类毒素，养殖鱼类原料则有可能发生药物残留等问题，因此在制定水产食品加工企业 GMP 时应当将原料要素区分为养殖类鱼虾原料、捕捞类鱼虾原料和贝类原料，并增加半成品原料的要求，水产食品加工企业所使用的原料应当满足以下要求：

1. 原料的要求

所有用于水产食品加工的水产品原料必须采自无污染水域，品质新鲜，不得含有毒有害物质，也不得被有毒有害物质污染，不得使用任何未经许可的食品添加剂。出口用养殖水产品的原料必须来自经检验检疫备案的养殖场。

水产品原料在储存及运输过程中，不仅要有防雨防尘设施，还应根据原料特点配备冷冻冷藏、保鲜、保温、保活等设施。运输工具应符合卫生要求，运输作业应防止污染，防止原料受损伤；储存及运输中要远离有毒有害物品。

水产食品加工企业应当对原料进行理化、微生物等指标的检测，并应确保养殖水产食品原料的养殖环境、水质、养殖方式、养殖过程中的饲养日志及用药记录、捕捞和运输情况符合要求。

作为加工原料的养殖水产品必须经过停药期的处理，其药物残留量不得超过农业部 235 号公告《动物性食品中兽药最高残留限量》中的规定。

2. 辅料的要求

加工过程中使用的辅料（包括食品添加剂等）必须符合国家有关规定。严禁使用未许可或水产品进口国禁止使用的食品添加剂。

3. 生产用水（冰）的卫生要求

水产品的加工用水必须符合国家规定的《生活饮用水卫生标准》[16]的指标要求。水产品加工过程中使用的海水必须符合国家《海水水质标准》[17]的指标要求。

有蓄水池的工厂，水池要有完善的防尘、防虫、防鼠措施，并定期对水池进行清洗、消毒。

制冰用水的水质必须符合饮用水卫生要求，制冰设备和盛装冰块的器具必须保持良好的清洁卫生状况。

4.3.2 生产企业环境的卫生要求

水产食品生产厂区的生产环境、生产条件和质量卫生密切相关。厂房选址时既要考虑外部环境对企业的影响，又要考虑企业对外部环境的影响，同时还要考虑食品的安全卫生，企业的经营发展符合国家有关的法律、法规等。厂房设计时为了保证食品的安全性，应采取各种可能的措施，使厂房内的环境对产品污染的可能性降到最低。水产食品加工企业生产中会产生大量的废水以及部分废料、烟尘，它们的处理和排放应符合我国相关标准的规定[18]。

1. 厂区选址

厂区选址应远离有毒有害场所及其他污染源，其设计和建造应避免形成污垢聚集、接触有毒材料，厂区内不得兼营、生产、存放有碍食品卫生的其他产品。

不得建在有碍食品卫生的区域，厂区内不得兼营、生产、存放有碍食品的其他物品。

生产区域宜与非生产区域隔离，否则应采取有效措施使得生产区域不会受到非生产区域污染和干扰。

2. 厂区环境要求

主要道路应铺设适于车辆通行的硬化路面（如混凝土或沥青路面等），路面平整、无积水、无积尘。

卫生间应当有冲水、洗手、防蝇、防鼠设施。保持足够的自然通风或机械通风，保持清洁、无异味。

排水系统应保持畅通、无异味。

避免存有卫生死角和蚊蝇孳生地，废弃物和垃圾应用防异味、不透水、防腐蚀的容器具盛放和运输，放置废弃物和垃圾的场所应保持整洁，废弃物和垃圾应及时清理出厂。

应有防鼠、防虫蝇设施，不得使用有毒饵料；不宜饲养与生产加工无关的动物，为安全目的饲养的犬只等不得进入生产区域。

3. 工厂布局要求

各个工厂应按照产品生产的工艺特点、场院条件等实际情况，本着既方便生产的顺利进行，又便于实施生产过程的卫生质量控制这一原则进行厂区的规划和布局。

生产区和生活区必须严格分开。生产区内的各管理区应通过设立标示牌和必要的隔离设施来加以界定，以控制不同区域的人员和物品相互间的交叉流动。

工厂应该为原料运入、成品的运出分别设置专用的门口和通道。厂区的道路应该为全部用水泥和沥青铺制的硬质路面，路面要平坦、不积水、无尘土飞扬。厂区内要植树草进行立体绿化。

生产废料和垃圾放置的位置、生产废水处理区、厂区卫生间以及暂养区，要远离加工区，并且不得处于加工区的上风向，生产废料和垃圾应该用有盖的容器存放，并于当日清理出厂。厂区卫生间要有严密的防蝇防虫设施，内部用易清洗、消毒、耐腐蚀、不渗水的材料建造，安装有冲水、洗手设施。

厂区内不得兼营、生产和存放有碍食品卫生的其他产品。

4.3.3　员工的健康与卫生要求

食品企业的生产人员（包括检验人员）是直接接触食品的人，其身体健康及卫生状况直接影响食品卫生质量。

1. 健康卫生要求

从事水产食品生产加工及相关工作人员，包括正式职工、临时工以及要在车间和库房内工作的承包商和供应商的服务人员，都应该在上岗前进行规定的健康检查，取得当地卫生防疫部门或疾病控制部门核发的健康证的人员才能在工厂里工作。

取得健康证后，还要保证每年至少到当地的卫生防疫部门或疾病控制部门体检1次。对于那些没有通过当年体检的员工则需要调离原有工作岗位，直至其能够痊愈并经体检证明合格后才可重新从事车间或库房内的工作。凡出现伤口感染或者患有可能污染食品的皮肤病、消化道疾病或呼吸道疾病者，应立即报告其症状或疾病，不得继续工作。

员工的健康证和每年的体检记录要由工厂统一管理，所有员工必须具有健康证，核实要进入生产车间及库房工作的外来人员的健康证并进行记录。

组织员工按要求进行每年的体检，并确认和记录每个员工的每年体检结果。

进入生产区域应保持良好的个人清洁卫生和操作卫生；进入车间时应更衣、洗手、消毒；工作服、帽和鞋应消毒并保持清洁卫生，进入加工车间更换清洁的工作服、帽、口罩、鞋等，不得化妆、戴首饰、手表等。

2. 专业知识要求

负责生产和质量管理的企业领导人应具有相当的专业技术知识，并具有生产及质量管理的经验，能够按相关要求组织生产，对GMP相关规定的实施和产品质量负责。

水产品生产和质量管理的部门负责人应具有相应的专业技术知识，必须具有生产和质量管理的实践经验，有能力对生产和质量管理中的实际问题作出正确的判断和处理。

生产管理、质量、卫生控制负责人，感官检验人员及化验人员的资质应符合有关规定，应经专业技术培训，应具备相关基础理论知识和实际操作技能，并获取相应证书。

3. 卫生知识要求

从事监督、指导、员工培训的卫生质量管理人员，应熟悉国家和相关进口国（地区）的相关法律法规、食品安全卫生标准，具备适应其工作相关的资质和能力，考核合格后方可上岗。

应掌握食品卫生知识；熟悉卫生操作程序：如洗手、入厕等；注意个人卫生与健康。

4.3.4　包装、标签、储存与运输卫生的要求

1. 成品包装、标签的要求

包装材料必须是由国家批准可用于食品的材料。所用材料必须保持清洁卫生，在干燥通风的专用库内存放，内外包装材料要分开存放。

直接接触水产食品的包装、标签必须符合食品卫生要求，应不易褪色，不得含有有毒有害物质，不能对内容物造成直接或间接的污染。

2. 储存的要求

定期对储存食品的仓库进行清洁，保持仓库卫生，必要时进行消毒处理。

相互串味的产品、水产食品不应与有异味的物品同库储藏。

库内堆放物品应距离墙壁有 30cm 的空隙，离库顶有 50cm 的空隙，离地面应有 10cm 的空隙。各堆垛应挂牌标明本堆产品的品名、规格、产期、批号和数量等情况。存放产品较多的仓库，管理人员可借助仓储平面图来帮助管理。

预冷库、速冻库、冷藏库和原料库的温度要符合工艺要求，并配有经校准的温度计或其他测温装置。测温装置应安装在能指示库房平均空气温度的地方。

库内保持清洁，定期消毒，除霜除异味，有防霉、防虫设施。应定期查看产品，对包装破损和储存时间较长的产品应重新检验合格后方可出厂。

3. 运输的要求

运输工具必须符合卫生要求，使用前必须清洗消毒。根据产品特点配备防雨、防尘、制冷、保温等设施。

运输水产食品时，不得与有毒有害物品混装。

冰鲜、冷冻水产食品必须按要求严格控制运输温度，防止产品变质。必要时应将不同食品进行有效隔离。

装运过有碍食品安全卫生的货物如化肥、化工产品等的运输工具，在装运出口食品前必须经过严格的清洗，必要时需经过检验检疫部门的检验，合格后方可装运出口食品。

4.3.5　卫生控制程序

1. 水产品的卫生质量检验要求及控制

企业应有与生产能力相适应的内设检验机构和具备相应资格的检验人员。

企业内设检验机构具备检验工作所需要的标准资料、检验设施和仪器设备，检验仪器按规定进行计量检定，检验要有检测记录。

使用社会实验室承担企业卫生质量检验工作的，该实验室应当具有相应的资质，并与其签订合同。

2. 保证卫生质量体系有效运行的要求

制定并有效执行原料、辅料、半成品、成品及生产过程卫生控制程序，做好记录。

建立并执行卫生标准操作程序并做好记录，确保加工用水（冰）、食品接触表面、有毒有害物质、虫害防治等处于受控状态。

对影响食品卫生的关键工序，要制定明确的操作规程并得到必要的监控，同时必须有监控记录；制定并执行对不合格品的控制制度，包括不合格品的标识、记录、评价、隔离处置和可追溯性等内容；制定产品标识、质量追踪和产品召回制度，确保出厂产品在出现安全卫生质量问题时能够及时召回；制定并执行加工设备、设施的维护程序，保证加工设备、设施满足生产的需要；制定并实施职业培训计划并做好培训记录，保证不同岗位的人员熟练完成本职工作；建立内部审核制度，一般每半年进行一次内部审核，每年进行一次管理评审，并做好记录。

3. 严格控制的卫生要点

保证与食品接触的水或用来制冰的水的安全性。

保证与食品接触的器具、手套和工作服的清洁。

防止不洁物体与食品、食品包装材料的接触，防止生品和熟品的交叉污染。

保持消毒间、更衣室、卫生间的清洁卫生。

避免食品、食品包装材料接触润滑剂、燃料、杀虫剂、洗涤剂、浓缩剂和其他化学的、物理的和生物的污染性物质。

正确标示、储存以及使用有毒化合物。应用于食品加工的清洗剂、防腐剂、润滑剂、杀虫剂等必须保证其品种质量、使用方法及储存方式符合我国强制性标准或法规的要求。

控制生产人员的卫生健康条件，防止引起食品、食品包装材料和与食品接触的工具、器具表面的微生物污染。

防止来自企业排放的有害物质的污染。

预防并控制害虫的危害。

4.4　水产品安全加工的 HACCP 技术规范

4.4.1　概述

危害分析和关键控制点（hazard analysis and critical control point，HACCP）系统是目前世界上最权威的食品安全质量控制体系之一。它是保证食品安全的预防性技术管理体系。经全面分析潜在的危害，确定关键控制点，建立关键限值，通过对关键控制点的监控，及时地进行纠偏行动并保持有效的记录，使食品安全的潜在危害得到有效预防、消除或降低到可接受水平。它可将食品安全危害消除在生产过程中，而不是靠事后检验来保证产品的质量。

HACCP 体系是一种建立在 GMP 和卫生标准操作规程（SSOP）基础之上控制危害的预防性体系，控制目标是确保食品的安全性，与其他质量管理体系相比，它将精力主要放在影响产品安全的关键点上，而不是在每个步骤都放上同等的精力，在预防方面显得更为有效。

HACCP 体系通过关键控制点对影响食品安全的生物的、化学的和物理的危害因素进行控制，关键控制点是那些在食品生产和处理过程中必须实施控制的任何环节、步骤或工艺过程，这种控制能使其中可能发生的危害得到预防、减少或消除，以确保食品安全。

1. HACCP 的原理

HACCP 是一个识别、检测和预防可能导致食品危害的体系，包括 7 个原理：①进行危害分析和确定预防性措施（HA）；②确定关键控制点（CCP）；③建立关键限值（CL）；④监控每一个关键控制点；⑤建立当发生关键限值偏离时可采取的纠偏行动；⑥建立记录；⑦建立验证程序。

2. HACCP 的意义和重要性

HACCP 的意义和重要性主要表现在：一是 HACCP 从生产角度来说是安全控制系统，是使产品从投料开始至成品保证质量安全的体系，使食品生产对最终产品的检验（即检验是否有不合格产品）转化为控制生产环节中潜在的危害（即预防不合格产品）。二是应用最少的资源，做最有效的事情。HACCP 是决定产品安全性的基础，食品生产者利用 HACCP 控制产品的安全性比利用传统的手段更为有效。三是 HACCP 已经成为控制食源性疾患最为有效的措施，已经被多个国家的政府、标准化组织或行业集团采用，或是在相关法规中作为强制性要求，或是在标准中作为自愿性要求予以推荐，或是作为对供应方的强制要求[19]。

3. HACCP 在我国水产品加工中的发展

人类食用水产品历史悠久，水产品是受大多数人欢迎的大众食品。由于人们认识到多种鱼类的低脂肪和特殊结构的不饱和脂肪酸对人体健康的影响，所以有更多的人青睐这一食品。但是，食用鱼贝类也可能感染疾病或引起中毒，因为水产品能够富集环境中的毒素、重金属等有害物质，所以人食用水产品后可能会导致有害物质进入人体引发疾病。因此从食品原料到消费全过程都实施 HACCP 体系后，才能有效控制此情况，HACCP 在食品安全控制中正发挥着巨大的作用。

随着水产品加工业的不断进展，水产品加工原料种类逐步增多，包括鱼类、贝类、虾类、藻类等；产品形式也逐步增多，已形成冷冻、冷藏、腌制、烟熏、干制、罐藏、调味休闲食品、鱼糜制品、鱼粉、鱼油、海藻食品、海藻化工、海洋保健食品、海洋药物、鱼皮制革及化妆品等。部分沿海地区企业水产品加工工艺逐步向发达国家靠近。随着 HACCP 体系在水产加工业的应用越来越广泛，从事水产品 HACCP 计划制定、体系认证和管理方面的相关人员也越来越多。

目前，HACCP 体系已被世界各国食品生产企业广泛运用。欧盟于 1993 年 6 月颁布了 93/43/EEC 指令，规定了 HACCP 体系在欧盟食品安全体系中的重要地位，要求食品生产加工企业要承担起保障食品安全的首要责任，并且规定食品生产者必须通过相应的 HACCP 认证才能进入欧盟市场；美国于 1994 年强制要求水产品实施 HACCP 认证，之后通过法律在畜禽产品、果蔬制品等食品生产加工领域强制实施 HACCP 认证。食品法典委员会于 2005 年 9 月 1 日正式发布了食品安全领域唯一的全球性标准《食品安全管理体系对食物链中所有组织的要求》（ISO 22000：2005）。标准发布以来，获得了广泛的认可。2006 年 3 月 1 日，我国正式发布等同采用国际标准的国家标准《食品安全管理体系 食品链中各类组织的要求》（GB/T 22000—2006），并于 2006 年 7 月 1 日正式实施。2016 年 5 月 10 日，国内首个"同线同标同质"公共信息服务平台上线，上线企业要求必须通过 HACCP 认证[20]。

HACCP 体系的逐步完善与我国水产品加工业迅速发展是相互促进的。一方面，随着我国市场经济的发展，国际水产品贸易扩大及我国水产品加工业的迅猛发展，水产品的安全卫生管理越来越严格，卫生质量控制将成为我国以加工贸易为主的水产品加工企业的立业与竞争之本；另一方面，目前我国水产品加工业的迅猛发展取得了瞩目的成绩，除了国际市场旺盛的水产品消费需求和美元持续走低是我水产品出口大幅增长的外部因素外，国内水产品企业加工能力增强，质量管理力度加大，HACCP 体系在我国水产品加工业的引入及率先强制性实施，淘汰了部分卫生质量监管不规范的中小型企业，保证了企业加工水产品的卫生质量水平，为我国水产品出口赢得了良好的声誉，也为增强我国水产品国际竞争力、拓展水产业的发展空间打下了坚实的基础[21]。

4.4.2　水产品加工中的危害及危害分析

1. 危害

水产品加工厂所处的环境、加工设备、工艺操作、容器等，如果控制不当都有可能成为产品的污染源。水产品加工过程中也常会发生交叉污染，最初的污染源可能是天然食品，特别是那些收获方法不合理，而且又在不符合卫生要求的船只或卡车中运输的产品。收获后实施冷冻太迟或者在收获和加工之前有任何不合理处理都将导致产品腐败变质，微生物含量增加。

加工过程中操作员工本身也是（在不卫生操作的情况下）污染源，其他污染源还包括加工设备、箱子、输送带、墙壁、地板、容器供应品和害虫。最严重的污染是与即食食品直接接触的污染。因此，进行有效清洗，保证加工设备的卫生是极其重要的。

2. 危害分析

危害分析是指根据加工过程的每个工序分析是否产生显著的危害，并叙述相应的控制措施，也就是信息和评估危害及导致其存在的条件和过程。危害分析是食品生产过程中建立 HACCP 系统的第一步，在进行危害分析前，应做好以下准备工作：

组建 HACCP 工作小组在建立和实施及验证 HACCP 计划时是必要的，应包括多方面的专业人员，如质量管理、控制人员，生产技术人员，安全卫生控制人员，实验室人员，销售人员，维修保养人员及有关专家，小组成员应熟知 HACCP 体系原理，经过相关的 HACCP 体系培训。

描述产品及其分发方式、预期用途和消费者等应简明、准确，确定产品将来可能的消费群体以及消费方式。

绘制水产品加工工艺流程图及验证流程图的完整性、准确性，并对工艺流程进行说明，这是危害分析的重要步骤。

准备好危害分析工作单。美国 FDA 推荐的《危害分析工作单》是一份较为适用的危害分析记录表格，通过填写这份工作单能顺利进行危害分析、确定 HACCP。

表 4-10 总结了水产制品加工时的一些基本要素和已确定的潜在关键控制点。

表 4-10　水产制品加工时的危害分析

配料/加工步骤	危害因素	显著性（是/否）	判断依据	预防控制措施
原料收购	生物性：致病菌、寄生虫	是	原料在加工、储存过程中易污染	选用有 HACCP 认证或符合国家标准的供应单位进货，并经严格验收，满足质量要求
	化学性：兽药、抗生素残留	是	养殖者用药不规范	通过 SSOP 控制
	物理性：金属碎屑	否		
配料	化学性：食品添加剂	是	若超过国家允许使用量，有碍消费者健康	配料来源的卫生质量证明索取，加强进货验收，合理控制使用
斩拌	生物性：细菌病原体	是	有多种辅料加入和设备清洗消毒不合格带来的微生物污染	通过 GMP 良好规范控制辅料来源，严格验收，按操作规程严格控制加工时间和温度
	化学性：设备清洗剂残留	否		
	物理性：金属碎屑	是	斩拌刀损伤或断裂易产生金属碎屑	在后工序通过金属探测器检测
灌制	生物性：细菌病原体	是	半成品放置时间长会引起温度升高，细菌生长	及时灌制及蒸煮，控制好存放温度
	化学性：设备清洗剂残留	否		通过 SSOP 控制
烟熏	生物性：细菌病原体	是	若处理不当，会引起梭状肉毒芽孢杆菌的共存	严格控制温度和时间
蒸煮	生物性：细菌病原体	是	不合适的杀菌温度引起病原体残留、生长	按工艺要求确保蒸煮的时间和温度
水预冷	生物性：细菌病原体	是	冷却速度慢，停留时间长。易引起细菌生长	冷却要及时，并严格控制水质
	化学性：残留氯	否		通过 SSOP 控制
深切冷却	生物性：细菌病原体	是	冷却库温度高易引起致病菌生长	严格按工艺要求控制和监测冷却库的温度
包装	生物性：细菌病原体	是	工人在操作过程中，手、操作台面、包装袋直接接触产品，易造成致病菌污染。密封不良会导致二次污染	通过 SSOP 控制包装材料卫生质量，严格验收，严格按操作规范防止污染，检查包装密封性
金属探测	物理性：金属杂质	是	原料收购、生产加工过程操作不当或设备破损带来的金属碎屑	通过 GMP 规范操作，使用金属探测仪剔除含有金属碎屑的产品
装箱储存	生物性：细菌病原体	是	温度失控，细菌可以成倍迅速增长	监控储存温度
运输	生物性：细菌病原体	否	由于产品包装完整，采用冷藏运输，不可能发生污染	

4.4.3　确定关键控制点

关键控制点（CCP）是指对食品加工过程中的某一点、步骤或工序进行控制后，就可以防止、消除食品安全危害或将其减少到可接受水平。这里所指的食品安全危害是显著危害，需要 HACCP 体系来控制，也就是每个显著危害都必须通过一个或多个 CCP 来控制。控制点（CP）是指食品加工过程中，能够控制生物、物理、化学的因素的任意一个步骤或工序。CP 包括所有的问题，而 CCP 只是控制安全危害。在加工过程中许多点可以定为 CP，而不定为 CCP，控制点中还包括对于质量（风味、色泽）等非安全危害的控制点。企业可以根据自身情况，通过 TQA、TOC 或 ISO 9000 控制 CP 的质量。

一般 CP 是指食品加工过程中，在任何一点、步骤或工序的物理的、化学的和生物的因素能够控制，若失控，并不一定导致不可接受的健康危害。因此，在实际工作中，可以将控制点分为一般 CP 和 CCP 两类，一般 CP 只是或包括所有的可控制的问题，而 CCP 则是控制安全危害；在食品加工过程中许多点可以定为 CP，而不定为 CCP，因为控制太多的点，就会失去重点，会削弱影响食品安全的 CCP 的控制。

同样以水产制品为例，据危害分析，最终确定的 CCP 为配料中食品添加剂称量、杀菌、探测金属碎屑；原料收购的兽药残留、加工过程的病原体控制和包装材料的病原体控制则为一般 CP。详见表 4-11。

表 4-11 水产制品加工过程中的关键控制点

配料/加工步骤	是否为关键控制点	危害因素	显著性（是/否）	判断依据	预防控制措施
原料收购	一般 CP	生物性：致病菌、寄生虫	是	原料在加工、储存过程中易污染	选用有 HACCP 认证或符合国家标准的供应单位进货，并经严格验收，满足质量要求
		化学性：兽药、抗生素残留	是	养殖者用药不规范	通过 SSOP 控制
		物理性：金属碎屑	否		
配料	CCP	化学性：食品添加剂	是	若超过国家允许使用量，有碍消费者健康	配料来源的卫生质量证明索取，加强进货验收，合理控制使用
斩拌	一般 CP	生物性：细菌病原体	是	有多种辅料加入和设备清洗消毒不合格带来的微生物污染	通过 GMP 良好规范控制辅料来源，严格验收，按操作规程严格控制加工时间和温度
		化学性：设备清洗剂残留	否		
		物理性：金属碎屑	是	斩拌刀损伤或断裂易产生金属碎屑	在后工序通过金属探测器检测
灌制	一般 CP	生物性：细菌病原体	是	半成品放置时间长会引起温度升高，细菌生长	及时灌制及蒸煮，控制好存放温度
		化学性：设备清洗剂残留	否		通过 SSOP 控制

续表

配料/加工步骤	是否为关键控制点	危害因素	显著性（是/否）	判断依据	预防控制措施
烟熏	一般 CP	生物性：细菌病原体	是	若处理不当，会引起梭状肉毒芽孢杆菌的共存	严格控制温度和时间
蒸煮	CCP	生物性：细菌病原体	是	不合适的杀菌温度引起病原体残留、生长	按工艺要求确保蒸煮的时间和温度
水预冷	一般 CP	生物性：细菌病原体	是	冷却速度慢，停留时间长。易引起细菌生长	冷却要及时，并严格控制水质
		化学性：残留氯	否		通过 SSOP 控制
深切冷却	一般 CP	生物性：细菌病原体	是	冷却库温度高易引起致病菌生长	严格按工艺要求控制和监测冷却库的温度
包装	一般 CP	生物性：细菌病原体	是	工人在操作过程中，手、操作台面、包装袋直接接触产品，易造成致病菌污染。密封不良会导致二次污染	通过 SSOP 控制包装材料卫生质量，严格验收，严格按操作规范防止污染，检查包装密封性
金属探测	CCP	物理性：金属杂质	是	原料收购、生产加工过程操作不当或设备破损带来的金属碎屑	通过 GMP 规范操作，使用金属探测仪剔除含有金属碎屑的产品
装箱储存	一般 CP	生物性：细菌病原体	是	温度失控，细菌可以成倍迅速增长	监控储存温度
运输	CCP	生物性：细菌病原体	否	由于产品包装完整，采用冷藏运输，不可能发生污染	

4.4.4　监控程序的建立

监控程序是一个有计划的连续监测或观察过程，用以评估 CCP 是否受控，并用于将来的验证。因此，它是 HACCP 计划的重要组成部分之一，也是保证水产品安全生产的关键措施。

监测目的包括：在加工处理过程中跟踪所有操作，及时发现可能偏离关键限值的趋势并迅速采取措施进行调整；识别何时失控（检查监测记录以确定哪个最终符合关键限值的时间）；提供加工过程控制系统的书面文件。

为了全面描述监控程序，必须回答四个问题：监控内容、监控方法、监控频率、监控者。

在监控过程中，关注所监控的过程特性非常重要，监控方法必须能够确定是否满足关键限值。也就是说，监测方法必须直接测量已为监控点建立临界限值的特征。应经常监测以检测所测量特征值的正常波动。如果这些值特别接近关键限值，则监控方法恰当。

监控频率常常根据生产和加工的经验和知识确定，例如，加工过程中水产品会有多大变化。如果考虑数据变化大，监控和检查之间的时间应缩短；如果数值和关键限值很接近，监控和检查之间的时间可相应延长。

监控人员应当是受过培训可以胜任具体监控工作的人员。他们必须接受有关 CCP 监控技术的培训；完全理解 CCP 监控的重要性；能及时进行监控活动；准确报告每次监控工作；随时报告违反关键限值的情况，以便及时采取纠偏活动。表 4-12 是水产制品加工时的监控程序。

表 4-12　水产制品生产加工监控程序

关键控制点	主要危害	关键限值	监控			
			什么	怎样	频率	人员
配料	食品添加剂	所有含食品添加剂的原料均不得超过允许使用量	原辅料的标签说明	对原料辅料进行验收	每批	质控员
		成品中添加剂合计量不超过国家标准的指标	生产中允许使用量	生产中控制使用量	每次	操作员
蒸煮	细菌病原体	温度 90℃，按不同规格蒸煮时间为 20~90min，致肉心温度不低于 75℃	蒸煮时间和肉心温度	用连续温度记录仪监控	连续测定	操作员
				监控普查时间	每批	操作员
				测定肉心温度	每批	操作员
金属探测	金属杂质	金属碎屑不超过 1.2mm	大于关键限值的金属碎屑存在	装箱前逐件检测	每件	操作员
				使用金属探测仪		

4.4.5　建立纠偏行动

当 CCP 偏离关键限值时，必须立即采取合理的纠偏行动。如果可能，这些纠偏行动必须制定在纠偏行动计划中，便于现场纠正偏离。也可以没有预先的纠偏计划，因为有时会有一些料不到的情况发生。另外，明确指定防止偏离和纠正偏离的负责人也是非常重要的。负责实施纠偏行动的人员必须对生产过程、产品和 HACCP 计划有全面的理解。

实施纠偏应包括两个部分：一是纠正和消除偏离的起因，重新控制加工；二是确定在加工出现偏差时所生产的产品，以及对这些产品进行处理的方法。

对于不合格产品的有效处理，应采取以下步骤：

妥善保存所有可疑产品，确定产品是否存在安全的危害。向 HACCP 小组管理部和其他有关专家征求意见，或者通过物理的、化学的或微生物的测试来对产品进行全面的评估，确定其危害性。

如果以第一步评估为基础不存在危害，产品可被通过。

如果存在潜在的危害（以第一步评估为基础），确定是否产品能被重造或重加工或转为安全使用。但必须确保返工过程或转为安全使用的过程不能产生新的危害。

如果潜在的有危害的产品不能如上述步骤那样被处理，产品必须被销毁。这是通常最昂贵的选择，并且通常被认为是最后的处理方式。表 4-13 为水产制品加工过程中的纠偏措施。

表 4-13　水产制品加工过程中的纠偏措施

关键控制点	主要危害	关键限值	纠偏措施
配料	食品添加剂	所有含食品添加剂的原料均不得超过允许使用量	拒收
		成品中添加剂合计量不超过国家标准的指标	隔离，调整使用量
蒸煮	细菌病原体	温度 90℃，按不同规格蒸煮时间为 20～90min，致肉心温度不低于 75℃	若温度、时间不足，暂停生产。进行调整，把偏离期间的产品隔离
金属探测	金属杂质	金属碎屑不超过 1.2mm	删除含有金属碎屑的产品

4.4.6　记录

准确的记录是一个成功的 HACCP 计划的重要部分。HACCP 需要建立有效的记录管理程序，以便使 HACCP 体系文件化。记录是采取措施的书面证据，包含 CCP 在监控、偏差、纠偏措施等过程中发生的历史性信息，不但可以用来确证企业是按既定的 HACCP 计划执行的，而且可利用这些信息建立产品流程档案，一旦发生问题，能从中查询产生问题时的实际生产过程。此外，记录还提供了一个有效的监控手段，使企业及时发现并调整加工过程中偏离 CCP 的趋势，防止生产过程失去控制。所以企业拥有正确填写、准确记录、系统归档的最新记录是绝对必要的。以水产制品的加工为例，在生产加工中应建立以下记录：

1. 建立文件档案

将水产制品加工 HACCP 计划和用于制订该计划的支持性文件及产品流程图的制订与审核、危害分析文件、关键控制点及控制限值文件等进行存档。

2. 关键控制点监控记录

原料验收时养殖者提供的未使用药物证明书；水产制品质量抽检情况记录表；原辅料的包装说明；温度记录图表等。

3. 纠错行动记录

HACCP 计划的修改（如原料、配方、包装和销售的改变）；表面样品微生物检测结果、成品微生物检测结果等。

4. 工作人员对 CCP 的抽查和审核记录

管理人员对水产品验收监控审核和纠错行动记录的抽查；质检人员每日对生产质量审核和纠错行动记录，每半年 1 次校准天平记录等。如表 4-14 所示。

表 4-14　水产制品加工过程中的记录和验证

关键控制点	主要危害	关键限值	记录	验证
配料	食品添加剂	所有含食品添加剂的原料均不得超过允许使用量，成品中添加剂合计量不超过国家标准的指标	原辅料的标签说明，使用量登记表，成品检测结果	复查每日记录，校正称量仪器，成品测试结果
蒸煮	细菌病原体	温度 90℃，按不同规格蒸煮时间为 20～90min，致肉心温度不低于 75℃	温度记录图表，普查时间记录，肉心温度	复查记录，每半年校正温度记录仪，成品检测，蒸煮设备有确认研究
金属探测	金属杂质	金属碎屑不超过 1.2mm	金属控制结果	复查记录，每次使用金属探测仪前均需测试校正

4.4.7　验证程序

验证是除了监控方法之外，用来确定 HACCP 体系是否按 HACCP 计划运作、或者计划是否需要调整及再确认、生效所使用的方法及审核手段。以水产制品加工为例，详见表 4-14。

1. 对 HACCP 计划的验证

由公司 HACCP 协作组对 HACCP 计划各个组成部分从危害分析到 CCP 审核策略做科学及技术上的复核审查，个别确认工作可由有关专家进行论证。

2. 对 CCP 进行验证

验证主要步骤如下。①监测仪器的及时校准：系统控制程序中有多种监测仪器，公司计量部门定时进行校准，及时处理异常情况，确保正常运行。②生产操作人员及时检查各种参数，管理人员按期进行检查。③协作组人员根据定期不定时原则检查关键控制点的操作，了解操作人员对 CCP 监测的方式和实施情况。④公司质检部对供应商提供检验合格证的产品进行抽检，验证其是否符合要求。

3. 协助执法机构对 HACCP 进行验证

在 HACCP 体系中，执法机制的主要作用是验证 HACCP 方案是否有效并得到贯彻。因此企业应协助执法机构根据特定的审核程序进行现场复查和各种记录审核，并随机抽样进行检查分析和综合评价。

4.5　水产品质量安全的可追溯体系

水产品营养丰富、味道鲜美，具有高蛋白、低脂肪、营养平衡性好的特点，是人们摄取动物性蛋白质的重要来源之一，深受世界各国人民的喜爱，其作为一种重要的食品来源，在人们的日常生活中扮演着重要的角色。水产品因存在一些特殊属性，比其他食品种类具有更大的安全风险，近年来水产品安全事件也频繁发生，水产品安全问题时刻牵动着人们的神经，更应引起足够的重视，加强水产品安全管理刻不容缓。在国内外水产品安全质量管理方面的科技研究与实践过程中，可追溯体系逐渐引起了研究者和从业者的重视。水产品质量安全可追溯体系针对水产品从生产到销售全环节的信息进行追溯性管理，并将其反馈给社会大众，一方面解决了水产品生产者和消费者之间的信息不对称问题，另一方面也通过全链条随时随地的信息监管进一步加强水产品质量安全管理，降低水产品安全事件风险。这不仅是一个有效的水产品质量安全问题的解决方案，更是一个水产品安全监管的发展趋势[22]。

4.5.1　可追溯性

可追溯性的定义引自《质量管理体系　基础和术语》（ISO 9000—2015）："通过记载的识别，追踪实体的历史、应用情况和所处场所的能力"，是由法国等部分欧盟国家在国际食品法典委员会生物技术食品政府间特别工作组会议上提出的旨在作为危险管理的措施。术语可追溯性包含四个主要含义[23]：

就产品而言，可能涉及原材料和零部件的来源；产品形成过程的历史；交付后产品的分布和场所。

就校准而言，是指测量设备与国家标准、基准、基本物理常数或特性或标准物质的联系。

就数据收集而言，是指实体质量环中全过程产生的计算结果和数据，有时要追溯到实体的质量要求。

就信息系统而言，是指信息系统程序设计与实现，通过系统追溯需要的信息。

术语中的"实体"可以是活动或过程、产品、组织、体系或人，以及上述各项的任何组合。《质量管理体系　要求》（ISO 9001—2015）中对标识和可追溯性提出：要规定有可追溯性要求的场合，供方应建立并保持形成文件的程序，对每个或每批产品都应有唯一性标识，这种标识应加以记录。由此可见，想完成"可追溯性"，直接涉及的要素有：实体标识，质量记录的控制、检验和试验状态，不合格品的控制等。间接涉及的要素有：采购过程控制，检验、测量和试验设备的控制，纠正和预防措施，搬运、储存、包装、防护和交付等。

除了 ISO 的定义以外，可追溯性还有其他的解释。Moe 将可追溯性定义为一种可追踪产品链中全部或部分的历史记录的能力，它可以是从最终的成品追踪到运输、储存、发送和销售等环节（全程追溯），也可以是在生产链中某些环节的内部如生产环节的追踪（内部追溯）。对产品实施追溯，也可以分为正向追溯和逆向追溯，正向追溯是根据产品的形成过程进行追溯，即从原材料开始追溯，直至追溯到交付后产品的分布情况和使用场所等；逆向追溯则是从使用产品开始往前追溯，直至追溯到产品原材料和零部件的来源。欧盟则将食品行业的可追溯性定义为：在食品、饲料、用于食品生产的动物或者用于食品或饲料中可能会使用的物质，在全部生产、加工和销售过程中发现并追寻其痕迹的可能性[24]。

4.5.2　可追溯体系

国际食品法典委员会将食品的可追溯体系定义为食品市场各个阶段信息流的连续性保障体系。通俗地说，可追溯体系就是利用现代化信息管理技术给每件商品标上号码、保留相关的管理记录，从而可以进行追溯的系统。

4.5.3　水产品质量安全可追溯体系的功能

水产品质量安全可追溯体系的主要功能如下：

第一，提高消费者信心。通过解决或改善水产品供应者与消费者之间的信息不对称问题，提高水产品质量安全，维护消费者对所消费水产品质量安全情况的知情权与选择权等合法权益，提高消费者对水产品安全性的信心。

第二，完善水产品监管体系。通过建立完整的水产品质量安全可追溯体系，通过完备的数据库及流通链条的信息监管，完善水产品质量安全监管，提高水产品安全监管效率；另外，通过提高问题产品召回效率，并完善水产品安全风险预警，维护社会稳定与市场经济秩序。

第三，规范水产品市场秩序。通过建立水产品质量安全的可追溯体系，能够具体落实相关质量安全责任，结合完善的法律法规体系可以有效地提高水产品的安全性，规范水产品的市场管理秩序。

第四，提高我国水产品的国际竞争力。建立水产品质量安全可追溯体系，也是适应逐渐变化的国际进出口贸易的要求，与国际标准接轨，提高我国水产品的国际竞争力。

第五，促进水产品产业整体优化。通过鼓励水产品质量安全可追溯体系的建立，可促使企业变革和再造生产流通流程，改善经营方式，通过综合运用可追溯体系信息，完善管理，并通过可追溯体系的建立，提高产品形象和社会认可度，实现品牌化经营和标准化生产；可促进小型生产者改变生产方式，实现组织化、集团化及规模化生产经营方式，或者与大中型企业合作，更有利于水产品质量的提高。行业的规范化和生产者的组织化也为监管者提供了便利，更有利于管理，形成良性循环。

第六，为我国政府职能转变实践提供借鉴。建立水产品质量安全可追溯体系，使企业、行业协会等组织成为水产品监管体系的一部分，为我国实现政府职能转变和管理模式创新提供重要经验借鉴。

4.5.4　与其他系统间的关系

与可追溯体系相比，无论是 HACCP 还是 GMP 都主要是对某个环节进行控制，缺少将整个供应链全过程连接起来的手段，而可追溯体系强调产品的唯一标识和全过程追踪。GMP 或 HACCP 的运作，将有利于可追溯体系的建立和追溯的实现。为更全面地比较 ISO 9000、HACCP 和追溯体系三者间的区别，表 4-15 从体系范畴、职能重心、基础条件、应用范围等多个方面对 HACCP 和追溯体系做了比较。

表 4-15　HACCP 与可追溯体系的对比

HACCP	可追溯体系
科学性、逻辑性强，属质量控制范畴	理论和体系还不完善，需进一步的研究，属质量控制范畴
强调食品安全，避免消费者受到危害	强调食品安全，从源头控制，及时召回问题产品，避免消费者受到危害、减少企业损失
企业须依照 HACCP 计划要求与法规生产制品	没有标准和规范可遵循，根据各国政府要求和实际情况制定执行
须有 GMP 的基础	未规定应用的必备条件，但 GMP 或 HACCP 的运作，有利于追溯体系的建立和追溯的实施
范围较狭窄，以生产全过程的监控为主	范围较广，涉及来源、运输、加工、销售等供应链的所有环节
专业性强，适用于食品工业，目前水产品加工行业应用较广	在食品行业更加注重，应用才刚刚起步
具特殊监控事项，如病原菌等	无特殊监控事项
逐渐呈强制性	逐渐呈强制性

4.5.5 我国水产品质量安全可追溯体系现状

1. 我国水产品质量安全可追溯体系立法（标）情况

近年来，我国逐步制定了一些水产品质量安全追溯制度相关的法规、标准和指南。2003 年，农业部发布了《水产养殖质量安全管理规定》。2004 年，为顺应国际要求，应对追溯壁垒，国家质量监督检验检疫总局颁布了《出境水产品追溯规程（试行）》和《出境养殖水产品检验检疫和监管要求（试行）》，明确了我国出境养殖水产品检验检疫和监管，要求出口水产品可以通过相关信息追溯到从成品到原料的每一个环节。2006 年，我国颁布实施了《中华人民共和国农产品质量安全法》，随后农业部又发布了《农产品包装和标识管理办法》，这一部门规章的颁布实施，为水产品质量安全可追溯体系建设起到了重要的基础性保障作用。因为水产品质量安全可追溯体系的关键部分在于对水产品生产信息的记录与传递，通过规定生产环节等各环节的参与主体将水产品生产相关信息进行记录并在水产品的包装上明确标明，才能使得整个水产品质量安全可追溯体系顺利运行并发挥相应的作用，因此通过法律作出强制性要求，将使得水产品质量安全可追溯体系有效运行成为可能。2007 年，农业部实施了《水产养殖质量安全管理规范》。2009 年，我国颁布了《中华人民共和国食品安全法》。在水产养殖领域的无公害农产品、绿色食品、有机农产品、中国良好水产养殖规范、水产养殖认证委员会最佳水产养殖规范（BAP）认证等 5 种产品认证，ISO 9000、ISO 14000、HACCP 体系 3 种体系认证以及目前在多数省份建立的水产品质量检测中心，为开展水产品质量安全追溯提供了依据和工作基础。部分相关法律法规详见表 4-16。

表 4-16　部分水产品安全相关法律法规

序号	水产品质量安全相关国家法律法规
1	《有机产品》（GB/T 19630）
2	《中华人民共和国渔业法》
3	《中华人民共和国农产品质量安全法》
4	《国务院关于加强食品等产品安全监督管理的特别规定》
5	《农产品包装和标识管理办法》
6	《农产品产地安全管理办法》
7	《无公害农产品管理办法》
8	《无公害农产品产地认定程序》
9	《食品动物禁用的兽药及其它化合物清单》

续表

序号	水产品质量安全相关国家法律法规
10	《兽药地方标准废止目录》
11	《禁止在饲料和动物饮用水中使用的药物品种目录》
12	《实施无公害农产品认证的产品目录（渔业产品）》
13	《水产苗种管理办法》
14	《水产养殖质量安全管理规定》
15	《无公害农产品标志管理办法》
16	《绿色食品标志管理办法》
17	《有机产品认证管理办法》
18	《地理标志产品保护规定》

2. 我国水产品追溯体系推广与应用情况

目前，我国水产品质量安全追溯体系建设还在起步阶段，许多科研院所及高校积极致力于追溯系统的研究，并已成功研发了一些水产品质量安全追溯系统和一系列追踪子系统，但这些系统从硬软件设施到关键技术的使用都不尽相同，农业、质监、商务等部门都在积极参与水产品质量安全追溯系统建设，但由于缺乏统一标准的引导，不同部门构建的追溯系统大都相互独立、孤岛化。一方面，技术差异造成了不同追溯系统之间难以兼容，影响了追溯信息的交换与共享；另一方面，开发目标和原则不同，从而造成溯源信息格式不统一，信息流程不一致，追溯系统建设缺乏统筹规划，一个系统往往局限在较小的环境或领域里发挥作用，难以对跨地区突发性事件的原因进行综合分析。

2013 年开始，全国水产技术推广总站联合中国水产科学研究院、苏州捷安信息科技有限公司开展了水产品质量安全追溯体系建设试点工作，通过构建养殖水产品质量追溯信息平台，集水产品质量安全追溯、渔业环境监管、水质在线监控和水生动物疾病远程辅助诊断于一体的综合技术服务信息平台。该信息系统的使用有效促进养殖过程中水质、投入品和生产流通等方面管理水平的提升，规范养殖生产行为，从而推进水产健康养殖，构建形成上下联动、全方位监管、业主自律的水产品质量安全保障机制和技术服务模式。截至 2016 年底，该系统已推广到全国 19 个省（自治区、直辖市）的 5400 多家水产企业，每年上传各类基础信息50 多万条，打印二维码 130 多万张，查询水产品质量安全信息的客户 30 多万人次。各试点企业通过系统平台可随时填报投入品使用信息，实现企业生产档案记录的电子化和网络化。绝大多数试点企业已基本达到了有效记录、链接、传输和监督追溯信息的工作要求，实现了从生产岗位信息采集到产品追溯信息查询一体化，保障了消费者对追溯产品的知情权和监督权。

同时，开展追溯试点的企业生产的水产品也逐步实现了优质优价。例如，六安市华润科技养殖有限公司每年生产 800 多 t 黄颡鱼，近年来一直销往湖北武汉市中高档市场，形成稳定的销售渠道，携带"淠河"品牌和二维码身份的商品黄颡鱼在武汉市场赢得一定的声誉，在近年黄颡鱼市场价格下行压力较大的情况下，其产品基本稳定在以往价格水平。

此外，2015 年，由苏宁云商集团股份有限公司、江苏省海洋与渔业局主办，苏宁易购、江苏省水产品质量安全中心合作签约"江苏优质水产品"电商平台及上线启动仪式在苏宁易购总部成功举行，建立了江苏优质水产品大流通的新途径与新模式，打通了渔需物资下乡和农产品、特色水产品进城双向流通渠道，"互联网+追溯水产品"建设基本覆盖江苏省无公害水产品生产基地[25]。

4.5.6　我国水产品可追溯体系存在的问题

1. 法规与标准的缺乏

我国水产品可追溯相关的专门法律法规极少，水产品质量安全监管方面的法律法规以及水产品可追溯方面的法律法规主要是依托于大农业整体的农业质量安全管理相关的法律法规或是食品安全监管方面的法律法规，如《中华人民共和国农产品质量安全法》、《中华人民共和国食品安全法》以及《农产品包装和标识管理办法》；或是渔业相关法律中极少部分的规定。

但由于水产品自身特殊性以及我国水产品产业发展现状的特殊性，如水产品的批量大、单体小、难以附加标签和标识，水产品以鲜活散货为主要流通销售形式，水产品产业生产一般规模小、点多、面广、难以监管，这些基本特点决定了水产品安全监管与普通农业产品的监管需求并不完全一致，这就对水产品安全监管及水产品可追溯相关的法律法规提出了针对性和专门的要求，需要针对我国水产品及其生产流通中的特殊性进行专门的规定，才能保证相关法律法规的有效性，才能健全我国水产品质量安全可追溯体系的法律法规体系，为我国水产品质量安全可追溯体系的建设和运行提供全面有效切实的法律保障。

另外，我国水产品可追溯相关标准也较少，尤其是相关的标识标签标准、信息数据编码标准等，这些在国外的实践过程中都属于水产品质量安全可追溯体系不可缺少的一部分，是可追溯体系运行系统的基础性组成部分，失去这些标准，可追溯体系赖以应用和实现的信息网络技术将无法有效使用，失去可追溯体系的功能与作用。

2. 生产经营分散，监管模式分段管理

我国生产分散、经营规模多样，小农户生产所占比例较大，各生产者的生产方式和生产能力参差不齐。此外，我国采用多部门监管的管理模式，各地区监管程度或管理水平不同，造成对生产环节和流通环节的追溯信息采集量大、面广、难度大。养殖场大多有一些生产记录，但是涉及可追溯的记录不规范、不全面，没有统一的格式，大部分小农户更是没有一套完整的生产记录体系。相对来讲，水产品加工环节比较规范，少数大型水产企业已经开始与国际接轨，尝试利用计算机来进行企业生产信息的管理。流通环节也存在良莠不齐的现象，一些大型水产批发市场或超市记录比较规范，信息较为全面，但有些小型批发市场或者农贸市场销售的鲜活水产品最多只能知道产地，要进一步确认到具体养殖户的信息存在很大的难度[26]。

3. 相关技术和设备研究不足

我国水产品质量安全可追溯体系建设过程中，相关技术和设备的研究起步较晚，研究相对不足，还不能有效满足我国水产品质量安全可追溯体系建设的需要。由于我国水产养殖业品种繁多、形式多样，不同水产品形态、包装以及流通渠道存在明显差异，可追溯体系开始进入实质应用阶段，对追溯系统的软件、硬件产品的需求量会很大，目前一些科技信息公司的研发产品尚不能完全满足，仍需积极进行这方面的研发与探索。尽管我国很多地方都在报道某某实现了追溯管理，但真正深入研究的很少，对追溯理论的研究不够，对追溯技术的开发不够，对追溯方法的可行性探讨不够。

我国水产品可追溯技术基础研究也较薄弱。基础研究包括多个方面，如供应链条各个环节的关键要素、追溯记录体系的内容、信息识别和交流技术、信息管理控制技术等。我国还没有具有自主知识产权的水产品可追溯相关技术成果，正在开展相关的研究开发工作。一旦开始实行水产品可追溯制度，对追溯信息系统的软件和硬件产品将有很大的需求，如不能实时研发出相应成果，我国很有可能成为国外相关企业的肥沃市场。

4.5.7 可追溯系统的相关技术

追溯系统主要由中心数据库、个体标识、信息传递系统、信息编码体系、追溯展示平台等部分组成。个体标识主要记录企业信息、产品信息、物流信息、质检信息等，水产品标识应在追溯系统中整个供应链里具有唯一性。近年来通信、传感器、识别、大数据等技术不断发展，为追溯系统的建设提供了强大的技术支持[27]。

1. 一维条码

一维条码是由一组粗细不同的线、空和对应字符组按相关的编码规则组合的标记，而扫描仪能根据编码规则使它转化成计算机可识别的十进制与二进制。对每一种产品，一维条码都是唯一对应的，这源于一维条码的编码方式。主流的编码方式由国际物品编码协会（EAN International）、美国统一代码委员会（UCC）以及全球统一标识系统一起研发和管理，它是以对位置、资产、服务关系、贸易项目、物流单元等的编码为核心的集条码和射频等自动数据采集、电子数据交换、产品电子代码、全球数据同步、全球产品分类等系统为一体的全球物流供应链的开放标准体系。

农产品追溯体系在发达国家建立比较早，现已建立了较完善的农产品追溯体系。早期建立的农产品追溯体系的追溯编码都是采用一维条码技术。我国在农产品追溯方面起步较晚，北京、上海、山东等地较早开发自己的农产品质量安全追溯系统，这些追溯系统共同点之一就是用一维条码进行追溯编码。一维条码编制简单，易识别，成本低廉，可印制在大多数标签材料上，因而在农产品追溯系统中受到广泛应用。

一维条码要与数据库建立产品与条码之间的联系，当机器识别的条码信息传递给计算机后，计算机对数据进行操作和处理。这对网络和数据库的要求较高。受自身结构的影响，一维条码携带信息量较小，几乎不能储存图文信息，同时由于一维条码编制比较简单，纠错能力和防伪性较差，了解编码规则后易被仿制。为了标识更多信息，提高防伪性和保密性，克服一维条码自身的局限性，产生了二维条码。

2. 二维条码

二维条码是在一维条码基础上，用某种特定的几何图形按一定规律在平面（二维方向上）分布排列来记录数据符号信息，一般组成黑白相间的图形，通过图像输入设备或光电扫描设备自动识读以实现信息自动处理的条码。二维条码主要通过数据分析、数据编码、纠错编码、构造数据码字和纠错码、置入功能模块和码字模块、加入格式信息和版本信息的流程来进行编码。常见的二维条码有 PDF417、QRCCode、Data Matrix、Maxi Code、Code49 等。目前有两个有关二维条码的国家标准：《二维条码 紧密矩阵码》和《二维条码 网格矩阵码》，其被广泛应用到编码中。二维条码中 QR 码具有易识读性、高效表示汉字等特点，是现在主流的编码类型。

将二维条码应用到水产品中，主要通过人工将产地、种植养殖方式、农药残留、安全检测、认证等信息录入溯源系统，系统根据二维条码编码方式将信息写入标签，在市场消费者可通过扫描二维条码获取水产品的信息。太原市农业部门最早开始试点农产品质量追溯系统，并在几家大型超市进行推广。消费者只要在超市农产品架柜扫描二维条码便可获取这些信息。超市内还摆放了电子触摸查询屏，消费者也可通过电子屏查询农产品溯源信息。

二维条码虽克服了一维条码信息储存不足等问题，但其只完成水产品在源头上的信息录入，对水产品供应链上整个物流过程的质量安全信息标识有困难。

3. 无线射频技术

射频识别（radio frequency identification，RFID）是一种利用射频信号识别目标对象并获得信息的技术，识别工作不需要人工干涉。与目前广泛使用的识别技术如 IC 卡、磁卡、条形码相比，RFID 技术具有很多突出的优点：①不需要接触操作，非人工识别；②使用设备磨损小，寿命长；③可适应各种油渍、高温、水体、灰尘污染等恶劣的环境；④对高速运动物体迅速识别，多个标签一起识别等特点。RFID 系统的工作原理如图 4-1 所示，主要包含 RFID 电子标签、读写器和计算机系统三部分。当无源射频标签进入感应磁场后，将接收到读写器发出的射频信号，从而产生感应电流，通过得到的能量发送出储存在标签芯片中的信息；读写器接收到信息后，读取信息并解码；传送至计算机系统进行处理。

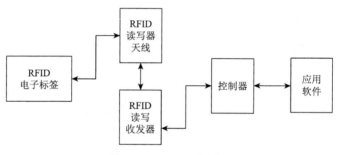

图 4-1　RFID 工作原理

将 RFID 技术应用到水产品供应链上主要通过对各个环节进行 RFID 标识并记录信息，养殖阶段给每个水池一个标签，每袋喂养的饲料一个标签，每袋使用的药物一个标签，养殖户通过扫描标签并进行信息记录；物流运输阶段给每车运输的水产品一个标签，并利用传感器进行温度监控和利用 GPS 进行路线监控；销售阶段对每份销售的水产品进行检测，合格既可上架销售，消费者在购买的时候可通过水产品自带的 RFID 标签查看从生产到销售的所有信息。2005 年，沃尔玛公司首先使用 RFID 电子标签，用于其商品的供应链管理。在超市里，顾客可以拿着带有 RFID 标签的商品到固定的读写器上扫描，获得商品的产地溯源信息。

4. NFC 标签技术

NFC（near field communication）标签技术又名近距离无线通信，是在 RFID

基础上发展而来，因此工作原理与 RFID 类似。NFC 技术是一种高频段、大容量、短距离的非接触式识别和无线电通信技术，接口遵照国际 ISO/IEC IS 18092 标准，通信距离在 20cm 内，工作频段为 13.56MHz。NFC 可在电子类、智能控件、移动设备和计算机系统上实现点对点数据传输。与 RFID 相比，NFC 是一种近距离连接协议，与其他连接方式相比，NFC 是一种近距离的私密通信方式。NFC 是一种无源产品，需要依靠电子设备来激活工作。消费者可以通过拥有 NFC 功能的手机查看商品的信息，方便流通阶段的追踪和追溯。

NFC 最大的优点在于其是无源器件，只需要设计非常简单的电路和极少的组件，便可制成 NFC 标签。同时，NFC 技术不需要重复购买服务器、客户端，消除了硬件资金在水产品供应链上的投入，又因水产养殖不同于其他农副产品，其具有批量大、单体小、少有独立包装、鲜活运销等特点，所以效率高效、结构简单的 NFC 标签作为水产品的标识开始被人们重视。

但是目前 NFC 电子标签主要应用到酒类产品防伪中，在水产品追溯系统中应用较少，相比其他的标识标签，一片 NFC 标签的报价在 50 元左右，成本较高。

5. DNA 条码技术

DNA 条码技术在生物物种领域是发展最为迅速的一种新技术，DNA 条码是通过生物一段 DNA 片段，转化成序列编入条码中实现物种的快速、准确和标准化鉴定。DNA 条码是生物的"遗传身份证"，基于 DNA 条码的检测技术主要针对生物相对稳定的 DNA 遗传物质进行鉴别，由于该法准确率极高，因此在近年的动植物分类、口岸检查等领域应用广泛。

DNA 虽然是每个生物的唯一标识，DNA 条码技术在国内外也应用到了部分水产品加工制品的鉴别中，但是针对水产品种类繁多，生产量大的现实情况，将 DAN 条码应用到单个生物标识并进行水产品溯源难度较大且成本较高。

6. 标识技术对比

依据我国水产品行业养殖量大、运输量广及利润较小的特点，选择水产品追溯系统中的标识技术需符合实际。表 4-17 列举了各项标识技术的编码方式及优缺点。

表 4-17　标识技术对比

标签种类	编码方式	优点	缺点
一维条码	全球统一标识系统	统一编码；成本低廉；编制简单	信息携带量小，易仿造，依赖数据库
二维条码	二进制数据信息的处理和二维条码紧密矩阵码等	信息容量较大、纠错能力强、保密性和防伪性高	无法记录物流信息，没有统一编码方式

续表

标签种类	编码方式	优点	缺点
RFID 标签	反向不归零，曼彻斯特，单极性归零编码等	与传感器和 GPS 组成物联网监控整个供应链；使用寿命长；适应恶劣环境	成本较高
NFC 标签	曼彻斯特，米勒编码等	无源产品，设计简单；短距离传输	成本较高
DNA 条码	DNA 序列转换成条码	对每个生物独立标识	溯源工作量大，成本较高

参 考 文 献

[1] 邓衍军，田兴国，蒋艳萍，等. 广东水产品质量安全的影响因素及科技需求. 广东农业科学，2011，38（23）：158-160.

[2] 国家环境保护局. GB11607-89 渔业水质标准. 北京：中国标准出版社，1989.

[3] 中华人民共和国农业部. NY/T 5361—2016 无公害农产品 淡水养殖产地环境条件. 北京：中国农业出版社，2016.

[4] 中华人民共和国农业部. NY 5362—2010 无公害食品 海水养殖产地环境条件. 北京：中国农业出版社，2010.

[5] 中华人民共和国农业部. NY/T 2798.13—2015 无公害农产品 生产质量安全控制技术规范 第 13 部分：养殖水产品. 北京：中国农业出版社，2015.

[6] 中华人民共和国农业部. NY/T 5295—2015 公害农产品 产地环境评价准则. 北京：中国农业出版社，2015.

[7] 蒋平达，朱建龙，罗金飞，等. 水产养殖废水污染危害及其处理技术研究. 现代农业科技，2017，（3）：171-172.

[8] 白利平. 过滤器和工厂化循环水养殖. 渔业现代化，2005，（4）：13-14.

[9] 刘晃，倪琦，顾川川. 海水对虾工厂化循环水养殖系统模式分析. 渔业现代化，2008，（1）：15-19.

[10] 李秀辰，刘洋. 气浮分离技术在渔业生产中的应用与展望. 大连水产学院学报，2005，（3）：249-253.

[11] 许文峰，黄少斌，胡和平，等. 有氧条件下生物过滤法脱氮研究. 水处理技术，2007，（1）：23-26.

[12] 花兆泰. 浅谈工厂化水产养殖中水处理设备的应用. 渔业现代化，2003，（3）：23-24.

[13] 韩建华. 水产养殖废水污染危害及其处理技术探析. 农业与技术， 2018，（12）：103，156.

[14] 徐明芳，林珊. 太阳能光催化反应器杀菌技术在养殖水消毒处理中的应用前景. 渔业现代化，2006，（1）：17-19.

[15] 张光辉，孙迎雪，顾平，等. 紫外线灭活水中病原微生物. 水处理技术，2006，（8）：5-8.

[16] 中华人民共和国卫生部. GB 5749—2006 生活饮用水卫生标准. 北京：中国标准出版社，2006.

[17] 中华人民共和国环境保护部. GB 3097—1997 海水水质标准. 北京：中国标准出版社，1997.

[18] 国家质量监督检验检疫总局，国家环境保护总局. GB 18599—2001 一般工业固体废物贮存、处置场污染控制标准（含 1 号修改单）. 北京：中国标准出版社，2001.

[19] 邵征翌. 中国水产品质量安全管理战略研究. 青岛：中国海洋大学，2007.

[20] 冯冠强，赖凡，刘鑫. 出口食品生产企业实施 HACCP 认证意愿的探讨. 中国质量与标准导报，2017，（11）：27-28，33.

[21] 孙图南，张瑾，林洪，等. 我国水产品加工业 HACCP 体系实施现状及研究进展. 中国水产，2006，（1）：69-70.

[22] 周真. 我国水产品质量安全可追溯体系研究. 青岛：中国海洋大学，2013.

[23] 刘雅丹. 水产品贸易的可追溯性. 中国水产，2004，（9）：36-37，40.

[24]　周俊杰. 构建福州市鲜活农产品质量安全可追溯体系的研究. 北京：中国农业科学院，2008.

[25]　冯东岳，汪劲，刘鑫. 我国水产品质量安全追溯体系建设现状及有关建议. 中国水产，2017，（7）：52-54.

[26]　黄磊，宋怿，冯忠泽，等. 水产品质量安全可追溯技术体系在市场准入制度建设中的应用研究. 中国渔业质量与标准，2011，（2）：26-33.

[27]　田洁，徐大明，孙传恒，等. 水产品质量安全追溯技术及系统研究进展. 中国水产，2017，（10）：32-36.

第5章 水产品检测技术

5.1 水产品检测的样品预处理

水产品质量安全检测包括样品采集、样品预处理、分析测定和数据处理与报告等关键步骤，其中，样品预处理又称样品预处理，是指采集样品后对样品采用适当的方法进行分解或溶解，对待测组分进行提取、净化、浓缩等的过程。

水产品的种类繁多，成分复杂，含有大分子的有机化合物，如蛋白质、脂肪等，也含有各种无机元素，如钾、钠、钙、铁等。样品预处理的目的是去除这些复杂的杂质，减少基体干扰，提取、浓缩微量的待测组分，以便进一步定量分析或定性分析，提高检测方法的选择性、灵敏度、准确度和精密度。

5.1.1 样品采集与预处理

水产品按照相关要求采样后，需要进行制备，然后才能开展实际检测工作。不同种类的水产品的试样制备，参考《水产品抽样规范》（GB/T 30891—2014）中附录B"养殖及捕捞水产品的试样制备"，具体要求如下：

1. 鱼类

至少取 3 尾鱼清洗后，去头、骨、内脏，取肌肉、鱼皮等可食部分绞碎混合均匀后备用；试样量为 400g，分为两份，其中一份用于检验，另一份作为留样。

2. 虾类

至少取 10 尾清洗后，去虾头、虾皮、肠腺，得到整条虾肉绞碎混合均匀后备用；试样量为 400g，分为两份，其中一份用于检验，另一份作为留样。

3. 蟹类

至少取 5 只蟹清洗后，取可食部分，绞碎混合均匀后备用；试样量为 400g，分为两份，其中一份用于检验，另一份作为留样。

4. 贝类

将样品清洗后开壳剥离，收集全部的软组织和体液匀浆；试样量为 700g，分为两份，其中一份用于检验，另一份作为留样。

5. 藻类

将样品去除砂石等杂质后，均质；试样量为 400g，分为两份，其中一份用于检验，另一份作为留样。

6. 龟鳖类产品

至少取 3 只清洗后，取可食部分，绞碎混合均匀后备用；试样量为 400g，分为两份，其中一份用于检验，另一份作为留样。

7. 海参

至少取 3 只清洗后，取可食部分，绞碎混合均匀后备用；试样量为 400g，分为两份，其中一份用于检验，另一份作为留样。

5.1.2　样品称量

样品的预处理需要称量的有样品、药品试剂、标准品等，不同物质有不同的称量要求，但都离不开分析天平，分析天平是用于准确称取物质质量的仪器。根据称量原理，分析天平有机械分析天平和电子分析天平两大类，由于使用的方便性，现在各实验室常用的是电子分析天平。根据电子分析天平的精度分类，如表 5-1 所示。

表 5-1　电子分析天平的分类

类别	最大载荷量（g）	分度值（mg）
常量电子天平	100～200	0.1
半微量电子天平	20～100	0.01
微量电子天平	3～50	0.001 或 0.01
超微量电子天平	2～5	0.001

实际检测工作中，根据称量物品的要求，选择分析天平的量程和分度值。一般称量样品使用常量电子天平。例如，称取组织样品 5.0g，精确至 0.01g。

称取试剂药品，一般使用常量或半微量电子天平。例如，称取 0.385g 无水乙酸铵，使用常量电子天平，分度值为 0.1mg。称量试剂时需注意选取的试剂是否是水合物等，如为水合物，需要在计算和称量时扣除水的量。

称取标准物质，有很多国家标准方法或者行业标准方法等往往只标明配制标准储备溶液。例如，孔雀石绿标准储备溶液（100μg/mL）是指准确称取适量的孔雀石绿标准品，用乙腈配制成 100μg/mL 的标准储备溶液。通常购买纯度较高的标准物质，如纯度为 98.0% 的标准物质。如果目标是 10mg 纯的标准物质，则需称取 10.2mg，使用万分之一精度的天平。

5.1.3　样品提取和净化技术

提取是一个复杂的过程，是被测组分、样品基质和提取溶剂（或固体吸附剂）三者之间的相互作用达到平衡的过程；净化就是样品基质除去的过程。水产品样品预处理通常是先提取后净化，也有些方法能同时提取和净化。常用的提取和净化方法有浸提法、液-液萃取法、固相萃取技术、基质固相分散萃取技术、微波消解法、分子印迹技术、加速溶剂萃取法和电膜微萃取技术。

同一溶剂中，不同的物质有不同的溶解度，同一物质在不同溶剂中的溶解度也不同。利用样品中各组分在特定溶剂中溶解度的差异，使其完全或部分分离的方法即为溶剂提取法。溶剂提取法可用于提取固体、液体及半流体。常用的无机溶剂有水、稀酸、稀碱；有机溶剂有乙腈、甲醇、乙酸乙酯、乙醇、乙醚、氯仿、丙酮、石油醚等。

1. 浸提法（固-液萃取法）

水产品的兽药残留检测中，许多国家和行业标准方法，都采用浸提法的方式提取目标化合物，将样品浸泡在溶剂中，使固体样品中的某些组分浸提出来，再进行下一步的净化和浓缩等工作。例如，孔雀石绿采用乙腈进行提取，组织匀浆、旋涡混合器上旋涡振荡或超声波水浴振荡器提取等方式提高提取效率。

2. 液-液萃取法

液-液萃取法的原理是在液体混合物中加入与其不相混溶（或稍相混溶）的选定的溶剂，利用其组分在溶剂中的不同溶解度而达到分离或提取目的。

在水产检测工作中，液-液萃取法主要是采用分液漏斗对实际样品进行分离和提取。

3. 固相萃取技术

固相萃取（solid phase extraction，SPE）是从二十世纪八十年代中期开始发展

起来的一项样品预处理技术，由液-固萃取和液相色谱技术相结合发展而来。SPE
技术利用选择性吸附与选择性洗脱的液相色谱法分离原理对样品进行富集、分离和
净化。SPE 技术的基本步骤如图 5-1 所示，液体样品溶液通过经预处理的萃取柱，保
留其中被测物质，再选用适当强度溶剂冲去杂质，然后用少量溶剂迅速洗脱被测物
质，从而达到快速分离净化与浓缩的目的。也可选择性吸附干扰杂质，而让被测物
质流出；或同时吸附杂质和被测物质，再使用合适的溶剂选择性洗脱被测物质。SPE
技术能有效降低样品基质干扰，提高检测灵敏度，但存在回收率偏低的问题。

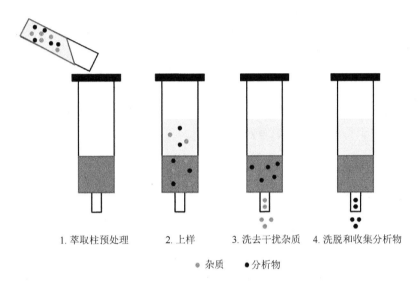

1.萃取柱预处理　　2.上样　　3.洗去干扰杂质　　4.洗脱和收集分析物

● 杂质　　● 分析物

图 5-1　固相萃取的基本步骤

SPE 技术在水产品残留测定中的应用有很多。例如，在水产品中扑草净的残
留测定中，分别采用 Envi-Carb 与 LC-NH$_2$ 固相萃取小柱联用和 Envi-Carb 与
LC-SCX 固相萃取小柱联用对鳕鱼、草鱼、紫菜、斑点叉尾鮰等基质进行净化，
采用丙酮和正己烷活化，正己烷和丙酮混合液洗脱。结果表明，Envi-Carb 与
LC-NH$_2$ 联用的效果显著强于 Envi-Carb 与 LC-SCX 联用，Envi-Carb 与 LC-NH$_2$
联用的平均回收率为 101.3%，RSD 为 1.0%，而 Envi-Carb 与 LC-SCX 联用的平均
回收率为 49.4%，RSD 为 15.5%。主要原因是 LC-NH$_2$ 小柱经过非极性溶剂处理
后，能和扑草净分子结构上的三嗪和—NH$_2$ 基团结合，形成氢键，在洗脱时能够
很好地保留在小柱上，与基质中的杂质进行有效分离。目前固相萃取技术已经广
泛用于水产品的农药和兽药残留检测中[1]。

4. 基质固相分散萃取技术

基质固相分散萃取技术一般分为研磨分散、转移、洗脱三个步骤，将样品及

吸附材料一起研磨成半干状态的混合物，然后置入层析柱中压实，通过用溶剂淋洗，把各种待测物洗脱下来，并对洗脱下来的溶剂进行收集、浓缩或进一步净化，再进行仪器分析。基质固相分散萃取技术分离的原理在于吸附剂对样品结构的高度分散，大大增加了萃取溶剂与样品中目标分子的接触面积，达到快速分离的目的。该技术的优点在于样品匀化、提取和净化过程一体化，操作快速简单，但自动化程度和检测灵敏度不高，吸附剂的种类有限[2]。

乙二胺-N-丙基硅烷（PSA）、C_{18} 是常用的分散固相萃取吸附剂。PSA 用于去除提取液中的脂质和糖类物质，C_{18} 也具有良好的除脂能力，而水产品基质中主要含有蛋白质及脂肪类物质，因此，PSA 和 C_{18} 也常用作水产品的净化填料。例如，在对鱼肉基质中 12 种禁用化合物的快速筛查和确证中，采用了 PSA 和 C_{18} 作为净化填料，用无水硫酸镁除去水分，实验比较了三种物质的含量对净化效果的影响。结果表明，当净化组合为 50mg C_{18}、150mg PSA、900mg $MgSO_4$ 时，平均回收率最高，为 85.6%，净化效果最好。基质固相分散萃取技术因操作简便快速、廉价安全，主要应用于批量样品的快速分析检测[3]。

5. 微波消解法

微波消解法利用电磁波波长较长的微波的穿透性，使样品从内部由于微观粒子的运动加剧而升温，加入一定量的酸溶液，并采取密封装置，从而使样品中的有机成分分解。一般的方法是准确称取经制备的样品，检查是否含有乙醇，对于含有乙醇的样品需先水浴加热使乙醇挥发。处理好的样品放在聚四氟乙烯消解罐中，先后加入硝酸、过氧化氢，浸润放置，再加入水摇匀，放入微波消解仪中消解。在具体的预处理过程中还需要对方法加以优化。例如，在贻贝的甲基汞检测中，微波消解的温度和保持时间对样品中汞及化合物的提取效率均有影响，若温度太低，则反应速率慢、消解时间长；若温度过高，则反应剧烈、易造成汞的损失。实验选择不同消解时长和消解温度进行消解，结果表明，最佳条件时消解温度为 85℃，回收率为 81%，最佳保持时间为 15min，回收率为 98%。微波消解具有操作简单、耗时短和结果准确的优点，近年来被广泛应用于样品的预处理[4]。

6. 分子印迹技术

由于样品基质复杂，固相萃取技术缺乏专一性，不能特异性富集被分析物，分子印迹技术把分子印迹聚合物作为一种特效的固相萃取吸附材料，不仅能有效地富集被分析物，还能消除大部分杂质[5]。分子印迹技术的原理是在印迹分子和目标分子周围形成高度交联的刚性高分子，在聚合物网络结构中，除去印迹分子和目标分子后，留下与印迹分子和目标分子空间结构、尺寸大小及结合位点互补的立体孔穴，对印迹分子和目标分子有高度的选择性能和识别性能。分子印迹技术基本过程包括：①模板分子与功能单体的功能基团通过共价键或者非共价键的相互作用形成具有多重作用位点的配合物。②加入交联剂，通过引发剂引发进行聚合，使配合物与交联剂在模板分子周围聚合形成高交联的聚合物。③将聚合物中的印迹分子洗脱，聚合物中则留下了立体空穴。

分子印迹技术在水产品的检测中有较多的应用。例如，在水产品的三丁基锡检测中，以甲基丙烯酸为功能单体，三丁基锡为模板分子，二甲基丙烯酸乙二醇酯为交联剂，乙腈为致孔剂，以分子印迹聚合物分离富集贻贝和大黄鱼样品，测得贻贝的加标回收率在 76.2%～93.9%，RSD 在 1.09%～3.49%；大黄鱼的加标回收率为 74.2%～93.3%，RSD 在 1.16～3.70%。结果表明，分子印迹聚合物具有较高的吸附能力和明显的特异性吸附[6]。

7. 加速溶剂萃取法

加速溶剂萃取法是指在较高的温度（100～200℃）和较大的压力（1000～3000psi，1psi=6.89476×10^3Pa）下，用有机溶剂进行萃取固体或半固体的样品预处理方法。在高温环境下，分子间的相互作用力极大地减弱，溶质的溶解度增加有利于被萃取物和溶剂的接触；高压环境下液体对溶质的溶解能力远大于气体对溶质的溶解能力，使得溶剂在高温下保持液态。加速溶剂萃取法能提高有机溶剂对目标物的吸附能力和加快吸附的速度，但是仪器的成本较高，不适用于热敏化合物，对操作人员要求较高[2]。例如，在水产品的砷浓度检测中，分别采用了加速溶剂萃取法和 HNO_3 热浸提法进行虾样品的萃取，结果表明，HNO_3 热浸提法易导致部分砷形态不稳定，且保留时间发生偏移，而加速溶剂萃取法稳定性和提取效率更高[7]。加速溶剂萃取法操作简便、准确性高、基质影响小、萃取效率高，在水产品的检测中有良好的应用前景。

8. 电膜微萃取技术

电膜微萃取技术是在液相微萃取的基础上发展起来的，以电场力为主要驱动力，离子化被测物从供体相通过中空纤维孔壁的有机液膜萃取进入有机相，中空纤维的孔壁阻碍了生物大分子、亲水性化合物等杂质进入有机相内，从而起到富集和纯化的作用，但同时较高的萃取电压会影响待测物的传质，从而降低萃取效率[8]。例如，在水和鱼类样品的汞测定中，采用电膜微萃取技术富集汞，经实验优化得到的最佳条件为：液膜组合为 2%双(2-乙基己基)磷酸酯的 1-辛酸溶液，接收相 pH=3，电压为 70V，电泳提取时间为 10min，搅拌速度为 700r/min，测得水样品中汞的检出限为 0.7μg/L，定量限为 2.3μg/L，相对回收率为 94.7%；鱼样品中汞的检出限为 12μg/kg，定量限为 40μg/kg，相对回收率为 89.3%。电膜微萃取技术因为具有萃取时间短、有机溶剂用量少、高富集纯化等优势，在水产品的富集和纯化中具有良好的发展前景[9]。

5.1.4　浓缩

1. 水浴氮吹

水浴氮吹是指将氮气吹入加热样品的表面进行样品浓缩。氮吹仪具有省时、操作方便、容易控制等特点，满足快速检测的需要，广泛应用于农残分析、商检、食品、环境、制药、生物制品等行业以及液相、气相质谱分析的样品预处理中。氮气作为一种不活泼的气体，能起到隔绝氧气、防止氧化的作用。氮吹仪利用氮气的快速流动打破液体上空的气液平衡，从而使液体挥发速度加快，并通过干式加热或水浴加热方式升高温度，从而达到浓缩的目的。

2. 旋转蒸发

旋转蒸发通过电子控制，使烧瓶在最适合速度下进行恒速旋转，增大溶液的蒸发面积。蒸发烧瓶在旋转同时置于水浴锅中恒温加热，在负压下的溶液在旋转烧瓶内进行加热扩散蒸发，从而实现对萃取液的浓缩。此外，在高效冷却器作用下，可将热蒸气迅速液化，加快蒸发速率。

3. 平行蒸发

平行蒸发可对多个样品进行单独或者集中密闭蒸发或浓缩，快速有效地回收溶剂，降低了多个样品的总蒸发时间，增加了处理量，显著节省了操作时间和实验资源，由于处理条件高度一致，平行性也更好。旋转型的溶剂回收装置提高了蒸发仪的灵活性，使操作更为方便，减少了实验室的占用空间。

5.1.5　定容及过滤

定容是在使用容量瓶配制准确浓度溶液时，加水离刻线还有 1～2cm 时，用胶头滴管吸水注到容量瓶里，视线与凹液面最低处相水平，使其到达刻度线的过程。在实际水产品检测工作中，一般定容 1mL，通过移液枪直接移取 1mL 溶液，到刚浓缩完全的离心管中，然后振荡溶解目标。最后过滤到 2mL 的样品瓶中。

过滤一般采用针筒式滤膜过滤器。针筒式滤膜过滤器主要用于色谱分析中流动相的过滤及待测样品的过滤，保护色谱柱、输液泵管系统和进样阀等不被污染，被广泛应用于重量分析、微量分析、胶体分离及无菌试验中。针筒式滤膜过滤器的类型主要包括水系和有机系，水系微孔滤膜适用于水溶液，不耐有机溶剂，如混合纤维素酯膜；有机系微孔滤膜有疏水性，适用于有机溶剂，如偏氟膜。

针器中滤膜的材质与过滤的溶剂相关，主要包括聚四氟乙烯、水系聚醚砜、有机系尼龙 6、有机系尼龙 66 和聚偏氟乙烯，各种材料分别具有不同的性能特点。

聚四氟乙烯主要适合水系及各种有机溶剂，耐所有溶剂，溶解性低，具有透气不透水、气通量大、微粒截留率高、耐温性好，抗强酸、碱、有机溶剂和氧化剂，耐老化及不黏、不燃性和无毒、生物相容性等特点。

水系聚醚砜具有较高的化学和热稳定性，流速快，耐酸碱能力强，机械强度高。

有机系尼龙 6 具有良好的亲水性，耐酸耐碱，抗氧化剂，也适用于醇类、烃类、酚类、酮类等有机溶剂。

英国进口的有机系尼龙 66 优于国产尼龙 6 性能，适用于大多数有机溶剂和水溶液，还可用于强酸，具有耐高温、强度好、化学性能稳定的特点。

聚偏氟乙烯膜具有化学稳定性和惰性，适用于化学腐蚀性强的有机溶剂、强酸、强碱溶液，具有疏水、高强度、耐高温的特性。

5.2　水产品感官检测技术

感官指标是指感觉器官检验水产品鲜度的标准，包括外观、组织形态、气味、弹性等指标。在我国的食品质量标准和卫生标准中，第一项内容一般都是感官指标，感官指标不仅能够直接对食品的感官性状做出判断，而且还能根据结果提出相应的理化或微生物检测项目，以便进一步证实感官鉴别的准确性。因此，了解水产品的感官检测技术很有必要。水产品感官检测技术分为传统的感官评价法和仿生传感智能感官检测技术。

5.2.1　感官评价法

感官鉴定是指凭借人的感觉器官（如视觉、触觉、嗅觉和味觉等），通过鉴别样品的外形特征（如颜色、气味、弹性和硬度等）确定样品品质好坏。因为感官评价不需要仪器设备，实验用具主要是水产品样品、菜板、刀等，且迅速简便，在水产品的检测中被普遍采用。水产品的感官鉴定对检验人员的要求较高，感官检验人员需要有良好的感觉器官机能，有丰富的水产品相关的专业知识和感官鉴别经验。

例如，用感官评价法鉴定鱼的新鲜度时，需要从鱼眼、鳃、体表特征和肌肉状态四方面按顺序判定，采用感官评价法从鱼体特征判定鱼新鲜度的具体描述如表 5-2 所示。

表 5-2 采用感官评价法从鱼体特征判定鱼新鲜度

鱼体特征	鱼新鲜度		
	新鲜	新鲜度略差	劣质
鱼眼	眼透明、饱满	眼角膜起皱、稍变混浊，可能发红	眼球塌陷或干瘪，角膜混浊
鳃	色泽鲜红且无黏液	呈淡红或暗红，鳃丝黏连，有显著腥臭味	鳃丝黏结，被覆有脓样黏液，有腐臭味
体表特征	黏液透明，鳞片完整，腹部正常，肛孔凹陷	黏液增多且不透明，有酸味，鳞片色泽稍差，肛孔稍突出	鳞暗淡且易与外皮脱落，黏液污秽，肛孔鼓出，腹部膨胀或下陷
肌肉状态	坚实有弹性，手指压后凹陷立即消失，横断面有光泽，无异味	松软，手指压后凹陷不能立即消失，横断面无光泽，脊骨处有红色圆圈	松软无力，手指压后凹陷不消失，肌肉易与骨刺分离，有臭味和酸味

水产品感官评价通用的两种方法是欧盟方法和质量指标法（quality index method，QIM）。欧盟方法于 1976 年提出并在 1996 年重新修订，方法运用 4 个描述水平和等级描述鱼的鲜度，分别是 E（extra，新鲜）、A（acceptable，次新鲜）、B（poor，不新鲜）和 C（unacceptable for human consumption，腐败）。但欧盟方法没有考虑种类间的差异性，适用性受到了质疑。QIM 采用缺陷评分通过预先对食品的外观、风味、质地等参数指标的观察形成一个评分系统，用建立的评分系统对食品的新鲜度进行评价和预测。QIM 中每个参数的分值范围根据储藏期的变化特征在 0~3 之间，0 代表最佳品质，3 或者每个参数的最高分代表最低品质。QIM 要求每个参数的对应值必须准确定义、各自独立，相互之间没有影响，每个参数最后的分值被相加，从而形成 QI（质量指标）值，代表产品的新鲜度。QIM 被广泛应用于水产品新鲜度的评价[10]。

5.2.2 仿生传感智能感官检测技术

由于传统的感官评价存在主观误差，且耗时长、成本高，为了更好地满足需求，仿生传感智能感官检测技术应运而生，并得到了快速发展。仿生传感智能感官检测技术是利用现代信息技术和传感技术模仿人或动物的视觉、听觉、味觉和嗅觉，自动获取反映被检测对象品质特性的信息，并模拟人对信息的理解和判别对所获取的信息进行处理的技术。在食品品质检测领域常用的仿生传感智能感官检测技术主要有机器视觉技术、电子鼻技术和电子舌技术。随着人工智能的兴起，仿生传感智能感官检测技术将朝着硬件设备的低成本化以及数据处理技术的现代化的方向发展[11]。

1. 机器视觉技术

机器视觉是一种用于识别物体，从数字图像中提取和分析量化信息的技术，旨在通过电子感知和评估图像来模拟人类视觉的功能。机器视觉处理样品后可生成客观精确的描述性数据，操作快速，减少了大量劳动人员的密集型工作，大大提高生产的效率和自动化程度[12]。

机器视觉技术在水产品的鲜度检测中主要用于鱼虾的颜色分析。例如，在冷藏期间罗非鱼的新鲜度预测中，基于鱼的瞳孔和鳃的颜色变化建立了多元回归模型的机器视觉系统，研究通过对瞳孔和鳃的图像进行预处理，之后通过图像分析算法自动执行颜色参数转换和计算，最终分析出优异的预测结果。

2. 电子鼻技术

电子鼻是一种模拟哺乳动物的嗅觉系统研制的人工嗅觉感受器，可用来分析、识别和检测复杂气味及大多数挥发性成分。电子鼻主要由气味取样操作器、气体传感器阵列和信号处理系统三种功能器件组成，其识别气味的主要机理是在阵列中的每个传感器对被测气体都有不同的灵敏度。

3. 电子舌技术

电子舌是一种模仿哺乳动物特别是人类的味觉系统而研制的仪器，它主要由味觉传感器阵列、信号采集器和模式识别系统三部分组成。味觉传感器阵列相当于哺乳动物的舌头，由数种对味觉灵敏度不同的电极组成。信号采集器采集被激发的电信号并将其传输到计算机中，相当于神经感觉系统。模式识别系统相当于大脑，对传输到计算机中的信号进行数据处理和模式识别，最终得到物质的味觉特征。

5.3　水产品理化检测技术

5.3.1　气相色谱法

气相色谱法（gas chromatography，GC）是指用气体作为流动相的色谱法，主要利用物质的沸点、极性及吸附性质的差异来实现混合物的分离。GC 由气路系统、进样系统、分离系统、温控系统、检测系统组成，分离系统（色谱柱）和检测系统是 GC 的核心。GC 的主要原理是：待分析样品在气化室气化后被流动相带入色谱柱，柱内含有液体或固体固定相，由于样品中各组分的沸点、极性或吸附性能不同，样品组分在色谱柱中进行反复多次的分配，在流动相和固定相之间形成分配平衡，结果是在载气中浓度大的组分先流出色谱柱，而在固定相中分配浓度大的组分后流出。当组分流出色谱柱后，立即进入检测器。检测器能够将样品组分转变为电信号，其大小与被测组分的量或浓度成正比，电信号被记录并放大形成色谱图。

　　气相色谱法的优点是在检测低分子量、低沸点的物质时灵敏度高、分离效果好，但气相色谱在测量高分子量、沸点高的样品时没有优势。气相色谱法在水产品的安全检测中已被成熟运用，例如，在水产品三唑类农药残留的测定中，以氮气作为载气，分别采用了弱极性的 DB-5MS 色谱柱和中等极性的 DB-17MS 色谱柱进行测定，结果表明，采用 DB-5MS 色谱柱能更准确地定性和定量目标物，三唑醇、环丙唑醇和联苯三唑醇的检出限均为 4.0μg/kg，定量限为 8.0μg/kg，三唑酮的检出限为 0.2μg/kg，定量限为 0.4μg/kg。添加浓度分别为三唑酮 0.4μg/kg、4.0μg/kg、8.0μg/kg，三唑醇、联苯三唑醇和环丙唑醇均为 8μg/kg、80μg/kg、160μg/kg 时，鳗鲡、日本对虾、鲍鱼和龙须菜加标样品的日内平均回收率为 78.8~94.0%，RSD 为 1.48%~11.4%，日间平均回收率为 79.1~95.0%，RSD 为 1.92~9.12%[13]。

5.3.2　气相色谱-质谱联用法

　　质谱（mass spectrum，MS）法是一种测量离子质荷比的分析方法，其基本原理是使试样中各组分在离子源中发生电离，生成不同荷质比的带电荷离子，经加速电场的作用，形成离子束，进入质量分析器，在质量分析器中再利用电场和磁场使发生相反的速度色散，将它们分别聚焦而得到质谱图。GC-MS 联用法可以直接用 GC 分离复杂的混合物样品，其中的化合物逐个进入质谱仪的离子源，在质谱仪中使化合物离子化，实现定性和定量分析。

　　GC-MS 联用法具有极高的离子选择性，可除去大量的干扰信号，还能用于痕量分析，但预处理复杂，检测成本较高。GC-MS 联用法广泛用于检测残留物在水产品中存在的水平。例如，在水产品中 19 种多氯联苯的测定中，以氦气作为载气，采用 HP-5MS 毛细管柱和电子轰击离子源进行检测，结果表明，19 种多氯联苯待测物的检出限介于 0.12~1.07μg/kg，定量限介于 0.40~3.57μg/kg。用空白小黄鱼样品进行加标回收试验，在 5.0μg/kg、10.0μg/kg、20.0μg/kg 加标水平下，19 种多氯联苯的平均回收率介于 79.6%~103.4%，日内相对标准偏差介于 2.2%~9.6%[14]。

5.3.3　高效液相色谱法

　　高效液相色谱法（high performance liquid chromatography，HPLC）的基本原理与气相色谱相似：液体待测物被注入色谱柱，通过压力在固定相中移动，由于被测物的组分与固定相的相互作用不同，先后离开色谱柱，通过检测器得到不同的峰信号。HPLC 具有高压、高速、高效、高灵敏度、应用范围广的特点，与 GC 相比，HPLC 能分析更多种类的成分，如热不稳定性、高极性、高分子量的化合物，但其缺点是有柱外效应，即柱效极易受到进样方式、柱后扩散等因素的影响，使得色谱峰展宽，从而使柱效降低。

例如，在罗非鱼中氯霉素的残留量测定中，选择甲醇-水（25∶75，体积比）溶液作为流动相，采用 C_{18} 柱分离，紫外检测波长为 280nm。结果表明，在 $0.1\sim5\mu g/mL$ 范围内线性关系良好，检出限为 0.2mg/kg，用空白罗非鱼样品进行加标试验，氯霉素在 0.02mg/kg、0.5mg/kg、2.0mg/kg 加标水平下平均回收率为 80.5%～107.1%，RSD 为 3.12%～7.53%[15]。

5.3.4　高效液相色谱-质谱联用法

HPLC-MS 联用法结合了 HPLC 有效分离热稳定性差及高沸点化合物的分离能力和 MS 的高灵敏度检测能力，是一种分离分析复杂有机混合物的有效手段。现在使用的 HPLC-MS 联用法主要集中于采用高效液相色谱和超高效液相色谱为分离系统，离子阱、四极杆、飞行时间质谱单级联用以及三重四极杆、四极杆-飞行时间质谱等多级联用作为检测器。三重四极杆质谱的定量能力强，成为水产品兽药残留分析的首选仪器，但其为低分辨质谱仪，仅适用于已知化合物的定量和定性分析。四极杆-飞行时间质谱为高分辨质谱仪，可成为水产品中多种兽药残留全化合物的筛查检测和未知物定性分析的重要手段。离子阱和四极杆由于容易受基质干扰而逐渐淡出。

HPLC-MS 联用法具有灵敏度高、精确度高、选择性强和基质干扰少的特点，在水产品的兽药残留分析中应用广泛。例如，在水产品的氢化可的松残留的测定中，以 0.1%甲酸溶液和甲醇为流动相进行梯度洗脱，采用 C_{18} 柱分离，电喷雾正离子模式检测，测得氢化可的松在南美白对虾、大黄鱼、梭子蟹和草鱼 4 种空白基质中的检出限为 $0.56\mu g/kg$、$1.0\mu g/kg$、$0.85\mu g/kg$ 和 $1.1\mu g/kg$，在 $10\mu g/kg$、$20\mu g/kg$ 和 $50\mu g/kg$ 的加标水平下，氢化可的松在南美白对虾、大黄鱼、梭子蟹和草鱼基质中的回收率分别为 87.8%～89.8%、85.3%～87.5%、95.6%～121.0%和 80.1%～89.7%，RSD 分别为 1.3%～5.1%、5.2%～6.3%、1.6%～4.5%、1.2%～4..4%。之后对 36 份水产品样品（南美白对虾、大黄鱼、草鱼、鲤鱼）进行氢化可的松的检测，其中大黄鱼和南美白对虾均无检出，6 份草鱼样品检出含量为 $5.9\sim204.1\mu g/kg$，8 份鲤鱼样品中检出含量为 $12.3\sim105.6\mu g/kg$[16]。但 HPLC-MS 联用法存在预处理复杂和成本高的缺点，随着 HPLC-MS 联用法的快速发展，水产品分析将沿着简便快速、低分辨向高分辨、单重联用向多重串联联用、同类型向杂交型串联、单组分的检测向多组分同时检测的趋势发展。

5.3.5　原子荧光光谱法

原子荧光光谱法是介于原子发射光谱法和原子吸收光谱法之间的光谱分析技术，通过测定待测元素的原子蒸气在辐射能激发下发出的荧光发射强度来进行元素的定量分析，其基本原理是气态的基态原子吸收特征波长的光辐射后，被激发到高能级，很快又跃迁至低能级或者基态，根据跃迁过程中的能级不同，发射出一组特征荧光谱线。

原子荧光光谱法在水产品检测中得到广泛应用，主要用于样品中汞元素和砷元素的检测。例如，在海产品的砷和汞测定中，原子荧光光谱仪的工作参数为：负高压为 230V，砷灯电流为 80mA，汞灯电流为 20mA，载气流量为 400mL/min，总砷、总汞的检出限为 0.037μg/L 和 0.048μg/L，黄鱼样品中总砷和总汞检测值分别为 5.01mg/kg 和 0.169mg/kg，RSD 分别为 1.36%和 2.62%，紫菜中总砷的检测值为 40.42mg/kg，RSD 为 1.02%。原子荧光光谱法的灵敏度和准确度高、干扰少、校正曲线线性范围宽，能进行多元素同时测定，是一种优异的水产品的金属元素检测方法[17]。

5.3.6　电感耦合等离子体质谱法

电感耦合等离子体质谱法（inductively coupled plasma-mass spectrometry，ICP-MS）由 ICP 焰炬、接口装置、质谱仪组成。ICP-MS 所用电离源是电感耦合等离子体（ICP），其主体是一个由三层石英套管组成的炬管，炬管上端绕有负载线圈，三层管从里到外分别通载气、辅助气和冷却气，负载线圈由高频电源耦合供电，产生垂直于线圈平面的磁场。样品由载气带入等离子体焰炬会发生蒸发、分解、激发和电离，辅助气用来维持等离子体，冷却气以切线方向引入外管，产生螺旋形气流，使负载线圈处外管的内壁得到冷却。其原理是将试样消解后由 ICP-MS 仪测定，以元素特定的质荷比定性，以待测元素质谱信号和内标元素质谱信号的强度比与待测元素的浓度成正比进行定量分析。

ICP-MS 可用于痕量及超痕量多元素分析，基体效应小，能快速测定同位素比值，主要应用于水产品中重金属的多元素高通量检测。例如，在海产品的甲基汞测定中，采用 C_{18} 柱，流动相为 0.1%（质量浓度）L-半胱氨酸和 0.1%（质量浓度）L-半胱氨酸盐酸盐一水合物，射频功率为 1200W，质荷比为 202，测得甲基汞的检出限为 0.1μg/kg，日内精密度为 2.7%～7.5%，日间精密度小于 14%。用该方法测定市售的基围虾、章鱼、鱿鱼、鲳鱼、金枪鱼、三文鱼的甲基汞含量分别为4.6μg/kg、3.8μg/kg、9.1μg/kg、133μg/kg、149μg/kg 和 20μg/kg[18]。

5.3.7　高效液相色谱-电感耦合等离子体质谱法

HPLC 法和 ICP-MS 法联用，通常用于重金属的形态分析。HPLC 作为分离系统，不改变待测元素的原始形态，通过流动相的灵活调整可以使元素的形态达到有效的分离，ICP-MS 作为检测器，也具有灵敏度高的特点，因此，其在水产品的汞、砷、铅的形态分析中应用颇广。

例如，在水产品铅形态的分析中，建立了无机铅、三甲基铅和三乙基铅的HPLC-ICP-MS 法，以 pH=4.6 的乙二胺四乙酸二钠-乙酸钠溶液和甲醇（75∶25，体积比）为流动相，经 C_{18} 反相色谱柱进行分离，ICP-MS 检测器检测。结果表明，无机铅、三甲基铅和三乙基铅的检出限分别为 9μg/kg、10μg/kg 和 10μg/kg。以草鱼为基质进行加标回收实验，加标水平分别为 500μg/kg、1000μg/kg 和 1500μg/kg，无机铅、三甲基铅和三乙基铅的回收率分别为 85.4%～95.7%、84.2%～90.3%和81.2～88.1%。又对鳜鱼、草鱼、鲶鱼、鲤鱼等水产品进行批量分析，发现铅存在形式均为无机铅形态，三甲基铅和三乙基铅均未检出。HPLC-ICP-MS 联用法是水产品重金属的分析中最有效的检测方法之一[19]。

5.3.8　原子吸收光谱法

原子吸收光谱法是利用气态原子可以吸收一定波长的光辐射，使原子中外层的电子从基态跃迁到激发态的现象而建立的。各种原子中电子的能级不同，将有选择性地共振吸收一定波长的辐射光，即入射辐射的频率等于原子中的电子由基态跃迁到较高能态所需要的能量频率时，原子中的外层电子将选择性地吸收其同种元素所发射的特征谱线，使入射光减弱。各元素的共振吸收线具有不同的特征，因此可以作为定性的依据。吸光度 A 为特征谱线因吸收而减弱的程度，在线性范围内与被测元素的含量成正比：

$$A = kc$$

式中，k 为常数；c 为试样浓度。此式为原子吸收光谱法定量分析的理论基础。

根据原子化器的类别，原子吸收光谱法又可分为火焰原子吸收光谱法和非火焰原子吸收光谱法。火焰原子吸收光谱法采用火焰原子化器。而非火焰原子吸收光谱法采用非火焰原子化器，应用最广的是石墨炉原子吸收光谱法。原子吸收光谱法具有选择性强、灵敏度高、分析范围广、抗干扰能力强、精密度高的特点，但局限性是不能多元素同时分析，样品预处理麻烦，对操作人员的要求较高。

1. 火焰原子吸收光谱法

火焰原子吸收光谱仪中的原子化器由雾化器、雾化室和燃烧器三部分组成，将液体试样经喷雾器形成雾粒，雾粒在雾化室中与气体均匀混合，除去大液滴后进入燃烧器形成火焰，试液在火焰中产生原子蒸气。

火焰原子吸收光谱法在水产品中得到广泛应用。例如，在水产品的重金属元素测定中，经燃气流量、助燃气流量、燃烧器高度和进样量的优化，测得该方法的加标回收率为 86.54%～97.91%，RSD 为 0.43%～3.11%，用该方法测定市售的水产品中重金属含量，测得鲫鱼中 Cd、Cr、Pb、Cu 和 Zn 的含量分别为 0.027mg/kg、0.274mg/kg、3.7mg/kg、12.3mg/kg 和 204mg/kg，带鱼中 Cd、Cr、Pb、Cu 和 Zn 的含量分别为 0.430mg/kg、0.445mg/kg、5.4mg/kg、16.3mg/kg 和 214mg/kg，基围虾中 Cd、Cr、Pb、Cu 和 Zn 的含量分别为 0.229mg/kg、0.664mg/kg、6.4mg/kg、13.2mg/kg 和 269mg/kg，八爪鱼中 Cd、Cr、Pb、Cu 和 Zn 的含量分别为 0.702mg/kg、0.841mg/kg、7.6mg/kg、13.9mg/kg 和 212mg/kg[20]。火焰原子吸收光谱法较简便，操作性强，是测定水产品中重金属元素含量的有效方法。

2. 石墨炉原子吸收光谱法

石墨炉原子吸收光谱法是利用石墨材料制成管、杯等形状的原子化器，用电流加热原子化进行原子吸收分析的方法。由于样品全部参加原子化，并且避免了原子浓度在火焰气体中的稀释，分析灵敏度得到了显著的提高。该法原子化效率高，检出率低，可用于测定痕量金属元素，在性能上比其他许多方法好，并能用于少量样品的分析和固体样品直接分析，但重现性和准确度较差。

石墨炉原子吸收光谱法也同样是水产品检测中的常用方法。例如，在软体类海产品的铜、镉、镍、铬测定中，四种元素的灰化温度分别为 700℃、650℃、1100℃ 和 1200℃，原子化温度分别为 2400℃、1800℃、2350℃ 和 2600℃，方法检出限分别为 0.217μg/L、0.022μg/L、0.187μg/L 和 0.156μg/L，样品的加标回收率为 98.60%～105.0%，RSD 为 1.28%～4.32%。用该方法对 71 份市售软体类海产品（花蛤、厚壳贻贝、扇贝、蛏子、芝麻螺、泥螺、辣螺、大海螺、鱿鱼、章鱼）进行检测，铜检出率为 95.8%，超标率为 4.2%，铜含量最高的是泥螺，达 65mg/kg；镉检出率为 100.0%，超标率为 2.8%，镉含量最高的鱿鱼，达 2.3mg/kg；镍检出率为 98.6%，超标率为 0.0%，镍含量最高的是大海螺，达 1.3mg/kg；铬检出率为 100.0%，超标率为 1.4%，铬含量最高的是厚壳贻贝，达 2.9mg/kg[21]。

5.3.9　低场核磁共振技术

低场核磁共振指恒定磁场强度低于 0.5T 的核磁共振现象。核磁共振技术是指具有固定磁矩的原子核在给定的外加磁场中，只吸收某一特定频率的射频场提供的能量，产生了核磁共振信号。低场核磁共振主要研究分子间的动力学信息，用弛豫来衡量。弛豫是指处于激发态的原子核通过非辐射途径释放出能量后回到基态的过程。弛豫时间 T_1 表示自旋核和体系中其他原子核相互作用而丢失能量的过程的快慢，弛豫时间 T_2 表示自旋核和同种核相互作用而丢失能量的过程的快慢。不同物质的弛豫时间差别很大，即使是同种物质，处于不同的相态，弛豫时间也有差别。

通过分析样品的 T_1 和 T_2，可获得样品中质子状态和所处环境信息，进一步分析样品中目标组分的状态和相互作用。T_2 对氢质子的存在状态的变化更加敏感，更易区分水的结合状态。结合水的流动性较差，其 T_2 值较小，自由水有较大的 T_2 值。因此，低场核磁共振技术在水产品加工储藏中的应用广泛，如通过对水产品的干燥过程进行水分含量的检测和水分状态的判定可以预测水产品的品质变化，研究水产品中蛋白质与水的结合情况判断蛋白质的变性程度，对新鲜水产品和经冻藏的水产品进行区分鉴别等[22]。

5.4 水产品生物学检测技术

食源性致病菌是食物中毒和食源性疾病暴发的一个重要因素，水产品中的食源性致病菌污染较为严重，常见的食源性病原体主要有沙门菌、志贺菌、金黄色葡萄球菌、副溶血性弧菌、小肠结肠炎耶尔森菌、空肠弯曲菌、单核细胞增生李斯特菌等。而水产品的生物学检测技术主要用于食源性致病菌的检测，其中聚合酶链式反应、基因测序技术、环介导等温扩增技术和显微镜检查是常用的方法。

5.4.1 聚合酶链式反应

1. 常规聚合酶链式反应

聚合酶链式反应（polymerase chain reaction，PCR）是一种用于放大扩增特定的 DNA 片段的分子生物学技术。PCR 技术的过程由变性、退火、延伸三个基本反应步骤构成：①模板 DNA 的变性。模板 DNA 经加热至 93℃左右一定时间后，使模板 DNA 双链或经 PCR 扩增形成的双链 DNA 解离，使之成为单链，以便其与引物结合。②模板 DNA 与引物的退火。退火是指低温条件下，引物与模板 DNA 互补区结合的过程，引物退火的温度和所需时间的长短取决于引物的碱基组成、引物的长度、引物与模板的配对程度以及引物的浓度。③引物的延伸。DNA 模板-引物结合物 72℃时在 DNA 聚合酶的作用下，以 dNTP 为反应原料，靶序列为模板，按碱基互补配对和半保留复制的原则，合成一条新的与模板 DNA 链互补的链。重复 3 个步骤可获得更多的新链，而新链又可成为下次循环的模板，2～3h 就能将待扩目的基因扩增放大几百万倍，扩增的次数一般在 30～35 个循环。

2. 实时荧光定量 PCR 技术

实时荧光定量 PCR（quantitative real-time PCR，qPCR）技术是指在 PCR 反应体系中加入荧光基团，利用荧光信号积累实时监测整个 PCR 进程，最后通过标准曲线对未知模板进行定量分析的方法。检测方法有 SYBR Green Ⅰ 法和 TaqMan 探针法。SYBR Green Ⅰ 是一种具有绿色激发波长的染料，与双链 DNA 结合后，荧光信号很强，且荧光信号的增加与 PCR 产物的增加完全同步，该方法的优点是可以与任何双链 DNA 结合，简单、成本低，但可能会产生假阳性结果，特异性不如 TaqMan 探针法。TaqMan 探针法的工作原理是在 PCR 体系中有一对 PCR 引物和一条探针，探针的 5′ 端标记报告基团，3′ 端标记荧光淬灭基团，探针只与模板特异性结合。当探针完整时，报告基团的荧光能量会被淬灭基团吸收，因此仪器搜不到信号。只有当 Taq 酶遇到探针，才会把探针切断，使报告基团的荧光能量不能被淬灭基团吸收，产生了荧光信号。实时荧光定量 PCR 方法的一个重要指标是循环阈值（cycle threshold，Ct），即每个反应管内的荧光信号达到设定的阈值时所经历的循环数[23]。

在进出口行业标准中也制定了沙门菌等 12 种食源性致病菌检测的实时荧光定量 PCR 法，首先根据国家标准方法或标准进行样品制备、增菌培养和分离，制备模板 DNA，测定 DNA 原液的浓度和纯度，反应参数为：95℃预变性 3min，94℃变性 5s，60℃退火延伸 40s，同时收集羧基荧光素的荧光，进行 40 个循环，4℃保存反应产物。Ct 值大于或等于 40.0 时，可判定样品结果为阴性，即未检出相应致病菌；Ct 值小于或等于 35.0，可判定样品结果为阳性；当 Ct 值大于 35.0 而小于 40.0 时，重做样本，重做结果 Ct 值大于或等于 40.0 为阴性，否则为阳性[24]。

3. 多重 PCR 法

多重 PCR 法的反应原理与一般 PCR 法相同，一般 PCR 法只用一对引物，通过扩增同一时间只能产生一个核酸片段，而多重 PCR 法是在同一 PCR 反应体系里加入两对以上引物，同时扩增出多个核酸片段。利用多重 PCR 技术可以使多种病原微生物在同一 PCR 反应管中被同时检出，体现了其经济性、简便性和高效性。

多重 PCR 技术快速、灵敏、特异性强，在水产品中的食源性致病菌检测中多有应用。例如，在水产品的副溶血性弧菌和单核细胞增生李斯特菌污染状况测定中，构建了多重反转录 PCR（RT-PCR）体系，通过 DNA 提取试剂盒提取 DNA，设计了两对引物和两对探针，对东南沿海地区的 92 份生食水产品样品进行检测，结果表明，致病菌总体检出率为 41.3%，副溶血性弧菌检出率为 39.13%，单核细胞增生李斯特菌检出率为 20.65%，该方法在 36h 内实现对水产品中致病菌的定量检测，而国家标准方法的结果在 3～5d 后得到，且两者的检出率相同。

5.4.2　基因测序技术

基因测序技术从 20 世纪 50 年代开始发展，从第一代的双脱氧链测序技术发展到了第四代的固态纳米测序技术。基因测序最早可追溯到使用化学毒素和同位素通过化学降解法进行多聚核苷酸测序，后来在双脱氧链测序的基础上发展了荧光自动测序技术。但由于其测序成本高、通量低，又催生了边合成边测序的技术，将基因组 DNA 的随机片段附着到芯片上进行延伸和桥式扩增，然后利用带荧光基团的四种特殊的脱氧核糖核苷酸进行边合成边测序。第二代的测序技术虽然有了巨大的突破，但也存在着在 PCR 扩增过程中可能引入突变从而导致测序错误的问题。第三代的测序技术则是利用光学信号对 DNA 碱基进行边合成边测序，避免了 DNA 扩增中出现测序错误。最新的基因测序已经发展为基于纳米孔单分子的测序技术，即 DNA 分子以每次一个碱基的速度依次通过纳米小孔，利用核酸外切酶的特性识别不同的 DNA 碱基，同时还能检测出碱基是否被甲基化[25]。

基因测序使得大量的基因组信息被方便准确地获取，在免疫学、肿瘤学和微生物学等方面得到了广泛的应用，而在水产品的检测中也被用作一种细菌鉴定的方法。例如，在创伤弧菌的菌株鉴定中，利用基因测序可测得不同菌株的基因在长度与序列方面均存在差异，基因测序是一种准确有效的细菌鉴定技术[26]。

5.4.3　环介导等温扩增技术

环介导等温扩增（loop mediated isothermal amplification，LAMP）技术是一种能在等温条件下短时间内进行核酸扩增的技术。LAMP 技术根据靶基因的 6 个区域设计出 4 条引物，包括 2 条内引物和 2 条外引物，其中内引物由靶序列正义链和反义链的两个特异区域组成，利用 DNA 链在 60～65℃的恒温条件下处于解链和退火的动态平衡状态，在 DNA 聚合酶的驱动下结合靶序列启动 DNA 合成，由于内引物同时和双链互补，其是形成环状结构的主要因素；外引物与内引物前端的序列互补，通过链置换 DNA 聚合酶的作用置换下内引物合成的 DNA 链并且合成自身 DNA，被置换的链自身形成茎-环结构，接着与内引物结合进行扩增和链置换，新合成的茎-环结构的长度是原来的 2 倍，经过滚环扩增之后，形成的产物是周而复始地插入靶序列的不同长度的茎-环结构的 DNA 链。LAMP 技术可在

15～60min 内实现 10^9～10^{10} 倍的扩增，反应能产生大量的扩增产物即焦磷酸镁白色沉淀，可以通过肉眼观察白色沉淀的有无来判断靶基因是否存在。

LAMP 技术与普通 PCR 反应相比，特异性和灵敏度更高，且不需要在高温环境下进行、操作简便，是一种适合现场、基层快速检测的方法，在水产品的食源性致病菌检测中多有应用。例如，在水产品副溶血性弧菌的检测中，选择 *tlh* 基因为靶基因设计 4 条特异性引物，体系用 Bst DNA 聚合酶催化，恒温反应 60min，产物分别用 2%琼脂糖凝胶电泳和 SYBR Green Ⅰ染色鉴定，对 32 株食源性病原菌进行 LAMP 扩增。对虾样品进行人工污染，采用 2 种方法制备 DNA 进行 LAMP 反应，检出限均达到 1 CFU/mL，对 25 株从文蛤、花蛤和蛏中分离的副溶血性弧菌和 6 株非副溶血性弧菌进行检测。结果显示，除 6 株非副溶血性弧菌外，其余菌株均为阳性。本实验只需要通过水浴锅即可完成检测，反应 50min 可检测到反应产物，且扩增结果可通过观察反应液颜色变化判断，因此 LAMP 技术是一种优异的检测技术[27]。

5.4.4 显微镜检查

水产品中存在的寄生虫和微生物，也可用显微镜检查方法进行检测。显微镜检查是对水产品进行目检时所确定的病变部位进行深化的检查。显微镜检查一般采用玻片压缩法和载玻片法进行检查。玻片压缩法是将要检查的器官或组织的一部分放在玻片上，滴加适量清水或生理盐水，用另一玻片将其压成透明的薄层，放在显微镜或解剖镜下检查，检查时将玻片从左至右缓慢移动，仔细观察，发现有寄生虫或某些可疑病象时，停止移动，将上面的玻片缓慢平行移开，用工具将寄生虫或可疑病象的组织从薄层中取出，放入盛有清水或生理盐水的培养皿中，以待进一步处理。载玻片法适用于低倍或高倍显微镜检查，方法是用小剪刀或镊子取一小块组织或一小滴内含物放在干净的载玻片上，滴入一小滴清水或生理盐水，盖上干净的盖玻片，轻轻地压平后先用低倍镜观察，若发现有寄生虫或可疑现象，再用高倍镜观察。

显微镜检查常用于鱼病的检查，检查的重点部位是体表、鳃丝和肠道。需要选择活鱼或者刚死的鱼进行检查，避免鱼死后改变形状或崩解腐烂，取出的各器官也要保持湿润。镜检时还要对检出的病原体的数量进行统计，镜下观察一般不能逐个数清，因此采用估计法以"+"来表示，"+"表示有，"++"表示多，"+++"表示很多，不同的病原体对应不同的数量标准。

5.5 快速检测方法

水产品是一种市场流通性强、产品货架期短的高速消耗品，前面所述的水产品理化检测技术具有特异性强、准确度高的特点，可以达到理想的检测水平，但大多检测时间较长，且仪器设备价格昂贵，难以满足实际检测过程中大批量样品的快速筛查。为了满足水产品的实时有效监控和批量快速检测，提高工作效率，需要使用快速检测方法，在保证准确性的同时，使用较短的检测时间和方便快速的操作步骤进行检测。常见的快速检测方法有免疫胶体金技术、酶联免疫吸附测定法、放射免疫分析法、化学发光免疫分析技术、荧光免疫分析技术、时间分辨荧光免疫层析技术和量子点免疫层析技术。

5.5.1　免疫胶体金技术

免疫胶体金技术是以胶体金作为示踪标志物应用于抗原抗体的免疫标记技术。胶体金是由氯金酸在还原剂作用下聚合成为特定大小的金颗粒，由于静电作用成为一种稳定的胶体状态。免疫胶体金技术的原理是以硝酸纤维素膜为载体，利用微孔膜的毛细管作用，滴加在膜条一端的液体慢慢向另一端渗移，检测时，样品中的抗原在流动过程中与胶体金标记的特异性抗体结合，抑制了抗体与固相载体膜上的抗原-蛋白偶联物的结合，导致检测线颜色深浅的变化，通过检测线颜色深浅比较，进行定性判定。胶体金试纸的结果判定原理如图 5-2 所示。当质控线（C 线）不显色时，无论检测线（T 线）是否显色，测定结果均无效。质控线（C 线）显色，若检测线（T 线）颜色深于或与质控线（C 线）相同时，结果呈阴性，表示样品中不含待测物或待测物含量低于检出限；若检测线（T 线）无颜色或颜色浅于质控线（C 线），结果呈阳性，表示样品中待测物含量高于检出限。

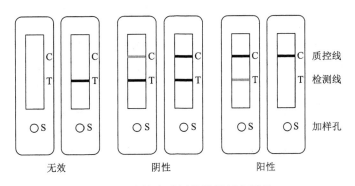

图 5-2　胶体金试纸的结果判定原理

免疫胶体金技术具有特异性强、灵敏度高、操作简便快捷、检测成本低的特点，已在医学检验、毒品监控、食品安全等领域得到广泛应用，在水产品药物残留检测的快速筛查中也应用广泛。例如，在水产品氟苯尼考残留的测定中，样品经乙酸乙酯提取，加入正己烷和磷酸盐溶液后，在氟苯尼考胶体金免疫层析快速检测试剂板上加样并读取结果，阴性表明样品中不含氟苯尼考或其残留量小于 50μg/kg，阳性表明样品中氟苯尼考残留量大于 50μg/kg。使用该试剂盒对市售的鲢、鳙、鲫鱼、鳊鱼、草鱼、河蟹、对虾、多宝鱼、鲈鱼、甲鱼共 100 个样品进行快速筛查，检查出 92 份阴性样本和 8 份阳性样本，应用 HPLC-MS 法对该 100 份样本进行比对，结果表明两种方法的结果符合率为 95.4%[28]。

5.5.2　酶联免疫吸附测定法

酶联免疫吸附测定（enzyme-linked immunosorbent assay，ELISA）法是指利用抗体分子能与抗原分子特异性结合的特点，将游离的杂蛋白和结合于固相载体的目的蛋白分离，并利用特殊的标记物对其定性或定量分析的一种检测方法。其基本原理是：在测定时把受检标本（测定其中的抗体或抗原）和酶标抗原或抗体按不同的步骤与固相载体表面的抗原或抗体起反应。用洗涤的方法使固相载体上形成的抗原抗体复合物与其他物质分开，最后结合在固相载体上的酶量与标本中受检物质的量呈一定的比例。加入酶反应的底物后，底物被酶催化变为有色产物，可用肉眼、显微镜观察，也可用分光光度计加以测定。产物的量与标本中受检物质的量直接相关，所以可根据颜色反应的深浅定性或定量分析。ELISA 法既可以测定抗原，也可以测定抗体，测定抗原的方法主要有：双抗体夹心法、竞争法；测定抗体的方法主要有：双抗原夹心法、间接法、竞争法和捕获包被法。

ELISA 法与免疫胶体金技术相比，酶的催化效率高，间接放大了免疫反应的信号，因此灵敏度和特异性更高，可实现分析自动化和定量分析，常用于水产品的药物残留测定。例如，在水产品的喹乙醇代谢物测定中，3-甲基喹噁啉-2-羧酸是喹乙醇的主要代谢产物，因此样品经硫酸酸解和乙酸乙酯提取，用间接酶联免疫法的试剂盒检测 3-甲基喹噁啉-2-羧酸，结果表明，该方法对鱼虾样品的检出限为 0.2μg/kg，采用 HPLC-MS 法时检出限为 0.5μg/kg，两者相比，ELISA 法的检出限更低。取鲤鱼、黄姑鱼和对虾样本在加标水平为 1μg/kg、4μg/kg 和 16μg/kg 下进行测定，回收率为 70.8%～94.7%，RSD 为 0.87%～6.3%。ELISA 法结果直观且准确可靠，可有效缩短检测时间，在水产品中药物残留的快速检测和批量筛查中有广阔的前景[29]。

5.5.3　放射免疫分析法

放射免疫分析法是一种放射性同位素体外微量分析方法。同位素标记的抗原 *Ag 与未标记的抗原 Ag 有相同的免疫活性，两者以竞争性的方式与抗体 Ab 结合形成复合物*Ag-Ab 或 Ag-Ab，在一定反应时间后达到动态平衡，放射免疫分析法的原理如图 5-3 所示。如果反应系统内*Ag 与 Ab 的量恒定，且*Ag 和 Ag 的总和大于 Ab 有效结合点，则*Ag-Ab 生成量受到 Ag 量的限制。*Ag-Ab 的放射性与待测 Ag 的含量呈负相关。利用同

$$Ag + Ab \longrightarrow Ag\text{-}Ab \quad （非标记复合物）$$

$$*Ag + Ab \longrightarrow *Ag\text{-}Ab \quad （标记复合物）$$

注：$Ag + *Ag > Ab$

图 5-3　放射免疫分析法原理图

位素标记的与未标记的抗原同抗体发生竞争性抑制反应，反应后分离并测量放射性而求得未标记抗原的量。

放射免疫分析法的优点是灵敏度高、特异性强，可达皮克级水平，是各种激素测定的优异方法，在水产品的激素测定中也有应用。例如，在红笛鲷肌肉中性腺激素残留的分析中，经提取得到激素提取液，按放射免疫分析试剂盒操作：在试管中分别加入雌二醇、孕酮、睾酮标准抗原或待测的鱼肉激素提取液，用碘-125 标记抗原、抗体，温育后测量各反应管沉淀物的放射性计数，绘制反应剂量曲线。结果表明，养殖红笛鲷的雌二醇、孕酮、睾酮平均残留量分别为 98.43pg/g、2.36ng/g 和 0.44ng/g，野生红笛鲷的雌二醇、孕酮、睾酮平均残留量分别为 18.27pg/g、0.97ng/g 和 0.10ng/g，养殖红笛鲷肌肉中三种激素残留量均显著高于野生红笛鲷[30]。但由于放射免疫分析法存在放射性防护和同位素污染的问题，且试剂价格昂贵，因此逐渐被取代。

5.5.4　化学发光免疫分析技术

化学发光免疫分析包含两个部分：免疫反应系统和化学发光分析系统。化学发光分析系统是利用化学发光物质经催化剂的催化和氧化剂的氧化，形成一个激发态的中间体，当这种激发态中间体回到稳定的基态时，同时发射出光子，利用发光信号测量仪器测量光量子产率。免疫反应系统是将发光物质直接标记在抗原或抗体上，然后对标记物进行检测从而测定待检物。化学发光免疫分析是利用具有化学发光反应的试剂标记抗原或抗体，标记后的抗原与抗体与待测物经过反应和理化步骤，最后由测定得出的发光强度求得待测物的含量。

化学发光免疫分析技术的灵敏度和精确度比 ELISA 法高，且检测范围宽，方法稳定快速，在水产品的药物残留检测中可实现超微量检测。例如，在鱼和虾中呋喃唑酮代谢物残留的检测中，采用化学发光检测试剂盒进行测定。结果表明，鱼肉中呋喃唑酮代谢物的检出限为 0.097μg/kg，虾肉中呋喃唑酮代谢物的检出限为 0.091μg/kg，在加标水平为 0.2μg/kg、0.4μg/kg 和 0.8μg/kg 下，鱼、虾的加标回收率为 82.0%～91.5%，变异系数小于 10%，且试剂盒检测结果与 HPLC-MS 法检测结果相吻合[31]。

5.5.5　荧光免疫分析技术

荧光免疫分析技术就是将不影响抗原抗体活性的荧光色素标记在抗体（或抗原）上，与其相应的抗原（或抗体）结合后，在荧光显微镜下呈现一种特异性荧光反应。荧光免疫分析技术分为直接法和间接法。直接法是将标记的特异性荧光抗体直接加在抗原标本上，在一定温度经过特定时间进行染色，再洗去未参加反应的多余荧光抗体，进行检测；间接法是先用已知未标记的特异性抗体与抗原反应，洗去未反应的抗体，再用标记的二抗与抗原标本反应，形成抗原-抗体-抗体复合物，洗去未反应的标记抗体，进行检测。荧光分析的光电接受器与激发光不在同一直线上，激发光不能直接到达光电接受器，从而大幅度提高了光电分析的灵敏度。

例如，在水产品的诺氟沙星残留测定中，制备诺氟沙星的单克隆抗体，采取间接荧光免疫分析法，用标记的二抗与抗原标本反应，再用荧光酶标仪检测。结果表明，该方法的检出限为 $6.09\mu g/L$，线性范围为 $10\sim500\mu g/L$，对市售的九节虾、明虾和黄瓜鱼在加标水平为 0mg/L、0.1mg/L 和 0.2mg/L 下进行检测，回收率为 93.5%~103.0%，RSD 为 1.3%~3.2%。荧光免疫分析法因不需要复杂的样品预处理，分析成本低、快速简便，适用于大批量样品的快速测定，但是荧光免疫分析法不能排除非特异性光的干扰，使得测定结果不够准确[32]。

5.5.6　时间分辨荧光免疫分析技术

时间分辨荧光免疫测定是一种非同位素免疫分析技术，用镧系元素标记抗原或抗体，利用镧系元素螯合物的荧光强度高、寿命长的特点，用时间分辨技术测量荧光，同时检测波长和时间两个参数进行信号分辨，可有效排除非特异荧光的干扰，极大提高了分析灵敏度。铕（Eu）是最常用的荧光标记物，但其在水中不稳定，因此会加入增强剂使之稳定，增强剂的原理是利用含络合剂、表面活性剂的溶液的亲水和亲脂性同时存在使得铕在水中处于稳定的状态。

例如，在水产品的氯氰菊酯检测中，用标记有铕颗粒的抗体与氯氰菊酯抗原结合，复合物通过毛细管作用沿着硝酸纤维膜层析，与层析试纸上的氯氰菊酯抗原及质控二抗不同程度地结合，用荧光读卡仪读取检测卡上的荧光强度。结果表明，该检测卡的检测范围是 1~19.3ng/mL，检出限约为 0.35ng/mL，用对虾进行检测卡的准确度和精密度的检测，RSD 为 4.24%~8.66%，回收率为 89.1%~109.1%，检测卡检测结果与气相色谱检测结果的线性相关系数达到 0.9899。荧光免疫层析技术可以应用于水产品的快速定量检测[33]。

5.5.7　量子点免疫层析技术

量子点是一种纳米级别的低维半导体材料，常见的量子点由Ⅱ-Ⅵ或Ⅲ-Ⅴ族元素组成，通过对这种纳米半导体材料施加一定的电场或光压，它们会发出特定频率的光，光的频率随着半导体尺寸而改变。量子点具有特殊的光学特性：①激发波长的范围很宽，发射波长范围窄，同一波长的光可以激发不同大小的量子点而获得多种颜色标记；②有较大的斯托克斯位移和狭窄对称的荧光谱峰，使得同时使用不同光谱特征的量子点时发射光谱不出现交叠或交叠很少，易于区分识别；③发射波长可通过控制量子点大小和材料来调节；④量子点的荧光强度强，稳定性好。因此量子点逐渐应用于免疫标记技术[34]。

量子点用于荧光标记主要以偶联的形式与生物分子结合，偶联的方法一般是共价结合法和静电吸附法。共价结合法通过化学反应将量子点表面进行羧基、氨基等官能团化的修饰改性，使之能与生物分子中的氨基或羧基结合实现偶联；静电吸附法是依靠带电荷的量子点与带相反电荷的生物分子通过静电相互作用而吸附偶联，适用于简单体系。利用量子点进行免疫标记的方法在水产品的检测中有很多。例如，在水产品的恩诺沙星的残留测定中，利用量子点标记恩诺沙星抗原制备荧光信号探针，建立了免疫亲和凝胶柱荧光快速检测方法，结果表明，量子点免疫亲和凝胶检测柱检出限为 2μg/L，对三文鱼、鲈鱼和虾的检出限为 20μg/kg，当恩诺沙星在样品中的含量大于等于 20μg/kg，检测柱无荧光，因此可通过目测检测柱体的荧光强弱定性和半定量检测恩诺沙星的含量。量子点相较于传统的酶标记法，受样品基质干扰少，具有更高的灵敏度和稳定性，在水产品的质量安全检测中有广阔的发展前景[35]。

参 考 文 献

[1]　朱晓华，王凯，张燚，等. 固相萃取-气相色谱串联质谱法测定水产品中扑草净的残留. 上海海洋大学学报，2015，24（6）：960-967.

[2]　蔡灵利，许晶冰. 食品检测前处理技术. 中国农业信息，2016，（19）：138-139.

[3]　程甲，赵善贞，霍忆慧，等. 基质分散固相萃取-高效液相色谱-轨道离子阱高分辨质谱法对水产品中 12 种禁用化合物的快速筛查和确证. 食品安全质量检测学报，2018，9（3）：574-582.

[4]　乔晴，彭新然，刘军红，等. 水产品中的形态汞测定方法的比较与分析. 食品研究与开发，2018，39（13）：130-135.

[5]　汤水粉. 分子印迹技术在水产品质量安全检测中的应用研究进展. 食品安全质量检测学报，2017，8（4）：1220-1226.

[6]　杨华，刘丽君，朱艳杰，等. 基于分子印迹富集及 HPLC-ICP-MS 检测海产品中三丁基锡的研究. 现代食品科技，2017，33（2）：243-249，254.

[7] 罗亚翠, 冯舒凡, 潘碧枢, 等. 加速溶剂萃取高效液相色谱-电感耦合等离子体质谱测定海产品中砷形态方法研究. 中国卫生检验杂志, 2017, 27 (14): 2015-2019.

[8] 魏欣, 李青莲. 电膜微萃取在样品前处理中的研究进展. 药物分析杂志, 2017, 37 (12): 2133-2138.

[9] Fashi A, Yaftian M R, Zamani A. Electromembrane extraction-preconcentration followed by microvolume UV-Vis spectrophotometric determination of mercury in water and fish samples. Food Chem, 2017, 221: 714-720.

[10] 李汴生, 俞裕明, 朱志伟, 等. QIM 和理化指标综合评价南方鲐鱼片冷藏新鲜度. 华南理工大学学报 (自然科学版), 2007, (12): 126-131.

[11] 岳静. 仿生传感智能感官检测技术在食品感官评价中的应用及研究进展. 中国调味品, 2013, 38 (12): 54-57.

[12] 贾志鑫, 傅玲琳, 杨信廷, 等. 机器视觉技术在水产食品感官检测方面的应用研究进展. [2019-01-29]. http://kns.cnki.net/kcms/detail/11.2206.TS.20181030.0639.038.html.

[13] 余颖. 气相色谱法测定水产品中 4 种三唑类农药残留. 渔业研究, 2018, 40 (3): 209-216.

[14] 许志彬, 贺丽苹, 李巧琪, 等. 气相色谱-四极杆飞行时间质谱法同时测定水产品中 19 种多氯联苯. 食品科学技术学报, 2017, 35 (6): 77-84.

[15] 王安伟, 覃锐, 刘天密, 等. 高效液相色谱法检测罗非鱼中氯霉素的残留量. 食品安全质量检测学报, 2018, 9 (7): 1665-1668.

[16] 陈秋华, 张天闻, 傅红, 等. 超高效液相色谱-四极杆飞行时间质谱法快速筛查水产品中 16 种激素残留. 食品科学, 2018, 39 (20): 337-343.

[17] 李文廷, 欧利华, 洪雪花, 等. 湿法消解-原子荧光光谱法同时检测海产品中的总砷与总汞. 食品安全质量检测学报, 2017, 8 (10): 3800-3804.

[18] 冯晓青, 徐瑞, 汪怡, 等. 微探头超声破碎辅助提取-HPLC-ICP/MS 快速测定海产品中甲基汞. 分析仪器, 2018, (4): 122-127.

[19] 李杰, 陆庆, 易路遥, 等. 高效液相色谱-电感耦合等离子体质谱法检测水产品中铅的形态. 中国卫生检验杂志, 2017, 27 (20): 2908-2910, 2931.

[20] 邵玉芳, 邵世勤. 微波消解-火焰原子吸收光谱法测定水产品中重金属元素. 食品研究与开发, 2018, 39 (14): 159-162.

[21] 虞吉寅, 程畿, 邱凤梅, 等. 微波消解-石墨炉原子吸收光谱法测定软体类海产品中的铜、镉、镍、铬. 中国卫生检验杂志, 2017, 27 (20): 2917-2919, 2927.

[22] 王偲琦, 黄琳琳, 臧秀, 等. 低场核磁共振无损检测技术在水产品加工贮藏方面的应用. 食品安全质量检测学报, 2018, 9 (8): 1725-1729.

[23] 安钢力. 实时荧光定量 PCR 技术的原理及其应用. 中国现代教育装备, 2018, (23): 1-2.

[24] 国家质量监督检验检疫总局. SN/T 1870—2016 出口食品中食源性致病菌检测方法 实时荧光 PCR 法. 北京: 中国标准出版社, 2016.

[25] 马潞林, 宋一萌, 葛力源. 基因测序技术的发展与临床应用概述. 重庆医科大学学报, 2018, 43 (4): 477-479.

[26] 陈迪, 葛彩云, 孙玲莉, 等. 水产品中创伤弧菌的分离、鉴定及毒性研究. 中国食品学报, 2016, 16 (1): 272-277.

[27] 胡元庆, 黄玉萍, 李凤霞, 等. 水产品中副溶血性弧菌 LAMP 检测方法的优化. 现代食品科技, 2017, 33 (6): 313-320, 247.

[28] 陈贵生, 桑丽雅, 桂淦, 等. 基于 GICT 技术快速筛查水产品中氟苯尼考残留. 安徽农业科学, 2018, 46 (26): 167-169.

[29] 李停停, 张小军, 陈雪昌, 等. 酶联免疫法快速检测水产品中喹乙醇代谢物. 分析试验室, 2018, 37 (8): 914-916.

[30]　徐美奕，蔡琼珍，黄霞云，等. 红笛鲷肌肉中三种性腺激素残留的分析. 食品工业科技，2007，（6）：218-220.

[31]　谢体波，牛治存，易重任，等. 化学发光检测试剂盒对畜禽及水产品中呋喃唑酮代谢物残留检测的验证研究. 农产品质量与安全，2016，（3）：51-55.

[32]　余宇燕，张红艳，张淑玲，等. 间接荧光免疫分析法检测水产品中残留的诺氟沙星. 分析试验室，2012，31（10）：55-57.

[33]　姜琳琳，苏捷. 时间分辨免疫荧光层析快速检测水产品中高效氯氰菊酯方法的建立. 渔业研究，2018，40（4）：258-267.

[34]　吴卫华，汤海英，张鹏飞. 量子点标记快速免疫检测技术的研究. 检验医学，2012，27（6）：448-450.

[35]　李诗洁，生威，王俊平，等. 量子点标记免疫亲和凝胶柱快速检测动物组织中恩诺沙星. 中国食品学报，2018，18（10）：223-227.

第6章 水产品病原微生物（病原体）污染与检测技术

病原体（pathogen）是指能引起疾病的微生物和寄生虫的统称。微生物占绝大多数，包括病毒、衣原体、立克次体、支原体、细菌、螺旋体和真菌，寄生虫主要有原虫和蠕虫。病原体属于寄生性生物，所寄生的自然宿主为动物、植物和人。由于水体的污染，鱼和贝壳类，尤其是软体动物贝壳类等水产品易被病原体感染。在水产品加工时经常存在一些可能引起污染和交叉污染的潜在危险，一旦病原体传播到食物上并被人食用，食物中毒事件就会很容易发生。

6.1 水产品中病原细菌、病毒及相关管理规定

6.1.1 病原细菌

细菌性食物污染在生活中非常常见，部分肉类及水产品等食物自身就带有细菌，食物在生产、加工、运输以及销售过程中也容易遭受各种微生物的污染，从而感染大量细菌，甚至致病菌，导致食物中毒事件。水产品的微生物污染可分为一次性污染和二次性污染。一次性污染是指鱼贝类遭受自然界微生物感染发病，从而导致鱼贝类自身的污染。一次性污染的微生物主要是鱼贝类病原菌，如鳗弧菌、嗜水气单胞菌、柱状屈挠杆菌等；二次性污染是指来自自然环境的污染，其中包括鱼贝类捕获后储存和加工过程中的污染，二次性污染的微生物主要包括病原微生物和腐败微生物。水产品二次性污染的病原微生物主要有沙门菌、副溶血性弧菌、致病性大肠杆菌等。腐败微生物主要是各种杆菌及弧菌等。

1. 沙门菌

沙门菌属（*Salmonella*）是食源性细菌性胃肠炎的首要病原菌，是肠杆菌科的一个大属，革兰阴性，无芽孢，杆菌，多具有周生鞭毛，能运动，可分解葡萄糖并产气。沙门菌至少有 2400 多个血清型，我国发现的约有 100 个。1880 年 Eberth 首先发现伤寒杆菌，1885 年 Salmon 分离到猪霍乱杆菌，由于 Salmon 发现本属细菌的时间较早，在研究中的贡献较大，遂定名为沙门菌属（*Salmonella*）。沙门菌

广泛存在于自然界，包括家畜、家禽、野生动物、鼠类等体表、肠道和内脏以及被动物粪便污染的水和土壤中，因此水产品易由于水源污染或食品生产加工从业人员携带而感染沙门菌。根据沙门菌的致病范围，可将其分为三大类群。第一类群：专门对人致病，如伤寒沙门菌、副伤寒沙门菌（甲型、乙型、丙型）。第二类群：能引起人类食物中毒的沙门菌群，如鼠伤寒沙门菌、猪霍乱沙门菌、肠炎沙门菌、纽波特沙门菌等。第三类群：专门对动物致病，很少感染人，如马流产沙门菌、鸡白痢沙门菌。致病性最强的是猪霍乱沙门菌（*S. cholerae*），其次是鼠伤寒沙门菌（*S. typhimurium*）和肠炎沙门菌（*S. enteritidis*）。

　　沙门菌可导致伤寒以及胃肠炎等疾病，是威胁人类健康的一类病原菌。沙门菌主要利用其致病岛 1 和致病岛 2 编码的Ⅲ型分泌效应蛋白。这些效应蛋白改变宿主细胞信号通路，促进沙门菌入侵宿主细胞，并有助于其在宿主细胞的存活和复制。沙门菌的致病性主要与染色体上成簇分布的编码致病相关基因的特定区域——沙门氏菌致病岛（*Salmonella* pathogenicity island，SPI）相关。致病岛是染色体上不连续的致病基因。革兰阴性菌的共同特点是致病岛编码毒力因子以及调节和分泌毒力因子的装置。目前，已在沙门菌中发现了 5 个致病岛，即 SPI-1～SPI-5，其中SPI-1 和 SPI-2 与致病性密切相关，各自编码不同的Ⅲ型分泌系统 TTSS1（type Ⅲ secretion system 1）和 TTSS2（type Ⅲ secretion system 2）。TTSS 是分子注射器，把毒力蛋白即效应蛋白直接注入宿主细胞，影响细胞功能，促进感染的发生。

2. 单核细胞增生李斯特菌

　　单核细胞增生李斯特菌（*Listeria monocytogenes*）是一种人兽共患病原菌，革兰阳性，无芽孢，一般无荚膜，常呈短杆菌形态，偶有球状、双球状，可分解多种糖类，产酸不产气。在李斯特菌的 10 个菌株中，单核细胞增生李斯特菌是唯一能引起人类疾病的。根据菌体 O 抗原和鞭毛 H 抗原，将单核细胞增生李斯特菌分成 13 个血清型，分别是 1/2a、1/2b、1/2c、3a、3b、3c、4a、4b、4ab、4c、4d、4e 和 7 等。致病菌株的血清型一般为 1/2b、1/2c、3a、3b、3c、4a、1/2a 和 4b，后两型尤多。健康人群感染单核细胞增生李斯特菌后可出现类似轻微流感症状，孕妇、新生儿、老年人和免疫缺陷患者是易感人群，这一类人感染后可出现发热、抽搐、昏迷、呼吸急促、出血性皮疹、败血症以及脑膜炎等症状，严重者甚至会死亡。食源性单核细胞增生李斯特菌发病率虽然不高，但死亡率有时达 20%～30%。我国的香港、福建、辽宁、云南等地有因该菌引发疾病而住院和死亡的报道。在 4℃的环境中该菌仍可生长繁殖，成为包括水产品在内的冷藏食品危害人类健康的主要病原菌之一。

　　单核细胞增生李斯特菌一般经胃肠道感染，侵入肠上皮细胞后被单核巨噬细胞吞噬，并随其扩散到局部淋巴结，最后到达内脏器官，引起全身性感染。其感染过程包括：内化、逃离吞噬泡、肌动纤维聚集和细胞传播四个阶段，整个感染过程由一系列的步骤组成，需要许多毒力蛋白因子和酶参与。单核细胞增生李斯特菌被宿主摄入消化道后，需要耐受胃的酸性环境及蛋白水解酶、胆酸盐和一些非特异性炎性因子的破坏作用。胆酸盐水解酶（BSH）可分解结合的胆酸盐，保护细菌免受胆酸盐的杀伤作用，其他应激应答因子也有助于细菌在消化道内的存活。细菌在黏附侵袭相关毒力因子的作用下，进入宿主细胞。内化素（InI）是其中一种重要的黏附侵袭相关毒力因子，能够识别宿主细胞上的受体。InI A 与 E-钙黏蛋白（E-cadherin）结合，介导细菌进入上皮细胞。而 InI B 可与补体分子 Clq 受体或肝细胞生长因子受体（Met）结合，介导细菌穿越肝细胞、成纤维细胞、上皮细胞等。同时，李斯特菌溶血素（LLO）、磷脂酰肌醇特异性磷脂酶（P-lcA）、细胞壁水解酶（P60）、酰胺酶（Ami）、表面蛋白（P104）、纤连蛋白结合蛋白 A（FbpA）、肌动蛋白聚集蛋白（ActA）、自溶素（Auto）等毒力因子均协同参与细菌的黏附与侵袭。

3. 金黄色葡萄球菌

金黄色葡萄球菌（*Staphylococcus aureus*）是一种引起人类和动物化脓感染的重要致病菌，也是造成人类食物中毒的常见致病菌之一。金黄色葡萄球菌是革兰阳性球状菌，其排列呈葡萄串状，无芽孢，无荚膜，直径约为 0.5～1μm。金黄色葡萄球菌对营养要求不高，在一般的培养基上均良好生长。金黄色葡萄球菌最适生长温度为 37℃，最适生长 pH 为 7.4，需氧或兼性厌氧。血液琼脂平板培养时，多数金黄色葡萄球菌致病性菌株可产生溶血毒素，在菌落周围形成明显的溶血环。金黄色葡萄球菌分解葡萄糖、乳糖、麦芽糖、蔗糖、甘露糖，产酸不产气，明胶液化阳性，能产生多种肠毒素。金黄色葡萄球菌广泛存在于自然界，如空气、土壤、水及其他环境中，在人类和动物的皮肤及外界相通的腔道中，也经常有该菌存在，因此，金黄色葡萄球菌可通过各种途径和方式尤其是经工作人员的手和上呼吸道污染食品，是水产品和其他类食品污染的主要来源。

金黄色葡萄球菌易于繁殖和产生肠毒素的食品有水产品、乳类食品、肉类及罐头食品。低温下金黄色葡萄球菌不易死亡，因此在冷冻食品中也常出现该菌污染。金黄色葡萄球菌可引起局部化脓感染，也可引起伪膜性肠炎、心包炎、气管炎、肺炎、脓胸、中耳炎以及骨髓炎等器官的化脓性感染，严重时甚至会引起败血症、脓毒症等全身感染。金黄色葡萄球菌通过在宿主体内增殖、扩散和产生毒力因子引起宿主疾病，毒力因子主要包括酶、毒素以及部分表面蛋白，酶类主要有纤维蛋白溶酶、耐药核酸酶、透明质酸酶、酯酶等，毒素类主要有溶血素（α、β、γ 和 δ）、杀白细胞素（panton-valentine leukocidin，PVL）、表皮剥脱毒素（exfoliative toxin，ET）、毒性休克综合征毒素-1（toxic shock syndrome toxin-1，TSST-1）及葡萄球菌肠毒素（staphylococcus enterotoxin，SE）等，表面蛋白主要有黏附素、荚膜、细胞肽聚糖和葡萄球菌 A 蛋白（staphylococcal protein A，SPA）等。致病金黄色葡萄球菌能产生肠毒素，所以一旦金黄色葡萄球菌污染食品，并在合适的温度环境下，可以大量繁殖并产生肠毒素，从而引起消费者食物中毒。金黄色葡萄球菌食物中毒起病急，病程短，通常在进食含毒素的食品后 1～6h 即可发病。肠毒素可作用于内酯神经受体，传入中枢，刺激呕吐中枢，引起呕吐，并产生急性胃肠炎症状。肠毒素有七种类型，即 A、B、C1、C2、C3、D 和 E。其中以 A 型引起食物中毒最多，D 型次之，而 B 型较为少见。

4. 副溶血性弧菌

副溶血性弧菌（*Vibrio parahaemolyticus*）属于弧菌科弧菌属，革兰阴性，单鞭毛，运动性好，无芽孢，呈弧状、杆状及丝状等多种形态，需氧或兼性厌氧菌，在生长培养基中加入 1%以上浓度的盐可以促进该菌的生长。副溶血性弧菌对酸较为敏感，对高温和消毒剂的抵抗能力较弱，因此常用酸性消毒剂杀菌。副溶血性弧菌是一种主要存在于海水和海产品中的嗜盐弧菌，主要存在于温带地区的海水、墨鱼、海鱼、海虾、海蟹、海蜇以及贝类中。副溶血性弧菌在各种海产品中污染情况十分普遍和严重，是沿海地区食物中毒暴发的主要病原菌之一，大多发生于6～10 月海产品大量上市的季节，该时间段天气炎热，适合该菌生长繁殖。另外，淡水鱼以及含盐分较高的腌制品也存在被该菌污染的可能。

副溶血性弧菌感染在临床上以急性腹痛、呕吐、腹泻及水样便为主要症状，可导致急性胃肠炎和反应性关节炎，严重时甚至可引起原发性败血症。副溶血性弧菌有三种主要的表面抗原，分别是 H 型鞭毛抗原、热稳定的 O 型菌体抗原以及热不稳定的 K 型荚膜抗原。依照这几种抗原来分类，副溶血性弧菌可以分为 71 群，目前 O3：K6 型是我国最流行的菌株。菌毛和荚膜是副溶血性弧菌黏附于人类肠道上皮细胞和发生感染的主要结构，毒力因子是该菌致病的主要原因。研究表明，副溶血性弧菌可以产生热稳定直接溶血素（thermostable direct hemolysin，TDH）、TDH 相关溶血素（TDH-related hemolysin，TRH）以及不耐热溶血素（thermolabile hemolysin，TLH）三种重要的溶血素。其产生的 TDH 和 TRH 的抗原性和免疫性相似，皆有溶血活性和肠毒素作用，可引致肠祥肿胀、充血和肠液滞留，引起腹泻。TDH 对心脏有特异性心脏毒性，可引起心房纤维性颤动、期前收缩或心肌损害。目前已采用定性 PCR 和实时 PCR 对副溶血性弧菌的毒力基因 *tdh* 和 *trh* 进行了检测[1]。

5. 志贺菌

志贺菌属（*Shigella*）又称痢疾杆菌，属于肠杆菌科，革兰阴性，是引起细菌性痢疾的主要病原菌，在发展中国家较为流行。志贺菌属无芽孢，无荚膜，无鞭毛，多数有菌毛，分解葡萄糖，产酸不产气。志贺菌属可以分为三个血清群（A、B 和 C）和一种血清型（D），其中 A 群称为痢疾志贺菌（*S. dysenteriae*），有15 个血清型。B 群称为福氏志贺菌（*S. flexneri*），有 15 个血清型（含亚型及变种），抗原构造复杂，有群抗原和型抗原。根据型抗原的不同，分为 6 型，又根据群抗原的不同将型分为亚型。C 群称为鲍氏志贺菌（*S. boydii*），有 18 个血清型，各型间无交叉反应。D 群则又称宋氏志贺菌（*S. sonnei*），只有一个血清型，有两个变异相，即 I 相和 II 相。I 相为 S 型，II 相为 R 型。A～C 群在生理上相似，*S. sonnei*（D 群）可以在生化代谢分析的基础上进行分化。三个志贺菌群（A、B、C 群）是引起疾病的主要物种，其中福氏志贺菌是世界上最常见的分离物种，占发展中国家病例的 60%；宋氏志贺菌在发达国家造成约 77% 的病例，而在发展中国家仅占 15%。

志贺菌感染主要是粪-口途径传播。志贺菌随患者或带菌者的粪便排出，通过受污染食物、水、手等经口传播，致病性强，根据宿主的健康状况，细菌数少于100 个时就足以引起感染。志贺菌通常侵入结肠的上皮衬里，引起严重的炎症和结肠内衬细胞的死亡，从而导致腹泻甚至痢疾，这是志贺菌感染的典型临床反应。此外，一些志贺菌还能产生毒素，这些毒素在感染期间导致疾病，如福氏志贺菌产生的 ShET1 和 ShET2 能导致腹泻；痢疾志贺菌产生肠毒素——志贺毒素，其类似于肠出血性大肠杆菌产生的 vero 毒素，而志贺毒素和 vero 毒素都与引起潜在致命的溶血性尿毒综合征有关。志贺菌通过散布在小肠肠道上皮细胞中的 M 细胞侵入宿主，因为它们不与上皮细胞的顶端表面相互作用，更喜欢基底外侧。志贺菌使用 III 型分泌系统作为生物注射器，将毒性效应蛋白转运至靶细胞。效应蛋白可以改变靶细胞的代谢，如导致液泡膜的裂解或肌动蛋白聚合的重组，以促进宿主细胞内志贺菌的细胞内运动。例如，IcsA 效应蛋白通过 N-WASP 募集 Arp2/3 复合物触发肌动蛋白重组，帮助细胞间传播。入侵后，志贺氏细胞在细胞内繁殖并扩散到邻近的上皮细胞，导致组织破坏和志贺菌病的特征性病理。最常见的症状是腹泻、发烧、恶心、呕吐、胃痉挛和胃肠胀气。众所周知，它会引起排便痛苦。粪便可能含有血液、黏液或脓液。在极少数情况下，幼儿可能有癫痫发作。症状可能需要长达一周才会出现，但大多数情况下通常在摄入后 2～4d 开始。症状通常持续数天，但可持续数周。志贺菌也被认为是全世界反应性关节炎的致病原因之一。

6. 溶血性链球菌

溶血性链球菌（*Hemolytic streptococcus*）属于厚壁菌门（Firmicutes）链球菌科革兰阳性球菌（多球菌）或球形细菌属，不形成芽孢，无鞭毛，能分解葡萄糖，产酸不产气，对乳糖、甘露醇、水杨苷、山梨醇、棉子糖、蕈糖、七叶苷的分解能力因不同菌株而异。一般不分解菊糖，不被胆汁溶解，触酶阴性。根据链球菌在血液培养基上生长繁殖后是否溶血及其溶血性质分为三类，α-溶血性链球菌（α-*Hemolytic streptococcus*）、β-溶血性链球菌（β-*Hemolytic streptococcus*）、γ-溶血性链球菌（γ-*Hemolytic streptococcus*）；根据其链球菌细胞壁的组成或抗原构造可分为 A、B、C 和 D 等 18 个群，因表面抗原不同，又分成若干亚群，对人类有致病性的绝大多数属于 A 群。A 群是最常见且具有破坏性的链球菌病原体，其中 A 群链球菌引起的疾病范围从链球菌性咽喉炎到坏死性筋膜炎（肉食性疾病），它们还可引起猩红热、风湿热、产后发热和链球菌中毒性休克综合征，由于其进展快速，坏死性筋膜炎是最致命的链球菌感染之一，且能侵袭组织的深层（筋膜）。

溶血性链球菌在自然界中分布较广，存在于水、空气、尘埃、粪便及健康人和动物的口腔、鼻腔、咽喉中，可通过直接接触、空气飞沫传播或通过皮肤、黏膜伤口感染，被污染的食品如奶、肉、蛋及其制品也会感染人类。上呼吸道感染患者、人畜化脓性感染部位常成为食品污染的污染源。由溶血性链球菌引起的感染有皮肤和皮下组织的化脓性炎症、呼吸道感染、流行性咽炎的暴发性流行以及新生儿败血症、细菌性心内膜炎、猩红热和风湿热、肾小球肾炎等，其致病性与其产生的毒素及其侵袭性酶有关。透明质酸酶能分解细胞间质的透明质酸，从而增加细菌的侵袭力，使病菌易在组织中扩散。致热外毒素是溶血性链球菌引起人类猩红热的主要毒性物质，曾称红疹毒素或猩红热毒素，会引起局部或全身红疹、发热、疼痛、恶心、呕吐、周身不适。链激酶又称链球菌纤维蛋白溶酶，可激活血液中纤维蛋白酶原，使其变成纤维蛋白酶，可增强细菌在组织中的扩散，该酶耐热，在 100℃下，50min 仍可保持活性。溶血性链球菌分泌的链道酶又称链球菌 DNA 酶，能使脓液稀薄，促进病菌扩散，能使白细胞失去动力，变成球形，最后膨胀破裂。

7. 霍乱弧菌

霍乱弧菌（*Vibrio cholerae*）菌体短小，呈逗点状，有单鞭毛、菌毛，部分有荚膜，革兰阴性菌，不形成芽孢，为兼性厌氧菌。氧化酶阳性，发酵糖类，产酸不产气，不产生水溶性色素，适于高盐中生长，且分为 139 个血清群，其中 O1 群和 O139 群可引起霍乱，是来自污水域的导致人类患霍乱病的著名菌种。在 1992 年以前有 7 次霍乱病流行的报道。导致流行性霍乱的病原菌属于血清型 O 型第 1 组，根据它们的生化特征可以将这一组菌株分成两种生物型（经典型和 E1 Tor 型）和两种血清型（Inaba 型和 Ogawa 型）。这些在 O 型第 1 组抗血清中不凝集的霍乱弧菌菌株称为非 O1 菌株或非凝集菌株（NAGs）。这些非 O1 的菌株被认为是江河入海口的本地细菌，它们广泛分布于这些水域中，虽然它们一般是非致病菌，但是非 O1 菌株是已知能导致人类胃肠炎、软组织感染和败血病的菌株。

霍乱弧菌属广泛分布于淡水、海水、海鱼、贝类体表和肠道、浮游生物、腌腊和盐渍食品中，并有较高的检出率。海产动物死亡后，在低温或中温保藏时，该属细菌可在其中增殖，引起腐败。人类在自然情况下是霍乱弧菌的唯一易感者，主要通过污染的水源或食物经口传染，在一定条件下，霍乱弧菌进入小肠后，依靠鞭毛的运动，穿过黏膜表面的黏液层，可能借助菌毛作用黏附于肠壁上皮细胞上，在肠黏膜表面迅速繁殖，经过短暂的潜伏期后便急骤发病。该菌不侵入肠上皮细胞和肠腺，也不侵入血流，仅在局部繁殖和产生霍乱肠毒素，此毒素作用于黏膜上皮细胞与肠腺使肠液过度分泌，从而使患者出现上吐下泻，泻出物呈"米泔水样"并含大量弧菌，此为本病典型的特征。并且霍乱弧菌 O1E1 Tor 型菌株可以产生一种病原体毒素，并能分泌到培养基中，在培养基中，这种病原体毒素进而转化成一种活性溶细胞素。非 O1 菌株可以产生一种细胞毒素和大分子量的溶血素，它在免疫学上与 E1 Tor 菌株的溶血素有关。外层膜蛋白 U 呈现出一种霍乱弧菌黏附因子的性质，它可以促进细菌对小肠的附着。外层膜蛋白 U 诱导产生的单克隆抗体保护了 HeLa、Hep-2、Caco-2 和 Henle407 皮膜细胞，使这些细胞可以抵抗活性细菌的入侵[2]。

8. 致泻性大肠杆菌

大肠杆菌（*Escherichia coli*）是食品中重要的卫生指示菌，可分为致病性和非致病性两类。致病性大肠杆菌，也称致泻性大肠杆菌（*Diagrrheagenic Escherichia coli*，DEC），是引起全球感染性腹泻的重要病原菌。在我国，DEC曾被列为20世纪90年代食品中四大致病菌之首，其血清学分类方法与其他肠杆菌科细菌的分类方法相同。对于大肠杆菌，已知的O抗原血清型有200种以上，由于鞭毛蛋白比O组的碳水化合物侧链的复杂程度低，所以存在的H抗原类型很少（约30种）。根据其毒力因子、致病机理及遗传特点可以将致泻性大肠杆菌分为5个毒性组：肠凝集组（EAggEC）、肠出血组（EHEC）、肠入侵组（EIEC）、肠病原组（EPEC）以及肠毒素组（ETEC）等。其中肠病原组和肠出血组的发病率较高，易感人群也较多。肠病原组是婴儿腹泻的主要病原菌，有高度传染性，严重者可致死，成人少见。肠出血组是能引起人的出血性腹泻和肠炎的一群大肠杆菌，以大肠埃希菌O157: H7血清型为代表菌株。大肠埃希菌O157: H7呈革兰染色阴性，无芽孢，有鞭毛，除不发酵或迟缓发酵山梨醇外，其他常见的生化特征与大肠杆菌基本相似，对酸的抵抗力较强，耐低温，不耐热，对含氯消毒剂十分敏感。自1983年美国Riley等首次报道大肠埃希菌O157: H7以来，相继在英国、加拿大、日本等国出现散发和暴发性流行病例，2006年9月美国又暴发了毒菠菜事件，原因是人食用了被大肠埃希菌O157: H7感染的生菠菜。

致泻大肠杆菌是一类重要的食源性致病菌，可引起食物中毒、水源性腹泻暴发和医源性感染等。监测食品中的 DEC 对于预防和控制食源性疾病暴发是非常重要的。饮用水、面制品和肉制品，是致泻大肠杆菌引起人类食物中毒的主要媒介。2017 年有文献报道，华南地区食品中 DEC 总污染率高达 16.4%，其中又以肉类和水产品污染较严重。在摄入 DEC 污染的食物后，肠病原组细菌侵入肠道，主要在十二指肠、空肠和回肠上段大量繁殖。切片标本中可见细菌黏附于绒毛，导致刷状缘破坏、绒毛萎缩、上皮细胞排列紊乱和功能受损，造成严重腹泻[3]。

9. 水产品病原细菌的检测技术

目前致病细菌的检测技术包括传统检测方法、分子生物学方法、免疫学方法、生物传感器和噬菌体检测技术等。

1）传统检测方法

传统的检测方法是利用不同属种菌株之间营养代谢的差异来对菌株进行鉴定。如国家标准法采用的就是通过液体培养基培养提前增菌10~20h，再进行后续的一系列生化检测试验，根据生化试验的差异来判断和鉴定菌株种属。传统的细菌鉴定方法虽然检测结果准确度高且精确，但其耗时较长，一般为一到几天，因此不能满足水产品快速检验的需求。

2）分子生物学方法

分子生物学检测是通过对病原菌的特异性核酸序列进行扩增和杂交的方式来鉴定微生物的方法。它的发展为疾病及食品致病菌检测提供了新的思路和手段。分子生物学方法的核心是对致病菌的核酸进行检测，从 DNA 或 RNA 水平检测分析基因的存在、变异和表达状态，对致病菌进行直接检测从而判定致病菌污染情况。检测目标是基因本身，比蛋白质稳定，因而该方法具有特异性高、灵敏度高，且不需处于活性状态，检测稳定性高等特点。分子生物学方法包括最为经典、使用最为广泛的 PCR 及其衍生技术，如实时荧光定量 PCR、多重 PCR、等温扩增技术以及分子信标技术（MBs）等。赖则冰等通过对 rfbE/fliCH7 基因分别设计引物，建立了双重 PCR 方法来检测全国 18 个城市的食品样品中的大肠埃希菌 O157: H7，结果表明 414 份样品中检出 18 份 EHEC O157 阳性样品，总污染率 4.35%，其中生鲜肉 12 份，速冻肉 6 份，蔬菜未检出。

3）免疫学方法

免疫学检测技术的出现，对生物学各个领域产生了巨大而深远的影响，其在水产品检测中也发挥了巨大作用。传统的生理化学分析方法，耗时久，且需要特殊的专业技术，这在很大程度上限制了疾病的快速诊断，容易延误治疗时机。依赖单克隆抗体和多克隆抗体而建立的免疫学检测方法，可大大缩短检测时间，而且操作简单，便于在基层实验室进行，这为细菌性疾病的诊断提供了极具前景的检测手段。免疫学检测技术利用抗原-抗体间能发生特异性免疫反应的原理来检测病原，酶联免疫吸附测定（ELISA）、免疫层析法（ICA）、免疫荧光技术（IF）、免疫胶体金试纸检测法（GICT）、乳胶凝集试验（LAT）等几种免疫学方法是当前病原细菌检测中运用较为广泛、成熟的检测技术，为细菌性感染的诊断提供了极具前景的检测手段。窦勇[4]等以副溶血性弧菌抗原免疫新西兰大白兔获得特异性抗体，利用此抗体，进行间接竞争 ELISA 法实验，以此方法分别对人工染菌水产品及实际水产品进行检测，检测下限为 10^4CFU/mL，检测时间为 8h，而经 8h 增菌后，其检测下限为 10^3CFU/mL。此法与常规方法检测结果完全一致，具有很高的实际应用价值。

4）DNA 芯片技术

DNA 芯片又称为基因芯片或 DNA 微阵列，是人类基因组计划完成后发展起来的一种新的技术。DNA 芯片通过微加工技术在平方厘米级大小的固相介质表面或液相介质中固定大量特定序列的核酸片段，固化的探针分子与荧光标记的待测核酸序列进行杂交，通过荧光检测系统扫描分析及计算机软件分析，实现对核酸分子的准确、快速、高通量、平行化和自动化检测，解决了传统核酸杂交技术操作繁杂，检测效率低的缺点。DNA 芯片具有快速、准确、高通量等优点，可以对食品和环境中的微生物实现高通量和并行检测。它在理论上可以在一次实验中检出所有潜在的致病原，可以用同一张芯片检测某一致病原的各种遗传学指标，因而在致病微生物检测中有很好的发展前景。黎昊雁[5]等利用可见光 DNA 芯片技术，针对 12 种常见食源性致病菌，建立快速、准确、高通量的诊断方法，结果表明该技术可同时检测 12 种常见致病菌，其中包括沙门菌、大肠埃希菌 O157: H7、副溶血性弧菌以及单核细胞增生李斯特菌，检测灵敏度达到 10^3CFU/mL，检出率达到 92.9%。陈昱等[5]选取编码沙门菌毒素（stn）基因和大肠埃希菌 O157: H7、志贺样毒素（slt）基因设计引物和探针，进行三重 PCR 扩增，产物与特异性探针的芯片杂交，结果显示检测灵敏度约为 8pg，检出限为 50CFU/mL。这些研究表明 DNA 芯片为食源性致病菌的检测提供了理想手段，有良好的应用前景。

5）生物传感器

生物传感器技术是模拟生物功能的一种快速识别系统，由分子识别部分（包括抗体、抗原、细胞和核酸等生物活性物质）、转换部分（如光敏管、氧电极和压电晶体等）及信号放大装置构成的分析系统组成，具有快速、可视化及结构小巧等优点。近年来，生物传感器也逐渐发展出了免疫传感器、表面等离子共振传感器（SPRi）、消逝波光纤传感器、石英晶体微天平传感器等方法。Dong[6]等将抗菌肽固定到石英晶体电极上，构建石英晶体微天平传感器，实现对大肠埃希菌 O157: H7 的定量检测。张鹏飞[7]利用复合膜结构设计 SPR 传感器芯片检测金黄色葡萄球菌，并获得较高的检测信噪比和检测效果。

6）噬菌体检测技术

噬菌体检测原理涉及噬菌体与细菌相互作用的全过程，有的建立在噬菌体与宿主细胞最初的识别与吸附过程上，另一些则依赖于侵染过程中噬菌体释放核酸进入宿主细胞体内，由于具有能够区分活细菌和死细菌的能力，并容易与其他传统检测方法相结合，因此，噬菌体在致病菌快速检测方面的应用被广大学者和研究人员所重视。目前已经发展出了多种基于噬菌体检测，且可用于检测病原微生物的方法，如噬菌体扩增法（phage amplification assay）、报告噬菌体法（reporter phage assay）以及生物发光法（bioluminescent assay）等，并且一些发达国家已有具备商业化能力的噬菌体相关检测产品，如法国生物梅里埃公司已研发出利用重组噬菌体蛋白检测食品和环境样本中沙门菌的技术，并取得国际标准化组织和美国分析化学家协会的国际认证。

6.1.2　病毒

病毒（virus）是一种个体微小，结构简单，由核酸（DNA 或 RNA）和蛋白质组成，必须在活细胞内寄生并以复制方式增殖的非细胞型生物。病毒对水产动物养殖的危害非常大，目前已确定的感染水产动物的病毒有上百种，常见的超过 20 种，如对虾杆状病毒、呼肠孤病毒和诺沃克病毒等。另外，不规范的食品加工、包装及运输过程也会导致人源性病毒污染。病毒只对特定动物的特定细胞产生感染性，因此，食品安全只需考虑对人类有致病作用的病毒。病毒能在被污染的水体中、速冻食品和人体肠道内存在几个月以上。水环境污染后能使水产养殖动物受病毒污染，牡蛎、蛤蜊、贻贝等滤食性贝类能从水中滤取病毒，积聚在黏膜内并转移到消化道中，当人类生食这些贝类时，就会摄入其中的病毒，引起人类传染性疾病。

1. 甲型肝炎病毒

甲型肝炎是人畜共患传染病，由甲型肝炎病毒（hepatitis A virus，HAV）引起。人们早在 20 世纪 50 年代就已经认识到食用海产品可感染病毒性疾病。贝类传播病毒性疾病首推 1955 年瑞典确认的因摄取污染牡蛎而引发的甲型肝炎暴发。1978 年有关浙江宁波发生一起食用泥蚶引起甲型肝炎暴发的报告为我国首次报告。由此人们证实水生贝壳类动物是肝炎病毒和肠胃性病毒的有效传播者。海水中病毒少见于淡水中，但海水中的病毒存活时间较长，甲型肝炎病毒是肠道病毒中存活时间最长者。目前对甲型肝炎病毒研究已达分子水平，甲型肝炎病毒为肠道病毒 72 型，其抗原的结构蛋白由 VP1、VP2、VP3 和 VP4 4 个亚单位组成，其中主要抗原位点可能在 VP1 和 VP3 上。而且甲型肝炎病毒存在抗原变异，在酶升高时的肝中 HAV 主要为野型抗原性表型，表明抗原变异株在体内复制是受限制的。HAV 抗原结构性质不会因地区不同存在较大差异。目前研究资料表明，HAV 抗原结构是比较稳定的，尽管世界范围内已分离到多株甲型肝炎病毒，但交叉中和试验表明 HAV 仅为单一的血清型，不会因地理位置或细胞培养上传代适应等发生较大的变异。

病毒污染贝类如牡蛎、贻贝等可引起人得肝炎，蒸过的蛤贝仍能引起传染性肝炎，甲型肝炎病毒可在牡蛎中存活两个月以上。人食用了带病毒的水产品一般引起急性发病，有发热、恶心、周身乏力、厌油、食欲不振、尿色深如浓茶及明显消化道症状，1 周后黄疸出现，肝功能异常。急性甲型肝炎病毒感染患者仅采 1 次血样测抗 HAV-IgM 可能会漏诊。亚临床感染者也可随粪便排出高滴度甲型肝炎病毒，如不进行检测，此类传染源就难早期发现和早期隔离。美国在 20 世纪 60 年代曾发生过水生贝壳类动物性传染性肝炎暴发，至 1985 年至少有 1000 人发生类似肝炎，在甲型肝炎病毒传播给人的过程中水生贝壳类动物起重要的作用。例如，英国东南部约 25% 的甲型肝炎病历与吃贝壳类动物有关；德国法兰克福 19% 的传染性肝炎是食用污染的软体动物而引起的；1987 年上海市 20 余万人患甲型肝炎，其是由毛蚶引起的。近年来因食用水产品而引起甲型肝炎暴发，表明泥螺以泥沙中的有机腐殖质和硅藻等为食，可将其中所含有的甲型肝炎病毒浓缩至少 15 倍，并且甲型肝炎病毒可在泥螺体内停留 6 周以上，人食用富集甲型肝炎病毒的泥螺可引起甲型肝炎暴发。薛大燕等在《温州市区 1988 年甲型肝炎暴发性流行的传播因素病历对照调查》中指出流行早期以饮食店摊用膳和食用毛蚶为主要因素，流行后期则以接触和食用毛蚶为主。山东李爱萍等应用电镜和超薄切片技术、荧光免疫试验、酶联免疫试验、核酸分子杂交技术等方法直接从海捕毛蚶中检测和分离到三株甲型肝炎病毒，并在人二倍体细胞上稳定传代，结果证实，海捕毛蚶受污染并携带甲型肝炎病毒是甲型肝炎流行的潜在危险因素。

2. 诺沃克病毒

诺沃克病毒（Norwalk virus，NV）又称诺如病毒，属于杯状病毒科诺沃克病毒属成员，其基因组为正单链 RNA，是一种分布很广泛的肠道腹泻病毒。该病毒多附在贝壳类及牡蛎等海产品上，人们食用这类海产品是该病毒感染的主要途径。在英国，诺沃克病毒是胃肠炎中最常见的一种致病病毒，可导致严重腹泻和呕吐，易传染。其可引起脱水及电解质紊乱等一系列临床症状，对患病的老年人和婴儿非常危险。据统计，在英国每年每百万人中约有 60 万人会感染此病，该病也称冬季呕吐病。诺沃克病毒是在美国俄亥俄州诺沃克暴发并首次鉴定，因此命名为诺沃克病毒[8]。病毒是经粪-口途径在人与人之间传播的，如在医院、学校和护理院等封闭的环境中传播迅速。患者口中喷出的分泌物及呕吐物极易传播，接触污染过的表面如洗手间、污染过的食物及饮料等均是环境致病的因素，特别是食用污染过的牡蛎和河蚌等水产品传染的危险性更大。疾病潜伏期通常为 24～48h，但有的潜伏期仅为 12h。症状常持续 12～60h，主要为喷射状呕吐、恶心、发热、水样便、肠绞痛、痉挛及脱水所致的水电解质紊乱等。通常治疗后 1～2d 即可缓解，但腹泻恢复要视病情轻重而异。老年人和婴儿严重脱水及严重病例，持续腹泻和呕吐致脱水引起电解质紊乱、低血压、休克时必须住院观察和治疗。常根据发病症状即可确诊。检验室通过粪便和呕吐物化验来帮助鉴别暴发此病的致病病毒而排除其他致病微生物。此病毒感染无特异性疗法，主要是对症治疗、纠正脱水及电解质失衡。尤其对病情较重的老年人和婴儿救治应及时，必要时特护观察。该病常暴发于较封闭、空气不流通和人员较集中的公共场所，如医院、学校、护理院及游乐场所，所以应积极采取有效的预防措施，虽不能完全预防，但可使发病率降至最小范围。在感染人群中，勤洗手是预防的关键，同时要实施基本的卫生、食品管理措施，如污染区定时消毒，封闭新入院患者的病房，隔离患者直至其症状恢复后的 48h 为止。

3. 轮状病毒

轮状病毒属于呼肠孤病毒科轮状病毒属，能引起人的急性病毒性胃肠炎，是人胃肠炎常见的原因之一。病毒颗粒直径 65～70nm，由三层构成，因在电镜下呈车轮状而得名。病毒核酸由 11 个双股 RNA 节段构成，每一节段编码具有不同功能。有 6 个血清型，其中 A 型、B 型和 C 型可感染人类。

轮状病毒主要由水源和食品经口传染，存在于肠道内，通过粪便排到外界环境，污染土壤、食品和水源，经消化道途径传染给其他人群。在人群生活密集的地方，轮状病毒主要是通过带毒者的手造成食品污染而传播的，在儿童及老年人病房、幼儿园和家庭中均可暴发。感染剂量为 10～100 个感染性病毒颗粒。据报道，患者在每毫升粪便中可排出 10^8～10^{10} 个病毒颗粒，因此，通过病毒污染的手、物品和餐具完全可以使食品中的轮状病毒达到感染剂量。据统计，医院中 5 岁以下儿童腹泻有 1/3 是由轮状病毒引起的。1981 年，美国科罗拉多州发生一起饮用水感染，128 人中有 44%患病，其中多数为成年人，美国对人粪便检出调查证明，轮状病毒阳性率为 20%[9]。

人轮状病毒引起的腹泻传染性强，主要见于婴幼儿。主要症状为水样腹泻，伴有发热，粪便中可排出大量病毒，耐酸，耐碱。

4. 札如病毒

札如病毒（Sapovirus，SaV）又称札幌样病毒，是一种遗传多样性的单链正义 RNA，大小约为 7.7kb，具有二十面体结构，其包含 180 个亚基（T=3），衣壳的直径在 27～40nm 之间，无包膜，像其他杯状病毒一样，札如病毒的衣壳在其电镜表面结构上具有拟圆形，但是它的"大卫"星（star of David）表面形态使其与其他杯状病毒区别开来。目前，根据分析和鉴定的 21 个完整札如病毒基因组，可以分为五类（GⅠ～GⅤ），五类中的四类（GⅠ、GⅡ、GⅣ和GⅤ）可以感染人类，这四类对应四种抗原性不同的札如病毒株：Sapporo、Houston、London 和 Stockholm。虽然该病毒至少有 21 种基因型，但在美国、亚洲和欧洲继续有新病毒的报道。1976 年英国学者 C. R. Madeley 等使用电镜首次在人粪便标本中观察到直径约 30nm 的猫杯状病毒样颗粒，呈"大卫"星状。此后其他研究者也有类似的发现。1979 年 S. Chiba 等对日本札幌市的一起急性胃肠炎暴发疫情进行调查，在患者粪便标本中也发现类似的病毒颗粒，实验室检测结果和流行病学证据证实了该病毒在急性胃肠炎中的致病作用并且主要感染人类。1998 年国际病毒分类委员会将其命名为札幌样病毒（Sapporo-like viruses），2002 年重命名为札如病毒。

札如病毒通过口腔和粪便传播，如食用被札如病毒污染的食品和水，感染札如病毒可引起不同年龄人群腹泻，以婴幼儿最为易感，临床症状多以心、腹痛和腹泻、呕吐为主。札如病毒引起的胃肠炎症状与诺沃克病毒相似，但较诺沃克病毒温和，所引起暴发性疫情也没有诺沃克病毒广泛，但近年来由札如病毒引起的暴发性疫情或大面积传染性病例在世界范围内呈逐年上升的趋势。

5. 星状病毒

星状病毒（Astroviridae）为一种直径 28～30nm 的病毒颗粒，无包膜，表面有 5～6 个星芒状突起，核酸为单正链 RNA，7.0kb，两端为非编码区，中间有三个重叠的开放读码框架，人星状病毒于 1975 年从腹泻婴儿粪便中分离得到。星状病毒科（Astroviridae）分为两个属：哺乳动物星状病毒属（*Mamastrovirus*）和禽星状病毒属（*Avastrovirus*）。哺乳动物星状病毒属共有 19 个种；禽星状病毒属现有 3 个属。其中禽星状病毒属包括鸡星状病毒、鸭星状病毒、火鸡星状病毒；哺乳动物星状病毒属包括牛星状病毒、狍星状病毒、猫星状病毒、人星状病毒、绵羊星状病毒、貂星状病毒、猪星状病毒等。

该病毒呈世界性分布，通过粪-口传播，尤其是接触或食用被污染的水产品贝类，是引起婴幼儿、老年人及免疫功能低下者急性病毒性肠炎的重要病原之一。人类感染星状病毒的主要症状是严重腹泻，伴随发热、恶心、呕吐。本病为自愈性疾病，大部分患者在出现症状 2～3d 时，症状会逐渐减轻，但也有极少数症状加重，造成脱水。本病无明显季节性，一般为散发性，但也可呈暴发流行。发病以婴儿为多，临床表现类似于轮状病毒胃肠炎，但症状较轻。在粪便物质和上皮细胞中存在病毒颗粒，表明病毒在人的胃肠道中复制，引起肠上皮的破坏，引起胃肠炎，导致抑制通常的吸收机制以及分泌功能的丧失和肠中上皮通透性的降低，从而导致腹泻，其次是恶心、呕吐、发烧、不适和腹痛。

6. 柯萨奇病毒

柯萨奇病毒（Coxsackievirus）为单股正链小 RNA 病毒，属于小 RNA 病毒科（Picornaviridae）肠病毒属（*Enterovirus*），毒粒为二十面体，立体对称，呈球形，裸露的核衣壳，直径约 23～30nm，无包膜，无突起。根据病毒对乳鼠的致病特点及对细胞敏感性的不同，可将柯萨奇病毒分成 A 类和 B 类。A 类病毒有 24 个血清型，即 A1～A24，其中 A23 型与 Ech09 型病毒相同，B 类病毒有 6 个血清型，即 B1～B6，两类病毒携带媒介皆为人类粪便，通过这条途径肠道病毒到达环境，在特定目标器官可能发生感染性病毒血症，因此为典型的粪-口传播途径，粪便污染的水体及其水产品是主要污染来源，其中以水产品中的贝类最为典型。

柯萨奇病毒是一类常见的经呼吸道和消化道感染人体的病毒，感染后人会出现发热、打喷嚏、咳嗽等感冒症状。A 类病毒倾向于感染皮肤和黏膜，导致疱疹性咽膜炎、急性出血性结膜炎和手足口（HFM）病，感染潜伏期 1～3d。据调查，伴有口咽部疱疹和皮疹的急性热病中，79%为柯萨奇 A 型病毒所致。而 B 类病毒则倾向于感染心脏、胸膜、胰腺和肝脏，引起胸膜痛、心肌炎、心包炎、肺炎和肝炎（肝脏炎症与嗜肝病毒无关）。病毒通过口腔进入肠道，在消化道、呼吸系统以及咽部的淋巴组织等部位进行增殖，当呼吸肌受到影响时，死亡将随之而来。而在运动神经元中的病毒复制将导致弛缓性麻痹，引起最严重的神经病毒疾病。2007 年，中国东部暴发了柯萨奇病毒引起的疾病。据报道，有 22 名儿童死亡，超过 800 人受到影响，有 200 名儿童住院治疗。此外，有研究报道，胰岛素依赖型糖尿病（IDDM）的发展与肠病毒感染有关，特别是柯萨奇病毒 B 型胰腺炎。

7. 水产品病毒的检测技术

随着水产养殖集约化程度的提高，以及环境恶化和不规范养殖等因素，病毒对水产养殖的危害也日益严重，严重威胁着水产业的可持续发展。更为严重的是，部分水产品病毒，如甲型肝炎病毒、诺沃克病毒及轮状病毒等会引起人类疾病。目前水产品病毒的检测技术主要有分离培养鉴定法、分子生物学法以及免疫学方法。

1）病毒分离培养鉴定法

分离培养鉴定是病毒检测的重要手段，是将病毒样本接种到动物体内或者直接取感染水产品的组织器官进行细胞培养，以获得大量病毒的方法。病毒分离培养主要有三种方法。第一种是动物接种法，这是最原始的病毒培养方法。常用的动物有小鼠、大鼠、豚鼠、兔和猴等，接种的途径有鼻内、皮下、皮内、脑内、腹腔内、静脉等。根据病毒种类不同，选择敏感动物及适宜接种部位。第二种是鸡胚接种，鸡胚对多种病毒敏感，根据病毒种类不同，可将标本接种于鸡胚的羊膜腔、尿囊腔、卵黄囊或绒毛尿囊膜上。第三种是组织培养，将离体活组织块或分散的活细胞加以培养。培养后的纯病毒可借助于光学显微镜和电子显微镜用于病毒的鉴定及分型。2005 年，中国医学科学院的鲍琳琳等建立了严重急性呼吸综合征（SARS）冠状病毒分离、培养方法，并根据病毒在体内存活的时间确定了检测指标[10]。

2）酶联免疫吸附测定法

酶联免疫吸附测定（ELISA）法的基础是抗原或抗体的固相化及抗原或抗体的酶标记。抗原或抗体被结合到某种固相载体表面，保持其免疫活性。抗原或抗体与某种标记酶联结成酶标抗原或抗体，既保留其免疫活性，又保留酶的活性。在测定时，受检标本和酶标抗原或抗体与固相载体表面的抗原或抗体发生抗原-抗体结合反应。通过洗涤使固相载体上形成的抗原抗体复合物与其他物质分离。结合在固相载体上的酶量与标本中受检物质的量呈一定的比例。加入与酶反应的底物后，底物被酶催化变为有色产物。根据反应完成后产物颜色的深浅进行定性或定量的分析。酶催化效率高，间接放大了免疫反应的信号，大大提高了检测灵敏度。Snow 等[11]建立了出血性败血症病毒（VHSV）的 ELISA 法，用来检测感染的大菱鲆，检测结果对于重要的经济鱼品种的 VHSV 感染的防治具有重要参考价值。

3）荧光免疫法

荧光免疫技术是在免疫学、生物化学和显微镜技术的基础上建立起来的一项技术，在水产养殖病原的检测上得到较广泛的应用。荧光免疫技术是根据抗原抗体反应的原理，先将已知的抗原或抗体标记上荧光素制成荧光标记物，再用这种荧光抗体（或抗原）作为分子探针检查微生物的相应抗原（或抗体）。在微生物体内形成的抗原抗体复合物上含有荧光素，利用荧光显微镜观察标本，荧光素受一定波长的激发光的照射而发出明亮的荧光（黄绿色或橘红色），借助荧光显微镜可以看见荧光所在的微生物、细胞或组织，从而确定抗原或抗体的性质、定位，以及利用定量技术测定含量。根据荧光素标记的抗体与抗原的结合方式，荧光免疫技术分为两类：直接荧光免疫法和间接荧光免疫法。

4）胶体金免疫层析法

胶体金免疫层析技术（colloidal gold immunochromatography assay，GICA）是以胶体金作为示踪标志物应用于抗原抗体的一种新型的胶体金标记技术，主要包括夹心法和竞争抑制法。夹心法包括双抗体夹心法测抗原和双抗原夹心法测抗体。胶体金是由氯金酸（$HAuCl_4$）在还原剂作用下聚合而成的金颗粒，金颗粒在静电作用下形成稳定的胶体溶液，当颗粒达到一定密度时，呈红色，且肉眼可见。胶体金在弱碱环境下带负电荷，可与蛋白质分子的正电荷基团形成牢固的结合，由于这种结合是静电结合，所以不影响蛋白质的生物特性。1971 年 Faulk 和 Taytor 将胶体金作为可视化指示物引入免疫化学，由于该方法具有操作简单（不需要借助仪器设备）、特异性强以及检测时间短（15min 内）等优势，目前已经被广泛应用于水产品病毒的快速检测。张宝元等[12]基于 IgM 抗体，研制出了柯萨奇病毒胶体金免疫层析快速诊断试纸条,检测结果与进口 ELISA 试剂盒无统计学意义差异。

5）聚合酶链式反应法

聚合酶链式反应（polymerase chain reaction，PCR）是一种在体外快速扩增特定基因或 DNA 序列的方法，也称无细胞克隆系统。该方法可使极微量的目的基因或特定的 DNA 序列在短短几个小时内扩增至百万倍。当知道待检病原具有某一特定基因片段时，即可利用特异的引物对样品中微量的目标 DNA 进行 PCR 扩增，通过电泳检测扩增出的特定片段，即可确定感染的病原。李淑焱等[13]建立了一步法反转录 PCR（RT-PCR）检测甲型肝炎活病毒的方法，根据观察结果，计算甲型肝炎活病毒滴度，RT-PCR 一步法快速、重复性好、特异性强，可用于甲型肝炎活病毒检测。为了进一步规范 PCR 操作流程，我国已经制定了多种病毒 PCR 检测技术的国家标准。

6）实时荧光定量 PCR 法

实时荧光定量 PCR（quantitative real-time PCR，qPCR）法是在 PCR 反应体系中加入荧光基团，利用荧光信号积累实时监测 PCR 进程，通过内参或者外参标准曲线对未知模板进行定量分析的方法。近十几年来，qPCR 由于具有敏感、特异性高以及测定的线性动态范围较宽的优点，在检测和定量微生物病原体的诊断应用方面得到了广泛应用。目前最常用的 qPCR 是 TaqMan 荧光探针法和 SYBR Green 荧光染料法。

近年来，国际上有关食源性病毒性疾病的报道日益增多，其中，诺沃克病毒和甲型肝炎病毒等 RNA 病毒是常见的水产品污染病原体。由于病毒的感染剂量较低,检测难度大,分子生物学方法具有特异和灵敏度高的特点，是检测病毒 RNA 的主要技术。实时荧光定量反转录 PCR（qRT-PCR）检测技术继承了传统 qPCR 特异性高、检出率高以及灵敏度高的特点，只需要在 qPCR 的基础上，增加一步反转录反应即可。与培养法相比，qRT-PCR 大大降低了检测难度与检出时间，对水产品感染病毒的检测具有重要意义。我国制定了多种病毒的 qPCR 检测技术的国家标准，如 GB 4789.42—2016 和 GB/T 22287—2008 等。

7）多重 PCR 法

多重 PCR（multi-PCR）法的主要优点是能够在一个反应中同时扩增多个 PCR 产物，具体是在同一 PCR 反应体系里加 2 对以上引物，同时扩增出多个核酸片段的 PCR 反应，因而实现多通量检测，并可以显著降低单个样本的检测成本。

由微生物引起的疾病通常伴随着多种病原体的感染，食品病毒污染快速检测也需要一次检测多种指标，因此多重 PCR 技术在食品检测中具有良好的应用潜力。2008 年，寇晓霞[14]建立了同时检测诺沃克病毒、轮状病毒、星状病毒和甲型肝炎病毒多重 RT-PCR 检测方法，在实际应用中能同时处理大量的样本，提高了PCR 检测方法的能力，可以应用于临床病例的诊断和流行病学调查等研究，在灵敏度试验中得到的轮状病毒、诺沃克病毒和星状病毒稳定的最高检出限均为50pg/mL，甲型肝炎病毒为 100pg/mL。

8）DNA 芯片法

DNA 芯片的核心原理是两个 DNA 链之间的杂交，互补核酸序列通过在互补核苷酸碱基对之间形成氢键来彼此特异性地相互配对。DNA 芯片利用这种核酸杂交原理来检测未知分子，将寡核苷酸或寡核苷酸片段按照一定的顺序排列在固相支持物上组成密集的分子阵列，再用标记的目的材料 DNA 或 cDNA 进行杂交，通过检测标记信号的分布谱型得到分子杂交情况，并经计算机分析处理，得到大量的序列或表达信息。DNA 芯片所用的固相支持物有硅片、尼龙膜、载玻片等，通常把以硅片为支持物的方法称为芯片。以其他材料为支持物的方法称为微阵列。DNA 芯片具有灵敏、特异和快速便捷等优点，因而在致病微生物检测中有很好的发展前景。

6.1.3　病原细菌和病毒的国家相关管理规定

《中华人民共和国食品安全法》第二十六条规定如下：食品安全标准应当包括食品、食品添加剂、食品相关产品中的致病性微生物，农药残留、兽药残留、生物毒素、重金属等污染物质以及其他危害人体健康物质的限量规定；对与卫生、营养等食品安全要求有关的标签、标志、说明书的要求；食品生产经营过程的卫生要求，等等。食品安全标准是强制执行的标准，对食品的卫生指标进行了规定。《食品安全国家标准 食品中致病菌限量》（GB 29921—2013）规定了预包装食品中致病菌限量标准，其中水产制品包括熟制水产品、即食生制水产品以及即食藻类制品中的沙门菌不得检出，同一批次产品中，总检验样品数为 5 的情况下，允许 1 个样品中含有100MPN/g 副溶血性弧菌及 100CFU/g 金黄色葡萄球菌（属于致病菌指标可接受水平的限量值内）。《食品安全国家标准 动物性水产制品》（GB 10136—2015）也规定了动物性水产品中菌落总数和大肠菌群的限量，具体参见表 6-1。《食品安全国家标准 食品中致病菌限量》（GB 29921—2013）中的水产制品包括熟制水产品、即食生制水产品和食藻类制品。熟制水产品指以鱼类、甲壳类、贝类、软体类、棘皮类等动物性水产品为主要原料，经蒸、煮、烘烤、油炸等加热熟制过程制成的直接食用的水产加工制品。即食生制水产品指食用前经洁净加工而不经过加热或加热不彻底可直接食用的生制水产品，包括活、鲜、冷冻鱼（鱼片）、虾、头足类及活蟹、活贝等，也包括以活泥鳅、活蟹、活贝、鱼子等为原料，采用盐渍或糟、醉加工制成的可直接食用的腌制水产品。另外，部分地方也制定了相应的水产品卫生要求。例如，广州市地方标准《生食海水产品卫生要求》（DBJ440100/T 31—2009）规定生食海产品中菌落总数≤8×10⁴CFU/g，大肠菌群≤150MPN/100g，致泻性大肠杆菌、大肠埃希菌 O157: H7、沙门菌、金黄色葡萄球菌、志贺菌、单核细胞增生李斯特菌、副溶血性弧菌、霍乱弧菌等致病菌不得检出。

表 6-1　动物性水产品中致病菌的检出限量

| 项目 | 采样方案 [a] 及限量 | | | | 检验方法 |
	n	C	m	M	
菌落总数（CFU/g）	5	2	$5×10^4$	10^5	GB 4789.2—2016
大肠杆菌（CFU/g）	5	2	10	10^2	GB 4789.3—2016

注：n 为同一批次产品应采集的样品件数；C 为最大可允许超出 m 值的样品数；m 为致病菌指标可接受水平的限量值；M 为致病菌指标的最高安全限量值（参照 GB 10136—2015）。

a. 样品的采样及处理按 GB 4789.1 执行。

国家和地方也出台了系列水产品病毒的检测标准，如《食品安全国家标准 食品微生物学检验 诺如病毒检验》（GB 4789.42—2016）、《贝类中 A 群轮状病毒检测方法 普通 PCR 和实时荧光 PCR 方法》（SN/T 2520—2010）、《贝类中诺如病毒检测方法 普通 RT-PCR 方法和实时荧光 RT-PCR 方法》（SN/T 4055—2014）、《贝类和水样中柯萨奇病毒检测方法 普通 RT-PCR 方法和实时荧光 RT-PCR 方法》（SN/T 2532—2010）、《贝类中星状病毒检测方法 普通 PCR 和实时荧光 PCR 方法》（SN/T 2519—2010）、《贝类和水样中札如病毒检测方法 普通 RT-PCR 方法和实时荧光 RT-PCR 方法》（SN/T 2531—2010）、《贝类食品中食源性病毒检测方法 纳米磁珠-基因芯片法》（SN/T 2518—2010）、《出口贝类中诺如病毒和星状病毒的快速检测 反转录-环介导恒温核酸扩增（RT-LAMP）法》（SN/T 3841—2014）、《出口食品中诺如病毒和甲肝病毒检测方法 实时 RT-PCR 方法》（SN/T 4784—2017）。

6.2　水产品常见食源性寄生虫污染

6.2.1　寄生虫污染概述

国家卫生健康委员会公布的寄生虫病现状调查报告显示，寄生虫的感染率在部分省份呈上升趋势，表现出诸多流行特点。我国地跨亚热带和温带，自然条件和人们的生活习惯各异，寄生虫病种类多，分布广，详见表6-2。华东、华南及长江流域气候温暖湿润，人口密集，是疟疾、血吸虫病、钩虫病等重要寄生虫病的主要流行区。食源性寄生虫病如肝吸虫病、肺吸虫病和广州管圆线虫病等也因人们饮食习惯的改变时有发生，甚至构成突发性公共卫生事件。寄生虫侵入人体后，可以寄生于不同的组织器官，造成对人体的损害，主要症状有发热、胃痛、呕吐、肋间神经痛等。因此，应当对食品进行更加严格的检测，以保障食品的安全。

表 6-2　我国水产品中可能携带的寄生虫、寄生虫的分布和宿主

	种类	宿主	分布
吸虫	华支睾吸虫	第一中间宿主是淡水螺，第二中间宿主是淡水鱼	除内蒙古、青海、宁夏、西藏外，其余 30 个省（区、市），其中广东省是华支睾吸虫病最严重的流行地区之一
	卫氏并殖吸虫	第一中间宿主是淡水螺类，第二中间宿主是淡水蟹或喇蛄	据 2003 年的调查，估计全国该病感染人数约 300 万。广西 2003 年对 3 个自然村进行人群卫氏并殖吸虫病调查，3 个点共调查 1554 人，卫氏并殖吸虫抗原皮试阳性率分别为 13.78%、6.54%和 4.17%
	棘口吸虫	第一中间宿主是淡水螺类，第二中间宿主包括鱼、蛙或蝌蚪	我国主要分布在安徽、江苏、上海、黑龙江、广东等地区
线虫	广州管圆线虫	中间宿主包括褐云玛瑙螺、福寿螺、铜锈环棱螺、中国圆田螺和各种蜗牛与蛙类等几十种	我国最多见的是广州 I 管圆线虫病。近年来我国台湾、香港、广东、浙江、福建、天津、黑龙江、辽宁、海南等地均有病例报告，先后在温州、福州、北京、广州、大理等地引起暴发流行
	异尖线虫	海鱼和海产软体动物	中国的北部湾、东海、黄海、渤海、辽河、图们江及黑龙江的鱼类共有 151 种感染
	棘颚口线虫	鱼类、禽鸟类、两栖类、哺乳动物	我国已报告棘颚口线虫感染病例 23 例，散在分布于 12 个省（区、市）
绦虫	阔节裂头绦虫	各种鱼类	我国东北、广东、台湾等
	曼氏迭宫绦虫裂头蚴	生蛙肉，其次是食入含曼氏迭宫绦虫裂头蚴生的或未煮熟的蛙肉等	曼氏裂头蚴病在我国已有 21 个省（区、市）800 多例报告

6.2.2　水产品寄生虫检测技术

随着我国经济的飞速发展和人民生活水平的提高，居民的饮食越来越丰富多样，生食海鲜已经越来越广泛。如果进食了生鲜的、未经彻底消毒或加热，污染了有害寄生虫虫卵或幼虫的食物，便会导致食源性寄生虫病的发生和传播。寄生虫病现状调查结果显示我国食源性寄生虫病的发病率呈明显上升趋势，主要有华支睾吸虫病、并殖吸虫病、绦虫病、囊虫病、旋毛虫病、弓形虫病和广州管圆线虫病等。《食品安全国家标准 动物性水产制品》（GB 10136—2015）规定即食生制动物性水产品中吸虫囊蚴、线虫幼虫以及绦虫裂头蚴不得检出。我国对进出口食品中食源性寄生虫的检验标准为《进出口食品中寄生虫的检验方法》（SN/T 1748—2006），针对不同检测对象规定了几种检测方法。

1. 寄生虫传统检查技术

1）肉眼观察法

鱼类的寄生虫病有时会在有关部位出现一定的病理变化，呈现出症状，有时症状清楚，可用肉眼进行现场初步诊断。异尖线虫幼虫、阔节裂头绦虫裂头蚴等体积较大的虫种，可撕开肌肉、内脏后通过肉眼直接检查，必要时通过显微镜检查鉴定。《淡水鱼中寄生虫检疫技术规范》（SN/T 2503—2010）详细介绍了淡水鱼肉眼观察法的流程。

2）光照法

光照法主要包括白色烛光法和紫外光烛光法两种。白色烛光法是把鱼肉放在透光台上观察，靠近鱼肉表面的寄生虫一般呈红色、棕褐色、乳白色或白色，而深层肉的寄生虫显现阴影，选择有代表性的寄生虫进行固定，并进一步鉴定，计算每千克鱼肉中寄生虫数量。紫外光烛光法是用紫外光在暗房中观察鱼块的各个部分，寄生虫发出蓝光或绿色荧光，鱼骨和结缔组织也会发出蓝色荧光，但通过其部位和形态加以区分，用针刺时，鱼骨头是硬的。样品按照行业标准《进出口食品中寄生虫的检验方法》（SN/T 1748—2006）中的方法进行。

3）机械分离沉降法

机械分离沉降法适用于检验寄生于鱼肉中的吸虫囊蚴、棘颚口线虫的包囊、广州管圆线虫的幼虫及阔节裂头绦虫裂头蚴等寄生虫。机械分离沉降法主要是通过机械捣碎，并利用沉降法分离，然后在 366nm 紫外光下观察，寄生虫发出蓝色或绿色荧光。样品按照行业标准《进出口食品中寄生虫的检验方法》（SN/T 1748—2006）中的方法进行检查。

4）消化法

消化法是用胃蛋白酶消化动物组织后，用生物倒置显微镜或普通光学显微镜检查寄生虫，可用于检测鱼、贝类中的吸虫囊蚴、棘颚口线虫的包囊、广州管圆线虫的幼虫、阔节裂头绦虫裂头蚴等寄生虫。样品按照行业标准《进出口食品中寄生虫的检验方法》（SN/T 1748—2006）和《食品安全国家标准 动物性水产制品》（GB 10136—2015）中的方法进行。

2. 寄生虫免疫学检测技术

寄生虫免疫学检测是利用寄生虫表面抗原与其特异性抗体结合，从而将寄生虫检出。尽管目前传统的镜检法和肉眼观察法仍是检测寄生虫的主要方法。但该方法耗时长，操作复杂且镜检容易受到杂质的干扰，引起误诊，因此不满足当前快速诊断的市场要求。PCR 方法虽检测灵敏度高、特异性强，但需要专业的人员来操作复杂仪器，因此并不满足偏远地区的诊断。因此建立低成本快速有效的寄生虫免疫学检测方法尤为重要，目前许多科学家正致力于研究新式检测方法与开发高效的诊断试剂盒，并获得了很大的进展。周金春等[15]采用 ELISA 法检测曼氏迭宫绦虫裂头蚴，结果表明该方法简便可行。陆介元[16]建立了一种检测华支睾吸虫患者粪样中 ES 抗原的双抗夹心 ELISA 方法，该法比常规的 HRP-ELISA 方法灵敏度提高了 8 倍，最低限度为 0.195ng。

3. 寄生虫分子生物学检测技术

PCR 已成为分子生物学领域最常用的方法之一，它能够从微量 DNA 模板中扩增出大量特异性的片段，已被广泛应用于病原生物的鉴定。除极少数情况外（如在某些寄生线虫的少数体细胞首次分化中观察到染色质减少），寄生虫生活史各发育阶段 DNA 的含量和完整性基本上不变。因此，应用 PCR 方法检测寄生虫基因组 DNA 一般不受其发育期限制。并且 PCR 方法具有高敏感性，使得该方法能够检测中低感染度的吸虫感染，减少假阴性的结果。

线粒体DNA（mtDNA）为核外遗传物质，是真核细胞内较为简单的DNA分子，极少发生重组，进化速度快。自20世纪80年代来，线粒体细胞色素氧化酶（COI）序列就作为研究线虫遗传进化的一种良好的分子标志，在分类鉴定中发挥重要的作用。李孝军等[17]根据异尖线虫mtDNA COI序列特征设计引物，建立了异尖线虫虫体成分PCR检测技术，结果表明该PCR体系的特异性强，在其他非异尖科线虫和鱼肉DNA中不能扩增出条带；敏感性高，DNA的最低检测含量为0.36pg/μL。该检测体系的成功构建为海产品中异尖线虫成分的检测、鉴定和流行病学调查提供了有力的技术支持。张仪等[18]建立了一种PCR检测大瓶螺体内广州管圆线虫幼虫的方法。该方法针对广州管圆线虫感染性III期幼虫（L_3）cDNA 特异性片段设计引物，结果表明可检测RNA的最低量为105pg。

参 考 文 献

[1]　　姚斐. 间接免疫荧光抗体技术检测活的非可培养状态的副溶血弧菌. 海洋科学, 2000, 24（9）: 10-12.

[2]　　贾英民. 食品微生物学. 北京: 中国轻工业出版社, 2000.

[3]　　Mondani L, Roupioz Y, Delannoy S, et al. Simultaneous enrichment and optical detection of low levels of stressed *Escherichia coli* O157: H7 in food matrices. J Appl Microbiol, 2014, 117（2）: 537-546.

[4]　　窦勇. 水产品中副溶血性弧菌的 ELISA 快速检测. 上海: 上海水产大学, 2007.

[5]　　陈昱, 潘迎捷, 赵勇, 等. 基因芯片技术检测 3 种食源性致病微生物方法的建立. 微生物学通报, 2009, 36（2）: 285-291.

[6]　Dong Z M，Zhao G C. Label-free detection of pathogenic bacteria via immobilized antimicrobial peptides. Talanta，2015，137：55-61.

[7]　张鹏飞. 复合膜表面等离子体共振传感方法及其生物检测应用研究. 北京：清华大学，2016.

[8]　周楠. 诺沃克病毒及其引起的腹泻治疗与预防. 国际护理学杂志，2006，（12）：1045.

[9]　Guix S，Bosch A，Pinto R M. Human astrovirus diagnosis and typing：Current and future prospects. Lett Appl Microbiol，2005，41（2）：103-105.

[10]　鲍琳琳，涂新明，蒋虹，等. SARS 冠状病毒分离培养和鉴定的实验研究. 病毒学报，2005，（1）：31-34.

[11]　Snow M，Smail D A. Experimental susceptibility of turbot *Scophthalmus maximus* to viral haemorrhagic septicaemia virus isolated from cultivated turbot. Dis Aquat Organ，1999，38（3）：163-168.

[12]　张宝元，崔小岱，马晓红，等. 柯萨奇病毒 IgM 抗体胶体金免疫层析快速诊断试纸条的研制. 中华实验和临床病毒学杂志，2006，（3）：226-228.

[13]　李淑焱，刘大维，田旺，等. RT-PCR 一步法检测甲型肝炎活病毒方法的建立. 微生物学杂志，2005，（4）：28-31.

[14]　寇晓霞. 四种食源性病毒多重反转录-聚合酶链反应检测研究. 中华流行病学杂志，2008，29（6）：590-593.

[15]　周金春，曾庆仁，彭先楚. 曼氏迭宫绦虫裂头蚴抗原的免疫特性及特异性抗体检测. 湖南医科大学学报，1995，（3）：206-208.

[16]　陆介元. 应用免疫学方法及 PCR 技术检测华支睾吸虫的研究. 北京：中国疾病预防控制中心，2006.

[17]　李孝军，白颉，陈璐敏，等. 海产品中异尖线虫虫体成分 PCR 检测方法的建立. 畜牧与兽医，2015，47（11）：15-18.

[18]　张仪，周晓农，刘和香，等. PCR 检测大瓶螺体内广州管圆线虫幼虫方法的建立. 中国寄生虫学与寄生虫病杂志，2006，（5）：353-355.

第7章　水产品农药残留检测技术

《农药管理条例》中规定农药是指用于预防、控制危害农业、林业的病、虫、草、鼠和其他有害生物以及有目地调节植物、昆虫生长的化学合成或者来源于生物、其他天然物质的一种物质或者几种物质的混合物及其制剂。

农药的使用可以追溯到公元前。古希腊就有用硫黄熏蒸杀虫防病的记载。1865年，巴黎绿（亚砷酸铜与醋酸铜形成的络盐，原作颜料用）开始用于防治马铃薯甲虫，并于1900年在美国注册，成为世界上第一种正式注册的农药。德国化学家O. Zeidler合成了滴滴涕（DDT），但其杀虫活性却是由瑞士化学家P. Müller于1939年发现。这一发现成为大规模使用有机广谱杀虫剂的开端，滴滴涕也成为人类历史上第一个有机合成农药，开启了有机农药的时代。六六六（BHC）是英国人M. Farady于1925年合成的，其杀虫活性在1942年才开始被科学家发现。随后，德国化学家G. Schrader等的研究工作为有机磷农药的发展奠定了基础，1943年，特普（TEPP）成为第一个商品化的有机磷杀虫剂，1945年，对硫磷成为第二次世界大战后第一个大吨位的有机磷杀虫剂。20世纪50年代瑞士Geigy公司首先研制了氨基甲酸酯类杀虫剂地麦威，并陆续研发了广泛应用的代表产品如甲萘威、涕灭威、克百威、灭多威等。有机氯、有机磷、氨基甲酸酯类农药成为三大杀虫剂。70年代中期，出现了超高效农药，拟除虫菊酯类农药为其中一类，这类农药药效比有机磷和氨基甲酸酯类农药高5～20倍甚至百倍，杀菌剂、除草剂中也出现了一些超高效的产品。虽然施用量小，毒性、残留和污染问题减轻了，但这类农药对病菌、害虫、杂草等有更高杀伤作用，因而对哺乳动物会有不同程度伤害。

施用农药，在粮、油、菜、果及畜禽和水产品上或多或少存在农药及其衍生物以及具有毒理学意义的杂质等，称为农药残留。由于农药性质、使用方法及使用时间不同，各种农药在食品中残留程度有所差别。再残留限量（extraneous maximum residue limit, EMRL）指一些残留持久性农药虽已禁用，但已造成对环境的污染，从而再次在食品中形成残留。为控制这类农药残留物对食品的污染而制定其在食品中的残留限量。

农药有多种分类方法，一般的分类方式有三种：来源、防治对象和作用方式。根据生产需求，按防治对象分为杀虫剂、杀菌剂、除草剂、植物生长调节剂、杀螨剂、杀鼠剂、杀软体动物剂和杀线虫剂。杀虫剂按作用方式又可分为胃毒剂、触杀剂、熏蒸剂和内吸杀虫剂。按毒理作用可分类为神经毒剂、呼吸毒剂、物理性毒剂和特异性杀虫剂。按来源可分为无机和矿物杀虫剂、植物性杀虫剂、有机合成杀虫剂和昆虫激素类杀虫剂。常见的农药种类见表 7-1。

表 7-1　常见的农药种类

农药分类	主要种类
杀虫剂	有机磷（氯、硫）类：甲胺磷、敌敌畏、马拉、毒死蜱、杀扑磷、敌百虫、硫丹； 拟除虫菊酯类：杀灭、氯氰菊酯、甲氰菊酯、溴氰、联苯、溴氰菊酯、三氟氯氰； 氨基甲酸酯类：灭多威、克百威、异丙威； 生物源杀虫类：BT、鱼藤酮、印楝素、奥绿一号； 沙蚕毒素类：杀虫双、杀虫单、杀螟丹； 特异性昆虫生长调节剂：扑虱灵、抑太保、虫酰肼、灭幼脲、除虫脲、灭蝇胺； 其他（新）类：吡虫啉、锐劲特、啶虫脒、安打、除尽； 杀螨剂：阿维菌素、哒螨灵、三氯杀螨醇、尼索朗、克螨特、三唑锡、苯丁锡、三环锡、（单）双甲脒、螺螨酯
杀菌剂	杂环类：多菌灵、腐霉利、三唑类、异菌脲、醇类； 取代苯类：甲托、甲霜灵、百菌清； 有机磷、锡、砷类：异稻瘟净、克瘟散、甲基立枯磷、乙膦铝； 硫类：硫黄、石硫合剂、福美双、代森（锰）锌； 铜汞类（铜制剂）：硫酸铜、络氨铜、可杀得、靠山； 抗生素类：井冈（春雷、多抗）霉素、链霉素、中生菌素； 其他类：咪鲜胺、乙霉威； 胺类：嘧霉胺； 杀线虫剂：米乐尔、呋喃丹
除草剂	按作用性质分类： 灭生性，如草甘膦、百草枯； 选择性，如丁草胺、乙草胺、金都尔。 按作用方式分类： 触杀型（不传导，直接造成细胞死亡），如百草枯； 内吸型（吸收传导，引起全株死亡），如草甘膦、丁草胺。 按使用方法分类： 土壤处理型（多数指芽前），如乙草胺、金都尔； 茎叶处理型（多数指芽后），如草甘膦、百草枯
植物生长调节剂	主要生长调节剂：赤霉素（九二〇）、乙烯利（一试灵）、细胞分裂素、多效唑、三十烷醇、萘乙酸、矮壮素、比久、芸苔素内酯（云大-120、爱增美）、复硝酚钠（爱多收）、快丰收（邻硝基苯酚钠、萘乙酸钠、对硝基苯酚钠、2,4-二硝基苯酚钠）
杀螨剂	（1）有机氮品种二个； （2）有机氯品种一个，锈螨活性较高，但柑橘红蜘蛛已出现抗性，而且含有 DDT 成分，在一些地方已被禁用； （3）有机硫品种一个，即克螨特，国产通用名为炔螨特； （4）有机锡品种三个，即三唑锡、托尔克（国产通用名为苯丁锡）和三磷锡； （5）杀卵药剂有二个，螨死净和尼索朗，相互间有交互抗性，多数区域柑橘红蜘蛛对这二个药剂有高抗； （6）植物源、矿物源品种，主要是机油乳剂、石硫合剂和松脂合剂，这类药一般安全性差，多被用于冬春季清园，但效果好，现优质的机油乳剂如"绿颖"安全性有了很大提高，可在生育期使用； （7）生物或仿生制剂产品； （8）哒螨灵系列产品，这类产品的复配品种很多，而主要的作用成分是哒螨灵

农药分类	主要种类
杀鼠剂	按作用方式可分为胃毒剂、熏蒸剂、驱避剂和引诱剂、不育剂 4 大类。 （1）胃毒性杀鼠剂：药剂通过鼠取食进入消化系统，使鼠中毒致死，主要品种有敌鼠钠、溴敌隆、杀鼠醚等； （2）熏蒸性杀鼠剂：药剂蒸发或燃烧释放有毒气体，经鼠呼吸系统进入鼠体内，使鼠中毒死亡，如氯化苦、溴甲烷、磷化锌等； （3）驱鼠剂和诱鼠剂； （4）不育剂
杀软体动物剂	（1）无机杀软体动物剂：氰氨化钙、硼镁石粉和偏磷酸亚铁； （2）有机杀软体动物剂：氯硝柳胺、氯硝柳乙醇胺、五氯酚钠（已被停止生产使用）、蜗螺杀、氧化双三丁锡（丁蜗锡）、三苯基乙酸锡（百螺敌）、杀虫环、杀虫丁、四聚乙醛、灭梭威
杀线虫剂	（1）化学制剂：如神农丹； （2）复合微生物菌剂：如克线宝

农业部第 2569 号公告规定限用农药为 32 种，禁止生产销售和使用的农药 42 种。其中，32 种限用农药分别为甲拌磷、甲基异柳磷、克百威、磷化铝、硫丹、氯化苦、灭多威、灭线磷、水胺硫磷、涕灭威、溴甲烷、氧乐果、百草枯、2,4-滴丁酯、C 型肉毒杆菌毒素、D 型肉毒杆菌毒素、氟鼠灵、敌鼠钠盐、杀鼠灵、杀鼠醚、溴敌隆、溴鼠灵、丁硫克百威、丁酰肼、毒死蜱、氟苯虫酰胺、氟虫腈、乐果、氰戊菊酯、三氯杀螨醇、三唑磷、乙酰甲胺磷。其中前 22 种为定点经营，后 10 种为定点经营时间待定。自 2017 年 6 月开始实施的《食品安全国家标准　食品中农药最大残留限量》（GB 2763—2016），较 2014 年版更加严格，增加了 490 项农药最大残留限量（MRL）标准。其中，针对水产品，仍仅针对六六六和滴滴涕 2 种农药，设定了 2 项 EMRL。除 GB 2763—2016 之外，其他国家标准和行业标准针对水产品中农药残留设定了 10 项 MRL 标准。中国现行水产品中农药 MRL 标准见表 7-2，中国、欧盟、美国、日本水产品中农药 MRL 标准对比见表 7-3。

表 7-2　中国现行水产品中农药残留限量标准

农药名称	产品名称	MRL（mg/kg）	标准
六六六	水产品	0.1（EMRL）	GB 2763—2016
	鲟鱼子、鳇鱼子、大麻（马）哈鱼子	2	GB/T 19853—2008
	冻虾	2	SC/T 3113—2002
滴滴涕	水产品	0.5（EMRL）	GB 2763—2016
	鲟鱼子、鳇鱼子、大麻（马）哈鱼子	1	GB/T 19853—2008
	冻虾	1	SC/T 3113—2002

续表

农药名称	产品名称	MRL（mg/kg）	标准
溴氰菊酯	鲜虾、活虾、冻虾及加工品	不得检出（＜0.0025）	NY/T 840—2012
	蟹	不得检出（＜0.0025）	NY/T 841—2012
	淡水鱼类	不得检出（＜0.0025）	NY/T 842—2012
敌百虫	鲜虾、活虾、冻虾及加工品	不得检出（＜0.04）	NY/T 840—2012
	淡水鱼类	不得检出（＜0.04）	NY/T 842—2012
	龟鳖类	不得检出（＜0.002）	NY/T 1050—2018

表 7-3　中国、欧盟、美国和日本水产品中农药残留限量标准对比（mg/kg）

农药名称	中国	欧盟	美国	日本
2, 4-D	—	—	1（贝类、鱼）	1（鲑形目、鳗鲡目、鲈形目、其他鱼、甲壳纲、有壳软体动物、其他水生生物）
阿维菌素	—	—	—	0.005（鲑形目、鳗鲡目、鲈形目、其他鱼、甲壳纲、有壳软体动物、其他水生生物）
艾氏剂和狄氏剂（总量）	—	—	—	0.1（鲑形目、鳗鲡目、鲈形目、其他鱼、甲壳纲、有壳软体动物、其他水生生物）
氨苯乙酯	—	—	—	0.05（鲑形目、鳗鲡目、鲈形目、其他鱼、甲壳纲、有壳软体动物）
苄嘧磺隆	—	—	0.05（小龙虾）	—
丙苯磺隆	—	—	—	0.004（鲑形目、鳗鲡目、鲈形目、其他鱼、甲壳纲、有壳软体动物、其他水生生物）
丙蝇驱	—	—	—	0.004（鲑形目、鳗鲡目、鲈形目、其他鱼、甲壳纲、有壳软体动物、其他水生生物）
草甘磷	—	—	3（贝类）；0.25（鱼）	0.3（鲑形目、鳗鲡目、鲈形目、其他鱼）；3（甲壳纲、有壳软体动物、其他水生生物）
除虫脲	—	1（鲑）	—	1（鲑形目）
滴滴涕	0.5（EMRL）	—	—	3（鲑形目、鳗鲡目、鲈形目、其他鱼）；1（甲壳纲、有壳软体动物、其他水生生物）
敌稗	—	—	0.05（小龙虾）	—
敌百虫	—	—	—	0.004（鲑形目、鲈形目、甲壳纲、有壳软体动物、其他水生生物）；0.01（鳗鲡目、其他鱼）
敌草快	—	—	0.1（贝类、鱼）	0.1（鲑形目、鳗鲡目、鲈形目、其他鱼、有壳软体动物）

农药名称	中国	欧盟	美国	日本
敌草隆	—	—	2（鱼）	—
丁香油酚	—	—	—	0.05（鲑形目、鳗鲡目、鲈形目、其他鱼、甲壳纲）
二苯胺	—	—	—	0.004（鲑形目、鳗鲡目、鲈形目、其他鱼、有壳软体动物、其他水生生物）；10（甲壳纲）
伐灭磷	—	—	—	0.02（鲑形目、鳗鲡目、鲈形目、其他鱼、甲壳纲、有壳软体动物、其他水生生物）
伏虫隆	—	0.5（有鳍鱼）	—	0.5（鲑形目）
氟啶草酮	—	—	0.05（鱼、小龙虾）	0.5（鲑形目、鳗鲡目、鲈形目、其他鱼、甲壳纲）
氟乐灵	—	—	—	0.001（鲑形目、鳗鲡目、鲈形目、其他鱼、甲壳纲、有壳软体动物、其他水生生物）
氟氯苯菊酯	—	—	—	0.005（鲑形目、鳗鲡目、鲈形目、其他鱼、甲壳纲、有壳软体动物、其他水生生物）
氟酮唑草	—	—	0.3（贝类、鱼）	0.3（鲑形目、鳗鲡目、鲈形目、其他鱼、有壳软体动物）
甲苯咪唑	—	—	—	0.02（鲑形目、鳗鲡目、鲈形目、其他鱼、甲壳纲、有壳软体动物、其他水生生物）
甲萘威/西维因			0.25（蚝）	0.3（有壳软体动物）
六六六	0.1（EMRL）			—
氯氰菊酯	—	0.05（鲑）		0.03（鲑形目、鳗鲡目、鲈形目、其他鱼、甲壳纲、有壳软体动物、其他水生生物）
咪唑烟酸/灭草烟	—	—	0.1（贝类）；1（鱼）	1（鲑形目、鳗鲡目、鲈形目、其他鱼）；0.1（甲壳纲、有壳软体动物）
咪唑乙烟酸	—	—	0.15（小龙虾）	—
三氯吡氧乙酸	—	—	3.5（贝类）；3（鱼）	3（鲑形目、鳗鲡目、鲈形目、其他鱼）；4（有壳软体动物）
西玛津	—	—	12（鱼）	10（鲑形目、鳗鲡目、鲈形目、其他鱼）
溴氰菊酯	—	0.01（有鳍鱼）	—	0.03（鲑形目）；0.01（鳗鲡目、鲈形目、其他鱼）
因灭汀/甲氨基阿维菌素苯甲酸盐	—	0.1（有鳍鱼）	—	0.1（鲑形目）；0.0005（鳗鲡目、鲈形目、其他鱼、甲壳纲、有壳软体动物、其他水生生物）
茵多杀	—	—	0.1（鱼）	—

7.1　六　六　六

六六六又名六氯环己烷（BHC 或 HCH），1825 年首先由 Michael Faladay 合成，1942 年发现其杀虫功效。根据氢原子和氯原子在环两侧位置的不同，目前已知有八种异构体（α、β、γ、δ、ε、η、θ 和 ξ），其中 γ 异构体具有明显的杀虫效力，但其含量只占 12%～14%，其余为无效异构体，含量分别为 α-BHC 55%～80%、β-BHC 5%~14%、γ-BHC 8-15%、δ-BHC 2%~16% 和 ε-BHC 3%~5%，剩余的三种异构体以痕量存在[1]。

经过一系列毒理学试验发现，工业品六六六主要损害肝脏，而林丹则损害雄鼠肾脏。能引起肾脏病变的剂量，林丹为 1mg/kg，工业品六六六为 25mg/kg。病变程度与 γ-BHC 呈明显剂量关系。我国 GB 2763—2016 中给出的六六六和林丹的每日允许摄入量（ADI）均为 0.005mg/kg b.w.。β-BHC 被认为是一种环境雌性激素，会影响人体和动物体的血液、肾脏、肝脏及生殖系统等，扰乱生化稳态。HCH 引起的急性中毒，表现为震颤、抽搐、麻痹、虚弱并伴有呼吸道症状。其慢性毒性为肝大，肝细胞变性，中枢神经及肾脏损害。α-BHC 和 δ-BHC 被认为是中枢神经系统的抑制剂，混合六六六是可能的致癌物质，但至今还没有引起人类癌症的报道[2]。

GB 2763 制定了食品中 BHC 的 EMRL，并规定以残留物 α-BHC、β-BHC、δ-BHC、γ-BHC 之和（脂溶）计，2016 年进行了修订，其中规定水产品中 EMRL 为 0.1mg/kg，检验方法按 GB/T 5009.19 规定的方法测定。

《动、植物中六六六和滴滴涕测定的气相色谱法》（GB/T 14551—2003）规定了动物（禽、畜、鱼、蚯蚓）、植物（粮食、水果、蔬菜、茶、藕）中六六六、滴滴涕残留量的测定方法。动、植物样品中的六六六和滴滴涕农药残留量分析采用有机溶剂提取，经液-液分配及浓硫酸净化或柱层析净化除去干扰物质，用电子捕获检测器（ECD）检测，根据色谱峰的保留时间定性，外标法定量。检出限（LOD）为 0.35×10^{-4}～3.30×3.30^{-3}mg/kg。GB 23200.88—2016 中推荐了水产品中 BHC 的 GC-ECD 检测方法，α-BHC、β-BHC、δ-BHC 和 γ-BHC 的定量限均为 0.005mg/kg。

目前很多研究在国家标准方法基础上进行改进，得到的检测技术较国家标准方法操作简便、灵敏度高、试剂用量少、选择性高、重现性好和回收率高。蔡颖等[3]开发了一种采用振荡离心提取、气相色谱法检测技术用于植物性食品（如水果、蔬菜、粮食、茶叶、干货等）和动物性食品（如肉类、水产品类、禽类等）中六六六、滴滴涕残留量快速检测的方法。该方法检测水产品中的六六六的 LOD 为 0.01mg/kg。刘宝贵等[4]采用毛细管柱气相色谱-电子捕获检测器法对食品中六六六和滴滴涕的残留量进行检测。食品样品经丙酮和石油醚提取，无水硫酸钠脱水，旋转蒸发器浓缩，全自动凝胶净化系统净化，毛细管色谱柱程序升温分离，电子捕获器检测，测得六六六和滴滴涕的残留量，该方法 LOD 为 0.5μg/kg，平均回收率为 76.4%，变异系数（RSD）为 3.03%。

7.2　艾氏剂、异狄氏剂和狄氏剂

艾氏剂、异狄氏剂和狄氏剂等都属环二烯类。此类杀虫剂有两对立体异构体，即艾氏剂和异艾氏剂，狄氏剂和异狄氏剂。艾氏剂迅速代谢为狄氏剂，其毒性即为狄氏剂的毒性，异艾氏剂与异狄氏剂亦然。艾氏剂主要用于土壤虫害、舌蝇的控制和种子的处理。在环境中易转变为狄氏剂。艾氏剂是一种高毒性的氯代环戊二烯类杀虫剂，它对鸟类、鱼类和人都有致命的毒性。它在环境中持久存在，并且产生生物累积。狄氏剂主要用于控制白蚁及纺织品害虫，同时也用于控制昆虫引起的疾病以及农作物土壤中的昆虫，半衰期为 5 年。由于艾氏剂很快转化为狄氏剂，因此狄氏剂在环境中的实际含量比其表现的单独使用量要高。

艾氏剂是高毒农药，中毒呈神经中毒症状。工业品艾氏剂经口 LD_{50} 为 3～40mg/kg b.w.。小鼠和大鼠毒性及致癌性长期试验，无致癌性。大鼠两年试验，无作用剂量为 1mg/kg 饲料，相当于 0.05mg/kg b.w.。试验表明艾氏剂无致畸性、致突变性，对繁殖无影响。艾氏剂主要作用于中枢神经系统。死于意外中毒事故者血液和脂肪组织中艾氏剂分别达 450μg/L 和 89.5mg/L。在正常生产环境中的工人未检出艾氏剂。血中艾氏剂阈值为 50～100μg/L，低于此水平，不出现中毒症状。许多国家分析大量人脂肪组织、血液及母乳样品，未检出艾氏剂，这是由于一般人群暴露水平低而艾氏剂在体内迅速代谢。

《食品安全国家标准　食品中农药最大残留限量》（GB 2763—2016）规定艾氏剂和狄氏剂的 ADI 均为 0.0001mg/kg b.w.。中国和 CAC 均未给出水产品中艾氏剂、狄氏剂和异狄氏剂 EMRL。

《食品安全国家标准　水产品中多种有机氯农药残留量的检测方法》（GB 23200.88—2016）规定了水产品中的六六六及异构体、六氯苯、七氯、环氧七氯、艾氏剂、狄氏剂、异狄氏剂、滴滴涕及异构体和类似物（DDD 和 DDE）MRL 检验的抽样、制样和气相色谱测定方法，试样经与无水硫酸钠一起研磨干燥后，用丙酮-石油醚提取农药残留，提取液经弗罗里硅土柱净化，净化后样液用配有电子捕获检测器的气相色谱仪测定，外标法定量，得到艾氏剂、狄氏剂和异狄氏剂的 LOQ 分别为 0.01mg/kg、0.01mg/kg 和 0.02mg/kg。

于一茫等[5]对贝类产品中的 DDT、氯丹、艾氏剂、狄氏剂、七氯、环氧七氯等农药残留量的检测，采用试样与无水硫酸钠研磨干燥后，用丙酮-石油醚提取，提取液经弗罗里硅土柱净化，净化后的样液用安装有 DB-5（30m×0.32mm，0.25μm）毛细管柱及微型电子捕获检测器（μ-ECD）的气相色谱仪进行测定，结果 LOD 为 0.005mg/kg。庞艳华等[6]建立了一种测定食品中艾氏剂和狄氏剂残留量的气相色谱-质谱方法，样品中的艾氏剂和狄氏剂经丙酮-正己烷混合溶剂均质提取，凝胶层析柱结合弗罗里硅土固相萃取小柱净化，气相色谱-质谱选择离子方法进行测定，外标法定量，艾氏剂和狄氏剂的 LOD 分别为 4μg/kg 和 5μg/kg。

7.3　氯　　丹

氯丹有 α 和 γ 两个主要异构体，是一种广谱触杀型杀虫剂，主要用于非农作物和动物，防治蛀木的害虫以及室内害虫，此外，还用于防治蔬菜、谷物、油料种子、马铃薯、甘蔗、甜菜、水果、坚果、棉花等作物的虫害。20 世纪 80 年代，氯丹在美国仅限用于防治白蚁，一些国家已撤销批准使用。一般人群主要暴露源是食品中残留。由于氯丹不用于食用作物，在动物性食品中残留水平低于允许限量，因而未造成问题。在一般情况下，由大气和水摄取的氯丹是微不足道的。但在为防治白蚁和其他害虫而使用氯丹的地方，可在大气中检出氯丹。

氯丹对光稳定。从使用过的土壤中挥发进入大气，通过雨水和融雪流入地面水体中。氯丹在土壤和沉渣中稳定持久，尤其是 α 和 γ 异构体，可由土壤迁移到作物上。氯丹对环境长期的危害表现在对蚯蚓有高毒性。动物试验表明，吸收后氯丹迅速分布，在脂肪组织蓄积最高、肝脏次之。氧氯丹是最主要的动物代谢产物，比母体更稳定持久和有毒。氯丹为中等急性毒性（大鼠经口 LD$_{50}$ 为 200～590mg/kg b.w.）。它的大多数代谢产物为低毒至中等毒性。而氧氯丹除外，它为高毒，大鼠经口 LD$_{50}$ 为 19.1mg/kg b.w.。动物试验中毒症状为神经毒的表现形式，如失定向、震颤和抽搐，以致呼吸衰竭而死亡。诱导肝微粒体酶活性是长期低水平暴露最敏感的参数之一。在较高水平时，出现组织病理学和功能改变的肝大。高剂量（50～320mg/kg 饲料）时，大鼠、小鼠的受精力和子代存活力降低。无致畸指标。可诱发小鼠肝细胞癌。人的急性致死量估算为 25～50mg/kg b.w.。职业接触工人无不良影响。流行病学资料尚不足以评定氯丹对人有潜在致癌性。

《食品安全国家标准　食品中农药最大残留限量》（GB 2763—2016）规定氯丹的 ADI 均为 0.0005mg/kg b.w.。我国和 CAC 均未规定水产品中氯丹的 EMRL。

陈洁文等[7]以鱼、虾、贝的可食部分作为试验基质，建立了水产品中顺式氯丹、反式氯丹和氧氯丹的气相色谱测定方法。取均质试样 1g，加乙腈超声提取，正己烷反萃，弗罗里硅土-硅胶层析柱净化，使用配有电子捕获检测器的气相色谱仪测定氯丹含量，测得 3 种氯丹的定量检测下限均为 2.00μg/kg（实验基质质量以湿质量计）。田良良等[8]建立了气相色谱法检测虾中 12 种有机氯农药和 7 种多氯联苯残留的方法，捣碎匀浆后的样品采用正己烷/二氯甲烷提取，浓 H_2SO_4 净化，气相色谱仪电子捕获检测器进行分析测定，有机氯农药和多氯联苯的 LOQ 为 $0.3\sim1.5\mu g/kg$。靳贵英等[9]建立海藻羊栖菜中 19 种有机氯农药残留分析的气相色谱-质谱联用方法，使用 GC-MS 法同时检测 19 种农药残留，色谱系统采用 HP-5MS 毛细管色谱柱（30m×0.25mm，0.25μm），柱温为程序升温，初始温度 70℃，保持 1min，以 15℃/min 升温至 180℃，再 4℃/min 升温至 280℃，保持 7min，进样口温度 240℃，采用质谱检测器，电子轰击源 EI，离子源温度 230℃，采用多反应监测模式。在所选定的试验条件下，测量样品中 19 种有机氯农残含量，均低于 LOD。

7.4　七　　氯

　　七氯为胃毒和触杀杀虫剂，用于防治白蚁和土壤虫害，它的主要用途是防治地下白蚁。一般人群主要暴露源是食品中的残留，暴露量一般远低于 ADI 值。一般条件下七氯对光和潮湿稳定。施用后七氯的迁移机制是挥发。在土壤、淤泥和水中，发现微生物形成的代谢产物，环氧化作用是最重要的代谢途径。七氯为中等毒性（大鼠经口 LD_{50} 为 $40\sim162mg/kg$），中毒症状与中枢神经系统超兴奋性和震颤以及抽搐有关。非致死急性暴露时，有肝毒。连续暴露时，肝细胞光滑的内质网增生和诱导混合功能氧化酶是最早的指征之一。高剂量暴露时，影响繁殖和子代成活力，在大鼠的亲代和子代中皆观察到白内障，在大鼠、兔、雏鸡和小猎兔犬中均未见致畸指征。有限的试验表明七氯对小鼠致癌，没有人中毒的病例报道。在加工和使用七氯的工人中无不良影响报道，流行病学研究不足以判断七氯对人有致癌危害。

　　《食品安全国家标准　食品中农药最大残留限量》（GB 2763—2016）规定七氯的 ADI 为 0.0001mg/kg b.w.，残留物为七氯与环氧七氯之和。检测方法：植物源性食品（蔬菜、水果除外）按照 GB/T 5009.19 规定的方法测定，蔬菜、水果按照 GB/T 5009.19、NY/T 761 规定的方法测定，动物源性食品按照 GB/T 5009.19 和 GB/T 5009.162 规定的方法测定。GB 23200.88—2016 中，推荐使用 GC-ECD 法检测水产品中的七氯与环氧七氯，其 LOQ 分别为 0.01 mg/kg 和 0.02mg/kg。

7.5　硫　　丹

　　硫丹是一种广谱有机氯农药，化学名称为 1,2,3,4,7,7-六氯双环[2,2,1]庚-2-烯-5,6-双羟甲基亚硫酸酯，主要用途包括控制蔬菜、水果、谷物、棉花、观赏灌木和观赏植物中的害虫，还用于控制牛肉和哺乳期牛的外寄生物等。硫丹有 α-硫丹和 β-硫丹 2 种同分异构体，商品化的硫丹由异构体的混合物组成，其中 α-硫丹和 β-硫丹的比例为 2：1～7：3。由于其毒性和持久性，硫丹已被许多发达国家禁止使用，在 2011 年被《关于持久性有机污染物的斯德哥尔摩公约》列入持久性有机污染物名单。

硫丹是高亲脂性的，这可能导致生物累积和生物放大，因此对环境生物危害极大，现在已知硫丹损害中枢神经系统的运动中枢、小脑、脑干以及肝、肾、生殖系统等，可引起惊厥，对人有致突变和致癌作用。近年的研究表明，硫丹具有雌激素作用，是一种环境内分泌干扰物。在我国农业生产中，硫丹被广泛用于谷物、蔬菜、水果、茶叶、棉花、烟草、林木等害虫防治[10]。ADI 为 0.006mg/kg b.w.，残留物为 α-硫丹和 β-硫丹及硫丹硫酸酯之和。

《水产品中硫丹残留量的测定　气相色谱法》（SC/T 3039—2008）适用于水产品中硫丹残留量的测定，将试样用乙腈/乙酸乙酯混合液和超声波提取，经低温除脂、中性氧化铝和弗罗里硅土净化，采用 GC-ECD 法测定 α-硫丹和 β-硫丹的残留量，保留时间定性，外标法定量。该法检测 α-硫丹和 β-硫丹的 LOD 分别为 0.0003mg/kg 和 0.0003mg/kg，LOQ 分别为 0.001 mg/kg 和 0.001mg/kg。

王永芳等[11]建立水产品中 α-硫丹、β-硫丹及硫丹硫酸盐残留量的分析方法。样品经乙腈溶液提取，浓缩后过凝胶柱净化，以选择反应监测离子（selected reaction monitoring，SRM）方式进行气相色谱-三重四极杆质谱联用法分析，采用外标法定量。该方法的定量 LOD 为 0.004mg/kg，回收率为 73.6%～96.2%，相对标准偏差为 3.2%～7.2%。孟祥龙等[12]提出了快速检测出口泥鳅中硫丹及其代谢物硫丹硫酸盐的气相色谱-负化学电离离子化-质谱法，得出硫丹及其代谢物的线性范围为 0.005～0.400mg/L，LOD 在 0.04～0.05μg/kg 之间，测定下限在 0.12～0.18μg/kg 之间。

7.6　六氯苯与五氯硝基苯

六氯苯（HCB）和五氯硝基苯（PCNB）曾经作为杀菌剂被广泛使用，但在 1979 年我国就禁止了其作为农药使用，但仍保留六氯苯的生产，主要是用于生产农药五氯酚、五氯酚钠和其他化工产品。产生 HCB 的主要来源是焚烧，包括固体废弃物的焚烧、医疗垃圾的焚烧、污泥的焚烧以及废金属铜、铝、镁的熔炼及焚烧，其他来源还有废轮胎的燃烧、废石油的燃烧；市政污水和污泥处理过程、氯漂白（造纸）过程、木材处理、水泥制造、烧结厂等均产生 HCB。

PCNB 于 1868 年首次在实验室合成，20 世纪 30 年代在德国首次用作土壤杀菌剂，1962 年开始在美国生产，主要用于土壤杀菌剂，也用作种子杀菌剂。80 年代起，五氯硝基苯在我国广泛用于人参、银杏等中草药栽培的土壤消毒，对由丝核菌引起的病害有良好防效，但其残留期长，难降解且在环境中能代谢成多种有毒代谢物[13]，从而导致人参等保健植物产品中农药残留量增高，产品质量下降，严重制约了我国中草药的出口贸易。

HCB 在机体内主要蓄积在脂肪组织中，通过胎盘和母乳转移给子代。在尿中主要代谢产物为五氯酚、四氯氰醌和五氯苯硫酚。HCB 具有低或较低的急性毒性作用以及慢性或亚慢性毒性作用，导致生物体内内分泌紊乱、生殖及免疫机能失调、神经行为和发育紊乱以及癌症等疾病[14]。系统毒性资料表明，血红素的生物合成途径是 HCB 毒性的主要靶点。给予 HCB 的试验动物肝、其他组织和排泄物中卟啉和其前体水平增高。

HCB 是一种完全氯化的芳烃，被广泛用作杀菌剂。它在人体中的半衰期估计在 6 年以内。最敏感的靶器官是肝脏、卵巢和中枢神经系统。HCB 通过自由基生成机制诱导卟啉症，因为它具有相当独特的亲脂性化学特征，并且可能转化为氧化还原活性的四氯-1,4-苯醌。HCB 是 AhR 蛋白的弱激动剂。与雌激素不同，HCB对 ER 没有显著的亲和力，因此通过其他细胞内途径，而不是内源性雌激素在介导这些作用时所采用的途径。HCB 可通过 AhR 依赖性和独立途径引发致瘤活性。体内施用 HCB 已经显示仅在与 N-亚硝基-N-甲基脲共同施用时诱导乳腺样生长因子信号通路乳腺和乳腺肿瘤的改变。由于后一种化合物是强诱变剂，HCB 在大鼠乳腺中扮演着肿瘤协同致癌物的角色，是 MCF-7 乳腺癌细胞中细胞增殖和 c-Src激酶活性的诱导因子[15]。

《食品安全国家标准 食品中农药最大残留限量》（GB 2763—2016）规定 PCNB的 ADI 为 0.01mg/kg b.w.。对于残留物形式，植物源性食品为五氯硝基苯，动物源性食品为五氯硝基苯、五氯苯胺和五氯苯醚之和。GB 23200.88—2016 中推荐了水产品中 HCB 的 GC-ECD 检测方法，HCB 的 LOQ 为 0.005mg/kg。

7.7 有机磷农药

有机磷农药（organophosphorus pesticide）是一类含有磷原子的有机酯类化合物，在体内与胆碱酯酶形成磷酸化胆碱酯酶，使胆碱酯酶活性受抑制而产生毒性作用的一类农药的总称。有机磷农药由于具有杀虫广谱、高效能、低残留、低成本等特点而成为继有机氯农药之后农业生产过程中主要的农药品种。水产品中有机磷农药残留主要由以下因素引起：有机磷农药通过环境迁移、地表径流等方式污染养殖或捕捞水域；部分有机磷农药如敌百虫、辛硫磷等已经广泛应用于水产养殖中的清塘和病虫害防治；养殖过程中非法使用高毒类有机磷类农药如甲胺磷；水产品加工过程中非法使用敌百虫、敌敌畏等有机磷农药浸泡而达到防腐作用，如 2006 年曝光的广东湛江毒咸鱼事件等。

7.7.1　有机磷农药的毒性作用

有机磷农药作为丝氨酸酯酶（包括乙酰胆碱酯酶与血清胆碱酯酶）的高效抑制剂，主要通过抑制靶标生物体内乙酰胆碱酯酶的活性而起到毒杀作用[16]。其毒杀不具有选择性，因而容易对人体或动物造成急性中毒，且研究表明有机磷农药对生物神经系统、内脏器官、生殖系统、免疫系统等都会产生毒性，是一类具有全身多脏器毒性的污染物[17]。一些不法商贩在生产或销售水产干制品及火腿等腌制食品时，常添加或喷洒敌百虫、敌敌畏等有机磷农药，以期起到防腐及防蚊蝇的作用。由于常用的有机磷农药如敌百虫、敌敌畏等是水溶性，更加"便利"不法商人使用，因此有机磷农药对人体健康构成的威胁不容忽视。

有机磷农药进入体内后经过机体代谢，将生成多种代谢产物，大致可分为两大类[18]。其中一类是二烷基磷酸酯类（DAP）：大多数有机磷农药可在生物体内代谢生成一种或一种以上的 DAP。DAP 有 6 种：磷酸二甲酯（DMP）、磷酸二乙酯（DEP）、二甲基硫代磷酸酯（DMTP）、二乙基硫代磷酸酯（DETP）、二甲基二硫代磷酸酯（DMDTP）和二乙基二硫代磷酸酯（DEDTP）。这些代谢产物通常可在人接触有机磷农药 24～48h 内在尿中出现。另一类代谢产物为特殊代谢产物，这些代谢产物与 DAP 不同，特定的代谢产物来自一种或少数几种有机磷农药。例如，对硝基酚是对硫磷类农药的代谢产物，马拉硫磷二羟基酸是马拉硫磷的代谢特殊产物[19]。

我国仅行业标准针对敌百虫提出了 MRL，在鲜虾、活虾、冻虾及加工品，淡水鱼类不得检出（<0.04mg/kg），在龟鳖类不得检出（<0.002mg/kg）。

7.7.2　有机磷农药的检测技术

目前，根据有机磷农药的理化性质，其常见的仪器检测方法主要包括 GC、GC-MS、HPLC、LC-MS/MS、CE、酶抑制法、超临界流体色谱（SFC）等。

GC 法是有机磷农药分析中最典型、最广泛应用、技术最为成熟、灵敏度高的仪器分析方法，通常选择对有机磷具有特异性的火焰光度检测器（FPD）和氮磷检测器（NPD）。GB/T 5009.20—2003、GB 23200.91—2016、农业部 783 号公告-3-2006、余霞奎[20]、黄会秋等[21]均采用 GC-FPD 测定水产品中多种有机磷农药残留。彭喜春等[22]则采用 GC-NPD 测定水产品中有机磷农药。GC 法的缺点是不能准确定性待测组分，对于易分解、极性强的有机磷定量也较差。

GC-MS 法以质谱作为检测器，能更多地了解有机磷农药的结构信息，能大大提高其定性的准确度。GB 23200.93—2016、王永芳等[23]均采用 GC-MS 测定水产品中有机磷农药残留，方法 LOD、加标回收率及相对标准偏差均能满足水产品中有机磷农药 MRL 的要求。GC-MS 法的不足也是对于易分解、极性强的有机磷种类的定量较差。

　　HPLC 法测定动物源性食品中有机磷残留与 GC 法相比，样品预处理相对简单，对于气相色谱定量较差的易分解、极性强的有机磷种类采用此法则定量结果更准确。刘茜等[24]建立了鲫鱼肌肉中残留的辛硫磷的基质固相分散-高效液相色谱-二极管阵列检测（MSPD-HPLC-DAD）的分析方法，得到辛硫磷的方法 LOD 为 3.3μg/kg，相对标准偏差为 1.1%～6.3%，加标回收率为 88%～112%，其缺点是不能准确定性有机磷组分。

　　LC-MS/MS 法测定水产品中有机磷农药残留逐渐普及，对极性较强、热稳定性较差的有机磷农药能准确、快速、高灵敏度地定性与定量分析，且样品预处理相对简单。相关行业标准也采用 LC-MS/MS 法测定水产品中有机磷农药。SN/T 0125—2010 采用 LC-MS/MS 法检测鱼肉中的敌百虫，离子源为电喷雾离子源，正离子多反应检测模式测定，测定 LOQ 为 0.002mg/kg。任传博等[25]建立了水产品中辛硫磷、倍硫磷和蝇毒磷 3 种有机磷农药的超高效液相色谱-串联质谱法（UPLC-MS/MS）检测方法，LOD 为 10μg/kg，定量限为 20μg/kg。王玉健等[26]采用 UPLC-MS/MS 同时测定水产品中吡菌磷、伏杀硫磷、乙硫磷、甲基嘧啶磷、速灭磷、杀扑磷、亚胺硫磷、二嗪磷、治螟磷等 9 种有机磷农药残留量，水产品样品用冰乙酸-乙腈（1∶99，体积比）混合液提取，加入乙二胺-N-丙基硅烷（PSA）吸附剂净化，所得样液用超高效液相色谱分离，电喷雾串联四极杆质谱进行检测，LOD 为 0.005mg/kg，相对标准偏差在 3.7%～13% 之间。黄冬梅等[27]建立了南美白对虾中敌百虫、敌敌畏残留量测定的 LC-MS/MS 检测方法，2 种有机磷农药的 LOD 均为 2.5μg/kg。

　　生物测定法是利用特定生物对相应农药化合物的特定生化反应来判定农药残留及其污染情况。生物测定法对于供试生物的要求相对较高，但无须对样品进行预处理或者预处理比较，具有简单快速的优点。但这种方法不能准确测量出农产品中的具体农药，会出现阳性或假阴性的检测结果。

　　酶抑制法是利用有机磷与氨基甲酸酯两类农药具有抑制靶标酶（乙酰胆碱酯酶）活性的生化反应作用用于对相应农药残留进行快速定性定量检测。此法既可以检验单一农药残留量，又可以检出多种农药的综合残留量。

　　免疫分析法是基于抗原抗体特异性识别和结合反应为基础的分析方法。通过对半抗原或抗体进行标记，利用标记物的生物或物理或化学放大作用，对样品中特定的农药残留物进行定性定量检测。免疫分析法具有特异性强、灵敏度高、方便快捷、分析容量大、分析成本低、安全可靠等优点，一般不需要贵重仪器，可大大简化甚至省去预处理过程，容易普及和推广，但是这种方法并不能准确确定农药的残留种类，具有盲目性。

速测法的催化剂往往使用一些强催化的金属离子，有机磷农药在强催化作用下，水解为醇和磷酸。用显色剂与水解后的产物进行反应，就会把紫红色变为无色。这种速测法主要针对硫磷和甲胺磷等有机磷农药，其优点是检测速度快、价位较低，且操作方便。

7.8　氨基甲酸酯类农药

氨基甲酸酯类农药是继有机磷农药之后发展起来的合成农药，目前已有 1000 多种，其使用量已超过有机磷农药，销售额仅次于拟除虫菊酯类农药，居第二位。氨基甲酸酯类农药属于杀虫剂，具有高效性和广谱性，杀虫效果显著，且分解较快、残留期较短、代谢效率高，还能刺激作物生长。近年来为了提高农作物的产量，预防药虫害，农药使用量持续增加，然而此类物质进入水体后会在鱼体和其他水生生物体内富集，被认为是对养殖环境和人类有害的药物，因此很有必要加强对水产品中该类物质的监测。

7.8.1　氨基甲酸酯类农药代谢及毒性作用

氨基甲酸酯类农药一般无特殊气味，在酸性环境下稳定，遇碱分解。氨基甲酸酯类农药毒作用机理与有机磷农药相似，主要是抑制胆碱酯酶活性，使酶活性中心丝氨酸的羟基被氨基甲酰化，因而失去酶对乙酰胆碱的水解能力。氨基甲酸酯类农药不需经代谢活化，可直接与胆碱酯酶形成疏松的复合体。由于氨基甲酸酯类农药与胆碱酯酶结合是可逆的，且在机体内很快被水解，胆碱酯酶活性较易恢复，所以其毒性作用较有机磷农药中毒轻。但多数氨基甲酸酯类农药，在施用后不长时间内就会被降解为相应的代谢产物，其代谢产物通常具有与母体氨基甲酸酯类农药相同或更强的生物活性。氨基甲酸酯类农药可经呼吸道、消化道侵入机体，也可经皮肤黏膜缓慢吸收，主要分布在肝、肾、脂肪和肌肉组织中。

7.8.2　氨基甲酸酯类农药的检测技术

目前中国还没有制定相应的水产品检测国家标准，据报道的关于动植物源性食品中氨基甲酸酯类农药的测定方法有 GC、GC-MS、HPLC、SFC 和 HPLC-MS/MS。由于氨基甲酸酯类农药的极性强且热稳定性差，因此检测药物残留最常用的方法是 HPLC 和 HPLC-MS/MS。GB/T 5009.163—2003 规定了用 HPLC 测定动物性食品中涕灭威、速灭威、呋喃丹、甲萘威、异丙威残留量。试样经提取、净化、浓缩、定容、微孔滤膜过滤后进样，用反向 HPLC 分离，紫外检测器检测，根据色谱峰的保留时间定性，外标法定量。在采用凝胶渗透净化技术净化样品，以高效液相色谱法-紫外检测器检测过程中发现，凝胶渗透净化技术能分离大分子类干扰杂质，但用在水产品检测方面存在分离不完全和溶剂用量大的缺陷。此外，这些检测方法虽然可以检出不同基质中痕量的农药，但操作烦琐，样品预处理时操作人员需接触农药，对人体健康造成一定危害。现有研究多停留在对农药含量的检测上，不能从根本上解决农药残留的问题。

洪波等[28]建立固相萃取-高效液相色谱法测定水产品中 5 种氨基甲酸酯的残留量。试验以丙酮/二氯甲烷提取残留物，经氨基固相萃取柱净化，样品分析时根据 5 种氨基甲酸酯特定的最大吸收波长通过使用变波长进行测定。结果表明，与传统的液相色谱-紫外检测方法相比，该方法具有更好的净化效果，且方法回收率在 64.40%～90.25%；降低最低 LOD，涕灭威、速灭威、克百威、甲萘威、异丙威的 LOD 分别为 1.47μg/kg、1.15μg/kg、0.74μg/kg、2.56μg/kg 和 3.25μg/kg；适合于水产品中 5 种氨基甲酸酯类的同时分析测定，具有较好的实验室应用前景。潘琳等[29]利用 80%的乙腈水溶液为提取液，在提取液中加入少量的 PSA 和 C_{18} 粉末，简化了样品提取液的后续净化步骤，结合高效液相色谱建立了水产品中四种常用氨基甲酸酯类农药（速灭威、异丙威、甲萘威与杀虫丹）的检测，RSD 为 0.7%～2.5%，回收率为 71.7%～103.8%，LOD 为 1.3～37ng/g。Niladri 等[30]以乙腈（含有己烷）为提取液改进了 QuEChERS 法，提取测定了鱼肉中共 119 种农药及化学污染物残留，但该方法对部分农药的回收率仅为 60%。

7.9　拟除虫菊酯类农药

拟除虫菊酯类农药（pyrethroid pesticides）是一种高效广谱、低毒低残留且可生物降解的新型杀虫剂，广泛运用于农业、林业和渔业生产中。农业和林业生产中使用的拟除虫菊酯类农药随农田排水和地表径流等进入水体，严重破坏水生生态系统结构和功能，并通过食物链进入人体，给人类健康带来严重隐患。

随着水产品中农药残留问题的日趋严重，欧盟规定了水产品中氯氰菊酯 MRL 为 50μg/kg，溴氰菊酯 10μg/kg。日本"肯定列表制度"中规定了鲑形目大麻哈鱼和虹鳟等中氯氰菊酯、溴氰菊酯 MRL 为 30μg/kg，其他鱼及水生动物均为 10μg/kg，农业部第 235 号公告也规定鱼肌肉中溴氰菊酯 MRL 为 30μg/kg。

7.9.1　拟除虫菊酯类农药代谢及毒性作用

拟除虫菊酯类农药应用广泛，可通过多种途径进入人体内，如消化系统、呼吸系统和皮肤吸收等。拟除虫菊酯类农药直接喷洒于作物或直接施加到水产养殖水域等方式，使这类农药随着降雨淋洗、农田排水、水体循环等途径进入河道。进入水生生态环境后水体的流动性及拟除虫菊酯类农药的亲脂性导致该类农药不易在水中降解，鱼类体内缺乏代谢菊酯类农药的酶，因此该类农药对鱼类等水产品产生毒性。

拟除虫菊酯通过各种途径进入体后，在肝脏快速代谢，生成多种代谢产物。近年来有研究表明拟除虫菊酯具有拟雌激素活性，能干扰内分泌系统[31]。邴欣等[32]曾以金鱼为实验对象，研究发现，甲氟菊酯、氰戊菊酯、溴氰菊酯和氯氰菊酯 4 种拟除虫菊酯农药均能明显抑制乳酸脱氢酶和精巢γ-谷氨酰转移酶的活性，而且氯氰菊酯和溴氰菊酯明显降低了雄鱼生殖腺指数。由此可见，4 种菊酯类农药都具有潜在的生殖毒性和环境雌激素活性。

7.9.2 拟除虫菊酯类农药的检测技术

徐春娟[33]采用 GC-ECD 法测定鱼体组织中的甲氰菊酯、氯氰菊酯、氰戊菊酯和溴氰菊酯四种拟除虫菊酯多残留，方法回收率在 62.3%～113%之间，精密度在2.65%～8.02%之间，LOD 在 0.2～1.0μg/kg，该方法的 LOQ 均为 2μg/kg。李丽春等[34]采用气相色谱法对 5 种水产品中 9 种拟除虫菊酯类农药残留量进行定量测定，样品基质经乙腈提取，PSA 和中性氧化铝净化，正己烷定容后气相色谱仪测定，通过基质匹配标准曲线法消除或减弱基质效应。联苯菊酯、甲氰菊酯、三氟氯氰菊酯、氟氯氰菊酯、氯氰菊酯、氰戊菊酯和溴氰菊酯 LOD 和 LOQ 分别为 1.0μg/kg 和3.0μg/kg，七氟菊酯 LOD 和 LOQ 分别为 0.5μg/kg 和 2.0μg/kg，氯菊酯 LOD 和 LOQ分别为 2.0μg/kg 和 5.0μg/kg。母玉敏等[35]建立了 GC-ECD 同时测定南美白对虾中七氟菊酯等 10 种拟除虫菊酯类药物残留的检测方法。样品经正己烷-乙酸乙酯-丙酮有机溶剂提取后，先采用乙腈饱和的石油醚除脂，再通过 Florisil 层析柱净化，最后利用 GC-ECD 同时测定七氟菊酯等 10 种拟除虫菊酯类药物残留。于志勇等[36]利用超声波提取-GC-MS 法调查北京市市场上 4 种常见淡水食用鱼体内的 25 种农药残留水平，发现溴氰菊酯的残留量仅次于百菌清，为 620.3ng/g。

7.10 杀 菌 剂

多菌灵属于苯并咪唑类农药杀菌剂，是 1967 年由美国杜邦公司开发的杀菌剂苯菌灵的中间产物，主要用于防治水稻、蔬菜类的病害，化学性质稳定，具有高效、低毒、广谱、内吸性等特点，目前在国内外得到广泛应用。我国是多菌灵生产和使用大国，其年产量超过 10000t，约占我国杀菌剂总量的 25%。但随着多菌灵使用时间和使用剂量的累积，其对生态环境的污染日益加重。欧盟及其所有成员国于 2008 年 8 月起全面执行多菌灵新的检测标准，三唑类杀菌剂（如三唑酮和三唑醇）是目前较为公认的低毒、高效、广谱的内吸性杀菌剂。《食品安全国家标准 食品中农药最大残留限量》规定了多菌灵在多种农作物中的残留最大限量，但未对其在水产品中的残留给出限定。三唑类杀菌剂对鱼类的胚胎具有毒性；熊昭娣等[37]研究了多菌灵对青海弧菌和斑马鱼的急性毒性，得出22%的多菌灵杀菌剂对斑马鱼的毒性属中毒。Ding等[38]报道多效唑对斑马鱼肝脏中的超氧化物歧化酶及过氧化氢酶的活性均有影响，并表现出明显的污染物兴奋效应。目前随着三唑类杀菌剂使用量的不断增加，其对水体环境危害程度也日益严重。因此，研究三唑类杀菌剂对水生生物的毒性十分必要。

稻瘟灵的化学名称为1,3-二硫戊烷-2-叉丙二酸二异丙酯，又称富士一号、异丙硫环。分子式为$C_{12}H_{18}O_4S_2$，英文名为isoprothiolane，CAS号是50512-35-1。稻瘟灵属于杂环类有机杀菌剂，应用十分广泛，主要用于防治水稻稻瘟病，对水稻穗颈瘟有特效，对稻苗瘟和小球菌核病均有效，大面积使用还可兼治稻飞虱、叶蝉，并对植物生长有调节作用。据中国农药毒性分级标准，稻瘟灵属于低毒杀菌剂，急性经口毒性LD_{50}：鲤鱼、鲫鱼（48h）为6.7×10^{-6}mg/kg，虹鳟鱼为6.8×10^{-6}mg/kg，泥鳅为9.3×10^{-6}mg/kg，稻米的MRL为2.0×10^{-6}mg/kg。为了保护人类健康，各国政府对食品中稻瘟灵残留量的检测都很重视，均制定了严格的限量要求。尤其是日本政府于2006年5月29日实施了"肯定列表制度"，所要求的农、兽残限量更为严格，对我国出口食品产生极大影响。稻瘟灵是日本政府实施明令检查的项目，"一律标准"中规定鱼中MRL为0.01mg/kg，其他各类食品中MRL在0.02～2mg/kg之间。陈丽等[39]研究和建立了一种适用于水产品中稻瘟灵残留量测定的气相色谱法，样品经正己烷和丙酮（2:1，体积比）提取，提取液浓缩后，经中性氧化铝固相萃取柱与弗罗里硅土固相萃取柱净化，用配有电子捕获检测器的GC测定，外标法定量，方法的LOD为0.005mg/kg。

7.11 除 草 剂

除草剂又称除莠剂，是指可使杂草彻底或选择性枯死的药剂，常见品种为有机化合物，广泛应用于农田、苗圃、果园、草原以及非耕地、河道、水库、铁路线、仓库等。中商产业研究院数据库显示，2018年3～7月中国除草剂原药产量逐渐下降，2018年7月中国除草剂原药产量为7.7万t，同比增长2%，在农业生产中的使用率呈上升趋势[40]。在施药过程中，真正作用于作物上的农药仅占施用量的10%～30%，其余全部进入土壤、大气和湖泊海洋，进而对海洋环境及海产品产生影响。由于除草剂大多数具有一定的残效期，并且可以在生物体内富集，因此其对水产品的质量安全的影响需要引起重视。

除草剂因其种类众多而导致其毒性差别较大。苯氧羧酸类除草剂本身具有中等毒性，其代谢产物也会对人类和其他生物体造成危害。三氮苯类除草剂存在着严重的残留毒性，其中阿特拉津易危害人体生殖系统和心血管系统，其脱氯与脱烷基两种代谢产物是氮杂芳烃环系统的重要胺基衍生物，它们对哺乳动物有致癌与免疫毒性作用。氟乐灵可能会对大鼠肝、肾微粒体酶产生影响。2008年9月24日美国环境保护署（EPA）发布的包括氰草津、二甲戊灵在内的多种除草剂被评定为C类（可能的人类致癌物）。乙草胺被EPA评定为B类（很可能的人类致癌物），同时国内外不少学者相继检测出其具有内分泌干扰活性。

目前，磺酰脲类除草剂残留的检测方法主要有HPLC、LC-MS/MS、CE、ELISA、高效薄层色谱法（HPTLC）等，测定的样品多为作物、土壤、水质等。丁草胺是一种高效的选择性芽前除草剂，目前丁草胺已成为中国和世界水稻田首选的除草剂与杀稗剂之一。文献报道检测利谷隆、丁草胺等酰胺类除草剂的方法多为气相色谱法，但它仅适用于分析沸点低的样品，而且不能直接测定含水样品。另外水产品相对于作物、水质及土壤具有高脂肪、高蛋白等特点，较畜禽类等其他动物源性食品而言，水产品的基质更为复杂，不同种类水产品基质差别较大，检测方法需要满足不同水产品基质的特性，以高效地提取目标物、去除杂质、减少干扰。

王莉等[41]建立了一种可用于水产品及食用油中氟乐灵残留量分析的分散型固相萃取气相色谱-负化学离子源质谱方法。水产品及食用油经乙腈提取，4℃冷藏后，采用分散型固相萃取法净化，由气相色谱-负化学离子源质谱选择离子监测技术进行测定与确证，同位素内标法定量。刘慧慧等[42]建立了水产品中13种磺酰脲类除草剂的固相萃取(SPE)-UPLC-MS/MS检测分析方法。鲤鱼、南美白对虾、中华绒螯蟹、文蛤和海参的可食部分经均质制成样品，样品采用乙酸乙酯提取、MAX固相萃取柱净化，在超高效液相色谱-电喷雾串联质谱仪多反应监测模式下测定，外标法定量，LOD为1.0μg/kg，定量限为2.0μg/kg。乔丹等[43]建立了动物源性水产品中16种除草剂的GC-MS方法，样品经乙酸乙酯-二氯甲烷混合溶剂提取，依次用凝胶色谱和固相萃取法净化，GC-MS选择离子监测模式测定，16种待测组分回收率在67.2%～103.0%，RSD为5.1%～9.5%，满足残留检测的要求。孙秀梅等[44]建立了UPLC-三重四极杆串联质谱同时检测水产品中利谷隆和丁草胺除草剂残留的分析方法，LOD为0.1μg/kg。

7.12 杀 螨 剂

用于防治植食性害螨的药剂称为杀螨剂。早期使用的杀螨剂多为硫黄和无机硫制剂。目前水产品中研究较多的有三氯杀螨醇。三氯杀螨醇的化学名为2,2,2-三氯-1,1-双（4-氯苯基）乙醇，是一种有机氯杀螨剂，可防治棉花、果树、蔬菜等农作物上的螨类，对成螨、若螨、卵有很强的触杀和胃毒作用，药效期和速效期长。三氯杀螨醇除通过肝脏、胆汁代谢外，主要依赖复杂的生化反应转化为水溶性产物随体液排出，产物有 1, 1-2(4-氯苯基)-2, 2-二氯乙醇、p, p'-二氯苯甲醛和 p, p'-二氯苯甲酮，以及转化中间体。产脂固氮螺菌（*Azospirillum lipoferum*）使三氯杀螨醇富集于生物膜（577 倍于水体），而且阻止其水解，延长其在生物体内残留时间。研究表明，三氯杀螨醇可干扰鱼体类固醇的合成，对鱼类和人体产生雌激素效应。该药物对人畜有一定毒性，主要中毒症状为头痛、头晕、多汗、胸闷、瞳孔散大、视物不清，以及恶心、呕吐、腹泻，局部接触可引起接触性皮炎。三氯杀螨醇对幼体蓝鳃太阳鱼、大口鲈鱼、羊头鱼、鲶鱼、草鱼和鳙鱼的 96h 半数致死浓度分别为 0.51mg/L、0.45mg/L、0.37mg/L、0.30mg/L、0.29mg/L 和 0.18mg/L，对鳙鱼、虹鳟的安全浓度为 0.0045mg/L。水产品中三氯杀螨醇检测的研究较少，关于植物源性食品中该农药的检测报道较多，主要采用 GC-ECD 法和 GC-MS 法。为了更好应对国外技术壁垒，建立水产品中三氯杀螨剂的的检测方法是非常必要的。

薛平等[45]建立了一种适用于粮谷、蔬菜、水果、茶叶、水产品、肉类、蜂产品、坚果、调味品和动物肝脏等食品中杀螨剂残留量的检测和确证方法，样品以乙酸乙酯或乙腈为提取溶剂，匀浆提取，用凝胶净化系统净化，对一些特殊样品采用固相萃取净化，用 GC-MS 法检测。浓度在 0.01～0.5μg/mL 范围内，LOD 为 0.01～0.02mg/kg，回收率为 71.4%～105.1%。吴文慧等[46]采用有机溶剂提取、液液萃取净化，建立了鲫鱼、草鱼等水产品中三氯杀螨醇残留量的毛细管柱气相色谱-电子捕获法。实验利用丙酮-水对样品进行提取，石油醚液液分配去除脂类杂质，磺化除去样品中的油脂，碱化将三氯杀螨醇转化为邻苯二甲酸二丁酯后，用配有电子捕获检测器的气相色谱仪测定，外标法定量，方法 LOD 为 0.003mg/kg，LOQ 为 0.01mg/kg。

参 考 文 献

[1] Hans-Rudolf B，Mueller M D. Isomer and enantioselective degradation of hexachlorocyclohexane isomers in sewage sludge under anaerobic conditions. Environ Sci Technol，1995，29（3）：664-672.

[2] 刘相梅，彭平安，黄伟林，等. 六六六在自然界中的环境行为及研究动向. 农业环境与发展，2001，（2）：38-40.

[3] 蔡颖，陈燕勤，黄学泓. 多种食品中六六六、滴滴涕残留量快速检测方法的开发应用. 检验检疫科学，2007，（S1）：48-51.

[4] 刘宝贵，刘哲. 食品中六六六和滴滴涕残留量检测方法的改进. 吕梁教育学院学报，2018，35（3）：31-35.

[5] 于一茫，李军，徐伟，等. 用气相色谱法测定贝类中残留的有机氯农药. 大连水产学院学报，2009，24（S1）：118-120.

[6] 庞艳华，胡晓静，孙兴权，等. 气相色谱-质谱法测定食品中残留的艾氏剂和狄氏剂. 辽宁师范大学学报（自然科学版），2011，34（4）：508-512.

[7]　陈洁文, 柯常亮, 甘居利. 气相色谱法测定水产品中氯丹残留量. 生态与农村环境学报, 2011, 27 (3): 98-102.

[8]　田良良, 史永富, 王媛, 等. 气相色谱法测定虾中有机氯农药和多氯联苯残留量. 分析试验室, 2014, 33 (9): 1043-1046.

[9]　靳贵英, 张万青. 气相色谱-串联质谱法测定海藻羊栖菜中的 19 种有机氯农残. 中国药师, 2017, 20 (12): 2173-2176.

[10]　胡国成, 甘炼, 吴天送, 等. 硫丹对斑马鱼的毒性效应. 动物学杂志, 2008, (4): 1-6.

[11]　王永芳, 王利强, 娄婷婷, 等. GC-MS/MS 法测定水产品中残留硫丹及代谢物. 食品研究与开发, 2017, 38 (10): 154-158.

[12]　孟祥龙, 王海涛, 范广宇, 等. 气相色谱-负化学电离离子化-质谱法测定出口泥鳅中的硫丹及其代谢物. 理化检验 (化学分册), 2015, 51 (4): 458-461.

[13]　Torres R M, Grossrt C, Alary J. Liquid chromatographic analysis of pentachloronitrobenzene and its metabolites in soils. Chromatographia, 2000, 51 (9-10): 526-530.

[14]　吴荣芳, 解清杰, 黄卫红, 等. 六氯苯的环境危害及其污染控制. 化学与生物工程, 2006, (8): 7-10.

[15]　Mrema E J, Rubino F M, Brambilla G, et al. Persistent organochlorinated pesticides and mechanisms of their toxicity. Toxicology, 2013, 307: 74-88.

[16]　高平, 黄国方, 谢晓琳, 等. 水产品中有机磷农药残留分析方法研究进展. 广东农业科学, 2014, 41 (15): 83-88.

[17]　周翊. 有机磷农药的神经毒性作用及其机制. 当代化工研究, 2017, (6): 159-161.

[18]　孙伲琳. 动物体内有机磷农药的残留及其代谢转化的色谱法研究. 上海: 华东师范大学, 2013.

[19]　Wong J W, Webster M G, Halverson C A, et al. Multiresidue pesticide analysis in wines by solid-phase extraction and capillary gas chromatography-mass spectrometric detection with selective ion monitoring. J Agr Food Chem, 2003, 51 (5): 1148-1161.

[20]　余霞奎, 王晓娟, 王贤波, 等. 气相色谱法测定水产品中 10 种有机磷农药残留研究. 安徽农业科学, 2014, 42 (24): 8165-8166.

[21]　黄会秋, 黄逊. 气相色谱法测定水产品中 7 种水溶性有机磷农药. 环境与职业医学, 2015, 32 (10): 979-982.

[22]　彭喜春, 赖毅东. 咸鱼制品中有机磷农药残留的毛细管 GC-NPD 法测定. 食品科学, 2006, (9): 226-228.

[23]　王永芳, 王利强, 娄婷婷, 等. GC-MS/MS 法测定水产品中残留硫丹及代谢物. 食品研究与开发, 2017, 38 (10): 154-158.

[24]　刘茜, 刘晓宇, 邱朝坤, 等. 基质固相分散-高效液相色谱法测定鲫鱼肌肉中残留的辛硫磷. 色谱, 2009, 27 (4): 476-479.

[25]　任传博, 吴蒙蒙, 王倩, 等. 水产品中辛硫磷、倍硫磷和蝇毒磷的超高效液相色谱-串联质谱法检测. 中国渔业质量与标准, 2017, 7 (5): 39-44.

[26]　王玉健, 黄惠玲, 董存柱, 等. 超高效液相色谱-串联质谱法同时测定水产品中 9 种有机磷农药残留量. 理化检验 (化学分册), 2013, 49 (4): 398-401, 404.

[27]　黄冬梅, 蔡友琼, 于慧娟, 等. 液相色谱-串联质谱法测定南美白对虾中敌百虫、敌敌畏残留量. 中国渔业质量与标准, 2012, 2 (3): 50-54.

[28]　洪波, 万译文, 刘伶俐, 等. 高效液相色谱法同时测定水产品中氨基甲酸酯类的残留. 食品与机械, 2012, 28 (6): 93-95, 108.

[29]　潘琳, 王雪梅, 宋跃进, 等. 蛋白质基体对提取测定水产品中氨基甲酸酯类农药残留的影响及其消除. 化学研究与应用, 2016, 28 (10): 1445-1449.

[30] Chatterjee N S，Utture S，Banerjee K，et al. Multiresidue analysis of multiclass pesticides and polyaromatic hydrocarbons in fatty fish by gas chromatography tandem mass spectrometry and evaluation of matrix effect. Food Chem，2016，196：1-8.

[31] Sun H，Chen W，Xu X L，et al. Pyrethroid and their metabolite，3-phenoxybenzoic acid showed similar（anti）estrogenic activity in human and rat estrogen receptor alpha-mediated reporter gene assays. Environ Toxicol Phar，2014，37（1）：371-377.

[32] 郦欣，汝少国. 四种拟除虫菊酯类农药的环境雌激素活性研究. 中国环境科学，2009，29（2）：152-156.

[33] 徐春娟. 拟除虫菊酯在鄂、皖、川、渝淡水养殖水体及水产品中的残留状况及来源分析研究. 上海：上海海洋大学，2017.

[34] 李丽春，刘书贵，尹怡，等. 气相色谱法检测水产品中拟除虫菊酯类农药的基质效应研究. 现代食品科技，2018，34（4）：270-280，220.

[35] 母玉敏，叶玫，吴成业，等. 气相色谱法测定南美白对虾中 10 种拟除虫菊酯残留方法的研究. 上海海洋大学学报，2011，20（3）：399-404.

[36] 于志勇，金芬，孙景芳. 北京市场常见淡水食用鱼体内农药残留水平调查及健康风险评价. 环境科学，2013，34（1）：251-256.

[37] 熊昭娣，周梦颖，高翔，等. 多菌灵杀菌剂对青海弧菌和斑马鱼的急性毒性研究. 安徽农业科学，2017，45（33）：103-105.

[38] Ding F，Song W H，Guo J，et al. Oxidative stress and structure-activity relationship in the zebrafish（*Danio rerio*）under exposure to paclobutrazol. J Environ Sci Heal B，2009，44（1）：44-50.

[39] 陈丽，杨长志，刘永，等. 气相色谱法测定水产品中稻瘟灵残留量. 化学工程师，2009，23（8）：38-40.

[40] 束放. 2015 年我国农药生产与使用概况分析. 农药市场信息，2016，（21）：31-33.

[41] 王莉，夏广辉，沈伟健，等. 气相色谱-负化学源质谱联用法测定水产品及食用油中氟乐灵的残留量. 色谱，2014，32（3）：314-317.

[42] 刘慧慧，张华威，魏潇，等. 超高效液相色谱-串联质谱法测定水产品中 13 种磺酰脲类除草剂残留量. 分析化学，2018，46（3）：386-392.

[43] 乔丹，刘小静，韩典峰，等. 气相色谱-质谱法测定动物源性水产品中 16 种除草剂. 渔业科学进展，2017，38（4）：172-179.

[44] 孙秀梅，李晋成，严忠雍，等. 液相色谱-串联质谱法测定水产品中除草剂利谷隆和丁草胺残留量. 山东化工，2015，44（23）：53-54.

[45] 薛平，杜利君，陈勇，等. 气相色谱-质谱法测定食品中杀螨剂残留量. 食品工业科技，2010，31（7）：368-370.

[46] 吴文慧，李亮. 毛细管柱气相色谱法测定水产品中三氯杀螨醇残留量. 江西化工，2018，（4）：105-107.

第8章 水产品兽药残留检测技术

8.1 概 述

兽药是指用于预防、治疗和诊断水生生物疾病或者有目的地调节生理机能的物质。兽药主要包括抗生素、化学合成抗菌药、抗真菌药、抗病毒药等抗微生物药以及激素、杀虫剂、麻醉剂和消毒剂。

1907 年世界上首次报道的百浪多息是最早化学合成的磺胺类抗微生物药，已有超过 100 年的历史。尤其是 1940 年青霉素问世后抗生素的临床应用得到了迅速的发展，此后相继有链霉素（1944 年）、氯霉素（1947 年）、多黏菌素 B（1947 年）、金霉素（1948 年）、新霉素（1949 年）、土霉素（1950 年）、制霉菌素（1950 年）、红霉素（1952 年）、四环素（1953 年）、卡那霉素（1957 年）、灰黄霉素（1958 年）、林可霉素（1962 年）、庆大霉素（1963 年）等相继被发现并应用于临床。人类追求新的抗微生物药物的脚步一直没有停息。随着化学、生物科学技术的飞速发展，人们已不满足于天然抗生素的分离提取。1959 年后分离出的青霉素母核 6-氨基青霉烷酸（6-APA）以及后来的头孢菌素母核 7-氨基头孢烷酸（7-ACA）为一系列半合成 β-内酰胺类（青霉素类和头孢菌素类）的开发创制提供了前提。苯唑西林、氯唑西林、氨苄西林、阿莫西林和羧苄西林等半合成的青霉素类药物，头孢氨苄、头孢羟氨苄、头孢唑啉、头孢噻吩、头孢噻呋和头孢喹肟等半合成的头孢菌素类药物也被开发出来。此外，通过对氨基糖苷类、大环内酯类、四环素类、氯霉素类的结构修饰与改造，一些活性更好、抗菌谱更广、毒性更低的新的品种得以开发上市，如氨基糖苷类的阿米卡星、安普霉素等，大环内酯类的替米考星，四环素类的多西环素以及氯霉素类的氟苯尼考等。

我国农业部公告及 2010 年版《中华人民共和国兽药典》中予以公布的水产用药物共 104 种，其中抗微生物水产用兽药有 22 个品种。但到 2018 年，农业农村部批准生产和使用的水产养殖用抗生素共有 3 类 4 个品种，分别为氨基糖苷类的硫酸新霉素粉（水产用），四环素类的盐酸多西环素粉（水产用），酰胺类的氟苯尼考粉（水产用）、甲砜霉素粉（水产用）。人工合成抗菌药包括磺胺类药物和喹诺酮类药物两大类。其中磺胺类药物被列为水产用的品种包括复方磺胺二甲嘧啶粉（水产用）、复方磺胺甲噁唑粉（水产用）、复方磺胺嘧啶粉（水产用）、磺胺间甲氧嘧啶钠粉（水产用）4 个品种。喹诺酮类抗菌药包括恩诺沙星粉（水产用）、诺氟沙星粉（水产用）、烟酸诺氟沙星预混剂（水产用）、氟甲喹粉、乳酸诺氟沙星可溶性粉（水产用）、诺氟沙星盐酸小檗碱预混剂（水产用）和盐酸环丙沙星盐酸小檗碱预混剂共 7 个品种。《中华人民共和国兽药典》对水产用兽药的品种、用法和休药期进行了详细规定，《中华人民共和国食品安全法》也对违规使用兽药的处罚进行了详细的规定。

然而，过去由于我国水产养殖业的快速发展，某些养殖企业片面追求经济利益而滥用、违规使用兽药，以及我国水产品兽药残留安全标准和检测技术标准制定滞后，相关检测技术欠缺等原因，我国水产品中曾经出现了氯霉素、环丙沙星、孔雀石绿和硝基呋喃等兽药残留问题。

近年来，我国水产品中重大的兽药残留问题已经得到有效遏制，但是"三鱼两药"问题仍然突出。另外，水产养殖中通过添加抗生素保证养殖的存活率，但含有抗生素的水会导致更普遍的抗生素耐药菌问题。因此，控制水产品中的兽药使用及提高水产品中兽药的检测能力，将有助于控制兽药残留和耐药性的扩散。

目前，水产品中的药物残留问题已经超越了水产养殖行业人员关注的范畴，成为涉及食品卫生与公共安全的热点问题。我国农业部为了保证动物性产品的质量安全，加强了兽药尤其是抗微生物药物的使用管理，根据我国《兽药管理条例》，组织制订了农业部第 235 号公告，第 235 号公告规定了我国已批准使用兽药的休药期和各组织最大残留限量（MRL）。其中涉及水产品中使用药物主要有：阿莫西林、氨苄西林、苄星青霉素、氯唑西林、达氟沙星、二氟沙星、恩诺沙星、红霉素、氟苯尼考、氟甲喹、苯唑西林、噁喹酸、土霉素、四环素、金霉素、沙拉沙星、磺胺类、甲砜霉素、甲氧苄啶等六大类 20 余种抗微生物药物。同时公告还对氟甲喹、噁喹酸、甲砜霉素、甲氧苄啶、氟苯尼考等 5 种药物在鱼的肌肉+皮的残留限量做了具体规定。

事实上，根据当地食品安全监管机构和药物使用模式，特定动物产品中的 MRL 可能因国因地区而异，而且大多数发展中国家尚未建立起适合本国本地区的动物产品组织 MRL。各国参照欧洲标准的 MRL 较为普遍，根据欧盟立法，鱼类中抗生素的 MRL 值见表 8-1，表 8-2 中列出了一些用于鱼类的抗菌药物的休药期。然而，各个国家或地区对水产动物的居民摄入量标准可能不同（如欧盟为鱼肉 300g/d），造成多种药物在水产品中的残留量难以统一。另外，由于水产品品种的丰富性，以及各个药物在不同品种水产品中的代谢差异，人们难以对各种水产品一一制定 MRL。因此，很多水产养殖中实际使用的抗微生物药物目前仍没有水产品组织残留标准。但是这不妨碍人们对其药物残留的检测。目前，针对各种抗微生物药物，在动物组织（主要是猪、鸡、牛、羊、鱼等）中人们基本上已经建立了完善的检测标准。而且这些标准随着人们对药物残留科学认识的进步和检测技术的进步不断更新发展。

表 8-1　欧盟立法的鱼类抗生素 MRL 值（欧盟第 37/2010 号条例）[1]

化合物	残留标志物	MRL(μg/kg)a
磺胺类药物（所有属于磺胺类的物质）	原型药物	100b
二氨基嘧啶衍生物、三甲氧苄氨嘧啶	原型药物	50
青霉素类		
阿莫西林	阿莫西林	50
苄青霉素	苄青霉素	50
氯唑西林	氯唑西林	300
双氯西林	双氯西林	300
苯唑西林	苯唑西林	300
喹诺酮类		
噁喹酸	噁喹酸	100
达氟沙星	达氟沙星	100
二氟沙星	二氟沙星	300
恩诺沙星	恩诺沙星和环丙沙星总和	100
氟甲喹	氟甲喹	600
		150（鲑鱼）
沙拉沙星	沙拉沙星	30（鲑鱼）
大环内酯类		
红霉素	红霉素 A	200
替米考星	替米考星	50
泰乐菌素	泰乐菌素 A	100
氟苯尼考及相关化合物类		
氟苯尼考	氟苯尼考	1000
甲砜霉素	甲砜霉素	50
四环素类		
金霉素	原型和 4-差向异构体总和	100
土霉素	原型和 4-差向异构体总和	100
四环素	原型和 4-差向异构体总和	100
林可酰胺类		
林可霉素	林可霉素	100
氨基糖苷类		
大观霉素	大观霉素	300
新霉素（包括新霉素 B）	新霉素 B	500
巴龙霉素	巴龙霉素	500
多黏菌素类		
多黏菌素	多黏菌素	150
硝基呋喃类		
呋喃唑酮	呋喃唑酮	无最大残留限量水平

a. 对于有鳍鱼的 MRL 是指"自然比例的肌肉和皮肤"；b. 磺胺类组中所有物质的总残留量不应超过 100μg/kg。

表 8-2　用于黄尾鱼、虹鳟鱼和对虾的一些抗生素的休药期[1]

抗生素	靶动物	给药途径	休药期（天）
阿莫西林	黄尾鱼	口服	5
氨苄西林	黄尾鱼	口服	5
红霉素	黄尾鱼	口服	30
土霉素	黄尾鱼	口服	20
噁喹酸	黄尾鱼	口服	16
螺旋霉素	黄尾鱼	口服	30
新生霉素	黄尾鱼	口服	15
氟甲喹	黄尾鱼	口服	—
盐酸林可霉素	黄尾鱼	口服	10
氟苯尼考	黄尾鱼	口服	5
甲砜霉素	黄尾鱼	口服	15
盐酸土霉素	虹鳟鱼	口服	30
噁喹酸	虹鳟鱼	口服	21
磺胺二甲氧嘧啶	虹鳟鱼	口服	30
磺胺间甲氧嘧啶	虹鳟鱼	浸没	15
氟苯尼考	虹鳟鱼	口服	14
盐酸土霉素	对虾	口服	25
噁喹酸	对虾	口服	30

8.2　水产品中兽药残留的来源和危害

　　水产品中兽药残留主要来源如下：①滥用。一些饲料生产与畜禽养殖企业，为达到疫病预防治疗或以促进畜禽生长发育等目的，长期或超标滥用抗生素、促生长激素和一些化学合成药物，超范围使用兽药添加剂，严重影响了饲料的安全性和畜禽健康，进而造成水产品中兽药残留。②环境污染与残留。动物用药后，兽药以药物原形或代谢产物的形式随粪便、尿液等排泄物排出到环境中。绝大多数兽药排出到环境中仍具有活性，可直接污染土壤、水源、饲料，通过食物链进入水产动物体内，造成水产品中兽药残留。

　　水产品中兽药残留有以下危害：①慢性毒理作用。动物组织中兽药残留（原药及其代谢产物）水平通常不高，发生急性中毒的可能性较小。但长期、低水平的接触下会产生各种慢性、蓄积性毒理作用。例如，四环素类药物通过与骨骼中的钙结合，抑制骨骼和牙齿的发育。②发育毒性。性激素及其类似物常作为促生长剂投入使用，人体摄入后会产生激素样作用及潜在性发育毒性，如引起儿童早熟。③致癌、致畸、致突变。苯并咪唑类药物等通过干扰细胞的有丝分裂，表现出明显的致畸作用和潜在的致癌、致突变效应。磺胺二甲嘧啶等一些磺胺类药物，在连续给药情况下会诱发啮齿动物甲状腺增生，具有致肿瘤倾向。④诱导耐药菌株产生。兽药的广泛使用，特别是在饲料中长期添加兽药，会诱导耐药菌株产生。细菌的耐药基因能在细胞质中进行自主复制、遗传，又能通过转导在细菌间进行转移和传播。另外，人们长期接触有兽药残留的水产品，也会诱导体内产生耐药菌株。

8.3　抗　生　素

抗生素是指经真菌、细菌、放线菌等微生物培养获得，或利用化学半合成方法制造的在低浓度下对细菌、真菌、立克氏体、病毒、支原体、衣原体等特异性微生物有生长抑制作用或杀灭作用的一类物质。水产养殖中常用的抗生素包括 β-内酰胺类抗生素、氨基糖苷类、四环素类、氯霉素类、大环内酯类、林可胺类、多肽类、杆菌肽、恩拉霉素、泰妙菌素、黄霉素、维吉尼霉素、阿维拉霉素等。

抗生素药物残留检测方法有生物学方法，如微生物方法、免疫学方法、生物传感器等，这些方法多属于快速筛选方法。随着人们对检测速度和准确性的要求，现在利用微生物或免疫学方法发展的生物传感器似乎也是生物学方法的发展方向。而在仪器分析方法方面，随着科学技术的发展，色谱仪器乃至质谱仪器的普及，仪器分析方法渐渐成为分析残留的主要方法，且随着这些技术对具体分析对象研究的不断深入，现代药物残留分析已经从单一化合物的分析演变成多残留分析。下面将根据药物的结构分类对水产品抗生素的残留检测技术进行介绍。

8.3.1　β-内酰胺类抗生素

β-内酰胺类抗生素是指化学结构中具有 β-内酰胺环的一大类抗生素，基本上分子结构中包括 β-内酰胺核的抗生素均属于 β-内酰胺类抗生素。它是现有的抗生素中使用最广泛的一类，最常用的包括青霉素类和头孢菌素类，以及 β-内酰胺酶抑制剂。此类抗生素具有杀菌活性强、毒性低、适应证广及临床疗效好的优点。由于过敏反应及细菌产生耐药性等原因，许多国家都对该类药物在动物上的使用以及在动物源性食品中的残留进行了严格监控，我国农业部第 235 号公告对 β-内酰胺类中的某些品种的最高残留限量也做了严格规定，该类药物在牛奶中的 MRL 为 $4\sim100\mu g/kg$，在肌肉、肝脏和肾脏中的 MRL 为 $50\sim1000\mu g/kg$。

1. 青霉素类

青霉素可分为天然青霉素和半合成青霉素，天然青霉素又称为青霉素 G、青霉素钠、苄青霉素钠。天然青霉素杀菌力强、毒性低、价格低廉。缺点是抗菌谱窄，易被胃酸和 β-内酰胺酶水解，且会导致金黄色葡萄球菌产生耐药性。半合成青霉素主要包括氨苄西林（氨苄青霉素）、阿莫西林（羟氨苄青霉素）（表 8-3）。

表 8-3　青霉素类抗生素最大残留限量

类别	残留标识物	动物种类	MRL（μg/kg）
天然青霉素	青霉素	所有食品动物	—
	苄青霉素、苄星青霉素、普鲁卡因青霉素 ADI：0～30g/(人·天)		肌肉 50，脂肪 50，肝 50，肾 50，奶 4
	青霉素 G		4
半合成青霉素	氨苄西林（氨苄青霉素）	所有食品动物	肌肉 50，脂肪 50，肝 50，肾 50，奶 10
	阿莫西林（羟氨苄青霉素）	所有食品动物	肌肉 50，脂肪 50，肝 50，肾 50，奶 10

青霉素类药物主要由氢化噻唑环、β-内酰胺环和侧链 R_1 三部分组成，见图 8-1。作为抗感染药物，青霉素类抗生素被广泛用于治疗病原体微生物引起的人和动物的感染性疾病，直至今日其仍然是抗生素中重要的一类。到 20 世纪 70 年代末已有 20 多种不同的青霉素类药物应用于临床。青霉素类抗生素的抗菌作用强，可对各种球菌和革兰阳性菌起作用，同时也存在化学性质不稳定的缺点。青霉素类抗生素在酸、碱、青霉素酶、羟胺及某些金属离子（铜、铅、汞和银）或氧化剂等作用下，易发生水解和分子重排，

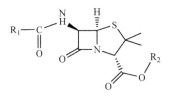

图 8-1　青霉素类药物通式

导致 β-内酰胺环破坏而失去抗菌活性。

青霉素类药物主要抑制革兰阳性菌，虽然在人或哺乳动物上使用较多，但水产养殖的致病菌大多为阴性菌，所以使用较少。但有文献报道应用该类药物控制淡水养殖水体中蓝藻的过度生长。另外，也有报道认为其在虾类养殖水体中使用过量后，虾类的生长速度会有影响，不提倡长期、大量使用。黄倩萍等曾报道从养殖鱼塘淤泥与水混合液中筛选到了双抗生素抗性菌（头孢霉素+青霉素抗性），说明该类药物在水产养殖中可能存在过度使用的情况。欧盟指令 2377/90/EEC 规定动物肌肉中阿莫西林、氨苄西林、青霉素 G、苯唑西林、氯唑西林、双氯西林、萘夫西林的 MRL 分别为 50μg/kg、50μg/kg、50μg/kg、300μg/kg、300μg/kg、300μg/kg 和 300μg/kg。

青霉素类药物在动物和人体内的代谢和消除速率很快。青霉素类药物进入机体后大部分会以原药的形式随粪便和尿液排出体外，只有少部分经肝脏代谢后再以代谢物的形式随粪便和尿液排出。青霉素类药物常见的代谢途径为 β-内酰胺的裂解。代谢物通常可分为两类，第一类代谢产物是抗生素经过氧化、还原、水解等反应生成的物质，较原药性质活泼，毒性有时比原药更大。第二类代谢物由抗生素通过与极性的内源性小分子发生共轭反应而形成，性质较不活泼。一般来说，药物在体内经过代谢转化后极性增加，这有利于药物的排泄，但药物经生物转化后，其代谢物药理活性变化较为复杂。

青霉素类药物最常见的不良反应是变态反应，发生率约为 1%～10%。多表现为皮肤过敏（荨麻疹、药疹等）和血清病样，最严重的是过敏性休克。发生变态反应是由青霉素溶液中的降解产物青霉噻唑蛋白、青霉烯酸、6-APA 高分子聚合物所致，机体接触后可在 5～8d 内产生抗体，当再次接触时即产生变态反应。青霉素类药物常见的不良反应还有赫氏反应，是指应用青霉素 G 治疗梅毒、钩端螺旋体、雅司、鼠咬热或炭疽等感染时，有症状加剧现象，表现为全身不适、战栗、发热、咽痛、肌痛、心跳加快等症状。此反应可能是大量病原体被杀死后释放的物质所引起的。

目前文献报道的水产品中青霉素类药物常见检测方法包括 HPLC 法、HPLC-MS 法、CE 法、免疫分析法和微生物法。

1）HPLC 法

青霉素的 HPLC 法有柱前衍生法和柱后衍生法。测定母体青霉素通常是在 C_{18} 柱上分离后，用紫外检测器测定。为克服测定母体青霉素过程中的干扰问题，人们开发出衍生化青霉素的方法。利用上述原理。我国已经制定了《食品安全国家标准 水产品中青霉素类药物多残留的测定 高效液相色谱法》（GB 29682—2013）。该方法采用柱前衍生的方法，适用于鱼可食性组织中青霉素 G、苯唑西林、双氯青霉素和乙氧萘青霉素单个或多药物残留量的检测。该标准检测青霉素 G 的 LOD 为 $3\mu g/kg$，LOQ 为 $10\mu g/kg$，苯唑西林、双氯青霉素和乙氧萘青霉素 LOD 为 $10\mu g/kg$，LOQ 为 $50\mu g/kg$。与柱前衍生化不同，柱后反应需要特殊的泵、反应芯、T 形混合器、脱色机、混合室和蠕动泵等。用次氯酸或氢氧化钠使分离后的青霉素降解，然后用质子化的青霉素与氯化汞和 EDTA 反应。降解后的青霉素及其代谢物在波长 > 300nm 范围内进行检测。梁晓婷利用微波萃取技术，采用磷酸二氢钠溶液（pH=8.0）-乙腈混合溶液提取水产品中青霉素 G 和双氯青霉素，经乙二胺-N-丙基硅烷净化，建立了 UPLC 法测定水产品中青霉素 G 和双氯青霉素残留量的检测方法，结果表明，该法在 0.5～$100\mu g/mL$ 范围内线性关系良好，其 LOD 分别为 1.0mg/kg 和 5.0mg/kg，回收率为 94.7%～102.4%，RSD≤3.4%[2]。

2）HPLC-MS 法

HPLC-MS 法常作为确证的方法。在 HPLC 串联的各种检测器中，串联质谱由于灵敏度和选择性高于其他检测器，目前应用较为广泛。我国已经制定了《动物源性食品中青霉素族抗生素残留量检测方法 液相色谱-质谱/质谱法》（GB/T 21315—2007），样品中 11 种青霉素类抗生素残留物用乙腈-水溶液提取，提取液经浓缩后，用缓冲溶液溶解，固相萃取小柱净化，洗脱液经氮气吹干后，用 HPLC-MS/MS 测定，外标法定量。羟氨苄青霉素的 LOQ 为 5μg/kg，氨苄青霉素、苯唑青霉素和乙氧萘青霉素的 LOQ 为 2μg/kg，甲氧苯青霉素的 LOQ 为 0.1μg/kg，苄青霉素、邻氯青霉素的 LOQ 为 1μg/kg，苯氧甲基青霉素的 LOQ 为 0.1μg/kg，苯氧乙基青霉素和双氯青霉素的 LOQ 为 10μg/kg。此外，Andreia 采用 UPLC-MS/MS 测定了金头鲷中包括青霉素在内的七类抗生素，发现用乙腈和乙二胺四乙酸萃取是最佳选择。该方法中所有化合物的 RSD 均低于 17%，回收率为 92%～111%[3]。李学民等建立了 HPLC-MS-MS 同时测定河鲀鱼和鳗鱼中 9 种青霉素残留量的检测方法。样品经乙腈-氨水溶液提取后，用 C_{18} 色谱柱分离，乙腈-乙酸为流动相梯度洗脱，最后采用 HPLC-ESI-MS 测定。结果表明，该法在 1.0～20μg/kg 范围内线性关系良好，回收率为 81.4%～109.7%，RSD 在 2.81%～7.12%之间。萘夫西林、青霉素 G、哌拉西林、青霉素 V 和苯唑西林的 LOD 为 1.0μg/kg，阿莫西林、氨苄西林、氯唑西林和双氯西林的 LOD 为 2.0μg/kg[4]。郭萌萌等采用通过式固相萃取净化策略去除样品基质中的脂肪和磷脂等杂质干扰，结合 HPLC-MS 检测，建立了水产品中 11 种青霉素残留的同时快速分析方法。样品经 80%乙腈水溶液提取，Oasis PRiME HLB 通过式固相萃取柱净化，C_{18} 色谱柱分离，0.05%甲酸乙腈溶液和 0.05%甲酸水溶液梯度洗脱，内标法定量。11 种目标物在相应浓度范围内线性关系良好，相关系数不低于 0.99，LOD 为 0.30～1.5μg/kg。基质加标回收率为 85.5%～110%，RSD 为 5.9%～14.3%[5]。

3）CE 法

CE 法也是一种较好的定量分析方法，在样品量很小的时候具有较多优势，该方法分离效能高，试剂、耗材消耗少，能实现多物质的同时检测。Hancu 等采用 CE 法同时测定了 6 种头孢类药物，分别采用 25mmol/L 磷酸盐和 25mmol/L 硼酸盐缓冲液作为流动相，在 25kV 电压下，10min 内 6 种头孢类抗生素取得了很好的分离效果[6]。姚晔等建立了胶束电动 CE 法用于同时检测 5 种 β-内酰胺类抗生素，缓冲液为 pH=8.5 的 20mmol/L Na_2HPO_4-十二烷基硫酸钠和体积分数为 25%的甲醇，分离电压为 18kV，选定检测波长 200nm，5 种抗生素在 15min 内实现了基线分离[7]。

4）荧光免疫测定法

近年来发展了一些灵敏度较高的青霉素荧光免疫测定法。Benito-Peña 等将 6-氨基青霉烷酸与钥孔血蓝蛋白偶联，建立了荧光免疫分析方法，该方法与其他青霉素类抗生素如阿莫西林（50%）、氨苄西林（47%）和青霉素 V（145%）有较高的相对交叉反应性,对异噁唑青霉素如苯唑西林、氯西林和双氯西林的反应性较低。头孢菌素型 β-内酰胺类抗生素(头孢哌林)、氯霉素或氟喹诺酮类(恩诺沙星和环丙沙星)没有交叉反应。每次测定的总分析时间为 23min,此方法中青霉素的 LOD 为 2.4g/L,回收率为 99%~105%[8]。

5)免疫传感器

根据青霉素类药物与特异性抗体结合反应特性研制出的免疫传感器,可用于对相应青霉素类药物残留进行快速定量定性检测。Knecht 等利用免疫传感器对青霉素进行了测定,其中辣根过氧化物酶标记的第二抗体用于检测抗体结合情况,产生增强的化学发光,并用灵敏的 CCD 摄像机记录,从而实现样品处理自动化[9]。Pennacchio 等通过苄基青霉素分子与蛋白质载体缀合产生多克隆抗体。所产生的抗体用作分子识别元件,用于表面等离子共振检测苄基青霉素/头孢菌素。方法的 LOD 为 8.0pmol/L,该值远低于欧盟规定的 MRL 12nmol/L[10]。

6)微生物法

微生物法是许多国家和地区检测青霉素类抗生素的重要方法。张可煜等用藤黄八叠球菌为指示剂,用杯碟法检测猪、鸡组织中氨苄青霉素(AMP)的残留,其最低 LOD 可达 0.025μg/g,标准曲线的工作范围为 0.025~0.1μg/g,组织中 AMP 的回收率多在 90%以上,日内和日间 RSD 分别小于 5%和 15%。但是该方法在 MRL(0.05μg/g)浓度时,AMP 与阿莫西林和青霉素分别有 80.43%和 86.43%的交叉反应[11]。

2. 头孢菌素类

头孢菌素类曾被称为先锋霉素类。最常用的包括头孢氨苄、头孢噻吩、头孢罗宁、头孢噻呋等。头孢菌素最早在 1948 年被意大利科学家 Bronyzn 发现,1956 年 Abraham 等从头孢菌素的培养液中分离出头孢菌素 C 和头孢菌素 N,并于 1961 年确定了头孢菌素 C 的结构。美国礼来公司于 1962 年成功地通过化学裂解头孢菌素 C 制造出头孢菌素母核 7-ACA 后,其发展相当迅速,目前已开发了 50 多个品种。头孢菌素类抗生素具有抗菌谱广、抗菌活性强、疗效高、低致敏、耐酸、耐碱、耐 β-内酰胺酶、副作用小等特点,品种数量居各类抗生素首位。头孢喹肟是我国近年来开发并批准使用的畜禽养殖专用头孢菌素类抗菌药物。

按对 β-内酰胺酶的稳定性及对革兰阴性菌的抗菌活性和抗菌谱,可将头孢菌素分为四代(表 8-4)。第一代主要有头孢匹林、头孢乙氰、头孢氨苄、头孢罗宁、头孢唑啉、头孢噻吩和头孢羟氨苄等。第一代头孢菌素对青霉素酶稳定,但对许多革兰阴性杆菌所产生的 β-内酰胺酶的稳定性较第二代、第三代差,对肾脏具有一定的毒性,特别是与氨基苷类抗生素或强利尿药合用时尤为严重。临床主要应用于革兰阳性菌、耐青霉素金黄色葡萄球菌及少数革兰阴性杆菌感染。第二代头孢菌素对 β-内酰胺酶稳定,其抗菌谱及抗菌活性较第一代广且更强,对大部分革兰阴性杆菌抗菌活性增强，对肾脏毒性较弱。但对某些肠杆菌科细菌如吲哚阳性变形杆菌、枸橼酸杆菌及绿脓杆菌的活性差。第二代头孢菌素往往价格较高，不常用于食品动物，主要有头孢西丁和头孢呋辛等。第三代头孢菌素对β-内酰胺酶更稳定，对革兰阳性菌的作用较第一代、第二代差，对革兰阴性菌的抗菌活性很强，对绿脓杆菌有良好的疗效，且能渗入发炎的脑脊液内，对肾脏基本无毒性。主要有头孢哌酮和头孢噻呋等。第四代头孢菌素如头孢喹肟同第三代一样对革兰阴性菌有较强的抗菌作用，抗菌谱更广，对β-内酰胺酶高度稳定，血浆半衰期较长，无肾毒性[12]。

表 8-4   头孢菌素类抗生素最大残留限量

类别	残留标识物	动物种类	MRL（μg/kg）
第一代	头孢匹林		
	头孢乙氰		
	头孢氨苄	牛	肌肉 200，脂肪 200，肝 200，肾 1000，奶 100
	头孢罗宁		
	头孢唑啉		
	头孢噻吩		
	头孢羟氨苄		
第二代	头孢西丁		
	头孢呋辛		
第三代	头孢哌酮		
	头孢噻呋	牛/猪	肌肉 1000，脂肪 2000，肝 2000，肾 6000
		牛	奶 100
第四代	头孢喹肟	牛	肌肉 50，脂肪 50，肝 100，肾 200，奶 20
		猪	肌肉 50，皮+脂 50，肝 100，肾 200

目前文献报道的水产品中头孢菌素类兽药残留仪器分析检测方法主要包括 HPLC 法、HPLC-MS 法、免疫分析（IAS）法、微生物检测法和 CE 法等。

1）HPLC 法

传统 HPLC 技术常配置紫外或荧光等光学检测器，头孢菌素类抗生素拥有良好的紫外吸收，因此在食品中该类抗生素残留的分析中常使用 DAD。Qureshi 等建立了测定头孢拉定、头孢呋辛和头孢喹肟三种头孢菌素的 HPLC 法。在最佳条件下，5min 内将三种头孢菌素类抗生素进行基线分离，头孢拉定在 5～20μg/mL、头孢呋辛在 0.5～15μg/mL 和头孢喹肟在 1.0～20μg/mL 的线性关系良好，预富集后最低 LOD 达 0.05～0.25μg/mL[13]。范晶晶等采用 HPLC 法测定了罗非鱼血浆中头孢喹肟的含量，为其药物动力学的构建提供了基础[14]。

刘浩等利用 UPLC 技术对头孢噻呋钠中的 3-位置异构体杂质进行了检测，采用苯己基三键键合亚乙基桥杂化颗粒柱，以 0.05mol/L 甲酸铵缓冲液-乙腈-甲醇（85∶9∶6，体积比）为流动相对原料进行分离，检测波长为 254nm，LOD 为 0.064μg/mL，LOQ 为 0.214μg/mL[15]。

2）HPLC-MS 法

梅光明等建立了水产品中 3 种头孢菌素类药物残留的 HPLC-MS 法。样品通过乙腈提取、正己烷脱脂净化，经减压浓缩、流动相定容后用 0.22μm 微孔滤膜过滤，用 UPLC-MS/MS 进行检测，外标法定量。头孢噻呋、头孢氨苄和头孢喹肟的 LOD 分别为 2.00μg/kg、2.00μg/kg 和 10.0μg/kg。三种头孢菌素标准溶液浓度在 2～100μg/L 范围内时均呈现良好的线性关系（R^2 均大于 0.995）。在 10～100μg/kg 加标范围内，头孢氨苄平均回收率范围为 76.7%～93.1%，头孢喹肟平均回收率范围为 80.5%～93.9%，头孢噻呋平均回收率为 78.9%～87.2%，RSD 均小于 13%[16]。顾蓓乔等建立了水产品中 3 种头孢菌素类药物残留检测的 HPLC-MS 法。样品用乙腈提取、正己烷脱脂净化后，经减压浓缩、流动相定容后用 0.22μm 微孔滤膜过滤，用 UPLC-MS/MS 进行检测，外标法定量。头孢噻呋、头孢氨苄和头孢喹肟的 LOD 分别为 2.00g/kg、2.00g/kg 和 10.0g/kg。3 种头孢菌素标准溶液在 2～100μg/L 质量浓度范围内均呈现良好的线性关系（R^2 均大于 0.995）。在 10～100g/kg 加标范围内，头孢氨苄平均回收率范围为 76.7%～93.1%，头孢喹肟平均回收率为 80.5%～93.9%，头孢噻呋平均回收率为 78.9%～87.2%，RSD 均小于 13%[17]。之后，顾蓓乔等又建立了水产品可食部位中头孢哌酮、头孢唑肟、头孢洛宁、头孢唑啉、头孢匹林、头孢噻呋、头孢匹罗和头孢氨苄 8 种头孢菌素的 UPLC-MS 法。样品经乙腈水溶液提取、多壁碳纳米管固相萃取净化后，以 Acquity Xselect CSH C₁₈ 柱为分离柱，用乙腈和 0.1%甲酸溶液进行梯度洗脱，经 UPLC-MS 检测。结果表明，8 种头孢菌素的 LOQ 为 2～10μg/kg，回收率为 67.3%～94.2%，RSD 为 3.3%～14%[18]。

3）IAS 法

放射免疫检测法在抗生素类残留分析检测中的应用包含 CHARM Ⅰ 和 CHARM Ⅱ 法。其中 CHARM Ⅰ 是专用于牛奶中头孢菌素等 β-内酰胺类抗生素残留的检测方法，而 CHARM Ⅱ 法还可用于其他食品基质中多种抗生素残留的快速检测。CHARM Ⅱ 检测的基本原理为微生物受体分析法（氨基糖苷类、内酰胺类、大环内酯类、新生霉素、磺胺类药物等）或放射免疫测定法（氯霉素类、四环素类、黄曲霉毒素等），其建立的基础是药物功能团与微生物受体或特异性抗体位点的结合反应。中国采用 CHARM Ⅱ 试剂盒制定了相关出入境检验检疫标准，用于检测动物源性食品中包括头孢菌素在内的多种抗生素残留。

应用于抗生素残留检测方面的免疫分析法还包括胶体金免疫层析法。王学力等建立了同步检测头孢菌素类抗生素与链霉素胶体金免疫层析法，在不同基质中对于头孢氨苄、头孢拉定的最低 LOD 为 20～100ng/mL，对其他 β-内酰胺类抗生素的最低 LOD 都在 1000ng/mL 之内[19]。

4）微生物检测法

微生物检测法主要是根据抗生素对特异微生物的生理机能、繁殖代谢的抑制作用，对抗生素残留进行定性、定量检测，以此来确定基质中该类抗生素残留量。李延华等应用常见的嗜热脂肪芽孢杆菌纸片（BSDA）法、氯化三苯基四氮唑（TTC）法和试管扩散法三种微生物检测法对牛奶中包括头孢匹林在内的 6 种 β-内酰胺类抗生素残留进行了检测[20]。以欧盟（EC）No 396/2005 号法规 MRL 为标准，其中 BSDA 法 LOD 可达 MRL 的 1/2，但检测时间较长，操作烦琐。TTC 法对于实验中的 6 种抗生素 LOD 为 2～6 倍的 MRL，不符合标准。而试管扩散法的 LOD 为 0.5～1.5 倍 MRL，且比其他两种检测法在检测时间和操作难易程度上更具有优越性。但食品基质中组分复杂，微生物检测法在实际应用中，特异性不强，易受到其他具备抑菌作用的抗生素残留及其他物质干扰，出现假阳性结果，很难实现标准化定量检测。

5）CE 法

左艳丽将 CE 法应用于头孢菌素等抗生素药物的检测中，建立了 CE 法同时测定头孢曲松钠和左氧氟沙星含量的检测方法，其中对于头孢曲松钠的 LOD 为 2.5μg/mL，LOQ 为 8.3μg/mL。在 10～500μg/mL 范围内线性范围良好，$R^2 > 0.999$，平均回收率 99.15%[21]。近年来该法被研究者应用于食品领域中，开发出一系列残留检测技术。紫外检测器和电化学检测器是在 CE 技术中最常用的两种检测器，近年来还有 CE 与质谱检测器相连进行生物化学等物质检测的相关报道[22]。但该法使用的毛细管直径小，导致光路变短、灵敏度偏低，分离重现性较 HPLC 技术相对欠缺，在食品中抗生素残留检测领域也同时存在一定的局限性。

3. β-内酰胺酶抑制剂

β-内酰胺酶抑制剂是 β-内酰胺酶的"自杀"抑制剂（不可逆结合），内服吸收好，也可注射。β-内酰胺酶抑制剂不单独用于抗菌，与氨苄西林或阿莫西林组成复方制剂，使产酶菌株对 β-内酰胺类药物恢复敏感，主要药物有克拉维酸（棒酸）和舒巴坦（青霉烷砜钠）。克拉维酸是 1976 年由英国研发的第一个应用于临床的 β-内酰胺酶抑制剂，是一种从链霉菌中分离得到的含 β-内酰胺环的双环化合物。克拉维酸本身基本没有抗菌活性，但它可抑制某些广谱和超广谱 β-内酰胺酶。舒巴坦为青霉砜类化合物，在 1978 年被合成。与克拉维酸一样，舒巴坦的结构与青霉素相似，能抑制许多产 A 类 β-内酰胺酶的细菌，但对 B、C、D 类 β-内酰胺酶抑制活性较小。β-内酰胺酶抑制剂药物其本身结构不太稳定，尤其在水环境中难以稳定存在，因此在水产品中使用概率很低。但是由于耐药性的发展，这类药物在畜禽上的应用日益增多。

国家质量监督检验检疫总局发布了《进出口动物源食品中克拉维酸残留量检测方法 液相色谱-质谱/质谱法》（SN/T 2488—2010）。试样中残留的克拉维酸用 pH 6.0 的三羟甲基氨基甲烷（Tris）缓冲液-乙腈提取，二氯甲烷-正己烷液液分配净化，分子筛超滤，用 HPLC-MS/MS 检测和确认，外标定量。对猪肉、猪肝、猪肾、牛肉、牛肝和牛奶中克拉维酸残留量的 LOD 均为 10.0μg/kg。

β-内酰胺酶抑制剂用在动物上通常使用的是克拉维酸，残留限量如表 8-5 所示。目前文献报道的水产品中该药物残留检测技术主要为 HPLC-MS 法和 CE 法。

表 8-5　β-内酰胺酶抑制剂的最大残留限量

残留标识物	动物种类	MRL（μg/kg）
克拉维酸	牛/羊	奶 200
	牛/羊/猪	肌肉 100，脂肪 100，肝 200，肾 400
舒巴坦	—	—

郭佩佩等采用乙腈除牛乳样品蛋白，正己烷脱脂的方法提取克拉维酸。HPLC 色谱条件：Hypersil ODS-2 C_{18}（4.6mm×250mm，5μm）色谱柱，流动相为 0.025mol/L 磷酸二氢钾（pH 4.5）-甲醇溶液（95∶5，体积比），检测波长 217nm，流速 1mL/min。试验结果表明：克拉维酸在 5～200μg/mL 范围内具有良好的线性关系，相关系数为 0.9992。采用空白基质匹配标准溶液的方法进行标准校正，克拉维酸的平均回收率在 83%～92%之间，RSD 小于 1.185%[23]。而马晓裴采用 UPLC-MS 方法，通过乙腈沉淀蛋白，经 Agilent ZORBAX SB-C_{18}（2.1mm×150mm，3.5μm）色谱柱分离，采用电喷雾电离，多反应监测模式下进行测定。结果表明：克拉维酸和舒巴坦在各自质量浓度范围内线性良好，R^2 大于 0.9990。在低、中、高 3 个添加水平下，克拉维酸和舒巴坦的平均回收率稳定在 77.9%～93.1%之间，RSD 为 3.9%～8.8%，LOD 分别为 2.0μg/kg 和 5.0μg/kg[24]。

孙倩建立了简便、快速分析克拉维酸钾及其制剂的毛细管区带电泳方法。克拉维酸钾在 52.08～312.5mg/L 范围内线性关系良好，相关系数为 0.9996。阿莫西林克拉维酸钾（7∶1，质量比）分散片的平均回收率为 99.2%，RSD 为 0.77%。阿莫西林克拉维酸钾（4∶1）干混悬剂的平均回收率为 99.4%，RSD 为 1.0%，最低 LOD 为 1.953mg/L[25]。

8.3.2　氨基糖苷类

氨基糖苷类抗生素（aminoglycoside antibiotics）是一类含有两个或多个氨基糖基

团并通过糖苷与氨基环多醇键合的一类抗生素的总称。除了链霉素与糖苷是链霉胍结构，其他的氨基糖苷类化合物的环多醇通常为 2-脱氧链霉胺。常见的该类抗生素有链霉素、庆大霉素、卡那霉素、阿米卡星（丁胺卡那霉素）、新霉素、大观霉素（壮观霉素）、安普霉素（阿普拉霉素）等药物（表 8-6）。氨基糖苷类化合物按照环多醇的取代模式可以分为 4,5-双取代脱氧链霉胺和 4,6-双取代脱氧链霉胺，其中包括卡那霉素、托普霉素和庆大霉素。其他氨基糖苷类抗生素有阿泊拉霉素、链霉素、潮霉素 B 等。氨基糖苷类抗生素属于碱性化合物，具有水溶性好、化学性质稳定、抗菌谱广、抗菌能力强和吸收排泄良好等特点，能与无机酸或有机酸生成盐。

表 8-6　氨基糖苷类抗生素最大残留限量

残留标识物	动物种类	MRL（μg/kg）
链霉素	牛	奶 200
	牛/绵羊/猪/鸡	肌肉 600，脂肪 600，肝 600，肾 1000
庆大霉素	牛/猪	肌肉 100，脂肪 100，肝 2000，肾 5000
	牛	奶 200
	鸡/火鸡	可食组织 100
新霉素	牛/羊/猪/鸡/火鸡/鸭	肌肉 500，脂肪 500，肝 500，肾 10000
	牛/羊	奶 500
	鸡	蛋 500
大观霉素	牛/羊/猪/鸡	肌肉 500，脂肪 2000，肝 2000，肾 5000
	牛	奶 200
	鸡	蛋 2000
安普霉素	猪/兔	仅作口服用
	山羊	产奶羊禁用
	鸡	产蛋鸡禁用

长期使用氨基糖苷类药物会对人及动物造成危害，其危害性主要包括肾毒性、耳毒性和神经肌肉阻滞等。肾毒性主要表现在对肾小管上皮细胞的损害，导致患病动物蛋白尿、尿血，严重的可致肾功能减退。耳毒性有听觉（耳蜗）损伤和平衡（前庭）功能损伤，主要表现为头晕、耳鸣、听力减退、眩晕、头痛，剧烈运动时恶心、呕吐，可能导致更严重的运动平衡失调等。神经肌肉阻滞会引起神经

肌肉传导的阻断，使人心肌抑制、血压下降，严重时导致呼吸衰竭、休克等。同时其也可能引起视力模糊、脂肪性腹泻、菌群失调、肝酶增长等。

氨基糖苷类抗生素在体内不能代谢，主要通过肾脏的肾小球过滤排泄到尿液中，体内的残留物在肾脏内蓄积。

目前文献报道的水产品中氨基糖苷类抗生素的常用检测方法包括 HPLC 法、HPLC-MS 法和免疫学法。

1. HPLC 法

HPLC 法因具有高压、高速、高效、高灵敏度的特点在氨基糖苷类抗生素的检测中得到了广泛的应用。刘晓冬探索了水产品中氨基糖苷类抗生素多残留的 HPLC 法，采用 C_{18} 反相分析柱和钾阳离子交换柱作为高效液相分析柱，选择钾阳离子交换柱的流动相，对牙鲆中的卡那霉素、安普霉素、庆大霉素、新霉素进行了检测[26]。Gremilogianni 等研究了离子对色谱法（IPC）和亲水相互作用液相色谱（HILIC）在测定链霉素和双氢链霉素时的差别，HILIC 法对 2 种物质的最低 LOD 均为 14μg/kg，IPC 对以上 2 种物质的 LOD 分别为 109μg/kg、31μg/kg[27]，HILIC 法的灵敏度是 IPC 法的 80～210 倍。Kumar 等采用 HILIC 法对 10 种氨基糖苷类抗生素进行检测，并对检测条件进行研究，发现灵敏度和分离效率最佳的是两性离子[28]。

2. HPLC-MS 法

GB/T 21323—2007 规定了动物组织中氨基糖苷类药物残留量测定的 HPLC-MS/MS 法。该法适用于动物内脏、肌肉和水产品中 10 种氨基糖苷类药物的测定。对试样中的氨基糖苷类药物残留，采用磷酸盐缓冲液提取，经过 C_{18} 固相萃取柱净化，浓缩后，使用七氟丁酸作为离子对试剂，HPLC-MS/MS 法测定，外标法定量。大观霉素、双氢链霉素、链霉素、丁胺卡那霉素、卡那霉素、妥布霉素和庆大霉素的 LOQ 为 20μg/kg，新霉素、潮霉素 B 和安普霉素的 LOQ 为 100μg/kg。此外，苏晶等建立了龙虾中 6 种氨基糖苷类抗生素残留的 HPLC-MS/MS 同时检测方法。样品中抗生素采用 5%三氯乙酸-磷酸盐溶液提取，经超声萃取、固相萃取柱净化，C_{18} 色谱柱分离。实验结果表明，链霉素和双氢链霉素的 LOD 为 5μg/kg，庆大霉素、卡那霉素、新霉素和妥布霉素 LOD 为 50μg/kg，加标回收率在 66.1%～107.9%，RSD 在 0.7%～9.7%[29]。黄原飞等建立了水产品中巴龙霉素、大观霉素、妥布霉素、庆大霉素、卡那霉素、潮霉素 B、安普霉素、链霉素、双氢链霉素、丁胺卡那霉素和新霉素共 11 种氨基糖苷类药物残留的 UPLC-MS/MS 检测方法。样品经磷酸盐缓冲液提取，分子印迹聚合物固相萃取柱净化，Obelisc R 色谱柱分离，采用 UPLC-MS/MS 进行测定。方法 LOD 为 1.0～10.0μg/kg，LOQ 为 2.0～20.0μg/kg。11 种氨基糖苷类药物在 1.0～1000μg/kg 范围内线性关系良好（$R^2 > 0.994$），加标回收率为 78.4%～109.6%，RSD 为 2.3%～14.9%[30]。

3. 化学发光免疫分析法

化学反应释放的能量被分子吸收后，处于基态的分子跃迁至激发态，激发态不稳定，分子回到基态时会释放光能，根据光的强度来判断被测物含量的方法称为化学发光免疫分析（CLIA）法。邓安平等采用增强的 CLIA 法测定血液中庆大霉素的含量，得到的 LOD 为 3.3～11.4ng/mL，回收率为 88.2%±4.5%。该方法操作简单，有良好的特异性、灵敏度，与其他免疫学分析方法相比，具有无辐射、标记物不易失效、可全面自动化的优点，但受化学反应稳定性的影响，检测结果的 RSD 较高，阻碍了该方法的应用[31]。

4. ELISA 法

ELISA 法是目前氨基糖苷类抗生素残留检测中应用较为广泛的一种免疫学检测方法。Wang 等用 ELISA 检测动物源食品中的新霉素，猪肉、鸡肉、鱼和牛奶中的 LOD 是 5μg/kg，肾脏中是 10μg/kg，鸡蛋中是 20μg/kg，回收率在 75%～105%，对其他氨基糖苷类抗生素没有发现交叉反应[32]。

8.3.3 四环素类

四环素类抗生素（tetracyclines antibiotics）主要包括土霉素（氧四环素）、四环素、金霉素、多西环素（强力霉素、脱氧土霉素）等（表 8-7），是 20 世纪 40 年代发现的一类具有菲烷母核的广谱抗生素。该类抗生素广泛用于治疗革兰阳性和阴性细菌、细胞内支原体、衣原体和立克次氏体引起的感染。该类抗生素在水产养殖中主要用于防治鱼类肠炎病、赤皮病、烂鳃病和白头白嘴病等。

表 8-7 四环素类抗生素最大残留限量

残留标识物	动物种类	MRL（μg/kg）
土霉素	所有食品动物	肌肉 100，肝 300，肾 600
	鱼/虾	肉 100
	牛/羊	奶 100
	禽	蛋 200
四环素	所有食品动物	肌肉 100，肝 300，肾 600
	鱼/虾	肉 100
	牛/羊	奶 100
	禽	蛋 200

续表

残留标识物	动物种类	MRL（μg/kg）
金霉素	所有食品动物	肌肉 100，肝 300，肾 600
	鱼/虾	肉 100
	牛/羊	奶 100
	禽	蛋 200
多西环素	牛（泌乳牛禁用）	肌肉 100，肝 300，肾 600
	猪	肌肉 100，皮+脂 300，肝 300，肾 600
	禽（产蛋鸡禁用）	肌肉 100，皮+脂 300，肝 300，肾 600

　　四环素类抗生素发展到现在已历经三代，第一代产品金霉素、四环素和土霉素为天然抗生素，因其抗菌谱较广、使用方便和经济等特点被广泛使用。后来发现这类抗生素的化学结构不够稳定，且易产生耐药现象，严重的细菌耐药性导致迫切需要研发新型四环素类抗生素。通过对其进行结构修饰，产生了以多西环素及米诺环素为代表的第二代半合成四环素类抗生素。这类抗生素亲脂性更强，有利于细胞吸收，但近年来也不断因产生耐药菌株而在临床应用上受到限制。2005 年美国食品药品监督管理局（FDA）批准了对广泛耐药的金黄色葡萄球菌和万古霉素耐药菌具有明显抑制作用的替加环素（图 8-2）上市[33]，以它为代表的甘氨酰环素类抗生素的出现标志着第三代四环素的诞生。由于第三代四环素抗耐药菌活性的必需药效团是 D 环上的多种取代基，如甘氨酰基、二甲氨基、氟代等，该类物质用以往半合成的方法构建非常困难，因此有必要开发新型、高效的全合成方法来构建 D 环多取代的四环素骨架，这也标志着对四环素的研究从半合成迈入了全合成新时代[34]。

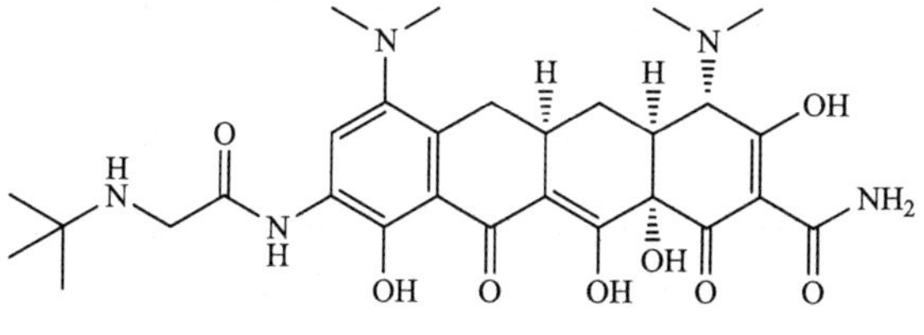

图 8-2　替加环素结构式

　　土霉素为淡黄色结晶粉，味苦，难溶于水。对鱼类病原菌也有较强的抑制作用，主要用于防治细菌性肠炎病、弧菌病、疖疮病及赤皮病等。四环素具有抗菌谱广、抗菌力较强的特点。该药在水产养殖上主要用于鱼类溃疡病、弧菌病、柱状粒球黏菌病，以及由嗜盐菌引起的化脓症。四环素可用于鱼类内服，也可用于药浴。金霉素主要用于鱼类弧菌属、气单胞菌属导致的鱼类疾病。多西环素为土霉素经 6α 位上脱氧而得到的一种半合成四环素类抗生素，制剂为盐酸盐。其机制与四环素相同，主要是干扰敏感菌的蛋白质合成，对金黄色葡萄球菌、肺炎链球菌、化脓性链球菌、淋球菌、脑膜炎球菌、大肠杆菌、产气杆菌、志贺菌属、耶尔森菌、单核细胞李斯特菌等均有较强抗菌活性，对立克次体、支原体、衣原体、放线菌等也有一定作用。抗菌谱与四环素、土霉素基本相同。体内、外抗菌力均强于四环素。

四环素类药物在肝脏中浓缩，通过胆汁排泄，并在肠中被再一次吸收。在肠肝循环下，少量的药物仍能在给药后很长一段时间内残留于血液中。无论采用何种给药方式，四环素类抗生素都能在体内广泛分布，且在肾脏和肝脏组织中含量尤高。由于四环素类药物一般为低亲脂性，因此在脂肪中检测不到四环素类药物残留。相反，四环素类抗生素对钙具有亲和性，能在骨骼组织中蓄积。四环素类药物未经代谢或经最低限度的代谢后，以未改变或无微生物活性的形式经尿液和粪便排出体外。

四环素类药物的毒性作用主要集中在生态毒性方面。由于四环素类抗生素主要用来抑制菌类物质的生长发育，因此近年来研究者在四环素对细菌、真菌和微藻等的生态毒性方面做了广泛研究。一般情况下，四环素对原核生物（如蓝藻）的毒性高于单细胞真核生物（如微藻类），单细胞生物对抗生素的敏感度则高于多细胞生物，这也与设计生产四环素类药物的初衷一致。四环素类药物对微藻的毒性主要体现在抑制微藻蛋白质合成和叶绿体的生成从而最终实现对微藻生长的抑制。此外，四环素类药物能够抑制铜绿微囊藻和绿藻的蛋白质合成[35]。四环素类药物对植物存在毒性，多项研究表明，四环素类抗生素可能通过抑制叶绿体 ATP 合酶的活性，从而对植物生长产生抑制作用，影响植物发芽率和根的生长，这与四环素对微藻的毒性研究结果相似。四环素类药物对植物根的毒性较大，高浓度时显著抑制初生根的生长，可能是四环素在植物根部的较高蓄积量导致出对根生长的显著抑制作用。

GB/T 21317—2007 规定了动物性食品中四环素类兽药残留量检测的 HPLC-MS 法与 HPLC 法，试样中四环素类抗生素残留用 0.1mol/L Na_2EDTA-Mcllvaine 缓冲液提取，经过滤和离心后，上清液用 HLB 固相萃取柱净化，经 HPLC 或 HPLC-ESI-MS 测定，外标法定量。HPLC-MS/MS 法中各物质的 LOQ 为 50.0μg/kg，HPLC 法中各物质的 LOQ 为 50.0μg/kg。目前文献报道的水产品中四环素类抗生素残留检测主要包括 HPLC 法、HPLC-MS 法和免疫分析法。

1. HPLC 法

目前水产品中四环素类抗生素残留检测技术最常用的方法是 HPLC 法。刘丽等建立了 HPLC-UV 法测定水产品中的土霉素、四环素、金霉素，结果表明土霉素、四环素和金霉素的 LOD 分别为 0.010mg/kg、0.008g/kg 和 0.35mg/kg，加标回收率为 85%～120%[36]。王萍亚等则用 HPLC-荧光法同时测定了水产品中 4 种四环素类药物残留，土霉素和四环素的 LOD 为 0.01mg/kg，金霉素和强力霉素的 LOD 为 0.03mg/kg，平均回收率 80%～110%[37]。卢志晓等建立了 HPLC 法快速测定水产品中土霉素、四环素、金霉素、强力霉素，土霉素和四环素的 LOD 为 10μg/kg，金霉素和强力霉素的 LOD 为 20μg/kg，各物质在 0.05～2μg/mL 范围内呈良好线性，相关系数大于 0.999，平均加标回收率为 75.1%～105.8%，RSD 为 2.72%～7.62%[38]。贝亦江等利用 UPLC 法检测水产品中金霉素、土霉素、四环素的药物残留，实验结果证明，使用 UPLC 检测分析，缩短了分析时间，提高了检测的灵敏度[39]。

2. HPLC-MS 法

刘艳萍等建立了 HPLC-MS 法测定水产品中的四环素、土霉素、金霉素和强力霉素，4 种物质 LOQ 均可达到 2.0μg/kg，该方法适用于水产品中四环素类抗生素多残留的同时确证检测[40]。林荆等用 UPLC-MS 法同时测定了水产品中 6 种四环素类药物残留，其添加回收率为 61%～97%，LOD 为 2.5μg/kg[41]。Vardali 等建立了同时测定欧洲海鲈食用肌肉和皮肤组织中四环素残留和代谢产物的 UPLC-QTOF-MS 方法。为了鉴定分析物，Vardali 等用酸性乙腈（0.1%甲酸，体积分数）和 0.1mol/L Na_2EDTA 进行简单的固-液萃取，UPLC BEH C_{18}（50mm×2.1mm，1.7μm）柱上用梯度洗脱程序 10min 进行分离，使用 UPLC-QTOF-MSE 检测。LOD 和 LOQ 分别为 2.22～15.00μg/kg 和 6.67～45.46g/kg[42]。Guidi 开发了 HPLC-MS 法，对鱼中四环素类抗菌药物进行了测定。目标物经过三氯乙酸萃取，用 C_{18} 柱经梯度洗脱（水和乙腈）进行色谱分离。建立的回归曲线线性相关系数大于 0.98，LOQ 为 25μg/kg，该方法适用于尼罗罗非鱼和虹鳟鱼[43]。周平通过合成土霉素分子印迹聚合物，对鳗鱼中土霉素、四环素、金霉素、强力霉素等 4 种目标物进行分离，经 HPLC-MS-MS 检测，在 50～250μg/L 浓度范围内线性关系较好，相关系数在 0.9947～0.9994。土霉素、四环素、金霉素的 LOD 为 10.0μg/kg，强力霉素的 LOD 为 5.0μg/kg[44]。

3. IAS 法

Cháfer-Pericás 等比较了酶联法和时间分辨荧光免疫法测定金头鲷中土霉素，两种方法测定的 LOD 分别为 160.08μg/kg 和 0.08μg/kg[45]。檀尊社等用胶体金免疫层析法快速测定水产样品中四环素类药物残留，仅需要反应 5～10min，试剂灵敏度达到 100ng/mL[46]。郑晶等应用放射性免疫分析法筛检烤鳗中的四环素类药物残留，LOD 可达 50μg/kg，整个检测过程只需 80min[47]。

8.3.4　氯霉素类

氯霉素类药物主要包括氯霉素、甲砜霉素（硫霉素）和氟苯尼考（氟甲砜霉素）（表 8-8）。氯霉素是一类广谱抗生素，1947 年首次从链丝菌的培养液中提取得到，广泛应用于动物传染性疾病的治疗，结构上是 1-苯基-2-氨基-1-丙醇的二乙酰胺衍生物，对革兰阳性、革兰阴性细菌均有抑制作用。其中对伤寒杆菌、流感杆菌和百日咳杆菌作用比其他抗生素更强，对立克次体感染如斑疹伤寒也有效。氯霉素常用于鱼、虾、甲类疾病的防治。该药对鱼类病原菌具有很强的抗菌作用，美国将其用于防治鱼类疖疮病和腹水病。我国在 2002 年把氯霉素列为违禁药物，禁止在动物性食物中检出。甲砜霉素是对氯霉素进行结构修饰后的产物，毒性和药理活性均比氯霉素小。氟甲砜霉素是对甲砜霉素进行结构修饰而研制出的新型广谱抗菌药，主要用于水产、禽类、牲畜的病害防治。

表 8-8　氯霉素类抗生素最大残留限量

残留标识物	动物种类	MRL（μg/kg）
氯霉素	所有动物	禁用
甲砜霉素	鱼	肌肉+皮 50
	牛/羊	肌肉 50，脂肪 50，肝 50，肾 50
	牛	奶 50
	猪	肌肉 50，脂肪 50，肝 50，肾 50
	鸡	肌肉 50，皮+脂 50，肝 50，肾 50
氟苯尼考	鱼	肌肉+皮 1000
	牛/羊（泌乳期禁用）	肌肉 200，肝 3000，肾 300
	猪	肌肉 300，皮+脂 500，肝 2000，肾 500
	家禽（产蛋禁用）	肌肉 100，皮+脂 200，肝 2500，肾 750
	其他动物	肌肉 100，脂肪 200，肝 2000，肾 300

氯霉素的毒性作用主要包括以下几种。①骨髓造血机能紊乱。氯霉素对骨髓造血机能有抑制作用，可引起血小板减少性粒细胞缺乏症、再生障碍性贫血、溶血性贫血等，多数在长期或多次用药的过程中发生。骨髓的毒性分为两类：一是可逆性抑制，主要影响红细胞、血小板和白细胞的形成。二是再生障碍性贫血。②对早产儿和新生儿的毒性。在早产儿和新生儿肝内有些酶系统发育尚不完全，

葡萄糖醛酸结合的能力较差，因此影响氯霉素在肝中的解毒过程。此外，由于早产儿和新生儿肾脏排泄能力较弱，氯霉素易导致药物蓄积中毒。③胃肠道和口部症状。胃肠道反应主要有腹胀、腹泻、食欲减退、恶心。口部症状如口腔黏膜充血、疼痛、糜烂、口角炎和舌炎等。④其他不良反应。可引起视神经损害、视力障碍、多发性神经炎、神经性耳聋以及严重失眠。有时发生中毒性精神病，主要表现为幻视、幻听、定向力丧失、精神失常等。经临床研究表明，氯霉素对人体有严重的毒副作用，它在人体和动物机体中蓄积的时间较长，低浓度的药物残留还会诱发对致病菌的耐药性等，对人类健康存在潜在危害。我国在 2002 年把氯霉素列为违禁药物，禁止在动物性食物中检出。

氯霉素在生物体中首先进入血液，再迅速分布到其他组织中，在鱼体内的吸收和代谢过程与一般的药物相似。给药后氯霉素一方面向血液中转移，使血药浓度迅速上升。另一方面也向肝脏转移，而且进入肝脏中的药物要比血液中的多。血液和肝脏中的氯霉素浓度达到峰值后，氯霉素开始向肌肉转移，之后向排泄器官转移。

农业部 958 号公告-13-2007 规定了水产品中氯霉素、甲砜霉素、氟甲砜霉素残留量的 GC-MS 检测法。试样中残留的氯霉素、甲砜霉素、氟甲砜霉素用乙酸乙酯超声波提取，正己烷-液萃取去脂，固相萃取柱净化，硅烷化衍生后用 GC-MS 测定，内标法定量。此方法氯霉素的 LOD 为 0.3μg/kg，甲砜霉素和氟甲砜霉素的 LOD 为 1.0μg/kg。目前文献报道的水产品中四环素类抗生素残留检测技术主要有 HPLC 法、HPLC-MS 法、GC 法、ELISA 法、放射免疫法和微生物学方法。

1. HPLC 法

HPLC 法检测食品中氯霉素残留，准确度高，易操作，方法重复性好，极少出现假阳性，缺点是该方法 LOD 较高。Wal 等首次建立了牛奶中氯霉素残留量测定的 HPLC 法，LOD 为 5μg/kg。20 世纪 90 年代初，国外报道了用液相色谱法测定动物肌肉和养殖鱼肌肉中氯霉素残留，LOD 为 10μg/kg[48]。陈晋旭等建立了反相 HPLC 法，利用甲醇作为提取溶剂和蛋白沉淀剂，测定小龙虾中氯霉素的含量，将氯霉素以 4μg/kg、50μg/kg、400μg/kg 分别添加到肌肉和肝胰脏中，测得肌肉和肝胰脏组织中的回收率均大于 88%，RSD 低于 6.9%，氯霉素在 1～400μg/kg 浓度范围内线性关系良好。该方法的 LOD 为 1μg/kg。同时他们也采用药浴的方法研究氟苯尼考及其代谢物氟苯尼考胺在淡水小龙虾体内的代谢动力学和残留规律，结果表明：氟苯尼考在 20～2000μg/kg 浓度范围内线性良好，氟苯尼考和氟苯尼考胺的 LOD 分别为 20μg/kg 和 10μg/kg[49]。陶昕晨等建立了对虾中氯霉素、甲砜霉素和氟苯尼考的 HPLC-UVD 法，以 2%碱性乙酸乙酯作为提取溶剂，正己烷脱脂后可直接经 HPLC 法进行分析。氯霉素、甲砜霉素和氟苯尼考在 0.10～10.00mg/L 范围内有良好的线性关系。在添加浓度为 0.25～5.00mg/kg 时，平均回收率为 81.00%～102.93%，RSD 为 1.95%～7.10%。氯霉素的 LOD 为 0.01mg/kg，甲砜霉素和氟苯尼考的 LOD 为 0.02mg/kg[50]。

2. HPLC-MS 法

HPLC-MS 法已成为水产品中氯霉素残留检测最主要的分析方法，适用于农业农村部或国家级及省级检测中心使用。梅光明等建立了水产品中 3 种氯霉素类药物残留的 UPLC-MS 测定法，该方法经乙酸乙酯提取样品，正己烷脱脂，C_{18} 柱分离提纯，电喷雾负离子多反应模式检测。氯霉素 LOD 为 0.10μg/kg，线性范围为 0.10～50.0μg/L，在阴性样品 0.10～2.00μg/kg 的氯霉素添加浓度下，平均回收率为 84.7%～104.9%。甲砜霉素和氟苯尼考 LOD 均为 0.50μg/kg，线性范围为 0.50～50.0μg/L。在阴性样品 0.50～10.0μg/kg 的添加浓度下，甲砜霉素平均回收率为 88.2%～104.1%，氟苯尼考平均回收率为 91.9%～104.1%。RSD 小于 15%[51]。Ramos 等建立了 HPLC-MS 法检测对虾中氯霉素残留的方法，该方法最低 LOD 为 0.2μg/kg，回收率良好[52]。杨成对等对对虾中氯霉素残留进行了分析研究，采用乙酸乙酯超声提取，以甲醇为流动相，该方法回收率在 89%以上，LOD 达到 0.07μg/kg[53]。

3. GC 法

宫向红等研究了水产品中氯霉素残留测定的 GC 法，用乙酸乙酯提取，正己烷液液萃取，C_{18} 固相萃取柱净化，硅烷化试剂（BSTFA+TMCS，99：1，体积比）衍生后，用配有 ECD 的 GC 仪检测。回收率大于 85%，LOD 在 0.1μg/kg 左右，RSD 为 0.9%～2.7%，线性相关系数为 0.999[54]。胡红美等建立了测定水产品中氯霉素的气相色谱电子捕获检测（GC-ECD）方法。样品通过乙酸乙酯超声波萃取，正己烷初步净化后，经过适量的乙二胺-N-丙基硅烷（PSA）固相吸附剂进一步净化，硅烷化试剂衍生，再采用 GC-ECD 法检测，外标法定量。结果表明，氯霉素在 1.5～100μg/L 浓度范围内，组分含量与峰面积呈线性相关，相关系数为 0.9996，LOD 为 0.1μg/kg。氯霉素在不同基质的水产品（鳗鲡、鳜鱼、大管鞭虾）中不同浓度水平的加标回收率分别为 92%～103%、86%～108%和 78%～99%，相应的 RSD 分别为 3.5%～4.2%、3.1%～4.6%和 2.6%～3.9%[55]。邵会等采用 GC-MS 法建立基质加标标准曲线，对中国对虾、大菱鲆、鲫鱼、鳗鱼、蟹、甲鱼 6 种主要养殖水产品肌肉组织中氯霉素类药物进行检测。结果显示，氯霉素在 2～200ng/mL 浓度范围内，线性关系良好。甲砜霉素、氟苯尼考和氟苯尼考胺在 5～200ng/mL 浓度范围内，线性关系良好，其相关系数均大于 0.990。加标回收率在 76.4%～94.3%之间，RSD 在 5.7%～13.9%之间。LOD：氯霉素为 0.2μg/kg，甲砜霉素、氟苯尼考和氟苯尼考胺均为 1.0μg/kg。LOQ：氯霉素为 0.5μg/kg，甲砜霉素、氟苯尼考和氟苯尼考胺均为 3.0μg/kg[56]。

4. ELISA 法

ELISA 法适合水产品加工企业和小型实验室对氯霉素残留的初步筛选。Comelis 等建立了生物素 ELISA 法，LOD 为 10μg/kg[57]。萨仁托雅等建立了水产品中氯霉素残留的 ELISA 法，结果显示该方法的 LOD 为 0.05μg/kg，线性范围为 0.05～4.05μg/kg，回收率为 85.3%～111.3%。谭慧、欧翔等分别建立了水产品中氯霉素残留的 ELISA 法，LOD 为 0.01μg/kg[58]。齐宁利等建立了 ELISA 法测定水产品中氯霉素的残留，LOD 达到 0.00625μg/kg，回收率在 83.67%～87.06%[59]。

5. 放射免疫法

放射免疫法因放射污染和环境污染等因素，在水产品检测领域的发展受到限制。倪梅林等建立了虾仁中氯霉素残留量的放射免疫分析法和养殖对虾中氯霉素残留的放射免疫分析法，LOD 为 0.15μg/kg。陈小雪建立了 Charm II 放射免疫系统测定水产品中氯霉素残留的分析方法。该方法用 Charm II 检测氯霉素残留，试剂盒中的 MSU 萃取缓冲液对样品中的氯霉素残留进行提取，通过竞争性受体免疫反应，采用液体闪烁计数仪计数。结果表明方法 LOD 为 0.15μg/kg，CPM 读数的 RSD 为 2.4%～8.8%。其灵敏度、准确度和精密度、选择性均符合《实验室残留分析质量控制指南》的要求，适用于水产品中氯霉素残留的快速检测[60]。

6. 微生物学方法

焦彦朝等对鲤鱼等水产品中氯霉素进行了检测，得到了理想的实验结果，LOD 为 0.25μg/mL[61]。宋杰等建立了微生物法用于检测牛奶中氯霉素残留，该方法用快速检测试纸检测，LOD 达 3μg/mL，结果准确可靠，是氯霉素检测的一个发展方向[62]。王志强等利用快速纸片法检测了鱼肉和虾肉中的氯霉素残留，该方法对水产品中氯霉素进行检测，LOD 为 0.1μg/mL[63]。微生物学检测法检测水产品中氯霉素残留具有快速、低成本、可同时检测多种抗生素等优点，但灵敏度不高，比较适合养殖场和乡镇基层监管部门。

8.3.5 大环内酯类

常见的大环内酯类药物包括红霉素、泰乐菌素、替米考星、吉他霉素、螺旋霉素（表 8-9）。大环内酯类是抗生素的一个重要类别，已被广泛应用于医学与兽医学上对细菌感染的治疗或预防。自 1952 年第一个大环内酯类抗生素红霉素 A 应用于临床以来，迄今发现的大环内酯类抗生素已逾百种，其中常用的有数十种。这些化合物在结构上均具有一个高度取代的大内酯环结构，大多数种类的母体分属十四元和十六元大环两组，并连有对应配糖基。此类药物是一组庞大的抑制蛋白质合成的快速抑菌药，不仅对需氧革兰阳性菌、部分革兰阴性菌具有很好的抗菌效果，对非典型致病菌如衣原体、支原体、军团菌以及幽门螺杆菌等也具有较好的抗菌作用[64]。在水产品养殖中该类药物对鱼类白头白嘴病、烂鳃病及肾脏病有良好的疗效。

表 8-9　　大环内酯类抗生素最大残留限量

残留标识物	动物种类	MRL（μg/kg）
红霉素	所有食品动物	肌肉 200，脂肪 200，肝 200，肾 200，奶 40，蛋 150
泰乐菌素	鸡/火鸡/猪/牛	肌肉 200，脂肪 200，肝 200，肾 200
	牛	奶 50
	鸡	蛋 200
替米考星	牛/绵羊	肌肉 100，脂肪 100，肝 1000，肾 300
	绵羊	奶 50
	猪	肌肉 100，脂肪 100，肝 1500，肾 1000
	鸡	肌肉 75，皮+脂 75，肝 1000，肾 250
吉他霉素	猪/禽	肌肉 200，肝 200，肾 200
螺旋霉素	—	—

　　大环内酯类抗生素具有毒性作用，十四元和十六元大环内酯类抗生素的毒性很低，主要表现在对消化道和血管的刺激反应和红霉素酯化物引起的肝损伤。食品中残留的大环内酯类抗生素浓度较低，不足以造成这样的后果。

　　在动物体内，不同的大环内酯类抗生素在体内半衰期差别很大。禽畜常用药品中的泰乐菌素、红霉素、克拉霉素、罗他霉素都属于半衰期很短的药物，如泰乐菌素在不同动物的半衰期为 0.9～2.3h，且在家畜体内的代谢速度快于家禽。而红霉素、克拉霉素、罗他霉素在动物体内血清消除半衰期一般也都不超过 4h。地红霉素、替米考星、阿奇霉素、螺旋霉素等则属于长效类药物，在动物体内的消除半衰期一般都在 24h 以上，尤其是阿奇霉素在动物体内的释放和清除都比较缓慢，平均消除半衰期为 48～96h。大多数大环内酯类药物通过胆管排泄，少量经过肾排泄。除了一般以原型药物排出之外，还存在酸解、醛基的还原、氨基糖的脱 N-甲基等代谢途径。

　　动物源性食品基质复杂，一部分大环内酯类药物残留与基质中的大分子（蛋白质等）结合从而严重干扰检测。所以预处理必须分离药物与蛋白质的结合体，以除去蛋白质等杂质的干扰，最大限度地提取大环内酯类药物残留。

目前文献报道的水产品中氯霉素类药物的检测方法主要包括 HPLC 法、HPLC-MS 法和微生物法。

1. HPLC 法

大环内酯类抗生素大多难于气化或衍生，且大部分具有紫外吸收，所以该法广泛应用于食品中大环内酯类药物残留检测。朱世超等建立了水产品中 5 种大环内酯类抗生素螺旋霉素、替米考星、泰乐菌素、吉他霉素和交沙霉素残留量检测的 HPLC 法。样品经乙腈提取，旋转蒸发至干，磷酸盐溶液溶解，正己烷除脂，Oasis HLB 固相萃取柱净化。此方法在 0.1～10μg/mL 时峰面积比率与质量浓度的线性关系良好，5 种药物的线性相关系数均大于 0.9999，回收率为 75.2%～110%，RSD 为 2.74%～11.0%。螺旋霉素、替米考星、泰乐菌素、吉他霉素、交沙霉素的 LOD 分别为 10μg/kg、10μg/kg、20μg/kg、50μg/kg、20μg/kg[65]。

2. HPLC-MS 法

与 HPLC 法相比，HPLC-MS 的检测器集高分离能力、高灵敏度、高分辨率于一体，是目前用于动物性食品中大环内酯类药物检测的最佳分析方法。刘永涛等用 HPLC-MS/MS 测定水产品中 5 种大环内酯，LOD 达 1.0μg/kg，在 1～100μg/kg 的线性范围，回收率达 67.52%～108.89%，分离与检测都取得良好效果，适合食品中大环内酯药物残留的痕量检测[66]。何欣等建立了中华鳖血液中罗红霉素的 UPLC-MS 法，中华鳖血液样品采用乙酸乙酯提取，正己烷脱脂后，外标法定量，电喷雾正离子扫描模式下进行多反应监测，方法的线性范围为 0.1～1000ng/mL，相关系数 R^2=0.9996。在加标浓度 5～500ng/mL 之间，方法的回收率为 70.97%～95.46%，RSD 为 3.90%～9.75%，LOQ 为 0.1ng/mL[67]。朱世超等建立了水产品中 7 种大环内酯类抗生素的 HPLC-MS 法。样品经乙腈提取，中性氧化铝和正己烷净化，以选择反应监测模式检测，基质匹配标准工作曲线定量。在 1～100ng/mL 范围内，7 种药物的峰面积与质量浓度的线性关系良好（R^2>0.995），回收率为 75.4%～108%，RSD 为 0.665%～12.9%。方法的 LOD 为 1μg/kg，LOQ 为 4μg/kg[68]。秦烨等采用碱性溶液中共沉淀的方法制备了一种磁性固相萃取吸附剂——磁性石墨烯，将该磁性固相萃取用于水产品预处理，建立了水产品中大环内酯类抗生素 HPLC-MS/MS 残留检测方法。该方法在 1～150μg/kg 范围内线性相关系数 R^2>0.995，LOD 为 0.41～0.52μg/kg，LOQ 为 1.25～1.65μg/kg，回收率为 87.4%～98.2%。日内、日间精密度均小于 8.5%[69]。

3. 微生物法

在抗生素检测中，微生物法属于经典的检测方法。黄晓蓉等应用微生物法筛查了水产品内大环内酯类抗生素[70]。但是微生物法选择不同的生产菌种、不同的生产厂家，易造成组分比例不同，使得微生物效价的测定差别加大，难以满足准确定性定量的要求，因而逐渐被取代。

8.3.6 林可胺类

水产品中的林可胺类药物残留主要是指林可霉素（洁霉素）（表 8-10）。林可霉素是由链霉菌培养液中取得的一种林可胺类碱性抗生素，其抗菌谱与大环内酯类药物相似。在兽医临床上主要作为速效抑制细菌生长的治疗用药。林可霉素在兽医临床上主要用于治疗革兰阳性菌特别是耐青霉素的革兰阳性菌所引起的各种感染，如霉形体病、弓形体病及放线菌病等。

表 8-10　林可胺类抗生素最大残留限量

残留标识物	动物种类	最大残留限量（μg/kg）
林可霉素	牛/羊/猪/禽	肌肉 100，脂肪 100，肝 500，肾 1500
	牛/羊	奶 150
	鸡	蛋 50

林可霉素主要有以下毒性作用：①胃肠道反应。恶心、呕吐、腹痛、腹泻等，严重者有腹绞痛、腹部压痛、严重腹泻（水样或脓血样），伴发热、异常口渴和疲乏（假膜性肠炎），腹泻、肠炎和假膜性肠炎可发生在用药初期，也可发生在停药后数周。②血液系统偶可发生白细胞减少、中性粒细胞减低、中性粒细胞缺乏和血小板减少，再生障碍性贫血罕见。③过敏反应。可见皮疹、瘙痒等，偶见荨麻疹、血管神经性水肿和血清病反应等，罕有表皮脱落、大疱性皮炎、多形红斑和S-J综合征的报道。④偶有引起黄疸的报道。⑤快速滴注时可能发生低血压、心电图变化甚至心跳、呼吸停止。⑥静脉给药可引起血栓性静脉炎。

目前文献报道的水产品中林可霉素残留检测方法主要包括 HPLC 法、HPLC-MS 法、ELISA 法和 GC 法。

1. HPLC 法

黄新球等利用该方法测定蜂王浆中林可霉素的残留。样品经乙腈（含 3%氨水）

除蛋白，正己烷除脂肪，在 217nm 波长下用紫外检测器检测，平均回收率为 102.6%～107.3%。林可霉素在质量浓度 5.0～100.0μg/mL 范围内与峰面积呈良好的线性关系，最低 LOD 为 0.09μg/mL[71]。

2. HPLC-MS 法

李烈飞等利用 HPLC-MS 法检测猪瘦肉中多种兽药包括林可霉素的药物残留量。猪肉样品经 0.1%甲酸-乙腈水（80：20，体积比）溶液提取。在不需活化和平衡的条件下通过 Oasis PRiME HLB 固相萃取柱，氮吹后用甲醇复溶，反相 HPLC 分离后，经质谱分析。结果表明：红霉素、替米考星、林可霉素 1.0～20μg/L 浓度范围内线性关系良好，相关系数均大于 0.99，空白样品加标回收率范围为 73.6%～103.6%，RSD 小于 10.0%。林可霉素的 LOD 为 1.0μg/kg[72]。

3. ELISA 法

何方洋等用 ELISA 法检测了鸡肉中的林可霉素残留量。制备了半抗原、人工抗原及林可霉素的单克隆抗体。该方法的灵敏度为 0.2μg/L，具有较高的特异性，回收率范围为 83.5%～96.5%，RSD 小于 15%，表明该方法准确、可靠，使用简便，适于林可霉素在鸡肉中的残留分析[73]。

4. GC 法

陶燕飞等用 GC 法检测了林可霉素和大观霉素在猪肾脏、牛肾脏、鸡肌肉组织中的残留量。该方法对组织中林可霉素的 LOQ 为 30μg/kg，回收率为 73.2%～85.7%。该法节省时间，有机试剂用量少，操作简单，回收率高，适于动物组织林可霉素的残留量检测[74]。

8.3.7　多肽类

多肽类抗生素包括多黏菌素（多黏菌素 E、抗敌素）、杆菌肽、恩拉霉素。糖肽类抗生素主要包括：第一代的万古霉素、替考拉宁、去甲万古霉素；第二代的 Dalbavancin、Oritavancin（LY333328）、Telavancin（TD-6424）。环（脂）肽类抗生素主要包括多黏菌素、杆菌肽、达托霉素、那西肽及十元环状脂肽家族的 A54145、Amphomycins 和 Laspartomycins 等。抗菌肽类主要包括：真核细胞抗菌肽（defensins、cathelicidins 和 histatins）、细菌素类（革兰阴性菌产生的大肠杆菌素、革兰阳性菌产生的羊毛硫素、古细菌产生的盐素和类噬菌体尾样细菌素等）。噬菌体编码的抗菌肽主要包括噬菌体编码的溶解因子和噬菌体尾复合物。

多肽类抗菌剂衍生于不同数目或种类的氨基酸所组成多肽的抗菌剂，从来源看包括由细菌、放线菌或真菌产生的抗生素，也有从动植物体内分离得到的抗菌肽类。作为抗菌剂，它们独特的作用机制使细菌对其很难产生耐药性，且与其他类型的抗生素不易产生交叉耐药性，因而引起广泛重视。该类药物不仅能广泛应用于水产业，而且还能广泛应用于畜禽业。例如，李言彬等报道奥尼罗非鱼饲料中添加那西肽，经过 50d 养殖能显著提高奥尼罗非鱼的生长率 10.57%～47.78%（$p < 0.05$），降低饵料系数 4.60%～16.67%（$p < 0.05$）[75]。

第一代糖肽类抗生素，就是肽链上有糖基取代的多肽抗生素，是一类能够与 D-丙胺酰-D-丙氨酸结合并具有七肽结构的抗生素，其结构特征是线状七肽链被高度修饰，并由侧链连接糖基。糖肽类抗生素对革兰阳性球菌具有强大的杀菌作用，糖肽类抗生素的作用机制为通过与细菌细胞壁肽聚糖前体的 D-丙胺酰-D-丙氨酸末端结合，并抑制转糖基作用而阻止肽聚糖的延伸和交联，使细胞壁合成受阻，最终导致细菌溶解死亡。自 20 世纪 50 年代发现万古霉素以来，已经有数十个糖肽类抗生素从土壤的拟无枝酸菌和链霉菌中分离获得。主要代表药物有万古霉素、去甲万古霉素、替考拉宁等，早期由于药物纯度不够、不良反应严重而在临床很少使用。随着技术的发展，纯度问题基本解决，更重要的是耐药菌的出现，使得这类对革兰阳性菌有强大杀菌作用的抗生素被重新引起重视。自从 20 世纪 80 年代分离得到第 1 株耐万古霉素肠球菌（VRE）以来，糖肽类抗生素耐药肠球菌的数目不断增加，并且 VRE 还可能将万古霉素耐药性传递给金黄色葡萄球菌，随着万古霉素中度敏感金黄色葡萄球菌（VISA）、耐万古霉素金黄色葡萄球菌（VRSA）的出现，找到更有效的抗耐药菌抗生素成为迫切的任务。第二代糖肽类抗生素就是以第一代的研究结果作指导，为了提高抗菌效力，改善药学性质而对天然的抗生素进行改造得到的半合成糖肽抗生素[76]。

脂肽是指结构中连有脂质分子的多肽化合物，脂肽是一个随着新型的达托霉素类抗生素出现而升温的概念，虽然达托霉素结构特征也符合传统酯肽的定义，但脂肽是不同于酯肽的，它更强调结构中脂质分子的取代。现在越来越多具有抗菌活性的脂肽成分被分离得到，而且多为环状肽结构，因而将脂肽放在环状肽类中。

多肽类抗生素主要从肾脏排泄。多黏菌素 B 硫酸盐排泄较慢，进入体内后有延滞时间。注射后开始的 12h 仅有 0.1%药量从尿中排出，但继续用药后尿中排泄量增加。多黏菌素 E 甲磺酸钠排泄较快，注射给药 8h 后 40%从尿中排出。在肾功能不良时，药物消除半衰期明显延长。多黏菌素 B 硫酸盐的消除半衰期为 6h，多黏菌素 E 甲烷磺酸钠的消除半衰期为 1.6～2.7h。万古霉素进入人体后 24h 内，总量的 80%～90%以原型药物从肾脏的肾小球滤出。

多肽类抗生素主要有以下毒性。①神经系统毒性。当剂量偏大或肾功能不良时，药物在体内积蓄，可出现感觉异常、头痛、嗜睡、兴奋、共济失调、视力与言语障碍等，这些症状均具有可逆性。②肾脏毒性。全身给药剂量过大或时间过长可出现肾脏毒性，易产生肾脏疾患。表现为蛋白尿、管型尿、血尿及尿素氮上升，若即时停药一般可恢复。③神经肌肉接头处阻滞。肾功能损害或用过肌肉松弛剂的患者进行腹腔内或肌肉注射多黏菌素类抗生素时，可能出现呼吸肌麻痹，停药后可逐渐恢复。④耳毒性。常先出现耳鸣，相继有高频范围听力丧失，若不及时停药则可导致耳聋。⑤其他反应。偶有荨麻疹、嗜酸细胞增多、粒细胞减少及静滴后恶心、面部潮红、皮肤痒疹等。另外，值得注意的是，由于耐药性的发生和发展形势严峻，我国农业部第 2428 号公告已经禁止硫酸黏菌素用于动物促生长[77]。

目前文献报道的水产品中多肽类抗生素残留检测方法主要包括 HPLC-MS 法和 HPLC 法。

1. HPLC-MS 法

罗方方等建立了同时检测水产品中硫酸黏菌素、杆菌肽和维吉尼霉素 M_1 残留量的 HPLC-MS 法。样品经甲醇-0.1%甲酸水溶液（2∶5，体积比）提取，4%三氯乙酸乙腈除蛋白质，乙腈饱和正己烷除脂，过 Oasis HLB 小柱净化，外标法定量。硫酸黏菌素、杆菌肽、维吉尼霉素 M_1 的 LOD 分别为 10μg/kg、10μg/kg、2μg/kg，LOQ 分别为 20μg/kg、20μg/kg、4μg/kg。回收率为 72.3%～103.9%，RSD 为 1.10%～10.92%[78]。

2. HPLC 法

罗方方等也建立了水产品中硫酸黏菌素残留量检测的 HPLC-荧光检测法。他们实验研究了不同衍生化试剂的衍生化效果。经验证硫酸黏菌素在 0.03～6ng/g 浓度范围内线性良好（$R^2 > 0.999$），LOD 为 30μg/kg。选择 3 个浓度水平做加标回收，回收率为 88.8%～97.5%，RSD 为 5.01%～6.91%。选择 6 种不同水产品在 150μg/kg 浓度水平下做加标回收，回收率为 80.7%～96.0%，RSD 在 10%以内[78]。

8.3.8　泰妙菌素

泰妙菌素截短侧耳素类药物，是一种双萜烯类畜禽专用抗生素。泰妙菌素是 1951 年由澳大利亚 Kavangh 首次提出，60 年代开始广泛研究，是世界十大兽用抗生素之一。本品抗菌谱与大环内酯类抗生素相似，主要抗革兰阳性菌，对金黄色葡萄球菌、链球菌、支原体、猪胸膜肺炎放线杆菌、猪密螺旋体痢疾等有较强的抑制作用，对支原体的作用强于大环内酯类。对革兰阴性菌尤其是肠道菌作用较弱。泰妙菌素主要用于防治鸡慢性呼吸道病、猪支原体肺炎（气喘病）、放线菌性胸膜肺炎和密螺旋体性痢疾等。低剂量可以促进生长，提高饲料利用率。

泰妙菌素残留可能对人类健康造成严重的潜在危害。泰妙菌素在动物体内一般代谢成 8-α-hydroxymutilin 以及各种酯代谢物。

据报道，泰妙菌素内服比较容易吸收，其中约 90% 的给药剂量可被肠道吸收，血药浓度达峰时间约为 2～4h。体内分布较广泛，药物组织穿透力强，主要从胆汁中排泄，肺中浓度最高，反刍动物内服可被肠道菌群灭活。泰妙菌素在经动物体内代谢后产生 20 多种代谢产物，代谢产物主要排泄途经为从胆汁到粪便，另有约 30% 从尿中排泄。这些代谢产物中，多数没有活性，只有一小部分代谢物具有一定抗菌活性。有研究发现静脉注射 1h 后，药物在肾脏、肝及肺组织中的浓度较高，血液中浓度较低，在这些组织中的药物浓度是血液中的 4～7 倍。而在肌肉注射泰妙菌素实验中，药物在乳中的浓度也较血液中高，患病牛乳和正常乳中的浓度分别是血液中泰妙菌素的 1.2 倍和 7.5 倍。Emea 研究泰妙菌素的代谢实验表明，其在动物肝脏中代谢最广泛，所有代谢产物中有 67% 无抗菌活性。泰妙菌素在猪肝细胞微粒体中的代谢过程表明，在肝微粒体中，大约 40% 的泰妙菌素原药被代谢，研究分离到 M_1、M_2、M_3、M_4 和 M_5 5 种代谢产物。其中 M_1、M_2、M_3 结构较清楚，分别为 2-β-羟基泰妙菌素、8-α-羟基泰妙菌素和 N-去乙基泰妙菌素，而代谢物 M_4 的结构不是十分清楚，推测有可能为 2-β-羟基-N-去乙基泰妙菌素，M_5 则为 8-α-羟基-N-去乙基泰妙菌素。大约有 20% 的原药以去乙基代谢物的形式转化，10% 的原药在 2β 位上发生羟基化，另有 7% 的原药是在 8β 位上发生羟基化反应。

泰妙菌素的主要不良反应有：①泰妙菌素与聚醚类抗生素如盐霉素、莫能菌素等联合用药时，会导致动物中毒，可以影响肝功能。其毒性机理为通过影响肝细胞色素 P450 混合功能氧化酶系的活性，干扰聚醚类抗生素的体内代谢过程。主要表现为使鸡运动失调、生长迟缓、麻痹瘫痪，甚至死亡。②马禁用泰妙菌素，该药物可能带来大肠杆菌菌群失调和结肠炎的危险。③猪使用泰妙菌素后也有一定不良反应，主要表现为可引起猪的短暂流涎、中枢神经抑制和呕吐。

目前文献报道的水产品中泰妙菌素残留检测主要为 HPLC-MS 法。

黄雅丽建立了固相萃取-HPLC-MS 法测定水产品中泰妙菌素残留的分析方法。匀浆样品用乙腈水提取，经盐析和乙腈饱和正己烷除脂后过 Oasis MCX SPE 小柱净化，采用 HPLC-MS/MS 检测，外标法定量。泰妙菌素的 LOD 为 1.0μg/kg，在 1.0～100μg/kg 范围内线性关系良好，相关系数为 0.99。在 1.0～50.0μg/kg 的加标水平内的回收率为 80.9%～104.3%，RSD 为 4.7%～7.8%[79]。隋涛采用液-液萃取的预处理方式，以 UPLC-MS/MS 检测水产品中泰妙菌素的残留量。水产品经过匀质，乙腈提取并沉淀蛋白，正己烷去除脂肪，UPLC-MS/MS 进行检测，在 6min

内完成分离。在 5~200μg/L 范围内，相关系数 R^2 为 0.9977~0.9999，具有良好的线性关系。LOD 为 1.0μg/kg，回收率范围为 61.2%~90.5%[80]。

8.3.9 黄霉素

黄霉素又称班堡霉素，为磷酸化多糖类抗生素，浅褐色至褐色粉末，有特臭。其抗菌作用机理是通过干扰细胞壁的结构物质肽聚糖的生物合成从而抑制细菌的繁殖。黄霉素的促生长原理可能在于它能提高饲料中能量和蛋白质的消化，能使肠壁变薄从而提高营养物质的吸收，能有效地维持肠道菌群的平衡和瘤胃 pH 值的稳定。细菌对黄霉素不易产生耐药性，黄霉素也不易与其他抗生素产生交叉耐药性。黄霉素抗菌谱较窄，主要对革兰阳性菌有效，且对其他抗生素耐药的革兰阳性菌也有效，对革兰阴性菌作用很弱。黄霉素作为一种新型抗生素类饲料添加剂，在水产上的应用也非常广泛。黄霉素能促使水产动物对营养物质的均衡吸收，而且能促进鱼体内各种生化反应，以调节新陈代谢，增强鱼体内蛋白质转化率。其在鲤鱼上的最适添加量为 2.5~3.75mg/kg，鳗鲡中的最适添加量为 10~15mg/kg。在草鱼配合饲料中添加黄霉素浓度为 3mg/kg 或 8mg/kg 时，均可获得比较好的促生长效果。与喹乙醇相比，黄霉素有更好的促生长效果，而且黄霉素对动物的脏器无损伤。对虾饲料中添加黄霉素 20mg/kg、40mg/kg 和 60mg/kg，可增重 35.8%、74.4%和 72.2%，并且添加 40mg/kg 的效果最好。另外，在促生长机理方面的研究发现黄霉素对鱼类肠道的菌群无明显影响，但是有提高各肠段绒毛和微绒毛高度的趋势。

黄霉素不具有明显的毒性作用。急性毒性试验中，试验动物发育正常，病理及组织学检查均无毒副作用，尿和血指标在正常范围内。在慢性毒性试验中，应用剂量为正常剂量的 10~20 倍，饲喂 2 年后对主要器官进行病理及组织学检查未发现毒副作用，尿和血指标均正常，对产蛋性能、受精率和孵化率未有负面影响。致癌、致畸和致突变研究中，在怀孕母兔受孕后 7~19 周内给予正常剂量 7 倍、70 倍和 700 倍的黄霉素，均未影响母兔的健康状况、子宫发育和胎儿的成活率，只是 700 倍剂量组的采食量略有下降，但幼兔发育未见不良影响，也未观察到幼兔有致畸现象。

黄霉素的分子量大，在动物消化道内不易被吸收，发挥作用后以原形排出体外。猪、牛按推荐量的 16 倍，肉鸡按 360 倍，蛋鸡按 25 倍长期使用，屠宰后在血、肌肉、肝、肾、皮肤、脂肪、蛋中均未检测到药物残留。

目前文献报道的水产品中黄霉素残留检测方法主要是 HPLC-MS 法。

许辉等建立了检测禽类组织（肌肉、脂肪、肝脏、肾脏）中黄霉素 A 残留的 UPLC-四极杆/线性离子阱质谱方法。黄霉素 A 在 20~200μg/L 线性范围内线性关系良好（$R^2 \geqslant 0.995$），黄霉素 A 的 LOQ 为 10μg/kg，3 个添加水平（10μg/kg、20μg/kg 和 100μg/kg）下的回收率为 66.5%～89.4%，RSD 为 4.7%～10.2%[81]。耿宁等建立了同时测定肌肉组织中灰黄霉素的 HPLC-MS 分析方法。肌肉组织匀浆均质后使用乙腈-5%甲酸水溶液提取，HLB 固相色谱柱净化，HPLC 分离，电喷雾离子源正离子模式及多反应监测模式检测，外标法定量。结果表明：在质量浓度 1.0～200.0μg/L 范围内具有良好的线性关系，R^2 大于 0.9980。灰黄霉素的 LOD 为 5.0μg/kg，加标回收率为 82.1%～98.4%，RSD 为 2.2%～6.7%[82]。

8.3.10　维吉尼霉素

维吉尼霉素能促进畜、禽对氨基酸和磷的吸收利用，改进饲料转化率。维吉尼霉素可用于猪饲料和 16 周龄以下的鸡饲料，产蛋期禁用。其对革兰阳性菌有抑制作用，能防治细菌性下痢（如猪赤痢、鸡坏死性肠炎等），几乎没有耐药性。

维吉尼霉素 M_1 是目前规定的体内维吉尼霉素的主要代谢产物和检测目标。目前文献报道的水产品中维吉尼霉素 M_1 残留检测技术主要是 HPLC-MS 法。罗方方等研究了水产品中维吉尼霉素 M_1 的残留检测的 HPLC-MS/MS 法。样品经甲醇-0.1%甲酸水溶液（2∶5，体积比）提取，4%三氯乙酸乙腈除蛋白质，乙腈饱和正己烷除脂，过 Oasis HLB（60mg）小柱净化后，利用 HPLC-MS/MS 法，以选择反应监测模式检测，外标法进行定量分析。维吉尼霉素 M_1 在 0.002～2.000mg/L 质量浓度范围内线性良好，R^2 均大于 0.995，LOD 为 12μg/kg，LOQ 为 4μg/kg。平均回收率为 72.3%～103.9%，RSD 为 1.10%～10.92%[83]。

8.3.11　阿维拉霉素

阿维拉霉素（阿美拉霉素、卑霉素）被证实对多种革兰阳性菌有抑制作用，包括一些致病菌，如万古霉素拮抗的肠道球菌、甲氧苯青霉素拮抗的葡萄球菌以及青霉素拮抗的肺炎双球菌，但对革兰阴性菌的抑制效果差。此外，阿维拉霉素对大肠杆菌有一种间接作用，它可以影响细菌鞭毛及细菌的黏附，并通过抑制细菌黏附于宿主黏膜细胞表面而抑制细菌的感染，从而抑制疾病的感染。

阿维拉霉素在毒性试验研究中以其高安全性通过了急性毒性试验、短期以及长期毒性试验、眼黏膜刺激性试验、急性吸入毒性试验等各种试验，它所达到的标准都是迄今所有抗生素中最高的。毒理学研究表明，阿维拉霉素对小鼠和大鼠均无死亡和中毒症状。没有任何与药物有关的损伤，无任何生长、存活和繁殖上的不良反应。它只对鼠有很低的口部毒性，对兔子有很低的皮肤毒性，对皮肤和眼睛有轻微的刺激。阿维拉霉素没有任何治疗和预防作用，因而它避免了因应用治疗性抗生素而出现的耐药性问题，也不存在与其他抗生素的交叉感染抗药性问题。

当牲畜使用阿维拉霉素后，其在体内迅速地进行代谢和分泌，而且在鼠和猪的体内，阿维拉霉素的代谢方式是相同的，都是通过降解的途径来完成。对鼠、猪、鸡的饲喂试验结果和肉鸡的饲喂试验结果也证明了其代谢途径和低水平残留。经美国食品药物监督管理局测定，用最大使用剂量的阿维拉霉素饲喂肉鸡和猪后，它的残留浓度均低于停药当天的安全组织浓度，因此阿维拉霉素没有停药期的限制。血药动力学研究发现，阿维拉霉素在鲤鱼体内的吸收少、分布快、消除迅速并且无休药期。

目前文献报道的水产品中阿维拉霉素残留检测技术主要为 HPLC-MS 法。Saitoshida 等建立了阿维拉霉素残留的 HPLC-MS/MS 法，此法用丙酮从猪的肌肉、脂肪和肝脏样品中提取分析物，水解成二氯异丁烯酸，液液分配到乙酸乙酯中，净化后经 HPLC-MS/MS 分析。结果表明，回收率在 100%～108%之间，RSD<6%[84]。

8.4　化学合成抗菌药

8.4.1　磺胺类及其增效剂

磺胺类药物是人工合成的具有对氨基苯磺酰胺结构的一类药物的总称，其药理作用是干扰细菌酶系统对对氨基苯甲酸的利用，影响细胞核蛋白质的合成，从而抑制细菌的繁殖。常见的磺胺类药物包括磺胺嘧啶、磺胺二甲嘧啶、磺胺甲噁唑、磺胺对甲氧嘧啶、磺胺间甲氧嘧啶、磺胺氯哒嗪、磺胺地索辛等（表 8-11）。常见的磺胺增效剂包括甲氧苄啶和二甲氧苄啶。磺胺类药物具有抗菌谱广、抗菌力强、稳定性强、吸收迅速完全和价廉易得等特点，广泛用在畜牧业和兽医临床上来预防和治疗畜禽细菌性疾病，兼具抗球虫活性。在我国，20 世纪 50 年代磺胺类药物就用于防治鱼类的肠炎病、赤皮病等，效果明显。但长期使用这些药物，易产生抗药性，并使养殖对象的肝、肾等功能受到影响。甲氧苄啶、二甲氧苄啶为合成的广谱抗菌剂，可用于呼吸道感染、泌尿道感染、肠道感染等病症，但单独使用效果不理想，因此一般甲氧苄啶与磺胺-2,6-二甲氧嘧啶等联用。

表 8-11　磺胺类药物最大残留限量

类别	残留标识物	动物种类	最大残留限量（μg/kg）
磺胺类药物	磺胺嘧啶	所有食品动物	肌肉 100，脂肪 100，肝 100
		牛/羊	肾 100，奶 100
	磺胺二甲嘧啶	牛	奶 25

类别	残留标识物	动物种类	最大残留限量（μg/kg）
磺胺类药物	磺胺甲噁唑	所有食品动物	肌肉 100，脂肪 100，肝 100
		牛/羊	肾 100，奶 100
	磺胺对甲氧嘧啶	所有食品动物	肌肉 100，脂肪 100，肝 100
		牛/羊	肾 100，奶 100
	磺胺间甲氧嘧啶	所有食品动物	肌肉 100，脂肪 100，肝 100
		牛/羊	肾 100，奶 100
	磺胺氯哒嗪	所有食品动物	肌肉 100，脂肪 100，肝 100
		牛/羊	肾 100，奶 100
	磺胺地索辛	所有食品动物	肌肉 100，脂肪 100，肝 100
		牛/羊	肾 100，奶 100
抗菌增效剂	甲氧苄啶	牛	肌肉 50，脂肪 50，肝 50，肾 50，奶 50
		猪/禽	肌肉 50，皮+脂 50，肝 50，肾 50
		马	肌肉 100，脂肪 100，肝 100，肾 100
		鱼	肌肉+皮 50
	二甲氧苄啶	所有食品动物	肌肉 100，脂肪 100，肝 100
		牛/羊	肾 100，奶 100

磺胺类药物在体内作用和代谢时间较长，通过任何途径摄入的磺胺都有可能在人体内蓄积。蓄积浓度超过一定值时对人体有害。短时间大剂量或长时间小剂量的刺激可分别引起急性或慢性中毒，影响机体的泌尿、免疫系统，破坏肌肉、肾脏和甲状腺等组织，如诱发人的甲状腺癌等。另外，人体中长期存在磺胺会导致许多细菌产生耐药性。

目前在复杂基质中磺胺类药物及其代谢物的检测技术已经取得很大进展，借助于灵敏度较高的分析仪器，如 HPLC-MS 法等，药物 LOD 和 LOQ 均能满足各国出入境、食品药品监督管理总局及相关机构的检测要求。2007 年 Blasco 等对各类抗菌药物作为兽药或饲料添加剂的使用量进行了统计，指出磺胺类药物是目前使用量最大的兽药抗菌药物之一[85]。

农业部 958 号公告-12-2007 规定了水产品中磺胺类药物残留量 HPLC 测定法。样品中残留的磺胺类药物用乙酸乙酯提取，旋转蒸发至近干，甲醇溶解，正己烷脱脂，固相萃取柱净化，甲醇洗脱后旋转蒸发至干。用流动相定容，反相色谱柱分离，紫外检测器检测，外标法定量。此法磺胺的 LOD 为 2.5μg/kg，磺胺嘧啶、磺胺噻唑、磺胺甲基嘧啶、磺胺二甲基嘧啶的 LOD 为 5μg/kg，磺胺-5-甲氧嘧啶、磺胺甲氧哒嗪、磺胺氯哒嗪、磺胺-6-甲氧嘧啶、磺胺甲基异噁唑、磺胺多辛、磺胺异噁唑、磺胺二甲氧哒嗪的 LOD 为 10μg/kg，磺胺喹噁啉的 LOD 为 20μg/kg。目前文献报道的水产品中磺胺类药物残留检测方法主要包括 HPLC 法、HPLC-MS 法、CE 法、免疫测定法。

1. HPLC 法

磺胺类药物的分析实践中，反相 UPLC-紫外检测器、二极管阵列检测器及荧光检测器等液相色谱分析方法均为经典的磺胺类药物残留分析方法，并在目前食品残留领域仍然有着极其广泛的应用。但上述几种检测器通常只能用作定量分析，而无法直接提供待测物的结构或化学组成。分析磺胺类药物时，紫外检测器通常选取波长范围 270～280nm，少数研究选取 255nm，二极管阵列检测器通常选取 268nm、267nm、263nm 作为检测波长。磺胺类药物进行荧光检测时通常需经过衍生化处理，衍生后通常选取 405～420nm 激发波长和 485～495nm 吸收波长[86]。上述 3 种检测器各有优劣，紫外检测器价格低廉、通用性强，但灵敏度和选择性低。荧光检测器灵敏度和选择性高，但样品在进入检测器之前经常需要衍生化处理，操作烦琐。二极管阵列检测器能够得到任意波长的色谱图，极为方便，但其灵敏度较荧光检测器低。

黄冬梅等采取柱后衍生化法测定虾米中 14 种磺胺药物残留，采用乙腈、甲醇和 2%乙酸溶液梯度淋洗，50min 内实现了对 14 种磺胺类药物的充分分离[87]。陈进军等在比较检测波长以及不同提取方法的基础上优化了测定拟穴青蟹血淋巴、肌肉、鳃和肝胰腺等组织中磺胺嘧啶和甲氧苄啶含量的反相 HPLC 法。样品用乙腈提取，经 Agilent Zorbax SB-C_{18} 柱（150×4.6mm，5μm）分离，以乙腈和 0.01mol/L 乙酸铵（乙酸调节 pH 为 3.80）为流动相。结果表明，磺胺嘧啶在 0.05～10μg/mL 范围内线性关系良好，相关系数 R^2=0.9999。甲氧苄啶在 0.0510μg/mL 范围内线性关系良好，相关系数 R^2=0.9999。磺胺嘧啶和甲氧苄啶的加标回收率为 82.26%～98.59%，日内 RSD 分别为 1.77%、4.09%，日间 RSD 分别为 2.27%、4.82%，LOQ 均为 0.05μg/mL[88]。

2. HPLC-MS 法

HPLC 串联的各种检测器中，串联质谱由于灵敏度和选择性高于其他检测器，目前被认为是效果最好的分析手段。Vardali 等建立了同时测定欧洲海鲈食用肌肉和皮肤组织中 20 种兽药残留和代谢产物的 UPLC-QTOF-MS 方法，其中就包括多种磺胺类药物，如磺胺五甲氧嘧啶、甲氧苄啶、磺胺嘧啶。为了鉴定分析物，Vardali 等用酸性乙腈和 0.1mol/L Na_2EDTA 进行简单的固-液萃取，UPLC BEH-C_{18}（50mm×2.1mm，1.7μm）柱上用梯度洗脱程序 10min 进行分离，使用 UPLC-QTOF-MSE 的正电喷雾电离四极飞行时间质谱仪。在 MS 和 MS/MS 模式下同时运行。方法回收率为 93.8%～107.5%，LOD 和 LOQ 分别为 2.22～15.00μg/kg 和 6.67～45.46μg/kg[42]。

3. CE 法

CE 法也是一种较好的定量分析方法，在样品量很小时具有较多优势，该方法分离效能高，试剂、耗材消耗少，能实现多种物质的同时检测。Chu 等采用 CE 法同时测定了鸡和猪组织中 6 种磺胺类药物，选用 40mmol/L $Na_2B_4O_7$ 和 25mmol/L KH_2PO_4（pH 6.2）缓冲体系作为流动相，在 18kV 电压下，17min 内这 6 种磺胺类抗生素均取得了良好的分离效果[89]。Farooq 等采用 45mmol/L 磷酸盐缓冲体系作为流动相，同时测定鸡肉和牛肉中 4 种磺胺类抗生素含量，在 20kV 电压下，4 种磺胺类药物的 LOD 达到 4～6mg/kg[90]。

4. 免疫测定法

陈健等应用 Charm Ⅱ放射免疫分析方法检测鳗鱼中磺胺类药物残留，确定了制样和控制点设定的方法，评价了免疫反应体系的灵敏度和特异性，验证了磺胺类 MRL 为 50μg/kg 的检测稳定性，90min 可出检测结果[91]。林杰等应用 Charm Ⅱ放射免疫分析方法检测虾中磺胺类药物残留，确定了虾检测的制样和控制点设定的方法，评价了免疫反应体系的灵敏度和特异性，验证了磺胺类 MRL 为 50μg/kg 的检测稳定性，90min 可出检测结果[92]。

8.4.2 喹诺酮类

喹诺酮类药物的发现源于抗疟原虫氯喹作用的研究，其发展历经了三代。第一代以萘啶酸为代表，于 1962 年研制成功，1964 年应用于临床，作用于革兰阴性菌。在治疗泌尿道感染方面起了一定作用，现因其吸收性差、抗菌谱窄、易产生耐药性已遭淘汰。第二代以吡哌酸及奥索利酸为代表，前者于 1973 年合成，1979 年应用于我国临床。后者在欧美等国家和地区应用广泛，两药作用相仿，较第一代抗菌活性有所提高，但血浓度低，神经精神症状的不良反应较多，现已少用。1978 年化学家们在喹诺酮的骨架 6 位上添加氟原子，7 位上引入哌嗪环或其他衍生物，构成新一代含氟喹诺酮类药，即氟喹诺酮类药。由于结构上的改进，其性状优于前两代，疗效与新一代头孢菌素相当。其对革兰阴性杆菌有较强的抗菌活性，对某些革兰阴性球菌如葡萄球菌也具有抗菌作用。现临床普遍使用的喹诺酮类药物主要有恩诺沙星（乙基环丙沙星）、诺氟沙星（氟哌酸）、环丙沙星（环丙氟哌酸）、达氟沙星（单诺沙星）、沙拉沙星、二氟沙星、麻保沙星（表 8-12）。

表 8-12　喹诺酮类药物最大残留限量

残留标识物	动物种类	最大残留限量（μg/kg）
恩诺沙星	牛/羊	肌肉 100，脂肪 100，肝 300，肾 200
	牛/羊	奶 100
	猪/兔	肌肉 100，脂肪 100，肝 200，肾 300
	禽（产蛋鸡禁用）	肌肉 100，皮+脂 100，肝 200，肾 300
	其他动物	肌肉 100，脂肪 100，肝 200，肾 200
诺氟沙星	—	—
环丙沙星	—	—
达氟沙星	牛/绵羊/山羊	肌肉 200，脂肪 100，肝 400，肾 400，奶 30
	家禽	肌肉 200，皮+脂 100，肝 400，肾 400
	其他动物	肌肉 100，脂肪 50，肝 200，肾 200
沙拉沙星	鸡/火鸡	肌肉 10，脂肪 20，肝 80，肾 80
	鱼	肌肉+皮 30
二氟沙星	牛/羊	肌肉 400，脂肪 100，肝 1400，肾 800
	猪	肌肉 400，皮+脂 100，肝 800，肾 800
	家禽	肌肉 300，皮+脂 400，肝 1900，肾 600
	其他	肌肉 300，脂肪 100，肝 800，肾 600
麻保沙星	—	—

　　水产动物常用于大肠杆菌病，单孢菌属和弧球菌属病，以及嗜水气单胞菌病。使用范围包括海水、淡水鱼类，虾蟹类等。农业部公告第 235 号对氟甲喹在鱼的肌肉+皮的残留限量规定为 500μg/kg，该药物吸收到体内后，主要代谢产物是原药氟甲喹，约占 80%，羟基化代谢物占 10%～20%。另外，我国已经于 2016 年12 月 31 日起，停止经营、使用洛美沙星、培氟沙星、氧氟沙星、诺氟沙星 4 种原料药的各种盐、酯及其各种制剂，在水产养殖中禁用。

　　喹诺酮类药物具有明显急性、慢性和光敏毒性作用。直接毒性作用主要会导致胃部不适、恶心、呕吐（主要发生于儿童）、腹痛、腹泻等消化系统不良反应，头痛、眩晕、疲倦、失眠、视觉异常和噩梦等神经系统不良反应，心悸、胸部压迫感、低血糖等心血管系统反应。过敏反应：主要是光敏反应，包括光毒性反应和光变态反应。光毒性反应是指药物吸收的紫外光能量在皮肤中释放，导致皮肤损伤。光变态反应指药物吸收光能后转为激活态，并以半抗原形式与皮肤中蛋白质结合，形成药物-蛋白质结合物，经表皮的朗格汉斯细胞传递给免疫活性细胞，引发过敏反应。氟喹诺酮类药物引起的皮肤光毒性与药物剂量密切相关。此外动物性食品中残留较低浓度的喹诺酮类药物容易诱导人类的病原微生物产生耐药性。

喹诺酮类药物与其他药物相互作用也会产生毒性：①与 Al^{3+}、Mg^{2+}、Ca^{2+} 等抗酸剂合用导致前者吸收下降。②与非甾体抗炎药（水杨酸钠、吡唑酮类等）合用会加剧中枢神经毒性。③有些喹诺酮类药物如依诺沙星有抑制肝药酶（细菌色素 P450 等）的作用，从而导致依靠此类酶代谢的药物如茶碱、咖啡因、可可碱等嘌呤类生物碱代谢障碍，血药浓度上升，出现明显的毒副作用。④蛋白结合率高的喹诺酮类药物与华法令合用，可使游离的华法令增加，引起抗凝过度，凝血时间延长而出血。

GB/T 20366—2006 规定了动物源产品中 11 种喹诺酮类残留量的 HPLC-MS 测定方法。该方法适用于禽、兔、鱼、虾等动物源产品。试样中喹诺酮残留，采用甲酸-乙腈提取，提取液用正乙烷净化。HPLC-MS 测定，外标法定量。恩诺沙星、丹诺沙星的 LOD 为 0.5μg/kg，其他 9 种物质的 LOD 为 0.1μg/kg；11 种物质的 LOQ 为 0.1μg/kg。目前文献报道的水产品中喹诺酮类药物残留量的检测方法主要有 HPLC 法、HPLC-MS 法和免疫法。

1. HPLC 法

王慧等通过比较筛选国内外相关研究，确立了水产样品中噁喹酸残留的 HPLC 检测方法。采用无水乙酸乙酯作为提取液，正己烷除去脂肪。使用 HPLC 荧光检测器检测，外标法定量。以 0.02mol/L 磷酸-乙腈-四氢呋喃（69：16：15，体积比）混合液作为流动相。结果表明，平均回收率在 79%～93%之间，RSD 均小于 10%，仪器 LOD 为 1μg/kg，方法 LOD 为 5μg/kg[93]。李佐卿等利用 HPLC 法检测水产品中的诺氟沙星、环丙沙星、噁喹酸、恩诺沙星，获得了较高的灵敏度，恩诺沙星的 LOD 为 1μg/kg，其余三种的 LOD 为 2μg/kg[94]。刘莉莉等以甲磺酸达氟沙星作内标物，在国家标准方法的基础上，建立了草鱼肌肉组织中诺氟沙星、恩诺沙星和环丙沙星多残留检测的 HPLC-FLD 方法。结果显示，在 0.01～10μg/g 范围内线性良好，提取回收率为 79.89%～99.45%，方法回收率为 97.60%～102.34%，日内 RSD 在 4%以内，日间 RSD 在 7%以内，LOD 均为 0.006μg/g[95]。李盛安等在检测罗非鱼时利用的流动相为 pH=5 的 0.05mol/L 磷酸溶液/三乙胺-乙腈（92：8，体积比），三乙胺溶液防止拖尾，使峰形更为对称。该方法的 LOD 为 0.7～1.6μg/kg，回收率在 84%～93%之间[96]。殷桂芳等建立了检测对虾不同组织中兽药残留含量的方法。在该方法中激发波长为 265nm，检测波长为 380nm。流动相为乙腈-0.01mol/L 四丁基溴化铵（磷酸调节 pH=2.75），肌肉和血浆的流动相体积比为 75∶25、鳃和肝胰腺的流动相体积比为 82∶18。对虾血淋巴、肌肉、肝胰腺和鳃加标后噁喹酸 LOQ 分别为 0.02μg/g、0.01μg/g、0.02μg/g 和 0.02μg/g，回收率均在 80%以上[97]。

2. HPLC-MS 法

龙云建立了 UPLC-MS 法检测鳗鱼冻干粉和活鳗鲜浆中氟甲喹兽药残留的方法。用 pH=4.5 的磷酸盐缓冲液对试样进行水解、打碎、匀浆，5%氯甲烷-乙腈（5∶95，体积比）进行提取，用正己烷脱脂，过 Oasis HLB 固相萃取小柱净化，在正离子模式下以电喷雾电离串联质谱进行测定。方法的线性范围为 0.2～100μg/kg，在 0.5μg/kg、1μg/kg、2μg/kg 3 个加标水平下平均回收率为 86.33%～93.33%，RSD 为 3.41%～10.26%。氟甲喹的最低 LOD 为 0.5μg/kg[98]。Storey 建立了检测甲鱼和虾中喹诺酮类药物的 HPLC-MS 法。该方法在检测过程中加入 P-TSA 和 TMPD 溶液对氟喹诺酮类化合物具有最好的回收率和稳定性，提出了半定量筛选矩阵的方法，可以将阴性样品从进一步更昂贵和耗时的分析中排除，能够提高单个检测人员一次性检测数量且回收率较高，在 96.8%～99.4%之间[99]。周平选择吸附性填料和氧氟沙星分子印迹聚合物为固相萃取柱，用 HPLC-MS-MS 技术检测了鳗鱼中 6 种喹诺酮类药物，LOD 范围为 2～5μg/kg[44]。Guidi 等采用 HPLC-ESI-MS/MS 方法，用于筛选鱼类中喹诺酮类药物。用三氯乙酸萃取样品，在 Zorbax Eclipse XDB C₁₈ 柱上实现 HPLC 分离，以多巴胺苯作为内标，选择正离子模式在多反应监测模式下进行分析。方法 LOQ 为 12.53～19.01μg/kg[100]。

3. 酶联免疫吸附测定法和胶体金快速检测法

酶联免疫吸附测定法和胶体金检测法目前在基层喹诺酮检测中应用越来越广泛。童贝建立了氟甲喹胶体金标记免疫层析分析方法，胶体金颗粒的粒径为 20nm。金标抗体连接的最佳 pH 值为 8.5，最适抗体量为 20μg/mL。在最优条件下组装试纸条，选择将金标抗体铺在结合释放垫上的组装方式，其方法 LOD 为 20μg/L。选择虾肉样品进行添加实验，样品 LOD 为 50μg/L[101]。

4. CLIA 法

Tao 建立了基于突变单链可变片段的化学发光竞争性免疫分析法。实验结果显示，最优条件下该方法对 20 种喹诺酮药物的 50%抑制率小于或等于 0.2μg/kg，该方法与传统的 ELISA 方法相比灵敏度高约 3 倍。该方法最低 LOD 在虾中为 0.014μg/kg，鱼中为 0.015μg/kg。利用该方法对鱼、虾等实际样品进行检验，该检测结果与 HPLC-MS/MS 检测结果符合度较高，能够满足各国当前水产品检测中对该类药物 MRL 的要求[102]。

8.4.3 硝基呋喃类

硝基呋喃类药物是呋喃核的 5 位引入硝基和 2 位引入其他基团的一类合成抗菌药。临床常用的有呋喃唑酮、呋喃妥因和呋喃西林。硝基呋喃类药物抗菌范围较广，能抑制多种革兰阳性菌和革兰阴性菌生长繁殖。硝基呋喃类药物曾广泛应用于畜禽及水产养殖业，以治疗由大肠杆菌或沙门菌所引起的肠炎、疖疮、赤鳍病、溃疡病等。呋喃唑酮是硝基呋喃类药物中最常用的一种，其代谢物也是在水产品检测中检出率最高的一种。其对大多数革兰阳性菌和革兰阴性菌、某些真菌和原虫均有作用，曾经在养殖业中广泛使用。但由于该类药物被认为有致癌等毒性，已经被禁用于所有食品动物，包括水产品[103]。

硝基呋喃类药物具有致癌、致畸、致突变作用。呋喃唑酮是中等强度致癌性的药物。研究表明，对小白鼠和大白鼠进行呋喃唑酮毒性试验，呋喃唑酮可以诱发乳腺癌和支气管癌，并且有剂量反应关系。呋喃唑酮使用量越大，产生这两种癌的风险就越高。繁殖毒性实验结果表明，呋喃唑酮能减少胚胎的存活率和精子的数量[104]。长期和大剂量地喂养鱼类，可以诱导鱼类的肝脏产生病变，甚至导致发生肿瘤。硝基呋喃类药物是直接致变剂，具有可以引起细菌突变的附加外源性激活系统。

长期喂养呋喃唑酮药物会对畜、禽等生物产生致毒作用。早期兽医临床上经常出现有关畜、禽长期服用呋喃唑酮药物中毒的事件报道。通过食物链到人体中的呋喃唑酮代谢产物对人类健康危害严重。呋喃唑酮药物在生物体中代谢迅速，生成难以降解的代谢物，该代谢物的毒性及危害比其原药还要大。而且在弱酸性条件下呋喃唑酮药物的代谢物可以从蛋白质中释放出来。当食品含有该代谢物时，通过食物链转移到人体中，而人类胃液的酸性环境刚好适合这些代谢物从蛋白质中释放出来被人体吸收，从而对人体健康造成严重的危害。

硝基呋喃类药物原型药物在生物体内代谢迅速，呋喃它酮的主要代谢物为 5-吗啉甲基-3-氨基-2-噁唑烷基酮，呋喃西林主要代谢物为氨基脲，呋喃妥因的主要代谢物为 1-氨基-2-内酰脲，呋喃唑酮的主要代谢物为 3-氨基-2-噁唑烷基酮。这些代谢物能与蛋白质稳定结合。利用代谢产物的检测能反映硝基呋喃类药物的残留状况，因此兽药残留监测的检查对象常为该类药物的主要代谢物。

农业部 783 号公告-1-2006 规定了水产品中硝基呋喃类代谢物残留量的 HPLC-MS 测定法。样品肌肉组织中残留的硝基呋喃类蛋白结合代谢物在酸性条件下水解，用 2-硝基苯甲醛衍生化，经乙酸乙酯液-液萃取净化后，HPLC-MS 测定，内标法定量。四种硝基呋喃代谢物的 LOD 为 0.25μg/kg，LOQ 为 0.5μg/kg。

目前文献报道的水产品中硝基呋喃类药物及其代谢物残留检测技术主要包括 HPLC 法、HPLC-MS 法和免疫分析法。

1. HPLC 法

由于硝基呋喃类药物及其代谢物在紫外可见区有一定吸收，所以用带紫外检测器的 HPLC 检测方法是检测硝基呋喃类药物及其代谢物残留量较为常用的一种方法。Saowapa 等利用衍生试剂 2-萘甲醛进行衍生化试验，对虾肉中四种硝基呋喃类药物的代谢物进行衍生化，然后用配二极管阵列检测器的 HPLC 进行检测，实验效果较好，LOD 可达 1.0μg/kg，符合部分领域中四种硝基呋喃类代谢物的检测[105]。黄宣运建立了同时测定水产品中 4 种硝基呋喃类原药（呋喃它酮、呋喃西林、呋喃妥因和呋喃唑酮）的 HPLC 分析方法。样品经乙酸乙酯提取，旋转蒸发仪浓缩，流动相溶解，正己烷去脂后，用配有紫外检测器的 HPLC 仪检测，外标法定量。结果表明：4 种药物在 0.010～0.25μg/mL 范围内呈良好的线性关系，相关系数 R^2 均大于 0.998，呋喃它酮、呋喃西林、呋喃妥因和呋喃唑酮的 LOD 和 LOQ 分别为 1.0μg/kg 和 3.00μg/kg。4 种药物在样品中 3 个不同浓度添加水平下的平均回收率为 70.9%～116.8%，RSD 为 1.7%～14%[106]。

2. HPLC-MS 法

利用 HPLC-MS 法对硝基呋喃代谢物的检测和确证是目前国内各行业及进出口中普遍采用的一种方法。我国已将 HPLC-MS 法作为测定动物性食品中硝基呋喃类代谢物残留的标准测定方法。周平研究了一种快速衍生鳗鱼中硝基呋喃类药物代谢物的方法，用固相萃取柱进行富集和净化，最后采用 HPLC-MS-MS 技术检测。结果表明，以三个水平进行样品加标回收率实验，平均回收率范围在 79.50%～108.13%，RSD 在 1.10%～6.79%，LOD 为 0.1～0.5μg/kg[44]。Zhang 等介绍了监测水产品中四硝基呋喃代谢物[包括 5-吗啉甲基-3-氨基-2-噁唑烷基酮、3-氨基-2-噁唑烷酮（AOZ）、1-氨基-2-内酰脲和氨基脲]的方法。2-硝基苯甲醛衍生化后采用 UPLC-MS 法进行定量。分析物的 LOD 和 LOQ 分别为 0.5μg/kg 和 1.5μg/kg。在 1～100ng/mL 范围内相关系数良好（$R^2>0.99$），回收率和 RSD 分别为 88%～112% 和 2%～4%。该方法已成功应用于 120 种鱼类样品中硝基呋喃代谢物的检测[107]。

3. 免疫胶体金技术

免疫胶体金法已经成为快速检测硝基呋喃类代谢物残留的主要方法。柳爱春等建立了免疫胶体金法测定呋喃它酮、呋喃西林、呋喃妥因和呋喃唑酮四种硝基呋喃类药物的残留量[108]。

4. 酶联免疫吸附法

Cooper 等介绍了免疫检测法间接测定呋喃唑酮代谢物残留量，即通过检测呋喃唑酮的衍生物来确定样品中呋喃唑酮的含量，该方法灵敏度较好，LOD 低，可达 0.2μg/kg，之后用免疫法测定了水产品中呋喃西林代谢物残留量[109]。Pimpitak 等报道了免疫法间接测定呋喃它酮代谢物。这种间接测定硝基呋喃类代谢物残留的方法虽然可以用于对硝基呋喃代谢物的免疫检测，但是检测前硝基呋喃类代谢物需要衍生化反应处理，操作复杂，耗时较长，衍生化不完全，易造成回收率偏低[110]。

8.4.4　喹噁啉类

喹噁啉类抗菌药物属于唯一的一类人工合成的动物专用药物，主要包括乙酰甲喹（痢菌净）、喹乙醇、喹烯酮、卡巴氧和喹赛多。20 世纪 40 年代，人们发现在饲料中添加亚治疗剂量的抗菌剂能提高饲料转化率。亚治疗剂量喹噁啉-1,4-二氧化合物的抗菌剂喹多克辛、喹乙醇、卡巴氧、喹赛多（图 8-3）以及其他抗菌药物在饲料工业中作为促生长剂和促饲料转化剂使用了超过 40 年。由于同类药物卡巴氧、喹乙醇等已被发现具有遗传毒性和潜在的致癌性，我国已经禁止使用卡巴氧。农业部第 2638 号公告又进一步规定禁用喹乙醇、氨苯胂酸、洛克沙胂等 3 种兽药的原料药及各种制剂兽药产品，并规定 2019 年禁用喹乙醇、氨苯胂酸、洛克沙胂[111]。喹噁啉类抗菌化合物作用机理是促进同化代谢和生长激素的继发性增加，加速动物生长，抑制细菌 DNA 合成，抑制病原微生物的生长繁殖。喹噁啉类抗菌化合物作为水产饲料添加剂，能提高鱼等水产动物的成活率，可有效防治细菌性疾病。

20 世纪 70 年代早期，喹多克辛曾作为促生长剂在猪饲料中使用。喹多克辛已经被报道在持续光反应后会诱导产生接触性或光接触性皮炎。1975 年，由于在实验动物中具有致癌性，尤其是在大鼠中导致鼻部和肝脏肿瘤，喹多克辛已经被欧洲经济共同体撤出市场。有研究证明卡巴氧具有致畸作用，卡巴氧对大鼠的直接作用以及在生殖方面的副作用可能会诱发胎儿畸形或胚胎死亡。但是，用卡巴氧饲喂猪，然后用猪肉饲喂犬 7 年，未发现犬出现相关的毒性反应和致癌性。我国研发的喹烯酮在动物急性毒性、慢性毒性、骨髓细胞微核以及 Ames 实验中都显示出低毒、无诱变性[112]。

中国农业科学院兰州畜牧与兽药研究所在我国首创了乙酰甲喹和喹烯酮，拥有自主知识产权，两药都是我国一类新兽药。喹烯酮是 21 世纪初开发上市的，2003 年农业部批准喹烯酮作为抗菌促生长剂用于猪饲料中，推荐饲料添加量为 50～75mg/kg。喹烯酮对动物具有明显的抗菌促生长作用，且具有在动物体内代谢快、残留少、不蓄积等优点。作为抗菌促生长剂，喹烯酮广泛地应用在猪、鸡、鸭等畜禽中，同时在鱼类养殖生产中也有应用。

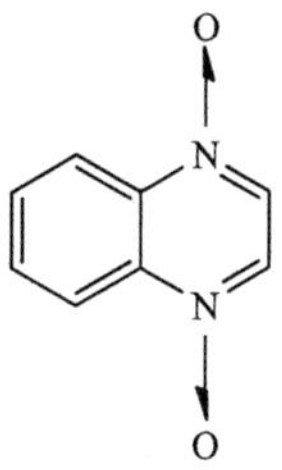

QUIN

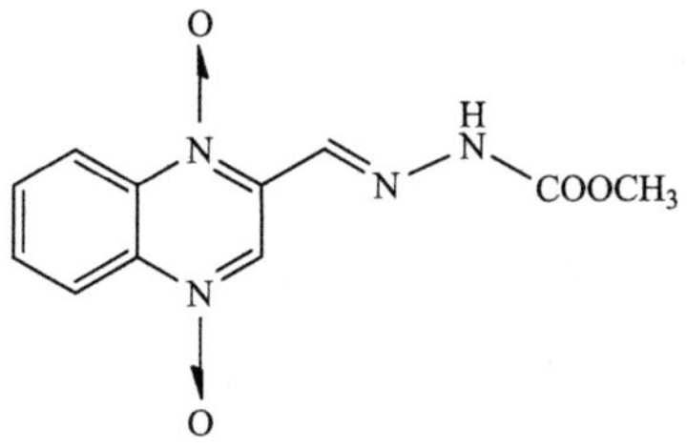

CARB

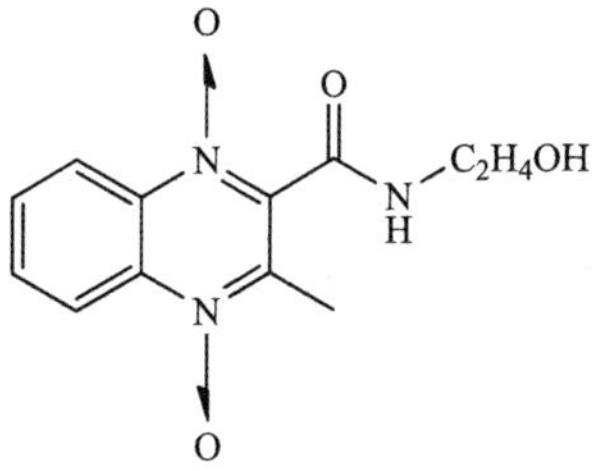

OLAQ

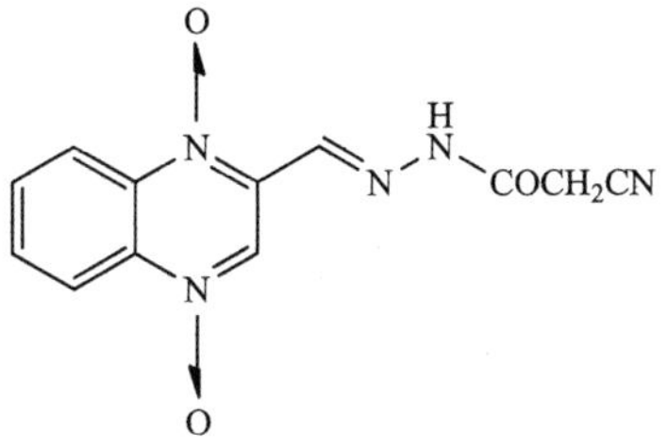

CYAD

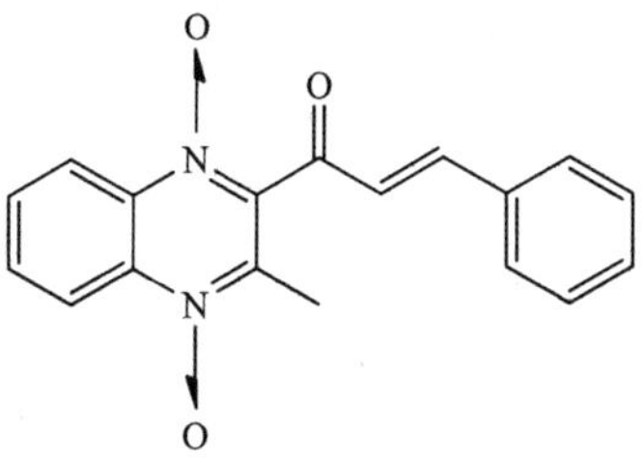

QCT

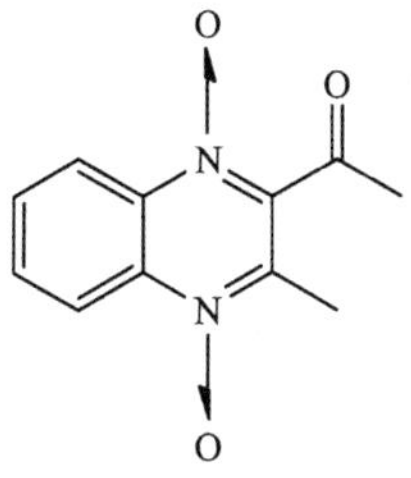

MAQO

图 8-3　各种喹噁啉-1,4-二氧类抗菌剂的化学结构式

QUIN：喹多克辛；OLAQ：喹乙醇；CARB：卡巴氧；CYAD：喹赛多；QCT：喹烯酮；MAQO：乙酰甲喹

喹烯酮的毒性极低，大白鼠的 LD_{50} 为 8178.996mg/kg b.w.，小白鼠的 LD_{50} 为 14397.928mg/kg b.w.，均属于无毒级的范畴[113]。许建宁等的喹烯酮亚慢性毒性试验中中剂量组（164.0mg/kg b.w.）和高剂量组（820.0mg/kg b.w.）的体重明显低于对照组，且对鼠的心、脾、肝等器官有一定的影响，推荐其最大无作用剂量为 32.8mg/kg b.w.[114]。王瑛莹等研究了喹烯酮及其代谢物在猪体内的药代动力学，按 40.0mg/kg 对猪灌胃给药。给药后血浆中检测到原药和 N1-脱氧喹烯酮、脱二氧喹烯酮和 3-甲基喹噁啉-2-羧酸（MQCA）3 种代谢物，喹烯酮的药代动力学特征为吸收较快、消除较慢。主要残留标示物是 3-甲基喹啉-2-羧酸和喹啉-2-羧酸（QCA）[115]。

目前文献报道的水产品中喹噁啉残留检测方法主要包括 HPLC 法、HPLC-MS 法、免疫学法等。

1. HPLC 法

郭霞以草鱼、南美白对虾、中华绒螯蟹为样品，建立了喹烯酮（QCT）和喹赛多（CYA）及其主要代谢物脱二氧喹烯酮（BDQCT）、3-甲基喹啉-2-羧酸（MQCA）、脱二氧喹赛多（BDCYA）和喹啉-2-羧酸（QCA）多残留的 HPLC-MS/MS 确证检测方法。组织样品经乙腈-乙酸乙酯（1:1，体积比）、盐酸溶液分步提取，Oasis MAX 固相萃取柱净化，以甲醇、乙腈和 0.1%甲酸溶液为流动相，经 Waters X Bridge C$_{18}$ 色谱柱分离后，采用 HPLC-MS/MS 进行测定，外标法定量。结果表明，喹烯酮和喹赛多及其主要代谢物的响应值与其浓度在 2～500μg/L 范围内线性关系良好。在加标浓度为 5～50μg/kg 范围内，6 种待测物的平均回收率为 76.3%～94.2%，RSD 为 4.2%～11.7%。方法的 LOD 为 0.5～1.6μg/kg，LOQ 为 2.0～5.0μg/kg[116]。

2. HPLC-MS 法

尹怡建立了快速、准确、灵敏检测鱼肝脏中喹烯酮的 UAE-QuEChERS/HPLC-MS/MS 方法。方法以乙酸乙酯为萃取溶剂，乙二胺-N-丙基硅烷（PSA）与石墨化碳黑（GCB）为固相分散吸附剂，电喷雾正离子模式电离，多反应监测模式检测，外标法定量。结果表明，方法的线性范围为 5～100μg/L，相关系数为 0.9988。方法 LOD 为 5μg/kg，LOQ 为 10μg/kg。加标回收率为 98.6%～110.0%，RSD 为 5.9%～10.1%[117]。潘葳等将美洲鳗鲡肌肉样品用 20mL 二氯甲烷-乙酸乙酯混合提取，正己烷除脂肪，经 HPLC 分析，建立了乙酰甲喹的检测方法。此法在 0.05～30μg/mL 线性范围内线性关系良好，回收率在 75%～90%，日内和日间 RSD 均小于 10%。乙酰甲喹在鳗鲡肌肉、肾、肝和血浆中的 LOD 分别为 3μg/kg、15μg/kg、15μg/kg 和 15μg/kg，LOQ 分别为 10μg/kg、50μg/kg、50μg/kg 和 50μg/kg[118]。薛良辰建立了水产品中喹乙醇及其代谢物 3-甲基-喹噁啉-2-羟酸的 UPLC-MS 法。经乙酸乙酯-乙腈（1:1，体积比）提取和净化后，利用 BEH C$_{18}$ 色谱柱进行分离。方法的回收率和 RSD 分别为 62.5%～91.4%和 2.6%～11.8%。本方法对血浆中喹乙醇的 LOQ 均为 2.0μg/L，鱼肉和肝胰脏中喹乙醇的 LOQ 均为 1.0μg/kg，血浆、鱼肉和肝胰脏中 3-甲基喹噁啉-2-羧酸的 LOQ 均为 1.0μg/kg[119]。

3. 免疫学法

程林丽建立了虾组织中喹赛多及代谢物喹噁啉-2-羧酸、1-脱氧喹赛多和脱二氧喹赛多残留量的 UPLC-MS 确证分析方法。样品经乙腈-0.5mol/L 盐酸（9:1，体积比）提取，MAX 混合阴离子交换小柱净化后上机检测。各化合物的平均回收率为 80.0%～94.7%，批内 RSD 为 1.5%～14.6%，批间 RSD 为 3.1%～13.5%。方法的 LOD 为 0.38～1.16μg/kg，LOQ 为 2μg/kg[120]。

8.4.5　硝基咪唑类

硝基咪唑类药物主要包括甲硝唑（灭滴灵、甲硝咪唑）、地美硝唑（二甲硝唑、二甲硝咪唑）、异丙硝唑。硝基咪唑除用于抗滴虫和抗阿米巴原虫外，近年来也广泛地应用于抗厌氧菌感染。硝基咪唑的硝基，在无氧环境中还原成氨基而显示抗厌氧菌作用，对需氧菌或兼性需氧菌则无效。对拟杆菌属、梭形杆菌属、梭状芽孢杆菌属、部分真杆菌、消化球菌和消化链球菌等有较好的抗菌作用。地美硝唑主要用于禽弧菌性肝炎、坏死性组织、火鸡组织滴虫病、禽的毛滴虫病等。硝基咪唑类药物具有致突变性和潜在的致癌性，被许多国家列为违禁药物。

目前报道的水产品中硝基咪唑类药物检测技术主要为 HPLC-MS 法。GB/T 21318—2007 规定了动物源性食品中硝基咪唑残留量检测方法。样品中残留的 8 种硝基咪唑、两种代谢物用甲醇-丙酮均质或超声波提取，经乙酸乙酯液液分配，以凝胶色谱净化，再经固相萃取净化，采用 HPLC-MS 确证，外标法定量测定。方法的 LOD 为 0.5～1μg/kg。此外，Sakai 等建立了一种灵敏、可靠的同时测定畜禽和渔业产品中羟基异丙硝唑（IPZ）、二甲基咪唑（DMZ）、甲硝唑（MNZ）和罗硝唑（RNZ）4 种硝基咪唑及 IPZ-OH、MNZ-OH 和 2-羟甲基-1-甲基-5-硝基咪唑（HMMNI）3 种代谢产物的方法。该方法用丙酮乙酸提取样品中的分析物，用乙腈和正己烷对粗提物进行液-液分离，使用正离子电喷雾电离串联质谱法，对 10 种产品进行了测试。回收率为 74.6%～111.1%，RSD 为 0.5%～0.83%。IPZ、IPZ-OH、MNZ 和 MNZ-OH 的 LOQ 为 0.1mg/kg，DMZ、RNZ 和 HMMNI 的 LOQ 为 0.2μg/mg[121]。

8.4.6　对氨基苯胂酸和洛克沙胂

对氨基苯胂酸（阿散酸）作为畜禽饲料添加剂，在 20 世纪 50 年代已被美国、加拿大等国广泛应用。我国自 80 年代开始做应用研究，大量实验结果表明，对氨基苯胂酸对猪、禽有良好的促生长作用，可提高饲料转换率，增加产品色素，与抗生素并用对痢疾、腹泻等有较好的治疗效果，可显著减少死亡率。

有机胂制剂作为饲料添加剂使用后，在动物体内吸收很少，主要以药物原形随粪便和尿液排泄，进而随畜禽排泄物通过废水或作为肥料使用进入环境。

洛克沙胂是一种毒性较低的化合物，但洛克沙胂可能降解为其他含胂的化合物，胂致癌、致中枢神经系统失调、致脑病和视神经萎缩等。

目前文献报道的水产品中胂制剂的检测方法主要为原子荧光光度法和分子印迹聚合物法。

　　孙永学等对洛克沙肿在鲫鱼体内的砷残留进行了研究，采用微波消解处理和氢化物-原子荧光光度法测定鱼鳃、肌肉、血清和内脏中总砷含量。结果表明，砷在鱼体内的吸收和分布较快，肌肉和血清中总砷水平仅为 0.3～0.4mg/kg，内脏中残留最高达 30.25mg/kg[122]。张高奎等以阿散酸为虚拟模板分子，2-乙烯吡啶为功能单体，乙二醇二甲基丙烯酸酯为交联剂，合成了对洛克沙肿具有高选择性的分子印迹聚合物。合成的印迹聚合物对洛克沙肿的最大吸附量为 0.93mg/g，洛克沙肿在分子印迹固相萃取柱上的回收率达到 95%以上。制备小柱应用于池塘水中洛克沙肿的净化富集，LOD 可达 0.05mg/L[123]。

8.5　孔雀石绿

　　孔雀石绿化学名为四甲基代二氨基三苯甲烷，分子式为 $C_{23}H_{25}ClN_2$，又名碱性绿、孔雀绿或者中国绿，是一种有毒的三苯甲烷类人工合成有机化合物，属三苯甲烷类染料。它既是染料，也是杀菌剂，可致癌。孔雀石绿是带有金属光泽的绿色结晶体，在水产养殖中孔雀石绿曾经得到广泛应用。在养殖中，孔雀石绿可以用作治疗各种水生动物包括鱼体和鱼卵上的各种不同的寄生虫、真菌感染以及各种细菌感染疾病，特别是对真菌 *Saprolegnia* 感染的鱼体效果十分显著。孔雀石绿也经常用作处理如车轮虫等不同寄生虫影响的各类淡水水产生物。

　　孔雀石绿进入鱼体 14h 后，80%转化为隐色孔雀石绿，与孔雀石绿相比，其残留时间更长，危害更大，检测中常利用隐色孔雀石绿作为标示物进行检测。孔雀石绿及其代谢产物隐色孔雀石绿的残留所引起的危害主要表现在如下几个方面：孔雀石绿药物残留毒副作用。通过研究发现孔雀石绿能够导致虹鳟鱼的鱼卵畸形，具体表现为染色体发生异常。经过孔雀石绿浸泡后的鱼卵存活率下降，鱼卵的孵化时间与未浸泡孔雀石绿的鱼卵相比会延长，部分成功孵化出的鱼苗，在脊椎等部位会出现不同程度的畸变。研究发现，孔雀石绿也会影响酶，主要是影响鱼肠中的酶，使酶的分泌量减少，如妨碍肠道的胰蛋白酶、淀粉酶等的作用，从而影响鱼的摄食及生长。孔雀石绿对鱼类的血液参数也有一定的影响，会使血球容积减小，降低血红蛋白、红细胞及白细胞的数量，血凝固时间变长。与此同时，孔雀石绿还具有高残留的副作用，实验研究结果表明，孔雀石绿一经使用，养殖动物体内终身残留。水产品中孔雀石绿及其代谢产物隐色孔雀石绿的残留，除了对水产动物本身造成很大的毒害之外，可能通过食物链的富集作用，对人体产生更大、更深远的危害。

　　目前报道的水产品中孔雀石绿残留检测方法主要包括 HPLC 法、HPLC-MS 法和免疫学方法。

1. HPLC 法

HPLC 法是目前用来检测孔雀石绿及隐色孔雀石绿残留的常用方法。GB/T 20361—2006 规定了水产品中孔雀石绿残留量的 HPLC-FLD 法。样品中残留的孔雀石绿或用硼氢化钾还原为其相应的代谢产物隐色孔雀石绿，乙腈-乙酸铵缓冲混合液提取，二氯甲烷液液萃取，固相萃取柱净化，反相色谱柱分离，荧光检测器检测，外标法定量。此法中孔雀石绿的 LOD 为 0.5μg/kg。

2. HPLC-MS 法

GB/T 19857—2005 规定了水产品中孔雀石绿及其代谢物隐色孔雀石绿残留量的 HPLC-MS 测定方法。标准中适用于鲜活水产品及其制品中孔雀石绿及其代谢物隐色孔雀石绿残留量的检测。试样中的残留物用乙腈-乙酸铵缓冲溶液提取，乙腈再次提取后，液液分配到二氯甲烷层，经中性氧化铝和阳离子固相柱净化后用 HPLC-MS 法测定，内标法定量。本方法孔雀石绿、隐色孔雀石绿的 LOD 均为 0.5μg/kg。

3. 免疫学方法

赵春城等利用实验室制备的隐色孔雀石绿单克隆抗体，成功制备了可用于检测隐色孔雀石绿残留的胶体金试纸条。经检测实验验证，实验制备的胶体金试纸条的最低 LOD 为 20μg/L，检测耗时 15min，且检测结果的重复性良好，能有效检测水产品中隐色孔雀石绿残留[124]。王梅等制备了孔雀石绿的完全抗原，对食品中孔雀石绿残留的检测分析方法进行了相关研究。利用碳二亚胺化学偶联方法将实验合成的含有羧基的孔雀石绿半抗原与牛血清白蛋白和鸡卵血清白蛋白进行偶联，对获得的多克隆抗体的特异性进行检测。检测发现 IC_{50} 值达到 4.6ng/mL[125]。陈力等以辣根过氧化物酶标记的完全抗原为基础，成功建立了酶联免疫检测试剂盒，并对其检测性能进行测定，在实验室建立预处理条件下，该酶联免疫检测试剂盒最低 LOD 为 370ng/L，能够用于水产品中隐色孔雀石绿的残留检测[126]。

另外，其他检测孔雀石绿的方法也在不断开发。Chen 等建立了以简化的提取方法和新型的金纳米棒相结合的底物表面增强拉曼光谱法（SERS）检测水产品中违禁的孔雀石绿和结晶紫及其混合物。结果表明，SERS 能区分水溶液和鱼样品中的孔雀石绿和结晶紫及其混合物。该方法对鱼类样品中孔雀石绿和结晶紫的 LOD 均为 1ppb（ppb 为 10^{-9}）。线性相关系数 R^2 为 0.87～0.99[127]。Wu 等将分子印迹聚合物接枝到 CdTe 量子点表面，制备了检测孔雀石绿的灵敏荧光传感器。该方法主要以 3-氨基丙基三乙氧基硅烷和正硅酸乙酯分别作为功能单体和交联剂，采用反相微乳液法合成了分子印迹聚合物包覆量子点。相对荧光强度与孔雀石绿浓度（0.08～20μmol/L 范围内）呈线性关系，LOD 为 12μg/kg。用该荧光探针成功地测定了鱼肉样品中的孔雀石绿，加标回收率为 94.3%～109.5%，与 HPLC-UV 测定结果一致[128]。

8.6 抗 真 菌 药

抗真菌药主要分为全身性抗真菌药和浅表应用的抗真菌药。全身性抗真菌药包括两性霉素 B（庐山霉素）和酮康唑，浅表应用的抗真菌药包括制霉菌素和克霉唑。

两性霉素 B 又称节丝霉素 B，是 20 世纪 60 年代从节状链霉素培养液中分离得到的七烯类抗真菌抗生素，于 1966 年上市，目前仍为治疗全身或深部真菌病的首选药物。两性霉素 B 对新型隐球菌、白念珠菌、皮炎芽生菌、组织胞浆菌、孢子丝菌、毛霉菌、球孢子菌、酵母菌、熏烟色曲菌等真菌具有良好抗菌作用。两性霉素 B 适用于全身性的真菌感染，主要通过影响细胞膜通透性发挥抑制真菌生长的作用。临床上用于治疗真菌引起的内脏或全身感染，目前尚无适当的替代药物。酮康唑为合成的咪唑二烷衍生物，对皮真菌、酵母菌（包括念珠菌属、糠秕孢子菌属、球拟酵母菌属、隐球菌属）、双相真菌和真菌纲具有抑菌和杀菌活性，临床用于治疗深部和浅部真菌病，包括胃肠道真菌感染、局部用药无效的阴道白色念珠菌病、皮肤真菌感染、白色念珠菌和球孢子菌等。制霉菌素属多烯类抗生素，具有广谱抗真菌作用，主要用于治疗消化道及皮肤黏膜念珠菌感染，且对念珠菌属的抗菌活性最高。制霉菌素口服后有恶心、呕吐、腹泻等消化道反应，减量或停药后迅速消失，皮肤黏膜局部应用时刺激性不大。克霉唑为广谱抗真菌药，对多种真菌尤其是白色念珠菌具有较好抗菌作用，其作用机制是抑制真菌细胞膜的合成，以及影响其代谢过程。克霉唑对浅表真菌及某些深部真菌均有抗菌作用。

人体长期处于抗真菌药物的环境中，会产生多种多样的危害，主要包括耐药菌产生和体内菌群失调。20 世纪 80 年代以前，尽管当时抗真菌药物的种类有限，但是已经发现了耐两性霉素 B 的克柔念珠菌、光滑念珠菌、葡萄牙念珠菌、白杰尔毛孢子菌及 5-氟胞嘧啶的耐药菌株。伴随着抗真菌药物的发展，不断有因抗真菌药物使用而产生耐药菌的报道。此外，长期食用含有抗真菌药物残留的食品或饲料，可能对人或动物造成严重负面影响。残留的抗真菌药物将导致食用者体内大量敏感细菌被抑制或杀死，干扰人或动物体内消化道正常菌群比例及数量，当这个比例或数量的平衡被打破后，耐药菌株或条件致病菌则得到大量繁殖机会，人或动物常表现出消化不良，对细菌性食物中毒抵抗力下降，以及呼吸道对外界病原菌入侵抵抗力下降等症状。

目前文献报道的水产品中抗真菌药的检测技术主要为 HPLC 法。欧阳吉德建立了克霉唑检测的 HPLC 方法，C$_{18}$柱分离后在 260nm 处检测，外标法定量。结果表明，克霉唑在 100.5～502.4mg/L 范围内具有良好的线性关系（R^2=0.9999），平均回收率为 99.0%[129]。Groll 等[130]和刘亚风等[131]分别建立了肉类中制菌霉素和纳他霉素的 UPLC-UV 检测方法。

8.7 抗病毒药

抗病毒药主要包括金刚烷胺、吗啉胍（病毒灵）、利巴韦林（病毒唑）、干扰素、中草药。抗病毒药在某种意义上是病毒抑制剂，不能破坏病毒体，也不会损伤宿主细胞。抗病毒药的作用在于抑制病毒的繁殖，使宿主免疫系统抵御病毒侵袭，修复被破坏的组织，缓和病情使之不出现临床症状。

不同的抗病毒药物在体内的代谢途径及代谢产物均不相同，总体来看，5 种抗病毒药物在动物体内均有原型存在，但含量高低不同。金刚烷胺 90% 以原型排出，吗啉胍可广泛分布于鸡的体液与组织，主要是在肝脏中进行乙酰化形成无活性的代谢产物，经肾排泄。利巴韦林在动物体内以原药、单磷酸酯（RMP）、二磷酸酯（RDP）和三磷酸酯（RTP）等形式存在，其中以原型和 RMP 的代谢形式占多数。

水产品中抗病毒药物的残留量浓度通常很低，一般发生急性中毒的可能性较小，长期食用常引起慢性中毒和蓄积毒性。目前文献报道的水产品中抗病毒药物残留检测技术主要为 HPLC-MS 法。陈燕等建立了动物源性食品中 7 种抗病毒类药物残留的 HPLC-MS 法，食品中的抗病毒类药物经甲醇-1%三氯乙酸（1∶1，体积比）提取，通过固相萃取柱净化、浓缩后，在正离子模式下用 HPLC-MS 法检测。7 种抗病毒类药物 LOD 为 0.3～1.5μg/kg，LOQ 为 1.0～5.0μg/kg。在 0.1～100μg/kg 浓度范围内线性关系良好，相关系数大于 0.99。在 1.0μg/kg、5.0μg/kg、10.0μg/kg 三个浓度添加水平下，该方法的平均回收率为 87.2%～121.4%，RSD 为 0.6%～8.4%[132]。

8.8 激素类药物

激素是由人和动物的某些细胞合成和分泌，能调节机体生理活动的特殊物质。现在把凡是通过血液循环或组织液起传递信息作用的化学物质，都称为激素。激素按化学结构大体可分为类固醇、氨基酸衍生物、肽与蛋白质、脂肪酸衍生物四类物质。

类固醇类包括肾上腺皮质激素（皮质激素）和性激素，肾上腺皮质激素有氢化可的松、醋酸可的松、泼尼松龙、泼尼松、甲基强的松龙、地塞米松、倍他米松、帕拉米松、曲安西龙等，性激素有雌激素（雌二醇、雌三醇、雌酮、己烯雌酚、乙烷雌酚、己二烯雌酚、孕酮、甲地孕酮、炔雌醇）和雄激素（睾酮、甲基睾酮、氯睾酮、群勃龙、诺龙、康力龙）。氨基酸衍生物包括甲状腺素、肾上腺髓质激素和松果体激素等。肽与蛋白质包括下丘脑激素、垂体激素、胃肠激素和降钙素等。脂肪酸衍生物主要为前列腺素。

　　动物大量使用了含性激素及其衍生物的兽药后，这类化合物可在动物体内残留，且不容易分解。这类物质随着食物链进入人体后会产生严重后果，对人体生殖系统和生殖功能造成严重的影响，如引起性早熟、诱发癌症等。长期经食物吃进雌激素可引起子宫癌、乳腺癌、睾丸肿瘤、白血病等，且对人的肝脏有一定的损害作用。20 世纪 50 年代英国等一些国家在奶牛的饲料中加入了雌激素以提高产奶量，但后来不少研究表明儿童的性早熟及肥胖症与此有很大关系。20 世纪 70 年代，许多国家将雌激素或同化激素作为兽药和饲料添加剂，现今发现其具有致癌作用。有研究表明，长期食用的动物性食品中若含有残留激素，能使男性雌化。医学界已证实，目前青少年性早熟也与畜禽食品中激素残留有关。

　　GB/T 21981—2008 规定了河鲀鱼、鳗鱼及烤鳗中九种糖皮质激素残留的 HPLC-MS/MS 测定方法。河鲀鱼、鳗鱼、烤鳗样品中加入无水硫酸钠，用乙酸乙酯提取，提取液浓缩后，经过硅胶固相萃取柱净化，HPLC-MS 测定，外标法定量。此法泼尼松龙、泼尼松、氢化可的松、可的松、甲基泼尼松龙、倍他米松、地塞米松的 LOD 为 0.2μg/kg，倍氯米松、醋酸氟氢可的松的 LOD 为 1.0μg/kg。目前文献报道的水产品中激素类药物残留检测技术主要包括 HPLC 法和 HPLC-MS 法。

1. HPLC 法

　　HPLC 法适用于各种食品样品中性激素的残留分析，方法 LOD 都较低。不同食品样品采用的提取方法不同，特别是动物源食品。王宏亮建立了 HPLC-DAD 方法同时测定虾中雌三醇、雌二醇、己烯雌酚、雌酮、尼尔雌醇、苯甲酸雌二醇、戊酸雌二醇和炔雌醇 8 种雌激素。水产品经甲醇超声提取，0.45μm 滤膜过滤，经 HPLC 分析。试验证明，8 种雌激素得到很好的分离，并得到质量浓度与峰面积呈正比的线性关系（雌二醇、雌三醇、炔雌醇、雌酮、己烯雌酚、苯甲酸雌二醇、尼尔雌醇线性范围为 0.16～9.00μg/mL，戊酸雌二醇线性范围为 0.32～18.00μg/mL），相关系数 $R^2 > 0.999$，RSD 均在 5%以内。LOQ：雌三醇为 0.15μg/mL、雌二醇为 0.09μg/mL、己烯雌酚为 0.09μg/mL、雌酮为 0.15μg/mL、尼尔雌醇为 0.09μg/mL、苯甲酸雌二醇为 0.12μg/mL、戊酸雌二醇为 0.15μg/mL、炔雌醇为 0.15μg/mL，加标回收率在 80%～120%之间[133]。

2. HPLC-MS 法

　　HPLC-MS 法已成功应用于分析热稳定性差、分子量大的化合物。邹红梅建立了同时测定水产品中雄激素和糖皮质激素残留的 HPLC-MS 法，样品用乙酸乙酯提取，经净化、浓缩和定容后，以水、乙腈为流动相，用 Kinetex-C$_{18}$ 色谱柱（2.1mm×100mm，2.6m）分离，采用电喷雾离子源、多反应监测模式进行测定。方法的 LOQ 为 0.728～2.140μg/kg。在 10～100μg/kg 加标水平范围内，回收率为 75%～115%，RSD 为 1.49%～9.92%[134]。

8.9　杀　虫　剂

杀虫剂类药物常用于杀除体外或体内寄生虫以及杀灭水体中有害无脊椎动物的药物，包括驱线虫药、抗原虫药、抗甲壳动物药物和除害药。

抗蠕虫药是指能驱除或杀灭畜禽体内寄生虫的药物。畜禽蠕虫病对畜牧生产有很大的危害作用，它不仅会导致畜禽的生产性能下降，有时还会直接引起畜禽死亡，部分人畜共患的蠕虫病会危及人体健康。

8.9.1　驱线虫药

驱胃肠道线虫药主要包括苯并咪唑类、四氢嘧啶类和有机磷类。苯并咪唑类药物有噻苯哒唑、阿苯哒唑和芬苯哒唑等。四氢嘧啶类药物有噻嘧啶和莫仑太尔。有机磷类药物有敌百虫、敌敌畏、美曲磷脂等。

苯并咪唑类衍生物具有广谱抗寄生虫活性，对钩虫、蠕虫、鞭虫、旋毛虫及蛔虫等的虫卵和成虫均有良好的抑制作用。含有苯并咪唑结构片段的抗寄生虫药是当前用于治疗寄生虫感染的主要药物之一，目前已有许多含有苯并咪唑结构片段的抗寄生虫药物应用于临床。最早应用于临床的苯并咪唑氨基甲酸酯类抗寄生虫药物是 1967 年由美国史克制药公司开发上市的阿苯达唑。该药主要是通过抑制琥珀酸还原酶，阻碍腺苷三磷酸的产生，来抑制寄生虫的生存和繁殖从而达到抗寄生虫的作用。随着阿苯达唑的临床应用，其他苯并咪唑氨基甲酸酯类抗寄生虫药物也相继问世，如奥苯达唑、帕苯达唑、甲苯达唑、环苯达唑，这些已上市的抗寄生虫药几乎都是阿苯达唑的类似物。苯并咪唑氨基甲酸酯类前药作为阿苯达唑的类似物，其水溶性和生物利用度相对于临床药物阿苯达唑有较大的提高。

噻苯达唑作为临床抗寄生虫药主要用来治疗由蛔虫、蛲虫、鞭虫、旋毛虫和粪类圆线虫所引起的寄生虫病，但毒性比阿苯达唑大，是治疗粪类圆线虫的首选药物。同时，噻苯达唑具有抗炎和免疫调节作用。苯并咪唑芳香醚类化合物作为新型抗寄生虫药已进入Ⅲ期临床。联苯类苯并咪唑化合物是一种对 DNA 显示出高亲和力的抗寄生虫化合物，对锥虫和镰状原形虫具有良好的抑制作用。

四氢嘧啶类化合物是一类含有嘧啶杂环结构的有机物，Galinski 于 20 世纪 80 年代第一次在极端嗜盐菌中发现四氢嘧啶具有渗透调节功能，并鉴定了其结构。自此，四氢嘧啶类化合物受到化学与药理学科研工作者的广泛关注与研究。其结构及分子电荷的分布与赖氨酸和左旋精氨酸相似。因此，该类化合物具有多种生物及药理活性，包括抗菌、抑菌、抗肿瘤、抗人类免疫缺陷病毒、保护 DNA 活性的作用，以及抗炎镇痛和抑制环氧酶-2 活性等作用。

目前文献报道的水产品中驱线虫药残留检测技术主要为 HPLC 法。邢丽红等采用 HPLC-荧光检测法测定鲈鱼组织中阿维菌素和伊维菌素。样品用乙腈提取，碱性氧化铝 SPE 柱净化，N-甲基咪唑和三氟乙酸酐的乙腈溶液为衍生化试剂。结果表明，阿维菌素和伊维菌素衍生化产物的浓度与峰面积在 0.5～200ng/mL 范围内有很好的线性关系。阿维菌素和伊维菌素的平均回收率在 80.6%～88.0% 和 78.8%～82.8% 之间，RSD 均小于 10%。阿维菌素的 LOD 为 0.1μg/kg，伊维菌素的 LOD 为 0.2μg/kg[135]。陈静等建立了鲫鱼肌肉包括皮中阿维菌素类 HPLC-荧光多残留检测方法，样品用乙腈提取，正己烷脱脂净化，多拉菌素作内标，经 1-甲基咪唑和三氟乙酸酐的乙腈溶液在室温下避光衍生化并在甲醇中水解后，进行 HPLC-FLD 检测分析。结果表明，阿维菌素、伊维菌素在 5～100ng/g 范围内具有良好线性，LOD 分别为 0.8ng/g 和 1ng/g，LOQ 分别为 2.7ng/g 和 3.4ng/g。阿维菌素、伊维菌素的提取回收率分别为 92.15%～104.53% 和 91.32%～103.03%。方法回收率分别为 90.50%～104.54% 和 94.08%～106.38%。日内和日间 RSD 分别小于 9.29%、7.74% 和 5.84%、6.71%[136]。

8.9.2　其他驱胃肠道线虫药

驱肺线虫药主要包括左旋咪唑、乙胺嗪和氰乙酰肼等。抗丝状虫药主要包括乙胺嗪、睇波芬、盐酸二氯苯胂和硫胂铵钠等。驱绦虫药主要包括阿苯哒唑、硫氯酚、吡喹酮和双氯芬等。抗吸虫药主要包括六氯对二甲苯、敌百虫、硝氯酚、硫氯酚和六氯乙烷等。抗血吸虫药主要包括锑制剂和非锑制剂，锑制剂有酒石酸锑钾和次没食子酸锑钠，非锑制剂有六氯对二甲苯、吡喹酮、呋喃丙胺和硝硫氰胺等。抗球虫药主要包括聚醚类抗生素、三嗪类、二硝基类、磺胺类及氨丙啉（安普罗铵）、氯羟吡啶（克球粉）、硝基二甲硫胺、氯苯胍、常山酮等。聚醚类抗生素包括莫能菌素、盐霉素、甲基盐霉素、拉沙洛菌素等。三嗪类包括三嗪苯乙腈化合物地克珠利和三嗪酮化合物妥曲珠利。二硝基类包括二硝托胺（球痢灵）和尼卡巴嗪。磺胺类包括磺胺喹噁啉和磺胺氯吡嗪，以及兼用于抗球虫的磺胺二甲嘧啶、磺胺间甲氧嘧啶等。抗锥虫药包括喹嘧胺、新胂凡钠明、舒拉明等，以及用于抗血孢子虫药的三氮脒。抗血孢子虫药包括三氮脒、喹啉脲、吖啶黄、咪多卡和青蒿素。抗滴虫药及抗其他原虫药包括甲硝唑、地美硝唑、磺胺甲氧吡嗪、乙胺嘧啶、呋喃唑酮和氯羟吡啶。抗甲壳动物药物包括敌百虫、辛硫磷粉、氯氰菊酯、马拉硫磷、辛硫磷、溴氰菊酯和氰戊菊酯。

过多给予动物抗虫药，一方面使药物长期而持久地残留于肝脏，对肝脏造成毒性作用。另一方面药物具有较大的胚胎毒性，对动物具有潜在的致畸性和致突变性。苯并咪唑类驱虫药具有抑制细胞活性的作用，对实验动物和食品动物具有胚胎毒性，可导致怀孕动物流产、胚胎死亡和诱发各种胚胎畸形。镇静剂类药物也能在肉制品中残留，人食用后头脑不清醒，出现一系列的生理变化，表现为嗜睡等，而且一旦停吃还会导致人兴奋等。过多镇静剂还能引起人的呼吸衰竭、麻痹甚至死亡。此外一些含有微量元素及砷制剂的兽药也被滥用，当土壤中铜和锌分别达到 100～200mg/kg 和 10mg/kg 以上即可造成土壤污染和植物中毒。这些有害物质在农产品中积累最终通过食物链输入人体或动物体内，将造成更大危害。

目前文献报道的水产品中杀虫剂类药物残留检测技术主要包括 HPLC 法、GC法和 HPLC-MS 法。

1. HPLC 法

尹敬敬等建立了日本沼虾体中各组织（肌肉、肝胰腺、血淋巴）阿维菌素的反相 HPLC-UV 检测方法。结果显示阿维菌素质量浓度在 0.005～2mg/L 范围内与峰面积呈线性关系，日本沼虾肌肉、肝胰腺、血淋巴平均添加回收率分别为89.4%～102.4%、95.3%～98.9%、86.7～100.6%，方法的 LOD 分别为 0.002μg/mL、0.004μg/mL、0.004μg/mL[137]。秦改晓等建立了水产品中阿维菌素残留量的固相萃取-HPLC-FLD 检测方法。样品用乙腈提取，无水硫酸钠脱水，碱性氧化铝 SPE 柱净化，N-甲基咪唑和三氟乙酸酐的乙腈溶液衍生化，衍生物用 HPLC分析。该方法下阿维菌素在 1.0～100.0μg/L 范围内呈线性关系，相关系数为R^2=0.9999，加标回收率在 80.28%～98.46%之间，RSD 为 2.86%～9.28%，LOD为 0.1μg/kg[138]。

2. 气相色谱-电子捕获器

黄向丽等建立了草鱼肌肉包括皮中氯氰菊酯和氰戊菊酯多残留的气相色谱-电子捕获器（GC-ECD）检测方法。采用邻苯二甲酸二辛酯作内标，草鱼肌肉样品中的药物用石油醚提取，通过弗罗里硅土层析柱净化，用石油醚-乙酸乙酯（9∶1，体积比）作淋洗液，在 45℃下真空旋转蒸发浓缩，进行气相色谱检测。结果显示，氯氰菊酯和氰戊菊酯在 1～100.0μg/kg 范围内线性关系良好，R^2 大于 0.999，提取回收率分别在 92.65%～100.13%和 93.37%～99.14%之间，方法回收率分别在

93.74%~100.51%和 97.68%~102.07%之间，日内 RSD 均小于 5%，日间 RSD 均小于 8%，LOD 分别为 0.3μg/kg 和 0.6μg/kg[139]。

3. HPLC-MS 法

秦烨等采用磁性固相萃取预处理方法和 HPLC-MS 技术，建立了水产品中 5 种磺胺类药物残留的 MSPE-HPLC-MS/MS 定量分析方法。该方法在 1~100μg/kg 范围内线性相关系数 $R^2 > 0.992$。LOD 为 0.34~0.49μg/kg，LOQ 为 1.12~1.47μg/kg。实验平均回收率为 79.2%~101.3%，日内 RSD 小于 6.2%，日间 RSD 小于 9.2%[69]。

8.10　渔用麻醉剂

在物流过程中由于高密度活体装卸、运输，鲜活水产品处于不良环境中，如空间拥挤、温度改变、氧气消耗以及代谢废物积累等。这些不利的外部因素会导致鱼体损伤，甚至出现死亡，降低商品价值，进而影响其流通与销售。因此，在长途运输中对水产品进行有效保活就显得尤为重要。麻醉剂具有镇静、安眠的作用，在水产品中添加麻醉剂能够降低鱼体新陈代谢，减少环境对鱼体的伤害，从而提高运输存活率。因此，麻醉剂越来越广泛地应用到水产流通领域。

目前，国际上在渔业生产和科学研究中对渔用麻醉剂的应用极为广泛。各国应用于水产品保鲜作用中的麻醉剂种类很多，如间氨基苯甲酸乙酯甲磺酸盐（MS-222）、丁香酚、盐酸苯佐卡因、液态二氧化碳、苯唑卡因、苄咪甲、喹哪啶、2-苯氧乙醇、尿烷、三氯乙醛等近 30 种药物，其中大部分麻醉剂都因其安全隐患、成本或其他缺陷而没有得到较好应用[140]。目前，水产领域使用最多的麻醉剂是丁香酚类化合物和 MS-222。

我国水产品质量安全问题主要集中在生产和流通环节。目前，我国比较重视水产养殖过程中兽药的使用，制定了相对完备的使用规范和限量标准。随着渔业的发展，流通环节占据越来越重要的位置，兽药在水产流通领域的应用成为一种必然的趋势，国际上也已普遍使用麻醉剂来进行大规模的活鱼运输。当水产品在宰杀之前使用了麻醉剂，而未经过一段时间的暂养消除，用其加工的产品就会存在残留，消费者食用之后，残留物会在人体内积聚，并对人体造成潜在危害。因此，对于残留麻醉剂的检测、残留动态消除规律及安全性的研究十分重要，其研究有助于防止麻醉剂超标产品流入市场。

8.10.1　丁香酚类化合物

丁香酚类化合物作为目前水产运输过程使用普遍的渔用麻醉剂，其主要包括丁香酚、异丁香酚、甲基丁香酚及 AQUI-S 等，其中异丁香酚又是 AQUI-S 的主要成分，而目前使用广泛的是丁香酚和异丁香酚。与其他种类麻醉剂相比，渔用麻醉剂具有麻醉、抑菌、抗氧化等多种药理作用。丁香酚类化合物及代谢物能够快速地从血液和组织中排出，不会与机体中的 DNA 结合，导致人体组织畸变，且价廉易得，对人体健康无影响。澳大利亚、新西兰、智利等国家已将丁香酚类化合物列为合法的渔用麻醉剂，并制定了限量标准及休药期。但国际上对丁香酚类化合物作为食用鱼麻醉剂的安全性问题存在争议，如美国国家毒理学计划研究结果表明，丁香酚是可疑致癌物。我国已批准使用的 7 类 104 种水产养殖用药中并不包括渔用丁香酚类麻醉剂药物，且我国对渔用麻醉剂的使用尚无明确规定，因此，对丁香酚类化合物的快速鉴定和分析显得尤为重要。

梁振远等研究了丁香油对罗非鱼的麻醉作用及其对血液指标和激素水平的影响。根据罗非鱼的血液成分分析，麻醉时血液中血红蛋白、红细胞压积、红细胞平均体积、平均血红蛋白量和平均血红蛋白浓度均比麻醉前和麻醉后高，且麻醉前、后变化不大。这表明丁香油麻醉期间会对鱼体的血液机能产生一定的影响，但在鱼体恢复之后，影响也随之消除。血浆中尿酸和尿素氮在麻醉后均比麻醉前和麻醉中低，肌酐含量是麻醉前比麻醉中和麻醉后低。这可能是由于鱼体深度麻醉之后，呼吸频率变慢，直至出现停止呼吸的休克现象，减少了鱼体与外界的气体交换，血液中的溶氧减少，CO_2 及其代谢物增加，从而造成组织缺氧和血液的酸化。血液中的促肾上腺皮质激素和皮质醇水平反映了鱼类应激状态，麻醉前的水平均比麻醉中和麻醉后的水平要高，表明丁香油麻醉剂能有效缓解鱼类的应激状态[141]。Kaiser 等专门研究了丁香油在长途运输鲜活维多利亚湖慈鲷过程中有效减轻鱼类的压力反应的作用，发现丁香油搭配选择性铵离子交换沸石可控制总氨水平降幅达 82%[142]。

联合国食品及农业组织、世界卫生组织专家委员会规定，丁香酚作为食品添加剂的每日允许摄入量（ADI）为 2.5mg/kg[143]。欧盟则建议异丁香酚 ADI 值为 0.075mg/kg，并规定其农药 MRL 为 6mg/kg。丁香酚类化合物因其具有低成本、高效、残留期短等特点，而被许多国家如日本、澳大利亚、智利和新西兰批准作为合法的渔用麻醉剂。其中，新西兰规定食用鱼中异丁香酚的 MRL 为 0.1mg/kg，日本规定丁香酚 MRL 为 0.05mg/kg，且休药期定为 7d[144]，而澳大利亚、智利等国家已把 AQUI-S 设为零休药期合法水产品麻醉剂。

目前用于水产品中麻醉剂残留的常用检测方法主要是 HPLC 法、HPLC-MS 法、GC 法和 GC-MS 法等。

1. HPLC 法

高平等建立了测定水产品中丁香酚、异丁香酚、甲基丁香酚和甲基异丁香酚的 HPLC-FLD 检测方法。以乙腈为提取溶剂，中性氧化铝和 C_{18} 固相萃取柱进行净化，Inertsil ODS-SP C_{18} 柱分离，HPLC-FLD 定量检测。该方法操作简便，能够节约有机溶剂，其灵敏度高，能用于水产品中 4 种丁香酚类化合物的检测[145]。黄武等采用 HPLC 法测定罗非鱼中丁香酚残留量，以乙腈超声提取，正己烷重复脱脂净化作为样品预处理技术，通过 HPLC 技术检测，外标法定量，大幅消除了油脂、色素等大分子基质效应，增强了样品中目标物的检出能力，提高了样品的分析速度和灵敏度，能满足实际样品残留分析的需要[146]。

2. HPLC-MS 法

芦智远等建立了固相萃取-HPLC-MS 法测定鱼肉中丁香酚的残留量。结果表明丁香酚标准溶液浓度在 2.0～100.0ng/mL 范围内，线性相关系数为 0.9986，方法 LOD 为 2μg/L，RSD 为 1.02%～2.85%，回收率在 88.4%～104.7%之间[147]。

3. GC 法

陈焕等建立了同时检测罗非鱼、南美白对虾、鳗鲡以及梭子蟹肌肉样品中丁香酚、甲基丁香酚、异丁香酚、甲基异丁香酚、乙酸丁香酚酯、乙酰基异丁香酚 6 种丁香酚类麻醉剂残留量的分散固相萃取-GC 检测方法。丙酮提取后旋转蒸发浓缩定容，分散固相萃取净化，GC 仪进行测定。6 种丁香酚类化合物 LOQ 均为 0.1mg/kg[148]。

4. GC-MS 法

柯常亮等应用高灵敏度和高选择性的 GC-MS 法，研究测定水中丁香酚残留，以乙酸乙酯作为提取剂，使用 GC-MS 法对丁香酚进行定性和定量测定。结果显示，在 1.00～200.00μg/L 的浓度范围内，线性相关系数为 0.9994，线性拟合良好。加标浓度在 5.00～100.00μg/L 范围内回收率范围为 98.6%～104%，本方法准确、简单、快捷，能够满足鱼类产品流通环节水中丁香酚残留的测定[149]。余颖等建立了一种鱼肉中丁香酚残留量的固相萃取-GC-MS 检测方法。样品采用正己烷提取，硅胶柱净化，乙酸乙酯洗脱，GC-MS 测定，内标法定量。丁香酚的响应值与其质量浓度在 0.005～0.5mg/L 范围内的线性关系良好，相关系数为 0.9998，10～200μg/kg 添加浓度的日内和日间平均回收率为 80.6%～93.2%，RSD 为 3.47%～8.47%。LOD 为 5μg/kg，最低 LOQ 为 10μg/kg。该方法适用于鱼肉中丁香酚残留的检测[150]。

8.10.2　MS-222

MS-222 商品名称有 Finquel、Metacaine、鱼安定和鱼保安等。化学名称为间氨基苯甲酸乙酯甲磺酸盐，分子式为 $C_{10}H_{15}NO_5S$，分子量为 261.29。白色结晶或粉末，易溶于水，水溶液透明无色，呈微酸性、耐高温。MS-222 在发达国家应用比较广泛，美国、欧盟、加拿大等国家和地区允许其作为渔用麻醉剂在水产动物中使用。其用药浓度低、入麻快、复苏快、无毒副作用，是在水产动物中最安全、最可靠和最有效的麻醉药物，并且经过美国食品药品监督管理局认可，用于鱼虾类麻醉运输。美国规定经 MS-222 麻醉的食用鱼必须经过 21d 的休药期才可以在市场上销售，MRL 为 1μg/kg，加拿大要求休药期为 5d。由于价格较昂贵，目前 MS-222 主要在鲶科、鲑科、狗鱼科和经济价值较高的鱼类上使用。MS-222 溶液具有酸性，鱼体深度麻醉后进行操作时，血浆皮质醇含量还在增加。MS-222 进入鱼体后，主要蓄积于脾脏和肝脏，在肌肉中的含量甚微。鱼在休药期时，其组织中的残留麻醉剂很容易排放到水中。

MS-222 溶液应避免阳光直射，否则对海水鱼有较强的毒性。如果水产品被宰杀之前使用了 MS-222，其加工后的产品中可能存有残留，摄入人体后会在人体中蓄积，产生一定的损害。主要表现为过敏、尿和造血紊乱，甚至可能致癌。汤保贵等监测了 MS-222 和苯唑卡因对罗非鱼的急性毒性。研究表明两种麻醉剂对罗非鱼的毒性都会随着麻醉剂浓度的升高而增强，呈明显的剂量-效应关系。同时，随着暴露时间的延长，麻醉剂的毒性效果也显著增强，可能与其诱发的高铁红蛋白症有关，导致了鱼体呼吸功能障碍，进而引发组织性缺氧[151]。

水产品中 MS-222 残留检测技术主要包括 HPLC 法和 HPLC-MS 法。

1. HPLC 法

任洁等利用 HPLC 法分析了鱼体组织中的 MS-222 的含量，样品用重蒸水匀浆，离心 15min，取上清液过膜，用 YWG-C_{18} 色谱柱分离，流动相为磷酸缓冲液（pH 值为 3.1）-甲醇（85：15，体积比），紫外检测波长 223nm，方法平均回收率为 92.3%～95.3%[152]。Nochetto 等建立了一种定量测定淡水鱼中 MS-222 残留浓度的 HPLC 方法。鲑鱼、罗非鱼、鲶鱼等肌肉组织样品先经过乙腈提取，然后经过阳离子交换固相萃取净化后直接测量，以上 3 种样品的 LOD 均小于 0.2mg/L，即该方法符合美国兽药中心规定的兽药残留标准[153]。

2. HPLC-MS 法

Peter Scherpenisse 等利用 HPLC-MS 法测定鱼体内 MS-222 的残留量。该方法

比较灵敏，在试验的 3 种鱼（虹鳟、三文鱼、罗非鱼）中 LOD 分别是 0.5μg/kg、0.6μg/kg、0.6μg/kg，但是预处理过程比较复杂[154]。黎智广等采用 HPLC-MS/MS 分析方法测定水产品中残留的 MS-222。样品经甲醇和乙腈的混合液提取，再经二氯甲烷萃取后氮气吹干，用流动相溶解，经 HPLC 分离，用串联质谱在多反应监测模式下进行定性与定量分析[155]。储成群等采用 HPLC-MS/MS 技术，建立了一种优化的 QuEChERS 方法，快速测定黄颡鱼/桂花鱼中麻醉剂 MS-222 的残留。在最优的条件下，方法定量线性范围为 1~200ng/mL，方法回收率为 77.8%~95.8%，精密度为 3.4%~5.2%[156]。

8.11　消毒剂残留检测技术

　　消毒剂是指以杀灭水体中包括原生动物在内的微生物为目的所使用的一类渔用药物。消毒剂的原料大部分是一些化学物质。目前，我国所使用的渔药主要有消毒剂、驱杀虫剂、水质（底质）改良剂、抗菌药、中草药等 5 大类。以产量估算，其中消毒剂约占 35%，抗菌药、中草药以及其他类渔药只占 20%左右。以产值估算，消毒剂约占 30%，驱杀虫剂、水质（底质）改良剂分别约占 20%，其他渔药占 30%左右。由此可见，水产用消毒剂在水产品养殖的渔用药物中占有十分重要的地位。

　　如果水产品在运输环节和初加工过程中管理不善，极易引起病原体细菌、藻类、酵母菌、真菌和病毒滋生，尤其是大肠杆菌、金黄色葡萄球菌和黑色枯草芽孢杆菌、普通变形杆菌、假单孢菌、液化性荧光杆菌、分枝杆菌等。细菌能把水产品中蛋白质分解为氨基酸、胨等，埃希大肠杆菌、大双球菌、黄细球菌、蜡样芽孢菌、芽孢杆菌等具有肠酰酶类的细菌，能将氨基酸、胨等进一步分解产生异味，影响水产品品质。有害细菌多存在于水产品体表黏液、腮部及肠道中，有害菌和病毒侵入肌肉中，躯体受伤后可使细菌传播加速。此外，鱼贝类、软体类等变温动物肠道内微生物种群性质上各不相同，在流通和初加工环节极易受病菌、病毒或毒素污染。水产品销售加工消毒剂有漂白粉、漂白精、次氯酸钠溶液、复方络合碘、二氧化氯、碘三氯、二溴海因、十二烷氨化三碘化合物、聚维酮碘等。运输车辆消毒多采用过氧乙酸或甲醛水溶液。

　　使用消毒剂首先要了解消毒剂的消毒原理。消毒剂的作用机制主要有 7 种类型：①氧化作用；②凝固蛋白质作用；③溶解类脂作用；④脱水作用；⑤与核酸作用；⑥与巯基作用；⑦与膜作用。水产品加工中常用的乙醇通过脱水作用、溶解类脂作用消毒，次氯酸钠通过氧化作用消毒，苯扎溴铵通过与膜作用消毒。水产品消毒剂主要在养殖过程、运输过程和初加工过程中使用。

8.11.1　水产品养殖用消毒剂

1. 卤族消毒剂

卤族消毒剂主要有漂白粉、漂白精、二溴海因等。卤族消毒剂对细菌原生质及其他结构成分有高度亲和力，极易渗入细胞，和菌体原浆蛋白的氨基或其他基团相结合，使菌体有机物分解或者丧失功能，呈现杀菌作用。含氯消毒剂主要是指溶于水中能产生次氯酸的一大类消毒剂。目前常用的含氯消毒剂主要有次氯酸钠、漂白粉、二氧化氯、氯胺-T、三氯异氰尿酸、二氯异氰尿酸钠、氯溴三聚异氰酸等。该类消毒剂主要通过在水中形成次氯酸作用于菌体蛋白质，破坏其磷酸脱氢酶或与蛋白质发生氧化反应，致使细菌死亡。次氯酸分解形成新生态氧，将菌体蛋白氧化或氯直接作用于菌体蛋白，形成氮-氯复合物，干扰细胞代谢，引起细菌死亡。现在氯制剂中含有的有效氯与水体作用生成各种卤化物，产生多种不易挥发的卤化有机物（如三卤甲烷等），同时氯制剂与水中氨作用，生成氯胺，对水中病原体不但没有灭活作用，且达到一定浓度后，对水生生物还有副作用。

含溴消毒剂典型代表物为溴氯海因、二溴海因等。该系列消毒剂主要通过在水中形成次溴酸，降低微生物的表面张力，破坏有机物保护膜，促进卤素与病原菌蛋白质分子的亲和力，提高杀菌活性。与传统的氯制剂相比，该类消毒剂具有杀菌效力高、广谱、药效更持久、不易挥发、对金属腐蚀性小等优点。

水产上常用含碘消毒剂有碘、碘伏和聚乙烯吡咯烷酮碘（PVP-I）。碘可氧化病原体胞浆蛋白的活性基团，通过溶解于水，释放三碘化合物，进一步水解后与菌体原浆蛋白的氨基或其他基团相结合，使巯基化合物、肽、蛋白质、酶、脂质等氧化或碘化，使菌体有机物分解或者丧失功能，呈现杀菌作用。该类消毒剂是广谱消毒剂，对大部分细菌、真菌和病毒均有不同程度的杀灭作用。

1）三氯生

三氯生学名为二氯苯氧氯酚，又称三氯新、三氯沙、玉洁新 DP-300 等，化学名称为 2,4,4'-三氯-2'-羟基二苯醚，分子式 $C_{12}H_7Cl_3O_2$，分子量为 289.5，是一种高效广谱抗菌剂，广泛用于各种具有消毒作用的洗涤用品、空气清新剂等。

三氯生的小鼠口服 LD_{50} 大约为 3800mg/kg，属于低毒物质。它在环境中可以迅速分解代谢，通常不会造成环境问题。含有三氯生的产品与含氯的自来水发生反应后，可形成三氯甲烷。而三氯甲烷曾被用作麻醉剂。动物试验发现，这种物质会对心脏和肝脏造成损伤，具有轻度致畸性，可诱导小白鼠发生肝癌，但至今尚无使人体致癌的研究资料。

三氯生的检测方法主要为 HPLC 法和 GC 法，也有 HPLC-MS 和 GC-MS 法的报道，检测对象主要是洗涤消毒液、抗菌织物、环境样品等。黄晓兰等首次建立了水产品中消毒剂二氯异氰尿酸和三氯异氰尿酸总残留量以及三氯生残留量检测的 HPLC-MS 法。结果表明，在 0.042～2.4mg/L 质量浓度范围内线性良好，相关系数大于 0.99，在 3 个不同加标水平下，平均回收率为 68%～96%，RSD 为 5.9%～10.9%，LOD 和 LOQ 分别为 0.015 mg/kg、0.05mg/kg[157]。

2）漂白粉

漂白粉是氢氧化钙、氯化钙、次氯酸钙的混合物，其主要成分是次氯酸钙，有效氯含量为 30%～38%，水溶液呈碱性，其杀菌能力由与水体发生反应生成的次氯酸分子表现出来。次氯酸在水体中能释放出活性氯和氧，表现出强烈的杀菌作用。漂白粉为白色或灰白色粉末或颗粒，有显著的氯臭味，很不稳定，吸湿性强，易受光、热、水和乙醇等作用而分解。漂白粉溶解于水，其水溶液可以使石蕊试纸变蓝，随后逐渐褪色而变白。遇空气中的二氧化碳可游离出次氯酸，遇稀盐酸则产生大量的氯气。漂白粉常用浓度为 1mg/L，化浆后全池泼洒，或用浓度为 10mg/L 的溶液进行药浴 20～30min。

陈明中等按《消毒技术规范》的检验及评价方法进行毒理学试验。漂白粉对小鼠急性经口 LD50 为 2710mg/kg，属低毒。最高应用液浓度 5 倍的漂白粉溶液对小鼠急性经口 LD50＞5000mg/kg，属无皮肤刺激性，对小鼠骨髓嗜多染红细胞无致微核作用。配成溶液按最高应用浓度使用无安全问题，可广泛用于卫生消毒领域[158]。漂白粉对养殖动物的毒性如表 8-13 所示。

表 8-13 漂白粉对养殖动物的毒性

水产动物	药品规格	动物规格	温度（℃）	pH 值	DO（mg/L）	48h LC50（mg/L）	96h LC50（mg/L）	SC（mg/L）
罗氏沼虾幼虾	26%有效氯	2.75cm	25.5～29.5	7.4	5.4	5.00	5.0	0.85
罗氏沼虾仔虾	26%有效氯	0.85cm	25.5～29.5	7.4	5.4	2	1.89	0.20
倒刺鲃鱼苗	25%有效氯	6.2～7.8cm	22～26	7.1	5.1～5.4	5.5	4.67	1.65
丁鲹鱼苗	30%有效氯	1.5cm	20～23	8.6	—	0.57	0.57	0.057
丁鲹鱼种	30%有效氯	8.93cm	25～27	6.8～7.2	6.4～7.0	—	2.86	0.286
广东鲂鱼苗	商品制剂	1.0～1.2g	26.5～30	7.2～7.4	4.8～5.4	6.0	6.0	1.8
海南红鲃	商品制剂	6～7cm	23～27	7.2～7.4	5.2～5.4	4.67	4.67	0.85

注：DO 为溶解氧；LC50 为半数致死浓度；SC 为安全浓度。

3）三氯异氰尿酸

三氯异氰尿酸的商品名称为鱼安、强氯精。含有效氯是漂白粉的 3 倍。为白色结晶，具有强烈氯臭，性质稳定，微溶于水，水溶液呈酸性。它在水中分解成异氰酸和次氯酸，具有较强的杀菌能力。常用浓度为 0.3mg/L 的三氯异氰尿酸全池泼洒，或 1.7g/100kg 鱼拌饵口服，或 3mg/L 浸泡鱼体 10～15min。

二氯异氰尿酸和三氯异氰尿酸广泛用作消毒剂，在水产养殖业中也常被用作鱼塘水的消毒杀菌剂。由于二氯异氰尿酸和三氯异氰尿酸遇水迅速释放出氯进而分解成三聚氰酸，所以在水产品中的残留为其分解产物三聚氰酸。作为水产消毒剂的三氯生和三聚氰酸会残留于水产品中，进而进入人体产生危害。三氯异氰尿酸对养殖动物的毒性如表 8-14 所示。

表 8-14　三氯异氰尿酸对养殖动物的毒性

水产动物	产品规格	动物规格	温度（℃）	pH 值	DO（mg/L）	48h LC_{50}（mg/L）	96h LC_{50}（mg/L）	SC（mg/L）
中华倒刺鲃幼鱼	45%有效氯	1.2～2.8g	21～25	6.5～6.8	5.83～8.50	2.00	1.50	0.53
黄鳝苗种	化学纯	11～15cm	16～20	6.8～7.0	4～5	21.79	18.52	1.85
苏丹鱼	化学纯	5.96～7.62cm	26～30	7.1～7.4	4.25～6.40	1.51	1.51	0.28
淡水白鲳幼鱼	—	4.29cm	26.5～29.0	7.58	—	1.65	1.65	0.50
鳜幼鱼	50%有效氯	5.5～6.5cm	26～29	7.2	5.5～6.9	2.527	2.319	4.43
泥鳅	—	10.9～14cm	18～20	6.8～7.0	5.0～5.9	10.3	8.3	2.27
月鳢	有效氯＞90%	4.4～7cm	23～26	7.2～7.5	4.8～6.1	4	3	0.24

注：DO 为溶解氧；LC_{50} 为半数致死浓度；SC 为安全浓度。

4）二氧化氯

二氧化氯被认为是适合用于水产养殖业的最好消毒剂。与人们常用的漂白粉、二氯异氰尿酸钠和三氯异氰尿酸等消毒剂相比，二氧化氯的用量要小得多，有利于减轻操作者的劳动强度。二氧化氯是一种强氧化剂，是一般氯制剂杀灭能力的 2～6 倍，与一般氯制剂作用机理不同，活化后的二氧化氯在氢离子的作用下产生具有强氧化作用的新生态氧，能迅速附着在微生物的细胞表面，深入微生物的细胞膜，使微生物蛋白质失去活力而达到杀灭微生物的目的。

用氯气等氯制剂消毒时，由于氯与水体中的有机物反应能产生三卤甲烷（$CHCl_3$）等多种有机卤代物，而 $CHCl_3$ 等已经被确认为致癌物质。而二氧化氯制剂在消毒过程完成后的生成物是水、氯化钠等盐类、微量二氧化碳和水，不仅没有对人体健康有害的物质生成，还能去除水体中过量的 Fe^{2+}、Mn^{2+}、S^{2-}、CN^- 等无机污染物及酚类、腐殖质等有机污染物。有资料表明，二氧化氯可以将有致癌作用的有机物（如苯并芘）氧化成无致癌作用的物质，在 pH 5～9 范围内能将 H_2S 很快氧化生成 $Fe_2(SO_4)_3$。二氧化氯对霉烂味和腥味等臭味化合物具有较强的去除效果。二氧化氯制剂的安全浓度大。对小鼠的毒理学实验结果确认二氧化氯制剂为实际无毒物质。急性经口毒性试验表明，二氧化氯消毒灭菌剂属实际无毒级产品，积累性试验结论为弱蓄积性物质。用其消毒的水体不会对口腔黏膜、皮膜和头皮产生损伤，其在急性毒性和遗传毒理学上都是绝对安全的。

二氧化氯制剂能有效地改善养殖环境，高效、快速地杀灭养殖动物的各种致病微生物。同时具有作用活性不受 pH 值、温度、氨及各种有机和无机污染物的干扰，作用后不会形成有害残留物质，不会造成对环境的污染等众多优点。二氧化氯以其卓越的性能，已经成为世界卫生组织和联合国粮食及农业组织向全世界推荐的唯一 A1 级广谱、安全和高效的消毒剂。

5）溴氯海因

溴氯海因粉为类白色、淡黄色结晶性粉末或颗粒，有次氯酸的刺激性气味。其消毒杀菌作用主要依靠水解产物 HOBr 和 HOCl 的作用，将菌体内的生物酶氧化分解而失效，从而起到杀菌的作用。预防疾病时用量为 $0.15g/m^3$，每 15d 用药一次。治疗时用量为 $0.3g/m^3$，每天一次，连用两次。

溴氯海因对养殖动物的毒性如表 8-15 所示。

表 8-15　溴氯海因对养殖动物的毒性

水产动物	药品规格	全长（cm）	温度（℃）	pH 值	DO（mg/L）	48h LC_{50}（mg/L）	96h LC_{50}（mg/L）	SC（mg/L）
鲶鱼	生产制剂	9～11	21～23	7.6	5.6	5.6	5.2	0.56
黄鳝鱼种	溴氯含量＞92%	11～15	16～20	6.8～7.0	4～5	16.0	—	3.07
草鱼鱼苗	有效成分17.5%	12.59～17.79	20～24	7.0	—	19.07	14.09	4.68
黄颡	生产制剂	6～8	21～23	7.6	5.6	—	—	0.19
文蛤	24%	3～5	17～19	7.8～8.2	—	103.0	24.0	5.7
虹鳟鱼苗	8%	3	16～21	7.1	9.5	3.165	2.483	0.83

注：DO 为溶解氧；LC_{50} 为半数致死浓度；SC 为安全浓度。

6）二溴海因

二溴海因为黄色或淡黄色固体，具有类似漂白粉的味道，在水体中水解主要形成次溴酸，水解速度相对较快，在水中能够不断地释放出 HBrO（活性溴），并穿透微生物的细胞壁破坏菌体蛋白质，对其细胞内部结构产生不可逆的氧化和分解作用，最终起到杀菌效果。生产上常规施药剂量为 $0.3 \sim 0.4 g/m^3$。秀丽白虾、草鱼鱼种、鳜幼鱼、匙吻鲟幼鱼、海蜇幼体、鲤鱼、白云山鱼、斑点叉尾鮰等水产动物安全浓度均高于常规用量，兑水后全池泼洒，安全系数较高，是很好的消毒剂。

　　二溴海因是高毒性消毒剂，可能对水生动物机体产生一定影响。二溴海因对养殖动物的毒性如表 8-16 所示。

表 8-16　二溴海因对养殖动物的毒性

水产动物	产品规格	全长（cm）	温度（℃）	pH 值	DO（mg/L）	48h LC$_{50}$（mg/L）	96h LC$_{50}$（mg/L）	SC（mg/L）
鲤鱼	商品制剂	15.1	17～20.8	6.8	>5	76.2	—	7.62
匙吻鲟幼鱼	商品制剂	4.0～5.0	18～20	7.0～8.0	7.0～8.0	—	—	1.18
鳜幼鱼	500∶50（质量比）	5.5～6.5	26～29	7.2	5.5～6.9	18.44	16.33	2.18
草鱼鱼种	200g∶40g	5.6	22～24	6.8～7.2	>5	51.3	50.2	14.1
秀丽白虾	200g∶40g	3.5～5.0	18～23	7.51～7.54	5.4～6.0	89	75	21
海蜇幼体	商品制剂	3～4	25.6～28.4	8.0～8.2	—	15.37	14.46	1.45
白云山鱼	商品制剂	3.1	16.5～21	6.8	5.0～5.8	35	/	10.5
斑点叉尾鮰	商品制剂	18.6	16.5～21	6.8	>5	37.8	29.6	2.96

　　注：DO 为溶解氧；LC$_{50}$ 为半数致死浓度；SC 为安全浓度。

　　二溴海因对吉富罗非鱼肝胰脏抗氧化活性的研究表明，吉富罗非鱼肝胰脏对二溴海因溶液存在剂量效应和时间效应。在低浓度下，吉富罗非鱼肝胰脏的抗氧化能力在二溴海因作用下被增强，一旦其浓度超过其阈值时，将打破原有的动态，其防御能力和解毒功能降低[159]。二溴海因对抗氧化系统有一定的影响，当二溴海因适量时，抗氧化能力增强，当二溴海因使用超过阈值时，抗氧化能力降低。二溴海因和碳水化合物对凡纳滨对虾生长和免疫的影响研究表明，在低盐度条件下，长期生活在二溴海因环境中的凡纳滨对虾处于应激状态，消耗体内较多免疫因子，超氧化物歧化酶活性降低[160]。

　　孙博等在静态条件下，采用离子色谱法来研究二溴海因作用于吉富罗非鱼后所产生的溴离子在肌肉中的残留及其消解行为，初步探究水产品中溴离子的检测方法，建立了以离子色谱法测定水产品中溴离子质量分数的方法，并用该方法检测了二溴海因作用于吉富罗非鱼后所产生的溴离子在肌肉中残留及消解的质量分数。检测时采用 Cs12A 阴离子柱分离，电导检测，溴离子浓度为 10～200mg/kg，相关系数为 0.9963。检测结果表明，不同添加水平下，该方法的回收率为 82.58% ～ 86.14%，RSD 为 4.61% ～ 6.54%[161]。

7）聚维酮碘

聚维酮碘是分子碘与聚乙烯吡咯烷酮（PVP）结合而成的水溶性高分子化合物，两者间保持动态平衡，能缓慢释放碘的高分子化合物。其杀菌活性是由表面活性剂 PVP 提供的对菌膜的亲和力将其载物、肽蛋白、酶、脂质等氧化或碘化，从而达到杀菌的目的。聚维酮碘为广谱消毒剂，对大部分细菌、真菌和病毒均有不同程度的杀灭作用。预防时用量为 0.0045 ～ 0.0075g/m³（以有效碘计），每 7d 一次。治疗时用量为 0.0045 ～ 0.0075g/m³（以有效碘计），隔日一次，连用 2 ～ 3 次。

8）碘伏

碘与表面活性剂的不定性结合物称为碘伏，表面活性剂起载体与助溶的作用。碘伏能在水中释放出碘。阳离子、阴离子或非离子均可作为碘伏中的表面活性剂，但非离子表面活性剂作用良好，比较稳定。常用的有聚乙烯吡咯烷酮、聚乙氧基乙醇的衍生物或各种季铵盐类化合物。使用时用水稀释 3000 倍全池遍洒，预防时用量为 0.002 ～ 0.004g/m³（以有效碘计），每 15d 一次。治疗时用量为 0.002 ～ 0.004g/m³（以有效碘计），每日两次。碘制剂对养殖动物的毒性如表 8-17 所示。

表 8-17　碘制剂对养殖动物的毒性

水产动物	产品规格	全长 (cm)	温度（℃）	pH 值	DO（mg/L）	48h LC$_{50}$ （mg/L）	96h LC$_{50}$ （mg/L）	SC （mg/L）
皱纹盘鲍	有效碘 1%	—	13.0 ～ 17.0	7.98 ～ 8.04	0.99 ～ 1.07	0.42	0.36	0.036
丁鲹鱼种	有效成分 10%	3.1	23	8.2	9.0	—	—	1.85
杂色鲍幼鲍	有效碘 10%	5.33 ～ 5.65	23 ～ 27	6.5 ～ 6.8	＞5	218	—	11.08
银鲈	有效成分 10%	3.0 ～ 3.3	18 ～ 22	7.0 ～ 7.4	4.6 ～ 6.4	11.98	—	2.24

注：DO 为溶解氧；LC$_{50}$ 为半数致死浓度；SC 为安全浓度。

2. 酚、醇、醛类消毒剂

1）酚类

酚类如来苏儿、苯酚、复合酚可使菌体蛋白质变性、沉淀或使一些氧化酶等失去活性，对细菌、真菌和大部分病毒有效，对芽孢无效。酚类消毒剂虽受有机物影响小，但杀菌效果差，对环境有污染，具毒性和腐蚀性。

2）醇类

乙醇、异丙醇等可使菌体蛋白质变性，干扰微生物的新陈代谢，主要对细菌有效。乙醇杀菌主要是由于其脱水作用引起菌体蛋白质变性或沉淀，致使微生物死亡。乙醇杀菌需要一定量的水分，需稀释到一定浓度才能获得较高水平的消毒效果，75%的乙醇消毒效果最好。浓度过高会使菌体表面形成一层硬膜，妨碍乙醇进一步渗入细胞，消毒效果会降低。浓度过低，脱水作用减弱，也起不到理想的消毒效果。65%～75%的乙醇作用 1～5min 可杀灭一般的细菌繁殖体、分枝杆菌、真菌孢子、亲脂病毒。但乙醇对有芽孢的细菌无杀灭效果。常用的消毒方式有：喷雾消毒、涂擦消毒、浸泡消毒。

3）醛类

甲醛、戊二醛等能与蛋白质中的氨基酸结合，使蛋白质变性，酶失活，对细菌、芽孢、病毒、寄生虫、藻类、真菌均有杀灭作用。戊二醛具有广谱、高效、速效、低毒等特点。甲醛水解后具有弱酸性，对细菌、病毒繁殖体、细菌芽孢具有致死性。甲醛蒸气对空中漂浮的病菌芽孢、附着病毒的微粒、小液滴具有消毒作用。但是甲醛有毒，仅限于水产品运输车辆和初加工场所的消毒。甲醛对脑功能影响和脑组织损害是弱慢性的，可能与脑组织变性、萎缩等广泛损害有关。此外，近年来有研究表明甲醛对神经系统也有损害，它可以引起神经系统的变性坏死，DNA、RNA 合成减少。其对人体的毒害作用限制了它的应用。

（1）甲醛。

福尔马林是 40%甲醛的水溶液，具有强烈刺激性气味，能凝固蛋白和溶解脂类，使蛋白质变性，具有强大的广谱杀菌和杀虫作用。福尔马林既可以作为杀菌消毒剂，还可以作为杀虫剂，生产上一般以 10～30g/m³ 水体终浓度全池泼洒进行鱼类病害防治，以 15～20g/m³ 水体终浓度全池泼洒进行虾蟹病害防治。可以作为中华倒刺鲃幼鱼、双锯鱼稚鱼、暗纹东方鲀水花、网纹石斑鱼、苏丹鱼、罗氏沼虾幼虾、罗氏沼虾仔虾、罗氏沼虾虾苗、赤眼鳟等水产动物的杀菌消毒药，毒性较小。甲醛浓度在 11.3g/m³ 时，对九孔鲍面盘幼虫发育无影响，可连续使用，并能提高其存活率。由于丁鲹鱼种、唐鱼、方斑东风螺面盘幼虫、长吻鲍苗种、淇河鲫、翘嘴红鲌等水产动物的安全浓度接近或小于常用剂量，应谨慎使用或不宜使用。曾有人在海参养殖中使用福尔马林，导致海参全部化皮死亡，因此在海参养殖过程中应禁止使用。福尔马林在生产上作为遍洒药物用量大，经济上不划算，一般用作防治鱼病的浸洗药物，可以用于细鳞鱼鱼种、河鲶、金鱼、黄颡鱼种等水产动物，防治鱼病较为安全。其杀菌灭毒机理是通过一种活泼的烷化剂作用于微生物蛋白质中的氨基、羧基、羟基和巯基，从而破坏蛋白质分子，使微生物死亡。

该类消毒剂可杀灭一切微生物，但是对水产动物刺激性和环境影响都较大。其具有致癌作用，可损害作业人员的眼及上呼吸道黏膜。甲醛对人的肝脏具有潜在毒性。王智等研究发现，用药初期甲醛在大菱鲆体内会有一定量残留，但随时间延长残留量不断下降，在一定时间后大菱鲆可食部分甲醛残留量可以达到未检出水平。试验结果提示，大菱鲆工厂化养殖规范化使用甲醛，在第 8 天可以达到未检出水平，不会影响产品可食部分[162]。

目前水产品中甲醛残留的检测技术主要为显色法和 GC 法。马敬军等通过显色反应确定了间苯三酚法、三氯化铁法、亚硝基亚铁氰化钠法三种定性方法，三种方法最低检测浓度分别为 1μg/mL、0.5μg/mL、1μg/mL，显色稳定时间分别为 2min、2h、5min。分光光度法测定水产品中甲醛含量，采用水蒸气蒸馏法将水产品中游离态及可逆结合态甲醛蒸馏出，乙酰丙酮显色分光光度计 413nn 测定定量。该方法显色可稳定 10h，水发水产品、鲜活水产品、干制品及虾类的平均回收率分别为90.04%、76.05%、64.54%和60.14%，检出限为 0.022μg/mL[163]。黄丽等用柱前衍生化-GC 法测定虹鳟肌肉、鳃和肝脏中甲醛的含量，研究甲醛在虹鳟幼鱼组织中的残留规律。药浴 30min 后四组虹鳟幼鱼鳃中甲醛的残留量最高，12d 时虹鳟幼鱼肝脏中甲醛先积累后减少，4h 时蓄积最高[164]。

（2）戊二醛。

戊二醛又称 1,5-戊二醛，是一种五碳双缩醛化合物。纯品戊二醛为无色透明油状液体，有刺激性气味，易溶于水、乙醇等有机溶剂。戊二醛有两个活泼醛基，可直接或间接与生物蛋白质发生反应使其失去活性，从而达到杀菌的作用。戊二醛的杀菌作用受 pH 值影响较大，在酸性条件下，戊二醛的活性低，溶液可稳定存在，戊二醛的水溶液呈弱酸性。在碱性条件下，戊二醛的活性较高，当 pH 值在 7.5～8.5 时，其杀菌活性最强。pH 值为 8 的戊二醛溶液通常在 4 周内失去活性，因此活化的碱性戊二醛的使用时间应不超过 2 周。温度对戊二醛的杀菌作用也有明显的影响，一般认为戊二醛在较低的温度下也有杀菌作用，但随着温度的升高，无论酸性戊二醛还是碱性戊二醛的杀菌作用均明显增加。此外，在戊二醛消毒液中添加非离子型表面活性剂如聚氧乙烯脂肪醇醚或对其进行超声处理均可使戊二醛的杀菌作用增强，而有机物的存在对戊二醛的杀菌作用影响较小。

许崇辉等参考 GB 15193.14—2003 进行高、中、低 3 个剂量大鼠致畸实验，未发现戊二醛对大鼠有致畸毒性和母体毒性，而与阴性对照组比较，高剂量组的子宫重、黄体数、着床数、活胎和胎仔总数均见显著性减少（$p<0.05$），且在低、中、高 3 个剂量组中存在剂量-效应关系。各剂量组未见致畸性，在高剂量组水平可能有胚胎毒性[165]。之后又参考 GB 15193.15—2003 进行高、中、低 3 个剂量大鼠一代繁殖试验，未发现戊二醛对大鼠受孕率、妊娠率、出生存活率和哺乳存活率有明显影响。戊二醛可能对大鼠妊娠过程有影响，从而不影响交配受孕和胎儿生长[166]。

目前水产品中戊二醛残留的检测技术主要为 HPLC 法。杨宁辉等采用 C_{18} 色谱柱，应用反相 HPLC-UV 法测定消毒剂中戊二醛的含量，研究流动相组成、离子强度等试验条件对戊二醛色谱保留性能的影响，从而建立一种准确、简便，适用于消毒剂中戊二醛含量测定的 HPLC 法。该方法在柱温 30℃、检测波长 235nm 的条件下，戊二醛在 C_{18} 色谱柱上具有良好的保留行为，标准曲线线性范围为 0.005%～0.500%，日内和日间 RSD＜2.0%，样品加标回收率 94.5%～101.7%[167]。

3. 重金属消毒剂

高锰酸钾、硫酸铜、汞盐、银盐等能与细菌蛋白质结合，产生蛋白盐沉淀。重金属消毒剂主要对细菌与真菌有效，对芽孢、病毒效力差。高锰酸钾为强氧化剂，通过氧化细菌体内活性基团而发挥杀菌作用，常用于池塘消毒、鱼种消毒及其他水生动物体的消毒。

食品级过氧化氢银离子是 GMP 规定的消毒剂。其以银离子为活性成分，释放杀菌气体进行消毒，具有高渗透性、高扩散性，尤其在水产品初加工场所可以达到均匀消毒。杀菌后剩余的食品级过氧化氢会自行分解为氧气，不产生残留和污染。

高锰酸钾是一种强氧化剂，其水溶液与有机物接触，能释放出新生态氧，迅速使有机物氧化，使酶蛋白和原浆蛋白中的活性基团和巯基（—SH）氧化为二硫链（S—S）而失活，从而起杀菌作用。

高锰酸钾对养殖动物的毒性如表 8-18 所示。

表 8-18　高锰酸钾对养殖动物的毒性

水产动物	规格	温度（℃）	pH 值	DO（mg/L）	48h LC$_{50}$（mg/L）	96h LC$_{50}$（mg/L）	SC（mg/L）
中华倒刺鲃幼鱼	1.2g～2.8g	21～25	6.5～6.8	5.83～8.50	1.98	1.76	0.53
河蟹幼体	—	19.5～20.5	7.8～8.2	5.48	3.38	1.50	0.15
丁鲹鱼种	3.1cm	23	8.2	9.0	—	—	0.85
黄鳝苗种	11～15cm	16～20	6.8～7.0	4～5	6.852	5.773	0.58
唐鱼	1.71～2.75cm	22～30	6.8	—	1.62	0.66	0.066
网纹石斑鱼	7.4～11.5cm	29.5～30.5	8.0～8.2	—	1.14	—	0.34
方斑东风螺面盘幼虫	—	29.0～29.5	—	—	1.04	0.55	0.115
苏丹鱼	5.96～7.62cm	26～30	7.1～7.4	4.25～6.40	3.14	3.14	0.60
罗氏沼虾幼虾	2.75cm	25.5～29.5	7.4	5.4	5.00	4	1.04

4. 二氧化氮

二氧化氮是氯制剂的替代品，水解产生 H$^+$。二氧化氮使菌体蛋白质变性，丧失活力，达到杀菌消毒的作用。但是二氧化氮水解会产生亚硝酸残留，对人体有害,在生产中仅用于虾蟹活体的消毒。

5. 季铵盐类消毒剂

季铵盐类消毒剂常用的有新洁尔灭、洗必泰、度米芬、消毒净、百毒杀等。季铵盐类消毒剂在低浓度下抑菌,高浓度时杀灭大多数细菌繁殖体和部分病毒,但对结核杆菌、绿脓杆菌、芽孢和大部分病毒的杀灭效果较差。

苯扎溴铵又名新洁尔灭,是一种阳离子表面活性剂,也是一种典型的季胺化合物。在水溶液中,苯扎溴铵以阳离子形式与带负电的微生物菌体结合,引起菌体外膜损伤和蛋白质变性,导致菌体内的酶、辅酶和代谢产物外漏,妨碍细菌的呼吸及糖酵解过程,从而对微生物营养细胞起杀灭作用。苯扎溴铵对真菌、化脓性病原体、肠道菌有良好的杀灭作用,对革兰阳性细菌的作用大于阴性细菌,但对乙肝病毒、结核杆菌、细菌芽孢不能杀灭。苯扎溴铵表面张力低、渗透性好、杀菌所需浓度低、毒性和刺激性小、无腐蚀和漂白作用、水溶性好、性质稳定,有一定的去污作用。但不宜被冲洗干净,与阴离子活性清洁剂接触会产生沉淀并失去活性。使用浓度一般控制在 0.05%~0.1%,通常采用浸泡方式消毒。

6. 过氧化物类消毒剂

过氧化物类消毒剂包括过氧乙酸、过氧化氢、过氧化钙、臭氧等,其具有强大的氧化能力,与有机物相遇时放出新生态氧,氧化细菌体内的活性基团。这类消毒剂杀菌能力强,易溶于水,在水中分解产生氧,也可作为增氧剂。过氧化物类消毒剂是近年来人们公认的无公害消毒剂。

过氧乙酸具有极强的氧化作用,可将菌体蛋白质氧化而将有害菌致死,对芽孢菌和病毒有极强的氧化作用,见效快、效果好,适用于水产运输车辆和初加工场所地面、墙壁的消毒,不适用于水产活体消毒。

7. 染料类消毒剂

染料类消毒剂常用的有亚甲基蓝、吖啶类等,可与菌体蛋白的羧基或氨基结合而影响菌体代谢。亚甲基蓝除用于杀菌、消毒外,还可用于一些原虫病(如小瓜虫病)的治疗。染料类消毒剂是被美国 FDA 通过的药品之一。

8. 中草药类消毒剂

中草药消毒越来越受到人们的重视,许多中草药以其效果好、价格低廉、资源丰富、毒副作用低等优点逐渐进入了水产消毒药市场。常用的有大蒜、烟草、大黄、乌桕、苦楝、五倍子、大黄、枫树叶、辣蓼、樟树叶、车前草、地锦草、菖蒲、桉树叶等。

中草药中含有各种多糖类物质，而多糖类物质已经被大量研究结果证实能增强水产动物的特异性和非特异性免疫机能。将中草药作为预防水产动物疾病的药物使用，可以利用其中存在植物多糖，发挥其作为免疫增强剂的功能，达到调节和增强水产动物免疫机能的目的。

8.11.2　水产品运输加工用消毒剂

目前水产品加工厂大都采用次氯酸钠消毒液对加工厂中生产人员的手、工器具进行消毒。消毒剂只有在一定的浓度时才有消毒效果，用量过少达不到消毒的效果，微生物也存在产生耐药性的可能性，用量过多容易引起金属生锈并对人体健康带来损害。

次氯酸钠溶于水后产生很小的中性分子次氯酸，扩散到带负电的菌体表面，通过细胞壁，穿透到菌体内部，起氧化作用而杀菌，是一种广谱型杀菌剂。次氯酸钠也是一种强氧化剂，有较强的漂白功能，对金属器具有腐蚀作用。次氯酸钠在酸性溶液中的杀菌效果比在中性和碱性条件下强得多，但不够稳定，易于分解，在 200×10^{-6} mg/L 自由氯浓度时活性最大。实际使用中原料器具消毒一般使用的浓度为 200×10^{-6} mg/L，半成品器具、手一般使用的浓度为 200×10^{-6} mg/L，一般预防性消毒可控制在 $1 \sim 10 \times 10^{-6}$ mg/L，通常通过浸泡方式消毒。次氯酸分解形成新生态氧，将菌体蛋白氧化或氯直接作用于菌体蛋白，形成氮-氯复合物，干扰细胞代谢，引起细菌死亡。次氯酸钠对养殖动物的毒性见表 8-19。

表 8-19　次氯酸钠对养殖动物的毒性

水产动物	产品规格	全长（cm）	温度（℃）	pH 值	DO（mg/L）	48h LC$_{50}$（mg/L）	96h LC$_{50}$（mg/L）	SC（mg/L）
罗氏沼虾幼虾	活性氯＞5%	2.75	25.5～29.5	7.4	5.4	195.43	156.3	40.74
罗氏沼虾仔虾	活性氯＞5%	0.85	25.5～29.5	7.4	5.4	156.3	126.70	18.77
刺参幼体	10%有效氯	1.0～1.4	17～22	8.3	—	14.5	9.3	0.46

参 考 文 献

[1]　Okocha R C，Olatoye I O，Adedeji O B. Food safety impacts of antimicrobial use and their residues in aquaculture. Public Health Reviews，2018，39：21.

[2]　梁晓婷. 微波萃取-液相色谱法测定水产品中青霉素 G 和双氯青霉素. 饮食保健，2017，4（10）：252-253.

[3]　Andreia F，Sara L，Joao R，et al. Multi-residue and multi-class determination of antibiotics in gilthead sea bream（*Sparus aurata*）by ultra high-performance liquid chromatography-tandem mass spectrometry. Food Additives & Contaminants Part A Chemistry Analysis Control Exposure & Risk Assessment，2014，31（5）：817-826.

[4]　李学民，曹彦忠，张进杰，等. 液相色谱-串联质谱法测定河豚鱼和鳗鱼中 9 种青霉素类抗生素. 食品安全质量检测学报，2013，（4）：1165-1172.

[5]　郭萌萌，李兆新，王智，等. 通过式固相萃取净化/液相色谱-串联质谱法快速检测水产品中 11 种青霉素残留. 分析测试学报，2017，36（3）：337-342.

[6]　Hancu G，Simon B，Kelemen H，et al. Thin layer chromatographic analysis of beta-lactam antibiotics. Advanced Pharmaceutical Bulletin，2013，3（2）：367-371.

[7]　姚晔，邓宁，余沐洋，等. 胶束电动毛细管电泳法分离检测 5 种 β-内酰胺类抗生素. 食品科学，2011，32（16）：253-256.

[8]　Benito-Peña E，Moreno-Bondi M C，Orellana G，et al. Development of a novel and automated fluorescent immunoassay for the analysis of beta-lactam antibiotics. Journal of Agricultural & Food Chemistry，2005，53（17）：6635-6642.

[9]　Knecht B G，Angelika S，Richard D，et al. Automated microarray system for the simultaneous detection of antibiotics in milk. Analytical Chemistry，2004，76（3）：646-654.

[10]　Pennacchio A，Varriale A，Esposito M G，et al. A rapid and sensitive assay for the detection of benzylpenicillin（PenG）in milk. Plos One，2015，10（7）：0132396.

[11]　张可煜，王大菊，袁宗辉，等. 猪和鸡可食性组织中氨苄青霉素残留的微生物学检测法. 中国兽医学报，2004，（5）：470-472.

[12]　李梅，孙灵灵，袁宗辉，等. 兽用头孢菌素类抗生素研究进展. 中国畜牧兽医，2018，45（7）：1978-1989.

[13]　Qureshi T. LC/UV determination of cefradine，cefuroxime，and cefotaxime in dairy milk，human serum and wastewater samples. Springerplus，2013，2（1）：1-8.

[14]　范晶晶，单奇，尹怡，等.头孢喹肟在罗非鱼体内的药代动力学. 成都 2016 年中国水产学会学术年会，2016.

[15]　刘浩，秦峰，赵敬丹，等. MEKC 和 UPLC 检测头孢噻吩钠中的 3-位置异构体杂质. 中国抗生素杂志，2015，40（7）：516-520.

[16]　梅光明，张小军，李铁军，等.水产品中头孢菌素类药物的液相色谱-质谱联用测定方法研究. 长三角科技论坛水产科技分论坛暨上海市渔业科技论坛，2014.

[17]　顾蓓乔，梅光明，喻亮，等. 液相色谱-质谱联用法测定水产品中头孢菌素类残留量. 浙江海洋学院学报（自然科学版），2015，34（3）：222-226.

[18]　顾蓓乔，梅光明，张小军，等. 多壁碳纳米管净化-超高效液相色谱-质谱法测定水产品中头孢菌素残留量. 分析化学，2017，45（3）：381-388.

[19]　王学立. 同步检测头孢类抗生素与链霉素胶体金免疫层析法的建立. 合肥：安徽农业大学，2012.

[20]　李延华，王伟军，张兰威，等. 微生物法检测牛乳中 β-内酰胺类抗生素残留的对比研究. 中国抗生素杂志，2009，34（1）：63-66.

[21]　左艳丽. 毛细管电泳法应用于头孢菌素类、氟喹诺酮类和磺胺类抗生素药物的检测.保定：河北大学，2012.

[22]　John P S，Hemant K S，Mukkanti K，et al. Validation of capillary electrophoresis method for determination of *N*-methylpyrrolidine in cefepime for injection. Journal of Chromatographic Science，2010，48（10）：830-834.

[23]　郭佩佩，姚宇秀，王艳菲，等. 高效液相色谱法检测乳中 β-内酰胺酶抑制剂——克拉维酸. 中国食品学报，2018，18（8）：254-259.

[24]　马晓斐，张敬轩，李挥，等. 超高效液相色谱-串联质谱法同时测定液态奶中克拉维酸和舒巴坦. 食品科学，2013，34（16）：257-260.

[25]　孙倩，张兰桐，孔德志，等. 毛细管区带电泳法测定克拉维酸钾及其制剂的含量. 河北医科大学学报，2010，31（4）：429-429.

[26]　刘晓冬. 水产品中氨基糖苷类抗生素高效液相检测方法的建立. 青岛：中国海洋大学，2010.

[27]　Gremilogianni A M，Megoulas N C，Koupparis M A. Hydrophilic interaction vs ion pair liquid chromatography for the determination of streptomycin and dihydrostreptomycin residues in milk based on mass spectrometric detection. Journal of Chromatography A，2010，1217（43）：6646-6651.

[28]　Kumar P，Rubies A，Companyo R，et al. Hydrophilic interaction chromatography for the analysis of aminoglycosides. Journal of Separation Science，2015，35（4）：498-504.

[29]　苏晶，汤立忠，陈长毅，等. 高效液相色谱串联质谱法同时测定 9 种龙虾中氨基糖苷类和四环素类抗生素残留. 食品工业科技，2016，37（2）：60-63.

[30]　黄原飞，娄晓祎，周哲，等. 分子印迹聚合物固相萃取-超高效液相色谱-串联质谱法检测水产品中 11 种氨基糖苷类药物残留. 分析化学，2018，46（3）：454-461.

[31]　邓安平，杨秀岑，杨永明，等. 用增强的化学发光免疫分析法测定血清中庆大霉素的含量. 华西医科大学学报，1993，（1）：101-103.

[32]　Wang S，Xu B，Zhang Y，et al. Development of enzyme-linked immunosorbent assay（ELISA）for the detection of neomycin residues in pig muscle，chicken muscle，egg，fish，milk and kidney. Meat Science，2009，82（1）：53-58.

[33]　Tuckman M，Petersen P，Projan S. Mutations in the interdomain loop region of the tetA（A）tetracycline resistance gene increase efflux of minocycline and glycylcyclines. Microbial Drug Resistance，2000，6（4）：277-282.

[34]　孙广龙，胡立宏. 四环素类抗生素的研究进展. 药学研究，2017，36（1）：1-5.

[35]　孟丽华，史艳伟，时兵，等. 四环素类抗生素残留的检测方法及其对渔业环境的影响研究进展. 中国渔业质量与标准，2017，7（1）：50-55.

[36]　刘丽，蔡志斌，张英. 高效液相色谱法测定水产品中土霉素、四环素、金霉素. 中国卫生检验杂志，2007，（8）：1405-1406.

[37]　王萍亚，周勇，陈皑，等. 高效液相色谱荧光检测法同时测定水产品中 4 种四环族药物残留的研究. 计量学报，2008，29（s1）：238-241.

[38]　卢志晓，鞠溯，杨立明，等. 高效液相色谱法快速测定水产品中四环素类药物残留. 现代仪器与医疗，2010，（6）：76-77.

[39]　贝亦江，王扬，何丰，等. 超高效液相色谱法快速测定水产品中药物残留. 浙江农业科学，2013，1（11）：1479-1481.

[40]　刘艳萍，冷凯良，王清印，等. 高效液相色谱-串联质谱法测定水产品中的 4 种四环素类药物残留量. 海洋科学，2009，33（4）：34-39.

[41]　林荆，张金虎，郑宇，等. 水产品中四环素类药物残留的超高效液相色谱-串联质谱法测定. 食品科学，2010，31（20）：286-289.

[42]　Vardali S C，Samanidou V F，Kotzamanis Y P. Rapid confirmatory method for the determination of danofloxacin and N-desmethyl danofloxacin in european seabass by UPLC-PDA. Current Analytical Chemistry，2018，14（1）：1101-1110.

[43]　Guidi L R，Santos F A，Acsr R，et al. Quinolones and tetracyclines in aquaculture fish by a simple and rapid

LC-MS/MS method. Food Chemistry，2018，245：1232-1238.

[44] 周平. 水产品中药物残留检测的前处理方法研究. 福州：福州大学，2014.

[45] Cháfer-Pericás C，Maquieira Á，Puchades R，et al. Immunochemical determination of oxytetracycline in fish：Comparison between enzymatic and time-resolved fluorometric assays. Analytica Chimica Acta，2010，662（2）：177-185.

[46] 檀尊社，陆恒，邵伟，等. 胶体金免疫层析法快速检测水产品中四环素类药物残留. 西北农业学报，2010，19（8）：32-37.

[47] 郑晶，黄晓蓉，林杰，等. 应用放射性免疫分析方法快速筛检烤鳗中四环素族药物残留. 渔业研究，2005，（3）：47-49.

[48] Wal J M，Peleran J C，Bortes G F. High performance liquid chromatographic determination of chloramphenicol in milk. Journal-Association of Official Analytical Chemists，1980，63（5）：1044.

[49] 陈晋旭. 氯霉素和氟苯尼考在淡水小龙虾中残留的检测. 南京：南京农业大学，2009.

[50] 陶昕晨. 三种氯霉素类药物在对虾体内残留消除的研究. 湛江：广东海洋大学，2013.

[51] 梅光明，陈雪昌，张小军，等. 水产品中 3 种氯霉素类药物残留的超高效液相色谱-串联质谱测定法研究. 浙江海洋学院学报（自然科学版），2013，32（3）：249-254.

[52] Ramos M，Muñoz P，Aranda A，et al. Determination of chloramphenicol residues in shrimps by liquid chromatography-mass spectrometry. Journal of Chromatography B，2003，791（1）：31-38.

[53] 杨成对，宋莉晖，毛丽哈，等. 对虾中氯霉素残留的分析方法研究. 分析化学，2004，32（7）：905-907.

[54] 宫向红，徐英江，张秀珍，等. 水产品中氯霉素残留量气相色谱检测方法的探讨. 食品科学，2006，27（7）：222-224.

[55] 胡红美，郭远明，孙秀梅，等. 超声波萃取-PSA 净化-气相色谱法测定水产品中氯霉素. 浙江海洋学院学报（自然科学版），2016，35（3）：222-227.

[56] 邵会，冷凯良，周明莹，等. 水产品中氯霉素、甲砜霉素、氟苯尼考、氟苯尼考胺多残留的同时测定——GC/MS 法. 渔业科学进展，2015，36（3）：137-141.

[57] Water C V D，Haagsma N. Sensitive streptavidin-biotin enzyme-linked immunosorbent assay for raid screening of chloramphenicol residues in swine muscle tissue. Journal-Association of Official Analytical Chemists，1990，73（4）：534.

[58] 萨仁托雅，张峰，郑有虎，等. 化学发光免疫分析与酶联免疫分析法检测水产品药物残留的比较研究. 大连海洋大学学报，2014，29（5）：486-491.

[59] 齐宁利，周慧玲，李涛，等. 酶联免疫法测定水产品中氯霉素残留. 食品工业，2015，（6）：273-275.

[60] 陈小雪，张林田，相大鹏，等. 水产品中氯霉素残留的放射免疫分析. 检验检疫学刊，2006，16（3）：19-21.

[61] 焦彦朝，何家香. 微生物检定法测定鲤鱼肌肉组织残留氯霉素. 中国饲料，2000，（5）：22-24.

[62] 宋杰，宋燕青，王勇鑫，等. 微生物法在检测牛奶中氯霉素残留的应用. 河北师范大学学报（自然科学版），2005，29（1）：85-87.

[63] 王志强，胡国媛，李志勇，等. 微生物抑制法快速检测鲜奶中多种抗生素残留. 中国食品卫生杂志，2008，20（2）：139-141.

[64] 李喆宇，崔玉彬，张静霞，等. 大环内酯类抗生素的研究新进展. 国外医药抗生素分册，2013，34（1）：6-15.

[65] 朱世超. 水产品中大环内酯类抗生素残留量检测方法的研究. 厦门：集美大学，2012.

[66] 刘永涛，刘振红，丁运敏，等. HPLC-MS/MS 同时测定水产品中喹烯酮、喹乙醇和 5 种大环内酯类抗生素残留. 分析试验室，2010，29（8）：50-53.

[67]　何欣. 罗红霉素在中华鳖体内残留检测及药动学研究. 杭州：浙江工商大学，2012.

[68]　朱世超，钱卓真，吴成业. 水产品中 7 种大环内酯类抗生素残留量的 HPLC-MS/MS 测定法. 南方水产科学，2012，8（1）：54-60.

[69]　秦烨. 磁性石墨烯固相萃取-HPLC-MS/MS 在水产品药残检测中的应用研究. 杭州：浙江工商大学，2016.

[70]　黄晓蓉，郑晶，吴谦，等. 食品中多种抗生素残留的微生物筛检方法研究. 食品科学，2007，28（8）：418-421.

[71]　黄新球，胡宗文，邵金良，等. 高效液相色谱法测定蜂王浆中林可霉素残留. 食品科技，2015，（9）：294-297.

[72]　李烈飞，岑海容，汤祝华，等. UPLC-MS/MS 检测猪肉中 3 种大环内酯类药物残留量. 肉类工业，2017，（2）：22-25.

[73]　何方洋，万宇平，何丽霞，等. 酶联免疫吸附法检测鸡肉中林可霉素. 湖北畜牧兽医，2010，（3）：7-9.

[74]　陶燕飞，于刚，陈冬梅，等. 动物可食性组织中林可霉素和大观霉素残留检测方法——气相色谱法. 中国农业科技导报，2008，10（s2）：241-245.

[75]　底佳芳，李言彬，聂月美，等. 那西肽对奥尼罗非鱼生长性能及饲料利用率的影响. 中国畜牧兽医学会动物营养学分会第十次学术研讨会论文集，2008.

[76]　邵昌，周伟澄. 半合成糖肽类抗生素的研究进展. 中国医药工业杂志，2011，42（5）：378-387.

[77]　中华人民共和国农业部公告第 2428 号. 中华人民共和国农业部，2016.

[78]　罗方. 水产品中硫酸粘菌素、杆菌肽、维吉尼霉素 M₁ 残留量的检测方法研究. 厦门：集美大学，2013.

[79]　黄雅丽. 固相萃取-高效液相色谱-串联质谱法测定禽畜和水产品中沃尼妙林和泰妙菌素. 分析试验室，2010，29（1）：103-106.

[80]　隋涛，付建，李晓玉，等. 超高效液相色谱串联质谱法同时测定水产品中 6 种兽药残留. 食品科学，2011，32（10）：203-207.

[81]　许辉，张鸿伟，王凤美，等. 液相色谱-串联质谱快速检测禽类组织中黄霉素 A 残留量. 食品安全质量检测学报，2014，（12）：3784-3789.

[82]　耿宁，卢剑. 高效液相色谱-串联质谱法测定肌肉组织中 4 种兽药残留. 肉类研究，2017，31（8）：39-43.

[83]　罗方方，钱卓真，林荣晓，等. HPLC-MS/MS 法测定水产品中硫酸粘菌素、杆菌肽及维吉尼霉素 M₁ 的残留量. 南方水产科学，2013，9（4）：62-68.

[84]　Saitoshida S，Hayashi T，Nemoto S，et al. Determination of total avilamycin residues as dichloroisoeverninic acid in porcine muscle，fat，and liver by LC-MS/MS. Food Chemistry，2018，249：84-90.

[85]　Blasco C，Picó Y，Torres C M. Progress in analysis of residual antibacterials in food. Trends in Analytical Chemistry，2007，26（9）：895-913.

[86]　Dmitrienko S G，Kochuk E V，Apyari V V，et al. Recent advances in sample preparation techniques and methods of sulfonamides detection–A review. Analytica Chimica Acta，2014，850：6-25.

[87]　黄冬梅，黄宣运，顾润润，等. 柱后衍生高效液相色谱法测定虾中 14 种磺胺类药物残留量. 色谱，2014，32（8）：874-879.

[88]　陈进军，王元，赵留杰，等. 反相高效液相色谱法同时测定青蟹组织中磺胺嘧啶和甲氧苄啶残留. 分析科学学报，2017，33（1）：67-70.

[89]　Chu Q C，Zhang D L，Wang J Y，et al. Multi-residue analysis of sulfonamides in animal tissues by capillary zone electrophoresis with electrochemical detection. Journal of the Science of Food & Agriculture，2010，89（14）：2498-2504.

[90]　Farooq M U，Su P，Yang Y. Applications of a novel sample preparation method for the determination of sulfonamides in edible meat by CZE. Chromatographia，2009，69（9-10）：1107-1111.

[91]　陈健，林杰，黄晓蓉，等. 鳗鱼中磺胺类药物残留的 Charm Ⅱ放射免疫法检测. 渔业研究，2006，（3）：8-11.

[92]　林杰，黄晓蓉，郑晶，等. Charm Ⅱ放射免疫法快速检测虾中磺胺类药物残留. 饲料工业，2006，27（6）：51-53.

[93]　王慧，李兆新，林洪，等. 水产品中噁喹酸残留量的检测技术研究. 渔业科学进展，2005，26（5）：81-85.

[94]　李佐卿，倪梅林，章再婷，等. 高效液相色谱法检测水产品中喹诺酮类药物残留. 现代科学仪器，2006，（3）：70-71.

[95]　刘莉莉. 草鱼体内三种氟喹诺酮类药物的残留检测研究. 重庆：西南大学，2008.

[96]　李盛安，冯敏铃，李拥军. 超高效液相色谱法对罗非鱼中3种氟喹诺酮类兽药残留的测定. 现代农业科技，2013，（8）：279-280.

[97]　殷桂芝，王元，房文红，等. 反相高效液相色谱法测定对虾组织中噁喹酸残留. 分析科学学报，2016，32（2）：183-187.

[98]　龙云. 鳗鱼肌肉中氟甲喹药物残留实物标样制备方法的研究. 福州：福建农林大学，2010.

[99]　Storey J M，Clark S B，Johnson A S，et al. Analysis of sulfonamides，trimethoprim，fluoroquinolones，quinolones，triphenylmethane dyes and methyltestosterone in fish and shrimp using liquid chromatography-mass spectrometry. Journal of Chromatography B，2014，972：38-47.

[100]　Guidi L R，Santos F A，Ribeiro A C S R，et al. A simple，fast and sensitive screening LC-ESI-MS/MS method for antibiotics in fish. Talanta，2017，163：85-93.

[101]　童贝. 氟甲喹免疫层析试纸条的研究. 天津：天津科技大学，2016.

[102]　Tao X Q，Chen M，Jing H Y，et al. Chemiluminescence competitive indirect enzyme immunoassay for 20；Fluoroquinolone residues in fish and shrimp based on a single-chain；variable fragment. Analytical & Bioanalytical Chemistry，2013，405（23）：7477-7484.

[103]　钟崇泳. 广东省水产品流通领域中违禁药物的检测和研究. 广州：华南理工大学，2015.

[104]　王习达，陈辉，左健忠，等. 水产品中硝基呋喃类药物残留的检测与控制. 现代农业科技，2007，（18）：152-153.

[105]　Saowapa C，Somyote S，Pakawadee S. New reagent for trace determination of protein-bound metabolites of nitrofurans in shrimp using liquid chromatography with diode array detector. Journal of Agricultural & Food Chemistry，2009，57（5）：1752-1759.

[106]　黄宣运，李冰，蔡友琼，等. 高效液相色谱法同时测定水产品中4种硝基呋喃原药残留. 分析试验室，2013，32（2）：44-49.

[107]　Zhang Y，Qiao H，Chen C，et al. Determination of nitrofurans metabolites residues in aquatic products by ultra-performance liquid chromatography-tandem mass spectrometry. Food Chemistry，2016，192：612-617.

[108]　柳爱春，刘超，赵芸，等. 免疫胶体金法快速检测水产品中硝基呋喃类代谢物的研究. 浙江农业学报，2013，25（1）：95-102.

[109]　Cooper K M，Samsonova J V，Plumpton L，et al. Enzyme immunoassay for semicarbazide—The nitrofuran metabolite and food contaminant. Analytica Chimica Acta，2007，592（1）：64-71.

[110]　Pimpitak U，Putong S，Komolpis K，et al. Development of a monoclonal antibody-based enzyme-linked immunosorbent assay for detection of the furaltadone metabolite，AMOZ，in fortified shrimp samples ☆. Food Chemistry，2009，116（3）：785-791.

[111]　中华人民共和国农业部. 中华人民共和国农业部公告第 2638. [2018-02-20]. http://www.moa.gov.cn/nybgb/2018/201802/201805/t20180515_6142147.htm.

[112]　张可煜. 喹烯酮体外细胞毒性机制解析. 北京：中国农业科学院，2013.

[113]　王玉春，严相林，赵荣材，等. 新型药物饲料添加剂喹烯酮的一般毒性研究——Ⅰ. 急性毒性试验. 中兽医医药杂志，1992，（4）：13-14.

[114] 许建宁，王全凯，崔涛，等. 新兽药喹烯酮亚慢性经口毒性研究. 中国兽药杂志，2005，39（3）：10-15.

[115] 王瑛莹，方炳虎，范炜达，等. 喹烯酮及其主要代谢物在猪体内的药动学研究. 中国畜牧兽医，2012，39（5）：213-216.

[116] 郭霞，孙建华，孙振中，等. 水产品中喹烯酮和喹赛多及其主要代谢物残留的 HPLC-MS/MS 检测方法研究. 分析测试学报，2016，35（12）：1535-1541.

[117] 尹怡，李平杰，林晨，等. 超声辅助-分散固相萃取/高效液相色谱串联质谱法联用测定鱼肝脏中喹烯酮的残留量. 分析测试学报，2013，32（11）：1349-1353.

[118] 潘葳，刘文静. 乙酰甲喹在美洲鳗鲡体内的药物代谢动力学及残留研究. 福建农业学报，2016，31（10）：1028-1033.

[119] 薛良辰. 喹乙醇在鲫鱼体内的消除规律及残留检测技术研究. 广州：华南理工大学，2012.

[120] 程林丽. 动物组织中喹噁啉类药物残留检测方法研究. 北京：中国农业大学，2013.

[121] Sakai T，Nemoto S，Teshima R，et al. Analytical method for nitroimidazoles and their major metabolites in livestock and fishery products using LC-MS/MS. Shokuhinseigaku Zasshi Journal of the Food Hygienic Society of Japan，2017，58（4）：180.

[122] 孙永学，陈杖榴，刘志昌，等. 洛克沙胂在鲫鱼体内的残留及消除动力学研究. 中国兽医杂志，2004，40（8）：65-68.

[123] 张高奎，杨建文，王宗楠，等. 洛克沙胂分子印迹聚合物的制备及其固相萃取研究. 分析化学，2013，41（9）：1401-1405.

[124] 赵春城，刘一军，徐帮兴，等. 水产品中无色孔雀石绿胶体金免疫层析法检测. 中国公共卫生，2009，25（7）：788-789.

[125] 王梅，徐乃丰，刘丽强，等. 孔雀石绿抗原的合成及多克隆抗体的制备. 食品科学，2011，（7）：282-285.

[126] 陈力. 无色孔雀石绿残留快速检测技术的建立及应用. 上海：上海海洋大学，2012.

[127] Chen X，Thd N，Gu L，et al. Use of standing gold nanorods for detection of malachite green and crystal violet in fish by SERS. Journal of Food Science，2017，82（7）：1640-1646.

[128] Wu L，Lin Z Z，Zhong H P，et al. Rapid detection of malachite green in fish based on CdTe quantum dots coated with molecularly imprinted silica. Food Chemistry，2017，229：847.

[129] 欧阳吉德，吴美香. 高效液相色谱法测定克霉唑溶液中克霉唑的含量. 中国医院药学杂志，2007，27（1）：132-133.

[130] Groll A H，Diana M，Vidmantas P，et al. Comparative drug disposition，urinary pharmacokinetics，and renal effects of multilamellar liposomal nystatin and amphotericin B deoxycholate in rabbits. Antimicrob Agents Chemother，2003，47（12）：3917-3925.

[131] 刘亚风，刘朝晖，杨冀州. 固相萃取-液相色谱法检测肉制品中纳他霉素残留量. 肉品卫生，2004，（6）：12-13.

[132] 陈燕，邵晓赟，刘畅，等. 液相色谱-串联质谱法检测动物源性食品中 7 种抗病毒类药物残留. 食品安全质量检测学报，2016，7（2）：798-808.

[133] 王宏亮，陈盼盼，何计龙，等. HPLC-DAD 法同时鉴别并测定水产品中 8 种雌激素. 食品工业，2015，（12）：252-255.

[134] 邹红梅，左舜宇，黄东仁，等. 高效液相色谱-串联质谱法同时测定水产品中雄激素和糖皮质激素残留. 中国渔业质量与标准，2016，6（2）：45-50.

[135] 邢丽红，冷凯良，翟毓秀，等. 鲈鱼组织中阿维菌素、伊维菌素残留的高效液相色谱荧光检测法研究. 渔业科学进展，2008，29（4）：52-57.

[136] 陈静. 鲫鱼肌肉中阿维菌素类残留检测和消除规律研究. 重庆：西南大学，2008.

[137] 尹敬敏. 阿维菌素对日本沼虾的毒性作用及其药物代谢动力学研究. 上海：上海海洋大学，2011.

[138] 秦改晓，袁科平，艾晓辉. 高效液相色谱法测定水产品中阿维菌素的残留量. 华中农业大学学报，2009，28（1）：84-88.

[139] 黄向丽. 草鱼体内菊酯类杀虫剂的残留和消除规律研究. 重庆：西南大学，2009.

[140] 吕海燕，王群，刘欢，等. 鱼用麻醉剂安全性研究进展. 中国渔业质量与标准，2013，3（2）：24-28.

[141] 梁政远，安丽娜，董在杰，等. 丁香油对罗非鱼的麻醉作用及其对血液指标和激素水平的影响. 上海海洋大学学报，2009，18（5）：629-635.

[142] Kaiser H，Brill G，Cahill J，et al. Testing clove oil as an anaesthetic for long-distance transport of live fish：The case of the Lake Victoria cichlid Haplochromis obliquidens. Journal of Applied Ichthyology，2010，22（6）：510-514.

[143] Organization W H. Safety evaluation of certain food additives and contaminants. Seventy-third Meeting of the Joint FAO/WHO Expert Committee on Food Additives（JECFA），2011.

[144] Rigos G，Troisi G M. Antibacterial agents in mediterranean finfish farming：A synopsis of drug pharmacokinetics in important euryhaline fish species and possible environmental implications. Reviews in Fish Biology & Fisheries，2005，15（1-2）：53-73.

[145] 高平，黄和，刘文侠，等. 固相萃取-高效液相色谱-荧光检测法测定水产品中 4 种丁香酚类化合物. 中国食品卫生杂志，2016，28（1）：56-61.

[146] 黄武，徐金龙，刘建芳，等. 高效液相色谱法检测罗非鱼中丁香酚残留量. 食品安全质量检测学报，2018，9（1）：103-106.

[147] 芦智远，刘辰乾，冯歆铁，等. 超高效液相色谱-串联质谱法鱼肉丁香酚的残留量测定. 科学养鱼，2016，（7）：76-77.

[148] 陈焕，黄和，高平，等. 分散固相萃取-气相色谱法同时测定水产品中六种丁香酚类麻醉剂的残留量. 食品工业科技，2015，36（8）：88-92.

[149] 柯常亮，刘奇，陈洁文，等. 气相色谱-串联质谱联用法测定水中丁香酚残留. 中国渔业质量与标准，2014，4（4）：49-55.

[150] 余颖. 气相色谱-质谱法测定鱼肉中丁香酚的残留. 福州大学学报（自然科学版），2015，43（2）：266-270.

[151] 汤保贵，陈刚，张健东，等. 两种麻醉剂对罗非鱼的急性毒性及联合毒性研究. 水产科技情报，2010，37（3）：111-114.

[152] 任洁，韩育章，何静，等. 鱼体组织中 MS-222 的高效液相色谱分析方法. 水利渔业，2000，20（5）：6-8.

[153] Nochetto C B，Reimschuessel R，Gieseker C，et al. Determination of tricaine residues in fish by liquid chromatography. Journal of Aoac International，2009，92（4）：1241-1247.

[154] Scherpenisse P，Bergwerff A A. Determination of residues of tricaine in fish using liquid chromatography tandem mass spectrometry. Analytica Chimica Acta，2007，586（1-2）：407-410.

[155] 黎智广，杨宏亮，王旭峰，等. 高效液相色谱-串联质谱测定水产品中 MS-222 残留. 中国渔业质量与标准，2016，6（1）：53-57.

[156] 储成群，梁景文，苑婷婷，等. HPLC-MS/MS 测定黄颡鱼/桂花鱼中麻醉剂 MS-222 残留. 安徽农业科学，2018，46（22）：154-156，164.

[157] 黄晓兰，罗辉泰，吴惠勤，等. 亲水作用液相色谱-串联质谱测定水产品中的消毒剂残留. 分析测试学报，2012，31（6）：639-643.

[158] 陈明中，吴心勤，蔺红光. 漂白粉消毒剂的毒性测试. 海峡预防医学杂志，2013，19（2）：60-61.

[159] 周全耀. 二溴海因对吉富罗非鱼（GIFT tilapia）幼鱼肝胰脏的毒性效应研究. 湛江：广东海洋大学，2012.

[160] 王兴强，马甡，曹梅，等. 二溴海因和碳水化合物水平对凡纳滨对虾生长和免疫的影响. 海洋科学，2010，34（4）：25-31，44.

[161] 孙博. 二溴海因在罗非鱼体内残留及其毒理效应研究. 南京：南京农业大学，2016.

[162] 王智，周德庆，张发，等. 养殖大菱鲆使用甲醛残留状况研究. 海洋水产研究，2006，（6）：43-47.

[163] 马敬军. 水产品中甲醛测定技术与产生机理的研究. 青岛：中国海洋大学，2004.

[164] 黄丽，汤施展，王鹏，等. 甲醛在虹鳟幼鱼体内残留的特点. 水产学杂志，2017，30（6）：7-11.

[165] 许崇辉，谢力，潘芳，等. 戊二醛致畸试验. 检验检疫学刊，2014，24（3）：8-10.

[166] 许崇辉，谢力，温巧玲，等. 戊二醛繁殖毒性试验研究. 检验检疫学刊，2015，25（2）：4-7.

[167] 杨宁辉，睢超霞. 消毒剂中戊二醛的高效液相色谱检测方法研究. 中国消毒学杂志，2018，35（7）：507-509，512.

第9章 水产饲料添加剂检测技术

饲料添加剂是指在饲料加工、制作和使用过程中添加的少量或者微量物质，包括营养性饲料添加剂和一般饲料添加剂。营养性饲料添加剂是指为补充饲料营养成分而掺入饲料中的少量或者微量物质，包括饲料级氨基酸、维生素、矿物质微量元素、酶制剂、非蛋白氮等。一般饲料添加剂是指为保证或者改善饲料品质、提高饲料利用率而掺入饲料中的少量或者微量物质。饲料添加剂在饲料中用量很少，但作用显著。水产饲料添加剂是水产饲料的核心组成之一，主要包括多不饱和脂肪酸（PUFAs）、氨基酸、矿物质、维生素、酶制剂、色素、甜味剂、酸化剂、微生态制剂、抗生素等常见添加剂，还包括中草药制剂、虾青素、免疫多糖等新型的饲料添加剂。

水产饲料添加剂的正确合理使用，一方面关系到水产品的产量和质量，水产饲料添加剂的广泛应用可以强化日粮的营养价值、促进机体健康，提高生产性能，还可降低生产成本，不仅缩短了水产品的生产周期，还提高了水产品的质量。另一方面关系到水产品的安全。例如，酸败鱼油的添加，不仅会导致鱼虾的健康受损，产生疾病，引起鱼虾死亡，增加病死鱼虾进入消费市场的风险，还可能导致有害脂肪酸在水产品中蓄积，导致产生对人体的有害作用。另外，铜和锌等矿物质的超量添加也会导致重金属元素在水产品中的残留，还会导致水体和土壤等环境污染。因此，为了水产饲料添加剂的正确合理使用，保障水产品食用安全和减少环境污染，很有必要对水产饲料中常见的添加剂进行检测。

9.1 多不饱和脂肪酸

多不饱和脂肪酸（PUFAs）按照从甲基端开始第 1 个双键的位置不同，可分为 ω-3 和 ω-6。其中，ω-3 同维生素、矿物质一样是人体的必需品，摄入不足容易导致心脏和大脑等重要器官的功能障碍。鱼油中的 ω-3 多烯脂肪酸特别是其中的二十碳五烯酸（EPA）和二十二碳六烯酸（DHA）具有防治心血管疾病的作用。EPA 和 DHA 还有抗炎、抗癌、增强免疫功能以及促进幼小动物生长发育等作用。鱼油是 EPA 和 DHA 含量最高、资源最丰富、价格相对便宜的原料。因此，鱼油是生产富含高度不饱和脂肪酸 EPA 和 DHA 类产品的主要原料，此类产品包括药品、食品添加剂、饲料添加剂等。除了鱼油之外，在种类繁多的海产动植物的脂质中都或多或少地含有 EPA 和 DHA，特别是蕴藏量巨大的海洋浮游生物是 EPA 和 DHA 取之不尽、用之不竭的资源。EPA 和 DHA 能促进幼鱼、幼虾的孵化率、生长率，因而被大量用于水产养殖业。

PUFAs 对水产动物的生长、发育、繁殖、消化、代谢、脂肪沉积及免疫功能均具有重要的作用。首先，饲料中的脂类是水产动物的主要能量来源，而 PUFAs 含量的不同会对脂肪的消化和代谢产生重要的影响，尤其是在海水鱼的养殖过程中，长链多不饱和脂肪酸（LC-PUFAs）的含量变化对生长性能的影响要高于淡水鱼类。此外，PUFAs 还对淋巴细胞的生成和功能具有重要影响。大西洋鲑（*Salmo salar*）摄入高比例 *ω*-3/*ω*-6 PUFA 的日粮，其 B 细胞反应能力和抗病力均显著增强[1]。因此，在当前全行业推行低鱼粉或无鱼粉日粮配方模式下，在水产养殖的配方日粮中添加 PUFAs 具有重要的经济价值。

PUFAs 在化学结构中具备多不饱和结构，准确分析的难度较大。而且 PUFAs 的种类多，相对浓度差别很大，在检测过程中选择合适的分析方法就显得尤为重要。目前，气相色谱法（GC）常用于中长链 PUFAs 的测定。而气相色谱质谱法（GC-MS）应用范围与气相色谱相同，由于采用质谱检测器，其定性能力更强。但是，在高温下 PUFAs 不饱和双键易发生异构化甚至碳链断裂，将影响分析的准确性。而高效液相色谱法（HPLC）可避免上述问题，特别是高效液相色谱质谱法（HPLC-MS）被认为是目前测定 PUFAs 最有潜力的方法之一，HPLC-MS 法适合分析短链、水溶性脂肪酸，尤其适于进行脂质组学研究。核磁共振（NMR）技术、傅里叶变换近红外光谱（FT-NIR）和薄层色谱法也应用到 PUFAs 的测定中，能够测定水产品中 PUFAs 和反式脂肪酸。X 射线和拉曼光谱测定 PUFAs 研究较少，目前尚不能确定技术和方法的稳定性。这些分析方法适用范围不同，且各有优缺点。

9.1.1　GC 法

GC 法是中国测定脂肪酸的国家标准方法，相关的方法学研究和应用也最多。GC 法测定脂肪酸的方法也在美国公职分析化学师协会（AOAC）推荐测定脂肪酸的 AOAC 994.14、AOAC 994.15 和 AOAC 996.4 标准方法中，是美国官方推荐的标准测定方法。根据检测基质的不同和色谱柱分离特性的不同，建立了大量的基于 GC 法的 PUFAs 测定方法。

韩华琼等[2]建立了饲料中长链饱和、单烯及多烯键脂肪酸的预处理方法，样品匀浆后，用氯仿-丙酮混合溶剂提取，以氢氧化钾-甲醇进行酯化，生成相应的脂肪酸甲酯，再转溶于异辛烷中，采用不分流进样技术注入 GC 中，经毛细管柱分离，用火焰离子化检测器检测。应用毛细管气相色谱法能检测出含量较低、具有生理活性意义但易于氧化的 ω-3 PUFAs，如二十碳五烯酸（EPA）、二十二碳五烯酸（DPA）和二十二碳六烯酸（DHA）。蔡伟江等[3]建立了鱼油中 EPA、DHA 和 DPA 的 GC 定量检测方法。采用正己烷处理样品，经 Elite-WAX 色谱柱分离鱼油中的 EPA、DHA 和 DPA 甲酯标准品，结果表明，EPA、DHA 和 DPA 浓度分别在 0.36～3.6mg/mL、0.37～3.7mg/mL 和 0.16～1.62mg/mL 范围内的线性和相关性良好，EPA、DHA 和 DPA 的检出限分别为 0.1mg/mL、0.3mg/mL 和 0.09mg/mL，加标回收率分别为 96.2%、96.4%和 95.7%。GC 法的优点在于灵敏度高、准确度高和重现性好。

9.1.2 HPLC 法

HPLC 法主要包括 HPLC-紫外法/示差折光法、柱前衍生-HPLC-荧光法、柱前衍生-HPLC-紫外法和柱前衍生-HPLC-可见光法等。测定多不饱和脂肪酸的方法分为不衍生法和衍生法。不衍生法中，采用示差折光检测器检测或利用脂肪酸分子中羧基和双键具有弱的紫外吸收特性，直接在 200～210nm 处利用紫外检测器进行测定。衍生法中，一般是将样品中的脂肪先进行皂化，游离出脂肪酸，由于脂肪酸分子没有紫外光和可见光吸收官能团，所以在 HPLC 法分析前需要将脂肪酸进行衍生化，使 PUFAs 分子与在紫外光或可见光下有吸收的基团进行结合，再采用 HPLC 法进行检测。

张怡评等[4]采用 HPLC-紫外法测定了鱼油制品中的二十碳五烯酸乙酯（EPA-EE）和二十二碳六烯酸乙酯（DHA-EE）。采用 C_{18} 色谱柱，以乙腈-水（90：10，体积比）溶液为流动相，检测波长 205nm。EPA-EE 和 DHA-EE 分别在 0.0027～3.40μg/mL 和 0.0031～3.92μg/mL 的范围内呈良好线性，EPA-EE 和 DHA-EE 平均回收率分别为 99.45%和 101.78%，相对标准偏差分别为 1.84%和 2.92%，测得鱼油中 EPA-EE 和 DHA-EE 的含量分别为 8.15%和 59.6%。

9.1.3 HPLC-MS 法

HPLC-MS 法具有灵敏度高的特点，还能通过二级质谱提供脂肪酰基离子、单酰基甘油离子和二酰基甘油离子碎片的质谱特征，从而得到甘油酯类型、脂肪酸组成及其位置分布等信息。目前，PUFAs 的高通量同时检测和脂质组学方法学研究及应用是 HPLC-MS 法研究的热点。丁养军等[5]采用 HPLC-MS/MS 法对深海鱼油中的不饱和脂肪酸进行了测定，利用 PUFAs 的分子离子峰和特征碎片离子峰的质谱信息，可以分析得到 PUFAs 的双键位置分布信息。由此可见，HPLC-MS/MS 法为确定 PUFAs 的双键位置提供了新的技术方法。全文琴等[6]建立了同时测定鱼油样品中 DHA 和 EPA 的 HPLC-MS 方法，样品经 NaOH 乙醇溶液皂化和 HCl 酸化后，经 Symmetry C_8 柱，以甲醇和水混合液为流动相，十七碳酸为内标，在电喷雾负离子模式下进行质谱检测,该方法下 EPA 和 DHA 的线性范围分别为 5.55～55.50μg/mL 和 0.90～9.00μg/mL，加标回收率分别为 98.63%～99.23%和 97.12%～99.17%，相对标准偏差分别为 1.57%和 1.20%，此方法流动相简单，分析时间较短，无需衍生步骤，避免了衍生不完全造成的误差。

9.1.4　NMR 法

NMR 法在多不饱和脂肪的测定中具有高通量的优势，并兼顾定性和定量。在鱼油 PUFAs 的 NMR 法定性和定量测定中,500MHz 和 850MHz 的高分辨超导 NMR 谱仪均能用于 PUFAs 的一维氢谱和一维碳谱测定，相对而言，一维氢谱具有高通量的优点，1min 即可完成一个样本的测定工作，而一维碳谱则具有分辨率更高、信息更加丰富的优点，缺点是采样时间较长，一个样本的测定时间超过 10min，甚至 1h。鱼油中的 PUFAs 极易被氧化，一般采用过氧化值、碘值、全氧化值和酸值作为氧化的指标，通过偏最小二乘法对一维氢谱的信号进行多变量分析后，建立这些指标的相关性模型，可以通过 NMR 测定进行氧化指标的预测。采用 400MHz NMR 谱仪，配备 BBI 探头，测定标准一维氢谱并结合最小二乘法多变量分析模型，预测鱼油中过氧化值、碘值、全氧化值和酸值的相关性（R^2）分别达到 0.949、0.962、0.911 和 0.977。可见，NMR 法能够为鱼油的氧化指标提供一种快速、可靠和稳定的测定技术，并完全能满足食用油中脂肪酸测定的定性/定量要求。

9.1.5　FT-NIR 法

FT-NIR 法是一种测定食品脂肪酸的"干化学"分析方法。由于 FT-NIR 法具有特征性强、测定速度快、不破坏试样、试样用量少、操作简便、能分析固体或者液体状态的油脂等优点，近年来发展十分迅速。FT-NIR 法被应用到特级初榨橄榄油，结合最小二乘法多变量分析模型，能够通过油酸、亚油酸的特征峰对添加玉米油或橄榄油的初榨橄榄油与精炼橄榄油和特级初榨橄榄油进行很好的区分[7]。FT-NIR 法不需要对油脂进行任何处理，将是未来比较有前途的一种 PUFAs 的测定方法。

9.2　氨　基　酸

氨基酸饲料添加剂是为了补充、平衡饲料中的氨基酸或为了改善水产养殖动物的健康等而添加的单一或多种氨基酸制剂。由于水产动物主要以鱼类为主，其蛋白质的需求与哺乳动物不同，主要以蛋白质营养需求为主，所以氨基酸对水产动物的营养和健康起着十分关键的作用。除了常见的 20 种氨基酸外，目前还有丙氨酸-谷氨酰胺二肽、蛋氨酸-蛋氨酸二肽等小肽以及胍基乙酸、肌酸等一些氨基酸代谢产物应用到水产养殖过程中。例如，Pohlenz 等[8]在饲料中补充谷氨酰胺饲喂斑点叉尾鮰10 周，发现谷氨酰胺不影响斑点叉尾鮰的生长和血浆氨基酸含量，且饲料中添加 2%的谷氨酰胺能改善肠道结构和肠道细胞的迁移。在眼斑拟石首鱼饲料中添加 1%精氨酸和 1%谷氨酰胺可以改善其肠道功能[9]。在建鲤饲料中添加1.85%的精氨酸可以减少脂多糖对鲤鱼肠道的损伤[10]。在建鲤饲料中添加 0.36%的丙氨酸-谷氨酰胺二肽，其生长、饲料利用率和肌肉蛋白质含量均显著提高[11]。

9.2.1　水解法

常规（直接）水解法是使饲料蛋白在 110℃，6mol/L 盐酸作用下，水解成单一氨基酸，再经离子交换色谱法分离并以茚三酮做柱后衍生测定。氧化水解法是将饲料蛋白中的含硫氨基酸（胱氨酸、半胱氨酸和蛋氨酸等）用过甲酸氧化，然后进行酸解，再经离子交换色谱分离、测定。

需注意的是水解中色氨酸被破坏，不能对其进行测定。酪氨酸在以偏重亚硫酸钠作氧化终止剂时被氧化，因此不能测准。酪氨酸、苯丙氨酸和组氨酸则在以氢溴酸作终止剂时被氧化，因此不能测准。纪银福和石来凤[12]利用酸水解法对样品进行处理，用氨基酸分析仪，再经离子交换色谱法分离并以茚三酮做柱后衍生，测定了饲料中 L 型 17 种氨基酸含量。

9.2.2　酸提取法

酸提取法的原理为：饲料中添加的氨基酸以稀盐酸提取，再经离子交换色谱分离、测定。李裕等[13]分别用酸水解和酸提取两种方法对鱼粉样品进行处理，使用氨基酸分析仪上机测定，分别测定了鱼粉中各氨基酸含量和可能掺入的氨基酸原料含量。

9.2.3　紫外-可见分光光度法

紫外-可见分光光度法是通过测定 190～800nm 波长范围内待测物质的吸光值，对化合物进行定量分析的方法。部分氨基酸如酪氨酸、色氨酸、苯丙氨酸等的结构中含有苯环共轭双键系统，因而在紫外光区存在明显特征吸收，对于在紫外光区没有特征吸收的氨基酸则需要进行衍生化反应，生成具有紫外吸收的化合物，之后采用紫外分光光度计可测得对应氨基酸组分的含量。

9.2.4　色氨酸的测定

第一种方法是 HPLC 法：饲料中的色氨酸经氢氧化锂溶液水解，用 HPLC 法分离，紫外或荧光检测器检测，外标法定量。第二种方法是分光光度法：饲料中蛋白质经碱水解后，降解成多肽和游离的氨基酸。在硫酸介质中，氧化剂亚硝酸钠存在下，色氨酸与对二甲氨基苯甲醛缩合反应生成蓝色化合物，其吸光度在一定范围内与色氨酸含量成正比。

赵艳等[14]建立了微波辅助蛋白质水解-反相高效液相色谱测定饲料中色氨酸的方法，实验将样品经微波碱水解后，采用 Syncronis C_{18} 色谱柱，以 KH_2PO_4 溶液-乙腈为流动相，DAD 进行检测，检测波长为 220nm，外标法定量。色氨酸线性关系良好，相关系数为 1.0000，回收率为 93.0%～95.5%，相对标准偏差为 1.26%～2.72%，检出限为 0.025mg/g。该方法操作简便、快速、灵敏度高、重现性好，适用于批量饲料样品中色氨酸含量的测定。

色氨酸在可见光区无特征吸收，所以必须经发色剂发色后方能在可见光区定量。所用发色剂不同，发色机理也不同。色氨酸在可见光区定量方法主要有茚三酮法、对二甲氨基苯甲醛法、对苯二胺法、亚硝酸钠法、乙醛酸法等。

9.3　维　生　素

维生素是维持水产养殖动物正常发育、生长、健康、繁殖必不可少的微量营养素。为了补充、平衡饲料中的维生素或改善水产养殖动物的健康而添加的维生素制剂为维生素饲料添加剂。

以维生素 D 为例，鱼类摄食缺乏维生素 D 的饲料表现为生长不良、肝脂含量增加、体内钙平衡破坏并引起白骨骼肌痉挛。Lock 等[15]指出，虽然鱼类具有与哺乳类功能相似的维生素 D 内分泌系统，但是只能累积而不能合成维生素 D，完全靠饲料途径来满足需要。在一定范围内增加维生素 D，可以提高肉鸡血清和肝脏的总超氧化物歧化酶和谷胱甘肽过氧化物酶活性，提高总抗氧化能力，降低丙二醛含量[16]。然而，另有报道，皱纹盘鲍（*Haliotis discus hannai*）的不同组织（内脏团和肌肉）对缺乏或过量维生素 D 的敏感性不同[17]。但相关报道不多，尚需研究。

维生素 E 和维生素 C 是重要的机体必需微量元素和抗氧化剂，能促进鱼类生长、调节神经内分泌和繁殖功能、修复损伤、增强免疫力等，同时使用可显著提高鱼类的免疫力和抗病力。维生素 E 和维生素 C 可防止鱼类氧化应激所引起的血液状态变化及免疫抑制。补充维生素 E 和维生素 C 可有效地降低脂质过氧化，感应氧化应激，维持氧化还原状态。适量添加维生素 E 和维生素 C，既可满足水产动物生长，又可有效地防御自由基的氧化作用。同时使用维生素 E 和维生素 C 能协同增效，更有效地保护组织免受氧化损伤。维生素 E 和维生素 C 可协同加强鱼类特异和非特异免疫系统的功能，可影响细胞间联系，调节免疫功能[18]。补充高浓度的维生素 E 会加强白细胞的溶菌酶功能[19]。

核黄素是新陈代谢氧化还原反应中电子传递的中间体，参与酮酸、脂肪酸和氨基酸的新陈代谢。鱼类核黄素缺乏症具有种的特异性，共同的缺乏症状为食欲不振和生长不良。鲑科鱼核黄素缺乏症首先出现在眼睛，包括惧光、白内障、角膜闭塞和出血。虹鳟核黄素缺乏会出现游泳不平衡和皮肤颜色变黑[20]。

9.3.1　维生素 D_3 的测定

用碱溶液皂化试样，乙醚提取维生素 D_3，蒸发乙醚，残渣溶解于甲醇并将部分溶液注入高效液相色谱反相净化柱，收集含维生素 D_3 淋洗液，蒸发至干，溶解于适当溶剂中，注入高效液相色谱分析柱，在 264nm 处测定，外标法计算维生素 D_3 含量[21]。

尚德容等[22]用碱溶液皂化试验样品，乙醚提取未皂化的化合物，蒸发乙醚。残渣溶解于乙醇，注入高效液相色谱分析仪，用紫外检测器在 264nm 处测定，通过外标法计算维生素 E、维生素 D_3 的含量。

9.3.2　维生素 C 的测定

国家标准中对于饲料中维生素 C 的测定以氧化还原反应为原理，在酸性介质中，维生素 C 与碘液发生定量氧化还原反应，利用淀粉指示溶液遇碘显蓝色来判断反应终点[23]。

维生素 C 在饲料中的测定还可通过 HPLC 法，此法测定准确度高、重现性好、结果可靠。贾书静等[24]采用 HPLC 法测定了饲料中总抗坏血酸含量。样品加少量甲醇浸润后超声，再加入 0.5mmol/L 磷酸二氢钾溶液超声提取，过滤后，取滤液加入等体积的二硫苏糖醇溶液反应 2h，用紫外检测器在 262nm 波长下检测。经 C_{18} 柱，以乙酸溶液和甲醇为流动相，该方法下加标回收率为 92.3%～102.3%，精密度试验结果相对标准偏差分别为 0.77%、1.24%，检出限和定量限分别为 4mg/kg、10mg/kg。

9.3.3　维生素 B_1 的测定

国家标准中对于饲料中维生素 B_1 的测定有荧光分光光度法，将试样中的维生素 B₁ 经稀酸以及消化酶分解、吸附剂的吸附分离提纯后，在碱性条件下被铁氰化钾氧化生成荧光色素——硫色素，用正丁醇萃取。硫色素在正丁醇中的荧光强度与试样中维生素 B₁ 的含量成正比，依此进行定量测定[25]。

9.4　矿　物　质

矿物元素饲料添加剂是指为了补充、平衡饲料中的矿物元素，使其满足水产养殖动物矿物元素营养需求，促进其正常发育、生长、健康和繁殖而添加的矿物元素制剂。矿物元素分为常量元素和微量元素，微量元素又分为无机微量元素和有机微量元素（包含简单有机物和氨基酸微量元素络合物）。研究表明，微量元素参与水产养殖动物机体蛋白质、氨基酸、核酸、脂肪、碳水化合物和维生素以及其他微量元素等营养素的代谢，可有效地提高水产养殖动物免疫力、生长性能、繁殖性能，改善水产养殖动物肌肉品质等。

9.4.1　钙

钙是饲料中不可缺少的营养成分之一，同时也是衡量渔用饲料是否达标的一项重要指标。由于水产品种类繁多且不同生长期对饲料中钙的含量也要求不一，所以准确无误地测定饲料中钙的含量对水产品的健康养殖具有重要意义。测定方法通常使用 GB/T 6436—2018 中规定的高锰酸钾滴定法和乙二胺四乙酸二钠络合滴定法。

9.4.2　磷

磷是核酸和细胞膜的重要组成矿物质元素，也是骨组织的主要结构成分，且直接参与所有产生能量的胞内反应。鱼类能够在水中直接吸收磷元素，但水中磷浓度较低，远不能满足需要量，因此需要从饲料中摄取。测定方法通常使用 GB/T 6437—2018 中规定的分光光度法。饲料中的总磷经消解后，在酸性条件下与钒钼酸铵生成黄色的钒钼黄络合物。钒钼黄的吸光度值与总磷的浓度成正比。在波长 400nm 下测定试样溶液中钒钼黄的吸光度值，与标准系列比较定量[26]。

9.4.3　铁

铁能调节鱼类的非特异性免疫反应。转铁蛋白、血铁黄素、铁蛋白、肌红蛋白和细胞色素都含铁，因而缺铁可直接造成动物贫血。河鲶在缺铁时呈现血红素、血细胞比容及红细胞数量等下降的现象，组织切片检查发现脾脏存在明显的嗜食细胞的异常现象。饲料中铁含量能显著影响斑点叉尾鮰幼体的细胞总数和红细胞数，二者在铁含量为 336mg/kg 时呈现最大值。

由于具有快捷、简单、易于操作、设备投资低等优势，紫外-可见分光光度法在饲料成分检测分析中得到了广泛应用。王敏[27]用紫外分光光度法代替原子吸收光谱（AAS）法测定饲料中的铁，在 530nm 处获得良好的结果，解决了 AAS 法仪器设备昂贵、不利普及以及干扰因素较多难以去除等问题。

9.4.4 锌

以锌为例，锌是影响肠道细胞分裂和再生、调控肠道氨基酸和蛋白质代谢的重要影响因素之一。在幼建鲤饲料中添加适量的锌可促进肠道发育，提高肠道消化酶和肠刷状缘酶的活力，进而提高幼建鲤对营养物质的消化吸收能力，从而提高生产性能。

调节原子吸收分光光度计的仪器测试条件，使仪器在空气乙炔火焰测量模式下处于最佳分析状态。Zn 的测量波长为 213.8nm。

用盐酸溶液（0.6mol/L）稀释标准溶液（Zn：100μg/mL），配制一组适宜的标准工作溶液。测量盐酸溶液的吸光度和标准溶液的吸光度。用标准溶液的吸光度减去盐酸溶液的吸光度，以吸光度校正值分别对 Zn 的含量绘制标准曲线。

在同样条件下，测量试样溶液和空白溶液的吸光度，试料溶液的吸光度减去空白溶液的吸光度，由标准曲线求出试样溶液中元素的浓度。

9.5　虾　青　素

虾青素属于类胡萝卜素的一种，呈粉红色，分子式为 $C_{40}H_{52}O_4$，广泛存在于蟹、虾、牡蛎外壳和一些鱼类及藻类中。有研究显示，在 5 种类胡萝卜素——叶黄素、玉米黄素、番茄红素、异玉米黄素和虾青素中，虾青素的抗氧化性能最强。而比较虾壳中提取的虾青素和 α-生育酚对防止小鼠肝匀浆产生过氧化作用的结果表明，虾青素的抗氧化作用是 α-生育酚的 1000 倍以上。

大量研究证明，饲料中添加虾青素能增加胡萝卜素在水产品体内的沉积量，改变水产品的体色。虽然不同种类水产动物对饲料中虾青素的需求量不同，但大量试验表明，饲料中不同虾青素含量对水产品生长性能影响的趋势基本一致。饲料中适量添加虾青素，能显著增强水产品的抗氧化能力，添加量过低，水产品抗氧化能力较低，但添加量过高，对其抗氧化效果的影响反而不明显。虾青素含量过高，额外的代谢会消耗水产品的体能，其在水产品体内积累到一定限度，超过此限度后多余的虾青素会通过代谢排出体外，以此维持水产品体内的动态平衡[28]。

HPLC 法是虾青素测定的主要方法。吴祥庆等[29]采用 HPLC 法测定了水产品中虾青素的含量，该方法准确度高，重现性好，易操作，适用于水产品中虾青素含量的测定。样品经乙腈萃取、超声提取、离心后，将上清液旋转蒸发、定容，用液相色谱-紫外检测器检测，外标法定量。虾青素浓度在 0.02～10.00μg/mL 范围内线性关系好，相关系数为 0.9995；加标回收率为 91.9%～95.8%，检出限为 10.00μg/kg。陈伟珠等[30]采用 HPLC 法快速检测虾青素。采用 C$_8$ 色谱柱，等度洗脱，流动相为甲醇-水，流量为 0.5mL/min，柱温为 40℃，检测波长为 475nm。虾青素的质量浓度在 0.2～10.0μg/mL 范围内与其色谱峰面积呈良好的线性关系，线性相关系数为 0.9988，检出限为 0.1μg/mL，定量限（S/N=10）为 0.2μg/mL。测定结果的相对标准偏差为 0.41%（n=6），加标回收率为 105.8%～110.3%。该方法快速、简单、可靠、灵敏、重复性好，可用于虾青素有关样品的快速检测。

张泳等[31]采用分光光度分析方法快速测定化学合成虾青素含量。采用经氢醌处理的三氯甲烷作为提取溶液，在 489nm 波长下测定吸光度，该分光光度法的标准曲线回归系数是 0.9999，相对标准偏差为 0.36%，加标回收率为 99.8%～102.5%，此分析方法准确性高、重复性好，且简便、快速，可以实现对虾青素精确的定量分析。

9.6　姜　黄　素

姜黄素（curcumin）是 19 世纪 70 年代首次从姜黄（*Curcuma longa* L）中提取的一种分子量较低的多酚类化合物。姜黄素为橙黄色结晶粉末，不溶于水和乙醚，易溶于冰醋酸和碱溶液，通常认为它是姜黄发挥药理作用的主要活性成分。研究表明，姜黄具有抗氧化、抗菌、抗炎症等多重生物学功能，且其色泽稳定、几乎无毒。近年来，姜黄作为一种功能性水产饲料添加剂引起了业界的关注。姜黄作为渔用饲料添加剂应用的研究较少，但据报道，姜黄对于草鱼和罗非鱼等鱼类的肝损伤修复、肠道酶活力及对大黄鱼体色着色效果明显。因此，深入研究姜黄的生物学功能及其在水产养殖上的应用，开发出新型渔用药物，用来防治水产养殖动物疾病，对于提高养殖水产品的质量安全意义深远。

HPLC 法是饲料中姜黄素、双去甲氧基姜黄素和去甲氧基姜黄素等着色剂的主要测定方法。刘永涛等[32]采用 UPLC-TUV 法同时测定了鱼饲料中双去甲氧基姜黄素、去甲氧基姜黄素和姜黄素。方法采用乙醇作第一提取剂，乙腈为第二提取剂，基质标准曲线定量。以乙腈-0.1%乙酸水溶液为流动相，C$_{18}$柱为色谱柱，430nm 波长下进行检测。鱼饲料中双去甲氧基姜黄素、去甲氧基姜黄素和姜黄素最低检出限为 10μg/kg，定量限为 25μg/kg。该方法下，平均回收率为 87.68%～102.06%，相对标准偏差为 1.06%～8.01%。

9.7　酸　化　剂

　　酸化剂是一种高效、无污染、无残留的饲料添加剂，具有促进动物生长、防止饲料霉变、延长饲料保质期的作用，在饲料中的应用越来越广泛，最初应用酸化剂仅是将其作为改善饲料适口性的一种风味添加剂。随着科学的发展，人们更深刻地认识到饲用酸化剂不仅可改善消化道 pH 值环境，保障动物有良好的消化环境，还能使饲料各组分在体内被充分消化吸收，保证有益菌群合理生长，病原微生物受到有效抑制，从而达到提高动物生长性能和饲料利用率、增强机体抗病能力的效果。

　　目前，有机酸检测方法主要有 HPLC 法、酸值滴定法、GC 法等。HPLC 法根据化合物的物理性质进行分离检测，能用于多种有机酸的同时分离检测。酸值滴定法专属性差、误差大，无法区分酸化剂中有机酸的种类和含量。GC 法适用于少量沸点较低的有机酸。测量高沸点的酸要用硅烷化试剂衍生样品，方法烦琐，操作比较复杂。

9.7.1　HPLC 法

　　HPLC 法根据化合物的物理性质进行分离检测，能用于多种有机酸的同时分离检测。索德成等[33]采用 HPLC 法同时测定饲用酸化剂中甲酸、乙酸、丙酸、乳酸、柠檬酸含量。经过 Groin-Sil org acid 柱进行分析。流动相为磷酸水溶液（pH 值 2.5），流速为 1.0mL/min，检测波长为 210nm，柱温 30℃。在此色谱条件下，5 种有机酸分离良好，平均回收率均大于 85%，RSD 小于 10.0%。

　　黄志英等[34]采用 HPLC 法测定了饲料酸化剂中甲酸和丙酸的含量。经过 C_{18} 柱，以乙腈和 0.02%磷酸溶液为流动相，在波长 210nm 下检测。检测结果表明，甲酸和丙酸在 100～2000μg/mL 线性关系良好，回收率为 95.8%～99.2%。

9.7.2　GC 法

　　GC 法适用于少量沸点较低的有机酸。测量高沸点的酸要用硅烷化试剂衍生样品，方法烦琐，操作比较复杂。杨晓凤等[35]采用 GC 法测定饲料中丙酸及丙酸盐。样品经盐酸酸化后，丙酸盐转化为丙酸，乙醚提取，毛细管柱分离，使用 FID 检测。该方法下线性范围为 5.0～500mg/L（R=0.9993），检出限为 0.77mg/kg，丙酸的回收率为 87.2%～93.4%，相对标准偏差为 1.7%～3.2%。

9.8　甜　蜜　素

甜蜜素（sodium cyclamate）的化学名称为环己基氨基磺酸钠，属人工合成的磺胺类无营养型食品添加剂。其口感好，甜度是蔗糖的 30～40 倍，价格低廉，被广泛应用到甜味食品中，但人工合成甜味剂的安全性从 20 世纪 70 年代开始受到质疑，研究发现食用甜蜜素可能有致癌、致畸、损害肾功能等副作用，美国、英国、日本等发达国家开始禁止在食品中使用甜蜜素，中国、欧盟等 40 余个国家和地区对此也分别做出限制。为探究水产加工品中是否有违规使用甜蜜素现象，应开展水产加工品中甜蜜素调查，规范食品添加剂使用的行为。甜蜜素测定方法主要有 GC 法、HPLC 和 HPLC-MS 法。

9.8.1　GC 法

陈莹等[36]采用 GC 法测定了水产品中甜蜜素。在样品预处理过程中加入沉降试剂（沉降试剂I：150g/L $K_4[FeCCN_6] \cdot 3H_2O$ 溶液；沉降试剂II：300g/L $ZnSO_4 \cdot 7H_2O$ 溶液），离心后加入无水硫酸钠、亚硝酸钠、正己烷和硫酸，于 40℃水浴加热 0.5h，经冷水冷却后剧烈震荡，分层后取正己烷层用气相色谱仪测定。该方法下测定甜蜜素线性范围为 0.5～50μg/mL，线性良好，相关系数为 0.9992，甜蜜素的最低检出限为 5mg/kg。基质加标回收实验的平均回收率为 88.0%～95.0%。该方法简单快捷，且准确度和精密度均符合残留分析要求，尤其适合蛋白质含量较高水产品中甜蜜素的测定。

9.8.2　HPLC-MS 法

HPLC-MS 法将液相色谱的高分离性能和质谱的高鉴别能力相结合，组成了较完美的现代分析技术，适用于不挥发性化合物、极性化合物、热不稳定化合物和大分子量化合物的分析测定，具有准确度、灵敏度高，选择性好，操作简便等优点。近年来，液相色谱-质谱联用技术在应用方面取得了很大进展，随着液相色谱-质谱联用技术的日趋成熟，其在饲料添加剂的检测中也得以广泛应用和研究，并充分展现出技术上的优越性。

于慧娟等[37]采用 HPLC-MS 法测定水产加工品中甜蜜素。实验选取水为提取剂，并对净化方法进行了研究，通过正己烷液-液萃取和冷冻方式去除了提取液中的油类物质和水溶性蛋白，确保了分析结果的稳定性和准确性。样品用水提取，正己烷净化后，以 0.1%甲酸-甲醇为流动相，经过 C_{18} 色谱柱分离，在负离子模式下用配有电喷雾离子源的 HPLC-MS 测定。甜蜜素含量 1～200ng/mL 范围内，线性关系良好；方法定量限为 5μg/kg（S/N≥10）。甜蜜素在 5μg/kg 和 50μg/kg 添加水平下，平均回收率为 81.0%～88.4%，相对标准偏差为 4.0%～6.4%。

常凯等[38]采用了一种利用超声波提取，经正己烷萃取除去油脂有机物，由 HPLC-MS 法准确定量、快速检测水产品中甜蜜素的方法。甜蜜素含量在 10～100ng/mL 范围内与峰面积有良好的线性关系，相关系数为 0.9997，检出限为 0.01mg/kg。测定结果的相对标准偏差均小于 5%（$n=6$）。该方法简便、准确、高效，适用于水产品中甜蜜素测定。

9.9 免 疫 多 糖

免疫多糖是由动物、植物或真菌细胞壁中提取的一种高分子聚合碳水化合物，具有提高动物机体免疫力、抗病力、抗应激能力和抗病毒能力等众多功能。同时，它还具有高效、低毒、无残留的特点。免疫多糖是一种绿色功能性水产饲料添加剂，根据来源不同可分为动物免疫多糖、植物免疫多糖和真菌免疫多糖，具体的种类繁多，如壳聚糖、黄芪多糖、酵母多糖等在水产饲料中广泛应用并取得了很好的效果。

以黄芪多糖在水产饲料中的应用为例：饲料中添加黄芪多糖可提高罗非鱼绒毛长度，增加肠道黏液细胞和上皮内淋巴细胞的数量[39]。饲料中添加黄芪多糖对罗非鱼的免疫器官的发育、成熟都具有不同程度的促进作用，从而提高鱼体的免疫力。

比色法，特别是苯酚-硫酸法和蒽酮-硫酸法应用最广。韩凤兰等[40]利用苯酚-硫酸法和蒽酮-硫酸法对宁夏黄芪中的多糖含量进行了测定，发现苯酚-硫酸法优于蒽酮-硫酸法。除此之外，还可应用 HPLC 法，韩凤兰等[41]应用高效液相色谱仪测定了黄芪多糖的分子量及其分布，结果表明 HPLC 法准确可靠。

9.10 微生态制剂

微生态制剂又称活菌剂，是指动物体内正常的有益微生物经特殊工艺而制成的活菌制剂。微生态制剂进入消化道进行繁殖，能排除有害细菌，促使有益细菌的繁殖生长，保持肠道内正常微生物的生态平衡，并生成乳酸、维生素、抗生素、酶、过氧化氢、氨基酸和刺激因子等物质来增强机体非特异性免疫，提高饲料转化率，促进生长；净化水质，改善水中生态环境。在饲料中添加光合细菌喂养欧洲鳗 3 类苗，结果试验组成活率、增重率和饲料效率分别比对照组提高 11.5%、9.48%和 20.09%[42]。

根据《饲料中嗜酸乳杆菌的微生物学检验》（GB/T 20191—2006），嗜酸乳杆菌的检测方法一般是以微生物学方法为主，先将试样配成几个适当倍数的稀释液，再选择 2～3 个稀释度，各以 1mL 加入灭菌平皿中，每皿内加入适量改良 MC 培养基，最后进行菌落计数和鉴定。

9.11 酶 制 剂

酶制剂属于外源性消化酶，是一种以酶为主要功能因子，通过特定生产工艺加工而成的饲料添加剂。研究表明，在动物日粮中添加酶制剂，能通过机体的生化反应促进日粮中蛋白质、脂肪、淀粉、纤维素以及矿物盐的分解和吸收。

具有生物活性的酶制剂，能有效地将饲料中一些大分子多聚体分解和消化成水产动物容易吸收的营养物质或分解成小片段营养物质，供其他消化酶进一步消化，一些水产动物本身难以分解和吸收的大分子物质，通过添加酶制剂能够促进饲料中营养物质的分解和消化，提高饲料的利用率。在饲料中添加酶制剂可促使机体内多种激素水平升高，从而影响淋巴细胞和巨噬细胞的作用机能。酶制剂还可使饲料中的多糖降解产生寡聚糖及其衍生物。有的寡糖，如甘露寡糖，除具有防止致病菌在肠道上聚集、减轻病原菌对机体的毒害作用外，还参与免疫调节，提高免疫能力。同时，营养物质是动物机体产生免疫的决定因素之一，对细胞免疫、体液免疫、补体功能和白细胞吞噬作用都产生极大影响，添加酶制剂可使更多的养分释放出来，从而加强机体免疫力。

张寒俊等[43]建立了用紫外光谱法定量测定蛋白酶活力的方法，采用不同 pH 值的磷酸氢二钠和柠檬酸溶液作为缓冲溶液，使用紫外光谱法测定不同种蛋白酶的活力。该方法操作便捷、快速，广泛适用于市售蛋白酶的活力测定。

参 考 文 献

[1] Thompson K D, Tatner M F, Henderson R J. Effects of dietary (*n-3*) and (*n-6*) polyunsaturated fatty acid ratio on the immune response of Atlantic salmon, *Salmo salar* L. Aquaculture Nutrition, 1996, 2 (1): 21-31.

[2] 韩华琼, 谢发明, 李伟格. 检测饲料、蛋黄及鸡肝中长链饱和及不饱和脂肪酸的毛细管气相色谱法. 分析测试学报, 2000, 19 (6): 61-63.

[3] 蔡伟江, 张喜金, 苏昭仁. 气相色谱法测定鱼油中的二十碳五烯酸、二十二碳六烯酸和二十二碳五烯酸. 食品安全质量检测学报, 2015, 6 (5): 1924-1928.

[4] 张怡评, 晋文慧, 陈伟珠, 等. 高效液相色谱法测定鱼油中的 EPA 乙酯和 DHA 乙酯. 中国食品添加剂, 2012, (1): 233-237.

[5] 丁养军, 赵先恩, 朱芳, 等. 液相色谱/质谱大气压化学电离源鉴定深海鱼油中长链不饱和脂肪酸. 分析化学, 2007, (3): 375-381.

[6] 全文琴, 陈小娥, 陈洁, 等. 高效液相色谱/质谱联用直接测定鱼油中 EPA/DHA 含量. 食品与机械, 2008,

　　　（2）：114-117.

[7] Mossoba M M，Azizian H，Fardin-Kia A R，et al. First application of newly developed FT-NIR spectroscopic methodology to predict authenticity of extra virgin olive oil retail products in the USA.Lipids，2017，52（5）：443-455.

[8] Pohlenz C，Buentello A，Bakke A M，et al. Free dietary glutamine improves intestinal morphology and increases enterocyte migration rates，but has limited effects on plasma amino acid profile and growth performance of channel catfish Ictalurus punctatus. Aquaculture，2012，370-371（4）：32-39.

[9] Cheng Z，Buentello A，Gatlin D M. Effects of dietary arginine and glutamine on growth performance，immune responses and intestinal structure of red drum，*Sciaenops ocellatus*. Aquaculture，2011，319（1）：635-649.

[10] Soromou L W，Chu X，Jiang L，*In vitro* and *in vivo* protection provided by pinocembrin against lipopolysaccharide-induced inflammatory responses. International Immunopharmacology，2012，14（1）：66-74.

[11] 徐贺，郑伟，陈秀梅，等. 丙氨酰-谷氨酰胺和 γ-氨基丁酸对建鲤生长、饲料利用及体成分的影响. 华南农业大学学报，2016，37（2）：7-13.

[12] 纪银福，石来凤. 饲料中氨基酸的测定——酸水解法测试研究. 草食家畜，2007，（2）：39-41.

[13] 李裕，黄勇，欧阳龙，等. 氨基酸分析仪识别鱼粉中掺入蛋氨酸、赖氨酸原料一例. 湖南饲料，2016，（4）：39-41.

[14] 赵艳，宋军，张艳红，等. 微波辅助蛋白质水解-反相高效液相色谱法测定饲料中的色氨酸. 中国饲料，2018，（15）：69-72.

[15] Lock E J，Waagbø R，Bonga S W，et al. The significance of vitamin D for fish：A review. Aquaculture Nutrition，2010，16（1）：100-116.

[16] 张淑云. 钙和维生素 D 对肉鸡免疫和抗氧化功能的影响. 哈尔滨：东北农业大学，2011.

[17] 付京花. 脂溶性维生素对皱纹盘鲍代谢反应和贝壳生物矿化影响的研究. 青岛：中国海洋大学，2005.

[18] Lohakare J D，Ryu M H，Hahn T W，et al. Effects of supplemental ascorbic acid on the performance and immunity of commercial broilers. Journal of Applied Poultry Research，2005，14（1）：10-19.

[19] 高淳仁，王印庚，杨志，等. 饲料中添加不同脂肪源、VC 和 VE 对大菱鲆生长和非特异性免疫力的影响. 海洋水产研究，2008，（2）：65-72.

[20] 张远方. 维生素在水产动物饲料中的应用. 河南水产，2011，（3）：18-19.

[21] 国家质量监督检验检疫总局. GB/T 17818—2010 饲料中维生素 D3 的测定 高效液相色谱法，2010.

[22] 尚德荣，翟毓秀，李兆新，等. 高效液相色谱法同时测定饲料中 VE 和 VD$_3$ 的研究. 海洋水产研究，2001，（3）：77-79.

[23] 国家质量监督检验检疫总局. GB/T 7303—2006 饲料添加剂维生素 C（L-抗坏血酸），2006.

[24] 贾书静，冯三令，储瑞武，等. 高效液相色谱法测定饲料中总抗坏血酸含量. 农技服务，2012，29（3）：318-320.

[25] 国家市场监督管理总局. GB/T 14700—2018 饲料中维生素 B$_1$ 的测定，2018.

[26] 国家市场监督管理总局. GB/T 6437—2018 饲料中总磷的测定 分光光度法，2019.

[27] 王敏. 紫外分光光度法测定饲料中的铁. 湖南饲料，2004，（5）：24-25.

[28] 崔培，姜志强，韩雨哲，等. 饲料脂肪水平对红白锦鲤体色、生长及部分生理生化指标的影响. 天津农学院学报，2011，18（2）：23-31.

[29] 吴祥庆，黎小正，杨姝丽，等. 高效液相色谱法对水产品中虾青素的测定. 湖北农业科学，2014，53（20）：4958-4960.

[30] 陈伟珠，张怡评，晋文慧，等. 超高效液相色谱法测定虾青素. 化学分析计量，2016，25（6）：26-29.

[31]　张泳，厉妙沙，吴嘉圣. 分光光度法测定虾青素. 浙江化工，2015，（9）：51-54.

[32]　刘永涛，李乐，徐春娟，等. 超高效液相色谱同时测定渔用饲料中双去甲氧基姜黄素、去甲氧基姜黄素和姜黄素. 中国渔业质量与标准，2016，6（5）：60-64.

[33]　索德成，李兰，樊霞. 饲用酸化剂中甲酸、乙酸、丙酸、乳酸、柠檬酸的同步测定. 饲料工业，2012，33（21）：60-62.

[34]　黄志英，赵志辉，顾赛红. 高效液相色谱法测定饲料酸化剂中甲酸和丙酸含量. 上海农业学报，2010，26（3）：64-66.

[35]　杨晓凤，雷绍荣，杨树萍. 毛细柱气相色谱测定饲料中丙酸及丙酸盐. 中国饲料，2014，（1）：39-40，44.

[36]　陈莹，于杰，崔进，等. 气相色谱法测定调味水产品中的甜蜜素. 现代仪器，2012，18（6）：85-87.

[37]　于慧娟，惠芸华，顾润润，等. 液相色谱-串联质谱法测定水产加工品中的甜蜜素. 分析试验室，2016，（7）：809-812.

[38]　常凯，常晨阳，林玲，等. 超高效液相色谱-串联质谱法测定水产品中甜蜜素. 现代农业科技，2016，（11）：309，313.

[39]　黄玉章，林旋，王全溪，等. 黄芪多糖对罗非鱼肠绒毛形态结构及肠道免疫细胞的影响. 动物营养学报，2010，22（1）：108-116.

[40]　韩凤兰，李力，陈宇红，等. 宁夏黄芪中多糖含量的测定方法对比. 宁夏农林科技，2003，（6）：18-19.

[41]　韩凤兰，胡建英. 高效液相色谱法测定宁夏黄芪多糖的分子量及其分布. 宁夏医学院学报，2006，28（2）：172-174.

[42]　孙书静. 水产养殖的几种饲料添加剂. 农村养殖技术，2011，（12）：41-42.

[43]　张寒俊，刘大川，杨国燕. 紫外光谱法定量测定不同种蛋白酶活力的研究. 粮食与饲料工业，2004，（9）：44-45.

第10章　水产品食品添加剂检测技术

食品添加剂指为改善食品品质和色香味以及为防腐、保鲜和加工工艺的需要而加入食品中的人工合成或者天然物质。目前我国允许使用的食品添加剂共有 23 个类别，2000 多个品种，包括抗氧化剂、防腐剂、酶制剂等。其中抗氧化剂可减缓食品氧化变质的速度，延长保质期，增加食品的稳定性和耐储藏性，同时防止油脂氧化成有害物质；防腐剂则是通过抑制食品中的细菌、真菌等微生物的生长繁殖，从而阻止食品的腐败变质。

根据 GB 2760—2014，允许在水产品中使用的添加剂仅 20 种，其中用于水产品的保鲜剂包括竹叶抗氧化物、异抗坏血酸及其钠盐、茶多酚等，作为防腐剂的稳定态二氧化氯和山梨酸及其钾盐。另外，还有 71 种可以按生产需要适量使用的食品添加剂，共 91 种。

随着科学技术的日益发展，用于检测水产品中的食品添加剂的方法逐渐增多，且方法的准确度和灵敏度不断提高。检测技术的日趋完善，将会给人类社会食品添加剂行业带来福祉和信心，改善食品安全质量问题，满足消费者绿色安全需求，创造和谐稳定的食品安全环境。

本章将重点介绍应用在水产品保鲜中的抗氧化剂、防腐剂和水产品加工中的增稠剂、酸度调节剂、着色剂、乳化剂、甜味剂、增味剂、水分保持剂和膨松剂等食品添加剂的国家标准检测和其他研究检测方法。

10.1　水产品保鲜中常用的食品添加剂

水产品的保鲜技术方法众多，研究及应用最为广泛而深入的是低温保鲜技术，包括冰藏保鲜、冷却海水保鲜、微冻保鲜剂保鲜、冷冻保鲜四大类方法，还有辐照保藏技术、高压保藏技术以及气调包装保藏技术等保鲜新技术。此外，还可借助各种药物的杀菌或抑菌作用，单独或与其他保鲜方法相结合的化学保鲜法，如烟熏保藏、盐腌保藏及食品添加剂保藏[1]，本节将对水产品保鲜中常用的食品添加剂进行介绍。

10.1.1　抗氧化剂

通常用于水产品保鲜的抗氧化剂包括以异抗坏血酸及其钠盐为主的水溶性抗

氧化剂和以叔丁基对羟基茴香醚、2,6-二叔丁基对甲酚和叔丁基对苯二酚等为主的脂溶性抗氧化剂，还有天然的抗氧化剂茶多酚等。

1. 异抗坏血酸及其钠盐[2]

异抗坏血酸（erythorbic acid，又称 D-抗坏血酸），分子式 $C_6H_8O_6$，分子量为176.13。异抗坏血酸为白色至浅黄色结晶或结晶状粉末，无臭，味酸，极易溶于水（40g/100mL），微溶于乙醇（5g/100mL），难溶于甘油，不溶于乙醚和苯，熔点为 164～172℃。它是抗坏血酸的异构体，化学性质与抗坏血酸类似，但几乎无抗坏血酸的生理活性作用（仅约 1/20）。异抗坏血酸有强还原性，抗氧化性较抗坏血酸好，但耐热性差。在干燥状态下，异抗坏血酸在空气中相当稳定，但在溶液中并在空气存在下会迅速变质。若遇铁离子、铜离子等重金属离子更会促进其分解变质。

异抗坏血酸的抗氧化反应机理是：在水溶液中，分子结构中易脱氢的基团，与溶液中游离氧进行反应，进而消耗氧，达到抗氧化的效果。

国内常将其用于食品抗氧化剂及防腐保鲜剂：防止保存期间色泽、风味的变化，以及由鱼的不饱和脂肪酸产生的异臭；防止果汁、啤酒等饮料中因溶有氧而引起的氧化变质；防止果蔬罐头褐变；防止奶油、干酪等的脂肪氧化等。国外则广泛将其应用于果酱、葡萄酒、饮料、腌肉及冻鱼中。冷冻鱼类常在冷冻前浸渍于 0.1%～0.6%的异抗坏血酸及其钠盐水溶液内。

1）来源及毒理性

首先由荧光极毛杆菌或球形节杆菌使葡萄糖或淀粉在 28℃下通气发酵 50h，得 α-酮基葡糖酸钙，然后与甲醇和硫酸反应，使其形成甲酯，加入甲醇氢氧化钠溶液进行烯醇化反应制得。通过毒理学相关实验测得，该物质的 LD_{50} 为大鼠经口服 18g/kg b.w.，小鼠经口服 9.4g/kg b.w.。其 ADI 值为无限制性规定，因此异抗坏血酸是一种相对经济、安全而理想的抗氧化剂。

2）限量标准及相关检测方法

异抗坏血酸用于各种食品抗氧化剂的限量各有不同，其中水产品的相关限量标准如下：澳大利亚新西兰食品标准局规定，冻鱼中的使用限量为 400mg/kg；新西兰鱼、肉冻干食品和含鱼、肉冻干食品的油脂量中的使用限量为 0.2%；欧盟规定，腌制和半腌制鱼类产品，红皮冷冻和深度冷冻的鱼中的使用限量为1500mg/kg。

国家标准规定，测定食品中的添加剂异抗坏血酸含量是通过以水提取试样异抗坏血酸后，经还原剂活性炭催化脱氢后，与邻苯二胺衍生生成具有强荧光性的物质，再利用含荧光检测器的高效液相色谱仪进行测定，外标法进行定量。

2. 叔丁基对羟基茴香醚[3]

叔丁基对羟基茴香醚（butylated hydroxyanisole，BHA，又称丁基羟基茴香醚），分子式为 $C_{11}H_{16}O_2$，分子量为 180.2。丁基羟基茴香醚为白色或微黄色结晶性粉末，带有特殊的酚类的臭气及刺激性气味，易溶于乙醇（25%）和油脂中，不溶于水、甘油和丙二醇，熔点为 69.5～71.5℃，沸点为 264～270℃（98kPa），是 2-BHA 和 3-BHA 两种构型的混合物。丁基羟基茴香醚抗氧化性能好，且对热相当稳定，与金属离子作用不会着色，较为稳定。

1）原理及用途

丁基羟基茴香醚的抗氧化反应机理是通过释放出氢原子阻断油脂自动氧化历程而实现抗氧化。

丁基羟基茴香醚作为脂溶性抗氧化剂，且其热稳定性好，因此可在油煎或焙烤条件下使用，更适于应用在油脂食品和富脂食品中。BHA 可用于食用油脂、油炸食品、干鱼制品等食品中，且如果与二丁基羟基甲苯配合使用，可更好地保持鲤鱼、鸡肉、猪排等肉品品质。并且丁基羟基茴香醚与其他脂溶性抗氧化剂（如没食子酸丙酯等）混合使用，抗氧化效果更好。另外，对易发生脂类酸败氧化或油烧的多脂肪类鱼种（如沙丁鱼等）的抗氧化保鲜效果良好，通常将多脂鱼种浸渍在含 BHA 0.01%～0.02%的溶液中。

2）来源及毒理性

BHA 的制备来源众多，大多是通过化学合成法制得，包括以对苯二酚、对氯苯酚、对甲氧基苯酚、对氨基苯甲醚、对羟基苯甲醚等为原料的工艺合成路线。其中操作简单、收率较高的方法是对羟基苯甲醚路线：将溶剂苯、叔丁醇及对羟基苯甲醚加入反应釜中，使之加热溶解，在加入催化剂磷酸或硫酸后，于 80℃下充分进行回流反应。反应完成后，静置分层，采用蒸馏法除去溶剂，真空减压等纯化产品，收率约为 77.8%。

毒理学实验得：BHA 对食品食用安全影响很小，毒性很低，较为安全，对小鼠（雄）经口 LD_{50} 为 1.1g/kg b.w.，对大鼠经口 LD_{50} 为 2.09g/kg b.w.。经过几番修订更改，1996 年 FAO/WHO 正式制定其 ADI 值为 0～0.5mg/(kg b.w.·d)。

3）限量标准及相关检测方法

丁基羟基茴香醚用于各种食品抗氧化剂的限量各有差异，其中水产品的相关限量标准如下：我国大陆规定丁基羟基茴香醚可用于食用油脂、油炸食品、干鱼制品等食品中，其最大使用量为 0.2g/kg；我国台湾更是具体明确用于冷冻鱼、贝类及冷冻鲸鱼肉的浸渍液，应低于 1g/kg；而日本规定鱼、贝类冷冻品浸渍液用量低于 0.1%[3]。

国家标准规定，测定食品中的添加剂 BHA、BHT 和 TBHQ 等脂溶性抗氧化剂含量是通过有机溶剂提取试样，经凝胶渗透色谱（GPC）净化系统净化后，再用气相色谱氢火焰离子化检测器检测，采用保留时间定性，外标法进行定量[3]。

3. 2,6-二叔丁基对甲酚[3]

2,6-二叔丁基对甲酚（butylated hydroxytoluene，BHT），分子式为 $C_{15}H_{24}O$，分子量为 220.35。BHT 为白色结晶，遇光颜色变黄，并逐渐变深，基本无臭，无味，溶于苯、甲苯、甲醇、乙醇、异丙醇、石油醚等有机溶剂，不溶于水及 10℃ 烧碱溶液，熔点为 69.7℃（纯品），沸点为 265℃。BHT 虽然毒性较大，但是其具有抗氧化能力较强，耐热及稳定性好，与金属离子无呈色反应，且价格低廉等特点，我国以其作为主要抗氧化剂使用。

1）原理及用途

BHT 的抗氧化作用的原理与 BHA 相同，且一般多与 BHA 并用，并以柠檬酸或其他有机酸为增效剂。

BHT 是一种通用型抗氧化剂，可广泛用于高分子材料、石油制品和食品加工工业中。在食品添加剂中，常与 BHA 共用于食用油脂、油炸食品、干鱼制品等食品中，更有效地防止脂肪和蛋白质氧化损失，产生有害物质。

2）来源及毒理性

BHT 通常是由工业生产所得：利用原料对甲酚与异丁烯，在催化剂硫酸或磷酸的作用下，加入脱水剂氧化铝后，在加压的条件下，生成粗品后经蒸馏，除去有机溶剂，在乙醇中重结晶而成。

BHT 为中毒性物质，对小鼠经口 LD_{50} 为 650mg/kg b.w.，对大鼠经口 LD_{50} 为 890mg/kg b.w.。1995 年，FAO/WHO 规定其 ADI 值为 0～0.3mg/(kg b.w.·d)。根据生态学数据分析得，BHT 对水体有一定危害。近年来，有相关报道表明 BHT 会抑制人体呼吸酶的活性、使得肝脏微粒体酶活性增加，希腊、土耳其、印度尼西亚、奥地利等国已明令禁用。

3）限量标准及相关检测方法

作为同样是脂溶性抗氧化剂一类的 BHT，与 BHA 的限量标准及国家标准检测方法类似，如果同时添加 BHT 和 BHA，两种抗氧化剂的使用量都应相对减少[3]。

4. 茶多酚[4]

茶多酚（tea polyphenol，TP）是茶叶中酚类物质及其衍生物的总称，是一种天然抗氧化剂。茶多酚并不是一种物质，其主要组分是儿茶素类（黄烷醇类）、黄酮及黄酮醇类等多酚化合物，因此常称多酚类，俗称茶单宁、茶鞣质。茶多酚主要存在于新鲜茶叶中，其含量一般在 15%～20%，其中儿茶素类占茶多酚总量的80%。茶多酚纯品为灰白色粉末，溶于热水、甲醇、乙醇、冰醋酸和己酸乙酯中，微溶于油脂，难溶于苯、氯仿和石油醚。对热、酸稳定性好，pH 值 2～7 范围内稳定，在碱性和光照下，易氧化褐变。相对于化学合成的抗氧化剂，从植物中天然提取的茶多酚具有极佳的抗氧化能力，是一种纯天然、安全有效的抗氧化剂，还具有抗癌、抗衰老、抗辐射、清除自由基及杀菌等众多功能，在饮料、食品、医药等工业领域具有良好的应用前景。

1）原理及用途

各种抗氧化剂机理殊途同归，茶多酚的儿茶素及其衍生物的结构中具有供氢活性的羟基基团，能将氢原子供给不饱和脂肪酸过氧化游离基，进而形成氢过氧化物，中断脂类氧化的过程，阻止脂肪酸形成新的游离基从而实现抗氧化作用[5]。

其具有较强的抗氧化作用，可在新鲜果蔬上喷洒低浓度的茶多酚溶液，以抑制细菌繁殖，保持其原有的色泽，达到保鲜防腐的目的；茶多酚对肉类及其腌制品如香肠、肉食罐头、腊肉等，具有良好的保质效果，尤其是对罐头类食品中耐热的芽孢菌等具有显著的抑制和杀灭作用，并有消除臭味、腥味，防止氧化变色的作用；还可应用于鲜鱼的保险，在冷冻鲜鱼时，添加茶多酚，能有效地改善鱼类的保鲜品质，延长货架期。

2）来源及毒理性

食品天然抗氧化剂茶多酚几乎都是经由茶叶制备而得。传统方法主要分为溶剂提取法、离子沉淀法及柱分离制备法（包括凝胶柱法、吸附柱法和离子交换柱法等）三大类，但以上三种传统方法都存在一定的弊端，如造成环境污染、成本消耗大、所得产率和纯度低及食用安全性差等，因此科研人员反复努力研究探索，利用超临界 CO_2 萃取技术与传统提取、浓缩和萃取技术相结合，开发出制备茶多酚的新工艺技术，完善以往制备方法的众多缺点，使得茶多酚能更好地应用于医药和食品等众多领域。

毒理性研究表明，茶多酚的 LD_{50} 为大鼠经口 3715mg/kg，基本无毒性。

3）限量标准及相关检测方法

茶多酚在各类食品中的最大使用限量差别不明显，但存在一定差异：区别于应用在油脂、火腿、糕点及其馅时最大使用限量为 0.4g/kg，含油脂酱料为 0.1g/kg，油炸食品、方便面为 0.2g/kg，用于肉制品、鱼制品时的最大使用限量为 0.3g/kg[6]。

测定食品中茶多酚含量的简便方法是利用茶多酚内的多酚类物质与亚铁离子发生络合反应，生成紫蓝色络合物，再通过分光光度法，在 540nm 处测其吸光度值得出含量。而国家标准检测方法是高效液相色谱法和以福林酚为显色剂的分光光度法[6]。

10.1.2　防腐剂

除抗氧化剂常用于水产品的保鲜外，用于抑菌的防腐剂也是常用食品添加剂之一。用作水产品保鲜的防腐剂包括山梨酸及钾盐、稳定态二氧化氯和天然防腐剂乳酸链球菌素。

1. 山梨酸及钾盐[7]

山梨酸（sorbic acid）化学名为 2,4-己二烯酸，俗称花楸酸或清凉茶酸，分子式为 $C_6H_8O_2$，分子量为 112.13。山梨酸呈无色针状结晶或白色结晶性粉末，无味，略有特殊气味，溶于乙醇、乙醚、丙二醇、无水乙醇、花生油、甘油和冰醋酸等，难溶于水，熔点为 132～135℃。山梨酸钾（potassium sorbate）化学名为 2,4-己二烯酸钾，分子式为 $C_6H_7KO_2$，分子量为 150.22。山梨酸钾呈无色至白色鳞片状结晶或结晶性粉末，无臭或微有臭味，易溶于水、5%食盐水、25%砂糖水，溶于丙二醇、乙醇，熔点为 270℃。山梨酸与山梨酸钾的性能、用途类似，是国内外各大食品安全管理组织认可的高效安全防腐保鲜剂。

1）原理及用途

山梨酸及其钾盐起防腐抑菌的作用是通过抑制微生物尤其是真菌（如霉菌、酵母菌等）细胞内脱氢酶活性，并与酶系统中的巯基结合，进而破坏多种重要的酶系统，如细胞色素 C 对氧的传递，以及细胞膜表面能量传递的功能，抑制微生物增长繁殖。还能防止肉毒杆菌、葡萄球菌、沙门菌等好气细菌的生长和繁殖，但对厌氧性芽孢菌与嗜酸乳杆菌等有益微生物几乎无效，其抑制发育的作用比杀菌作用更强，从而有效延长食品的保存时间，并保持原有食品的风味。山梨酸钾为酸性防腐剂，pH 值低于 5.0～6.0 时其抑菌效果最好，其防腐效果是苯甲酸钠的 5～10 倍。

山梨酸及其钾盐广泛应用于食品、饮料、烟草、农药、化妆品等行业，在我国可用于酱油、醋、面酱类、罐头类和水产品等食品中，通过抑制微生物生长，从而有效地延长食品的保存时间，并保持原有食品的风味。

2）来源及毒理性

天然山梨酸存在于某些水果中，如欧洲花椒。而作为食品添加剂的山梨酸是由化学法合成的：利用丁烯醛与丙酮或巴豆醛与乙烯酮缩合反应，生成聚酯，再分解制得。而山梨酸钾则是山梨酸与氢氧化钾或碳酸钾中和后的产物。

对山梨酸钾及其钾盐进行毒理性分析，可得：大鼠经口 LD_{50} 4920mg/kg，小鼠经口 LD_{50} 1300mg/kg b.w.，属低毒级；遗传学毒性研究表明，山梨酸及其钾盐无遗传毒性。1994 年，FAO/WHO 规定其 ADI 为 0～25mg/kg（以山梨酸计）。另外，山梨酸（钾）是一种不饱和脂肪酸（盐），它可以被人体的代谢系统吸收而迅速分解为二氧化碳和水，在体内无残留，是一种安全、相对无毒的食品添加剂。

3）限量标准及相关检测方法

国内外对山梨酸及其钾盐的使用限量差别不大，但各类食品之间有明显差别：

果蔬保鲜、碳酸饮料和预调酒最大使用限量为 0.2g/kg, 肉、鱼、蛋、禽类制品为 0.075g/kg, 酱油、食醋、果酱、软糖、鱼干制品、即食海蜇、乳酸菌饮品则为 1.0g/kg。

测定食品中山梨酸及其钾盐的方法有高效毛细管电泳法、吸收光谱法等, 而国家标准检测方法是酸碱滴定法: 干燥试样以冰乙酸为溶剂, 乙酸酐为助溶剂, 以结晶紫为指示剂, 用高氯酸标准滴定溶液滴定, 根据消耗高氯酸标准滴定溶液的体积计算山梨酸钾含量。

2. 稳定态二氧化氯

二氧化氯（chlorine dioxide）, 化学式为 ClO_2, 分子量为 67.45, 二氧化氯为黄绿色气体, 有不愉快臭气, 溶于水, 溶于碱溶液而生成亚氯酸盐和氯酸盐, 熔点为 $-59℃$, 沸点为 $10℃$。稳定态二氧化氯因具有强氧化作用, 被国内外广泛用作杀菌剂及食品防腐保鲜剂。除此之外, 稳定态二氧化氯具有高度的安全性, 更被联合国卫生组织列为 A1 级安全消毒剂。从 1996 年起, 稳定态二氧化氯被我国列入食品添加剂中作防腐剂, 使用范围为果蔬保鲜、鱼类加工。

1）原理及用途

稳定态二氧化氯的防腐机理是利用自身强氧化能力, 迅速氧化、破坏病毒蛋白质衣壳中的酪氨酸, 抑制病毒的特异性吸附, 阻止其对宿主细胞的感染。另外, 对细菌及其他微生物, 则是将蛋白质中的部分氨基酸氧化还原, 使氨基酸分解破坏, 从而抑制微生物蛋白质的合成, 最后导致细菌死亡。同时, 稳定态二氧化氯对细胞壁有较好的吸附和透过性能, 可有效地氧化细胞内含巯基的酶, 因此除对一般细菌有杀死作用外, 对芽孢、病毒、藻类、真菌等均有较好的杀灭作用。

由于稳定态二氧化氯的防腐作用稳定且强有效, 在易引起微生物腐败变质的果蔬、畜禽制品、奶制品、饮料等保鲜过程中均有应用。且稳定态二氧化氯对鱼、贝类同样具有较好的防腐效果, 但对不同的品种, 稳定态二氧化氯的保鲜效果不一样, 在低温下对鱼、贝肉的保鲜时间可大大延长。稳定态二氧化氯可防止虾体变黑、腐败, 减少水产品的致病有害菌的生长繁殖, 保持产品的营养品质。

2）来源及毒理性

二氧化氯的合成方法是通过强酸制弱酸的途径获得: 将盐酸加入亚氯酸钠中反应而成, 或由氯酸钠与硫酸和甲醇作用, 或由氯酸钠与二氧化硫作用而制得。通常作为食品添加剂的稳定态二氧化氯是由碳酸盐吸收二氧化氯气体形成。

稳定态二氧化氯的急性毒性试验测得: 小白鼠经口最高灌以剂量 10000mg/kg时, 小鼠仍无明显中毒症状, 日常代谢活动均正常。并无"三致"效应（致癌、致畸、致突变）, 同时在消毒过程中也不与有机物发生氯代反应生成可产生"三致"

效应的有机氯化物或其他有毒类物质，被国际上公认为是安全、无毒的绿色消毒剂、防腐剂。

3）限量标准及相关检测方法

国内允许稳定态二氧化氯作为食品添加剂的食品种类不多，经表面处理的新鲜果蔬的最大使用量为 0.01g/kg，而水产品及其制品（包括鱼类、甲壳类、贝类、软体类、棘皮类等水产品及其加工制品，仅限鱼类加工）为 0.05g/kg[8]。

国家标准规定，测定食品中稳定态二氧化氯含量方法是将试料中的二氧化氯利用磷酸盐缓冲溶液提取，经冷冻离心，纤维滤纸过滤后，以甘氨酸作掩蔽剂，其中为消除溶液中 Cl_2、ClO^- 等物质的假阳性干扰，加入 N,N-二乙基-对苯二胺（DPD）显色，采用分光光度法在 552nm 处测定其最大吸光度，从而确定食品中二氧化氯的含量[8]。

3. 乳酸链球菌素[9]

乳酸链球菌素（nisin）又称乳链菌素、尼生素、乳酸菌素，是一种天然防腐剂。分子式为 $C_{143}H_{228}N_{42}O_{37}S_7$，分子量为 3354，白色至淡黄色粉末，是某些乳酸链球菌产生的一种多肽物质，由 34 个氨基酸组成，肽链中含有 5 个硫醚键形成的分子内环，氨基末端为异亮氨酸，羧基末端为赖氨酸。在水中溶解度受 pH 值影响：pH 值为 2.5 时，其溶解度为 12%；当 pH 值升高到 5.0 时，溶解度则下降到 4%；在中性和碱性条件下不溶于水。其耐热性同样与 pH 值相关：pH 值为 2 时耐热性好，pH 值大于 5 时，耐热性下降。

1）原理及用途

乳酸链球菌素的抗菌防腐作用是通过干扰细胞膜的正常功能，造成细胞膜渗透，使得养分流失和膜电位下降，从而导致致病菌和腐败菌细胞裂解死亡。

乳酸链球菌素作为绿色天然的防腐保鲜剂广泛应用于肉制品、乳制品、罐头、海产品、饮料、香基香料、化妆品等领域中。相关实验表明：乳酸链球菌素具有抑制熏制鱼中腐败细菌的生长和繁殖，减少代谢物肉毒杆菌芽孢毒素形成，延长产品的货架期等优点。

2）来源及毒理性

乳酸链球菌素是由链球菌属的乳酸链球菌（*Lactococcus lactis*）菌株在一定的条件下发酵提取，再经蒸汽喷射杀菌、由压缩空气泡沫浓缩或酸化、盐析后喷雾干燥而得的多肽化合物。

乳酸链球菌素不仅具有不可逆的杀菌作用，且可被人体消化道蛋白酶水解消化成氨基酸，进而代谢消耗，对健康无害。而且乳酸链球菌素在低浓度下有生物活性，是一种比较安全的防腐剂，不改变肠道正常菌群，不会引起耐药性，更不会产生与其他抗生素交叉的抗性。另外，对乳酸链球菌素的微生物毒性研究表明，乳酸链球菌素无微生物致病作用，是一种高效、无毒、安全、无副作用的天然食品防腐剂。

3）限量标准及相关检测方法

将乳酸链球菌素用作防腐剂的食品种类繁多，限量标准各有差异，其中熟制水产品（可直接食用）、预制肉制品、熟肉制品及蛋制品（改变其物理性状）的最大使用量均为 0.5g/kg。

国家标准规定，检测食品中的乳酸链球菌素含量的快速测定法是酶联免疫法：样品中的乳酸链球菌素和试剂盒中微孔条上预包被的抗原竞争乳酸链球菌素抗体，加入酶标二抗后，用 TMD 底物显色，样品吸光值与所含乳酸链球菌素的含量呈负相关，与标准曲线比较再乘以对应的稀释倍数，即可得出样品中乳酸链球菌素的含量。

由此可得，水产品的保鲜技术研究较为深入，相对于绿色安全可靠的天然保鲜剂，一些化学保鲜剂存在一定卫生安全性，因此使用时，其用量必须在允许使用的最高限量范围内，且注意允许使用食品种类，以确保消费者的身体健康。

10.2　鱼糜及其制品中常用的食品添加剂

我国是水产品进口大国，并且水产品的种类丰富，其中占市场份额较多的一种是鱼糜制品。通常广义上将一些以碎鱼肉作为原料，无须经过擂溃或加热等处理的一类不具弹性的制品，如鱼肉汉堡包、生鱼面、虾片等定义为鱼糜制品。而狭义上，鱼糜制品是指将鱼肉绞碎，通过添加盐后，成为黏稠的鱼浆（鱼糜），再经调味混匀，制成一定形状后，进行水煮、油炸、焙烤、烘干等加热或干燥处理而制成的具有一定弹性的水产食品，主要品种有鱼丸、鱼糕、鱼香肠、虾饼等。

根据 GB 2760—2014，对于冷冻鱼糜制品（包括鱼丸等）[10]，规定允许在鱼糜制品中使用的食品添加剂有：着色剂、稳定剂、凝固剂、增稠剂、水分保持剂、膨松剂、乳化剂、酸度调节剂、抗结剂、甜味剂、漂白剂、防腐剂、抗氧化剂等。实际上，由于鱼糜制品属于动物制品，因此为保持鱼肉的鲜嫩及口感，使用的食品添加剂较多且常用的种类包括：增稠剂、酸度调节剂、着色剂、乳化剂、抗氧化剂等。

10.2.1　增稠剂

增稠剂作为食品添加剂，多用于改善和增加食品的黏稠度，保持流态食品、胶冻食品的色、香、味和稳定性，改善食品物理性状，并能使食品有润滑适口的感觉。增稠剂大多是由葡萄糖等单糖为结构单元而构成的分子量通常在几万至几百万之间的高分子化合物,遇水会形成较高黏度。高分子化合物多糖具有较好水溶性,在一定条件下可增加食品的黏度。因此通常添加到鱼糜制品的增稠剂主要包括果胶、醋酸酯淀粉、壳聚糖、黄原胶、α-环糊精等多糖。

1. 用途

增稠剂在宏观特性上可使产品的黏度升高、沉淀率降低,在微观性质上可使产品的粒径减小、水分的流动性减弱。且增稠剂在水中有一定的溶解度;在水中强化溶胀,在一定温度范围内能迅速溶解或糊化;其水溶液有较大黏度,具有牛顿流体的性质;在一定条件下具有可形成凝胶和薄膜的特性。因此在鱼糜制品中添加增稠剂可使得鱼糜(鱼肠等)凝胶黏合,并且品质得到改善,口感更佳。多糖应用于鱼糜制品的增稠剂较为常见,且可通过几种多糖发挥协同效应来减少某种成本较高的多糖(如壳聚糖)的限制,即应用几种多糖的复配性能,实现鱼糜品质的改良。相关研究表明[11],通过添加壳聚糖复配卡拉胶相比于添加 6% 的淀粉起到的凝胶作用,可实现鱼糜制品的低淀粉甚至是无淀粉生产,且鱼糜制品质构特性、持水性能、折叠性能及感官都得到显著提高。

2. 用量

根据 GB 2760—2014,冷冻鱼糜制品(包括鱼丸等)中可以添加增稠剂(如果胶、醋酸酯淀粉、卡拉胶等)的使用限量大多数为按生产需要适量使用,而沙蒿胶的最大使用量为 0.5g/kg。

3. 风险评估

增稠剂在鱼糜制品中的风险不大,在国家标准中的限量也是按需投入,没有使用量的限制。但在 2009 年,国家卫生部下达增稠剂禁止在牛奶中使用的指令,这是因为使用增稠剂会掩盖牛奶的品质,不利于消费者食用。而且不正规厂家、不正规渠道销售的增稠剂,或是过期的增稠剂,有可能对人体造成危害。

4. 检测技术

水产品中的增稠剂包括果胶、明胶和壳聚糖等。其检测方法差别不大。下面以果胶为例,介绍增稠剂的含量检测技术方法。

根据 GB 25533—2010,检测果胶的含量时总半乳糖醛酸的含量是必检项目。将水产品经预处理后,利用盐酸-乙醇溶液洗涤,再加入沸水溶解得处理液。试样通过氢氧化钠标准滴定液滴定得酰胺滴定度,在皂化处理后,再次利用氢氧化钠标准滴定液滴定得醋酸酯滴定度,通过公式计算出总半乳糖醛酸的含量。其中对被检测样品预处理的方法包括酸解法、酶解法和酸化酶解法。

10.2.2　酸度调节剂

酸度调节剂作为食品添加剂，常用于维持或改变食品酸碱度。鱼糜制品的常用酸度调节剂包括乳酸及乳酸盐、D(L)-苹果酸、柠檬酸及柠檬酸盐、碳酸盐、碳酸氢盐等。

1. 用途

酸度调节剂具有增进食品质量的许多功能特性，例如，改变和维持食品的酸度并改善其风味；增强抗氧化作用，防止食品酸败；与重金属离子络合，具有阻止氧化反应、稳定颜色、降低浊度、增强胶凝特性等作用。通常酸有一定的抗菌作用，仅通过酸来抑菌，防腐所需浓度太大，影响食品感官特性，难以实现实际应用，但是当以足够的浓度，选用一定的酸化剂与其他保藏方法如冷藏、加热等并用，可以有效地延长鱼糜制品的保存期。对不同酸的选择，取决于酸的性质及其成本等。

2. 用量

酸度调节剂与增稠剂类似，鱼糜制品中大多数酸度调节剂的使用限量为均按生产需要适量使用，但磷酸（氢）盐及焦磷酸盐等作为酸度调节剂的使用限量为 5.0g/kg。

3. 风险评估

酸度调节剂的含量同样按照生产需要量使用，一般风险不大。即使可按照鱼糜制品生产需要量添加，但风险评估必须严格执行，因为虽然酸度调节剂（如柠檬酸）对人体无直接危害，但它可以加快体内钙的排泄和沉积，所以若长期食用添加过量柠檬酸作为酸度调节剂的鱼糜制品，有可能导致低钙血症。由此导致的症状是儿童表现为神经系统不稳定、易兴奋、自主神经紊乱，成人则为手足抽搐、肌肉痉挛、感觉异常、瘙痒及消化道损伤。

4. 检测技术

鱼糜制品中的酸度调节剂包括乳酸及乳酸盐、D(L)-苹果酸、柠檬酸及柠檬酸盐、碳酸盐、碳酸氢盐等。

刘敏等结合固相萃取-高效液相色谱法（SPE-HPLC），通过优化色谱柱、检测波长和流动相的选择以及固相萃取条件，最终实现将食品中的酒石酸、乳酸、乙酸、柠檬酸、富马酸和己二酸等 7 种酸度调节剂有效地分离，并将其含量同时检测出来，样品回收率达 86.1%～102.6%，相对标准偏差小于 10%[12]。

另外，还有一些研究人员尝试利用离子色谱-高分辨质谱（IC-HRMS）串联法，以氢氧化钾溶液提取样品后，利用 SPE 柱纯化，再用 AS-HC 柱实现分离，从而通过全扫描检测器来检测样品中苹果酸、柠檬酸、丁二酸、乳酸等多种酸度调节剂的含量，其加样回收率为 74.5%～115.5%，相对标准偏差仅为 0.64%～4.81%[13]。

10.2.3　着色剂

着色剂又称食品色素，是以食品着色为主要目的，使食品富有色泽和改善食品色泽的物质，按照来源和性质可分为食品合成着色剂和食品天然着色剂两大类。允许添加到鱼糜制品中的包括 β-胡萝卜素、辣椒橙、辣椒红、柑橘黄、高粱红、甜菜红等。

1. 用途

着色剂在鱼糜制品中的作用主要分为两种：①饲料着色剂。动物（如鱼类）自身不能合成色素，而畜、禽、水产品类的胴体表皮的颜色常会影响消费者的购买行为。而事实上，水产品的外观颜色取决于所采用的饲料的色素含量和累积。因此通常在鱼类等水产品的饲料中添加一定量的着色剂，使得金鱼和对虾等食用饲料后可改变吸收后色素的组成，如将叶黄素转变为虾红素，然后在机体内积累色素，最终获得外观色泽宜人的产品，深受消费者欢迎。②养殖产品着色剂。直接通过着色剂来改变鱼糜制品的色泽，从而使得鱼肠等产品更为鲜艳，刺激食欲，提高商品价值。

2. 用量

通常由于添加到鱼糜制品的着色剂为食品天然着色剂，因此其最大使用量是按生产需要适量使用，而 β-胡萝卜素作为鱼糜制品的着色剂的限量是 1.0g/kg[10]。

3. 风险评估

鱼糜制品中的着色剂的风险可能是出于不良生产商为掩盖产品不新鲜甚至品质不合格而采用过量的着色剂，或是直接采用非食品安全国家标准内允许使用的着色剂而带来系列食品安全问题。

4. 检测技术

鱼糜制品中的着色剂包括 β-胡萝卜素、辣椒橙、辣椒红、柑橘黄、高粱红、甜菜红等天然着色剂和亮蓝及其铝色淀、柠檬黄及其铝色淀、日落黄及其铝色淀、胭脂红及其铝色淀等合成着色剂。

着色剂的检测方法包括纸层析法、薄层层析法、比色法、示波极谱法和高效液相色谱法，提纯方式包括羊毛染色法、聚酰胺粉法、离子交换法和分子筛分离法。GB 5009.35—2016 中着色剂的测定方法为高效液相色谱法，提取方法为聚酰胺吸附法或液-液分配法。目前对于复合合成色素的检测较为困难，各界研究学者建立了一种采用高效液相色谱法进行测量的方法。高效液相色谱法的原理是利用聚酰胺吸附法或液-液分配法提取食品中的人工合成着色剂，将其预处理成溶液状态后，注入高效液相色谱仪器中，在反相色谱的作用下实现分离后，根据不同的保留时间进行定性以及通过比较色谱图中峰面积进行定量，因此可通过高效液相色谱的检测方法实现对复合合成色素的分离及测量。王冬芬等利用高效液相色谱法测定合成着色剂，对预处理方法探究，采取 70℃水浴加热约 20min，经梯度洗脱后，不同波长检测鉴定合成色素的含量，最终的加标回收率是 98.4%～100.0%[14]。冯慧更是结合二极管阵列检测器利用光谱图进行综合分析，使得复杂的合成色素样品定性定量更可靠精确[15]。

10.2.4　乳化剂

乳化剂是一种表面活性物质，其机理是可通过乳化剂分子中的亲水基和亲油基，聚集在油/水界面上，改善乳浊液中的互不相溶的水相和油相之间的表面张力，使原先不均匀且不稳定的液体转变形成均一稳定的分散体系。符合国家安全标准的常用于鱼糜制品的添加剂包括油酸、亚麻酸等单（双）甘油脂肪酸酯、双乙酰酒石酸单双甘油酯、酪蛋白酸钠、柠檬酸脂肪酸甘油酯、改性大豆磷脂等。

1. 用途

食品添加剂乳化剂在食品生产工业上的用途广泛，通过多相体系相互融合，形成较为稳定均匀的形态，达到乳化、破乳、助溶、悬浮、消泡、分散、润滑等效果，从而改善产品品质，并简化后续加工过程。在鱼糜产品（香肠等）中的主要用途是使得所加入的辅料油脂更好地乳化、分散；且提高组织的均质性和有利于产品表面被膜的形成，以提高商品性和储存性。

2. 用量

应用于鱼糜制品的乳化剂多为天然来源，因此可按正常生产需要添加用量，但在鱼糜制品中作为增稠剂和乳化剂两重功能的双乙酰酒石酸单（双）甘油酯的最大使用量为 10.0g/kg[10]。

3. 风险评估

乳化剂在使用范围内，一般是安全的，因为其大多是中短链的不饱和脂肪酸，对人体无害，但含较高亲水亲油平衡（HLB）值的乳化剂，对人体健康会造成一定影响。

4. 检测技术

鱼糜制品中的乳化剂包括油酸、亚麻酸等单（双）甘油脂肪酸酯、双乙酰酒石酸单（双）甘油酯、酪蛋白酸钠、柠檬酸脂肪酸甘油酯、改性大豆磷脂等。

2015 年，张思源等尝试利用气相色谱法，以十四烷为内标物，进行内标法定量检测复配乳化剂中单脂肪酸甘油酯的含量，在 70℃加热反应 30min 后，实现加标平均回收率在 96.6%～102.5%，且相对标准偏差少于 2.5%，精确度较高。

2016 年，林春花等学者采用新开发的简单便捷、分离效果好的超高效合相色谱-质谱（UPC^2-MS）色谱分析技术检测 3 种单甘酯乳化剂，利用电喷雾正离子模式进行分析，采取外标法定量 3 种乳化剂，在一定的加标水平下，样品的回收率为 88.0%～110.5%，相对标准偏差为 1.1%～4.1%，该方法是测定乳化剂含量的方便有效的检测方法。

10.2.5　抗氧化剂

抗氧化剂是指能防止或延缓食品氧化，提高食品的稳定性和延长储存期的食品添加剂。食品添加剂中的抗氧化剂分为天然抗氧化剂和合成抗氧化剂，国家食品安全标准中规定使用在鱼糜制品上的抗氧化剂包括茶黄素、竹叶抗氧化物、二氧化硫、亚硫酸钠、D-异抗坏血酸及其盐类等。

1. 用途

部分鱼糜制品生产加工过程中，易形成油脂等氧化物质，添加抗氧化剂能够更好地减缓鱼糜制品油脂等的氧化过程，降低变质速率，延长产品保质期，增加食品的稳定性和储藏性。

2. 用量

过量摄入合成抗氧化剂对人体的肝、脾、肺等器官都易产生不良的影响，因此国家安全标准对其规定的限量较多，如二氧化硫、亚硫酸钠等最大使用限量为 0.1g/kg，竹叶抗氧化物为 0.5g/kg。天然抗氧化剂对人体伤害不大，且适量摄入可促进人体清除体内自由基、提高身体免疫力等，因此一些天然抗氧化剂可按生产需要适量添加，如 D-异抗坏血酸及其盐类。而且规定中也有对天然抗氧化剂作限量要求的，如茶黄素的添加不应高于 0.3g/kg[10]。

3. 风险评估

10.1.1 小节对抗氧化剂有较为详细的描述，这里不作过多赘述。

10.3　水产罐头中常用的食品添加剂

罐头制品是我国食品产业的重要组成部分，其中水产罐头是指将摄入以鲜（冻）水产品为原料，加入其他原料、辅料，经装罐、密封、杀菌、冷却等工序制成的具有一定真空度、符合商业无菌要求的罐头食品，一般可在常温条件下储存。水产罐头销售量大，其种类也繁多，按加工及调味方法不同，分成下列种类：油浸（熏制）类水产罐头、调味类水产罐头、清蒸类水产罐头等。

油浸（或熏制）类水产罐头是将处理过的原料预煮（或熏制）后装罐，再加入精炼植物油等工序制成的罐头产品，如油浸鲭鱼、油浸烟熏鳗鱼等罐头。而调味类水产罐头则是将处理好的原料盐渍脱水（或油炸）后装罐，加入调味料等制成的罐头产品。这类产品又可分为红烧、茄汁、葱烤、鲜炸、五香、豆豉、酱油等，如茄汁鲭鱼、葱烤鲫鱼、豆豉鲮鱼等罐头。清蒸类水产罐头指的是将处理好的原料经预煮脱水（或在柠檬酸水中浸渍）后装罐，再加入精盐、味精而制成的罐头产品。

水产品中各品种产品所使用的食品添加剂种类基本相似，包括增稠剂、酸度调节剂、着色剂、乳化剂和抗氧化剂等。

10.3.1　增稠剂

增稠剂在各种水产品中作用相似，如在鱼糜制品中的用途相似，可通过增加产品的黏度，从而保持肉质的结着性和持水性，使食品更加适口美味。例如，在罐头中添加明胶琼脂等作为增稠剂，可提高产品表面光泽度，增加产品弹性和紧致度，满足消费者对产品口感要求。且化学方法改造的磷酸酯双淀粉具有透明、黏度高、抗老化、稳定性好、保水性强的特点，可在水产罐头中起到增黏和保形的作用。

水产罐头的增稠剂的相关限量要求、风险来源评估与鱼糜制品对应的增稠剂基本相同。

10.3.2　甜味剂

甜味剂是指能赋予食品甜味的一种食品添加剂。甜味剂的种类广泛，分类方式众多，通常甜味剂按有无营养价值可分为营养性甜味剂和非营养性甜味剂两类；或按其甜度多少分为低甜度甜味剂和高甜度甜味剂；也可按其来源分为天然甜味剂和合成甜味剂。常用于水产罐头中的甜味剂是山梨糖醇（液）、天门冬酰苯丙氨酸甲酯（又称阿斯巴甜）、乳糖醇、赤藓糖醇、罗汉果甜苷、木糖醇等。

1. 用途

甜味剂类似于酸度调节剂的相关作用，适当增加的甜度可使得水产罐头具有适口感觉，并且可调节及增强水产罐头的独特风味，又可保留新鲜的味道。事实上，罐头独特风味的形成，部分是由于风味物质和甜味剂的结合而产生的，所以食品通常都会加入甜味剂。

2. 用量

国家安全标准中规定可在水产罐头中使用甜味剂的大部分是按生产所需使用，或适量使用。对含量有明确要求的是天门冬酰苯丙氨酸甲酯，一般最大使用含量为 0.3g/kg。

3. 风险评估

生产符合要求且适量摄入甜味剂对人体无害，但若长期过量摄入，则会产生健康问题。部分功能性甜味剂不受胰岛素协调控制，不会产生饱腹感，常导致过饱现象，对胃等器官产生压力，产生腹痛或胀气等症状。

4. 检测技术

水产罐头中的甜味剂包括山梨糖醇（液）、天门冬酰苯丙氨酸甲酯、乳糖醇、赤藓糖醇、罗汉果甜苷、木糖醇等。

研究者探究检测甜味剂含量的方法，通常是利用高效液相色谱法，在预处理样品后，过 ODS-3 色谱柱，并经过磷酸二氢钾水溶液和乙腈作为流动相进行分离后，利用高效液相色谱法检测作为甜味剂的天门冬酰苯丙氨酸甲酯的含量，该方法可达到在标准浓度为 1.0～50μg/mL 范围内，相关系数大于 0.9999[16]。也有学者采用 C$_{18}$ 色谱柱，在甲醇和水的流动相中分离，利用波长 208nm 对天门冬酰苯丙氨酸甲酯进行检测，可实现平均回收率为 6.0%～89.9%，相对标准偏差为 3.0%～6.1%[17]。

10.3.3　防腐剂

防腐剂是一类在食品中通过抑制细菌、真菌等微生物生长，从而起到防止由微生物引起的腐败变质现象，并延长食品保质期的食品添加剂。防腐剂通常分为天然防腐剂和化学防腐剂，化学防腐剂又分为有机防腐剂和无机防腐剂。在水产罐头除菌后，密封前，添加到水产罐头中的防腐剂有天然防腐剂乳酸链球菌素，有机防腐剂山梨酸及其钾盐、双乙酸钠，无机防腐剂稳定态二氧化氯等。

1. 用途

防腐剂的机理是通过干扰微生物的新陈代谢相关的酶系，破坏其正常的生长，从而抑制酶的活性；或是使细菌等微生物的蛋白质变性凝固，减缓微生物生长繁殖；还可通过添加的防腐剂来改变细胞浆膜的渗透性，从而扰乱微生物体内的代谢产物，导致其失活，起到保证产品质量，提高产品货架期的作用。

2. 用量

通常食品中尽可能减少使用防腐剂，国家标准对防腐剂的限量较为严格。天然防腐剂乳酸链球菌素的最大使用量为 0.5g/kg；有机防腐剂山梨酸及其钾盐和双乙酸钠均为 1.0g/kg；无机防腐剂稳定态二氧化氯的使用限量为 0.05g/kg[10]。

3. 风险评估

关于防腐剂的相关风险来源与评估在 10.1.2 小节有较为详细的描述，这里不作过多赘述。

10.4　水产烟熏制品中常用的食品添加剂

水产品的制作工艺繁多，制成的水产品种类也丰富多样，其中水产烟熏制品因其独特的风味，备受消费者喜爱。水产烟熏制品是指利用阔叶树的硬质木料缓慢燃烧或不完全氧化时产生的水蒸气、气体、树脂和微粒固体的熏烟熏制而成的水产品。事实上，烟熏制品的独特风味来源于熏烟中的成分，如苯酚类、醛类、酮类、醇类、有机酸类、酯类和烃类等；醛酮等羰基化合物对烟熏制品的色泽和芳香味有着重要作用；苯酚类物质可促进形成特有的烟熏味，并通过醇类将挥发性物质散发出来，使烟熏制品诱人可口。

同时，熏烟中的某些成分具有抗氧化性、抑菌防腐，如苯酚类物质。但是，工艺上为增加水产烟熏制品的口感或品质，也会加入常用的食品添加剂，如着色剂、甜味剂、酸度调节剂、乳化剂、增稠剂、增味剂和水分保持剂等。前文已对着色剂、甜味剂、酸度调节剂、乳化剂和增稠剂等食品添加剂简单阐述，本节着重介绍增味剂和水分保持剂。

10.4.1　增味剂

食品增味剂又称风味增强剂或鲜味剂，是指添加入食品中后，改进或增强食品原有风味，且增加食欲或丰富营养，但不影响原有的基本味和其他呈味物质的食品添加剂。我国通常允许使用的增味剂大多是由氨基酸、核苷酸和有机酸等组成。作为水产烟熏制品的增味剂的种类包括：谷氨酸钠、5'-呈味核苷酸二钠、5'-肌苷酸二钠和 5'-鸟苷酸二钠。

1. 用途

氨基酸和核苷酸等增味剂作为食品调味料，可提供除了酸、甜、苦、咸、辣、涩等七味外的鲜味，增强水产烟熏制品的风味特征，如口感性、浓厚感、持续性、温和感等，并且可利用增味剂开发营养强化和保健型的调味料，使得水产品能进一步发挥其营养与调味双重功能，生产出具有保健功能的特种调味料。

谷氨酸钠的水溶液有鲜味，与食盐协同作用时，在微酸性环境下，可增强肉类的鲜味，同时谷氨酸钠还可防腐抑菌。通常谷氨酸钠在普通的烹调和加工条件下较为稳定，但会受到 pH 影响，因此建议在加热后期或食用前添加为佳。

5'-肌苷酸二钠的鲜味强度稍低于 5'-鸟苷酸二钠，有特异的鲜鱼味，对肉味有增强作用，若与鸟苷酸钠混合使用，其呈味能力会增强。在水产品组织中含有的磷酸酯酶能将核苷酸分解，从而致使加入的肌苷酸食品添加剂失去作用；若加热高于 80℃，核苷酸也会受热分解，因此核苷酸作为增味剂通常在食品加工的后续步骤中添加。

5'-鸟苷酸二钠有特殊的香菇鲜味，与谷氨酸钠并用时有强的协同效果，但其热稳定较高，可直接在加工中添加。

2. 用量

核苷酸通常会被人体内磷酸酯酶所分解，对人体的健康造成不大的影响；而适量的谷氨酸钠摄入对人体健康无害，因此对增味剂的使用标准是适量使用，但为更好地呈现风味，在鱼类等水产品制品中加入的 5'-鸟苷酸二钠的推荐用量为 0.01～0.1g/kg。

3. 风险评估

谷氨酸钠虽然是天然的鲜味剂，但如果摄入量过多或摄入不当，可能会使人产生不快感或身体不适，其原因是肠道的转化能力不能负荷谷氨酸钠的摄入量，导致血液中的谷氨酸钠含量过高，血压增高。

谷氨酸钠在人体经酶催化，产生抑制性神经递质，而这些抑制性神经递质会导致人体不能正常发挥神经功能，出现眩晕、头痛或嗜睡等症状，因此应当适量摄入增味剂。

4. 检测技术

水产烟熏制品中的增味剂包括谷氨酸钠、5′-呈味核苷酸二钠、5′-肌苷酸二钠和5′-鸟苷酸二钠。

国家标准规定检测谷氨酸钠等增味剂是采用旋光法测定其溶液的旋光度。旋光法是通过物质自身具有的旋光性质测定溶液浓度含量的方法。经旋光仪检测谷氨酸钠含量，操作简便，准确度较高，常作为检测增味剂的首选方法。

同时，相关研究文献表明，5′-肌苷酸二钠和5′-鸟苷酸二钠等增味剂也可采用高效液相色谱法[18]、毛细管电泳法[19]和离子色谱法[20]等进行测量。采用高效液相色谱法可达到加样平均回收率为98.6%～100.3%，相对标准偏差为0.77%～1.67%；而通过毛细管电泳法可在优化缓冲溶液种类、浓度、pH、电压等条件后，使得增味剂在5min内较好分离，且可根据峰面积计算出相应的浓度；离子色谱法利用疏水性很弱的 AS11 阴离子交换柱，Na_2CO_3 溶液为淋洗液，最后加样平均回收率为97%～103%。

10.4.2 水分保持剂

水分保持剂是指为保持食品内部持水性，并改善其形态、口感风味和色泽，在食品加工生产过程添加的，可提高肉类和水产品稳定性和储藏性的食品添加剂。水分保持剂是多用于肉类和水产品持水，增强结着力，从而维持肉的营养成分和柔嫩性的磷酸盐类和多羟基类。常用于水产烟熏制品的水分保持剂为：山梨糖醇和山梨糖醇液、乳酸钠、乳酸钾、丙三醇、磷酸、磷酸氢二钾、磷酸二氢钾等磷酸盐类。

1. 用途

磷酸盐及钾钠盐的添加增加水产制品的离子强度，使得组织的肌肉蛋白转变为肌动球蛋白，从而使得肉质更为疏松细嫩，口感更佳，且切片性和出品率大大提高。

2. 用量

利用山梨糖醇和山梨糖醇液、乳酸钠、乳酸钾、丙三醇等多羟基类结合水分子从而发挥保水功能的水分保持剂，对人体无明显危害，因此国家规定的限量为适量使用；但如果大量摄入磷酸、磷酸氢二钾、磷酸二氢钾等磷酸盐类的水分保持剂会对人体造成一定损伤，因此对此类水分保持剂限量规定为 5.0g/kg[10]［仅限焦磷酸钠和六偏磷酸钠，可单独或二者混合使用，其最大使用量以磷酸根（PO_4^{3-}）计]。

3. 风险评估

如果人体摄入过多的含磷酸盐的水分保持剂，则容易在肠道内与钙离子螯合成难溶性的正磷酸钙，影响钙离子的吸收，导致人体骨骼因钙的不足而生长发育缓慢或骨骼畸形等，并且长期摄入大量的磷酸盐会造成甲状腺肿大等问题，因此应当重视水分保持剂的添加范围与添加量。

4. 检测技术

水产烟熏制品中的水分保持剂包括山梨糖醇和山梨糖醇液、乳酸钠、乳酸钾、丙三醇、磷酸、磷酸氢二钾、磷酸二氢钾等磷酸盐类。

吕亚宁致力于研究检测水分保持剂的含量，为检测水分保持剂的组织成分磷酸盐，通过 CH_4 作为反应气的动态反应池来消除质谱基体干扰，样品回收率为82.3%～104.8%，因此电感耦合等离子体质谱法可较好地应用于检测水分保持剂的含量[21]。

10.5　其他水产制品中常用的食品添加剂

在消费者广为喜爱的水产品中，除了鱼糜制品、水产罐头和水产烟熏制品外，还包括其他种类的水产品，如水产腌制品、干制品、鱼露等。水产腌制品是指利用食盐或食醋、食糖、酒糟、香料等其他辅助材料腌制加工鱼类等制成的水产品。而干制品则是经风吹、烘烤、挤压等工艺制成的风干、烘干及压干等水产干制品。鱼露又称鱼子制品，指的是以海水或淡水鱼的卵为原料添加调味料及其他辅料加工制成的鱼卵制品。

允许使用在水产腌制品、干制品和鱼露上的食品添加剂的种类相对于鱼糜制品、水产罐头和水产腌熏制品较少，本节重点介绍使用在水产腌制品、干制品和鱼露上有别于鱼糜制品、水产罐头和烟熏制品用量或种类略有不同的食品添加剂，如应用在腌制品、干制品和鱼露上的被膜剂，用于水产腌制品的膨松剂，用于干制品保鲜的合成的抗氧化剂以及应用于鱼露的着色剂。

10.5.1　被膜剂

被膜剂是一种添加到食品后，在食品表面形成连续致密的保护薄膜层，从而防止微生物生长繁殖，并能降低水分蒸发的食品添加剂。被膜剂可按照来源和溶解性分类：按照来源分为天然被膜剂和人工被膜剂，按照溶解性分为水溶性被膜剂和脂溶性被膜剂。允许使用在腌制品、干制品和鱼露上的被膜剂是水溶性的普鲁兰多糖。普鲁兰多糖是一种由微生物出芽短梗霉菌发酵获得的类似葡聚糖等胞外水溶性黏质的特殊多糖。2006 年，卫生部发布公告，普鲁兰多糖作为新增的被膜剂和增稠剂允许使用在各大领域。

1. 用途

普鲁兰多糖是通过 α-1,4-糖苷键聚合成直链状多糖，溶解性好，成膜性强，可实现保水保鲜作用。同时，作为新型水产品被膜保鲜剂，普鲁兰多糖可降低水产品组织内营养成分氨基酸的分解，抑制挥发性盐基氮的大量积累，减缓水分蒸发，使得食品储藏性和营养性得到保持。

2. 用量

普鲁兰多糖可被自然界的微生物降解，对环境不会造成污染。但作为多糖类的一种，人体也不宜摄入过多，所以作为被膜剂在水产腌制品、干制品和鱼露上的国家限量标准均 30g/kg。

3. 风险评估

过量摄入普鲁兰多糖，可能导致蛋白质、维生素、矿物质等营养素的损失，造成营养不良，还可能有增加龋齿生成和影响食欲等副作用。因此，应当严格按照限量标准适量添加普鲁兰多糖作为被膜剂。

10.5.2　膨松剂

膨松剂又称疏松剂或发粉，指添加到食品后，在加工过程中受热分解，生成的气体使得食品变得致密多孔，具有蓬松、柔软、酥脆、易消化吸收特性的食品添加剂。膨松剂通常分为生物膨松剂和化学膨松剂，生物膨松剂多指利用酵母发挥起酥的作用，而化学膨松剂又分碱性膨松剂和复合膨松剂两类。碱性膨松剂的主要成分是碳酸氢钠，碳酸氢钠在受热后分解形成的二氧化碳，可使得食品起发，口感更佳。然而碳酸氢钠分解生成的碳酸钠与油脂在高温下发生皂化反应，破坏食品组织结构，影响口感，因此目前多用复合膨松剂。复合膨松剂的配方很多，其主要成分根据食品生产所需而不同。常用于水产腌制品的膨松剂有硫酸铝钾和硫酸铝铵。

1. 用途

膨松剂不仅可通过产生二氧化碳使得食品体积膨大，口感可口疏松，而且膨松剂的发酵作用使得食品更加容易被唾液分解，形成可溶吸收的物质，促消化，减少营养损失。另外膨松剂也可用于海蜇、银鱼等的腌制产品的脱水。

2. 用量

硫酸铝钾和硫酸铝铵中的铝离子如果摄入过多，会对人体健康造成伤害，因此应控制其含量。我国虽然对硫酸铝钾和硫酸铝铵在水产腌制品的限量是按生产需要适量使用，但明确规定铝的残留量对干样品不超过 500mg/kg（以即食海蜇中 Al 计）。

3. 风险评估

过量添加硫酸铝钾和硫酸铝铵的膨松剂，会使得食品味道发涩。过量摄入添加硫酸铝钾和硫酸铝铵的膨松剂，严重不适者，会引起呕吐或腹泻等症状。相关研究表明，长期食用含铝离子类的食品，会影响大脑发育，甚至可能导致痴呆或帕金森症的出现。

4. 检测技术

水产品中的膨松剂包括磷酸盐类、碳酸盐类、硫酸铝钾和硫酸铝铵等。

对人体健康造成威胁的铝离子含量同样是重要的检测项目。目前国家对该项的检测方法仍存在一定问题，因此在各方面都需要进行完善。例如，在样品处理中，相比于酸消解法、碱浸法和酸浸法从油炸膨化食品中分离浸取铝，改进后灰化法的浸取效果更好，并且对检测条件（如络合物显色稳定性、酸度、试剂浓度等）进行优化，使得回收率增高，结果准确可靠。

同时采用电感耦合等离子体质谱法精确测量膨松剂中铝离子含量，该方法以等离子体为离子源，将电感耦合等离子体的高温电离特性结合质谱方法灵敏快速进行检测定量元素含量。

10.5.3　抗氧化剂和着色剂

抗氧化剂和着色剂的详细介绍在前面已较为详尽说明，此处着重阐述干制品使用的抗氧化剂以及应用于鱼露的着色剂。

稍不同于其他水产品的是，在干制品上可加入化学合成的抗氧化剂，如丁基羟基茴香醚（BHA）、二丁基羟基甲苯（BHT）、没食子酸丙酯（PG）和特丁基对苯二酚（TBHQ）等。国家标准规定，其使用限量分别为 0.2mg/kg、0.2mg/kg、0.1mg/kg 和 0.2mg/kg。

为使鱼露更美观，色泽更诱人，满足消费者需求，添加的着色剂种类更为丰富。除了应用在其他水产品中的辣椒红、高粱红等天然着色剂，会添加一些人工合成色素，如亮蓝及其铝色淀、柠檬黄及其铝色淀、日落黄及其铝色淀、胭脂红及其铝色淀等。相比于天然着色剂，人工着色剂着色性能更好，但过量摄入，可能会对人体造成损害，因此国家标准规定最大使用量分别为 0.2g/kg、0.15g/kg、0.2g/kg 和 0.16g/kg[10]。

参 考 文 献

[1] 田超群，王继栋，盘鑫，等. 水产品保鲜技术研究现状及发展趋势. 农产品加工（创新版），2010，(8)：17-21.

[2] 国家质量监督检验检疫总局. SN/T 3858—2014 出口食品中异抗坏血酸的测定，2014.

[3] 国家食品药品监督管理总局. GB 5009.32—2016 食品中 9 种抗氧化剂的测定，2016.

[4] 国家卫生和计划生育委员会. GB 1886.211—2016 食品安全国家标准 食品添加剂 茶多酚（又名维多酚），2016.

[5] 王玉婷，邵秀芝，冀国强. 茶多酚在水产品保鲜中应用的研究进展. 保鲜与加工，2010，10（6）：42-45.

[6] 国家市场监督管理总局. GB/T 8313—2008 茶叶中茶多酚和儿茶素类含量的检测方法，2008.

[7] 国家卫生和计划生育委员会. GB 1886.39—2015 食品安全国家标准 食品添加剂 山梨酸钾，2015.

[8] 国家卫生和计划生育委员会. GB 5009.244—2016 食品安全国家标准 食品中二氧化氯的测定，2016.

[9] 国家卫生和计划生育委员会. GB 1886.231—2016 食品安全国家标准 食品添加剂 乳酸链球菌素，2016.

[10] 国家卫生和计划生育委员会. GB 2760—2014 食品安全国家标准 食品添加剂使用标准，2014.

[11] 于海涛. 壳聚糖复配增稠剂对鱼肉肠品质的影响. 无锡：江南大学，2012.

[12] 刘敏. 固相萃取-高效液相色谱法测定食品中的酸度调节剂. 分析试验室，2011，30（4）：65-69.

[13] 云环. 离子色谱-高分辨质谱法快速筛查乳制品中的酸度调节剂. 色谱，2017，35（8）：886-890.

[14] 王冬芬. 高效液相色谱法测定果冻中的合成着色剂. 中国卫生产业，2012，9（32）：102.

[15] 冯慧. 高效液相色谱二级管阵列检测器测定食品中合成着色剂研究. 安徽预防医学杂志，2008，14（3）：193-194，237.

[16] 倪梅林. 高效液相色谱法测定食品中阿斯巴甜的含量. 光谱实验室，2009，(1)：23-26.

[17] 蒋定国. 高效液相色谱法测定食品中阿斯巴甜的含量. 中国卫生检验杂志，2007，17（6）：1012-1013.

[18] 汪庆旗. 高效液相法测定调味品中 5'-鸟苷酸二钠和 5'-肌苷酸二钠. 中国酿造，2007，(9)：53-56.

[19] 杜建中. 毛细管电泳法测定增味剂中的 5'-肌苷酸二钠和 5'-鸟苷酸二钠的含量. 食品工业科技，2010，(12)：335-337.

[20] 陈青川. 离子色谱法测定增味剂中的 5'-肌苷酸二钠和 5'-鸟苷酸二钠. 色谱，1999，17（3）：290-292.

[21] 吕亚宁. 电感耦合等离子体质谱法测定复配水分保持剂中的 18 种杂质元素. 食品工业科技，2016，37（16）：76-78，88.

第11章　水产品有机污染物检测技术

随着我国工业的发展以及人们生活水平的不断改善，环境污染、食品安全和人体健康等问题越来越受到人们的重视，各种有机污染物的检测问题也开始备受关注。持久性有机污染物（persistent organic pollutants，POPs）在空气、土壤、沉积物及生物组织中的半衰期很长，因此能长期存在于环境中。由于具有高度亲脂性，POPs 可以污染整个食物链并在更高营养级中产生生物蓄积。POPs 产生的毒性效应可以对野生动植物和人类的健康造成威胁。目前，在各类食品中，包括烘焙食品、水果、蔬菜、肉、鱼、蛋及乳制品中都已经检测到 POPs 残留。本章对 POPs 进行简单概述并对水产品中四类典型的 POPs 的检测技术进行系统分析。

11.1　持久性有机污染物

POPs 是一种/类有机化合物，难以在环境中通过化学、生物和光解过程进行降解，可以在环境中持久存留，并能够通过空气、水和迁徙物种进行长距离越境迁移，在人体和动物体内形成生物蓄积，透过食物链产生生物放大效应，对人体健康和环境安全造成潜在的重大影响。POPs 具有的主要性质：长距离迁移性、生物蓄积性、持久性和高毒性。暴露于 POPs 会导致严重的健康问题，包括某些癌症、出生缺陷、免疫和生殖系统功能失调、对疾病的易感性，甚至智力下降。近年来，世界各国对防治 POPs 污染问题高度重视。2001 年 5 月 23 日，包括中国在内的多个国家和组织共同签署了《关于持久性有机污染物的斯德哥尔摩公约》（简称《斯德哥尔摩公约》或《POPs 公约》），从而正式启动了人类向 POPs 宣战的进程。这标志着全球合作全面削减和淘汰 POPs 已经进入实质性的全面开展阶段。《斯德哥尔摩公约》作为保护人类健康和环境免受 POPs 危害的全球行动于 2001 年通过，并于 2004 年生效，最初涵盖 12 种化学品。截至 2017 年，181 个缔约方已向《斯德哥尔摩公约》增加了 16 种 POPs。

首批被列入《斯德哥尔摩公约》的 12 种化学品中有 9 种有机氯农药、2 种无意生产和排放的副产物、1 种工业化学品。9 种有机氯农药包括艾氏剂（Aldrin）、狄氏剂（Dieldrin）、异狄氏剂（Endrin）、氯丹（Chlordane）、七氯（Heptachlor）、灭蚁灵（Mirex）、毒杀芬（Toxaphene）、滴滴涕（Dichlorodiphenyltrichloroethane，DDT）、六氯苯（Hexachlorobenzene，HCB），其中六氯苯为杀菌剂，其余为杀虫剂，应用最为普遍的是滴滴涕（表 11-1）。自 2009 年《斯德哥尔摩公约》第四次缔约方大会以来，会议持续对该公约附件 A、B 和 C 进行修改，新增列了 16 种 POPs，如表 11-2 所示。

表 11-1　《斯德哥尔摩公约》中首批规定的 12 种 POPs

名称	分类	化学结构式	用途
艾氏剂	消除		杀虫剂
氯丹	消除		杀虫剂
狄氏剂	消除		杀虫剂
异狄氏剂	消除	狄氏剂的立体异构物	杀虫剂
灭蚁灵	消除		杀虫剂
七氯	消除		杀虫剂
毒杀芬	消除		杀虫剂

续表

名称	分类	化学结构式	用途
六氯苯	消除		抗真菌剂，工业副产品
多氯联苯	消除		工业用途
滴滴涕	限制		杀虫剂
多氯二苯并对二噁英	减少，无意生产和排放的副产物		工业或自然过程副产物
多氯二苯并呋喃	减少，无意生产和排放的副产物		工业或自然过程副产物

表 11-2　新增列的 16 种 POPs

化学品名称	分类
α-六氯环己烷（农药/副产品）	消除
β-六氯环己烷（农药/副产品）	消除
十氯酮（农药）	消除
六溴联苯（工业化学品）	消除
六溴环十二烷（工业化学品）	消除
六溴二苯醚和七溴二苯醚（商用八溴二苯醚）（工业化学品）	消除
六氯丁二烯（工业化学品/副产物）	消除和减少
林丹（农药）	消除
五氯苯（农药/工业化学品/副产物）	消除和减少

续表

化学品名称	分类
五氯苯酚及其盐和酯类（农药）	消除
全氟辛基磺酸及其盐类和全氟辛基磺酰氯（工业化学品）	限制
多氯萘（工业化学品/副产物）	消除和减少
硫丹及其异构体（农药）	消除
四溴二苯醚和五溴二苯醚（商用五溴二苯醚）（工业化学品）	消除
十溴二苯醚（商用混合物，商用十溴二苯醚）（工业化学品）	消除
短链氯化石蜡（工业化学品）	消除

上述 9 种有机氯农药，虽然已被禁用或严格限用，但它们的化学性质极为稳定，在环境中长期存在，已成为环境污染物。人类可以通过不同途径接触 POPs，食物是人类接触 POPs 的最重要来源，近年来更有研究表明水产品是人类食物中最主要的 POPs 来源。

以下将对 POPs 的分类、结构、来源、中毒症状和机制以及限量标准做简要论述。

11.1.1　DDT 及其同系物

DDT 化学名为双对氯苯基三氯乙烷。工业品 DDT 的主要组分如下：p,p'-DDT 为 77.1%、o,p'-DDT 为 14.9%、p,p'-DDD 为 0.3%、p,p'-DDE 为 4.0%，它们均具有高脂溶性。

DDT 于 1874 年由德国化学家 Othmar Zeidler 首先合成，但是之后的 65 年无人问津，直到 1939 年瑞士化学家 Paul Hermann Muller 发现 DDT 的杀虫作用后才被应用。1945 年前，美国生产的全部 DDT 用于部队卫生防疫。第二次世界大战后 DDT 用于控制农业和森林害虫。此后 DDT 的产量在世界范围内迅速增长，直至 20 世纪 60 年代它对环境的污染问题引起世界性的关注。p,p'-DDE 是 DDT 的主要代谢物。在大多数环境和生物样品中，p,p'-DDE 占主导地位，约占 DDT 总负荷的 80%，其持久性要比 DDT 强得多。因此，p,p'-DDE 可以作为衡量 DDT 暴露风险的一个较好的指标。

1. DDT 毒理学评价

为了制定 DDT 的 ADI，1963～1964 年研究者曾对 DDT 进行多次毒理学安全性评价。1984 年 JMPR 根据试验动物和人的资料，提出 DDT 的 ADI 为 0.02mg/(kg b.w.·d)。1994 年 JMPR 将 DDT 等几种不再使用但在食品中仍存在的农药视为污染物；由于其缺乏人暴露量数据和其他来源的资料，所以使用暂定每日耐受摄入量（provisional tolerable daily intake，PTDI）取代 ADI。2000 年对其重新评价后，将 PTDI 改为 0.01mg/(kg b.w.·d)。其评价的依据是各试验的无毒作用剂量，分别为以下试验。①大鼠：125mg/kg，相当于 6.25mg/(kg b.w.·d)（致癌试验）；1mg/(kg b.w.·d)（发育毒性）。②猴：10mg/(kg b.w.·d)（7 年喂养研究）。③人：0.25mg/(kg b.w.·d)［无可见有害作用水平（no observed adverse effect level，NOAEL）］。

DDT 具有高残留、难降解、生物富集性强等特点，在人体的积累可引起急性和慢性毒性，包括神经毒性、生殖毒性、发育毒性和肝脏毒性，干扰人体内分泌和免疫功能。

2000 年 JMPR 给志愿者食用已测定过 DDT 残留量的膳食以研究 DDT 对健康的影响，结果表明：一次剂量 6～10mg/kg b.w. 引起出汗、头痛和恶心，剂量达到 16mg/kg b.w. 导致惊厥；志愿者食用 0.31～0.61mg/kg b.w. 达 21 个月，未见影响。小鼠经口摄入 DDT，患肝肿瘤危险性提高了数倍，其后代患肝肿瘤的危险性也有提高。但没有直接证据证明 DDT 对人类也有致癌作用，因此，国际癌症研究机构（LARC）将 DDT 列为可以致癌物。

DDT 引起的肝脏健康风险主要包括肝脏毒性和肝脏疾病，与 DDT 中毒相关的肝脏症状包括肝大、肝损害和肝功能紊乱。大量的动物实验表明，急性暴露高剂量的 DDT 和 DDE 会干扰肝脏基因正常表达、增加实验动物的肝脏质量、导致肝细胞肥大和坏死[1]。DDT 还会上调肝细胞色素 P450 家族 1A、2B 和 3A 的表达[2]，诱导脂质体过氧化，降低机体抗氧化能力，激活氧化应激反应，导致肝细胞和组织损伤。例如，DDT 诱导 HepG2 细胞中 *CYP3A4* 基因表达，DDT 会改变鲸鱼肝脏中 *CYPs* 基因的 mRNA 水平变化；DDT 上调了小鼠中 *CYP3A11* 基因的表达，参与肝脏的炎症反应[3]。有报道称，氧化应激可作为生物标志物用于评价 DDT 和 DDE 对人体的损伤及可能机制[4]。DDT 及降解产物 DDE 与肝癌的相关性研究表明 DDT 暴露与肝癌发生发展具有正相关性，且研究主要集中在流行病学调查分析和实验动物体内。DDT 诱导啮齿类动物肝癌发生发展的机制可能涉及微粒体酶、氧化应激和脂质过氧化的诱导以及细胞间隙连接通信（GJIC）的抑制作用[5]。DDT 暴露引起 DNA 氧化性损伤、诱导嗜酸性组织块的形成、促进肿瘤块状组织中细胞的有丝分裂活动、抑制细胞间隙连接通信，从而导致肝脏肿瘤的形成和恶化，且发现氧化应激是 *p,p'*-DDT 诱导肝癌发展恶化的主要原因。

2. DDT 毒性作用机制

DDT 造成人体健康风险可能与以下因素密切相关：干扰某些激素、酶、生长因子、神经递质的功能，诱导类固醇和外源性物质代谢相关基因的表达。DDT 毒性作用机制主要是通过干扰机体性激素作用途径，引起机体内分泌紊乱，影响正常生理功能；干扰机体稳态的氧化还原水平，引起氧化应激，导致机体损伤；通过修饰基因的转录，干扰 DNA 功能；通过激活细胞的信号通路，上调蛋白质的磷酸化水平，从而干扰靶细胞或靶器官的生理功能[6]。

1）DDT 通过内分泌干扰作用发挥毒性效应

POPs 因其构象与天然激素的受体结合部分相似，主要是类固醇和甲状腺激素结构域，具有内分泌干扰效应，与天然激素受体具有亲和力。POPs 的内分泌干扰效应机制主要表现为 POPs 存在于机体时，可以模拟天然激素的生理作用；干扰或影响激素生理功能的某一过程；改变激素的合成与代谢；修饰激素特定受体的表达；影响机体激素信号通路的一些调控点，造成体内天然激素的信号反应在错误的时间或者组织被抑制或过度增强。DDT 是一种经雌激素受体（ER）介导的环境雌激素，具有抗雄激素和类雌激素作用，在机体许多组织中具有内分泌干扰效应。其中 o,p'-DDT 与 ER 结合后可发挥拟激素作用，增大原有激素的生物学效应；而 p,p'-DDE 可竞争性结合雄激素受体，但二者结合后无生理活性。该类物质占据了正常激素的结合位点，使之无法与受体结合而降低了正常激素的效应[7]。DDT 还可通过改变细胞中依赖于激素的 DNA 一级结构及功能，产生遗传的不稳定性，如 DNA 加合物产生、原癌基因突变、染色体断裂、抑癌基因表达受阻等效应；或通过改变受内分泌激素调节的生长因子及其受体的平衡，影响机体整体、细胞和分子水平的信号转导作用，引起内分泌紊乱从而导致人体健康损伤，如内分泌相关肿瘤、出生缺陷和生长发育障碍、内分泌相关疾病[8]。

2）DDT 通过影响机体氧化应激发挥毒性效应

研究显示，DDT 破坏了机体组织中氧化与抗氧化调节系统的平衡，增加了脂质过氧化物含量，降低了抗氧化酶活性，该酶用于清除超氧阴离子、调节机体氧化和抗氧化损伤，由于脂质过氧化物的增加而导致抗氧化酶活力下降，从而引起氧化应激反应，诱导细胞毒性发生。例如，DDT 暴露通过诱导单核细胞中活性氧（ROS）的产生，引起氧化应激和炎症反应，进而引起细胞损伤[9]。p,p'-DDE 暴露通过影响大鼠睾丸支持细胞的 ROS 生产，介导下游凋亡信号通路，引起细胞凋亡[10]。p,p'-DDT 与氧化性纳米材料复合暴露后，通过诱导肝脏细胞的氧化应激，增加 DNA 和染色质损伤，协同性地增加了肝脏细胞的基因毒性[11]。

3）DDT 通过干扰信号通路调控发挥毒性效应

许多农药发挥毒性是通过细胞内改变氧化还原生成的内稳态，降低抗氧化防御，增加 ROS 的积累，引发细胞的凋亡。已有较多 DDT 及 DDE 暴露通过激活凋亡信号通路导致机体毒性的相关研究[12]。例如，p,p'-DDE 污染诱导附睾和睾丸的氧化应激和脂质过氧化，磷脂过氧化氢谷胱甘肽过氧化物酶（PHGPx）蛋白显著降低，线粒体凋亡通路被激活，PHGPx 的耗尽降低了机体抗氧化应激的能力，容易导致细胞凋亡，同时也导致了精子形成过程中结构材料的短缺；通过激活线粒体介导的凋亡途径[13]和 Fas/Fast 凋亡途径，大鼠睾丸细胞及其支持细胞凋亡，从而发挥 DDE 的生殖毒性[14]。DDT 及 DDE 通过激活内源性和外源性凋亡途径，诱导人外周血单核细胞发生凋亡，发挥血液毒性[15]。综上所述，DDT 可以通过激活细胞的凋亡信号级联反应，诱导细胞凋亡，进而干扰靶细胞或靶器官的生理功能，发挥其毒性效应。

目前还有 DDT 及 DDE 暴露通过激活丝裂原活化蛋白激酶（MAPK）信号通路导致机体毒性的相关研究。MAPK 是一种连接细胞膜到细胞核转导通路的丝氨酸/苏氨酸激酶，存在于绝大多数细胞内，它对细胞的存活、增殖、凋亡以及分化等细胞生物学反应具有至关重要的调节作用。MAPK 信号通路包括胞外信号调节蛋白激酶 ERK 途径、p38 途径和 JNK 途径。MAPK 在生长因子和有丝分裂等刺激时可被激活，从而促进细胞的增殖与分化。p38 途径和 JNK 途径则是在肿瘤坏死因子、热休克蛋白以及紫外线等刺激因素作用下被激活，诱导细胞凋亡，并且抑制细胞的生长。DDT 和 DDE 能够激活支持细胞的 p38 和 JNK MAPK，神经细胞的 p44/42 MAPK[16]，人子宫内膜腺癌细胞和人胚胎肾细胞 HEK293 的 p38 MAPK 信号通路，使细胞内相关基因表达水平提高，通路蛋白的磷酸化水平增强，细胞膜通透性增加，细胞周期受到阻滞并发生明显变化，最终导致细胞凋亡。Frigo 等发现了 DDT 独立于 ERα 的一种作用机制，DDT 及其代谢产物主要是通过激活 AP-1 的活性以及 p38 和 ERK 1/2，影响下游靶基因表达，从而发挥毒性作用[17]。综上所述，DDT 暴露可介导细胞中 MAPK 信号通路的激活，促进蛋白质的磷酸化，阻滞细胞的周期，从而干扰和影响靶细胞或靶器官的生理功能而发挥 DDT 毒性效应。

DDT 还通过影响其他信号分子的表达介导信号通路的调控，干扰靶细胞或靶器官的生理功能，发挥毒性效应。炎症反应是 DDT 及 DDE 发挥毒性的重要机制之一。例如，DDE 暴露可以上调细胞炎症因子 IL-Ip，IL-6，TNF-a，COX-2 等的表达，诱导促炎反应，导致人外周血单核细胞 PMBC 或者神经细胞 PC12 凋亡[18]。细胞间隙连接通信 GJIC 在细胞的内环境稳定、代谢、增殖和分化等生理过程中发挥重要的调节作用，多种肿瘤的发生发展与 GJIC 功能缺陷密切相关。研究发现 DDTs 通过干扰间隙连接蛋白 Cx32 表达和定位，抑制 GJIC，从而导致肿瘤的发生及恶化[19]。DDTs 还可以影响第二信使的合成，例如，Laure Bernard 等发现，DDTs 暴露抑制大鼠睾丸支持细胞中卵泡刺激素（FSH）的表达，从而下调第二信使 cAMP，干扰精子生成[20]。

3. DDT 的限量标准

国际食品法典委员会（CAC）颁布了食品中 DDT 再残留限量标准，规定 DDTs 的残留物以 p,p'-DDT、o,p'-DDT、p,p'-DDE 和 p,p'-DDD 之和（脂溶）计。各国也颁布了相应的再残留限量标准，我国于 2016 年颁布了《食品安全国家标准 食品中农药最大残留限量》（GB 2763—2016），其中规定水产品中再残留限量为 0.5mg/kg（检验方法按 GB/T 5009.19 规定的方法测定），如表 11-3 所示。

表 11-3　食品中 DDT 残留限量标准

国家或组织	品名	残留限量（mg/kg）
以色列	家禽脂	5
美国	家禽	无限量，以 5mg/kg 为干预水平
德国	鸡肉	1（脂肪）
英国	鸡肉	1
	鸡肝	0.1
泰国	家禽肉	1（脂肪）
	禽杂碎	1（脂肪）
荷兰	茶	0.2
	可可产品	0.5（脂肪）
	肉；鳗；野和农禽；其他动物油脂	1
	乳	0.04
	蛋	0.1
	鱼肝	2
	其他水产品	0.5
	其他食品	0.05
波兰	柑橘；其他水果；谷物；啤酒花；马铃薯；蔬菜	0.05
	蛋；茶	0.1
	肉及制品	1.0
	乳及制品	0.04
CAC	胡萝卜	0.2
	谷物	0.1
	蛋	0.1
	鲜乳	0.02
	肉（畜）	5（脂肪）
中国（GB 2763—2016）	杂粮类、成品粮	0.05
	谷类（稻谷、麦类）；大豆；蔬菜（胡萝卜除外）；水果	0.05
	禽畜肉类	0.1
	水产品	0.5
	蛋类	0.1
	生乳	0.02
	茶叶	0.2

4. 水产品中污染现状

DDT 属于理化性质稳定，脂溶性和难降解的有机氯农药（OCPs），在水生生物内的累积性较强，且会随着食物链的传递而放大。虽然中国已于 1983 年开始禁止 DDT 在农田中使用，但是部分发展中国家尤其是热带地区的国家仍然将之用于控制痢疾和霍乱等传染性疾病。此外，DDT 作为生产其他农药（主要是三氯杀螨醇）的原料，每年也有少量生产。

现存环境中残留的 DDT 可通过陆地径流、大气输送和降雨等方式进入水体，被水生生物吸收和累积。对我国东湖表层沉积物中 OCPs 的分布研究表明，DDT（p,p'-DDE，p,p'-DDD，p,p'-DDT）的残留均值为 7.6ng/g，占总量的 10%[21]。Guo 等发现母婴血清和脐带血中 p,p'-DDE 检出率最高，均为 97.2%[22]。Man 等报道，在中国部分地区，母乳中 DDT 浓度极高，达（360±319）ng/g 脂质质量，超过了国际食品法典委员会标准中最高残留限量/外源最高残留限量（20ng/g 全脂奶）[23]。我国漳江口水域鱼类、虾类和贝类 DDTs 的残留均值分别为 96.3ng/g、6.79ng/g 和 37.0ng/g[24]。襄汾县的 128 份表层土壤样品中的 DDTs 总浓度范围从检测下限到 427.81ng/g，平均值为 40.26ng/g[25]。安徽淮河流域表层沉积物中 DDT 的含量为 0.016～2.54ng/g（平均值为 0.45ng/g）[26]。

5. 水产品中持久性有机氯农药的检测技术

当前国家标准中均采用气相色谱仪（GC）配用选择型检测器，如火焰光度检测器（FPD）、氮磷检测器（NPD）、电子捕获检测器（ECD）等。《食品安全国家标准　水产品中多种有机氯农药残留量的检测方法》（GB 23200.88—2016）规定了水产品中的 BHC 及异构体、HCB、七氯、环氧七氯、艾氏剂、狄氏剂、异狄氏剂、DDT 及异构体和类似物（DDD、DDE）残留量检验的抽样、制样和气相色谱测定方法。该法适用于出口鳄鱼中 14 种有机氯农药（α-BHC、β-BHC、γ-BHC、δ-BHC、HCB、七氯、环氧七氯、艾氏剂、狄氏剂、异狄氏剂、o,p'-DDT、p,p'-DDT、p,p'-DDD、p,p'-DDE）残留量的检验，其他食品可参照此法执行。将试样与无水硫酸钠一起研磨干燥后，用丙酮-石油醚提取农药残留，提取液经弗罗里硅土柱净化，净化后样液用配有电子捕获检测器的气相色谱仪测定，外标法定量。各有机氯农药的定量限（LOQ）见表 11-4。这些检测器只能检测某一类型的农药，依据其选择性和保留时间来鉴定组分，不能同时确证，而水产品基质复杂，难免产生干扰影响。目前很多文献都在国家标准的基础上建立了水产品中有机氯农药等的检测方法。

表 11-4　各有机氯农药的 LOQ（mg/kg）

农药名称	LOQ	农药名称	LOQ
α-BHC	0.005	环氧七氯	0.02
HCB	0.005	狄氏剂	0.01
γ-BHC	0.005	p,p'-DDE	0.02
β-BHC	0.005	异狄氏剂	0.02
δ-BHC	0.005	o,p'-DDT	0.025
七氯	0.01	p,p'-DDD	0.025
艾氏剂	0.01	p,p'-DDT	0.025

　　傅磊等[27]建立了可对水产品中多氯联苯（PCBs）和有机氯农药（OCPs）进行同步样品预处理和同时检测的同位素稀释高分辨气相色谱-高分辨质谱法（ID-HRGC-HRMS）。王建华等[28]用高氯酸与冰醋酸的混合溶液消化样品，以石油醚提取、浓硫酸净化，建立了毛细管气相色谱法同时测定水产品中多氯联苯和有机氯农药的方法，回收率为 88%～110%，相对标准偏差为 8%～19%（n=6），检出限（LOD）为 0.08～0.60μg/kg，方法简便、快速，结果准确。余霞奎等[29]采用 VAR-IAN CP-3800 气相色谱仪，ECD，VARIAN CP8751 毛细管柱（CP-Sil 8 CB 0.25mm×30m，0.25μm），测定部分水产品中有机氯农药 BHC 和 DDT 残留。该方法 BHC、DDT 最低检测浓度为 0.2～4.0g/kg，在水产品中的回收率为 85.3%～94.2%。宋鑫等[30]用乙腈提取样品，以氨基固相萃取柱（Carb/NH$_2$）净化，建立气相色谱定量测定水产品中 16 种有机氯类混合农药残留的方法，各有机氯的 LOD 为 0.04～0.31μg/kg（S/N=3），该方法选择性好、灵敏度高，适用于水产品中有机氯类农药的多残留痕迹测定。许仁杰等[31]以二氯甲烷-正己烷（1∶1，体积比）混合溶剂提取样品，再经浓硫酸和焙烧型水滑石双重净化后采用气相色谱分析和外标法定量，建立了同时测定水产品中有机氯农药和多氯联苯残留量的双重净化-气相色谱法，方法的 LOD 和 LOQ 范围分别为 0.14～0.68μg/kg 和 0.47～2.27μg/kg。该方法操作简便快速，准确度和灵敏度高，可满足水产品中有机氯农药和多氯联苯残留量的同时测定。

11.1.2　二噁英和多氯联苯

　　二噁英是一类三环芳香有机化合物的统称，包括 75 种多氯二苯并对二噁英（PCDDs）和 135 种多氯二苯并呋喃（PCDFs），缩写为 PCDDs/Fs。目前学术上通俗地称为二噁英类化合物。通常来说，二噁英类化合物中有 17 种对人体健康的危害最大，其中 2,3,7,8-四氯二苯并二噁英（2,3,7,8-tetrachlorodibenzo-p-dioxin，TCDD）是二噁英类化合物中毒性最强的一种，是 WHO 列出的 12 类最严重的持续性环境有机污染物之一。TCDD 在体内半衰期长达 5～8a，不易排除；对皮肤、免疫系统、生殖系统、消化系统及内分泌系统等都有毒害作用，它的毒性是氰化物的 1000 倍以上、马钱子碱的 500 倍，被称为"地球上毒性最强的毒物"，同时被国际癌症研究机构列为人类一级致癌物。二噁英类化合物是人类在其生产、生活过程中无意识制造出的有害副产品。其来源极其广泛，氯代化合物含量较高的医疗废物、工业生产过程中副产品的生产以及废物燃烧等是产生二噁英的主要来源。除此之外，落叶剂的使用、杀虫剂的制备、纸张漂白和汽车尾气的排放等也是环境中二噁英的重要来源。

多氯联苯（polychlorinated biphenyls，PCBs）是由联苯上的氢不同程度地被氯原子人工取代后生成的氯代芳烃类化合物的总称。PCBs 有 209 种同系物异构体单体，已在 PCBs 商品中鉴定出来 130 种同系物异构体单体，其中大多数为非平面的化合物；然而有些 PCBs 同系物异构体单体为平面的二噁英样（dioxin-like）化学结构，而且在生化和毒理学特性上与 2,3,7,8-TCDD 极其相似，因此被称为二噁英样多氯联苯（dioxin-like polychlorinated biphenyls，DLPCBs）。PCBs 因具有耐酸、耐碱、耐腐蚀、蒸气压和水溶性较低、绝缘性和热稳定性好等优点而被广泛应用于工业生产和军事设施中，主要用作变压器和电容器的绝缘油、润滑油、油漆、塑化剂等。同时，由于 PCBs 具有半衰期长、生物蓄积性高和"三致"作用，且氯原子越多，其半衰期越长、毒性效应越明显，已被 2001 年通过的《斯德哥尔摩公约》列为典型的持久性有机污染物。据统计，自 20 世纪 30 年代投入工业生产到 80 年代全面停产为止，全球 PCBs 总产量达到 150 万 t，其中约 1/3 排放至环境中，约 65%正在使用或储存起来，只有约 4%被降解。

PCDDs/Fs 为含氯三环芳烃类化合物。基本结构见表 11-1。PCDDs/Fs 因分子中苯环上的氯原子取代数目不同而各有 8 类同系物，每类同系物又随着氯原子取代位置的不同而存在众多的同类异构体，共有 210 种同类异构体，其中 PCDDs 有 75 种，PCDFs 有 135 种。PCBs 根据分子中氯原子取代数和取代位置的不同，理论上共有 209 种同系物，结构式见表 11-1，分子通式可表示为 $C_{12}H_{10-m-n}Cl_{m+n}$（$0<m+n<10$，其中 m，n 为正整数）。当氯原子位于 2、2′、6 和 6′位则被称为邻位取代，位于 3、3′、5 和 5′位则被称为间位取代，位于 4 和 4′位则被称为对位取代。

这类氯代化合物的物理化学特性相似，这些化合物无色、无嗅，沸点与熔点较高，具有亲脂性而不溶于水，在环境中具有以下 4 个共同特征。

（1）热稳定性：一般的有机化合物通过加热可以使分子降解为热稳定的简单分子，称为热裂解。但 PCDDs/Fs 非常稳定，仅在温度超过 800℃时才会被降解；要破坏较多的量时温度要达到 1000℃以上。

（2）低挥发性：这些化合物的蒸气压极低，因而除了气溶胶颗粒吸附外，在大气中分布较少，所以在地面可以持续存在。二噁英的蒸气压一般随取代氯原子数目的增加而降低，在大气环境中超过 80%的二噁英分布在大气颗粒物中。

（3）脂溶性：氯代芳烃化合物具有亲脂性，在辛烷/水中分配系数的对数值极高，在 6 左右，因而可以通过食物链进行生物富集。

（4）在环境中稳定性高：这类物质对于理化因素和生物降解具有抵抗作用，因而可以在环境中持续存在。尽管紫外线可以很快破坏 PCDDs/Fs，然而在大气中其主要吸附于气溶胶颗粒中，可以抵抗紫外线破坏。它们一旦进入土壤环境，对于理化性质和生物降解具有抵抗作用，平均半减期约为 9a，因而可在环境中持续存在。

1. 毒性作用

人体对二噁英的暴露途径主要是经口摄入、皮肤接触以及呼吸道吸入。二噁英的主要靶器官有脂肪组织、免疫系统、肝脏以及胚胎。二噁英能够导致皮肤性疾病，产生免疫毒性、内分泌毒性、生殖毒性、发育毒性，并具有很强的致畸致癌性。

（1）皮肤性疾病：二噁英导致的皮肤性疾病主要为氯痤疮。主要的症状为黑头粉刺和淡黄色囊肿，主要分布于面部及耳后，有的也分布于后背、阴囊等部位。其形成机理可能是未分化的皮脂腺细胞在二噁英类毒性作用下化生为鳞状上皮细胞，致使局部上皮细胞出现过度增殖、角化过度、色素沉着和囊肿等病理变化。临床上很难与青春期痤疮相区分，二者的鉴别主要是依据患者的接触史与发病年龄及相关因素。

（2）免疫毒性：二噁英毒性导致免疫抑制，使传染病易感性和发病率增加，疾病加重，免疫功能下降，严重影响机体的抵抗力，免疫系统失调，导致自身免疫性疾病。

（3）生殖毒性：在动物实验中发现围产期接触二噁英将导致胚胎畸形、胚胎死亡、生长发育迟缓、后代生殖力下降等，二噁英还可影响女性卵巢排卵及分泌性激素功能，并造成男性精液质量下降等。

（4）致癌性：TCDD 可诱导 HepG2 肝癌细胞、肺癌 A549、SPG-A1 细胞的细胞凋亡，可诱发染毒的啮齿动物多部位肿瘤。肝脏是 TCDD 致癌的重要靶器官，在肺脏、硬腭、鼻甲骨、舌等部位的肿瘤也有发现[32]。

国外对二噁英（尤其是 TCDD）对水产品的影响开展了一系列工作并取得了初步结果。Stahl 等[33]从美国 48 州 500 个湖随机采集了鱼片和全鱼，发现被 PCDDs 和 PCDFs 污染的样品分别为 81%和 99%，所有的鱼样品都被汞和多氯联苯污染。意大利的大西洋鲑样品含 PCBs 是比利时和葡萄牙的 5 倍，鱼和甲壳类均含较高的 PCBs。鱼油易被 PCDDs、PCDFs 和 DLPCBs 污染[34]。TCDD 会导致鱼产生发育毒性。斑马鱼的心血管系统是 TCDD 发育毒性的主靶器官，受精后的斑马鱼胚胎用 TCDD 短时处理，会使其心脏出现负效应。

2. 毒性作用机制

大量的资料表明二噁英及其类似物的毒性效应大部分是由芳香受体（arlhydrocarbon receptor，AHR）介导。AHR 是存在于细胞浆中的信使蛋白质，与固醇类激素受体相似，是一种内源性的转录因子。当 PCDDs/Fs 进入细胞浆之后，会作为配体与 AHR 结合，形成配体-受体复合物。它会与细胞浆中的蛋白质 AHR 核转位蛋白（AHR nuclear translocator，AHRNT）结合形成异源性蛋白质二聚体，再将这一复合体转运至细胞核中，并与核中 DNA 特殊序列二噁英响应因子（dioxin response elements，DRE）结合，改变 DNA 的构象，并使与 DRE 相连的特定基因组发生转录，使细胞的增殖与分化发生改变，导致产生相应的毒性效应及致癌性。这些特定的基因组也就是 AHR 的靶位基因，目前已发现的表达转录的主要有细胞色素 P450 的 1A1 和 1A2 亚类（CYP1A1 和 CYP1A2）、1B1，谷胱苷 S 转移酶，UDP 葡萄糖苷酸转移酶，醛脱羟酶等。其他类型基因的表达也可能直接或间接地受 AHR 的调节[35]。

3. 限量标准

欧盟对鱼类及其加工品（以鲜重计）中 PCDDs/Fs 的允许限量为 4pg/g。

4. 水产品中多氯联苯检测技术

水产品中的 PCDDs/Fs 和 DLPCBs 检测基本流程如图 11-1 所示。

多氯联苯检测的技术主要有气相色谱-质谱联用法（GB 5009.190）和气相色谱-电子捕获检测器法（GB 5009.190）。

根据 GB 5009.190 第一法，气相色谱-质谱联用法可测定鱼类、贝类等水产品中指示性多氯联苯，包括全球环境监测系统/食品规划中规定的指示性 PCBs（PCB28、PCB52、PCB101、PCB118、PCB138、PCB153 和 PCB180）及 PCB18、PCB33、PCB44、PCB70、PCB105、PCB128、PCB170、PCB187、PCB194、PCB195、PCB199 和 PCB206 含量的测定。其原理是应用稳定性同位素稀释技术，在试样中加入 $^{13}C_{12}$ 标记的 PCBs 作为定量标准，经过索氏提取后的试样溶液经柱色谱层析净化、分离，浓缩后加入回收内标，使用气相色谱-低分辨质谱联用仪，以四极杆质谱选择离子监测（SIM）或离子阱串联质谱多反应监测（MRM）模式进行分析，内标法定量。各目标化合物定量限为 0.5μg/kg。

根据 GB 5009.190 第二法，气相色谱-电子捕获检测器（GC-ECD）法可测定鱼类、贝类等水产品中指示性 PCBs，包括 7 种指示性多氯联苯（PCB28、PCB52、PCB101、PCB118、PCB138、PCB153、PCB180）。原理是以 PCB198 为定量内标，在试样中加

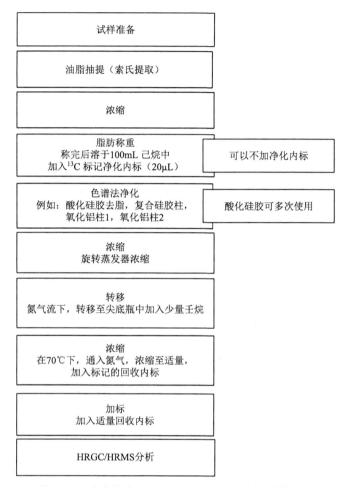

图 11-1　水产品中 PCDDs/Fs 和 DLPCBs 的分析流程

入 PCB198，水浴加热振荡提取后，经硫酸处理、色谱柱层析净化，采用 GC-ECD 测定，以保留时间定性，内标法定量。各目标化合物定量限为 0.5μg/kg。

丁立平等[36]用丙酮-正己烷（1∶4，体积比）混合溶剂提取样品，提取液经浓硫酸净化后再经硅胶分散固相萃取净化，气相色谱仪分析。优化的色谱条件为：选用 HP-5（30m×0.32mm，0.25μm）石英毛细管柱，流速为 0.80mL/min，进样量为 1.00μL，程序升温分离，采用电子捕获检测器进行测定，建立了水产品中痕量多氯联苯测定的双重净化/气相色谱法，该法操作简便、快速、准确，可用于水产品中指示性多氯联苯残留量的日常检测。曹忠波等[37]用正己烷-丙酮（1∶1，体积比）的混合溶剂经索式提取样品，弗罗里硅土固相萃取柱净化，以氦气为载气，HP5-MS 色谱柱分离，内标法定量，MS/MS 多反应监测扫描模式检测，建立了一种索式提取-固相萃取净化-气相色谱三重四极杆质谱联用测定水产品中 7 种 PCBs

的检测方法，LOD 为 0.03～0.17μg/kg，平均回收率为 89.4%～102%，该方法定量
准确可靠，适合于复杂基质样品中 7 种指示性 PCBs 单体的检测。柯常亮等[38]用
正己烷和二氯甲烷混合溶液超声辅助提取，提取液依次用浓 H_2SO_4、中性 Al_2O_3
和弗罗里硅土净化，气相色谱定量，气相色谱串联质谱确证，方法 LOD 和 LOQ
范围分别为 0.021～0.12μg/kg 和 0.07～0.40μg/kg，适合批量水产品中 28 种多氯联
苯同系物的同时测定。胡礼渊等[39]采用超声波提取进行样品预处理，超声波提取
水产品中 PCBs 的条件为 5.00g 样品用 25mL 正己烷-二氯甲烷（1∶1，体积比）
超声提取 30min，超声功率为 40kHz、超声温度为 35℃，经浓硫酸磺化后引入分
散固相技术进行净化，利用气相色谱-电子捕获检测器测定 7 种多氯联苯含量，采
用内标校正。LOD（S/N=3）为 0.4～0.8μg/kg，LOQ（S/N=10）为 1.3～2.7μg/kg。
该方法操作简单、方便快速、重复性好，适用于批量监测水产品中多氯联苯残留。
许志彬等[40]采用丙酮和石油醚混合溶液为样品提取溶剂，利用分散高速匀质法
提取 19 种多氯联苯，提取液用浓硫酸和层析柱进行双重净化，正己烷洗脱，经
气相毛细管柱（HP-5MS）分离，以 1.5mL/min 流速的氦气作为载气，电子轰击
离子源电离，用 TOF/MS 全扫描模式采集数据，以保留时间和离子精确质量数
定性，外标法定量，建立了同时测定水产品中 19 种多氯联苯的气相色谱-四极杆
飞行时间质谱法。该法 LOD（S/N=3）为 0.12～1.07μg/kg，LOQ（S/N=10）为 0.40～
3.57μg/kg。建立的检测方法准确、灵敏、可靠，可用于水产品中 19 种多氯联苯的
监督检测。

5. 二噁英的检测技术

食品中二噁英类化合物的检验属于超痕量级、多组分和预处理复杂的技术，
对特异性、选择性和灵敏度的要求极高，因此成为当今食品分析领域的难点。常
规分析手段难进行有效的分离和定性定量，而常规分析实验室和普通的低分辨质
谱无法达到上述要求。二噁英类化合物的检测方法主要有化学检测方法、生物分
析法和其他方法。化学检测方法主要是色谱法，包括气相色谱法、液相色谱法、
胶束电动色谱法、质谱法及其联用技术。生物分析法又分为生物学检测方法和免
疫学检测方法。

用色谱法检测二噁英类化学物质，首先，需进行样本中待分析物的提取和净
化，这是由于分析物在样本中含量低（10^{-6} 级），超痕量分析很容易受基质中其他
成分的影响。然后，用色谱柱分离，并与检测器联用进行定性、定量。由于质谱
具有高精度的分析检测能力，目前多选择质谱检测器联用。色谱学方法也是目前
国际认可的检测二噁英类化合物的标准方法，主要以高分辨气相色谱与高分辨质
谱（HRGC/HRMS）联用技术为主，中国国家标准对食品中二噁英类化学物质的
检测采用的是同位素稀释高分辨气相色谱-高分辨质谱法，适用于食品中 17 种

2,3,7,8 位取代的 PCDDs、PCDFs 和 12 种 DLPCBs 含量及二噁英毒性当量（TEQ）的测定。高分辨气相色谱-高分辨质谱联用技术的原理是，在质谱分辨率大于 10000 的条件下，通过精确质量测量监测目标化合物的两个离子，获得目标化合物的特异性响应。以目标化合物的同位素标记化合物为定量内标，采用稳定性同位素稀释法准确测定食品中 2,3,7,8 位氯取代的 PCDDs/Fs 和 DLPCBs 的含量；并以各目标化合物的毒性当量因子（TEF）与所测得的含量相乘后累加，得到样品中二噁英及其类似物的 TEQ。方法的检出限：2,3,7,8-TCDD 和 2,3,7,8-四氯代二苯并呋喃（2,3,7,8-TCDF）为 0.04ng/kg、八氯代二苯并二噁英（OCDD）和八氯代二苯并呋喃（OCDF）为 0.40ng/kg，其余 PCDDs/Fs 为 0.20ng/kg，DLPCB 为 1.00ng/kg。

　　国家标准方法可以精确地检测出二噁英类物质的种类和含量，但存在昂贵、耗时、操作要求高等局限性，再加上样品预处理和测定过程复杂、检测周期长等特点和不足，致使其在实际应用中受到很大的限制。因此，发展一些快速、简便、低廉、敏感、特异性强，能同时分析检测大批量样品中的二噁英类混合物的检测方法便成了一种趋势和必然。例如，目前越来越多的科研和商业机构及政府部门开始用化学激活荧光素酶表达基因（CALUX）法来检测食品、饲料、环境样品和消费品中的二噁英类物质。CALUX 法是用含荧光素酶报告基因的重组细胞来检测二噁英类物质的一种生物检测法。CALUX 法与 GC-MS 法和其他一些生物检测法相比，具有快速、低廉、敏感、能同时检测大量样品等显著优势，是一个适用于对食品中的二噁英污染物进行常规监测、筛选和半定量分析的有效方法。

　　1）化学检测法

　　二噁英类化合物的化学检测方法几乎应用了所有样品预处理技术。除传统的索氏提取方法、超声萃取、液液萃取等技术外，还有加压液相萃取（PLE）、微波辅助溶剂萃取（MASE）、加速溶剂萃取（ASE）、二氧化碳超临界流体萃取（CO_2-SFE）和固相萃取（SPE）等样品萃取技术。一般应根据样品类型的不同，选择适合的提取方法，常用的溶剂有正己烷、甲苯、二氯甲烷，常用的提取方法可以分为磺化法、碱解法、层析法、索氏提取法、溶剂提取法等。传统的净化技术包括玻璃柱色谱的洗脱和其他化学方法，耗时长，溶剂用量大。提取液的净化大多采用柱色谱法，目前主要采用的色谱柱有复合硅胶柱、碱性氧化铝柱和活性炭柱。柱层析往往采取几根层析柱串联或多种填料填柱的方法，近年来也有用薄层色谱法来净化提取物[41]。

　　2）生物分析方法

　　二噁英类化合物的生物检测法（BDMs）是依据二噁英的毒性作用机制，按原理不同可分为免疫法和生物法：前者原理为二噁英类化合物可被二噁英特异的结合芳香受体（AHR）特异性识别并结合；后者原理为二噁英类化合物能在体外细胞内培养中转化为特殊生物信号。生物分析方法及特点见表 11-5。此外，AHR-DNA 结合的凝胶阻滞电泳生物检测法（GRAB）利用凝胶阻滞电泳分离配体——AHR-DNA复合物，并通过同位素标记的 DNA 简单迅速地测定复合物含量。但此法周期较长，并有放射性污染，分析检出限和灵敏度都不高。

表 11-5　二噁英及其类似物生物分析方法

	方法	特点
生物法	基于细胞增殖的测定法	重现性差，应用少
	AHR 配体法	误差大，应用少
	DNA 结合法（PCR 法）	应用较少
	酶诱导法（如 EROD 法）	3d 内可完成检测
	体外荧光素酶法（如 CALUX 法、CAFLUX 法）	预处理比较简化，其中 CALUX 法是 USEPA 推荐的生物测定法，应用广泛，CAFLUX 法不需要破碎细胞，实时检测
免疫法	ELISA、EIA	制备抗体比较麻烦
	DELFIA 法	预处理极其简单，成本低，1d 内可完成检测

11.1.3　多溴联苯醚

多溴联苯醚（polybrominated diphenyl ethers，PBDEs）是阻燃剂中应用最广泛的物质，由于其具有生物可累积性、生物放大、远距离运输和长期暴露后对生物和人体具有毒害效应等特性，联合国环境规划署于 2009 年 5 月正式将四溴联苯醚、五溴联苯醚、六溴联苯醚和七溴联苯醚列入《斯德哥尔摩公约》。多年来，一些研究报告了对生物群和沉积物样品中 PBDEs 的监测，显示了世界范围内的巨大差异[42]。从 1981 年开始，对在瑞典采集的鳗鱼、鲷鱼和海鳟进行的研究中，鱼类样本中出现了多溴二苯醚。在美国、亚洲地区、西班牙、加拿大的鱼样品中都检测到了 PBDEs。最近，在意大利收集的生物群（斑马贻贝）和沉积物样本中也检测到了多溴二苯醚[43]。

PBDEs 的化学通式为 $C_{12}H_9$—O—$C_{12}H_9$，分子量从 249 到 959 不等，根据溴原子的数量不同可以分为 10 个同系组，共有 209 种同系物。商用多溴联苯醚主要包括五溴联苯醚、八溴联苯醚、十溴联苯醚，其中 BDE-209 在环境中最为常见，它是一种十溴联苯醚。多溴联苯醚的沸点为 310～425℃，在水中的溶解度较小，具有高疏水性。在室温蒸气压较低的情况下，PBDEs 可以挥发散逸到空气中，有长距离迁移的特性。PBDEs 的化学结构十分稳定，应用物理、化学方法降解比较困难。PBDEs 可以长时间地存在于环境中，容易在生物体中发生富集，并且其种类繁多，污染状况比较复杂[44]。

PBDEs 作为添加型阻燃剂，很容易逸散到环境中。环境中的 PBDEs 释放源主要来自 PBDEs 的生产及使用 PBDEs 作为阻燃剂生产各种产品的工厂，特别是在塑料制品厂中被大量使用。这些工厂排放的废水使得大量的 PBDEs 进入水体中。除此之外，大量的原始粗放的电子垃圾的拆解和回收利用是 PBDEs 的另外一个主要来源。

1. PBDEs 的毒性作用

PBDEs 对内分泌系统有干扰作用，主要是以甲状腺为靶器官。甲状腺激素（thyroid hormone，TH）是一种促进组织分化、生长和成熟的激素，它在生物体内的含量与机体的许多细胞、组织和器官的生理生化机能密不可分。TH 包括 T3（3,3′,5-三碘甲状腺原氨酸）和 T4（3,3′,5,5′-四碘甲状腺原氨酸）。PBDEs 可引起 TH 失衡。PBDEs 的致毒机理是由于羟基化的 PBDEs 与甲状腺激素 T3 和 T4 有相似的化学结构，从而导致 PBDEs 对 TH 转运、代谢产生影响，并抑制 TH 的激活，阻碍 TH 与相关受体结合[45]。Birnbaum 等[46]将大鼠和小鼠暴露在 PBDEs 的混合物中，测定其体内甲状腺激素的平均含量，发现 PBDEs 导致 T4 和 T3 等甲状腺激素的含量降低。Lema 等[47]用 BDE-47 染毒成年的米诺鱼 21d，检测发现血清中 T4 含量降低，T3 含量无变化。

PBDEs 具有神经毒性。PBDEs 对神经系统的毒性作用主要是通过阻碍神经内分泌激素的释放、干扰信号转导通路、影响神经递质传递、干扰神经系统发育蛋白的表达、诱导神经细胞凋亡等途径。Chen 等[48]的研究证明神经元连通性的改变是造成运动行为损伤的可能原因，BDE-47 暴露会抑制在发育早期的斑马鱼幼鱼的运动神经元轴突的生长，且次级神经元轴突生长的效应与斑马鱼游泳行为损伤相一致，表明这些结构变化的功能相关性。

PBDEs 具有生殖发育毒性。研究表明，羟基化的 PBDEs 与雌激素受体和雄激素受体产生拮抗作用，同时还能够与前雌激素、雄激素和黄体酮等产生拮抗或者竞争作用，环境中 PBDEs 的二级产物，如 PBDDs、PBDFs 进入生物体后会诱导内分泌系统相关酶的活性，从而影响生物的内分泌系统，因此具有生殖发育毒性。He 等[49]将斑马鱼长期低剂量暴露于 BDE-209 染毒液中，结果显示其精子数、精子活力显著降低且运动神经元发育迟缓，运动行为减弱。Han 等[50]将斑马鱼从受精卵到成鱼整个生命周期暴露于 DE-71（5ng/L、1μg/L、50μg/L），结果显示除了性腺发育程度增高，其产卵量、受精率、孵化率和幼鱼成活率都明显降低，在 F1 代中观察到畸变且雄性比例显著提高。

PBDEs 影响机体抗氧化系统。李祥等[51]研究发现，BDE-209 可导致睾丸组织总抗氧化能力（T-AOC）、超氧化物歧化酶（SOD）、谷胱甘肽过氧化物酶（glutathione peroxidase，GSH-Px）的活力均下降，丙二醛（MDA）含量升高，且随染毒剂量增加，变化幅度变大。吉贵祥等[52]研究发现，BDE-47 暴露使斑马鱼幼鱼组织器官受到氧化胁迫，幼鱼体内的 SOD 活性显著升高，MDA 含量升高，CAT 活性增加，证实了 BDE-47 对斑马鱼的氧化应激作用。范灿鹏等[53]研究发现 BDE-47 暴露使剑尾鱼肝脏组织受到氧化胁迫，剑尾鱼肝脏中的 GST、CAT 和 EROD 活性升高，GSH 含量下降，MDA 含量增加，其中 MDA 和 EROD 活性响应敏感且变化稳定。

PBDEs 具有免疫毒性。生物体内的神经系统、内分泌系统和免疫系统机制复杂，系统之间相互影响、相互调节，共同促进生物体的生长发育和生理机能的调节。PBDEs 会造成生物体神经毒性和干扰内分泌系统，免疫系统必然会受到一定的影响。Ashwood 等[54]的研究证实了 BDE-47 可降低儿童产生炎症因子的水平，但使自闭症谱系障碍儿童的外周血单核细胞的免疫反应增强。暴露于 PBDEs 的雏鸟有很强的植物血凝素反应，脾和胸腺结构都会改变，雏鸟的免疫系统受到损伤[55]。Arkoosh 等[56]发现，大麻哈鱼经食物摄取一定剂量的 PBDEs（包括 BDE-47、BDE-99、BDE-100、BDE-153 和 BDE-154）40d，其对鳗利斯顿菌感染的免疫力下降。

PBDEs 具有一定的致癌毒性。PBDEs 是一类疏水亲脂性醚类，水溶性较低，生物富集性强，进入机体后则由肝脏的酶系统灭活或者转化为水溶性物质排出，否则就会在体内聚集，从而导致细胞代谢紊乱。PBDEs 能够直接刺激胸肿瘤细胞扩增和凋亡[57]。Li 等[58]的研究表明，BDE-209 能够调节人类乳房、卵巢和子宫肿瘤细胞的增殖和凋亡。Hardell 等[59]分析了胰腺癌患者脂肪组织中有机污染物浓度的变化趋势，发现 PBDEs 的浓度在升高。

PBDEs 具有细胞毒性。BDE-209 能够改变人类血红细胞的活性，当培养体系中 BDE-209 浓度为 10mmol/L，会导致血红细胞细胞质变形[60]。连续 22d 向虹鳟鱼喂食含 BDE-47 和 BDE-99 的食物，鱼血液的物理化学参数出现了明显变化，包括血比容和血糖[61]。

2. PBDEs 的检测技术

我国没有针对 PBDEs 检测的国家标准，《食品安全地方标准 动物源性食品中多溴联苯醚的测定》（DBS13/005—2016）给出了畜禽肉、生鲜乳及水产品等动物源性食品（蛋类及其制品除外）中多溴联苯醚类化合物的气相色谱-质谱联用仪（负化学电离源）的检测方法。BDE-28、BDE-47、BDE-99、BDE-100、BDE-153、BDE-154、BDE-183 和 BDE-209 的 LOD 分别为 2.0μg/kg、2.5μg/kg、6.5μg/kg、3.0μg/kg、5.0μg/kg、4.0μg/kg、3.0μg/kg 和 8.0μg/kg，LOQ 分别为 6.0μg/kg、7.0μg/kg、20.0μg/kg、7.0μg/kg、14.5μg/kg、9.0μg/kg、6.0μg/kg 和 22.0μg/kg。

孙晓杰等[62]建立了贝类中 8 种指示性多溴联苯醚 BDE-28、BDE-47、BDE-99、BDE-100、BDE-153、BDE-154、BDE-183 和 BDE-209 的气相色谱/质谱联用检测方法。样品经正己烷-丙酮（1∶1，体积比）提取，采用改进的 QuEChERS 技术

ERM-Lipid 净化粉及浓 H_2SO_4 氧化净化。色谱选用短柱长、薄液膜的 DB-5MS 毛细管柱（15m×0.25mm，0.10μm），质谱以选择离子模式监测，内标法定量，结果表明，8 种目标多溴联苯醚类的 LOD（S/N＞3）除 BDE-209 为 1.0μg/kg，其余为 0.1μg/kg，LOQ（S/N＞10）除 BDE-209 为 3.0μg/kg，其余为 0.3μg/kg。温泉等[63]运用液质联用技术，分析鱼油中的 PBDE-100、PBDE-154、PBDE-47、PBDE-99、PBDE-153、PBDE-209 和 PBDE-28 7 种多溴联苯醚残留。样品制备后经正己烷提取，硅胶 SPE 小柱净化后，以 C_{18} 柱为液相分离柱，以甲醇和水溶液为流动相梯度洗脱，多反应监测模式测定，外标法定量。PBDEs 含量在 1～1000mg/L 具有良好的线性关系，检测下限为 1ng/mL。何雪芬等[64]建立了同时测定环境和食品中 10 种 PBBs 和 PBDEs 的超声萃取-气相色谱质谱方法，在最佳的萃取条件下，该方法的检出限和相对标准偏差分别为 0.97～5.8ng/g 和 6.3%～13.0%。

11.1.4　多环芳烃

多环芳烃（polycyclic aromatic hydrocarbons，PAHs）是分子中含有两个以上苯环的一类有机化合物，已有 16 种 PAHs（结构如图 11-2 所示），被美国 EPA 列入优先控制污染物名单，欧盟及 WHO 也采取了限制 PAHs 的措施。PAHs 的结构稳定，能够在环境中长时间存在，具有累积性、长距离迁移性等特点。PAHs 辛醇-水分配系数高，亲脂性强，因此在含脂肪类食物如鱼、虾、蟹等海产品中容易富集。我国海岸线绵长，渔业发达，水产品在居民日常饮食中占据很大的比例。水产品的质量安全，直接影响着居民的饮食安全与健康。然而有机物燃烧不完全或高温裂解产生的 PAHs 造成水体污染，而这些污染物会通过水体进入水生生物体内，威胁水产品的质量安全。

目前已发现 PAHs 有 400 多种结构复杂的同分异构体，且分布广泛，存在于大气、土壤、水体、食品等人类生活环境周围。

1. 多环芳烃的来源

PAHs 主要由有机物燃烧不完全或高温裂解产生，其来源分为天然来源和人为来源。天然来源主要包括燃烧（火山活动、森林火灾和草原火灾）和生物合成（沉积物成岩过程、生物转化过程和焦油矿坑内气体），微生物和高等植物（如烟草、胡萝卜等）合成的多环芳烃可以促进植物的生长，可能扮演内源植物激素的角色；未开采的煤、石油中也含有大量的多环芳烃。人为来源主要有：在工业生产、交通运输等方面，煤、石油和木材及有机高分子化合物的不完全燃烧；原油在开采、运输、生产和使用过程中的泄漏及排污，即石油类来源也可造成 PAHs 污染；日常生活中，如在食品制作过程中炉灶的燃烧加热会造成 PAHs 的产生，香烟烟雾

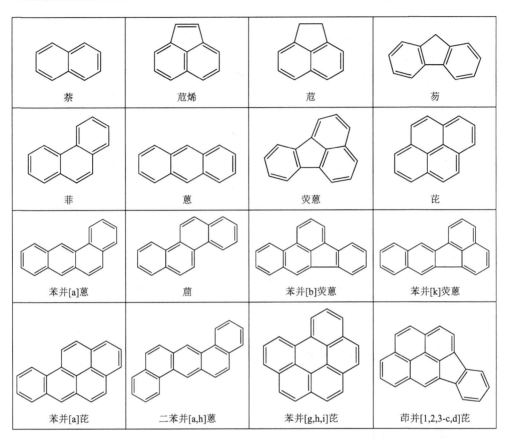

图 11-2　16 种多环芳烃的结构图

中含有多种 PAHs，装修材料中也含有 PAHs（如黏合木质材料的胶等）；其他人为污染，如越来越多的垃圾污染等[65]。

　　PAHs 常温下为固体，水溶性较低，脂溶性较高。水产品中的 PAHs 污染主要来源于水体的污染，水体中的 PAHs 可以通过多种途径被生物体吸收并累积。国内外许多河流不同程度受到 PAHs 的污染从而使这些水域的水产品也受到污染，海洋中贝类的 PAHs 浓度比其他生物体高。表 11-6 列出了 16 种多环芳烃的基本性质。

表 11-6　16 种多环芳烃的性质

名称	英文全称及缩写	分子式	分子量	沸点	致癌物
萘	naphthalene（Nap）	$C_{10}H_8$	128	217	—
苊烯	acenaphthylene（Acel）	$C_{12}H_8$	152	279	—
苊	acenaphthene（Ace）	$C_{12}H_{10}$	154	275	—
芴	fluorene（Fl）	$C_{13}H_{10}$	166	298	—

续表

名称	英文全称及缩写	分子式	分子量	沸点	致癌物
菲	phenanthrene（Phe）	$C_{14}H_{10}$	178	340	—
蒽	anthracene（An）	$C_{14}H_{10}$	178	341	—
荧蒽	fluoranthene（Fla）	$C_{16}H_{10}$	202	384	—
芘	pyrene（Py）	$C_{16}H_{10}$	202	384	—
苯并[a]蒽	benzo[a] anthracene（BaA）	$C_{18}H_{12}$	228	438	致癌
䓛	chrysene（Chry）	$C_{18}H_{12}$	228	448	弱致癌
苯并[b]荧蒽	benzo[b] fluoranthene（BbF）	$C_{20}H_{12}$	252	481	强致癌
苯并[k]荧蒽	benzo[k] fluoranthene（BkF）	$C_{20}H_{12}$	252	481	强致癌
苯并[a]芘	benzo[a] pyrene（BaP）	$C_{20}H_{12}$	252	500	特强致癌
二苯并[a,h]蒽	dibenzo[a,h] anthracene（DahA）	$C_{22}H_{14}$	278	524	特强致癌
苯并[g,h,i]芘	benzo[g,h,i] perylene（BghiP）	$C_{22}H_{12}$	276	542	助癌
茚并[1,2,3-c,d]芘	indeno[1,2,3-c,d] pyrene（IcdP）	$C_{22}H_{12}$	276	534	特强致癌

2. 多环芳烃的毒性

PAHs 广泛存在于大气、土壤颗粒、水体及沉积物中，具有化学致癌作用、光致毒效应和致突变作用。PAHs 可通过饮食、呼吸、皮肤接触等途径进入人体，摄入后，在酶的作用下，会产生一些有毒、致癌物质，有些对哺乳动物具有遗传毒性。毒理学研究表明，PAHs 高暴露可诱发人体肝脏、肺、胃、皮肤、膀胱等部位的癌症。

多环芳烃属于间接致癌物，目前发现有致癌作用的达 500 多种，其中 200 多种为多环芳烃及其衍生物。除表 11-6 列出的致癌性多环芳烃以外，还有四甲基菲、1,2,9,10-四甲基蒽和 3,4,8,9-二苯并芘等强致癌的多环芳烃及致癌性的二苯并[a,j]蒽和二苯并[a,c]蒽。

多环芳烃的致癌机理目前研究较多，有的学者认为，具有致癌性的多环芳烃都含有菲环的结构，可视为菲的衍生物，它们的显著特点在于菲的 9,10 双键，此键具有高电子密度，似乎有关 PAHs 的致癌性均与此键有关。若致癌性多环芳烃代谢产物的环氧化合物，正好包括此键，则易与细胞内的 DNA、RNA 等物质结合而起致癌作用。此键称为 K 区，许多具有致癌性的 PAHs 都具有活性的 K 区

（图 11-3）。如果结构适当改变，使 K 区消失，其致癌作用也可随之消失。PAHs 有时还具有一个 L 区，它含有两个具有最高自由价的碳原子，即蒽环中位的两个碳原子，此时即使该 PAH 的 K 区足以致癌，但活性高的 L 区有时也可使其失去致癌性。因此，根据 K 区和 L 区理论，PAHs 必须具有一个活性高的 K 区和一个活性低的 L 区才具有致癌作用。

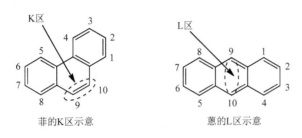

菲的K区示意　　　　　　　蒽的L区示意

图 11-3　多环芳烃分子中的 K 区和 L 区

　　由于多环芳烃的毒性很大，对中枢神经、血液作用很强，尤其是带烷基侧链的 PAHs，对黏膜的刺激性及麻醉性极强，所以过去对多环芳烃的研究主要集中在生物体内的代谢活动性产物对生物体的毒作用及致癌活性上。但是越来越多的研究表明，多环芳烃的真正危险在于它们暴露于太阳光中紫外光辐射时的光致毒效应。科学家将 PAHs 的光致毒效应定义为紫外光的照射对多环芳烃毒性所具有的显著的影响。有实验表明，同时暴露于多环芳烃和紫外光照射下会加速具有损伤细胞组成能力的自由基形成，破坏细胞膜，损伤 DNA，从而引起人体细胞遗传信息发生突变。在好氧条件下，PAHs 的光致毒作用将使 PAHs 光化学氧化形成内过氧化物，进行一系列反应后，形成醌。由 BaP 产生的 BaP 醌是一种直接致突变物。另外，也有实验证明在某些城市饮用水中存在的蒽、BaP、荧蒽、苯并[b]荧蒽、1-甲基萘、菲、芘、茚并芘等都具有致突变作用。

3. 多环芳烃的限量标准

表 11-7 列出了水产品等中苯并[a]芘的限量标准。

表 11-7　食品中苯并[a]芘限量指标（GB 2762—2017）

食品类别（名称）	限量（µg/kg）
水产动物及其制品：熏、烤水产品	5.0
肉及肉制品：熏、烧、烤肉类	5.0
谷物及其制品：稻谷、糙米、大米、小麦、小麦粉、玉米、玉米面（渣、片）	5.0
油脂及其制品	10

4. 水产品中多环芳烃检测技术

水产品中多环芳烃检测方法主要有高效液相色谱法和气相色谱-质谱法（GB 5009.265—2016）。

根据 GB 5009.265—2016 第一法，高效液相色谱法可测定水产品中的多环芳烃。原理如下：试样中的多环芳烃用有机溶剂提取，提取液浓缩至近干，溶剂溶解，用 PSA（乙二胺-N-丙基硅烷）和 C_{18} 固相萃取填料净化或用弗罗里硅土固相萃取柱净化。经浓缩定容后，通过高效液相色谱分离，测定各种多环芳烃在不同激发波长和发射波长处的荧光强度，外标法定量。蒽、苯并[a]蒽、茚并[1,2,3-c,d]芘、苯并[b]荧蒽、苯并[k]荧蒽、苯并[a]芘、二苯并[a,h]蒽和苯并[g,h,i]芘的 LOD 为 0.33μg/kg，LOQ 为 1.0μg/kg，菲、萘、荧蒽、苊、芴和苊的 LOD 分别为 2.0μg/kg、3.3μg/kg、0.5μg/kg、0.65μg/kg、0.65μg/kg 和 0.65μg/kg，LOQ 分别为 6.0μg/kg、10μg/kg、1.5μg/kg、2.0μg/kg、2.0μg/kg 和 2.0μg/kg。根据 GB 5009.265—2016 第二法，气相色谱-质谱法可测定水产品中的多环芳烃。原理：试样中的多环芳烃用有机溶剂提取，提取液浓缩至近干，用 PSA 和 C_{18} 固相萃取填料净化或用弗罗里硅土固相萃取柱净化，经浓缩定容后，用气相色谱-质谱联用仪进行测定，外标法定量。苊、苊烯、蒽、荧蒽、苯并[b]荧蒽和苯并[k]荧蒽的 LOD 为 0.85μg/kg，LOQ 为 2.6μg/kg，苯并[a]蒽、苯并[a]芘和苯并[g,h,i]芘的 LOD 为 0.6μg/kg，LOQ 为 1.8μg/kg，菲和苊的 LOD 为 1.5μg/kg，LOQ 为 4.5μg/kg，萘的 LOD 为 6.7μg/kg，LOQ 为 20μg/kg，芴、茚并[1,2,3-c,d]芘和二苯并[a,h]蒽的 LOD 为 1.1μg/kg，LOQ 为 3.3μg/kg。

尹怡等[66]将目标化合物用正己烷-二氯甲烷（1∶1）提取 2 次，以弗罗里硅土作为固相分散剂对分析物净化后进行磺化，采用 GC-MS 在选择离子监测模式下测定水产品中 16 种 PAHs，内标法定量，并对样品预处理条件及色谱质谱条件进行优化，方法 LOD（S/N=3）为 0.38～1.5μg/kg。何苑雯[67]通过液相色谱柱、荧光激发和发射波长等条件的优化，实现了 15 种多环芳烃组分基线完全分离和荧光高灵敏度检测，为更好地测定水产品中多环芳烃提供了参考。郭萌萌等[68]将水产样品经乙腈提取，Florisil+C_{18} 小柱净化，Waters PAH 色谱柱分离，以乙腈-水为流动相进行梯度洗脱，外标法定量，用高效液相色谱仪-荧光/紫外检测器串联检测，建立了同时测定水产品中 16 种多环芳烃的高效液相色谱分析方法，LOD 为 0.1～3.6μg/kg。万译文等[69]将样品经乙腈提取，C_{18} 与中性氧化铝净化后，采用荧光-紫外检测器串联，建立了水产品中 16 种多环芳烃药物残留同时测定的高效液相色谱分析方法，LOD 为 0.5～5.0μg/kg，该方法具有比较高的重现性和选择性，对于水产品中多环芳烃的残留测定具有很好的应用价值。

11.2 生 物 胺

生物胺（biogenic amine，BA）是一类具有生物活性、含氨基的低分子量有机化合物的总称。它们是生物体合成激素、生物碱、核苷酸、蛋白质和芳香族化合物等的前体，因此生物体自身合成的适量生物胺具有促进生长、增强代谢活力、加强肠道免疫系统、控制血压和消除自由基等生理功能[70]。但是过量摄入外源生物胺则会导致高血压、头疼、腹部痉挛、腹泻和呕吐等不良生理反应，还会引起血管、动脉和微血管的扩大[71]。生物胺广泛存在于各类食品中，尤其是蛋白质含量较高的水产品中，其潜在的毒性作用和对食品鲜度的指示作用已经引起研究者高度重视。本节将对生物胺的结构、基本性质和毒性作用等作全面性综述，并详细分析水产品中生物胺的检测技术。

11.2.1 生物胺的种类与毒性作用

生物胺的种类根据其化学结构可分为 3 类：脂肪族胺、芳香族胺、杂环胺。脂肪族胺，包括腐胺、尸胺、精胺、亚精胺等；芳香族胺，包括酪胺、苯乙胺等；杂环胺，包括组胺、色胺等。根据其组成可分为单胺、二胺和多胺；根据其挥发难易程度可分为挥发性胺、非挥发性胺。水产品中常见的生物胺有组胺、酪胺、腐胺、尸胺、色胺、苯乙胺、三甲胺（TMA）、二甲胺（DMA）等。常见生物胺的结构和性质见表 11-8。

表 11-8　常见生物胺的化学结构式和毒性作用

种类	化学结构式	毒性作用
色胺 （tryptamine）		LD$_{50}$：100mg/kg（小鼠静脉），500mg/kg（小鼠经皮）；导致肝毒性和血压升高
苯乙胺 （phenylethylamine）		LD$_{50}$：175mg/kg（小鼠腹腔），100mg/kg（小鼠静脉）；导致神经系统中的去甲肾上腺素消除、血压升高和偏头痛
腐胺 （putrescine）	H$_2$N～～～NH$_2$	LD$_{50}$：1750mg/kg（小鼠腹腔）；463mg/kg（大鼠经口）；导致低血压、破伤风和四肢痉挛
尸胺 （cadaverine）	H$_2$N～～～～NH$_2$	导致低血压、破伤风和四肢痉挛

种类	化学结构式	毒性作用
组胺 （histamine）		释放肾上腺素和去甲肾上腺素，刺激平滑肌，刺激感觉神经和运动神经，控制胃酸分泌，引起过敏和高血压
二甲胺 （dimethylamine）		对眼和呼吸道有强烈的刺激作用，皮肤接触液态二甲胺可引起坏死，眼睛接触可引起角膜损伤、混浊
三甲胺 （trimetilamine）		LD$_{50}$：90mg/kg（小鼠静脉），5000mg/kg（大鼠经口）； 对眼、鼻、咽喉和呼吸道有刺激作用；浓三甲胺水溶液能引起皮肤剧烈的烧灼感和潮红
酪胺 （tyramine）		边缘血管收缩，增加心律和呼吸作用，增加血糖浓度，消除神经系统中的去甲肾上腺素，引起偏头痛
精胺 （spermine）		刺激眼睛，持续接触可引起皮肤刺激，吸入气雾引起上呼吸道刺激，误服有害，量大可引起死亡
亚精胺 （spermidine）		LD$_{50}$：78mg/kg（小鼠静脉）；450mg/kg（小鼠经皮）

各种动植物的组织中都含有少量的生物胺，生物胺是生物有机体内的正常活性成分，在机体内起着重要的生理作用。此外，生物胺也普遍存在于多种食品和含乙醇的发酵饮料中，如干酪、肉制品、水产品、啤酒、葡萄酒等。人们从食品中摄入的一定数量的高质量的外源生物胺，具有一定的生理和毒理活性。水产品中生物胺由微生物所产生的酶作用所致，大多生物胺是由自身的前体氨基酸被微生物所产生的氨基酸脱羧酶作用生成相应的生物胺，而 TMA 及 DMA 是由于体内自身含有能调节渗透压的氧化三甲胺被兼生细菌的脱氢酶或自身氧化三甲胺脱甲基酶作用生成[72]。

11.2.2　水产品中生物胺的限量标准

鲭鱼、鲱鱼、沙丁鱼、金枪鱼等海洋鱼类体内含有多种生物胺，如组胺、腐胺、尸胺、酪胺、鲱精胺、精胺和亚精胺等。而发酵的水产制品中生物胺的含量更高。

以鱼制品为代表的水产品最容易导致生物胺中毒。这主要是由于鱼制品中含有丰富且极易被降解的蛋白质，再加上鱼制品极适宜微生物生长繁殖，大量各种微生物的生长极易造成鱼肉制品中生物胺含量超标且种类复杂，在鱼肉制品中可以检测到组胺、酪胺、尸胺、腐胺、精胺和亚精胺等，但常以组胺、尸胺和腐胺的含量来衡量水产品安全与质量[73]。目前，各国和各地区也已经制定了水产品及葡萄酒中组胺含量的限量标准（表 11-9）。美国规定鱼类产品中的组胺含量不得超过 50mg/kg；欧盟规定水产品及其制品中组胺的含量不得超过 100mg/kg；澳大利亚的限量标准是 200mg/kg；我国规定鲐鱼类中组胺的限量标准为 1000mg/kg，其他鱼类为 300mg/kg。经研究发现，腐胺含量与鲤鱼肉腐败程度具有相关性[74]，因此腐胺一般用作鲤鱼类产品腐败程度的指示剂。尸胺是鱼类产品初期腐败检测到的主要生物胺，Ruiz-Capillas 等[75]通过研究发现鳕鱼的新鲜度与尸胺和亚精胺含量呈负相关，进一步研究发现，在冰藏过程中，鳕鱼中尸胺含量显著增加，而组胺和酪胺含量却没有明显的变化，他们认为尸胺含量可以作为鳕鱼新鲜度的指标。鱼类制品中生物胺主要是由在加工、运输和储藏过程中污染的微生物产生的。大量研究表明鱼类制品的生物胺主要由摩根菌属（*Morganella*）和肠杆菌（*Enteric bacteria*）产生[76]。摩根菌属中的一些细菌如 *M. morganii* 和 *M. psychrotolerans* 主要产生组胺，发光细菌在一些鱼产品中也能产生组胺；而肠杆菌主要负责产生尸胺和腐胺，很少产生组胺[77]。

表 11-9　不同国家及地区生物胺的限量标准

国家和地区	生物胺种类	水产品限量（mg/kg）	葡萄酒限量（mg/L）
中国	组胺	鲐鱼：1000； 其他水产品：300	—
美国	组胺	50	—
欧盟	组胺	100	—
	酪胺	—	—
澳大利亚	组胺	200	10
瑞士	组胺	—	10
法国	组胺	—	8
荷兰	组胺	—	3.5
德国	组胺	—	2

11.2.3　生物胺的检测技术

生物胺的含量直接关系到水产品的新鲜程度，人体摄入过量的生物胺会引起食物中毒等一系列疾病。目前，我国规定海水鱼中生物胺总量不得超过 300mg/kg[71]。虽然组胺和酪胺是对人体危害最大的 2 类生物胺，但是过量摄入其他生物胺也会对人体造成不同程度的危害，而且尸胺和腐胺还可以使组胺的毒性增加。所以，加大对水产品中生物胺含量的监管力度十分必要。目前，对于生物胺的检测方法主要有色谱法，包括反向高效液相色谱法、气相色谱法、离子色谱法、薄层色谱法、毛细管电泳法；波谱法，包括比色法、质谱法、核磁共振法；生物法，包括酶联免疫吸附测定法和生物传感器法。《食品安全国家标准 食品中生物胺的测定》（GB 5009.208—2016）采用 HPLC 测定水产品中生物胺和分光光度法测定水产品中组胺含量，国家标准的 HPLC 方法适用于水产品（鱼类及其制品、虾类及其制品）中色胺、β-苯乙胺、腐胺、尸胺、组胺、章鱼胺、酪胺、亚精胺和精胺含量的测定，原理为：水产品（鱼类及其制品、虾类及其制品）试样用 5%三氯乙酸提取，正己烷去除脂肪，三氯甲烷-正丁醇（1∶1，体积比）液液萃取净化后，丹磺酰氯衍生，C_{18} 色谱柱分离，高效液相色谱-紫外检测器检测，内标法定量。检出限均为 20mg/kg，定量限均为 50mg/kg。分光光度法则适用于水产品（鱼类及其制品、虾类及其制品）中组胺的测定，以三氯乙酸为提取溶液，振摇提取，经正戊醇萃取净化，组胺与偶氮试剂发生显色反应后，分光光度计检测，外标法定量，组胺的 LOQ 为 50mg/kg。下面将对这些生物胺的检测方法进行概述。

1. 高效液相色谱法

高效液相色谱法（high performance liquid chromatography，HPLC）广泛应用于水产品中非挥发性生物胺的定量分析，灵敏度较高，能够实现大批量样品的检测。

由于生物胺无紫外吸收，也无荧光效应，一般需对其进行衍生化处理。紫外检测器为常用的检测器，灵敏度较高，Mazzucco 等[78]对蛤蚌等食品中组胺及总生物胺量经丹磺酰氯柱前衍生后进行反相高效液相色谱紫外分析，方法的 LOD 为 1.50mg/kg。荧光检测器（FLD）具有更高的灵敏度和选择性，Donthuan 等[79]对发酵鱼制品中组胺、色胺、尸胺、酪胺、亚精胺经氯甲酸-9-芴甲酯衍生后进行反相高效液相色谱-荧光法分析，LOD 为 0.02～0.5μg/kg。Li 等[80]对鱼、虾等中的生物胺采用改进的反相高效液相色谱荧光检测技术，经乙基吖啶酮磺酰氯荧光标记后无须衍生处理直接进行分析，LOD 为 0.27～0.69μg/L。二极管阵列检测器（DAD）作为新型生物胺衍生物检测器逐渐被广泛运用，Gong 等[81]将鱼露、虾酱等产品经丹磺酰氯柱前衍生后，进行反相高效液相色谱法分离，利用 DAD 分析了腐胺、尸胺、组胺、苯乙胺、酪胺、精胺、亚精胺、色胺 8 种生物胺，结果显示，鱼露中均检测到 8 种生物胺，虾酱中生物胺的含量较低。但 HPLC 存在衍生操作烦琐、耗时较长等不足，并且衍生产物不稳定，会影响其重现性。

2. 气相色谱法

气相色谱法（gas chromatography，GC）常用于分析挥发性胺，对于非挥发性胺不易气化，常衍生为易挥发的衍生物进行测定。Li 等[82]建立了使用气相色谱联用介质阻挡放电分子发射光谱技术，分析了鲤鱼制品中 TMA、DMA、正丁胺、环己胺和乙二胺 5 种挥发性脂肪族生物胺，不仅方法灵敏度高，而且具有很好的重现性和稳定性。Slemr 等[83]对样品进行三氟乙酰衍生化处理后上样 GC 测定了组胺、腐胺和尸胺。而 Hwang 等[84]用碱性甲醇提取鱼和鱼制品的组胺，以 1,9-壬二醇为内标，使用 CP-CIL 19CB 气相柱分离，LOD 为 5mg/kg。

3. 离子色谱法

离子色谱法（ion chromatography，IC）无须衍生，是水产品中生物胺较为常用的分析方法，但水产品中会包含一些常见的阳离子，会对结果产生一定的干扰。Carmen 等[85]以弱阳离子交换柱分离，电导检测器（ELCD）测定了金枪鱼罐头、凤尾鱼等样品中的 TMA、三乙胺、腐胺、尸胺、组胺、胍基丁胺、亚精胺和精胺8 种生物胺，LOD 为 23～65μg/kg。周勇等[86]将样品经过酸溶液提取后，使用 IonPac CS18 离子交换色谱柱进行色谱分离，柱后加入 0.1mol/L 的 NaOH 溶液进行衍生，最后用脉冲积分安培检测器检测，建立了离子交换色谱-柱后加碱衍生-脉冲积分安培检测法测定冷冻海产品中酪胺、腐胺、尸胺、组胺、苯乙胺、亚精胺、精胺等 10 种生物胺，最低 LOD 可达到 50ng/g，且方法回收率高，重现性好。孙永等[87]使用 IonPac CS17 分离柱，抑制型电导检测器对水产品中 5 种常见生物胺进行检测。他们还比较了使用三氯乙酸、高氯酸和甲基磺酸 3 种提取试剂，以及振荡和超声的提取方式，对于生物胺提取效率的影响，结果表明，使用甲基磺酸超声提取的效果较好，LOD 均小于 0.5mg/kg，加标回收率为 85.2%～106.9%。Jastrzbska 等[88]利用 IC-ELCD 同时测定不同食品中组胺、酪胺、苯乙胺、尸胺、腐胺，整个检测分析过程简单、快速，重现性好。

4. 薄层色谱法

薄层色谱法（thin layer chromatography，TLC）无需昂贵的分析仪器，在色谱法中是一种操作简便、成本低的分析方法，但其精度与重现性较差。Tao 等[89]建立了鱼与鱼制品中组胺 TLC 快速测定的方法，利用数字化计算与图像处理方法软件对斑点的强度进行定量分析，LOD 为 20mg/kg。Lapa-Guimarães 等[90]对鳕鱼和鱿鱼体内 9 种生物胺进行分离测定，建立了氯仿-三乙胺（6∶1，体积比）和氯仿-二乙醚-三乙胺（6∶4∶1，体积比）的二次展开分离方法，并于 330nm 下进行测定，色胺、酪胺、组胺和 β-苯乙胺的 LOD 为 5mg/kg，其余为 10mg/kg。

5. 毛细管电泳法

毛细管电泳（capillary electrophoresis，CE）是一种包含电泳、色谱及其交叉的新型液相分离技术，具有分析范围广，分离速度快、进样量少、灵敏度高、成本低、无污染等优点，但其重现性和稳定性较差。干宁等[91]对鱼肉中 β-苯乙胺、尸胺、腐胺、色胺、组胺、亚精胺和精胺共 7 种生物胺进行检测，样品经萃取后，用苯甲酰氯衍生，以甲醇和硼酸混合液作为电泳介质，采用胶束电动力学电泳法在 12min 内将 7 种生物胺完全分离，并在 214nm 下测定，除组胺外，最低检出限均能达到 5mg/kg。An 等[92]将 CE 与电化学发光（ECL）联用，以三联吡啶钌$[Ru(bpy)_3^{2+}]$为电化学发光体系，建立了牡蛎中亚精胺、腐胺、组胺、酪胺和苯乙胺的快速分析方法，LOD 分别为 $0.6\mu g/kg$、$0.92\mu g/kg$、$8.4\mu g/kg$、$12\mu g/kg$、$96\mu g/kg$。Timm 等[93]利用 CE 结合间接 UV 对鱼肉中的 TMA、DMA 等进行同时测定，LOD 为 0.04mmol/L。

6. 比色法

比色法是利用生物胺在一定条件下会呈现视觉上的颜色差别进行生物胺的定量分析，Patange 等[94]建立了基于咪唑环与 β-苯基重氮磺酸盐的相互作用的比色定量法，用于测定鲭科鱼中的组胺含量，LOD 为 15mg/kg，检测范围在 10～600mg/kg 之间，该方法快速简便，成本低，整个过程在 10min 内即可完成，但常受到其他生物胺的干扰，LOD 较高，精确度低。Leng 等[95]提出了基于 N-乙酰基转移酶（aaNAT）的快速检测生物胺的新型比色法，利用 aaNAT 能使生物胺乙酰化从而显示特殊的光谱特征，该法还具有良好的灵敏度和选择性等优势。

7. 质谱法

质谱法（mass spectrometry，MS）是利用生物胺离子化后所具有的质荷比特性进行定性定量分析，一般会结合色谱仪器，利用色谱的高效分离和自身的高灵敏度进行生物胺的分析，无需衍生，堪称一种高效率、高可靠性分析技术。Romero-Gonzalez 等[96]利用超高效液相色谱串联质谱（UPLC-MS）对鳗鱼中腐胺、尸胺、组胺、酪胺、TMA 等生物胺进行分析，除 TMA 的 LOD 为 $60\mu g/kg$，其余生物胺为 $25\mu g/kg$。Self 等[97]对冻金枪鱼和金枪鱼罐头中的胍基丁胺、尸胺、组胺、苯乙胺、腐胺、色胺、酪胺等进行了静电轨道阱质谱（orbitrap-MS）分析。Mazzotti 等[98]利用基质辅助激光解吸离子化质谱（MALDI-MS）对鱼等食品中的 8 种生物胺进行定性分析，利用低能量碰撞诱导解离-串联质谱（CID-MS/MS）在多反应监测（MRM）模式下进行定量分析，LOD 为 9.5～$20.3\mu g/kg$。Chung 等[99]利用顶空固相微萃取技术结合气质联用（HS-SPME-GC-MS）分析了鱼肉中挥发性胺，其中 DMA、

TMA 的 LOD 分别为 0.10mg/kg、0.15mg/kg。刘红等[72]利用超高效液相色谱-串联质谱（UPLC-MS/MS）通过优化确定了样品经含 0.2%甲酸的乙腈-水（80∶20，体积比）溶液提取，用 Oasis Prime HLB 通过流程净化；采用乙腈和 10mmol/L 甲酸胺（甲酸调 pH 至 3.0）梯度洗脱，Amide 色谱柱分离，电喷雾电离正离子模式（ESI⁺）、多反应监测测定，外标法定量的方法同时检测水产品中 7 种生物胺（色胺、2-苯乙胺、酪胺、三甲胺、组胺、尸胺、腐胺），LOD 为 0.104～11.6μg/kg。

8. 核磁共振法

核磁共振（nuclear magnetic resonance，NMR）法是利用生物胺的微观粒子吸收电磁波后在不同能级上的跃迁特性进行定性定量分析。NMR 法同样具有 HPLC 的灵敏度、精确度、准确度及分析速度，还可定性鉴定与定量分析同步完成。Shumilina 等[100]利用了高分辨的 ^{1}H-^{13}C 异核单量子相干谱（HSQC）的核磁共振技术测定了大西洋鲑鱼片分别储藏在 0℃和 4℃的腐胺、酪胺、尸胺、TMA 等物质以评价鱼的品质。Heude 等[101]利用了 ^{1}H 高分辨魔角旋转核磁共振（HR-MAS-NMR）对海鲷、鲈鱼、鲑鱼和红鲻鱼的 K 值与 TAM 两个新鲜度指标进行评价。该法操作简便，样品用量少，但所需仪器设备相当昂贵，实用性受到了很大的限制。

9. 生物传感器法

生物传感器法一般是固定在石墨、琼脂糖、醋酸纤维素膜上的胺氧化酶催化相应的生化反应，从而转变成可定量的物理、化学信号实现对生物胺的分析。最早是由 Draisci 等[102]研制出的一种由铂电极和银/氯化银电极构成的电化学生物传感器，将二胺氧化酶固定在铂电极的端部，检测腌制的凤尾鱼在腐败过程中所产生的腐胺、尸胺、组胺、酪胺、亚精胺、精胺、色胺 7 种生物胺，LOD 可达 0.5μmol/L。此后 Henao-Escobar 等[103]建立了组胺脱氢酶与腐胺氧化酶双酶生物传感器对组胺与腐胺进行分析，组胺的 LOD 可达（8.1±0.7）μmol/L，腐胺可达（10±0.6）μmol/L。

10. 酶联免疫吸附测定法

酶联免疫吸附测定（enzyme linked immunosorbent assay，ELISA）法是基于抗原与抗体的特异性反应进行的定性与定量分析方法，特异性强，灵敏度高，LOD 低，样品预处理简单快速，成本较低。Simon-Sarkadi 等[104]利用 ELISA 法测定鱼等食品中组胺的含量，LOD 为 20μg/kg。Muscarella 等[105]使用 ELISA 法分析了从意大利普利亚收集到的 311 份鲜鱼与鱼制品中的组胺，其结果与 HPLC 测定相同样品的结果一致。但该法对不同的生物胺较难进行同时分析，检测过程易出现交叉反应，且制备高特异性与亲和力的抗体存在一定的困难，目前大多用于组胺的分析，适于低含量的测定。

11.3 微 塑 料

微塑料通常指直径小于 5mm 的高聚物组成的塑料颗粒或者纺织纤维。微塑料的物理化学性质稳定，不易降解，是一种新型的环境污染物。其因为可能带来巨大生态学负效应，受到了越来越多的关注。目前，研究对象主要是直径大于 300μm 的塑料颗粒，其中直径为 1～5mm 的归为大颗粒，而小颗粒是直径在 1mm 以下的。

11.3.1 水产品中微塑料来源与分布

微塑料包括工业生产的一次微塑料，也包括大型塑料降解生成的二次微塑料。目前，从赤道到极地的海洋水体、生物体、沉积物甚至在食盐中也检测到微塑料的存在。微塑料在海洋中的空间分布受洋流的影响较大，具有分布范围广，区域集中的特征。而其在近海环境中的分布相对集中，主要分布在表层海水、海滩、海峡等，主要集中在休闲海滩、岛屿周边海域、港湾等区域。海岸沉积物的微塑料含量远高于深海沉积物的含量，还存在较大的空间差异，与潮滩地理位置及季节差异有一定的相关性。

微塑料的来源广泛，主要包括陆源的输入、船舶运输业、养殖捕捞业、大气沉降以及旅游业等。陆源的输入是微塑料的最主要来源，船舶运输业和临水旅游业产生大量的塑料废弃物进入岸滩和水体中，含有微塑料的土壤通过土壤流失进入水体中。另外，纺织纤维脱落、工业生产、化学制品等人类日常生活中产生的微塑料进入污水处理系统后，因颗粒较小而无法过滤去除，从而排放到水体中。

微塑料在水、沉积物和生物三者之间存在迁移，虽然大多数微塑料的密度比水小，但水底的微塑料累积量十分庞大，在水和沉积物与生物之间的迁移是通过生物的摄食、排泄和死亡进行的，主要由鱼、浮游生物、底层生活的贝壳类水生生物传播。在海洋表层和中层生活的含量丰富的小型鱼类、在底层生活的滤食性的贝壳类的摄食、排泄等生理活动对微塑料的迁移有重要作用。而肉食性鱼类通过捕食携带有微塑料的浮游生物、小型鱼类或贝壳类，间接摄取了微塑料。而微塑料在动物体内难以降解，经过食物链富集之后，被捕捞或收获成水产品，最终也会危及人类本身。

微塑料在生物体内难以降解，通过食物链富集后再次回到人体中。调查发现，在日常生活的多种食品中发现了微塑料，多种贝类、鱼类、藻类、海洋哺乳动物类等也可直接或间接将微塑料摄入体内。贝类的软组织中最多含有 20 个/g，食盐中含有 7～681 个/kg。诸多研究调查表明，微塑料通过食盐、水产品和自来水等经过食物链富集后向人类传播。

11.3.2　微塑料的危害

微塑料的危害主要来自微塑料自身和微塑料所吸附的污染物或微生物。微塑料自身具有毒性，而且比面积大，吸附能力强，可富集持久性有机污染物、重金属颗粒、微生物等，成为污染物的载体。

一些研究认为微塑料对生物的影响并不明显，但大部分研究认为微塑料具有毒性作用，可能对某些生物的代谢和繁殖等生理活动造成不同程度的影响，而对此造成的生理毒性效应可能涉及群落、个体、组织、细胞、分子和基因水平的层次上。以藻类为例，微塑料被藻类摄取吸收后，使藻类的糖蛋白基因过度表达，糖蛋白含量增多，进而导致细胞内活性氧浓度升高，导致叶绿体和线粒体的结构被破坏，影响藻类细胞的正常代谢。另外，海洋生物摄食微塑料后，消化道被微塑料划伤或阻塞，导致其系统内平衡受影响，身体机能降低。例如，微塑料会对贝类生物体内氧化系统造成影响，造成其细胞内活性氧浓度升高，导致氧化损伤，破坏了血液循环的平衡，提高了死亡率，微塑料还会阻碍基因的表达，影响蛋白质活性。此外，小粒径的微塑料颗粒进入鱼类的肝脏，引发肝炎并发症，对其造成生理危害。

微塑料可吸附海洋中的细小污染物。微塑料的个体虽小，但比面积大，吸附能力强，能富集持久性有机污染物和重金属颗粒等，从而被海洋的浮游生物、鱼类、贝壳类等吞食或过滤，对生物体造成毒害作用。

微塑料的表面还会附着某些有害病原体，微塑料随着洋流迁移对海洋水质产生危害，一些浮游生物及藻类也会携带着微塑料迁移到环境适宜的海域成为优势种群，进一步对原生地物种带来威胁。

11.3.3　水产品中微塑料的检测技术

目前，针对微塑料的样品分离方法主要有氧化消解、密度分离、浮选等，相对于固体样品，水源样品的分离简单得多，可以通过过滤的方法进行分离。而水产品、沉积物等固体样品中的微塑料分离则要复杂得多。水产品中微塑料的检测方法包括目检法、密度分离法、筛分和过滤法、消解法以及仪器分析法。

1. 目检法

目检法往往是微塑料检测分析的预处理过程。目检法是利用肉眼直接观察或在显微镜的协助下，将微塑料从原料中挑取，并根据微塑料形态结构等特点予以分类。该方法可以对各种环境介质中的微塑料进行分析。

利用体视显微镜、生物显微镜或者数显显微镜等仪器，将被认定为微塑料的颗粒用镊子小心挑出，再以颗粒的直径作为颗粒尺寸，利用测微尺确定微塑料尺寸，最后进行分级。通常目检法选用的显微镜放大倍数在 10～16 倍范围内，但若颗粒过小则需要采用放大倍数更高的立体显微镜或荧光显微镜。随机挑选 3 位实验人员，以目检法挑选沉积物样品中的微塑料，要尽量避免操作人员的视觉差异影响目检结果。此外，目检法的准确性也受到微塑料颜色、形态和结构等特性的影响[106]。可借助亲脂类着色剂（尼罗红等）对微塑料染色进行辅助识别。目检法设备简便，但准确度不高。

由于误判、遗漏等现象在目检法中时有发生，目检法操作时需注意：①排除所有生物、有机组分存在的可能。②若观察到的纤维为线状，并未发生弯曲、缠绕，则可能是生物源纤维，应予以剔除。③测量纤维长度时，须确保各纤维厚度均一。④颗粒边界必须清晰，整体色泽均匀，若颗粒为白色或透明则需利用更大的放大倍数或选用荧光显微镜。由于环境中绿色素广泛存在，在鉴定时需更加谨慎小心，需反复判断再下结论。

2. 密度分离法

密度分离法是利用目标组分（微塑料）与杂质的密度差异实现轻组分微塑料与重组分杂质的分离。近年来，人们研究出了一些基于密度分离原理的微塑料分离装置。Claessens 等开发了一套分离浮选装置，利用上升气体或液体的原理使微塑料上浮，使微塑料从沉积物样品中分离出来[107]。Zhu 等对上述装置的相关设备、运行等参数进一步优化，在一定程度上提高微塑料的回收率，但与理想的分离效率仍有一定差距[108]。Imhof 等也提出一种从水相、沉积相中分离微塑料的方法，其主要原理是采用连续、多次塑料浮选装置来强化密度分离过程，以分离效果更佳的 $ZnCl_2$ 溶液作为浮选液，对 1～5mm 和小于 1mm 粒径范围的颗粒回收率分别达到 100% 和 95.5%[109]。密度分离法的浮选液一般选择饱和 NaCl 溶液（密度为 1.2g/mL）。饱和 NaCl 溶液不能使高聚物全部脱离沉积物，在分离聚氯乙烯等高密度微塑料时会导致分析结果严重偏小。与饱和 NaCl 溶液相比，NaI 与 $ZnCl_2$ 溶液的密度更大，分别为 1.6～1.8g/mL 和 1.5～1.7g/mL，能提高对高密度塑料组分的提取效率。

3. 筛分和过滤法

该方法利用尺寸较小的细孔截留微塑料。筛分法和过滤法都是利用尺寸较小的细孔截留微塑料。采集的微塑料粒径取决于采样、分离过程使用的筛网、滤膜孔径。若串联使用系列不同孔径的筛网，就可对微塑料的粒径进行分类。通常情况下，筛分法的截留材料为不锈钢或铜材料制成的筛网。筛分法是将水样、沉积物样品通过孔径为 5mm 的筛网，去除粒径较大的颗粒和其他杂质，再通过一系列不同孔径的筛网而实现微塑料按粒径大小分级，最后用滤膜或筛网过滤过的海水将截留在筛网上的目标颗粒冲洗下来，保存于玻璃试管中。过滤法与筛分法的提取过程大同小异，但过滤法截留材料为滤膜，其孔径远远小于筛网，一般在 0.45～2μm。由于孔径较小，过滤法一般在减压条件下进行。减压操作虽然提高微塑料的分离效率，但会使微塑料与滤膜结合过于紧密而难以洗脱。

4. 消解法

为了减少环境因素带来的干扰，通常采用酸性消解、碱性消解或酶消解等对检测样品进行预处理。消解法主要应用于生物样品的预处理。酸性消解是利用酸溶液对样品进行消解处理，常用的酸包括 HCl、HNO_3、$HClO_4$ 及混合酸等。消解程度也受温度、时间及消解液组成等因素影响。目前采用消解预处理生物样品，温度不超过 90℃，消解时间较短，在消解样品基质的基础上尽可能减少微塑料的损失。Nuelle 等利用 35% H_2O_2 溶液对沉积物样品连续消解 7 天，结果显示大部分生物有机组分被消解殆尽，为后续研究分析提供了便利[110]。此外，Cole 等比较了3 种消解方法对海洋生物的消解效果[111]。HCl 消解时，在滤液中发现大量目标物质，表明酸性消解在消解生物样品的同时也会消解部分类型的微塑料，因此酸性消解不适用于海洋生物样品的预处理。1mol/L NaOH 溶液在室温条件下对样品杂质的消解率可达到 90%，而且随着温度和消解液浓度的提高消解率还会进一步提高，但当 NaOH 浓度达到 10mol/L 时，会损坏部分微塑料。此外，利用蛋白酶（K 酶）消解相同生物样品，结果表明酶消解技术在不破坏任何微塑料碎片的情况下，能够消解海水样品中超过 97% 的浮游生物。

5. 仪器分析法

仪器分析法包括热裂解 GC-MS 法、micro-NIR 法、拉曼光谱法和傅里叶变换NIR 法。最近，热裂解 GC-MS 法被用于微塑料的定量分析，先采用显微镜法挑选出微塑料后，再进热裂解 GC-MS 中进行定量分析，方法的检出限可达 1μg[112]。Zhang 等采用 micro-NIR 法对食盐中的微塑料进行检测，首先对食盐样品采用 H_2O_2进行预消化并过滤，然后采用 micro-NIR 法对滤膜上截留物进行分析，对微塑料的数量进行计算后得到结果[113]。

微塑料的研究主要集中在小于 5mm 的粒径尺寸，随着研究深入，对微塑料进行毫米级、微米级和纳米级的分级需求愈发强烈，因此，建立针对不同来源、不同尺寸粒径大小和介质的微塑料分离方法十分迫切，并标准化以便对不同来源的研究数据进行对比分析。另外，在分离方法标准化的基础上，应该使用统一的浓度单位，从而减少不同来源数据的不确定性，增加可比性。

参 考 文 献

[1] Robinson O, Want E, Coen M, et al. Hirmi Valley liver disease: A disease associated with exposure to pyrrolizidine alkaloids and DDT. J Hepatol, 2014, 60（1）: 96-102.

[2] Wyde M E, Bartolucci E, Ueda A, et al. The environmental pollutant 1,1-dichloro-2,2-bis（p-chlorophenyl）ethylene induces rat hepatic cytochrome P4502B and 3A expression through the constitutive androstane receptor and pregnane X receptor. Mol Pharmacol, 2003, 64（2）: 474-481.

[3] Medina-Diaz I M, Elizondo G. Transcriptional induction of CYP3A4 by o,p'-DDT in HepG2 cells. Toxicology Letters, 2005, 157（1）: 41-47.

[4] Jin X T, Song L, Zhao J Y, et al. Dichlorodiphenyltrichloroethane exposure induces the growth of hepatocellular carcinoma via Wnt/beta-catenin pathway. Toxicol Lett, 2014, 225（1）: 158-166.

[5] Kazantseva Y A, Yarushkin A A, Pustylnyak V O. Dichlorodiphenyltrichloroethane technical mixture regulates cell cycle and apoptosis genes through the activation of CAR and ER alpha in mouse livers. Toxicol Appl Pharm, 2013, 271（2）: 137-143.

[6] Mrema E J, Rubino F M, Brambilla G, et al. Persistent organochlorinated pesticides and mechanisms of their toxicity. Toxicology, 2013, 307（10）: 74-88.

[7] Kelce W R, Gray L E, Wilson E M. Antiandrogens as environmental endocrine disruptors. Reproduction Fertility & Development, 1998, 10（1）: 105-112.

[8] Swedenborg E, Ruegg J, Makela S, et al. Endocrine disruptive chemicals: Mechanisms of action and involvement in metabolic disorders. J Mol Endocrinol, 2009, 43（1-2）: 1-10.

[9] Mangum L C, Borazjani A, Stokes J V, et al. Organochlorine insecticides induce nadph oxidase-dependent reactive oxygen species in human monocytic cells via phospholipase A(2)/arachidonic acid. Chem Res Toxicol, 2015, 28（4）: 570-584.

[10] Shi Y Q, Song Y, Wang Y N, et al. p,p'-DDE induces apoptosis of rat sertoli cells via a FasL-dependent Pathway. J Biomed Biotechnol, 2009,（1）: 181282-181292.

[11] Shi Y, Zhang J H, Jiang M, et al. Synergistic genotoxicity caused by low concentration of titanium dioxide nanoparticles and p,p'-DDT in Human Hepatocytes. Environ Mol Mutagen, 2010, 51（3）: 192-204.

[12] Rignell-Hydbom A, Rylander L, Giwercman A, et al. Exposure to PCBs and p,p'-DDE and human sperm chromatin integrity. Environmental Health Perspectives, 2005, 113（2）: 175-179.

[13] Song Y, Shi Y, Yu H, et al. p,p'-Dichlorodiphenoxydichloroethylene induced apoptosis of Sertoli cells through oxidative stress-mediated p38 MAPK and mitochondrial pathway. Toxicol Lett, 2011, 202（1）: 55-60.

[14] Quan C, Shi Y Q, Wang C, et al. p,p'-DDE damages spermatogenesis via phospholipid hydroperoxide glutathione peroxidase depletion and mitochondria apoptosis pathway. Environ Toxicol, 2016, 31（5）: 593-600.

[15] Alegria-Torres J A, Diaz-Barriga F, Gandolfi A J, et al. Mechanisms of p,p'-DDE-induced apoptosis in human peripheral blood mononuclear cells. Toxicol In Vitro, 2009, 23（6）: 1000-1006.

[16] Shinomiya N, Shinomiya M. Dichlorodiphenyltrichloroethane suppresses neurite outgrowth and induces apoptosis in PC12 pheochromocytoma cells. Toxicology Letters, 2003, 137（3）: 175-183.

[17] Bratton M R，Frigo D E，Segar H C，et al. The organochlorine *o,p'*-DDT plays a role in coactivator-mediated MAPK crosstalk in MCF-7 breast cancer cells. Environ Health Perspect，2012，120（9）：1291-1296.

[18] Cardenas-Gonzalez M，Gaspar-Ramirez O，Perez-Vazquez F J，et al. *p,p'*-DDE, a DDT metabolite，induces proinflammatory molecules in human peripheral blood mononuclear cells "*in vitro*". Exp Toxicol Pathol，2013，65（5）：661-665.

[19] de Graaf I A M，Tajima O，Groten J P，et al. Intercellular communication and cell proliferation in precision-cut rat liver slices：Effect of medium composition and DDT. Cancer Lett，2000，154（1）：53-62.

[20] Bernard L，Martinat N，Lecureuil C，et al. Dichlorodiphenyltrichloroethane impairs follicle-stimulating hormone receptor-mediated signaling in rat Sertoli cells. Reprod Toxicol，2007，23（2）：158-164.

[21] Yun X，Yang Y，Liu M，et al. Distribution and ecological risk assessment of organochlorine pesticides in surface sediments from the East Lake，China. Environ Sci Pollut Res Int，2014，21（17）：10368-10376.

[22] Guo H，Jin Y，Cheng Y，et al. Prenatal exposure to organochlorine pesticides and infant birth weight in China. Chemosphere，2014，110：1-7.

[23] Man Y B，Chan J K Y，Wang H S，et al. DDTs in mothers' milk，placenta and hair，and health risk assessment for infants at two coastal and inland cities in China. Environment International，2014，65：73-82.

[24] 罗冬莲，姜琳琳，余颖，等. 福建漳江口水产品中六六六和滴滴涕的残留及其人体健康风险. 福建水产，2015，37（1）：54-61.

[25] Ma J，Pan L B，Yang X Y，et al. DDT，DDD，and DDE in soil of Xiangfen County，China：Residues，sources，spatial distribution，and health risks. Chemosphere，2016，163：578-583.

[26] Da C N，Wu K，Jin J，et al. Levels and sources of organochlorine pesticides in surface sediment from Anhui Reach of Huaihe River，China. B Environ Contam Tox，2017，98（6）：784-790.

[27] 傅磊，卢宪波，吴令霞，等. 水产品中多氯联苯和有机氯农药的同时测定及迁移转化研究. 大连：中国化学会第 30 届学术年会第二十六分会：环境化学，2016.

[28] 王建华，张艺兵，林黎明，等. 毛细管气相色谱法同时测定水产品中的多氯联苯和有机氯农药残留量. 化学分析计量，2003，（2）：13-15.

[29] 余霞奎，童朝明，林启存，等. 水产品中有机氯农药残留检测. 浙江海洋学院学报（自然科学版），2004，（3）：255-257.

[30] 宋鑫，杭学宇，王芹，等. 气相色谱检测水产品中有机氯类农药残留. 国际检验医学杂志，2016，（6）：733-735.

[31] 许仁杰，蔡春平，丁立平，等. 气相色谱法测定水产品有机氯农药和多氯联苯. 食品工业，2017，（3）：287-292.

[32] 曹巧玲，张俊明，卜承义. 二噁英的毒性与生物学检测研究进展. 总装备部医学学报，2007，（4）：233-235.

[33] Zuccato E G P，Davoli E，Valdicelli L，et al. PCB concentrations in some foods from four European countries. Food and Chemical Toxicology，2008，46（3）：1062-1067.

[34] Kawashima A，Kawashima A，Watanabe S，et al. Removal of dioxins and dioxin-like PCBs from fish oil by countercurrent supercritical CO_2 extraction and activated carbon treatment. Chemosphere，2009，75（6）：788-794.

[35] 林海鹏，于云江，李琴，等. 二噁英的毒性及其对人体健康影响的研究进展. 环境科学与技术，2009，（9）：93-97.

[36] 丁立平，蔡春平，王丹红. 双重净化/气相色谱法测定水产品中指示性多氯联苯. 分析测试学报，2014，（10）：1178-1183.

[37] 曹忠波，赵婉婧，高岩. 气相色谱三重四极杆质谱联用仪测定水产品中多氯联苯. 中国卫生检验杂志，2014，（17）：2488-2490.

[38] 柯常亮, 刘奇, 王许诺, 等. 气相色谱法同时测定水产品中 28 种多氯联苯同系物. 食品与发酵工业, 2015, (7): 155-159.

[39] 胡礼渊, 邓集煜, 廖和菁, 等. 分散固相萃取-气相色谱法测定水产品中多氯联苯. 食品科学, 2016, (14): 207-212.

[40] 许志彬, 贺丽苹, 李巧琪, 等. 气相色谱-四极杆飞行时间质谱法同时测定水产品中 19 种多氯联苯. 食品科学技术学报, 2017, (6): 77-84.

[41] 廖桢葳, 罗明标, 李建强, 等. 食品中二噁英类化合物痕量检测研究进展. 食品研究与开发, 2011, (9): 231-235.

[42] Giulivo M, Suciu N A, Eljarrat E, et al. Ecological and human exposure assessment to PBDEs in Adige River. Environ Res, 2018, 164: 229-240.

[43] Luigi V, Giuseppe M, Claudio R. Emerging and priority contaminants with endocrine active potentials in sediments and fish from the River Po (Italy). Environ Sci Pollut Res Int, 2015, 22 (18): 14050-14066.

[44] 徐庚, 张亚峰, 孙浩然, 等. 多溴联苯醚的污染与控制研究进展. 干旱区资源与环境, 2019, (2): 134-138.

[45] 徐奔拓, 吴明红, 徐刚. 生物体中多溴联苯醚 (PBDEs) 的分布及毒性效应. 上海大学学报 (自然科学版), 2017, 23 (2): 235-243.

[46] Birnbaum L S, Staskal D F. Brominated flame retardants: Cause for concern? Environmental Health Perspectives, 2004, 112 (1): 9-17.

[47] Lema S C, Dickey J T, Schultz I R, et al. Dietary Exposure to 2,2′,4,4′-tetrabromodiphenyl ether (PBDE-47) alters thyroid status and thyroid hormone-regulated gene transcription in the pituitary and brain. Environmental Health Perspectives, 2008, 116 (12): 1694-1699.

[48] Chen X J, Huang C J, Wang X C, et al. BDE-47 disrupts axonal growth and motor behavior in developing zebrafish. Aquat Toxicol, 2012, 120-121 (15): 35-44.

[49] He J H, Yang D R, Wang C Y, et al. Chronic zebrafish low dose decabrominated diphenyl ether (BDE-209) exposure affected parental gonad development and locomotion in F1 offspring. Ecotoxicology, 2011, 20 (8): 1813-1822.

[50] Han X B, Yuen K W Y, Wu R S S. Polybrominated diphenyl ethers affect the reproduction and development, and alter the sex ratio of zebrafish (Danio rerio). Environ Pollut, 2013, 182: 120-126.

[51] 李祥, 汤艳, 熊伟, 等. BDE-209 对雄性大鼠睾丸组织结构和氧化应激的影响. 环境与健康杂志, 2011, 28 (12): 1081-1083.

[52] 吉贵祥, 石利利, 刘济宁, 等. BDE-47 对斑马鱼胚胎-幼鱼的急性毒性及氧化应激作用. 生态毒理学报, 2013, 8 (5): 731-736.

[53] 范灿鹏, 王奇, 刘昕宇, 等. 四溴联苯醚对剑尾鱼毒性及其抗氧化系统的影响. 环境科学学报, 2011, 31 (3): 642-648.

[54] Ashwood P, Schauer J, Pessah I N, et al. Preliminary evidence of the in vitro effects of BDE-47 on innate immune responses in children with autism spectrum disorders. J Neuroimmunol, 2009, 208 (1-2): 130-135.

[55] Fernie K J, Mayne G, Shutt J L, et al. Evidence of immunomodulation in nestling American kestrels (Falco sparverius) exposed to environmentally relevant PBDEs. Environ Pollut, 2005, 138 (3): 485-493.

[56] Arkoosh M R, Boylen D, Dietrich J, et al. Disease susceptibility of salmon exposed to polybrominated diphenyl ethers (PBDEs). Aquat Toxicol, 2010, 98 (1): 51-59.

[57] Karpeta A, Gregoraszczuk E L. Differences in the mechanisms of action of BDE-47 and its metabolites on

OVCAR-3 and MCF-7 cell apoptosis. J Appl Toxicol，2017，37（4）：426-435.

[58]　Li Z H，Liu X Y，Wang N，et al. Effects of decabrominated diphenyl ether（PBDE-209）in regulation of growth and apoptosis of breast，ovarian，and cervical cancer cells. Environmental Health Perspectives，2012，120（4）：541-546.

[59]　Hardell L，Carlberg M，Hardell K，et al. Decreased survival in pancreatic cancer patients with high concentrations of organochlorines in adipose tissue. Biomed Pharmacother，2007，61（10）：659-664.

[60]　Chi Z X，Tan S W，Li W G，et al. In vitro cytotoxicity of decabrominated diphenyl ether（PBDE-209）to human red blood cells（hRBCs）. Chemosphere，2017，180：312-316.

[61]　Tjarnlund U，Ericson G，Orn U，et al. Effects of two polybrominated diphenyl ethers on rainbow trout（Oncorhynchus mykiss）exposed via food. Mar Environ Res，1998，46（1-5）：107-112.

[62]　孙晓杰，周明莹，丁海燕，等. 改进 QuEChERS-浓 H_2SO_4 净化-气相色谱/质谱联用检测贝类中多溴联苯醚. 分析科学学报，2018，34（4）：513-517.

[63]　温泉，沈璐，方珂. 液相色谱-负化学源质谱法分析鱼油中的多溴联苯醚. 粮油加工（电子版），2015，（12）：41-43.

[64]　何雪芬，熊珺，王妙春，等. 超声萃取-气相色谱质谱法测定环境和食品中多溴联苯及多溴联苯醚. 现代测量与实验室管理，2014，22（2）：3-6.

[65]　王丽娟. 水产品中多环芳烃的检测方法及污染特征研究进展. 渔业研究，2016，（4）：343-350.

[66]　尹怡，郑光明，朱新平，等. 分散固相萃取/气相色谱-质谱联用法快速测定鱼、虾中的 16 种多环芳烃. 分析测试学报，2011，（10）：1107-1112.

[67]　何苑雯. 水产品中多环芳烃含量测定方法. 科学之友，2013，（10）：32-33.

[68]　郭萌萌，吴海燕，杨帆，等. 改进的 QuEChERS-高效液相色谱法测定水产品中 16 种多环芳烃. 环境化学，2013，（6）：1025-1031.

[69]　万译文，黄向荣，陈湘艺，等. QuEChERS/高效液相色谱法同时测定水产品中 16 种多环芳烃. 湖南师范大学自然科学学报，2014，（1）：42-47.

[70]　冯婷婷，方芳，杨娟，等. 食品生物制造过程中生物胺的形成与消除. 食品科学，2013，（19）：360-366.

[71]　Shalaby A R. Significance of biogenic amines to food safety and human health. Food Research International，1996，29（7）：675-690.

[72]　刘红，李传勇，曾志杰，等. 水产品中生物胺的检测与控制技术研究进展. 食品安全质量检测学报，2015，（11）：4516-4523.

[73]　Prester L. Biogenic amines in fish，fish products and shellfish：A review. Food Additives & Contaminants：Part A，2011，28（11）：1547-1560.

[74]　Pavlicek T，Krizek M. Formation of selected biogenic amines in carp meat. Journal of the Science of Food and Agriculture，2002，82（9）：1088-1093.

[75]　Ruiz-Capillas C，Moral A. Effect of controlled atmospheres enriched with O_2 in formation of biogenic amines in chilled hake. European Food Research and Technology，2001，212（5）：546-550.

[76]　Bjornsdottir K B G，McClellan-Green P D，Jaykus L A，et al. Detection of gram-negative histamine-producing bacteria in fish：A comparative study. Journal of Food Protection，2009，72（9）：1987-1991.

[77]　王光强，俞剑燊，胡健，等. 食品中生物胺的研究进展. 食品科学，2016，（1）：269-278.

[78]　Mazzucco E，Gosetti F，Bobba M，et al. High-performance liquid chromatography-ultraviolet detection method for the simultaneous determination of typical biogenic amines and precursor amino acids Applications in food

chemistry. Journal of Agricultural & Food Chemistry，2010，58（1）：127-134.

[79] Donthuan J，Yunchalard S，Srijaranai S. Ultrasound-assisted dispersive liquid-liquid microextraction combined with high performance liquid chromatography for sensitive determination of five biogenic amines in fermented fish samples. Analytical Methods，2014，6（4）：1128-1134.

[80] Li G，Dong L，Wang A，et al. Simultaneous determination of biogenic amines and estrogens in foodstuff by an improved HPLC method combining with fluorescence labeling. LWT-Food Science and Technology，2014，55（1）：355-361.

[81] Gong X，Wang X，Qi N，et al. Determination of biogenic amines in traditional Chinese fermented foods by reversed-phase high-performance liquid chromatography（RP-HPLC）. Food Additives & Contaminants Part A Chemistry Analysis Control Exposure & Risk Assessment，2014，31（8）：1431-1437.

[82] Li C，Jiang X，Hou X. Dielectric barrier discharge molecular emission spectrometer as gas chromatographic detector for amines. Microchemical Journal，2015，119：108-113.

[83] Slemr J，Beyermann K. Determination of biogenic amines in meat by combined ion-exchange capillary gas chromatography. Journal of Chromatography，1984，283（1984）：241-250.

[84] Hwang B S，Wang J T，Choong Y M. A rapid gas chromatographic method for the determination of histamine in fish and fish products. Food Chemistry，2003，82（2）：329-334.

[85] Carmen P，Marilena M，Donatella N，et al. A multiresidual method based on ion-exchange chromatography with conductivity detection for the determination of biogenic amines in food and beverages. Analytical and Bioanalytical Chemistry，2013，405（2-3）：1015-1023.

[86] 周勇，王萍亚，赵华，等. 离子色谱法测定冷冻海产品中的生物胺. 食品工业，2014，（5）：238-241.

[87] 孙永，刘楠，李智慧，等. 抑制性电导检测-离子色谱法快速测定水产品中的生物胺. 食品安全质量检测学报，2015，（10）：3992-3997.

[88] Jastrzbska A，Piasta A，Yk E S. Application of ion chromatography for the determination of biogenic amines in food samples. Journal of Analytical Chemistry，2015，70（9）：1131-1138.

[89] Tao Z，Sato M，Han Y，et al. A simple and rapid method for histamine analysis in fish and fishery products by TLC determination. Food Control，2011，22（8）：1154-1157.

[90] Lapa-Guimarães J，Pickova J. New solvent systems for thin-layer chromatographic determination of nine biogenic amines in fish and squid. Journal of Chromatography A，2004，1045（1-2）：223-232.

[91] 于宁，李天华，王鲁雁，等. 胶束电动毛细管色谱检测鱼肉中的七种生物胺. 色谱，2007，（6）：934-938.

[92] An D，Chen Z，Zheng J，et al. Determination of biogenic amines in oysters by capillary electrophoresis coupled with electrochemiluminescence. Food Chemistry，2015，168（1）：1-6.

[93] Timm M，Jørgensen B M. Simultaneous determination of ammonia, dimethylamine, trimethylamine and trimethylamine-N-oxide in fish extracts by capillary electrophoresis with indirect UV-detection. Food Chemistry，2002，76（4）：509-518.

[94] Patange S B，Mukundan M K，Kumar K A. A simple and rapid method for colorimetric determination of histamine in fish flesh. Food Control，2005，16（5）：465-472.

[95] Leng P Q，Zhao F L，Yin B C，et al. A novel, colorimetric method for biogenic amine detection based on arylalkylamine N-acetyltransferase. Chemical Communications，2015，51（41）：8712-8714.

[96] Romero-Gonzalez R，Alarcon-Flores M í I，Vidal J L M，et al. Simultaneous determination of four biogenic and three volatile amines in anchovy by ultra-high-performance liquid chromatography coupled to tandem mass

spectrometry. Journal of Agricultural & Food Chemistry，2012，60（21）：5324-5329.

[97]　Self R L，Wu W H，Marks H S. Simultaneous quantification of eight biogenic amine compounds in tuna by matrix solid-phase dispersion followed by HPLC-orbitrap mass spectrometry. Journal of Agricultural & Food Chemistry，2011，59（11）：5906-5913.

[98]　Mazzotti F，Donna L D，Napoli A，et al. N-hydroxysuccinimidyl p-methoxybenzoate as suitable derivative reagent for isotopic dilution assay of biogenic amines in food. Journal of Mass Spectrometry，2014，49（9）：802-810.

[99]　Chung S W C，Chan B T P. Trimethylamine oxide，dimethylamine，trimethylamine and formaldehyde levels in main traded fish species in Hongkong. Food Additives and Contaminants：Part B，2009，2（1）：44-51.

[100]　Shumilina E，Ciampa A，Capozzi F，et al. NMR approach for monitoring post-mortem changes in Atlantic salmon fillets stored at 0 and 4℃. Food Chemistry，2015，184（1）：12-22.

[101]　Heude C，Lemasson E，Elbayed K，et al. Rapid assessment of fish freshness and quality by ¹H HR-MAS NMR spectroscopy. Food Analytical Methods，2015，8（4）：907-915.

[102]　Draisci R，Volpe G，Lucentini L，et al. Determination of biogenic amines with an electrochemical biosensor and its application to salted anchovies. Food Chemistry，1998，62（2）：225-232.

[103]　Henao-Escobar W，del Torno-de Román L，Domínguez-Renedo O，et al. Dual enzymatic biosensor for simultaneous amperometric determination of histamine and putrescine. Food Chemistry，2016，190（1）：818-823.

[104]　Simon-Sarkadi L，Gelencsér É，Vida A. Immunoassay method for detection of histamine in foods. Acta Alimentaria，2003，32（1）：89-93.

[105]　Muscarella M，Magro S L，Campaniello M，et al. Survey of histamine levels in fresh fish and fish products collected in Puglia（Italy）by ELISA and HPLC with fluorimetric detection. Food Control，2013，31（1）：211-217.

[106]　Kolandhasamy P，Su L，Li J，et al. Adherence of microplastics to soft tissue of mussels：A novel way to uptake microplastics beyond ingestion. Sci Total Environ，2018，610-611.

[107]　Claessens M，Van Cauwenberghe L，Vandegehuchte M B，et al. New techniques for the detection of microplastics in sediments and field collected organisms. Mar Pollut Bull，2013，70（1-2）：227-233.

[108]　Zhu D，Bi Q F，Xiang Q，et al. Trophic predator-prey relationships promote transport of microplastics compared with the single Hypoaspis aculeifer and Folsomia candida. Environ Pollut，2018，235：150-154.

[109]　Loder M G J，Imhof H K，Ladehoff M，et al. Enzymatic purification of microplastics in environmental samples. Environ Sci Technol，2017，51（24）：14283-14292.

[110]　Nuelle M T，Dekiff J H，Remy D，et al. A new analytical approach for monitoring microplastics in marine sediments. Environ Pollut，2014，184：161-169.

[111]　Coppock R L，Cole M，Lindeque P K，et al. A small-scale，portable method for extracting microplastics from marine sediments. Environ Pollut，2017，230：829-837.

[112]　Hermabessiere L，Himber C，Boricaud B，et al. Optimization，performance，and application of a pyrolysis-GC/MS method for the identification of microplastics. Analytical and Bioanalytical Chemistry，2018，410（25）：6663-6676.

[113]　Zhang J X，Tian K D，Lei C L，et al. Identification and quantification of microplastics in table sea salts using micro-NIR imaging methods. Analytical Methods，2018，10（24）：2881-2887.

第12章 水产品重金属检测技术

自然界中的金属元素众多，某些金属（如锌、铜、铁、锰、铬等）在生物体的生长发育过程中发挥着重要作用，但若生物体吸收金属元素超过机体所需的限量范围，则将产生毒害作用。当然，不少金属元素进入生物体后，干扰生物体正常生理功能，具有显著的毒性作用，危害生物体健康，如铅、镉、汞、铬、砷、硒、锡、铝、铜、锌等，这些元素被称为有害金属元素。在金属元素中，标准状况下单质密度大于 $4500kg/m^3$ 的金属元素称为重金属元素，区别于轻金属元素（如铝、镁）。根据这些重金属元素对人类的危害不同，将它们区分为中等毒性元素（如铜、锡、锌等）和强毒性元素（如汞、砷、镉、铅等），这些重金属被生物体摄取吸收后富集或转变成更高毒性的有机金属化合物，通过食物链对人体健康造成危害。

随着现代工农业的发展和人口的急剧增加，大量未经处理或处理未完全的含重金属的污水、废渣被排放于河流、湖泊和海洋当中。当下人们的污水处理环保意识薄弱，重金属可轻易污染水体和土壤及农作物，导致水体质量日益下降，危害水产品生长，引发多类养殖病害，污染环境，破坏水生生态系统。重金属也可污染食品，经食物链途径进入人体，危害人体健康。

若人类长期食用含有重金属的水产品，金属毒物进入人体，不仅以原有形式存在，还可形成强毒性的化合物；多数在体内有蓄积性，且半衰期较长，能产生急性或慢性毒性危害，出现骨痛病、水俣病、白细胞减少症等疾病。2011年，浙江海久电池股份有限公司周边陆续检测出332名血铅超标患者，其中99名为儿童；同年，广东省政府调查组技术组调查报告显示，广东省河源三威电池有限公司周边2231名村民中，血铅超标者254人，达到血铅中毒标准者96人（其中成人39人，儿童57人）。2012年，螺旋藻铅含量超标被评为"十大消费热点事件"。2000年至今全国铅污染事件主要集中于四川、甘肃、北京、山东、江苏、安徽、浙江、湖南、广东等地；汞污染事件主要集中于云南、浙江；镉污染事件主要集中于湖南、江西、广西；砷污染事件主要集中于云南、贵州、重庆、湖北、河南、山东。

研究表明，珠江口沉积物重金属高值区主要集中在珠江口八大口门附近的海域以及澳门东北部海域，重金属 Zn、Cr、Cu 和 Cd 总体呈现由西北向东南递减的趋势。海南近岸沉积物重金属高值区主要集中在雷州半岛西部及琼州海峡区域。沉积物重金属元素 As、Cr、Cu、Pb 和 Zn 的含量均值在珠江口海域最高，海南近岸海域最低；沉积物重金属 Cd 和 Hg 的含量均值在辽东湾海域最高，海南近岸海域最低[1]。

东海 Cu、Pb、Zn、Cd 等重金属主要来源是河流为主的陆源排放，占东海重金属污染物排海总量的大部分，平均高达 88.0%左右，而排污口次之，平均可达 7.5%左右，大气沉降最小，平均只有 4.5%左右。对于 Cu、Zn 和 Cd 的排放通量，长江流域最高，钱塘江流域次之，闽江流域较小；对于 Pb 的排放通量，长江流域最高，闽江流域次之，钱塘江流域较小。高值区主要出现在长江口、杭州湾沿岸、舟山渔场水域。

渤海西北近岸海域 As、Cr、Pb、Zn 的空间分布比较均衡，Cd、Cu、Hg 的空间变异系数较大，低值区都集中在昌黎沿海海域，高值区基本都集中在沿岸河口位置，总体上呈现出由西北部沿岸海区向东南降低的趋势[2]。

大气中的重金属主要来源于能源、运输、冶金和建筑材料生产所产生的气体和粉尘。除汞以外，重金属基本上是以气溶胶的形态进入大气，经过自然沉降和降水进入土壤。农作物通过根系从土壤中吸收并富集重金属，也可通过叶片从大气中吸收气态或尘态铅和汞等重金属元素，随后直接被人体摄入或用于其他产品如饲料等制作中。作物中积累的重金属可通过食物链进入人体而给人类的健康带来潜在危害。农业上施用的农药和化肥是造成食品污染的另一渠道。磷肥含有镉，其施用面广且量大，可造成土壤、作物和食品的严重污染。长期使用含 Pb、Cd、Cu、Zn 的农药、化肥，也将导致土壤中重金属元素的积累。有机汞农药含苯基汞和烷氧基汞，在体内易分解成无机汞化合物。另外，在食品加工过程中使用的机械、管道等与食品摩擦接触，会造成微量的金属元素掺入食品中，引起污染。储藏食品的大多数金属容器含有重金属元素，在一定条件下也可污染食品。重金属元素还会随部分食用药物进入人体，产生危害。当前，国际上进口中药材和中成药的国家对中药材和中成药中重金属的含量提出了严格要求。重金属的循环路径如图 12-1 所示。

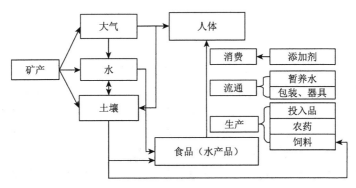

图 12-1　重金属在环境中的循环路径

中国城市土壤重金属含量超过了土壤背景值，尤其是 Cd 和 Pb 污染严重。中国城市土壤重金属的含量存在明显地区差异，东部、中部和西部地区的城市土壤重金属含量差异较大，省会城市和地级城市的污染程度不一，城市不同功能区之间也存在明显区别。

重金属污染除了地理地质因素导致的天然污染以外，大部分是人为污染。主要污染源为金属冶炼废水污染、电镀工业废水、化工污染、生活污水、垃圾填埋场和金属加工、废旧电器回收、农药随雨水冲刷于江河中等。重金属污染在环境中形成循环污染，由水源到土壤污染再到食物链整体发展。重金属污染的传播主要通过水和土壤进入食物链，利用污染的水进行灌溉和水产养殖都会带来严重危害。水产动植物会将生活的水环境中含有的及其所食用的饲料中的重金属经过富集作用积累在体内，经过食物链传递到顶端——人类，并造成富集，危害人体健康。

重金属离子进入人体组织后，一部分可随血液循环到各组织器官，引起组织细胞的机能变化；另一部分则可与血浆中的蛋白质和红细胞等结合，妨碍血液机能，造成贫血或者与酶结合，造成酶的失活而毒害机体。重金属的主要作用机制包括：①置换酶活性中心的必需元素。例如，Be^{2+}可以取代 Mg^{2+} 激活酶中的 Mg^{2+}，引起酶可见构型的改变，削弱或完全抑制酶的活性。②阻断蛋白质表现活性所必需的功能基团。与蛋白质（包括酶）官能团如咪唑基、巯基、羟基、羧基、氨基亲和，如 Hg^{2+}、Ag^+ 与酶中半胱氨酸残基的巯基结合，半胱氨酸的巯基是许多酶的催化活性部位，封闭了这些活性位点，影响甚至阻断其正常功能的发挥。③与核酸上的碱基、核糖羟基、磷酸酯基结合，这种结合一方面改变了互补氢键的性能，使 DNA 在复制或转录过程中发生碱基错配；另一方面破坏核酸结构的稳定性，使核酸解聚，降解成小的碎片；一旦核酸结构发生变化，就可能引起严重后果，如致癌和先天性畸形。④对膜的影响。重金属离子可与质膜上的某些阴离子结合，造成膜结构溃散，膜内容物外泄。

12.1　铅

铅为青白色重金属，有毒性，是一种有延伸性的主族金属。新切开的铅表面有金属光泽，但很快变成暗灰色，这是由于受到空气中的氧、水和二氧化碳的作用，其表面迅速生成一层致密的碱式碳酸盐保护层。铅质地软，抗张强度小，也常与其他元素结合成盐或合金，它的导电性能相当低，抗腐蚀性能很高，因此它往往被用于装腐蚀力强的物质（如硫酸）的容器。

铅污染是食品重金属污染中最严重的问题之一。铅分布广，能够在生物体内蓄积且排除缓慢，生物半衰期长。目前，我国食品中铅的含量存在普遍偏高的现象。食品中的铅与生物成分结合后常呈现多种形态，形态的改变更有利于生物体的摄入吸收、转化利用和体内蓄积分布，产生各类生物效应。总而言之，食品中铅的存在形态及其与毒性的关系仍有待深入研究。

12.1.1　铅污染的来源

水产品中铅污染物主要来源于环境和饲料，环境中的铅主要来源于水、空气、土壤和水产品包装器皿。

1. 空气

空气中的铅来源于自然环境与非自然环境，自然环境主要是指铅通过地壳侵蚀、火山爆发、海啸和森林山火等现象被释放到大气环境中。非自然环境是导致空气中铅浓度升高的主要原因，主要指的是人类活动。人类的工业活动、铅矿开采、冶炼、含铅汽油、含铅电池、弹药、焊料、燃料、色素、农药、电烙铁的使用等造成空气中铅污染，其中含铅汽油的燃烧和废气排放成为空气铅污染的主要来源。大量文献数据显示，公路两旁地区的空气铅含量远远高于普通地区的空气铅含量。

大气铅污染又可轻易转化为其他形式的铅污染。大气中的铅污染会不断沉降，最终造成地面土壤的铅污染、水质的铅污染和食品的铅污染等。全国范围内降尘铅污染主要集中于中部地区，其中四川省最为严重。

2. 土壤

土壤含有多种重金属元素，在正常条件下含量极微，对植物和人体的影响有限。但是随着工业、交通业和采矿业的发展，通过大气沉降、污水灌溉、施用污泥、农药、化肥等途径进入土壤的重金属在局部地区会上升很快。

土壤中铅有自然来源和人为来源。前者主要来自矿物和岩石中的本底值。土壤中原本存在的铅来自于风化岩中的矿物，如方铅矿（PbS）、闪锌矿（ZnS）等。不同地区土壤铅含量有所不同，这主要是由于土壤类型、母岩母质的差异造成的。

土壤中铅的人为来源主要是大气降尘、污泥城市垃圾的土地利用以及采矿和金属加工业。大气中的铅污染不断沉降，最后的归宿是海洋和土壤。而土壤是植物吸收铅的主要来源，农业生产中使用的砷酸铅等铅盐农药会对水果蔬菜和土壤水源造成污染。当土壤遭受铅污染，植物就有可能吸收较多的铅，甚至超积累吸收。直接用城市工业废水进行农田灌溉也能将大量的铅带入土壤中。铅矿开采、冶炼以及一些杀虫剂的使用都会导致铅在土壤中的积累。

另外，一般情况下，随着远离公路的距离逐渐增大，土壤中铅含量逐渐降低。

路边的绿化带对土壤铅污染具有很好的阻挡作用。土地积累指数表明，在距离公路 2m 处，土壤中的铅属于强度污染，30m 处则为轻度污染[3]。

3. 水

水的铅污染来源主要有两个：第一个来源是工业污染物及废水的任意排放，以及农业生产中农药与杀虫剂的广泛利用。印刷厂、铅冶炼厂、铅采矿场等是重要的污染源，随着我国乡镇企业的发展，"三废"中的铅已大量进入农田，并通过灌溉、雨水等转移到水体，进一步污染各种水生生物。第二个来源，也是最主要的来源，是城镇自来水输水管网腐化造成的铅释放。这也是饮用水中铅对人体健康造成危害的主要原因。我国目前使用的自来水管道大多数是含铅的金属管，由于自来水使用氯作为消毒剂，水中的余氯加速了含铅水管的侵蚀和老化。一般使用超过 5 年的水管，其铅的释放量就会增加，自来水中铅的浓度也会升高。另外，所有管网中的焊接缝以及家庭中使用的各种镀铬、黄铜等材料的水管、龙头都能析出铅。在《生活饮用水卫生标准》中，铅的限值为 0.01mg/L。然而自来水在出厂时，即使能达到这个标准，在经由漫长的输水管网到达用户的自来水龙头时，水中铅的含量也会超过这个限值，这时水中的铅含量对饮用者来说是不安全的。

4. 水产品包装器皿

水产品在生产过程中直接接触铅或者由于生产工艺的原因直接加入含铅的原料均会导致铅污染，许多水产品容器和用具都是用含铅材料（如铅金属、搪瓷、陶瓷、马口铁、玻璃等）制作，这些材料与水产品接触即可造成水产品污染。另外，含铅的食品包装袋、管道、用具等接触酸性物质后，会使铅溶出从而造成污染[4]。

饲料中的铅主要来源于农业生产活动、工业"三废"和饲料加工过程。

（1）农业生产活动。

农药施用、农田施肥以及污水灌溉等管理操作不当，皆可造成重金属直接污染农作物，或通过土壤积累被作物吸收。农田灌溉时，如果利用没有经过处理的工业废水或生活污水，均会不同程度地造成铅等重金属对土壤和作物的污染，进而污染动物饲料。

（2）工业"三废"。

我国饲料原料来源广泛，矿区也是饲料原料的重要产地。采矿及冶炼业由于污染防治措施不当，长期向环境中排放含有重金属元素的污染物。

（3）饲料加工过程。

在进行配合饲料生产时，为了改善饲料适口性、防霉、提高饲料质量等，往往添加一些酸性物质。这些酸性物质如果添加不合理会造成机器表面金属溶出，从而造成饲料污染，严重时可导致动物急性中毒。另外，一些动物专用驱虫剂或杀菌剂中也含有重金属。一些矿物添加剂如麦饭石、膨润土、沸石、海泡土以及饲用磷酸盐类和饲用碳酸盐类等在没有经过合理脱毒处理情况下，会造成饲料重金属元素含量超标。

12.1.2　铅的危险性评价

人体摄入铅常通过长期摄入低剂量含铅食品以及呼吸道吸收，从而导致人体蓄积中毒，其中通过呼吸道摄入吸收率高，速度快。铅能通过富集作用储存于人体内，与多种酶结合，与体内的生物分子发生作用而损害生殖、神经、消化、免疫、肾脏、心血管等系统，对全身器官产生危害，影响生长发育。铅作用的毒理学模式取决于其分子构型，无机铅比四乙基铅毒性小，而且二者的临床症状也不同。无机铅是 δ-氨基-γ-酮戊酸脱水酶（又称 δ-氨基乙酰丙酸脱水酶，ALAD）和亚铁血红素合成酶的抑制剂，可引起贫血症。金属铅可引起神经细胞坏死、髓鞘退化，还可引起由于脑脊髓液压力升高而导致的脑血管损伤。有机铅氧化物如四乙基铅，可以通过上皮被大量吸收。这些都可以引起脑部疾病以及儿童的智力缺陷。

1. 亚慢性和慢性毒性

当长期摄入含铅食品后，铅对人体造血系统产生损害，主要表现为贫血和溶血；铅能置换骨骼中的钙而储存在骨中，可对人的中枢和周围神经系统造成伤害，引起脑病与周围神经病，也对血液系统、肾脏、心血管系统和生殖系统等多个器官和系统造成损伤，能造成认知能力和行为功能改变、遗传物质损伤、诱导细胞凋亡等；引发痛风、慢性肾衰竭、严重腹绞痛等疾病。

2. 急性毒性

铅中毒可引起多个系统症状，但最主要的症状为食欲不振、口有金属味、流涎、失眠、头痛、头昏、肌肉关节酸痛、腹痛、便秘或腹泻、贫血等，严重时出现痉挛、抽搐、瘫痪、循环衰竭。

3. 生殖毒性、致癌性、致突变性

微量的铅可影响精子的形成，引起人类死胎和流产，还可进入胎儿体内，危害胎儿，诱发良性和恶性肾脏肿瘤。

铅对儿童的危害更大，是一种强烈的亲神经毒物。儿童可从铅制成的涂料碎片、土壤、房屋内来自涂料的灰尘、工业粉尘和汽车尾气中吸收铅，从而导致慢性毒性。在被吸入的铅中，只有 5%～15%被成人吸收，儿童吸收的量达到 40%[5]。

儿童血液中铅的含量超过 0.6μg/mL 时，就会出现智力发育障碍和行为异常[6]。它主要直接伤害人的脑细胞，尤其是幼儿的神经系统，严重影响幼儿的身体发育和智力发育，可造成先天智力低下，特别是大脑处于神经系统敏感期的儿童，对铅有特殊的敏感性。神经行为功能研究得出，长时期暴露于含铅量超标环境的儿童出现反应缓慢、视觉迟钝的现象。另外，也有研究表明，儿童的智力低下发病率随铅污染程度的加大而升高。儿童体内血铅每上升 10μg/100mL，儿童智力测试分数则下降 6～8 分。儿童铅中毒会出现易激怒、多动、注意力短暂、攻击性行为、反应迟钝、嗜睡、运动失调等，严重者出现狂躁、谵妄、视觉障碍、颅神经瘫痪等症状[7, 8]。

儿童铅中毒已不仅仅是一个医学问题，已经成为一个社会问题。随着无铅汽油的推广应用，中国儿童的铅中毒流行率已有显著降低，但目前的整体水平分析结果表明，铅污染仍可能是影响我国儿童生长发育的潜在环境因素之一。表 12-1 和表 12-2 分别为 1994～2007 年部分省份儿童铅中毒率和中国儿童血铅水平与中毒率的年龄变化。

表 12-1　1994～2007 年部分省份儿童铅中毒率[9]

序次	1994～2003 年		2003～2007 年	
	省份	铅中毒率（%）	省份	铅中毒率（%）
1	山西	70.6	甘肃	51.1
2	四川	63.9	江西	35.9
3	海南	63.0	福建	33.5
4	河南	62.5	山东	31.1
5	云南	46.9	江苏	30.5
6	陕西	45.4	云南	29.7
7	辽宁	44.5	天津	29.6
8	甘肃	42.3	广西	29.5
9	吉林	40.6	内蒙古	26.8
10	北京	35.7	四川	26.7
11	新疆	35.3	安徽	24.9
12	广东	34.8	辽宁	23.7
13	广西	32.5	黑龙江	23.3
14	江苏	32.4	广东	23.0
15	宁夏	31.9	新疆	22.9
16	天津	27.4	贵州	21.8
17	山东	27.3	河南	21.7

序次	1994～2003 年		2003～2007 年	
	省份	铅中毒率（%）	省份	铅中毒率（%）
18	河北	27.0	吉林	21.3
19	浙江	25.7	浙江	20.9
20	江西	25.7	河北	20.2
21	安徽	25.7	湖南	16.7
22	上海	24.8	宁夏	15.1
23	重庆	23.7	海南	13.7
24	福建	20.0	陕西	11.6
25	湖北	16.7	北京	11.0
26	黑龙江	15.9	湖北	10.6
27	湖南	10.1	重庆	10.6

注：序次按铅中毒由高到低排名

表 12-2　中国儿童血铅水平与中毒率的年龄变化[10]

年龄（岁）	2007～2011 年	
	血铅水平（μg/L）	铅中毒率（%）
0	47.36±1.25	4.8±4.7
1	48.09±1.23	8.8±1.1
2	57.95±1.88	11.2±1.2
3	65.83±2.13	12.9±1.1
4	74.63±2.45	13.6±1.3
5	85.02±3.89	15.4±1.4
6	63.65±1.64	14.7±1.4

　　另外，铅主要经过胆汁和胃肠道的消化才能进行排泄。人体内有多处可蓄积铅，其中以脑骨和脊骨为主，占蓄积量的 90%。脑骨中的铅与镉的半衰期相差不多（约为 20 年）。其他几处包括肾、肺和中枢神经系统。因此，铅中毒对人机体的损伤及临床症状常与血液（贫血）、脑（脑瘫）和肾（蛋白尿）有关。

12.1.3　铅的限量标准

　　食品中铅的限量标准见表 12-3。对比其他国家或组织，我国对于食品中的铅限量标准并不算过分严格，但有铅限量标准要求的食品种类较多。

表 12-3　食品中铅限量指标（mg/kg）

食品类别（名称）	中国限量	CAC	欧盟	澳新
水产动物及其制品				
鲜、冻水产动物（鱼类、甲壳类、双壳类除外）	1.0			
鱼类	0.5	0.3	0.3	0.5
甲壳类	0.5	—	0.5	
双壳类	1.5	—	1.5	
水产制品（海蜇制品除外）	1.0	—	—	—
海蜇制品	2.0	—	—	—
蔬菜及其制品				
新鲜蔬菜（芸薹类蔬菜、叶菜蔬菜、豆类蔬菜、薯类除外）	0.1	0.1	0.1	0.1
芸薹类蔬菜、叶菜蔬菜	0.3	0.3	0.3	0.3
豆类蔬菜、薯类	0.2	0.2	0.2	0.2
新鲜蔬菜（芸薹类蔬菜、叶菜蔬菜、豆类蔬菜、薯类除外）	1.0	1.0	—	—
水果及其制品				
新鲜水果（浆果和其他小粒水果除外）	0.1	0.1	0.1	0.1
浆果和其他小粒水果	0.2	0.2	0.2	0.1
水果制品	1.0	1.0	—	—
肉及肉制品				
肉类（畜禽内脏除外）	0.2	0.1	0.1	0.1
畜禽内脏	0.5	0.5	0.5	0.5
肉制品	0.5	—	—	—
特殊膳食用食品				
婴幼儿配方食品（液态产品除外）	0.15			
液态产品	0.02	0.02	0.02	0.02
婴幼儿辅助食品				
婴幼儿谷类辅助食品（添加鱼类、肝类、蔬菜类的产品除外）	0.2	—		
添加鱼类、肝类、蔬菜类的产品	0.3	—		
婴幼儿罐装辅助食品（以水产及动物肝脏为原料的产品除外）	0.25	—		
以水产及动物肝脏为原料的产品	0.3	—		
特殊医学用途配方食品（特殊医学用途婴儿配方食品涉及的品种除外）				
10 岁以上人群的产品	0.5（固态）	—	—	—
1～10 岁人群的产品	0.15（固态）	—	—	—
辅食营养补充品	0.5	—		
运动营养食品				
固态、半固态或粉状	0.5	—		
液态	0.05	—		
孕妇及乳母营养补充食品	0.5	—		

12.1.4　铅的检测技术

水产品中铅污染物检测样品均为新鲜样品，应及时处理，防止腐败变质进而影响实验结果。根据分析项目要求的不同，采取不同部分的样品或混合采样。例如，鱼类只取可食肉 100g 左右，磨碎或匀浆。

水产品中铅的检测方法按照 GB 5009.12—2017 和 GB 5009.268—2016 所规定的食品中铅的测定方法执行。

铅的检测技术包括原子吸收光谱法、电感耦合等离子体质谱法、二硫腙比色法、快速检测方法等。

1. 原子吸收光谱法

原子吸收光谱法（AAS）又称原子吸收分光光度法，是基于蒸气相中待测元素的基态原子对其共振辐射的吸收强度来测定试样中该元素含量的一种仪器分析方法。原子吸收光谱法灵敏度高、选择性好、适应性广、操作简单，其应用范围遍及各个学科领域。原子吸收光谱法是一种成分分析方法，主要用于低含量元素的分析，可对 60 多种金属元素及某些非金属元素进行定量分析，检出限可达 ng/mL 级，相对标准偏差约为 1%～5%。根据使用的原子化方法不同，AAS 可分为火焰原子吸收光谱法、石墨炉原子吸收光谱法、氢化物发生原子吸收光谱法等类型，具有仪器设备相对简单、灵敏度高、选择性好、抗干扰能力强、分析速度快、操作简便及应用范围广等优点，是目前各类食品国家标准中普遍使用的重金属元素分析方法，并且不同原子吸收方法具有不同应用，如火焰原子吸收光谱法主要用于铅、铜的分析；石墨炉原子吸收光谱法主要用于铅、铜、镉、镍等的测定。还有一些特殊的原子化技术如氢化物原子化、冷蒸气原子化等。

原子吸收光谱法操作应注意试样预处理是采样、制备样品后至关重要的检测步骤，如果没有适宜的预处理方法，即使有了代表性的样品，有了灵敏可靠的分析测定方法，也可能因待测成分提取不完全或其他成分的干扰而无法得到准确可靠的分析测定结果，甚至无法进行分析测定。目前样品处理最常用的方法有：湿法消解、干法消解、微波消解、炉内消解。

在样品的消化过程中，固体样品约称取 0.5～3g，液体样品约称取 5.0g 于 50mL 三角烧瓶中，加入 10mL 硝酸、0.5mL 高氯酸，放置片刻，用电热板缓缓加热，观察消化过程，若过程缓和，则升温再加热，待有机物分解完全且产生白烟，白烟耗尽后，瓶内液体再产生白烟为消化完全（期间若样品炭化变黑，补加少量硝酸）。消化液应澄清无色或微带黄色，最后约剩 0.5mL 液体，放冷，用去离子水把消化液转移至 25.0mL 比色管中定容。为了降低样品空白值，混酸应配成高氯酸与硝酸体积比约 1∶9。同时取与消化样品相同量的硝酸-高氯酸混合液按同一方法做试剂空白试验。

在使用高氯酸时，最好先用硝酸氧化部分有机物，或者先加入硝酸与高氯酸的混合液浸泡一夜，同时实验要在通风橱内进行。消化液不能蒸干，以防部分元素如硒、铅损失。消解用的烧瓶内多加一些玻璃珠（粒），以防止消解加热时消化样品液暴沸。在烧瓶口放置一个小漏斗，用来冷却回流消化液。

由于在食品的铅检验中，铅含量属痕量范围，预处理和测定过程可能带来的外来污染和基体干扰较多，常导致检测结果偏差较大。样品预处理为食品检验的关键步骤，预处理方法选择是否合适，直接影响分析结果的精密度和准确度，因此统一预处理方法，是保证检验质量和提高检验效率的重要步骤，有利于排除其他成分对待测成分的干扰，缩短样品的预处理时间。

1）石墨炉原子吸收光谱法

石墨炉原子吸收光谱法（详细步骤可参考 GB 5009.12—2017）是利用石墨材料制成管、杯等形状的原子化器，用电流加热原子化进行原子吸收分析的方法。由于样品全部参加原子化，并且避免了原子浓度在火焰气体中的稀释，分析灵敏度得到了显著的提高。该法用于测定痕量金属元素，在性能上比其他许多方法好，并能用于少量样品的分析和固体样品直接分析，因而其应用领域十分广泛。

试样消解处理后，经石墨炉原子化，在 283.3nm 处测定吸光度。在一定浓度范围内铅的吸光度值与铅含量成正比，与标准系列比较定量。

当称样量为 0.5g（或 0.5mL），定容体积为 10mL 时，方法的检出限为 0.02mg/kg（或 0.02mg/L），定量限为 0.04mg/kg（或 0.04mg/L）。

2）火焰原子吸收光谱法

火焰原子吸收光谱法（详细步骤可参考 GB 5009.12—2017）的基本原理是：仪器从光源辐射出具有待测元素特征谱线的光，当辐射投射到原子蒸气上时，如果辐射波长相应的能量等于原子由基态跃迁到激发态所需的能量时，则会引起原子对辐射的吸收，产生吸收光谱。基态原子吸收了能量，最外层的电子产生跃迁，从低能态跃迁到激发态，由辐射特征谱线光被减弱的程度来测定试样中待测元素的含量。

以称样量 0.5g（或 0.5mL）计算，方法的检出限为 0.02mg/kg（0.02mg/L），定量限为 0.05mg/kg（0.05mg/L）。

2. 电感耦合等离子体质谱法

电感耦合等离子体质谱法（详细步骤可参考 GB 5009.268—2016）中，样品经消解后，消解溶液由电感耦合等离子体质谱仪测定。根据各元素与相应内标元素的质荷比进行分离，对于一定的质荷比，其质谱的信号强度与进入质谱仪的粒子数成正比，即样品中元素浓度与质谱信号强度成正比。通过测定质谱的信号强度对试样溶液中的元素进行定量分析。

该方法的检出限为 0.4mg/kg（或 0.4mg/L），定量限为 1.2mg/kg（或 1.2mg/L）。

3. 二硫腙比色法

二硫腙比色法（详细步骤可参考 GB 5009.12—2017）中，试样经消化后，在 pH 8.5～9.0 时，铅离子与二硫腙生成红色络合物，溶于三氯甲烷。加入柠檬酸铵、氰化钾和盐酸羟胺等，防止铁、铜、锌等离子干扰。于波长 510nm 处测定吸光度，与标准系列比较定量。

以称样量 0.5g（或 0.5mL）计算，方法的检出限为 1mg/kg（或 1mg/L），定量限为 3mg/kg（或 3mg/L）。

4. 快速检测方法

铅的生物学检测方法主要包括免疫检测技术、超分子 Pb^{2+} 生物化学传感器法以及分子信标核酸检测技术等。免疫检测技术是一种利用抗体、抗原之间的特异性反应，通过已知的抗原检测未知的抗体或通过已知的抗体检测未知的抗原从而建立起来的生物化学分析方法，具有高度灵敏性和特异性。Bishnu 等[11]发现，Pb^{2+} 是唯一一种能够大幅度提高 Pb(II)·CHXDTPA 复合体和荧光肽亲和力的金属离子，多克隆抗体特异性结合 Pb^{2+} 从而得待测 Pb^{2+} 浓度。此外，多种以聚苯醚、联萘、杂氮等为原料的 Pb^{2+} 生物化学传感器逐渐应用于实际检测中。分子信标核酸检测 Pb^{2+} 技术是一种新的技术方法，研究发现该方法可检测 Pb^{2+} 的最小浓度为 17mol/L[12]。

快速检测方法也逐渐应用于食品铅的检测中。赵广英等[13]以微型 DPSA-1 仪结合丝网印刷电极，采用微分电位溶出法快速检测茶叶中的微量铅元素。结果显示，铅含量在 10～380μg/L 内线性关系良好，检出限为 1.38μg/L。Hybrivet Systems 公司开发的 Lead-Check 铅检测笔，可快速有效地对多种物体表面是否含铅进行定性检测和铅含量筛选性检测，并且检测笔自身无任何毒性，不会对人体产生伤害，不污染环境[14]。

12.2　镉

镉是银白色略带有淡蓝色光泽的金属，有韧性和延展性。镉在自然界是比较稀有的元素，在地壳中含量估计为 0.1～0.2mg/kg，主要以硫镉矿形式存在，与锌、铅、铜等矿共存，所以在锌、铅、铜、锰等金属的冶炼过程中会排出大量的镉。镉在潮湿空气中缓慢氧化并失去金属光泽，加热时表面形成棕色的氧化层，若加热至沸点以上，则会产生氧化镉烟雾。

镉常见的存在形态有金属态、硫化物和硫酸盐，可分为水溶性镉和非水溶性镉。离子态和络合态的水溶性镉［$CdCl_2$、$Cd(WO_3)_2$］等能被作物吸收，对生物危害大；而非水溶性镉（CdS、CdCO₃）等不易迁移，不易被作物吸收。水溶性镉和非水溶性镉随环境条件的改变可互相转化。当环境偏酸性时，镉溶解度增高，易于迁移；环境处于氧化条件时，镉也易变成可溶性，可被动植物大量吸收。同时，镉的吸附迁移还受相伴离子如 Zn^{2+}、Pb^{2+}、Cu^{2+}、Fe^{2+}、Ca^{2+} 等的影响。

镉的密度和蒸气压很高。高温下镉与卤素反应生成卤化镉，也可与硫直接化合生成硫化镉。镉的硫酸盐、硝酸盐及卤化物易溶于水。镉矿冶炼出的"三废"会污染环境，被污染的水体中镉浓度可以比一般水体浓度高 1000～2000 倍，被污染的土壤中镉浓度比一般土壤浓度高 800 倍。

12.2.1　镉污染的来源

水体中镉的污染主要来自地表径流和工业废水。镉广泛应用于工业的各个领域，主要是铅锌矿，以及有色金属冶炼、电镀和用镉化合物作原料或触媒的工厂。例如，硫铁矿石制取硫酸和由磷矿石制取磷肥时排出的废水中含镉较高；大气中的铅锌矿以及有色金属冶炼、燃烧、塑料制品的焚烧形成的镉颗粒也可能进入水中；用镉作原料的触媒、颜料、塑料稳定剂、合成橡胶硫化剂、杀菌剂等排放的镉也会对水体造成污染。在城市用水过程中，往往容器和管道的污染也可使饮用水中镉含量增加。由于人类生产活动的需要，对铅锌矿的开采中伴随着镉的出现，工业生产产出含镉的废水进入孕育着众多生命的水体系统中，严重污染人类的饮用水和导致水产品体内镉含量的增加，污染农田的灌溉等。

12.2.2　镉的危险性评价

无脊椎动物，包括甲壳类和双壳类，都能够通过与不同的大分子量金属配合体结合而富集大量的镉。甲壳类动物的肌肉和肝胰腺对镉的亲和力不同，肝胰腺较容易吸附镉，其中镉含量约是前者的 10～100 倍。肝胰腺可食，且深受部分人群的喜爱，常在市面上流通销售，因而人们时常在食用水产品如龙虾等时摄入镉。

镉在原生质膜上与磷脂双分子层的磷酸盐基团反应的活性，对细胞核内物质的诱变，在溶酶体的膜上的活性，对线粒体的活性的抑制作用，皆可使细胞受到损害。但是，在水生动物中镉能够刺激金属硫蛋白的产生，这可以大大降低它的毒性。在水体受镉污染较为严重的地区，研究检测发现当地人群镉蓄积的主要部位之一为骨头，肝和肾同样可以富集镉，尤其是肾在长期的接触中会受到严重的损害。这都会导致受害人群在临床上出现管状功能紊乱从而导致氨基酸尿、蛋白尿和糖尿等。镉在人体肾中的半衰期可能长达 10～30 年，肾中的金属残留的 1/4 是由日常饮食产生的，镉对成年人危害大，同时，胎盘组织也可富集和转移金属元素。研究发现，胎盘中的镉含量是母血或者脐血中的 1～2 倍[15]；同样，还发现红细胞中镉的含量是血浆中的 3～5 倍，而且母体红细胞中镉的含量比胎儿的稍高（27%）。镉的污染对怀孕母体和胎儿危害也很严重[5]。

1. 急性毒性

镉是剧毒元素，对人体产生的危害十分巨大，自然界中，镉的化合物具有不同的毒性。硫化镉、硒磺酸镉的毒性较低，氧化镉、氯化镉、硫酸镉毒性较高。

1）食入性急性镉中毒

通常经 10～20min 后，即可发生恶心、呕吐、腹痛、腹泻等症状，严重者伴有虚脱、大汗，上肢感觉迟钝、眩晕，甚至出现抽搐、休克。

2）吸入性急性镉中毒

吸入高浓度含镉烟尘后，可出现上呼吸道黏膜刺激症状，经 4～10h 的潜伏期后，可出现咳嗽、胸闷、呼吸困难，伴寒战、肌肉关节酸痛，胸片见肺纹理增粗和片状阴影，严重者可出现迟发性肺水肿，可死于呼吸衰竭、循环衰竭。少数病例合并肝、肾损害。急性期后，少数病例发生肺纤维化。

2. 慢性毒性

慢性镉中毒可以通过食物、水和空气进入人体内蓄积下来。吸入含镉气体可致呼吸道症状如嗅觉丧失症，经口摄入镉可致肝、肾症状。长期食用遭到镉污染的食品，可能导致体内积聚过量的镉而损坏近曲肾小管和肾小球功能，造成体内蛋白质从尿中流失，出现蛋白尿、氨基酸尿和糖尿，久而久之形成软骨症和自发性骨折。长期饮用含镉离子的水，镉离子就会沉积在骨骼中，阻止钙离子的吸收，导致人体钙离子大量流失，引起骨质疏松、骨折、骨痛、骨骼病变。

3. 致癌性、致畸和致突变作用

1993 年国际抗癌联盟（IARC）将镉定为ⅠA 级致癌物，镉还可使温血动物和人的染色体发生畸变，损伤 DNA、影响 DNA 修复以及促进细胞增生。镉的致癌作用主要表现为可引起肺、前列腺和睾丸的肿瘤。动物试验证实，镉还可引起皮下注射部位、肝、肾和血液系统的癌变。

大量动物试验表明镉对胚胎发育的毒性可导致胚胎死亡和发育迟缓，并造成小鼠明显的单侧或者双侧唇裂和腭裂等多种畸形。

12.2.3　镉的限量标准

根据 GB 2762—2017，镉的限量标准见表 12-4，由于双壳类、腹足类、头足类、棘皮类等属于滤食性动物，并主要生活在水底的底层，靠近淤泥，所接触的重金属污染的可能性较大，其限量标准较高。

表 12-4　镉的限量标准

食品类别	中国限量（mg/kg）
水产动物及其制品	
鲜、冻水产动物	
鱼类	0.1
甲壳类	0.5
双壳类、腹足类、头足类、棘皮类	2.0（去除内脏）
水产制品	
鱼类罐头（凤尾鱼、旗鱼罐头除外）	0.2
凤尾鱼、旗鱼罐头	0.3
其他鱼类制品（凤尾鱼、旗鱼制品除外）	0.1
凤尾鱼、旗鱼制品	0.3
谷物及其制品	
谷物（稻谷除外）	0.1
谷物碾磨加工品（糙米、大米除外）	0.1
稻谷、糙米、大米	0.2
蔬菜及其制品	
新鲜蔬菜（叶菜蔬菜、豆类蔬菜、块根和块茎蔬菜、茎类蔬菜、黄花菜除外）	0.05
叶菜蔬菜	0.2
豆类蔬菜、块根和块茎蔬菜、茎类蔬菜（芹菜除外）	0.1
芹菜、黄花菜	0.2
水果及其制品	
新鲜水果	0.05
食用菌及其制品	
新鲜食用菌（香菇和姬松茸除外）	0.2
香菇	0.5
食用菌制品（姬松茸制品除外）	0.5
豆类及其制品	
豆类	0.2
坚果及籽类	
花生	0.5
肉及肉制品	
肉类（畜禽内脏除外）	0.1
畜禽肝脏	0.5
畜禽肾脏	1.0
肉制品（肝脏制品、肾脏制品除外）	0.1
肝脏制品	0.5
肾脏制品	1.0

食品类别	中国限量（mg/kg）
蛋及蛋制品	0.05
调味品 　食用盐 　鱼类调味品	 0.5 0.1
饮料类 　包装饮用水（矿泉水除外） 　矿泉水	 0.005mg/L 0.003mg/L

注：稻谷以糙米计。

12.2.4　镉的检测技术

原子吸收光谱法是基于待测元素的基态原子蒸气对其特征谱线的吸收，由特征谱线的特征性和谱线被减弱的程度对待测元素进行定性定量分析的一种分析方法。原子吸收光谱法具有灵敏度高、选择性好、准确度高、适用范围广、干扰少和易于消除等优点。此方法能测定 70 多种元素，包括火焰原子吸收法和石墨炉原子吸收法等。张福顺等[16]利用微波消解石墨炉原子吸收法对甜菜块根样品进行重金属镉的检测，镉的检出限为 0.05μg/kg。以下详细介绍石墨原子吸收光谱法。

1. 石墨原子吸收光谱法

石墨原子吸收光谱法（具体操作步骤见 GB 5009.15—2014）中，试样经灰化或酸消解后，注入一定量样品消化液于原子吸收分光光度计石墨炉中，电热原子化后吸收 228.8nm 共振线，在一定浓度范围内，其吸光度值与镉含量成正比，采用标准曲线法定量。

该方法检出限为 0.001mg/kg，定量限为 0.003mg/kg。

2. 其他检测方法

原子荧光光谱法是通过待测元素的原子蒸气在特定频率辐射能激发下所产生的荧光发射强度，来测定待测元素的含量。该方法具有灵敏度高、选择性强、试样量少、干扰少等优点，在国家标准中，食品中砷、汞、镉等元素的测定标准中已将原子荧光光谱法定为第一法[17]。蓝海等[18]采用原子荧光光谱法测定隔山消中镉元素的含量，回收率高达 99.4%～102.3%。付佐龙等[19]采用氢化物发生原子荧光光谱法，用盐酸、硝酸和高氯酸消解样品，测定饲料及饲料添加剂中的镉。结果显示镉的检出限为 0.08μg/L，相对标准偏差为 1.6%，加标回收率为 73.8%～106.7%，且该方法操作简单快速，灵敏度高，重现性好。

紫外分光光度法是基于被测物质对紫外可见光辐射具有选择性吸收来进行分析测定的方法，具有简便快速、灵敏度高、成本低等特点。Liu 等[20]研究了新型显色剂2-乙酰巯基-氨基偶氮苯与镉的显色反应，镉浓度在 0.0～1.0μg/mL 范围内符合比尔定律。该方法的检出限为 6.5μg/L，可用于测定大米、谷物和米粉中的痕量镉。

电感耦合等离子体质谱是利用电感耦合等离子体使样品气化，将待测金属分离出来，再进入质谱进行测定的方法。与其他方法相比具有动态范围宽，干扰小，分析精密度高，速度快等特点[21]。Capdevila 等[22]采用电感耦合等离子体质谱法测定 12 种蔬菜的 360 个样品中的镉含量，在不同蔬菜样品中的镉的平均含量为0.01μg/g。阳极溶出伏安法是将被测金属离子在一定的电压下电解富集在固体汞膜电极上，再将电压从负往正方向扫描，使还原的金属从电极上氧化溶出，同时记录其氧化波，根据其高度确定被测物质的含量。Georgia 等[23]用 Nafion 包被铋膜电极后，用差分脉冲阳极溶出伏安法对蔬菜中的铅、镉、锌进行检测，铅和镉的检测效果较好。传统检测方法虽然能够对痕量镉离子进行准确检测，但时间较长，检测费用较高。近年来出现的免疫检测技术，如荧光偏振免疫技术、免疫胶体金快速层析法、KinExA（kinetic exclusion assay）免疫学法、竞争性酶联免疫法等检测技术，用于重金属离子的分析检测，能够实现检测速度快、费用低、灵敏度高等要求[24, 25]。此外，杜庆鹏等[26]通过选择合适的载体和显色剂，制成的镉试纸与不同浓度的镉标准溶液反应，结果显示，镉含量在 0.0～10.0μg/mL 范围内显色呈良好的线性关系，最低检出限为 0.5μg/mL。王民等[27]以试纸法为立足点，建立了食品中镉的快速检测方法。结果显示，镉含量在 0～10mg/L，试纸显色与镉浓度线性关系良好，最低检出限为 1mg/L，且试纸特异性较强，受干扰因素少，可用于食品中镉的快速检测。

12.3　汞

汞是一种化学性质稳定且能够以游离的状态存在于自然界中的物质，呈银白色，俗称水银。汞在室温下有挥发性，汞蒸气被人体吸入后会引起中毒。水银一方面具有较高的沸点，其沸点高达 365.58℃，同时又具有较低的凝固点。汞不溶于冷的稀硫酸和盐酸，可溶于氢碘酸、硝酸和热硫酸。汞的化学性质较稳定，不易与氧作用，同时一般不与各种碱性溶液发生作用，但易与硫作用生成硫化汞，与氯作用生成氯化汞及氯化亚汞。相较水而言，汞还是一种高密度物质，其密度是水的 13.6 倍，同时具有良好的导电性能、表面扩张力。按汞形态将汞分为三大类：第一类为无机汞；第二类为有机汞；第三类为生理活性物质结合类汞。有机汞的毒性比无机汞大。环境中的汞主要包括金属汞、无机汞、甲基汞、乙基汞和苯基汞等。

12.3.1　汞污染的来源

汞的自然来源主要包括火山与地热活动、土壤和水体表面挥发作用、岩石风化、海洋运动、植物的蒸腾作用和森林火灾等。研究指出，全球汞矿化带等土壤汞相对富集区域的汞释放是主要的汞自然来源，而我国西南及东南地区则正好分布在环太平洋汞矿化带上，另外，研究发现成都平原汞污染超标的原因主要包括：人为来源、平原基底断裂、地球放气作用。

人为因素也是引起汞污染严重的一个主要原因，且研究发现近几年来由人为因素所引起的汞污染现象越来越严重。大气汞的其他主要排放源还包括有色金属冶炼和水泥生产等。有色金属冶炼行业主要包括锌、铅、铜和金等冶炼行业，因矿石中常伴生汞元素，在矿石冶炼过程中将排放汞。中国是世界上最大的水泥生产国，生产量占全球 80% 以上，因为汞是石灰石原料和燃料煤中的伴生元素（大部分在煤中），水泥行业也成为主要的汞污染排放源之一。

全国降尘汞污染主要集中于中部及北部地区，其中四川省污染最为严重。一般把人为引起的汞污染称为人类汞污染源，即泛指人在日常的生产、生活活动中所引起的汞排放，如食物中含有汞杂质、使用含汞的产品（如电池）、处理废物不当而引起的汞排放。具体而言主要包括以下几方面：

1. 含汞废水、废气及废渣的排放

工厂在生产、制造中使用了汞化合物，同时未经处理直接排放出去，从而对水源、大气以及土壤产生严重污染。其主要存在的形式包括含汞的废水、废气、废渣等。

2. 农业污水灌溉、污泥施肥、施药

随着国家不断推进城市化进程，工业如火如荼发展，工业含汞的废水进一步污染着整个环境，特别是对河水造成了极大的污染，这也是近几年来水资源越来越贫乏的根本原因之一。而农业在生产过程中会使用污水灌溉，加之所施用的含汞农药、污泥施肥等又进一步加大了汞污染。

3. 城市垃圾、废物焚烧

在人民生活水平不断提高的今天，城市垃圾产量也越来越多。特别是处理城市垃圾的方法不当进一步加大了大气中汞的含量。城市生活垃圾、工业垃圾、医疗废物等在焚烧过程中都会释放出一定比例的含汞物质，而这些最后有相当一部分都会排放到大气中。

12.3.2 汞的危险性评价

无机汞有 $HgSO_4$、$Hg(OH)_2$、$HgCl_2$、HgO，它们因溶解度低，在土壤中迁移转化能力弱，但在土壤微生物的作用下，汞可向甲基化方向转化。微生物合成甲基汞在好氧或厌氧条件下都可以进行，在好氧条件下主要形成脂溶性的甲基汞，可被微生物吸收、积累，从而转入食物链对人体造成危害。在厌氧条件下，主要形成二甲基汞，在微酸性环境下，二甲基汞可转化为甲基汞。汞的多种存在形式中，甲基汞对人体的毒性最大。

食品中的汞以元素汞、二价汞的化合物和烷基汞三种形式存在。一般情况下，食品中的汞含量通常很少，但随着环境污染的加重，食品中汞的污染也越来越严重。人类通过食品摄入的汞主要来自鱼类食品，且所吸收的大部分汞属于毒性较大的甲基汞。

有机汞化合物的毒性比无机汞化合物大。由无机汞引起的急性中毒，主要导致肾组织坏死，发生尿毒症。有机态汞易于在人体内的中枢神经系统、肝脏和肾脏中积累，早期主要可造成肠胃系统的损伤，引起肠道黏膜发炎，剧烈腹痛，出现意识混乱、头晕发热、痉挛、全身或部分器官麻痹等症状，严重时可引起死亡。

甲基汞被摄入后容易被吸收，在人体的半衰期为 $60 \sim 120d$，但有报道称在鱼体中它的半衰期可以长达 2 年，是鱼体中主要污染物。金属汞可以与巯基紧密结合（硫醇），从而使某些酶失活。长期摄入被汞污染的食品，可引起慢性汞中毒，使大脑皮质神经细胞出现不同程度的变性坏死，表现为细胞核固缩或溶解消失，也可引发人体骨骼、牙齿、神经系统、内脏器官等的疾病，严重的会危及生命安全。局部汞的高浓度积累，可造成器官营养障碍，蛋白质合成下降，从而导致功能衰竭。甲基汞中毒主要表现出乏力、多梦、头晕、失眠、性情烦躁、记忆力减退、肢端感觉障碍和运动失调等症状，还会造成胎儿痴呆、畸形。

甲基汞对生物体还具有致畸性和生育毒性，可以导致细胞有丝分裂和染色体的改变，使得细胞受损，并且以肾和脑作为靶器官。神经受损及轴突髓鞘的脱落会出现一些临床症状以及感觉异常的症状，肌肉运动不协调，战栗，癫痫发作。母体摄入的汞可通过胎盘进入胎儿体内，胎儿红细胞中甲基汞量比母亲高 30%，可使胎儿发生中毒。严重者可造成流产、死产或使初生幼儿患先天性水俣病，表现为发育不良，智力减退，甚至发生脑麻痹而死亡。另外，无机汞可能还是精子的诱变剂，可导致畸形精子的比例增高，影响男性的性功能和生育力。

12.3.3　汞的限量标准

近年来，我国高度重视重金属汞的残留检测工作，先后出台多种食品、饮用水中汞的残留标准，同时农业农村部也制定饲料中汞含量的标准，以阻断动物性食品中重金属汞残留超标。由于鱼被认为是人类汞暴露的主要来源，在水体中各种形式的汞通过微生物作用转化为甲基汞，我国对水产品也进行了甲基汞含量限制。相对于国外主要对食品中的水产品进行汞及甲基汞限量，我国对粮食、饲料、肉制品及水产品都制定了完善的残留标准，汞的限量标准见表 12-5。

表 12-5　食品汞的限量标准（mg/kg）

食品类别	总汞	甲基汞
水产动物及其制品（肉食性鱼类及其制品除外） 肉食性鱼类及其制品	— —	0.5 1.0
谷物及其制品 稻谷、糙米、大米、玉米、玉米面（渣、片）、小麦、小麦粉	0.02	—
蔬菜及其制品 新鲜蔬菜	0.01	—
食用菌及其制品	0.1	—
肉及肉制品 肉类	0.05	—
乳及乳制品 生乳、巴氏杀菌乳、灭菌乳、调制乳、发酵乳	0.01	—
蛋及蛋制品 鲜蛋	0.05	—
调味品 食用盐	0.1	—
饮料类 矿泉水	0.001mg/L	—
特殊膳食用食品 婴幼儿罐装辅助食品	0.02	—

我国《食品中污染物限量》[28]规定水产动物及其制品（肉食性鱼类及其制品除外）的甲基汞含量不得超过 0.5mg/kg，而肉食性鱼类及其制品的甲基汞的汞限量为 1.0mg/kg。联合国粮食及农业组织、世界卫生组织规定汞的限量为 1.0mg/kg；欧盟等国家和地区则规定汞的限量值（maximum residue limit，MRL）为 0.5mg/kg；国际食品法典委员会要求肉食鱼中甲基汞的 MRL 低于 1.0mg/kg，非肉食鱼甲基汞的 MRL 低于 0.5mg/kg。但相对于具体国家，其制定标准差别比较明显，例如，

日本规定水产品中总汞含量应低于 0.4mg/kg，甲基汞含量应低于 0.3mg/kg；美国、加拿大等北美国家则规定鱼中总汞含量不高于 0.5mg/kg；瑞典更是规定水产品中汞含量不高于 1.0mg/kg，但每周只能吃 1 次水产品[29]。总体来讲，我国与国际主要监管机构对鱼类和肉食性鱼类等产品中重金属汞的限量标准要求相同，水产品 MRL 与欧盟相同，达到国际标准要求。另外，我国还对小麦、玉米、稻谷等主要粮食作物进行限量（每千克作物中不得超过 0.02mg），北美等国家和地区对小麦则要求每千克不超过 1.0mg，欧盟和日本均没有做出明确限量。因此，我国现行的残留动物源性相关食品汞残留标准与国外要求基本一致，且个别残留限量标准要严于国外标准[30]。

12.3.4　汞的检测技术

水产品中汞的检测方法按照《食品中总汞及有机汞的测定》（GB 5009.17—2014）执行。

汞的检测技术包括原子荧光光谱分析法、冷原子吸收光谱法、液相色谱-原子荧光光谱联用方法、电感耦合等离子体质谱法等等。

1. 原子荧光光谱分析法

原子荧光光谱分析法（详细步骤具体参考 GB 5009.17—2014）原理：试样经酸加热消解后，在酸性介质中，试样中汞被硼氢化钾或硼氢化钠还原成原子态汞，由载气（氩气）带入原子化器中，在汞空心阴极灯照射下，基态汞原子被激发至高能态，在由高能态回到基态时，发射出特征波长的荧光，其荧光强度与汞含量成正比，与标准系列溶液比较定量。

当样品称样量为 0.5g，定容体积为 25mL 时，方法检出限为 0.003mg/kg，方法定量限为 0.010mg/kg。

2. 冷原子吸收光谱法

冷原子吸收光谱法（详细步骤具体参考 GB 5009.17—2014）原理：汞蒸气对波长 253.7nm 的共振线具有强烈的吸收作用。试样经过酸消解或催化酸消解使汞转为离子状态，在强酸性介质中以氯化亚锡还原成元素汞，载气将元素汞吹入汞测定仪，进行冷原子吸收测定，在一定浓度范围其吸收值与汞含量成正比，外标法定量。

当样品称样量为 0.5g，定容体积为 25mL 时，方法检出限为 0.002mg/kg，方法定量限为 0.007mg/kg。

3. 液相色谱-原子荧光光谱联用方法

液相色谱-原子荧光光谱联用方法详细步骤具体参考 GB 5009.17—2014。食品中甲基汞经超声波辅助 5mol/L 盐酸溶液提取后，使用 C_{18} 反相色谱柱分离，色谱流出液进入在线紫外消解系统，在紫外光照射下与强氧化剂过硫酸钾反应，甲基汞转变为无机汞。酸性环境下，无机汞与硼氢化钾反应生成汞蒸气，由原子荧光光谱仪测定。由保留时间定性，外标法峰面积定量。

当样品称样量为 1g，定容体积为 10mL 时，方法检出限为 0.008mg/kg，方法定量限为 0.025mg/kg。

4. 电感耦合等离子体质谱法

电感耦合等离子体质谱法详细步骤具体参考 GB 5009.17—2014。试样经消解后，由电感耦合等离子体质谱仪测定，以元素特定质量数（质荷比）定性，采用外标法，以待测元素质谱信号与内标元素质谱信号的强度比与待测元素的浓度成正比进行定量分析。

固体样品以 0.5g 定容体积至 50mL，液体样品以 2mL 定容体积至 50mL 计算，汞的检出限为 0.001mg/kg，定量限为 0.003mg/kg。

5. 气相色谱法测定甲基汞

气相色谱法测定甲基汞，详细步骤参考 GB/T 17132—1997。采用巯基纱布和巯基棉二次富集的预处理方法，用气相色谱仪（电子捕获检测器）测定水和沉积物中甲基汞；采用盐酸溶液浸提的预处理方法，用气相色谱仪（电子捕获检测器）测定鱼肉中甲基汞。

最低检出浓度随仪器灵敏度及样品基体不同而各异。水和沉积物通常可检出浓度分别为 0.01ng/L 和 0.02μg/kg；鱼肉通常可检出浓度为 0.1μg/kg。

6. 液相色谱-原子荧光光谱联用方法测定甲基汞

液相色谱-原子荧光光谱联用方法测定甲基汞，详细步骤参考 GB 5009.17—2014。食品中甲基汞经超声波辅助 5mol/L 盐酸溶液提取后，使用 C_{18} 反相色谱柱分离，色谱流出液进入在线紫外消解系统，在紫外光照射下与强氧化剂过硫酸钾反应，甲基汞转变为无机汞。酸性环境下，无机汞与硼氢化钾在线反应生成汞蒸气，由原子荧光光谱仪测定。由保留时间定性，外标法峰面积定量。

当样品称样量为 1g，定容体积为 10mL 时，方法检出限为 0.008mg/kg，定量限为 0.025mg/kg。

7. 快速检测方法

1）荧光偏振免疫检测法

荧光偏振免疫检测法是基于多克隆抗体免疫检测方法，以固定浓度的重金属-螯合剂-荧光复合物竞争检测多克隆抗体上的结合位点，用荧光偏振分析仪进行分析。本方法可用于田间现场大批量初筛，检测精度不够，检出限在 1.0nmol/L 以下[31]。

2）酶联免疫吸附试验法

酶联免疫吸附试验法是基于多克隆抗体（以下简称多抗）或单克隆抗体（以下简称单抗）的免疫检测方法，通过与包被在酶标板上的固定浓度重金属-螯合物-蛋白质复合物竞争抗体的抗原结合位点，酶标二抗进行显色检测测定。该方法操作简单、灵敏，检测下限值达到 50g/L，但要制备有效重金属完全抗原，并制备相应多抗和单抗[32]。

3）胶体金快速免疫层析法

胶体金快速免疫层析法基于单克隆抗体免疫检测，是将胶体金的标记技术与免疫层析技术相结合建立起来的一种快捷检测方法，能够定性或者半定量检测重金属离子，具有检测精度高、检测操作方便、不需要专用仪器、数分钟即可肉眼判定、携带方便、可用于现场临时检测等优点，同时胶体金可以稳定保存，受外界影响较小[33]。缺点同酶联免疫吸附试验法一样，需要制备高特异性单抗。

12.4 铬

铬是银白色金属，在自然界中主要形成铬铁矿。常见化合价有+2、+3、+6 三种。铬广泛存在于自然界，其自然来源主要是岩石风化，大多呈三价；工业废水中主要是六价铬的化合物，常以铬酸根离子[$(CrO_4)^{2-}$]存在。煤和石油燃烧的废气中含有颗粒态铬。

12.4.1 铬污染的来源

铬在大气、水中含量低，土壤中有一定的铬含量（主要以三价铬存在），但由于性质稳定、溶解度低而难以进入植物体内，所以正常情况下食品中铬的含量较低。

环境污染是铬污染的主要来源。我国制革、纺织品生产和印染等产业发达，其产生的含铬工业"三废"未经无害化处理排入环境中，导致大气、水体受污染。由于铬具有累积性和生物链浓缩特性，可以离子状态迁移到土壤中，并蓄积于各种生物体内，如蔬菜、水产品等。全国降尘铬污染主要集中于西南部、中部及北部地区，其中山东、江苏、四川及重庆降尘铬含量最高。

铬还来源于生产过程的非法添加。明胶是动物的皮、骨、筋腱中的胶原经部分水解后，提纯而获得的蛋白质制品，各种动物的骨和皮都可以提炼，按用途可分为食用、药用、照相及工业 4 类。其中，食用、药用明胶常用于制作酸奶、果冻、胶囊等各种食品、药品，而工业明胶成分复杂，是禁止用于食品、药品的。近年来，一些不法商家为节省成本，采用工业明胶代替食用明胶作为食品添加剂；有些厂家采用铬盐鞣制成的皮革下脚料提取明胶，卖给制药企业，制成胶囊壳。这些明胶内不仅含有铬，还可能含有其他防腐或染色成分，对人体造成危害。例如，2014 年 3 月 15 日中央电视台曝光全国各地一些规模较大的明胶厂为了降低成本，从制革厂以低价大量采购已经被工业盐、硫化碱、石灰、纯碱、脱脂剂等多种工业原料污染的垃圾皮料，经过强酸或强碱漂白清洗，加工成金灿灿的所谓食用明胶和药用明胶，高价卖给一些食品厂和胶囊厂。

此外，在食品加工过程中使用的器械、包装也可能导致铬污染。

12.4.2　铬的危险性评价

铬是人和动物所必需的一种微量元素，躯体缺铬可引起动脉粥样硬化症。铬对植物生长有刺激作用，可提高收获量。但含铬过多，对人和动植物有毒有害。

环境中的铬污染会造成粮食、蔬菜、肉类等产品中铬离子含量超标，日常通过饮用铬离子超标水或食用铬污染食物，人体会摄入较多的铬离子。而工业生产中的铬污染物主要是铬酸盐的粉尘或酸雾，人体可经呼吸道和皮肤吸收。对铬的摄入量明显增加，可对身体健康产生不良影响。当其含量超过 10mg/kg 时，会发生口角糜烂、腹泻、消化系统紊乱等症状。

铬污染的食物和水经消化道进入人体，三价铬化合物在消化道的吸收率较低，一般不会引起全身症状。铬及其化合物包括二价铬、三价铬和六价铬。二价铬毒性最小，而三价铬相对六价铬毒性也较小。环境和食品中的三价铬和六价铬在一定条件下可以相互转化，食品中和人体内同时存在三价铬和六价铬，目前的测定方法也不区分三价铬和六价铬。Cr^{6+} 的毒性更强，更容易被人体吸收，在人体内蓄积，可诱发遗传损伤和癌症。铬化合物的急、慢性毒性均由六价铬引起，六价铬对生物存在广泛的毒害作用。使用原核生物、低等真核生物、体外哺乳动物细胞系和人细胞系以及整体动物试验检测铬的致突变性，发现三价铬在哺乳动物细胞染色体畸变试验中呈阳性反应，其他试验几乎均呈阴性反应，而六价铬在上述的几乎所有试验系统中均呈阳性，说明六价铬具有致突变性，而三价铬可能不具有致突变性。六价铬可产生多种 DNA 损伤，抑制 DNA 复制和转录，从而可能促使细胞凋亡或生长停滞。而三元加合物可能具有突变潜能。

进入体内的铬可与血浆内的白蛋白和球蛋白结合，六价铬可穿过红细胞膜与其中血红蛋白结合，并在红细胞内被还原成三价铬。三价铬离子不能透过红细胞膜，血液中的铬以三价铬离子的形式转移并蓄积于各个器官和组织。经呼吸道吸入的铬主要蓄积在肺、肾和脾中，经消化道和经皮肤吸收的铬主要蓄积在肾、肝、脾和骨骼组织中。铬在肾脏中的生物半衰期是 1 个月，主要通过尿液排出体外，少量可经粪便排出。肾脏是铬的主要靶器官之一，摄入过量铬可引发肾小管损伤。对电镀厂工人的调查显示，长期暴露于六价铬化合物的女工，其外周血淋巴细胞染色体畸变率提高、姐妹染色单体交换率增加，但还没有充分资料评价三价铬对人体细胞的遗传毒性效应。

12.4.3　铬的限量标准

铬的限量标准见表 12-6。水产动物及其制品的限量标准为 2.0mg/kg，在所有食品中最高。

表 12-6　食品中铬的限量标准

食品类别	中国限量（mg/kg）
水产动物及其制品	2.0
谷物及其制品（稻谷以糙米计） 　谷物 　谷物碾磨加工品	 1.0 1.0
蔬菜及其制品 　新鲜蔬菜	 0.5
豆类及其制品 　豆类	 1.0
肉及肉制品	1.0
乳及乳制品 　生乳、巴氏杀菌乳、灭菌乳、调制乳、发酵乳 　乳粉	 0.3 2.0

12.4.4　铬的检测技术

目前被人们所认可的铬的检测分析方法主要有石墨炉原子吸收光谱法、快速检测方法等。

1. 石墨炉原子吸收光谱法

石墨炉原子吸收光谱法（详细步骤可参考 GB 5009.123—2014）原理：试样经消解处理后，采用石墨炉原子吸收光谱法，在 357.9nm 处测定吸收值，在一定浓度范围内其吸收值与标准系列溶液比较定量。

龚倩等[34]采用微波消解法处理海洋贝类样品，用电感耦合等离子体质谱法测定样品中镉、铬、铜和铅等 4 种重金属元素的含量。

以称样量 0.5g，定容至 10mL 计算，方法检出限为 0.01mg/kg，定量限为 0.03mg/kg。

2. 快速检测方法

商璟[35]利用二苯碳酰二肼与铬络合显色的原理，将二苯碳酰二肼固定化制成试纸条，插入自制的便携式单色光反射计，组装出检测食品中铬的光电型传感器，从而建立快速检测食品中铬的光电型传感的方法。实验结果表明，当铬的浓度范围处于 0.1～30mg/L 时，光反射率与铬浓度呈现良好线性关系。经过检测条件优化后，该技术的检出限为 0.05mg/L，检测时间为 5min，平均回收率约为 93%，准确率为 94%。

12.5　砷

砷不属于重金属，但是因为砷的来源以及危害都与重金属相似，所以通常被列入重金属类。砷的化合物广泛存在于岩石、土壤和水中，分为无机砷化合物和有机砷化合物。砷化氢是一种无色、具有大蒜味的剧毒气体。硫化砷可认为无毒，不溶于水，难溶于酸，可溶于碱，在氧化剂的作用下也可以变成为可溶性和挥发性的有毒物质。

作为一种对人体和动物都非常有效的毒药，砷的使用已经有很久的历史。砷的存在形态有：有毒的 As^{3+}（氧化二砷、亚砷酸钠、三氯化砷等）、毒性较小的 As^{5+}（五氧化二砷、砷酸铅、砷酸钙等）及大量的有机态形式（对氨苯胂酸、二甲基砷酸盐等）。

12.5.1　砷污染的来源

砷用于杀虫剂、除草剂以及其他农产品的制造，还是采矿和熔炼业的副产品。土壤砷污染主要来自大气降尘、化肥和含砷农药。全国降尘砷污染主要集中于中北部地区，其中吉林、安徽降尘砷污染较为严重。燃煤是大气中砷的主要污染源。

土壤中砷大部分为胶体吸收或者螯合。砷和磷一样，与土壤中铁、铝、钙离子相结合，形成难溶化合物，或与铁、铅等氢氧化物发生共沉淀。pH 值高，土壤中砷吸附量减少而水溶性砷增加；若土壤中含砷量过高，不仅抑制微生物的氨化作用，也会影响自然界中砷的解毒作用，影响该地区植物的生长，若砷渗入地下水，则会使受污染面积扩大，环境中的砷可以通过食物链在水生生物内富集。

12.5.2　砷的危险性评价

砷可以通过食道、呼吸道和皮肤黏膜进入机体。正常人一般每天摄入的砷不超过 0.02mg。砷在体内有较强的蓄积性，皮肤、骨骼、肌肉、肝、肾、肺是砷的主要储存场所。元素砷基本无毒，砷的化合物具有不同的毒性，三价砷的毒性比五价砷大。在食用的水生动物中砷主要以有机态的形式存在：砷甜菜碱或砷胆碱。尽管鱼中的砷多为砷甜菜碱，但是至今没有充分的研究表明，在所有的鱼中毒性更大的无机态砷（或者在人体内可通过代谢由有机态转变为无机态的砷）的含量可忽略。进入人体后，无机砷会引起急性或者慢性中毒，主要作为一种致癌物质，可引起肺癌、血管肉瘤、真皮基部细胞和鳞片细胞的癌变。砷的毒性取决于它的氧化价态和释放形式。砷引起的慢性中毒有肠胃炎、肾炎、肝大、末梢神经炎和对皮肤的大量损伤，包括脚底和手掌的角化过度症及普遍会出现的黑色素沉着。分子水平上，金属可以阻止磷酸化作用；与巯基反应能够打乱细胞的新陈代谢；能直接破坏 DNA 并且抑制 DNA 的修复。另外，砷酸钠和亚砷酸盐可以引起低等动物畸变。因此，砷会给孕妇、哺乳期的母亲和她们的孩子带来特别的危害。砷的慢性中毒还包括真皮角化过度、皮肤黑变、癌变、肝大、末梢神经炎，有的还会出现吸入性肺癌。

砷的急性中毒多因吸入或吞入砷化物所致。砷急性中毒的症状有麻痹型和胃肠型两种。早期常见消化道症状，如口及咽喉部有干、痛、烧灼、紧缩感，声嘶、恶心、呕吐、咽下困难、腹痛和腹泻等。呕吐物先是胃内容物及米泔水样，继之混有血液、黏液和胆汁，有时杂有未吸收的砷化物小块；呕吐物可有蒜样气味。重症极似霍乱，开始排大量水样粪便，以后变为血性，或为米泔水样混有血丝，很快发生脱水、酸中毒以至休克。同时可有头痛、眩晕、烦躁、谵妄、中毒性心肌炎、多发性神经炎等，甚至呼吸麻痹而死亡，少数有鼻衄及皮肤出血。严重者可于中毒后 24h 至数日发生呼吸、循环、肝、肾等功能衰竭及中枢神经病变，出现呼吸困难、惊厥、昏迷等危重征象，少数患者可在中毒后 20min～48h 内出现休克，甚至死亡，而胃肠道症状并不显著。患者可有血卟啉病发作，尿卟胆原强阳性。

　　砷慢性毒性是由于长期少量经口摄入受污染的食品引起的。主要表现为食欲下降、体重下降、衰弱、食欲不振、偶有恶心、呕吐、便秘或腹泻、胃肠障碍、末梢神经炎、结膜炎、角膜硬化和皮肤发黑。长期受砷的毒害，皮肤出现白斑，后逐渐变黑。也可出现白细胞和血小板减少，贫血，红细胞和骨髓细胞生成障碍，脱发、口炎、鼻炎、鼻中隔溃疡、穿孔，皮肤色素沉着，可有剥脱性皮炎。手掌及足趾皮肤过度角化，指甲失去光泽和平整状态，变薄且脆，出现白色横纹，并有肝脏及心肌损害。中毒患者发砷、尿砷和指（趾）甲砷含量增高。

　　经 1982 年世界卫生组织研究确认，无机砷为致癌物，可诱发多种肿瘤。

12.5.3　砷的限量标准

　　根据 GB 2762—2017，食品中砷的限量标准如表 12-7 所示。

表 12-7　食品中砷的限量标准

食品类别	限量（mg/kg）	
	总砷	无机砷
水产动物及其制品（鱼类及其制品除外）	—	0.5
鱼类及其制品	—	0.1
谷物及其制品		
谷物（稻谷除外）	0.5	—
谷物碾磨加工品（糙米、大米除外）	0.5	—
稻谷、糙米、大米	—	0.2
蔬菜及其制品		
新鲜蔬菜	0.5	—
食用菌及其制品	0.5	—
肉及肉制品	0.5	—
乳及乳制品		
生乳、巴氏杀菌乳、灭菌乳、调制乳、发酵乳	0.1	—
乳粉	0.5	—
油脂及其制品	0.1	—
调味品（水产调味品、藻类调味品和香辛料类除外）	0.5	—
水产调味品（鱼类调味品除外）	—	0.5
鱼类调味品	—	0.1
食糖及淀粉糖	0.5	—
饮料类		
包装饮用水	0.01mg/L	

续表

食品类别	限量（mg/kg）	
	总砷	无机砷
特殊膳食用食品		
婴幼儿辅助食品		
婴幼儿谷类辅助食品（添加藻类的产品除外）	—	0.2
添加藻类的产品	—	0.3
婴幼儿罐装辅助食品（以水产及动物肝脏为原料的产品除外）	—	0.1
以水产及动物肝脏为原料的产品	—	0.3
辅食营养补充品	0.5	—
运动营养食品		
固态、半固态或粉状	0.5	—
液态	0.2	—
孕妇及乳母营养补充食品	0.5	—

12.5.4 砷的检测技术

食品中总砷的测定主要有电感耦合等离子体质谱法、氢化物发生原子荧光光谱法、银盐法；食品中的无机砷的测定主要有液相色谱-原子荧光光谱法、液相色谱-电感耦合等离子体质谱法。

1. 电感耦合等离子体质谱法

电感耦合等离子体质谱法，详细步骤参考 GB 5009.11—2014。样品经酸消解处理为样品溶液，样品溶液经雾化由载气送入 ICP 炬管中，经过蒸发、解离、原子化和离子化等过程，转化为带电荷的离子，经离子采集系统进入质谱仪，质谱仪根据质荷比进行分离。对于一定的质荷比，质谱的信号强度与进入质谱仪的离子数成正比，即样品浓度与质谱信号强度成正比。通过测量质谱的信号强度对试样溶液中的砷元素进行测定。

称样量为 1g，定容体积为 25mL 时，方法检出限为 0.003mg/kg，定量限为 0.010mg/kg。

2. 氢化物发生原子荧光光谱法

氢化物发生原子荧光光谱法，详细步骤参考 GB 5009.11—2014。食品试样经湿法消解或干灰化法处理后，加入硫脲使五价砷预还原为三价砷，再加入硼氢化钠或硼氢化钾生成砷化氢，由氩气载入石英原子化器中分解为原子态砷，在高强度砷空心阴极灯的发射光激发下产生原子荧光，其荧光强度在固定条件下与被测液中的砷浓度成正比，与标准系列比较定量。

称样量为 1g，定容体积为 25mL 时，方法检出限为 0.010mg/kg，定量限为 0.040mg/kg。

3. 银盐法

银盐法，详细步骤参考 GB 5009.11—2014。试样经消化后，以碘化钾、氯化亚锡将高价砷还原为三价砷，然后与锌粒和酸产生的新生态氢生成砷化氢，经银盐溶液吸收后，形成红色胶态物，与标准系列比较定量。

称样量为 1g，定容体积为 25mL 时，方法检出限为 0.2mg/kg，定量限为 0.7mg/kg。

4. 液相色谱-原子荧光光谱法

液相色谱-原子荧光光谱法，详细步骤参考 GB 5009.11—2014。食品中无机砷经稀硝酸提取后，以液相色谱进行分离，分离后的目标化合物在酸性环境下与 KBH_4 反应，生成气态砷化合物，以原子荧光光谱仪进行测定，按保留时间定性，外标法定量。

对于水产动物，取样量为 1g，定容体积为 20mL 时，本方法检出限为 0.03mg/kg，定量限为 0.08mg/kg。

5. 液相色谱-电感耦合等离子体质谱法

液相色谱-电感耦合等离子体质谱法，详细步骤参考 GB 5009.11—2014。食品中无机砷经硝酸提取后，以液相色谱进行分离，分离后的目标化合物经过雾化由载气送入 ICP 炬焰中，经过蒸发、解离、原子化、电离等过程，大部分转化为带电荷的正离子，经离子采集系统进入质谱仪，质谱仪根据质荷比进行分离测定。以保留时间定性和质荷比定性，外标法定量。

对于水产动物，取样量为 1g，定容体积为 20mL 时，方法检出限为 0.02mg/kg，方法定量限为 0.06mg/kg。

6. 其他检测方法

利用还原出的砷化氢与二乙基二硫代氨基甲酸银（Ag-DDTC）结合和显色，不需其他发色手段，可快速得到检验结果。近年报道的有新银盐法[36]，即以 AgNO₃-HNO₃-PrA 乙酸混合液来代替 Ag-DDTC，灵敏度是原来的 5 倍多。砷斑法即在测砷装置中，让还原出来的砷化氢通过测砷管中的 HgBr 试纸，反应生成黄色斑点，该法灵敏度高，可测 0.1μg/L 以下痕量砷，但由于采用目视，效果并不理想。

范华钧、施文赵等[37]利用在稀盐酸介质中，砷（Ⅲ）与吡咯烷二硫甲酸铵（APDC）形成的配合物在悬汞电极上有良好的吸附溶出行为，建立了痕量砷的吸附溶出伏安新方法。该法可用于茶叶中痕量砷的鉴定。张卫华等[38]研究了 Pb^{2+} 和 Cd^{2+} 与 KCl-酒石酸钠-三乙醇胺-明胶体系的二次导数极谱波。在 pH=4.5 的 HAc-NaAc 介质中，Pb^{2+} 和 Cd^{2+} 分别于 -0.46V 和 -0.64V 电位处产生良好的极谱波。峰电流与 Pb^{2+} 和 Cd^{2+} 的浓度分别在 $1\times10^{-5}\sim3\times10^{-1}g/L$ 和 $5\times10^{-5}\sim6\times10^{-3}g/L$ 范围内呈线性关系。Pb^{2+} 和 Cd^{2+} 的检出限分别为 $1\times10^{-7}g/L$ 和 $5\times10^{-7}g/L$。本法准确、简便、快速，选择性高。对酒及面粉样品进行测定，回收率分别为 99.9%～100.1%和 97.0%～104.8%。

许杨等[39]用混合酸消解样品，用硝酸镁-硝酸钯作混合基体改进剂，石墨炉原子吸收分光光度法测定生物样品中的砷，检出限为 0.02g/g。实验表明此法完全满足生物样品测定的要求。

江志刚[40]研究了氢化物-原子荧光法测定粮食中砷的适宜条件，试验了酸介质和还原剂的用量对测定砷的影响，选择了仪器的最佳工作条件及氢化物发生条件，试验了生成氢化物的元素及粮食中常见元素对测定的干扰情况。该法检出限为 0.3μg/L。用该法测定标准物质小麦粉及大米，结果与推荐值吻合。此方法快速、准确，应用于进口粮食中砷的检测，可获得满意结果。

12.6 氟

由于氟元素的污染往往和重金属的污染共存，所以本章也介绍水产品中氟的检测技术。氟在常温下为气体，化学性质非常活泼，能与许多物质发生化学反应。它在酸性介质中能形成容易溶解的金属络合物；在碱性介质中多以氟离子形态存在。氟以各种化合物的形式广泛分布在自然界中。

12.6.1 氟污染的来源

已知的含氟矿物很多，最重要的是氟化钙（CaF_2），此外还有氟镁石（MgF_2）、氟盐（NaF）、冰晶石（Na_3AlF_6）、氟镧铈矿[(Ca,La,Nd)Pr)F_3]、氟铝石（$AlF_3\cdot3H_2O$）、磷灰石[$Ca_5F(PO_4)_3$]、氟硅钾石（K_2SiF_6）以及属于氟碳酸盐、氟硅酸盐、氟铝酸盐、氟磷酸盐、氟硼酸盐等类的矿物。

氟的工业来源很多，如炼铝、磷肥、磷矿石加工和钢铁等工业是氟污染的重要来源。以含氟矿物为主要原料或辅助原料的钢铁、铝电解、磷肥、水泥、砖瓦、陶瓷、玻璃等行业，在其冶炼、生产过程中，氟将从矿物中分解而进入环境，造成氟污染；由于煤中含氟，火力发电厂及其他行业（包括民用）的燃煤烟气中也含有一定量的氟。氟是以不同形态进入环境的，进入大气的氟主要以气态四氟化硅（SiF_4）、氟化氢（HF）和含氟粉尘的形式存在，进入水体的氟主要以离子状态存在（如 F^-、SiF_6^{2-}），进入固体废弃物中的氟则以氟化钙（CaF_2）等稳定的化合物形态存在。

12.6.2　氟的危险性评价

过量的氟对人体也是一种全身性毒素。急性氟中毒的症状有：呕吐、腹痛、痉挛、虚脱、麻痹、口渴、发汗、运动亢进、体温上升；并能看到口、咽喉、食道及胃部的溃疡及胃出血、肺出血、心内膜下出血、脑充血、全身浮肿等病变。较为常见的是慢性中毒，以长期摄入微量的氟而引起牙齿和骨骼病变为主。前者称为氟斑病，主要是由于氟影响牙齿釉棱晶的形成，使棱晶质和棱晶间质出现缺陷而形成斑点和腐蚀，并有色素沉着，呈现黄色、褐色或黑色，牙齿容易碎落；后者称为氟骨病，主要表现为腰腿痛，关节强硬，上下肢弯曲，拱腰驼背，严重者产生骨折。

12.6.3　氟的检测技术

按照《食品中氟的测定》（GB/T 5009.18—2003），水产品中氟的检测技术有扩散-氟试剂比色法、灰化蒸馏氟试剂比色法、氟离子选择电极法等。

1. 扩散-氟试剂比色法

食品中氟化物在扩散盒内与酸作用，产生氟化氢气体，经扩散被氢氧化钠吸收。氟离子与镧（III）、氟试剂（茜素氨羧络合剂）在适宜 pH 下生成蓝色三元络合物，颜色随氟离子浓度的增大而加深，用或不用含胺类有机溶剂提取，与标准系列比较定量。具体的操作步骤可以参考 GB/T 5009.18—2003。

用含胺类有机试剂提取为单色法，其灵敏度较高，最低检出量为 0.1mg/kg；不用含胺类有机试剂提取为复色法，操作简便，最低检出量为 0.2mg/kg。

2. 灰化蒸馏氟试剂比色法

具体的操作步骤可以参考 GB/T 5009.18—2003。

试样经硝酸镁固定氟，高温灰化后，在酸性条件下，蒸馏分离氟，蒸出的氟被氢氧化钠溶液吸收，氟与氟试剂、硝酸镧作用，生成蓝色三元络合物，与标准比较定量。

3. 氟离子选择电极法

具体的操作步骤可以参考 GB/T 5009.18—2003。

氟离子选择电极的氟化镧单晶膜对氟离子产生选择性的对数响应，氟电极和饱和甘汞电极在被测试液中，电位差可随溶液中氟离子活度的变化而改变，电位变化规律符合能斯特（Nernst）方程式：

$$E = E^{\ominus} - \frac{2.303RT}{F} \lg C_{F^-}$$

式中，E 与 $\lg C_{F^-}$ 呈线性关系。$2.303RT/F$ 为该直线的斜率（25℃时为 59.16）。

与氟离子形成络合物的铁、铝等离子干扰测定，其他常见离子无影响。测量溶液的酸度为 pH 5～6。用总离子强度调节缓冲剂，消除干扰离子及酸度的影响。

氟离子选择电极法的回收率为 95%～120%，当氟电极的响应极限为 0.025μg/mL 时，如取样量为 1g，则最低检出限为 1.25mg/kg。

12.7 锡

锡是一种有银白色光泽的低熔点的金属。锡是人体必需的 14 种微量元素之一，在化合物内是二价或四价，在空气中稳定，能被强酸、强碱和酸式盐侵蚀，在空气中加热生成二氧化锡，与碱性氧化物生成锡酸盐。常见的无机锡化合物还包括氯化亚锡、氯化锡、硫酸锡、锡酸钾等。

12.7.1 锡污染的来源

土壤中锡含量差别很大，这与土壤的污染状况、母岩中锡含量等因素有关。土壤中的锡污染主要来源于锡矿开采产生的废水、废气、废渣。锡矿山场地废石、废渣的堆存不仅占用了大量的土地资源，而且由于选矿回收能力有限，大量重金属复合污染物进入尾矿中。重金属复合污染物在土壤中滞留时间长，难以被植物或微生物降解，严重污染土壤和地下水。

还有一部分土壤中的锡污染来源于使用的农药。锡的有机化合物毒性非常大，从 20 世纪 50 年代首次发现有机锡的杀虫性能后，有机锡杀虫剂便被广泛用于工农业。例如，三环己基锡和苯基锡被用于生产农药和杀虫剂，其中三苯基醋酸锡是一种重要的有机锡农药，主要用于防治甜菜褐斑病、马铃薯晚疫病、大豆炭疽病、水稻稻瘟病等。这些有机锡化合物能够导致性畸变，干扰钙代谢等，毒性非常大。喷洒的有机锡农药会在作物和土壤中残留，对人体健康和环境造成严重危害。

自然风化过程和锡冶炼加工等都向大气输送锡，使大气特别是城市上空的大气受到锡污染。常见的锡化合物中锡有二价和四价。溶解的锡常以含氧和羟基的离子形式存在，在海水中则主要以[SnO(OH)$_3$]⁻的形式存在。在缺氧条件下，锡可在细菌作用下甲基化。甲基锡较易挥发，也从水、土壤和生物体中逸入大气。

海洋中有机锡污染主要是丁基锡和苯基锡污染。在海上航行的轮船和海上建筑物的防污漆中加入三丁基锡和三苯基锡，可杀死附着在船只上的真菌、藻类和软体动物，这是海洋环境中有机锡的主要来源。有机锡化合物不可避免地对海洋生态系统造成不可逆转的破坏。

人体主要是通过食物摄入锡，一般食物中的锡含量很低，食品中的锡主要来源于接触锡容器和器皿。锡常用于焊接金属，用锡的合金（如锡锌合金）作为水闸部件保护壳，锡镉合金作为机器部件的涂料。锡的无机化合物常用于纺织工业以及玻璃、搪瓷等工业。这些行业工人以及锡矿的开采工、冶炼工均有较多机会接触锡及其无机化合物

12.7.2　锡的危险性评价

锡摄入后经消化道吸收很少，即使是摄入酒石酸锡钠这种可溶性的无机锡化合物，其剂量的 90%以上也会通过粪便排出。锡进入人体后，经血液分布于人体如肾、肝、胸腺等许多器官中，骨是无机锡的主要蓄积处。研究表明，每天摄入超过 130mg，锡将会在肝脏和肾脏中积蓄。被吸收的无机锡主要从尿中排出，部分由胆汁排出。

一般认为无机锡及其化合物的毒性较小。锡及其化合物烟尘可刺激眼睛、皮肤、呼吸系统。国内外均无无机锡慢性毒性的报道。在低 pH 值条件下，长期存放的锡罐装食品或饮料会溶出大量无机锡，当人短时间内大量摄入（$10^2 \sim 10^3$mg/kg），引起的症状大多限于肠胃不适，如恶心、腹痛和呕吐，多余的锡被迅速排出体外，并没有长期的负面健康影响或毒性作用报道。少数无机锡化合物毒性较大，如氯化亚锡可引起动物瘫痪、死亡；吸入四氢化锡可致动物痉挛并引起中枢神经系统损害。此外有研究表明，氯化亚锡对斑马鱼具有致畸和基因毒性作用。

有机锡化合物可分为单锡型（$RSnX_3$）、二锡型（R_2SnX_2）、三锡型（R_3SnX）和四锡型（R_4Sn）（其中 R 为烷基或芳香基，X 为除 C—Sn 以外与锡结合的无机或有机基团），其生理活性为：$R_3SnX > R_4Sn > R_2SnX_2 > RSnX_3$。当 R 为丁基或丙基时生理活性最强，$R_3SnX$ 生物活性最高，对海洋环境和海洋动物的影响最大。

12.7.3　锡的检测技术

水产品中锡根据存在的形态分为无机锡和有机锡。无机锡的主要检测方法有电感耦合等离子体质谱法等。有机锡包括二甲基锡、三甲基锡、一丁基锡、二丁

基锡、三丁基锡、一苯基锡、二苯基锡和三苯基锡等。水产品中有机锡的检测主要采用气相色谱-脉冲火焰光度检测法。

1. 电感耦合等离子体质谱法

电感耦合等离子体质谱法，具体步骤见 GB 5009.268—2016。试样经消解，对于高盐含量样品，采用共沉淀法富集待测元素，将处理所得试液稀释并定容至确定的体积后，使用电感耦合等离子体-原子发射光谱（ICP-AES）进行测定，并采用标准曲线法计算元素含量。

试样经消解后，由电感耦合等离子体质谱仪测定，以元素特定质量数（质荷比）定性，采用外标法，以待测元素质谱信号与内标元素质谱信号的强度比与待测元素的浓度成正比进行定量分析。

固体样品以 0.5g 定容体积至 50mL，液体样品以 2mL 定容体积至 50mL 计算，方法检出限为 0.01mg/kg，定量限为 0.03mg/kg。

2. 气相色谱-脉冲火焰光度检测法

气相色谱-脉冲火焰光度检测法，具体步骤见 GB 5009.215—2016。分别以一甲基锡为单取代有机锡的内标，三丙基锡为二、三取代有机锡的内标，采用内标法定量。在试样中定量加入一甲基锡和三丙基锡内标，超声辅助将有机锡提取出来，有机溶剂萃取，提取后的样品溶液经凝胶渗透色谱净化、戊基格林试剂衍生，衍生化产物再经弗罗里硅土净化，测定。

本方法定量限（以 Sn 计）为：二甲基锡，0.5μg/kg；三甲基锡，1.2μg/kg；一丁基锡，1.5μg/kg；二丁基锡，0.5μg/kg；三丁基锡，0.6μg/kg；一苯基锡，1.7μg/kg；二苯基锡，0.8μg/kg；三苯基锡，0.8μg/kg。

3. 其他检测方法

陈湘莹等[41]利用微波消解/原子荧光法测定海产品中总锡含量，所检测的 28 种共 58 个海产品样品中，以湿重计算的总锡含量最高的为 0.48mg/kg，总锡平均浓度是 0.168mg/kg，以牡蛎的总锡浓度水平为最高，深圳海域海产品中总锡含量总体偏高，并有一定的区域分布特点。姜新等[42]建立以硝酸-高氯酸-硫酸为消解体系的海产品中总锡的氢化物发生-原子荧光分析方法。优化消解条件，比较不同酸介质和还原剂效果，确定原子荧光法测定海产品中总锡含量的最佳分析条件。

12.8　其他重金属元素

根据 GB 2762—2017 和 NY 5073—2006，锡、铜、锌在水产品（食品）中的限量标准如表 12-8 所示。

表 12-8　锡、铜、锌的限量标准

项目	食品	指标（mg/kg）
锡	食品（饮料类、婴幼儿配方食品、婴幼儿辅助食品除外） 饮料类 婴幼儿配方食品、婴幼儿辅助食品 （注：仅限于采用镀锡薄板容器包装的食品）	250 150 50
铜		≤50
锌	鱼类 粮食（成品粮） 豆类及制品 蔬菜 水果 肉类（畜、禽） 蛋类 鲜奶类	≤50 ≤50 ≤100 ≤20 ≤5 ≤100 ≤50 ≤10

　　水产品中铜的主要检测方法有电感耦合等离子体质谱法（GB 5009.268—2016 和 GB/T 5009.13—2017）、电感耦合等离子体发射光谱法（GB 5009.268—2016 和 GB/T 5009.13—2017）、石墨炉原子吸收光谱法（GB/T 5009.13—2017）、火焰原子吸收光谱法（GB/T 5009.13—2017）等。

　　水产品中锌的主要检测方法有电感耦合等离子体质谱法（GB 5009.268—2016 和 GB 5009.14—2017）、电感耦合等离子体发射光谱法（GB 5009.268—2016 和 GB 5009.14—2017）、火焰原子吸收光谱法（GB 5009.14—2017）和二硫腙比色法（GB 5009.14—2017）。

参 考 文 献

[1]　李小月. 中国近海典型海域沉积物重金属分布特征及控制因素. 石家庄：河北地质大学，2016.

[2]　王安国，窦衍光，张训华，等. 渤海西北近岸海域表层沉积物重金属污染及评价. 海洋地质前沿，2018，34（5）：13-21.

[3]　黄忠臣，王崇臣，王鹏，等. 北京地区部分公路两侧土壤中铅和镉的污染现状与评价. 环境化学，2008，27（2）：267-268.

[4]　董占华，卢立新，刘志刚. 陶瓷食品包装材料中铅、钴、镍、锌向酸性食品模拟物的迁移. 食品科学，2013，（15）：38-42.

[5]　霍苗苗. 沿海地区居民摄入水产品中重金属安全风险评估. 天津：天津科技大学，2016.

[6]　童建华，梁艳萍，刘素纯. 水稻铅污染研究进展. 亚热带植物科学，2009，38（2）：74-78.

[7]　李莹. 水产品中重金属的检测及防治措施. 黑龙江科技信息，2014，（15）：56-56.

[8]　刘万学. 水产品中铅超标对人类的危害. 黑龙江水产，2015，（3）：17-19.

[9]　楼蔓藤，秦俊法，李增禧，等. 中国铅污染的调查研究. 广东微量元素科学，2012，（10）：15-34.

[10]　于德娥，刘云儒，刘玉梅，等. 2007～2011 年中国儿童血铅水平及铅中毒率的分析. 现代预防医学，2015，

（01）：66-68.

[11] Bishnu P J，Junwon P，Wan I L，et al. Ratiometric and turn-on monitoring for heavy and transition metal ions in aqueous solution with a fluorescent peptide sensor. Talanta，2009，78（3）：903-909.

[12] 曲海娣，王朝政. 铅检测中生物化学技术的研究分析. 中国中医药现代远程教育，2011，9（21）：132-133.

[13] 赵广英，沈颐涵，林晓娜，等. 微型 DPSA-1 仪-SPCE 微分电位溶出法快速检测茶叶中的微量铅. 中国食品学报，2010，10（2）：187-194.

[14] 张翊，贾丽娜. 快速检测 PVC 制品表面铅含量的方法. 聚氯乙烯，2010，38（6）：35-36.

[15] 张亚利. 孕妇血钙、铁、锌、铜、硒水平对胎盘镉蓄积和转运的影响. 北京：中国协和医科大学，2004.

[16] 张福顺，吴玉梅，刘乃新. 石墨炉原子吸收光谱法测定甜菜块根中铅和镉. 中国糖料，2008，（3）：53-54.

[17] 赵静，孙海娟，冯叙桥. 食品中重金属镉污染状况及其检测技术研究进展. 食品工业科技，2014，35（16）：357-363.

[18] 蓝海，杨颖，周平，等. 原子荧光光谱法测定隔山消中砷、汞、镉、铅的含量. 北京中医药大学学报，2009，32（9）：621-623.

[19] 付佐龙，王金荣，王晋晋，等. 氢化物发生-原子荧光法测定饲料中的镉. 中国饲料，2009，（15）：33-35.

[20] Liu Y，Yang D，Chang X，et al. Direct spectrophotometric determination of trace cadmium（Ⅱ）in food samples with 2-acetylmercaptophenyldiazoaminoazobenzene（AMPDAA）. Microchimica Acta，2004，147（4）：265-271.

[21] Yang D H，Lee Y J. Determination of cadmium bioaccessibility in herbal medicines and safety assessment by *in vitro* dissolution and ICP-AES. Microchimica Acta，2009，167（1-2）：117-122.

[22] Capdevila F，Schuhmacher M N，Domingo J L. Intake of lead and cadmium from edible vegetables cultivated in Tarragona Province，Spain. Trace Elements & Electrolytes，2003，20（4）：256-261.

[23] Georgia K，Anastasios E，Anastasios V. A study of Nafion-coated bismuth-film electrodes for the determination of trace metals by anodic stripping voltammetry. Analyst，2004，129（11）：1082-1090.

[24] Jones R M，Yu H，Delehanty J B，et al. Monoclonal antibodies that recognize minimal differences in the three-dimensional structures of metal-chelate complexes. Bioconjugate Chemistry，2002，13（3）：408-415.

[25] Khosraviani M，Pavlov A R，Lorbach S C，et al. Binding properties of a monoclonal antibody directed toward lead-chelate complexes. Bioconjugate Chemistry，2015，11（2）：267-277.

[26] 杜庆鹏，陈安珍，田金改，等. 中药材中重金属镉的快速检测方法研究. 中国药事，2011，25（8）：776-778.

[27] 王民，糜漫天，高志贤. 食品中镉的快速检测方法研究. 第三军医大学学报，2004，26（7）：640-642.

[28] 国家卫生和计划生育委员会，国家食品药品监督管理总局. GB 2762—2017 食品安全国家标准 食品中污染物限量，2017.

[29] 赵静，孙海娟，冯叙桥. 食品中重金属汞污染状况及其检测技术研究进展. 食品工业科技，2014，35（7）：357-367.

[30] 秦亮亮，姜金庆，孙勇，等. 汞的毒性作用及在动物性食品中的检测现状. 黑龙江畜牧兽医，2017，（9）：280-282.

[31] 高志刚，刘国文，王宇，等. 重金属免疫学检测研究进展. 内蒙古民族大学学报（自然汉文版），2010，25（3）：311-316.

[32] 方淑兵，王俊平，王硕，等. 重金属汞酶联免疫检测方法的建立. 食品工业科技，2012，33（16）：86-88.

[33] 樊淑华，王永立. 胶体金免疫层析技术应用研究进展. 动物医学进展，2014，（10）：99-103.

[34] 龚倩，金高娃，李小蕾，等. 电感耦合等离子体质谱法测定海洋贝类中镉、铬、铜和铅. 理化检验（化学分册），2012，48（5）：594-596.

[35] 商璟. 快速检测食品中铬、镉、铜、汞的光电型传感方法的建立. 上海：上海交通大学, 2012.

[36] 汪炳武, 张卫华. 新银盐光度法测定微量砷的研究. 分析化学, 1988, 16（5）：419-423.

[37] 范华钧, 施文赵, 李翱, 等. 吸附溶出伏安法测定植物叶片中痕量砷及其在茶汤中的形态分析. 分析试验室, 1993,（2）：25-28.

[38] 张卫华, 金贞淑, 赵丹庆, 等. 极谱分析法连续测定痕量铅和镉. 光谱实验室, 2002,（3）：335-337.

[39] 许杨, 李晓晶, 于建功. 生物样品中砷的石墨炉原子吸收分光光度法测定. 山东环境, 2002,（5）：30-31.

[40] 江志刚. 氢化物-原子荧光法测定粮食中的砷. 分析测试学报, 1999,（1）：59-61.

[41] 陈湘莹, 何彩. 微波消解/HG-AFS 法测定海产品中总砷含量. 中国热带医学, 2009, 9（1）：153-154.

[42] 姜新, 吉钟山, 吉文亮, 等. 湿法消解-氢化物发生-原子荧光法测定海产品中的总锡. 中国卫生检验杂志, 2016, 26（2）：178-180.

第 13 章　水产品生物毒素检测技术

生物毒素由于其强毒性、潜在致癌性，一直是食品安全监管中的重点，是国内外食品安全重点研究对象。作为一种天然毒素，生物毒素主要来源于动植物以及微生物在一定条件下产生的不可自复制的有毒化学物质，由于产生生物毒素的物种较多，其生物毒性活性极为复杂，对人体产生的生理功能也具有广泛影响。随着人类生活水平和消费习惯的改变，对海洋水产品的摄入水平逐年提高，引发的中毒事件也日趋增加，有关部门先后制定了不同的食品安全国家标准来加强相关的监管，本章将对生物毒素在水产品中的来源和检测方法做综述，以期应对日趋紧迫的水产品中生物毒素的检测和监管。

水产品中天然毒素的来源有四种：一是水产动物在摄食过程中，某些食物（饲料）所含毒素的累积；二是寄生在鱼体内的微生物分泌的毒素，被鱼体吸收；三是鱼体自身物质代谢产生的毒素；四是在水产品加工储藏过程中，滋生真菌，导致真菌毒素的累积。本章主要讨论河鲀毒素、贝类毒素、西加毒素、微囊藻毒素、节球藻毒素与鱼腥草毒素等 6 类可能引起食物中毒的水产品生物毒素，并分别从毒素分类、结构、来源、中毒症状和机制、检测方法方面做简要论述。

13.1　河　鲀　毒　素

13.1.1　河鲀毒素概述

河鲀毒素（tetrodotoxin，TTX），因最早由日本学者田原良纯于 1909 年在河鲀体内发现而命名，是一种毒性极强的海洋生物毒素，分布广泛。TTX 中毒潜伏期短，死亡率高，因而成为食用水产品中毒事件的一类重要致毒因子。本节将对 TTX 的结构、基本性质和毒性作用等做全面性综述，并详细分析水产品中 TTX 的检测方法。

1. TTX 的理化性质

TTX 是一种氨基全氢化喹唑啉型化合物，分子式为 $C_{11}H_{17}N_3O_8$，相对分子量为 319。结构式见图 13-1。TTX 结构复杂，带有复氧环己烷，碳环中的每个碳原子都存在不对称取代，极性很强。TTX 同时拥有胍基和邻位酸官能团，通常以两性离子的形式存在,既可以带阳离子也可以带阴离子。TTX 的纯品为白色结晶,无臭无味,理化性质稳定,不溶于无水乙醇、乙醚、苯等有机溶剂,微溶于水,易溶于稀酸溶液或醇溶液,在碱溶液中极易分解。TTX 在中性和酸性条件下对热稳定,240℃开始碳化,但300℃以上也不分解,在5%氢氧化钾溶液中于 90~100℃下会分解成无毒的喹啉化合物。

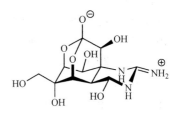

图13-1 河鲀毒素化学结构

2. TTX 的来源

从 20 世纪 50 年代起,国内外学者对 TTX 的来源进行了一系列的研究,发现 TTX 不仅存在于河鲀中,也存在于藻类、织纹螺、海星等海洋生物以及蝾螈、青蛙、蟾蜍等两栖动物体内,同时发现多种细菌可产生 TTX。河鲀体内毒素主要存在于性腺、肝脏、脾脏、皮肤等部位,毒素分布的部位和浓度因河鲀的种类不同而存在个体差异,河鲀在生殖季节毒性最大,且雌性的毒性大于雄性。有关 TTX 的起源既有内源性学说又有外源性学说,内源学说认为 TTX 有可能是河鲀与其体内共生细菌共同作用的产物,体内共生细菌产生 TTX 的衍生物,河鲀把此衍生物转化为自身的 TTX。外源性学说认为,河鲀体内的 TTX 是受食物链和微生物双重影响的结果。还有学者从免疫学的角度对河鲀体内毒素富集的机制进行了解释,认为河鲀体内存在一种蛋白质可与 TTX 联结形成复合物,并且 TTX 的含量是受基因调控的。

3. TTX 的中毒症状和机制

TTX 是一种强神经毒素,毒性比氰化物高 1250 多倍,TTX 对人的致死剂量为 6~7μg/kg b.w.,LD_{50} 为 8μg/kg b.w.。TTX 是典型的钠离子通道阻断剂,它能选择性地与肌肉、神经细胞的细胞膜表面的钠离子通道受体结合,阻碍 Na^+ 通道的开放,抑制神经肌肉间兴奋的传导,造成肌肉和神经的麻痹。TTX 中毒潜伏期一般在 10min~3h,患者首先感到面部或四肢异常,随后出现眩晕或麻痹,有可能出现恶心、腹泻等胃肠症状,继而出现呼吸急促并伴有低血压、抽搐和心律不齐,重者可至死亡。TTX 用一般的烹饪手段难以破坏,中毒后尚无特效解毒药物,病死率高。

4. TTX 的限量标准和相关法规

在中国、日本和东南亚的一些国家 TTX 中毒事件屡有发生,TTX 已成为威胁水产品食用安全的重要风险隐患。据报道,日本每年河鲀中毒死亡人数占同期食物中毒死亡人数的 70% 以上[1]，1972～1993 年，日本发生河鲀中毒者就达 1258 人，致死 279 人。我国河鲀中毒事件死亡人数最高的年份为 1993 年，死亡 147 人。1999 年厦门、大连、上海均发生过烤鱼片中河鲀毒素中毒事件[2]。2012 年 7 月，温州发生织纹螺中河鲀毒素中毒事件，8 人中毒。2014 年上海市食品安全风险监测中在 3 种烤鱼片检出 TTX[3]。2014～2016 年广东省共发生 TTX 中毒事件 8 起，合计 51 人中毒，其中死亡 1 人[4]。为了控制 TTX 中毒的发生，一些国家制定了严格的管理措施。日本政府要求对市场上销售的河鲀的毒力进行检查，对准予食用的河鲀的种类和部位也做了明确的规定。2012 年我国食品药品监督管理局规定，严禁任何餐饮服务提供者加工制作鲜河鲀。虽然现行食品标准未涉及有关河鲀及其 TTX 限量要求，但国家市场监督管理总局强调，在相关标准发布之前，为保障公众身体健康和生命安全，禁止食品经营者销售河鲀，对销售河鲀的，依照《中华人民共和国食品安全法》的规定予以处罚。

13.1.2　河鲀毒素的检测技术

河鲀毒素的检测技术研究始自 20 世纪 60 年代，根据检测原理的不同，TTX 检测常用的方法可归纳为三大类：生物法、免疫法和仪器分析法。

《食品安全国家标准　水产品中河豚毒素的测定》（GB 5009.206—2016）规定了水产品中 TTX 的测定方法，其中第一法采用小鼠生物法测定河鲀肌肉、肝脏、皮肤和性腺组织中 TTX，第二法采用免疫亲和柱净化-液相色谱串联质谱法（LC-MS/MS）测定河鲀肌肉、肝脏、皮肤和性腺组织中 TTX，第三法采用免疫亲和柱净化-液相色谱-柱后衍生荧光法测定河鲀、织纹螺、虾、牡蛎、花蛤和鱿鱼中 TTX，第四法采用酶联免疫吸附测定（ELISA）法测定河鲀肌肉、肝脏、皮肤和性腺组织中 TTX。

1. 生物法

生物法包括小鼠生物法、离体组织法和组织培养法等，其中最常用的是小鼠生物法，也是目前我国和日本的 TTX 检测标准方法，其他生物检测方法的应用和研究较少。

GB 5009.206—2016 的第一法为小鼠生物法，其主要原理为：试样制备后经两次乙酸溶液煮沸提取，离心收取上清液，经两次上清液合并定容后用于小鼠生物试验，根据小鼠注射试样提取液后的死亡时间，查出鼠单位并按小鼠体重校正鼠单位，计算 TTX 含量。该方法的检出限（LOD）为 3.11MU/g［MU 为鼠单位（mouse unit），1MU 的定义为使体重为 20.0g 的无特定病原体级昆明系雄性小鼠 30min 死亡的毒力，相当于 0.18μg TTX］。

小鼠生物法是 20 世纪 40 年代美国学者建立的[5]，其原理是一定体重的小鼠经腹腔注射 TTX 后，其死亡时间的倒数与注射 TTX 剂量之间存在着线性关系，因此可根据小鼠死亡时间推断 TTX 的含量，此法测得的毒力用 MU 表示。目前国际通用的鼠单位为日本学者测定的 ddy 系小鼠，$1MU=0.22\mu g$ TTX，但不同品系小鼠 1MU 的 TTX 含量不同。王静等[6]建立了昆明系小鼠定量测定 TTX 的方法，选用体质量 19～21g 的昆明系小鼠作为实验对象，研究得出 TTX 致昆明系小鼠的半数致死量（LD_{50}）为 $0.18\mu g$，方法 LOD 为 $0.56\mu g/g$ 样品。林蔚等[7]用 ICR 小鼠测定引起食物中毒的烤鱼片中河鲀毒素的毒力。还有学者将其他敏感生物代替小鼠作为受试对象，如张伍金等[8]利用红色鸡泡眼金鱼为受试对象，得到其死亡时间与体重、注射剂量之间的关系表及回归方程，建立了金鱼生物试验法用于河鲀熟制品的检测，具有快速、易操作、价廉等优点。生物检测法在判断样品是否含有毒素时具有独特的优势，但检测结果容易受生物个体差异影响。

2. 免疫法

免疫法主要有 ELISA 法和免疫层析法（ICA），其原理是通过抗原抗体的高度特异性结合，对样品中的 TTX 进行定性或定量分析。TTX 免疫测定法的基础是单克隆抗体制备技术。Watabe 等[9]首先于 1989 年建立了用牛血清白蛋白连接 TTX 作为抗原的 ELISA 法，之后，Matsumura[10]等学者对河鲀毒素单抗的制备方法做了不断改进，并逐渐建立起 TTX 的 ELISA 检测方法。国内学者苗小飞[11]、王建伟[12]等制备出抗 TTX 的单克隆抗体，随后，王建伟等[13]建立了 TTX 间接性竞争抑制性 ELISA 测定方法，计融[14]、董雪[15]等又建立了灵敏度更高的 TTX 直接性竞争抑制性 ELISA 测定方法，使这种检测方法日趋完善。ICA 法则是一种将免疫技术和色谱层析技术相结合的检测方法，因其具有直观、快速、灵敏、经济适用等优点，多用于 TTX 的现场快速检测。

3. 仪器分析法

20 世纪 70 年代以后，仪器分析技术不断发展进步，TTX 的仪器检测方法相继建立，主要有荧光分光光度法、气相色谱法（GC）、HPLC 法、HPLC-MS 法等。

1）荧光分光光度法

荧光分光光度法是最早建立起来的定量检测 TTX 的仪器方法，原理是通过检测 TTX 加碱水解生成的荧光化合物 C_9 碱来对 TTX 定量。该法操作简单，但灵敏度低，难以测定 TTX 含量较低的样品。

2）气相色谱法与气质联用法（GC-MS）

GC 法可以采用多种高选择性检测器，具有较高的分离效率，适用于测定 TTX 含量较低的样品，Kotoku 等[16]建立了气相色谱检测 TTX 及其衍生物的方法。之后发展起来的 GC-MS 法由于特异性强、灵敏度高，成为准确检测样品中痕量的 TTX 的方法之一。黄清发等[17]将样品提取液经过固相萃取柱净化，建立了硅烷化衍生 GC-MS 测定河鲀毒素的方法，有效地去除了提取液中的杂质，提高了检测的灵敏度。受方法原理所限，无论是 GC 法，还是 GC-MS 法检测 TTX，均需将其衍生后才能测定，反应过程中引入的杂质或生成的副产物可能影响色谱分离。由于 GC 法和 GC-MS 法的复杂性，目前相关的文献较少，大多只存在于研究层面，较少应用于实际样品的测定。

3）HPLC 法

HPLC 法检测 TTX 一般采用荧光检测器或紫外检测器，荧光检测器比紫外检测器能获得更低的检出限，但必须进行衍生化。

GB 5009.206—2016 第三法为免疫亲和柱净化-液相色谱-柱后衍生荧光法，主要原理为：试样采用酸性甲醇溶液提取，提取液经旋转蒸发至干，用 2mL 1%乙酸溶液溶解残渣，再用磷酸盐缓冲溶液复溶，调 pH 至 6.0～7.0，经免疫亲和柱净化，液相色谱-柱后衍生荧光法测定，以保留时间定性，外标法定量。该方法的 LOD 和 LOQ 分别为 50μg/kg 和 150μg/kg。

刘海新等[18]将样品提取液经过 C_{18} 固相萃取柱净化，以庚烷磺酸钠为离子对试剂，建立了柱后衍生-荧光检测-高效液相色谱法。岑剑伟等[19]以鲀科鱼类为研究材料，采用超声波法提取，C_{18}-WCX 联用固相萃取纯化，使用高效液相色谱紫外检测方法测定水产品中 TTX 含量。HPLC 法是分析、制备领域应用最为广泛也最为成熟的技术之一，它具有分离效率高、分辨率好及速度快等特点，但对样品的纯度要求较高，预处理复杂，检出限偏高，易受基质干扰。

4）HPLC-MS 法

HPLC-MS 法测定 TTX 不需要衍生化，样品通过固相萃取柱或免疫亲和柱净化能够有效地减少样品的基质效应，灵敏度高，适用于检测痕量 TTX。

GB 5009.206—2016 第二法为免疫亲和柱净化-液相色谱串联质谱法，原理为：试样经 1%乙酸-甲醇溶液提取，免疫亲和柱净化，HPLC-MS 法测定，外标法定量。该方法的检出限和定量限分别为 1μg/kg 和 3μg/kg。

Tsai 等[20]采用 HPLC-MS 法测定 TTX。李爱峰等[21]应用 C_{18} 反相色谱柱和 HILIC 亲水作用色谱柱，建立了 TTX 的液相色谱-电喷雾离子阱质谱联用分析方法。方力等[22]建立了以 HLB 固相萃取柱预处理，采用 HILIC-MS/MS 检测即食烤鱼片中河鲀毒素的方法。曹文卿等[23]建立的检测红鳍东方鲀肉中 TTX 含量的 HPLC-MS 的确证方法，使用 C_{18} 和石墨化碳黑混合粉末作为吸附剂 QuEChERS 法净化样品提取液，能够大大缩短样品预处理的时间。王智[24]、岳亚军[25]等采用免疫亲和柱净化-HPLC-MS 法检测 TTX，可有效消除复杂基质样品中普遍存在的基质抑制效应，灵敏度高、重现性好。

4. TTX 快速检测方法

随着食品安全问题逐渐被人们关注，操作简便、灵敏的 TTX 快速筛检方法也得以发展。目前最常用的有 ELISA 试剂盒法、ICA 技术、磁性纳米探针免疫层析技术、毒性传感器方法等。

GB 5009.206—2016 第四法为 ELISA 法，主要原理为：试样中的 TTX 经提取、脱脂后与定量的特异性抗体反应，多余的游离抗体则与酶标板内的包被抗原结合，然后加入酶标二抗与结合到酶标板上的抗体反应，加入底物显色，与标准曲线比较测定 TTX 含量。该方法的 LOD 和 LOQ 分别为 3μg/kg 和 10μg/kg。

宫慧芝等[26]研制出了快速检测河鲀类中 TTX 的单抗 ELISA 检测试剂盒，LOD 为 5ng/mL，线性范围为 10～300μg/kg，样品的提取不需要复杂的柱层析净化过程，节省了大量时间和试验材料，并且不需要特殊设备，可对不同时间、不同海域、不同产品中鲀毒鱼类进行分析。苏捷等[27]使用 TTX 胶体金免疫层析快速检测试剂盒对河鲀及织纹螺中 TTX 含量进行了检测，检出限为 0.5MU/mL（100ng/mL）。张世伟等[28]基于抗体亲和位点保护标记方法制备抗 TTX 抗体偶联荧光微球，建立了河鲀毒素的荧光微球免疫层析检测方法，检测过程仅需 15min。蒋云升等[29]使用 pNa 电极、青蛙膀胱膜、电位计等构成了一种检测 TTX 的简易组织生物传感器，每次测定只需 5min，LOD 为 0.002MU/mL（3.56×10^{-3}μg/mL）。崔建升等[30]利用地衣芽孢杆菌制备毒性传感器，线性响应范围为 10～100μg/L。刘媛等[31]制备的检测 TTX 的免标记自增强电化学发光（ECL）免疫传感器可有效改善电化学发光效率，降低实验成本，在浓度 0.01～1000μg/L 范围内线性较好，LOD 为 0.01μg/L。快速检测技术是保障食品安全的一个重要技术支持，具有准确、快速、高效、操作简便、单样本检测成本低廉、适于现场操作的 TTX 快速检测技术仍是未来的研究方向。

13.1.3　河鲀毒素解毒和食用要点

1. TTX 解毒方法

TTX 中毒临床的治疗方法主要是用碳酸氢钠及时洗胃及对症治疗，并没有特效解毒药物，因此寻找解毒剂就成为 TTX 中毒急救的重要课题。日本学者蕂井实[32]使用 S-P 剂（酸性亚硫酸钠与磷酸的混合液，pH 5.5）、半胱氨酸分别对 TTX 中毒小鼠进行解毒试验，发现 S-P 剂和半胱氨酸都能通过破坏 TTX 结构使其毒性消失。国内学者张永贵等[33]通过离体和在体实验表明新斯的明和东莨菪碱能对抗 TTX 对横纹肌的抑制作用从而获得解毒效果。方华等[34]以 4-氨基吡啶为原料，设计合成了 5 个 N-二异丙基磷酰化氨基酸-N-4-氨基吡啶衍生物（4-AP 修饰衍生物），研究结果显示 4-AP 修饰衍生物对 TTX 中毒小鼠均有一定的解毒作用。免疫技术进行解毒治疗是目前 TTX 解毒研究的热点之一。徐勤惠等[35]以中国鲎血蓝蛋白（TTH）为载体，通过甲醛将河鲀毒素与载体蛋白连接，制成人工抗原（TTX-TTH），可有效预防 TTX 中毒，效价高且持久。此外，我国自古便有采用中草药治疗河鲀中毒的成功经验，近年来中西医结合以提高 TTX 中毒救治成功率的尝试取得很大进展。乔艳萍等[36]研发的治疗河鲀中毒的中药汤剂具有取材方便，制作简单，经济廉价，宜于推广使用等优点，已获得国家发明专利。

2. 河鲀安全食用要点

河鲀的食用在我国有着悠久的历史，但是河鲀中毒会给人类健康带来严重危害，食用或误食河鲀而引起的 TTX 中毒事件屡有发生。为了保障食用河鲀的安全性，需要从河鲀的减毒养殖、去毒加工、卫生防治等方面提高重视：

（1）加强宣传教育，宣传河鲀的毒性以及危害，不擅自吃沿海地区捕捞或捡拾的认辨不清的鱼类，提高消费者安全意识和自我保护能力。

（2）研究证明养殖河鲀的毒性比野生河鲀的毒性低，必须确认经过养殖驯化可以达到无毒且有无毒标记的河鲀方可以食用。

（3）选择养殖河鲀肌肉无毒的鲜活鱼种，加工前必须进行河鲀毒力检测，加工时必须完全去除毒性可能富集的部位，如卵巢、肝脏、眼球等，采用安全可靠的加工工艺，保证食用安全。

（4）做好河鲀中毒的预防和救治工作，一旦发现 TTX 中毒，应尽快给予各种排毒和对症处理的措施，让患者度过危急期。

13.2 贝 类 毒 素

13.2.1 贝类毒素概述

贝类毒素（shellfish biotoxin）特指主要由海洋有毒微藻或微生物产生、能够在海洋生物尤其是双壳贝类中富集的、对其他生物包括人类产生危害的一大类小分子有毒化学物质。贝类属于非选择性滤食生物，其食物主要为藻类、原生动物等浮游生物和一些有机物残渣。在其生长过程中极易富集环境中的有害物质，如致病菌、贝类毒素、农药残留物、重金属等。贝类毒素一般积存于贝类（蛤类、螺类、鲍类）的肝脏或消化腺中，尤其是双壳贝类如牡蛎、扇贝和贻贝中含有贝类毒素的风险更高，这些毒素在贝类体内积聚，通过被人类摄食而在人体中得以释放，使人体产生相应的食源中毒症状。若卫生管控不当，甚至对消费者的生命构成威胁。贝类毒素引起的食物中毒反应快、毒性大且无适宜解毒剂，因此引起了人们特别是食品安全部门的极大关注，对这些有害毒素的检测方法也逐渐引起科研工作者的广泛重视，对于贝类毒素的检测，目前乃至今后相当长一段时间内，都将是国内外共同关注的热点。

2004 年，联合国粮食及农业组织（FAO）、世界卫生组织（WHO）及政府间海洋学委员会（IOC）共同组建的双壳类软体生物毒素工作组将贝类毒素分为 8 大类，分别为石房蛤毒素（saxitoxin，STX）组、软骨藻酸（domoic acid，DA）毒素组、冈田软海绵酸（okadaic acid，OA）毒素组、原多甲藻酸（azaspiracid，AZA）毒素组、短裸甲藻毒素（brevetoxin，BTX）组、蛤毒素（pecenotoxin，PTX）组、虾夷扇贝毒素（yessotoxin，YTX）组和环亚胺（cyclic imine，CI）类毒素组。除此之外，岩沙海葵毒素（palytoxin，PlTX）和西加毒素（ciguatoxin，CTX）也正在被考虑是否划作贝类毒素中。现有的 8 大类贝类毒素中，STX 和 DA 毒素组较易溶于水，而 OA、AZA、BTX、PTX、YTX 和 CI 为聚醚类物质，具有热稳定性，易溶解于甲醇、乙醚等非极性有机溶剂中，因此被统一称为脂溶性贝类毒素（lipophilic phycotoxins，LPs）。

此外，最常见的分类方法为根据人们中毒的症状及毒素传递媒介的类型归纳为四大类：麻痹性贝类毒素（paralytic shellfish poison，PSP）、腹泻性贝类毒素（diarrhetic shellfish poison，DSP）、神经性贝类毒素（neurotoxic shellfish poisoning，NSP）、记忆缺失性贝类毒素（amnesic shellfish poisoning，ASP），其中以腹泻性贝类毒素和麻痹性贝类毒素的危害最为广泛和严重。贝类毒素分类和简介如表 13-1 所示。我国海洋赤潮毒素中最常见的也是麻痹性贝类毒素。本节将简要介绍上述四种最为常见的贝类毒素的结构、基本性质和毒性作用等，并详细分析水产品中贝类毒素的检测方法。

表 13-1　贝类毒素分类、简介及限量

分类	毒素组	化学性质	中毒症状	安全限量
PSP	氨基甲酸酯类毒素、N-磺酰氨甲酰基类毒素、脱氨甲酰基类毒素、脱氧脱氨甲酰基类毒素	极性较高，不易挥发，易溶于水、微溶于甲醇和乙醇，不溶于非极性溶剂。在酸性条件下稳定，在碱性条件下可发生氧化	口舌麻木，恶心眩晕，流涎发烧、皮疹、身体部位麻痹，严重时可致呼吸困难，喉咙紧张	欧盟、中国、日本、韩国、澳大利亚、美国：80μg/100g；世界卫生组织：80μg STXeq/100g 贝肉；菲律宾、挪威：40μg/100g
DSP	聚醚类毒素：冈田软海绵酸毒素、鳍藻毒素；聚醚内酯毒素：蛤毒素；融合聚醚毒素：虾夷扇贝毒素	不易溶于水，热稳定性高	腹泻、恶心、呕吐，OA 还有明显的致癌作用	OA、PTX：160μg/kg；YTX：1000μg/kg
NSP	短裸甲藻毒素、海洋卡盾藻毒素、赤潮异弯藻毒素	脂溶性的多醚化合物，不含氮，是一种去极化物质	神经麻痹，唇、舌头、喉头及面部有麻木感与刺痛感，肌肉疼痛，头晕等神经性症状及某些消化道症状	20MU/100g
ASP	软骨藻酸毒素	易溶于水，微溶于甲醇，碱性条件下稳定，酸性条件下降解	头晕眼花，短时期内失去记忆力	20μg/g

1. 麻痹性贝类毒素（PSP）

麻痹性贝类毒素是目前世界上分布最广，中毒发生率最高，危害程度最大的一类赤潮生物毒素。PSP中毒初期为口舌感觉异常、麻木，恶心眩晕，流涎发烧，皮疹等症状，而后可出现身体部位麻痹，严重时可致呼吸困难、喉咙紧张，危险期为12～14h。PSP不易诊断，一般根据进食史判断。PSP主要来源于海洋中的单细胞甲藻，双壳贝类通过滤食摄入大量浮游生物中的有害海藻将PSP累积于体内，该毒素在贝类体内呈结合状态，对贝类本身无害。PSP是一类神经性毒素，其毒性很强，相当于河鲀毒素的毒性或80倍眼镜蛇毒素毒性。PSP是细胞膜钠离子通道高度专一性阻滞剂，可阻滞神经细胞的兴奋和传导，使人中毒的范围在600～5000MU之间，仅0.5mg就能使人死亡。目前尚无麻痹性贝类毒素特效药，所以只能利用各种检测手段，阻断毒素对人类安全造成的危害。欧盟对在市场流通的鲜活贝类及贝类产品要求麻痹性贝类毒素在整体数量上含有的海洋生物毒素（以整体或各个可食用部分来计量）不得超过80μg/100g石房毒素等价物。

麻痹性贝类毒素的化学结构如图13-2所示。根据基团的相似性，PSP可分为四类：氨基甲酸酯类毒素（carbamate toxins），包括石房蛤毒素（STX），新石房蛤毒素（neosaxitoxin，NEO）、膝沟藻毒素 GTX 1～4；N-磺酰氨甲酰基类毒素（N-sulfocarbamoyl toxins），包括 $C_{1\sim4}$、GTX 5（B_1）和 GTX 6（B_2）；脱氨甲酰基类毒素（decarbamoyl toxins），包括 dcSTX、dcNEO、dcGTX1～4；脱氧脱氨甲酰基类毒素（deoxydecarbamoyl toxins）。关于PSP的研究主要集中在对石房蛤毒素的研究上。PSP为二代盐，分子量低，白色，极性比较高，不易挥发，易溶于水、微溶于甲醇和乙醇，不溶于非极性溶剂。在酸性条件下稳定，在碱性条件下可发生氧化，导致毒性降低甚至消失。遇热稳定，不能被人体中的消化酶破坏。

R_1	R_2	R_3	R_4=—OOCNH$_2$	—OOCNHSO$_3$	—OH	—H
H	H	H	STX	GTX5	dcSTX	doSTX
OH	H	H	NEO	GTX6	dcNEO	—
OH	OSO$_3^-$	H	GTX1	C_3	dcGTX1	—
H	OSO$_3^-$	H	GTX2	C_1	dcGTX2	doGTX2
H	H	OSO$_3^-$	GTX3	C_2	dcGTX3	doGTX3
OH	H	OSO$_3^-$	GTX4	C_4	dcGTX4	—

图 13-2　麻痹性贝类毒素的化学结构[37]

2. 腹泻性贝类毒素（DSP）

腹泻性贝类毒素在全球的分布仅次于麻痹性贝类毒素，中毒的主要症状是腹泻、恶心、呕吐，可持续三四天，一般不致命，但无特效解毒剂。根据毒素的结构，DSP可以分成 3 类：聚醚类毒素，包括冈田软海绵酸（OA）和鳍藻毒素（dinophysistoxin，DTX）（结构如图 13-3 和表 13-2 所示）；融合聚醚毒素，包括虾夷扇贝毒素（YTX）（化学结构如图 13-4 所示）；聚醚内酯毒素，如蛤毒素（PTX）（化学结构如图 13-5 所示）。OA 是最早被发现的脂溶性毒素，1978 年发现于产自日本海域的一种海绵。OA 和 DTX 对蛋白磷酸酶 1（PP1）和蛋白磷酸酶 2A（PP2A）型的蛋白磷酸酶的抑制作用非常专一且高效。其中 OA 还有明显的致癌作用，贝类产品肝脏中 OA 和 DTX毒素的含量超过 2μg/g 和 1.8μg/g，食用时就会对人类产生毒害作用。PTX 在贝类中常与 OA 毒素伴生，化学结构和 OA 类似。

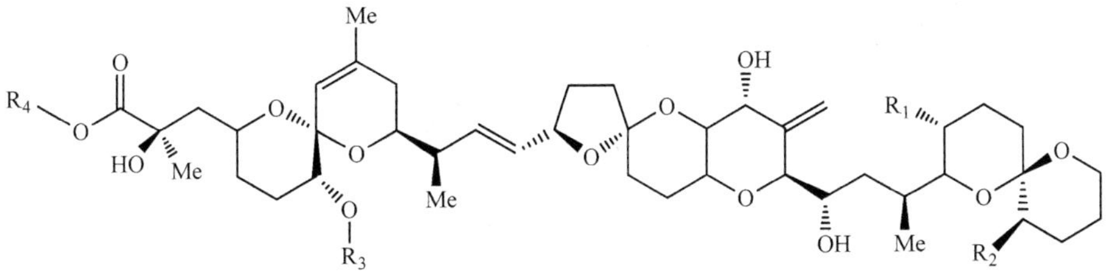

图 13-3　腹泻性贝类毒素 OA 及 DTX 化学结构

表 13-2　腹泻性贝类毒素 OA 及 DTX 化学结构[38]

毒素名称	R_1	R_2	R_3	R_4
OA	CH_3	H	H	H
DTX-1	CH_3	CH_3	H	H
DTX-2	H	CH_3	H	H
DTX-3	CH_3	CH_3	Acyl	H

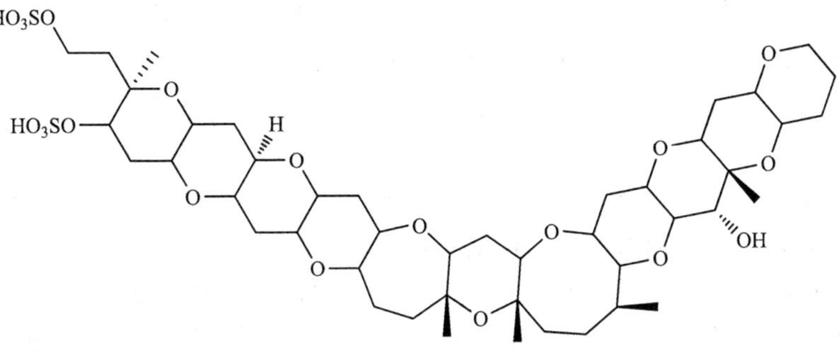

图 13-4　腹泻性贝类毒素 YTX 化学结构

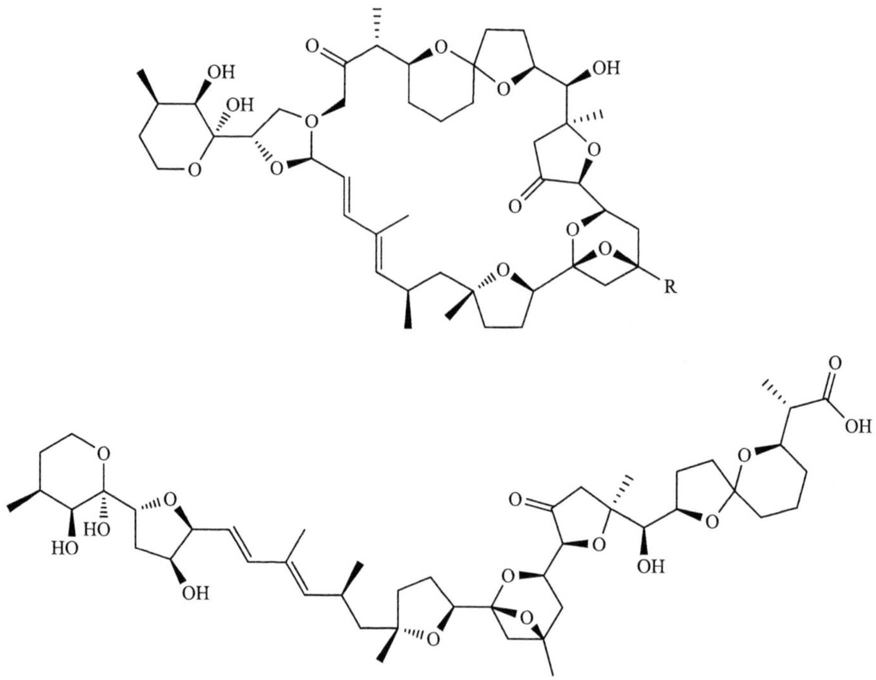

图 13-5　腹泻性贝类毒素 PTX 的成环和开环结构

DSP 主要产毒藻为鳍藻，目前已发现有 15 种组分。YTX 是脂溶性贝毒中最复杂的一类毒素，同系物高达百种，主要存在于网状原甲藻和多边舌甲藻中，但 YTX 不具备腹泻性毒性。DSP 不易溶于水，热稳定性高。已有多个国家或组织制定了贝类水产品中 DSP 限量标准，范围为 0～20μg/100g（OA）。

3. 神经性贝类毒素（NSP）

神经性贝类毒素是唯一一类可以通过吸入导致中毒的贝类毒素。人误食含有神经性贝类毒素的食物时，主要症状是神经麻痹。其潜伏期较短，一般为数分钟至数小时，中毒者主要表现为唇、舌、喉头及面部有麻木感与刺痛感及肌肉疼痛、头晕等神经性症状及某些消化道症状。疾病持续的时间一般为几天，很少出现死亡情况。NSP 主要产毒藻为短裸甲藻、海洋卡盾藻和赤潮异弯藻，在赤潮区吸入含有短裸甲藻毒素的气雾也会引起气喘、咳嗽等中毒现象。NSP 能够与 Na⁺ 通道的位点 5 牢固结合，激活离子通道，增强钠离子向细胞内流动，从而使细胞膜持续处于去极化状态，使人产生神经麻痹的中毒症状。

目前已经分离出 13 种 NSP 毒素成分，其中 11 种成分的化学结构已确定，属于含有脂溶性的多醚化合物，不含氮，是一种去极化物质。目前，对新鲜的、冷冻的或罐装制品的牡蛎、蛤类和贻贝的神经性贝类毒素最大允许限量为 20MU/100g。

4. 记忆缺失性贝类毒素（ASP）

ASP 的主要成分是一种具有生理活性的氨基酸类物质——软骨藻酸（domoic acid，DA），DA 能够竞争性结合氨基酸受体，引起中枢神经系统海马区和丘脑区以及记忆有关区域的损伤。DA 是谷氨酸的一种异构体，是浮游植物代谢的产物，一种兴奋性脯氨酸衍生物和神经毒素，红藻氨酸受体的兴奋剂，能够牢固结合谷氨酸受体，作用于兴奋性的氨基酸受体和突触传递素，提高钙离子的渗透性，使细胞长时间处于去极化的兴奋状态而导致死亡。ASP 能够导致头晕眼花，短时期内失去记忆力，但在人体内的降解速度也快。目前许多国家对贝类中 DA 的控制标准为 20μg/g。记忆缺失性贝类毒素化学结构如图 13-6 所示。

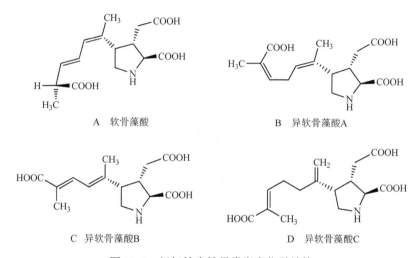

A 软骨藻酸   B 异软骨藻酸A

C 异软骨藻酸B   D 异软骨藻酸C

图 13-6 记忆缺失性贝类毒素化学结构

5. 限量标准和相关法规

欧盟、美国、加拿大和国际食品法典委员会（CAC）等发达国家、地区或组织针对贝类毒素出台了一系列的法律法规，主要集中于检测方法、限量标准和风险评估等 3 方面，而且这 3 方面相辅相成，构成了对发展中国家新的贸易壁垒。欧盟 No. 2074/2005 法规的补充条款建议将 HPLC-MS 法完全取代小鼠生物法用于贝类毒素的常规检测，虽然给予发展中国家 3 年的缓冲期，但仍会给这些国家带来极大的冲击。与此同时，国际食品法典委员会水产与水产加工品标准专业委员会（Codex Alimentarius Commission-Codex Committee on Fish & Fishery Products，CAC-CCFFP）制定了《鲜活贝类中生物毒素标准分析方法草案》，也提出了相似的意见，并在第 30 届和第 31 届 CCFFP 工作会议上连续进行了多轮讨论和磋商。

在限量标准方面，欧盟、加拿大、FAO 和 WHO 等对贝类均有严格的卫生标准和要求，其中包括感官指标、微生物指标，也包括贝类毒素的限量和风险评估。对于 OA 和 PTX，鲜活全贝的限量标准均为 160μg/kg，PSP 和 ASP 在欧盟的限量标准分别为 80μg/100g、20μg/g，对 PSP，美国、日本、韩国、澳大利亚、中国也是采取这一标准，菲律宾和挪威则是 40μg/100g，YTX 为 1000μg/kg。但这些标准的制定并没有充足的毒理学数据支持，甚至部分毒素的资料完全缺乏。因此，欧盟食品安全局（European Food Safety Authority，EFSA）在新的毒理学数据基础上，对这些毒素的限量标准进行了重新评估并建议将现有脂溶性贝类毒素的限量标准修订为 OA 和 DTX 分别为 45μg/kg，PTX 为 120μg/kg，YTX 为 3750μg/kg。

我国是世界上最大的贝类养殖国，贝类产量居世界第一位，近二十年来，人们发现了贝类毒素的存在与危害，重视赤潮给海洋带来的污染，发展和完善水产品中贝类毒素的痕量分析技术，开发简便、灵敏、快速的检测方法是今后发展的重要方向。以下将介绍国内外有关水产品中贝类毒素检测方法。

13.2.2　贝类毒素的检测技术

贝类毒素是一种毒性很强的非蛋白毒素，高温加热不能使之失活，对食用者的生命安全造成极大威胁，准确有效的贝类毒素检测方法研发尤为重要。目前，贝类毒素的检测方法主要有三大类：生物法、免疫法及仪器分析方法。小鼠生物测定法是国际公认方法，免疫学分析技术可作为快速筛选的首选方法，而 HPLC-MS 法由于可以准确高效地定性，可作为确证方法。

1. 麻痹性贝类毒素标准检测方法

《食品安全国家标准　贝类中麻痹性贝类毒素的测定》（GB 5009.213—2016）规定了牡蛎、扇贝等贝类及其制品中麻痹性贝类毒素的检测方法。其中，第一法采用小鼠生物法，第二法采用 ELISA 法，第三法采用 HPLC 法，第四法采用 HPLC-MS 法。

GB 5009.213—2016 的第一法为小鼠生物法。其主要原理为：用盐酸提取贝类中麻痹性贝类毒素（PSP），记录小鼠腹腔注射提取液后的死亡时间，根据麻痹性贝类毒素致小鼠死亡时间与鼠单位关系的对照表查出鼠单位（MU），并按小鼠体重对鼠单位进行校正得到校正鼠单位（CMU），计算得到每 100g 样品中 PSP 的鼠单位。以石房蛤毒素作为标准，将鼠单位换算成毒素的微克数，计算每 100g 贝肉中 PSP 的微克数。测定结果代表存在于贝肉内各种化学结构的 PSP 毒素总量。

GB 5009.213—2016 的第二法为 ELISA 法。其主要原理为：游离麻痹性贝类毒素与其酶标记物竞争麻痹性贝类毒素抗体，同时麻痹性贝类毒素抗体与捕捉抗体连接。没有被结合的酶标记物在洗涤步骤中被除去。结合的酶标记物将无色的发色剂转化为蓝色的产物。加入反应停止液后使颜色由蓝色转变为黄色。用酶标仪在 450nm 波长下测量微孔溶液的吸光度值，试样中麻痹性贝类毒素含量与吸光度值成反比，按绘制的标准曲线定量计算。该方法的 LOQ 为 50μg/kg。

GB 5009.213—2016 的第三法为 HPLC 法。其主要原理为：试样中的麻痹性贝类毒素经盐酸溶液（0.1mol/L）提取，C_{18} 固相萃取柱和超滤离心净化，HPLC 分离，在线柱后衍生荧光检测，外标法定量。该方法的 LOQ：GTX4 为 16.7μg/kg，GTX1 为 50.7μg/kg，dcGTX3 为 4.8μg/kg，GTX5 为 31.9μg/kg，dcGTX2 为 17.3μg/kg，GTX3 为 6.5μg/kg，GTX2 为 19.6μg/kg，neoSTX 为 15.7μg/kg，dcSTX 为 12.5μg/kg，STX 为 14.5μg/kg。

GB 5009.213—2016 的第四法为 HPLC-MS 法。其主要原理为：试样经甲酸溶液（0.5%）提取，分别经乙酸乙酯和三氯甲烷液-液分配去脂，固相萃取柱净化后，再经乙腈除蛋白，超滤离心，HPLC-MS 法检测，外标法定量。该方法 GTX1、GTX4、GTX2、GTX3、dcGTX2 和 dcGTX3 的 LOD 为 25.0μg/kg，LOQ 为 50.0μg/kg；GTX5、STX、dcSTX 和 neoSTX 的 LOD 为 50.0μg/kg，LOQ 为 100.0μg/kg。

除了国家标准方法，Jawaid 等[39]采用一步法侧流免疫法建立了贝类中 8 种麻痹性贝类毒素方法，并通过 HPLC-荧光法进行了验证。Beach 采用亲水作用色谱-MS/MS 法对 16 种常见的麻痹性贝类毒素的色谱条件进行了详细的优化，能很好地消除复杂样品的基质干扰。

2. 腹泻性贝类毒素标准检测方法

《食品安全国家标准　贝类中腹泻性贝类毒素的测定》（GB 5009.212—2016）规定了贝类中腹泻性贝类毒素的检测方法。其中，第一法采用小鼠生物法，第二法采用 ELISA 法，第三法采用 HPLC-MS 法。

GB 5009.212—2016 的第一法为小鼠生物法，适用于贝类及其制品中腹泻性贝类毒素的测定。主要原理为：用丙酮提取贝类中腹泻性贝类毒素（DSP），经无水乙醚分配，减压蒸干后，再以含 1%吐温-60 的生理盐水为分散介质，制成 DSP 混悬液。将该混悬液注射入小鼠腹腔，观察小鼠存活情况，计算其毒力。

GB 5009.212—2016 的第二法为 ELISA 法，适用于贝类及其制品中腹泻性贝类毒素的测定。原理为：根据竞争性酶联免疫反应，游离的腹泻性贝类毒素与其酶标记物竞争腹泻性贝类毒素抗体。没有被结合的酶标记物在洗涤步骤中被除去。将酶底物和显色剂加入到孔中并且孵育。结合的酶标记物将无色的发色剂转化为蓝色的产物。加入反应终止液后使颜色由蓝色转变为黄色。用酶标仪在 450nm 波长下测量微孔溶液的吸光度值，试样中的腹泻性贝类毒素含量与吸光度值成反比，按绘制的标准曲线定量计算。该方法的 LOQ 为 10μg/kg。

GB 5009.212—2016 的第三法为 HPLC-MS 法，适用于贝类可食部分及其制品（不包括盐渍制品）中腹泻性贝类毒素冈田软海绵酸（OA）、鳍藻毒素-1（DTX-1）和鳍藻毒素-2（DTX-2）的测定。原理为：试样经甲醇提取，碱性条件下水解释放出酯化态腹泻性贝类毒素，HPLC 分离，串联质谱法测定，以基质标准曲线进行外标法定量。本方法中 OA、DTX-1 和 DTX-2 的 LOD 均为 10.0μg/kg，OA、DTX-1 和 DTX-2 的 LOQ 均为 30.0μg/kg。

3. 神经性贝类毒素标准检测方法

《食品安全国家标准　贝类中神经性贝类毒素的测定》（GB 5009.261—2016）规定了贝类中神经性贝类毒素（NSP）检测的小鼠生物测定方法，适用于贝类及制品中 NSP 的检测。主要原理：用乙醚提取贝类中神经性贝类毒素，提取物经减压蒸干后，再以 1%吐温-60 生理盐水为分散介质，制备 NSP-1%吐温-60 生理盐水混悬液，将该混悬液注射入腹腔，观察小鼠存活情况，计算其毒力。

4. 失忆性贝类毒素标准检测方法

记忆缺失性贝类毒素又称失忆性贝类毒素。《食品安全国家标准　贝类中失忆性贝类毒素的测定》（GB 5009.198—2016）规定了贝类中失忆性贝类毒素的测定方法，其中，第一法采用 ELISA 法，第二法采用 HPLC 法，第三法采用 HPLC-MS 法。

GB 5009.198—2016 的第一法为 ELISA 法，适用于贝类及其制品中失忆性贝类毒素的测定。原理为：采用竞争性酶联免疫反应，酶标板上包被有针对软骨藻酸抗体的捕捉抗体，加入抗软骨藻酸抗体、标准液或样品溶液及软骨藻酸酶标记物，游离的失忆性贝类毒素与软骨藻酸酶标记物竞争软骨藻酸抗体，同时软骨藻酸抗体与捕捉抗体连接。没有结合的酶标记物在洗涤步骤中被除去。将酶基质和显色剂加入到微孔中并且孵育。结合的酶标记物将无色的发色剂转化为蓝色的产物。加入反应终止液后使颜色由蓝色转变为黄色。在 450nm 测量微孔溶液的吸光度值，试样中失忆性贝类毒素的含量与吸光度值成反比，按绘制的标准曲线定量计算。该方法的 LOQ 为 1μg/kg。

GB 5009.198—2016 的第二法为 HPLC 法，适用于贝类及其制品（不包括盐渍制品）中失忆性贝类毒素软骨藻酸（DA）的测定。原理为：试样经甲醇溶液（50%）提取，强阴离子固相萃取柱净化，液相色谱分离，二极管阵列或紫外检测器检测，外标法定量。该方法的 LOD 为 0.3μg/kg，LOQ 为 1.0μg/kg。

GB 5009.198—2016 的第三法为 HPLC-MS 法，适用于贝类及其制品（不包括盐渍制品）中失忆性贝类毒素软骨藻酸（DA）的测定。原理为：试样经甲醇溶液（50%）提取，强阴离子固相萃取柱净化，液相色谱-串联质谱检测，外标法定量。该方法的 LOD 为 0.005μg/kg，LOQ 为 0.02μg/kg。

13.3　西　加　毒　素

13.3.1　西加毒素概述

西加毒素（ciguatoxins，CTXs）又称雪卡毒素，是由小型底栖甲藻-岗比亚藻属（*Gambierdiscus* spp.）产生的毒素，经海洋珊瑚鱼类食物链传递和富集造成人类食物西加毒素中毒（ciguatera fish poisoning，CFP）。西加毒素是一种耐热、脂溶性神经毒素，其毒性比河鲀毒素强 100 倍，是已知的危害性较严重的赤潮生物毒素，也是对哺乳动物毒性最强的毒素之一。人们通过食用受污染的鱼类而发生西加毒素中毒，所以它们在水产品中的残留和毒性值得重视。西加毒素在热带和亚热带海域暴发普遍，受全球变暖、有害赤潮藻分布范围扩大以及珊瑚鱼国际贸易和旅游业发展等因素的影响，西加毒素中毒危害呈越来越严重的趋势。

1. 西加毒素来源、分布、结构与性质

Randall 于 1958 年提出食物链假说，指出西加毒素可能来源于热带海洋中的底栖藻类，毒素通过食物链传递给鱼类，食物链级别较高的大型鱼类毒性最强。1977 年，日本与法国联合在太平洋甘比尔群岛（Gambier Islands）证实了致毒藻的存在[40]。Adachi 等指出该藻为一新属，将之重新命名为 *Gambierdiscus toxicus*。岗比亚藻是单细胞藻类，主要沿底栖附生，分布于热带、亚热带及温带水体。与开放水域能形成赤潮的甲藻不同，它们并不形成水面藻华，而是附着于大型藻或者硬质死亡珊瑚表面[41]。岗比亚藻主要产生两类毒素：一类为脂溶性岗比毒素，经食物链逐级传递，积累和代谢后转化成极性和毒性更强的西加毒素，有文献报道鹦嘴鱼毒素在鱼体内将转化为西加毒素[42]。另一类为水溶性的刺尾鱼毒素（maitotoxin，MTX）、岗比酸（gambieric acid）和 gambierol，其中刺尾鱼毒素是目前发现的毒性最大的非蛋白质毒素。因为岗比亚藻产生的水溶性毒素具有水溶性、低口服性等特点，一般认为它们不在鱼体内累积。西加毒素中毒集中分布在南纬 35°至北纬 35°之间，包括太平洋、印度洋和加勒比海三个区域，包括美国的夏威夷群岛、佛罗里达州，法属波利尼西亚群岛，日本冲绳县以及波多黎各等[43, 44]。最常见的含有西加毒素的鱼类以聚居于珊瑚礁一带觅食的海鱼为主，主要有石斑鱼（包括老虎斑、西星斑、东星斑等）、苏眉鱼、海鳗鱼、金枪鱼、梭鱼、黑鲈、真鲷等。我国的华南沿海地区和南海处于亚热带和热带海域，处于西加毒素中毒带的边缘，但该地区与南太平洋岛国之间的鱼类贸易频繁，加重了西加毒素对我国的影响。

西加毒素是一种无色、耐热的脂溶性化合物，溶于极性有机溶剂如甲醇、乙醇、丙酮，但不溶于苯和水。现已确定西加毒素是一类聚醚化合物，由 13 或 14 个

连续连接成阶梯状的醚环组成，醚环的大小包括 5 元、6 元、7 元、8 元和 9 元环，在各环中不同位置存在可交替变化的氧原子，醚-氧原子组成了相邻两环之间的原子桥，整个骨架具有反式/顺式的立体化学特征。根据不同的醚环数量及骨架结构、不同海域来源，将西加毒素分为三类：太平洋西加毒素（Pacific-CTXs，P-CTXs）、加勒比海西加毒素（Caribbean-CTXs，C-CTXs）和印度洋西加毒素（Indian-CTXs，I-CTXs）。太平洋西加毒素分为 P-CTX-Ⅰ（CTX1B 类型）和Ⅱ（CTX3C 类型），两种都是 13 环，区别主要在 E 环结构和 P-CTX-Ⅱ中少了 P-CTX-Ⅰ中的侧链取代物，加勒比海西加毒素和印度洋西加毒素与 P-CTX-Ⅱ结构类似，只是多了醚环。西加毒素分类和结构式见表 13-3 和图 13-7[45]。其中 P-CTX-Ⅰ无论在数量上还是在毒性上都是西加毒素所有种类中最强的，也是我国由西加毒素造成食物中毒的主要亚型[46]。

表 13-3　西加毒素的分类

类别	包含化合物	其他名称	分子式	分子量
P-CTX-Ⅰ	CTX4B	鹦嘴鱼毒素 1，SG-1，SCTX，岗比毒素 4B，GT4B，GTX4B，P-CTX4B	$C_{60}H_{84}O_{16}$	1060.6
	CTX4A	鹦嘴鱼毒素 1，SG-1，SCTX，岗比毒素 4A，GT4A，GTX4A，P-CTX4A，52-表-CTX4B	$C_{60}H_{84}O_{16}$	1060.6
	M-裂环-CTX4B	—	$C_{60}H_{86}O_{17}$	1078.6
	M-裂环-CTX4A	M-裂环-52-表-CTX-4B	$C_{60}H_{86}O_{17}$	1078.6
	CTX1B	鹦嘴鱼毒素 2，SG-2，ST-2，CTX，P-CTX，P-CTX-1，P-CTX1B	$C_{60}H_{86}O_{19}$	1110.6
	52-表-CTX1B	CTX-4，52-表-CTX	$C_{60}H_{86}O_{19}$	1110.6
	54-表-CTX1B	54-表-CTX	$C_{60}H_{86}O_{19}$	1110.6
	54-表-52-表-CTX1B	54-表-52-表-CTX	$C_{60}H_{86}O_{19}$	1110.6
	7-酮-CTX1B	7-酮-CTX	$C_{60}H_{86}O_{20}$	1126.6
	7-羟基-CTX1B	7-羟基-CTX	$C_{60}H_{88}O_{20}$	1128.6
	4-羟基-7-酮-CTX1B	4-羟基-7-酮-CTX	$C_{60}H_{88}O_{21}$	1144.6
	54-脱氧-50-羟基-CTX1B	54-脱氧-50-羟基-CTX	$C_{60}H_{86}O_{19}$	1110.6
	52-表-54-脱氧-CTX1B	P-CTX-2，CTX-2，52-表-54-脱氧-CTX	$C_{60}H_{86}O_{18}$	1094.6
	54-脱氧-CTX1B	P-CTX3，CTX-3，54-脱氧-CTX	$C_{60}H_{86}O_{18}$	1094.6
P-CTX-Ⅱ	CTX3C	—	$C_{57}H_{84}O_{16}$	1022.6
	CTX3B	49-表-CTX3C	$C_{57}H_{84}O_{16}$	1022.6
	M-裂环-CTX3C	—	$C_{57}H_{86}O_{17}$	1040.6

续表

类别	包含化合物	其他名称	分子式	分子量
P-CTX-Ⅱ	M-裂环-CTX3C 甲基化	—	$C_{58}H_{88}O_{17}$	1054.6
	51-羟基-CTX3C	—	$C_{57}H_{84}O_{17}$	1038.6
	51-羟基-3-酮-CTX3C	—	$C_{57}H_{84}O_{18}$	1054.6
	A-裂环-51-羟基-CTX3C	—	$C_{57}H_{88}O_{17}$	1042.6
	2,3-二羟基-CTX3C	—	$C_{57}H_{84}O_{18}$	1054.6
	2,3-二氢-2-羟基-CTX3C	—	$C_{57}H_{84}O_{17}$	1038.6
	2,3-二氢-51-羟基-2-酮-CTX3C	—	$C_{57}H_{84}O_{18}$	1054.6
	2,3-二氢-2,3-二羟基-CTX3C	—	$C_{57}H_{85}O_{19}$	1071.6
	2,3-二氢-2,3,51-三羟基-CTX3C	—	$C_{57}H_{86}O_{20}$	1088.6
	A-裂环-2,3-二氢-51-羟基-CTX3C	—	$C_{57}H_{90}O_{20}$	1092.6
	2,3,51-三羟基-CTX3C	—	$C_{57}H_{86}O_{19}$	1072.6
	2-羟基-CTX3C	—	$C_{57}H_{86}O_{17}$	1040.6
C-CTX	C-CTX-1	—	$C_{62}H_{92}O_{19}$	1140.6
	C-CTX-2	56-表-C-CTX-1	$C_{62}H_{92}O_{19}$	1140.6
I-CTX	I-CTX-1	—	$C_{62}H_{92}O_{19}$	1140.6
	I-CTX-2	—	$C_{62}H_{92}O_{19}$	1140.6
	I-CTX-3	—	$C_{62}H_{92}O_{20}$	1156.6
	I-CTX-4	—	$C_{62}H_{92}O_{20}$	1156.6
	I-CTX-5	—	$C_{62}H_{90}O_{19}$	1138.6
	I-CTX-6	—	$C_{62}H_{90}O_{20}$	1154.6

2. 西加毒素毒性作用

西加毒素为神经毒,主要作用于中枢神经系统和神经末梢,毒性非常强。小鼠的半数致死量(LD_{50})为 0.25~4μg/kg。西加毒素主要通过激活神经、骨骼肌细胞膜的钠通道,增加膜对钠离子的通透性,使细胞膜去极化而引起神经系统中毒。西加毒素的毒理学作用尚不完全清楚,需要研究西加毒素对鱼类和人类心脏、中枢神经、内分泌系统、生殖系统等的作用,对钠通道和神经介质的影响,通过标记示踪,进行药代动力学的研究,为西加毒素的中毒机理和毒素评价提供理论依据,同时寻找治疗西加毒素中毒的有效方法[47]。西加毒素的毒性按等级划分为猛

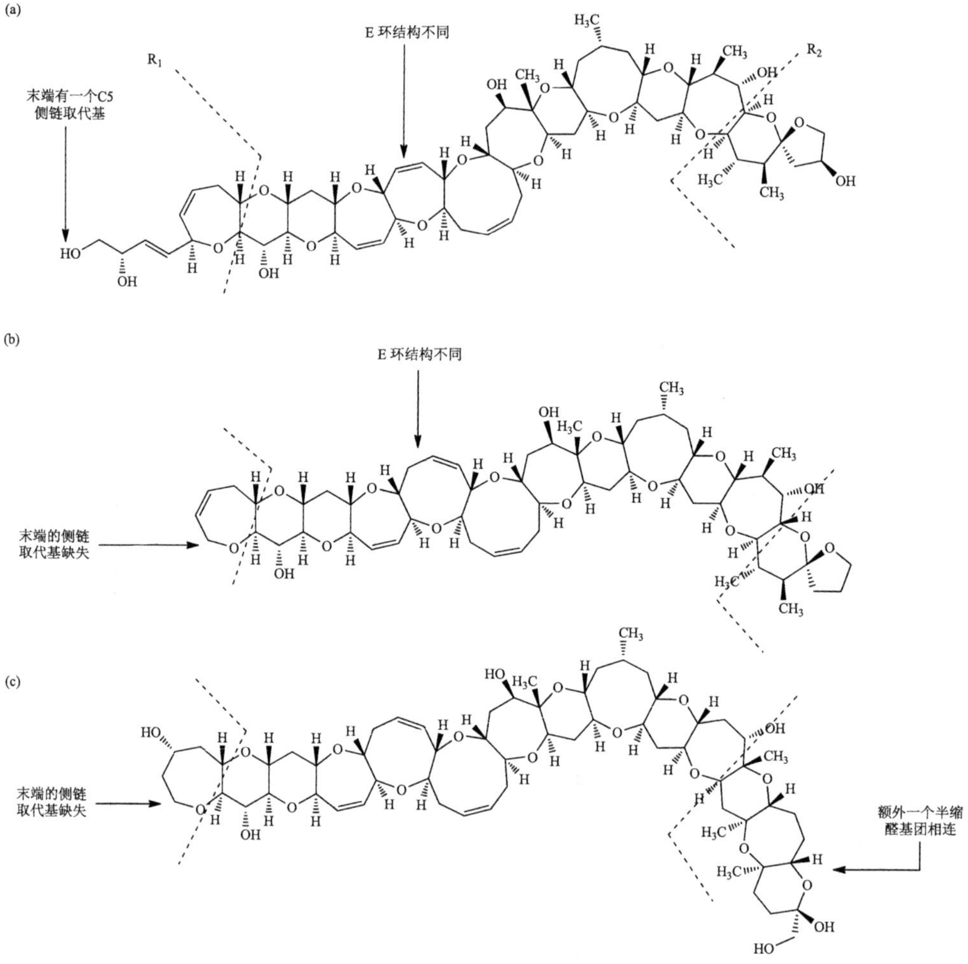

图 13-7　有代表性的三个 CTXs 化学结构式

（a）CTX1B；（b）CTX3C；（c）C-CTX-1

毒、强毒、轻毒和微毒四级。猛毒是指摄入含毒鱼肉小于 200g 即能致死；强毒是指产生了严重的运动神经麻痹症状，不能站立；轻毒是指产生了轻度知觉或运动神经麻痹症状；微毒是指症状很轻或不显毒性。1977 年后的 30 年间，超过 400 种海洋鱼类被发现体内含有西加毒素[48]。西加毒素对鱼类本身没有明显的毒害作用，毒素可以在鱼类体内逐渐积聚。西加毒素在鱼体内的分布是不均匀的，在生殖腺和肝脏中的含量较高，在鱼肉和鱼骨中的含量相对较低。文献报道显示，带毒的新西兰鲷鱼肝脏中西加毒素的含量可比鱼肉中的含量高 50 倍以上，而带毒的海鳝肝脏中西加毒素含量可比肌肉中的含量高 100 倍[49]。

3. 西加毒素中毒暴发及症状与诊断

据统计，全球每年有 5 万～50 万人由于进食鱼类而感染西加毒素[50]，由于诊断条件和检测技术不完善，CFP 人数可能被低估[51]。CFP 发生的区域越来越宽，报道称过去十年间太平洋地区 CFP 发生率增加了 60%。夏威夷群岛（MHI）的大多数病例报告均来自背风海岸线，特别是西瓦胡岛和考爱岛的北岸，西毛伊岛和夏威夷岛的西部和西北海岸。在澳大利亚，CFP 被认为是两个重要的食用海产品安全风险之一。在我国，西加毒素中毒事件在沿海城市如香港、上海、青岛、北海、广州、湛江、厦门、汕头和深圳多次发生。在香港，1997 年发生 16 宗食用珊瑚鱼西加毒素中毒的案例，共 103 人中毒。1998 年因食用珊瑚礁毒鱼中毒的案例 117 宗，共 420 人中毒。1999 年 3～5 月暴发因食用杉斑等珊瑚鱼西加毒素中毒的案例 27 宗，共 118 人中毒。2004 年香港累计西加毒素中毒人数超过 255 人，为 2003 年西加毒素中毒人数（27 人）的 9 倍。2004 年 11 月中山市小榄镇发生婚宴 80 多人因食用珊瑚鱼而致西加毒素中毒，因此西加毒素中毒被评为 2004 年广东食品安全八大事件之一。2005 年，广州、大连、深圳等地常有因食用珊瑚鱼而中毒的事件报道。2005 年"十一"黄金周期间，香港报道了 10 人吃鱼中毒。2010 年厦门发生一起因食用裸胸鳝而引发的西加毒素中毒事件[52]。2017 年，珠海市一家人因食用深海鳗鱼而致西加毒素中毒事件。鉴于西加毒素中毒事件高发，世界卫生组织和海洋与渔业工作组会（OFWG）多次召开会议商讨西加毒素中毒的预防措施和分析方法，并鼓励发展西加毒素的现场快速检测方法。

人类误食含毒素的海洋鱼类后可对消化、神经和心血管系统等产生危害。出现腹泻、腹痛和恶心呕吐，视觉或听觉模糊，头痛，全身关节痛，低血压，心搏异常等症状，严重者会发生休克、痉挛和肌肉麻痹。西加毒素中毒后的潜伏期一般为 2～10h，有时可达 30h。西加毒素的中毒症状与麻痹性贝类毒素和河鲀毒素等相似，会出现对温度感觉逆转，当接触到热的物体时会产生错觉，感觉是凉的，接触到水时感觉像是触电或摸干冰的感觉。西加毒素中毒的死亡率为 0.1%～4.5%，未治疗者的自然死亡率约为 20%，死亡原因多是呼吸系统中毒麻痹。中毒者在西加毒素中毒治愈后不会产生免疫，而且多次中毒者再次中毒的可能性更高，甚至在食用了西加毒素含量不可检出的鱼肉时也能导致中毒症状的复发[53]。

13.3.2 西加毒素的检测技术

西加毒素在鱼体内含量低，污染的鱼类在外观、嗅觉和味觉上并无异常，不易检测。建立简便、快速、有效的西加毒素检测方法，是识别和预防西加毒素中毒,开展西加毒素监测的技术保障。目前,国内外开发的西加毒素的检测技术主要有小鼠生物法、细胞毒性实验、HPLC-MS/MS 法、免疫学方法等[54]。

《食品安全国家标准 水产品中西加毒素的测定》(GB 5009.274—2016)规定了水产品中 CTXs 的测定方法,适用于水产品可食部分中西加毒素的测定。其中,第一法采用小鼠生物法测定水产品中西加毒素,第二法采用 HPLC-MS/MS 法测定水产品中西加毒素。

1. 小鼠生物法

GB 5009.274—2016 的第一法为小鼠生物法,原理为:用丙酮提取水产品中西加毒素,提取物经减压蒸干后,再以 1%吐温-60 生理盐水为分散介质,制备西加毒素-1%吐温-60 生理盐水混悬液,将该混悬液注射入小鼠腹腔,观察小鼠存活情况,根据西加毒素致小鼠死亡时间和鼠单位的关系表查出对应的鼠单位,并按小鼠体重校正鼠单位,计算确定西加毒素含量(鼠单位毒力)。该方法的 LOD 为 0.98MU/50g。

小鼠生物法是最传统的检测鱼体内西加毒素的方法,1960 年由 Banner 等提出,目前仍广泛使用,被认为是可信赖的检测方法之一。方法原理是根据毒素标准品建立小鼠的死亡时间和剂量之间关系的方程,通过方程来计算未知样品中毒素的含量。能造成体重为 20g 小鼠死亡的 LD_{50}(半数致死剂量)为 1MU,后 4 天内小鼠仅出现体温降低、呕吐、腹泻、体重减轻等症状,未出现死亡的毒素剂量记为 0.5MU。小鼠生物法具有不需复杂的仪器设备、使用广泛、能表征样品的实际毒性等优点,缺点是灵敏度较低,方法的准确性和重现性较差,假阳性率高,不能区分毒素的种类,要求实验人员具有较高的操作技巧,需要有养实验动物的各方面条件并对实验动物的种系和体重要求严格[55-57]。

2. 细胞毒性实验

细胞毒性实验始于 20 世纪 80 年代,由 Lombet 等首次建立,方法原理是利用毒素对细胞的毒性来检测毒素。西加毒素主要作用于神经末梢和中枢神经节,导致神经介质等的释放和神经细胞膜的去极化反应,激活钠离子通道,钠离子大量进入细胞内,由于细胞内钠浓度增高引起细胞内外渗透压的改变,造成传导受阻,进而造成细胞死亡。细胞的死亡数与毒素的量呈反 S 形曲线关系,通过 MTT 法,在酶标仪上测定细胞 A 值,间接反映出毒素的量。细胞毒性方法较小鼠生物法的灵敏度高,能检测出较低含量水平的毒素,比较直观,可避免使用实验动物,大大节省了检测成本和检测时间;缺点是不能区分毒素的种类,对检测实验室的条件、实验操作人员的技术水平要求较高,此外,细胞的生长状况对检测结果也有一定程度的影响[58]。

3. 免疫学方法

免疫学方法是利用抗原抗体特异性反应对毒素进行定性定量检测的方法。免疫学方法包括放射免疫性检测、ELISA、固相免疫珠检测和膜免疫珠检测等。西加毒素是一种小分子，为半抗原，自身缺乏免疫原性，需要连接到其他载体分子上，如牛血清蛋白（BSA）等，成为完全抗原刺激机体引发免疫应答，产生并制备多克隆抗体（PAbs）和单克隆抗体（McAbs）。免疫学方法的优点是操作简便、样品不需要进行处理，短时间内就能完成检测，不需要使用昂贵的仪器设备，可以直接进行现场操作，适合现场大规模快速筛选。免疫学方法存在的问题是假阳性率高，需要制备出灵敏度高和特异性好的抗体。考虑方法的灵敏度和特异性，免疫学方法用于中毒诊断、治疗等方面，还有待进一步改进和完善。

4. HPLC-MS 法

GB 5009.274—2016 的第二法为 HPLC-MS/MS 法，原理为：试样中的西加毒素经甲醇提取，C_{18} 固相萃取柱净化，HPLC-MS/MS 仪测定，外标法定量。该方法西加毒素（P-CTX-1、P-CTX-2 和 P-CTX-3）的 LOD 均为 0.02μg/kg，LOQ 均为 0.05μg/kg。

高效液相色谱串联质谱分析法是利用西加毒素标准品，通过高效液相色谱结合质谱对样品提取物进行分析并定性和定量。Lewis 等[58]采用梯度反向高效液相色谱串联质谱法检测出中毒鱼体中多种毒素成分及其同源物，并且检测灵敏度在 ng/kg 水平。目前，确认的大部分西加毒素组分都是通过 HPLC-MS-MS 鉴定的。通过西加毒素标准品建立的高效液相色谱图与鱼体内提取的毒素对比可以大致确定毒素的成分，再结合质谱图中特征离子吸收峰基本可以确定毒素的准确成分。高效液相色谱串联质谱法的灵敏度高、准确性好、可确定毒素的成分，同时该方法还具有容易校正、标准方法容易推广使用等优点。缺点是毒素标准品价格昂贵，测定不同的毒素成分，甚至同种同分异构体也需要使用不同的标准品，样品检测的预处理方法和步骤烦琐复杂、对操作人员要求较高，需要大型仪器设备，不便应用于现场检测。

13.4　微囊藻毒素

13.4.1　微囊藻毒素概述

微囊藻毒素（microcystins，MCs）是一类由蓝藻产生的单环七肽结构的天然毒素，是目前已知的在蓝藻水华污染中出现频率最高、产生量最大和造成危害最严重的藻毒素种类。随着水体的富营养化程度逐渐加剧，蓝藻水华和赤潮的发生逐渐增加。80%的蓝藻水华都可以检测出次生代谢产物——MCs，它对水体环境和人群健康的危害已成为全球关注的重大环境问题之一。本节将对MCs 的结构、基本性质和毒性作用等做全面性综述，并详细分析水产品中 TTX的检测。

1. MCs 的理化性质

MCs 的主要结构为：环 D-丙氨酸-R$_1$-R$_2$-赤-β-甲基-D-异天冬氨酸-L-Z-Adda-D-异谷氨酸-N-甲基脱氢丙氨酸，化学结构见图 13-8。两个可变的 L-氨基酸（R$_1$ 和R$_2$）的更替及其他氨基酸的去甲基化，衍生出众多的毒素类型，至今已发现 80种以上的 MC 异构体。其中存在最普遍、含量最多的是 MC-LR、MC-RR、MC-YR3 种微囊藻毒素（L、R、Y 分别代表亮氨酸、精氨酸和酪氨酸）。国内外研究最多的主要是 MC-LR 和 MC-RR。MCs 的毒性和其结构相关，Adda 是表达 MCs 毒性的必需基团。MCs 具有水溶性和耐热性，加热煮沸都不能将毒素破坏。自来水处理工艺的混凝沉淀、过滤、加氯、氧化、活性炭吸附等也不能将其完全去除。MCs易溶于水、甲醇或丙酮，不挥发，抗 pH 变化。化学性质相当稳定，自然降解过程十分缓慢。

MCs

MC-LR

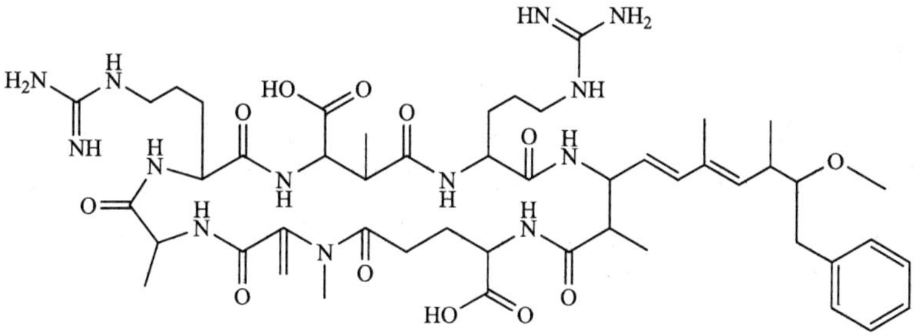

图 13-8　典型微囊藻毒素的化学结构

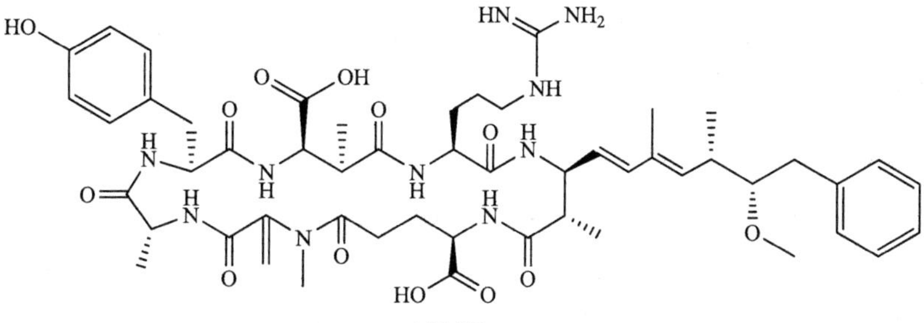

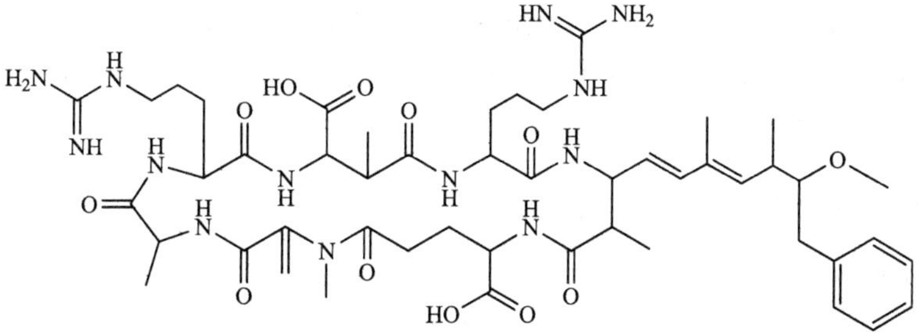

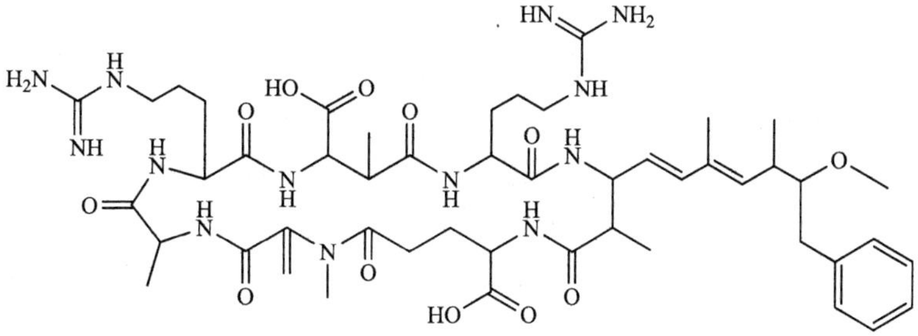

2. MCs 的来源

近年来，随着生活污水、工业废水的排放以及农田肥料的流失等因素的影响，内陆水体富营养化的程度日趋严重，造成蓝藻水华的发生也日益频繁，由此引发的水体环境中 MCs 的污染也越来越受到国内外研究人员的重视。我国自 20 世纪 90 年代以来，微囊藻毒素暴发的面积、强度均在大幅度增长，由此带来的环境和生物安全问题日益引起关注。这其中，以云南滇池、江苏太湖、安徽巢湖的蓝藻水华污染最为严重。此外，长江、黄河、松花江中下游等主要河流以及鄱阳湖、武汉东湖、上海淀山湖等几大淡水湖泊、水库中也都相继发生了不同程度的蓝藻水华污染并检测到了 MCs，中国几个省市各水体都有不同程度的 MCs 污染，其中以沟塘水、河水和水库水最为严重。

3. MCs 的中毒症状和机制

MCs 具有多器官毒性、遗传毒性和致癌性。MCs 进入体内后，多专一性地与肝脏细胞内的蛋白磷酸酶结合，因此肝脏是受损害最严重的器官。主要症状表现为肝脏肿胀淤血、肝体比重增加及一系列酶化学变化，严重时可造成肝脏出血坏死。MCs 对肾脏、脾脏也有一定毒性，它还是一种肿瘤促进物。调查显示，饮水中微量的 MCs 与原发性肝癌及大肠癌的发生率有很大的相关性。随着有关 MCs 毒性研究的不断深入，还发现 MCs 具有多器官毒性、遗传毒性、神经毒性、免疫毒性和潜在的促癌性，并能引起受试生物发育异常。由此可见 MCs 的毒性效应范围十分广泛。

4. MCs 的限量标准和相关法规

随着毒性研究的不断深入，WHO 设定了 MCs 的暂定每日可耐受摄入量为 0.04μg/kg b.w.[59]，世界各国也已颁布了饮用水中的微囊藻毒素的卫生标准。《生活饮用水卫生标准》（GB 5749—2006）将饮用水中微囊藻毒素含量限制为 1μg/L，该标准的实施对水源水的质量提出了更高的要求，但各国并未对水产食品中残留的微囊藻毒素设定一个明确的标准，而淡水水产品（鱼、蚌、螺、虾、蟹等）在生长期多直接或间接地以浮游植物为食，在有毒蓝藻水华的水体中多容易摄取和累积 MCs，进而引起 MCs 在水产食品中的污染。因此发展和完善水产品中微囊藻毒素的痕量分析技术，开发简便、灵敏、快速的检测技术仍是今后发展的重要方向。本节简要介绍水产品中微囊藻毒素检测的提取、净化及分析技术进展。

13.4.2　微囊藻毒素的检测技术

1. 水产品中 MCs 的提取方法

对于水华样品中的 MCs 的检测，由于 MCs 含量高，往往不需要经过复杂的提取与净化过程。而水产品样本主要以水产动物的肌肉、卵（鱼子）等食用组织样本为主，因此对水产品中 MCs 的含量进行检测，要使用适当的溶剂将待测物从样本中转移至易于净化和进行分析的溶液中。为了使水产动物组织中的 MCs 更好地溶于溶剂中，首先需要将样本匀浆或冻干研磨粉碎，以便于充分提取。常用的水产动物组织中 MCs 的提取溶剂主要有：正丁醇∶甲醇∶水（1∶4∶15，体积比）、不同浓度的甲醇水溶液、5%（体积分数）醋酸水溶液、酸化甲醇溶液。Xie 等[60]采用正丁醇∶甲醇∶水（1∶4∶15，体积比）为提取溶剂，以鱼组织样品为基质进行了 MC-RR、MC-LR 加标回收实验，方法回收率在 85% 以上。Moreno 等[61]采用 85% 甲醇溶液对鱼肝脏中的 MC-LR、MC-YR、MC-RR 进行了提取，当加标水平在 0.5～3.0mg/kg 时，回收率在 92% 以上。由于 MCs 分子环状结构 2、4 位置上的 2 个可变的 L-氨基酸的更替，产生的藻毒素的变体极性存在着一定差异，在不同极性提取液中的提取效率差异较大。一般认为，极性较强的 5% 醋酸溶液对于强极性的 MCs 具有较高的提取效率，但对于极性偏弱的 MCs 的萃取效率则相对偏低；而甲醇作为最常用的提取溶剂，对大部分的 MCs 都具有较高的提取效率，但对于亲水性的 MCs 而言，提取效率则相对较差，需要在甲醇中加入一定比例的水或者加入少量酸来进行提取。选择不同浓度的甲醇水溶液作为提取溶液，针对螺旋藻保健品中 MCs 的提取方法进行优化发现，随着甲醇浓度的增加，MC-LF 与 MC-R 经验证在 70% 的甲醇水溶液中具有更好的提取效率，可以满足大部分 MCs 的提取要求。

　　随着同时检测藻毒素种类的增多，对 MCs 的检测可以采用混合提取的方式进行。Williams 等[62]采用 5% 醋酸溶液与 80% 甲醇水溶液混合提取的方式，对鱼组织中的 MCs 进行了提取。该方法对纯水中 MCs 的回收率可以达到 90% 以上，但是样品中的低浓度加标回收仅在 50% 左右，研究者认为组织样品中回收率下降的原因是由于组织中含有蛋白磷酸酶，而蛋白磷酸酶能特异地与 MCs 不可逆转地结合，从而造成了回收率下降。Smith 等[63]也指出，在鱼肝脏和肌肉样品中，随着时间的延长，MCs 加标回收呈现明显下降的趋势，在对造成这种现象的原因进行讨论时，Smith 等认为主要原因也是由于 MCs 与组织中的蛋白磷酸酶或谷胱甘肽特异性结合。

　　为了达到更好的提取效率，在提取过程中一般都会采用超声、振荡、长时间静止等物理手段以使目标物自样品中充分析出，以提高提取效率。Vezie 等[64]表示，50～70℃ 蛋白磷酸酶的活性将会受到明显的抑制。同时 MCs 与组织中蛋白磷酸酶的结合为不可逆反应，结合态的 MCs 一般认为不会对人体带来危害。因此检测过程中需要针对的是游离态的 MCs，不需要寻求将二者解离的方法以测定结合态的 MCs。

2. 水产品中 MCs 样本的净化方法

水产样品中的基质较为复杂，简单的离心或过滤去除并不能很好地起到净化的效果，特别是采用大型仪器如 HPLC-MS 等进行检测时，复杂的基质一方面会给精密仪器带来严重的污染，造成响应下降。另一方面基质干扰带来的基质抑制，也有可能会给检测结果带来较大的偏差。因此，在样品的预处理过程中，需要包含可靠的净化手段来去除杂质，以便进行后续的检测。目前应用较多的方法主要为固相萃取（SPE）法、免疫亲和色谱法（IAC）等净化手段。

1）SPE 法

SPE 法是目前 MCs 分析中应用最为广泛的技术。MCs 是一种由氨基酸组成的环肽类化合物，所含有的氨基（—NH$_2$）和羧基（—COOH）具有一定的极性，因此，其净化分析中所使用的固相萃取柱多采用反相的 C$_{18}$ 小柱或亲水亲脂的 Oasis HLB 小柱。虽然 MCs 的氨基和羧基基团可能在溶液中呈现出正电荷或负电荷的特性，但很少有文献报道 MCs 净化过程中采用 Oasis 的 MCX 或 MAX 净化小柱进行净化，Xie 等[60]曾采用 Oasis 的 MCX 小柱与 HLB 小柱对 MC-LR 与 MC-RR 的净化进行对比，研究表明，HLB 柱的回收率在 90% 以上，而 MCX 柱的回收率仅为 57% 左右。虽然 MCX 柱仅在 HLB 小柱的乙烯吡咯烷酮-DVB 骨架上键合了磺酸基团，但是回收率有明显的差异，然而 Xie 等并未展开讨论具体的原因。

为了追求更好的净化效果以避免仪器的污染，对于复杂基质样品的检测有时采用组合 SPE 柱的方式进行净化。但除 Xie 等[60]采用 HLB 和硅胶/plus 硅胶柱两种柱子相结合的净化方式对鱼组织中的 MCs 进行净化获得了 90% 左右的回收率外，其余报道大多回收率较低，为 60%～70% 左右。Chen 等[65]采用 C$_{18}$ 柱与硅胶柱串联的方式对鱼组织干样中的 MC-LR 与 MC-RR 进行了检测，回收率分别为 71% 与 63%。Xie 等[60]通过对比不同小柱的加标回收率发现，单独采用 C$_{18}$ 或硅胶柱的回收率均在 80% 左右。因此采用两种 SPE 柱串联的方式进行检测，一般均会带来目标物更高的损失。在未引入内标的情况下，虽然净化效果得到了进一步的增强，但回收率会出现显著下降。

2）IAC

IAC 的高选择性保留能力能使 MCs 与 IAC 柱上的抗体特异性结合而保留下来，能够提供净化更为彻底的样品处理液，在 MCs 净化中具有广泛的应用。Kondo 等[66]首次开发了 MC-LR 的免疫亲和色谱的净化方法，取得了很好的净化效果。不同的 MCs 多具有相同的 adda 抗原结构，因此针对 MC-LR 制备的抗体通常对其他 MCs 也具有交叉性，可以针对多种 MCs 进行富集。Lawrence 等[67]采用自制的 IAC 柱富集净化，对鱼组织中的 MC-LR 等 4 种 MCs 物质进行了加标回收试验，在 0.1～0.5mg/kg 的加标水平下，各物质的回收率均可达到 70%以上。另外，IAC 柱可以重复使用多次，Kondo 等[66]对 IAC 柱进行了重复试验考察，对 MC-LR、MC-RR 和 MC-YR 的富集净化过程重复 3 次时，回收率依旧可以达到 85%以上，3 次以上时仍可达到 60%以上。目前未见针对 MCs 的商品化 IAC 小柱上市，但同样采用免疫学原理的快速检测试剂盒较为多见。对于动物性水产样品而言，复杂基质需要特异性与选择性更强的净化方式，而 IAC 小柱净化手段较常见的 SPE 小柱具有更优异的选择性与净化能力，因此有必要开发商业化的 IAC 小柱以用于水产样品中 MCs 的净化。

3）其他净化方式

除上述常用的净化方式外，Bogialli 等[68]报道直接采用基质固相分散（MSPD）技术作为一种快速处理技术，利用了 C_{18} 填料的疏水亲脂性和其颗粒的机械分散性，与鱼组织样品直接混合研磨。采用 HCl 酸化纯水溶液至 pH 值 2.0 并加热至 80℃，对鱼组织样品中的 MC-LR 进行提取。该方法集萃取和净化于一体，对 MC-LR 等 5 种 MCs 和 NOD 进行了检测，回收率为 61%～82%。与传统方式进行对比，该方法简便快速，同时兼顾了提取与净化，缩短了预处理所需的时间。也有部分文献舍弃了净化过程，将提取液经蛋白沉淀后直接检测[63]。由于部分样品脂肪类杂质含量较高，为了去除脂类杂质，Soares 等[69]采用正己烷反复萃取的方式去除脂溶性杂质，也取得了一定的净化效果。由于 MCs 具有相同的 adda 抗原结构，也可以制备相应的分子印迹聚合物（MIP）材料，制备出商品化 MIP 柱来对 MCs 进行净化。但目前未见到类似方面的报道。

3. 检测方法

MCs 较为经典的检测方法为蛋白磷酸酶抑制（PPIA）法，其次还有 ELISA 法、HPLC 法和 HPLC-MS/MS 法。

《食品安全国家标准　水产品中微囊藻毒素的测定》（GB 5009.273—2016）规定了水产品中 MCs 的测定方法，适用于鱼、虾、河蚌等水产品中微囊藻毒素的测定。其中，第一法采用 HPLC-MS 法，第二法采用间接竞争 ELISA 法。

GB 5009.273—2016 的第一法为 HPLC-MS 法，原理为：试样中的微囊藻毒素（MC-LR、MC-RR 和 MC-YR）经甲醇溶液提取，固相萃取小柱净化，HPLC-MS/MS 法测定，外标法定量。当取样量为 5g 时，MC-LR 和 MC-RR 的 LOD 为 0.3μg/kg，LOQ 为 1μg/kg，MC-YR 的 LOD 为 0.17μg/kg，LOQ 为 0.5μg/kg。

GB 5009.273—2016 的第二法为 ELISA 法，原理为：试样中的微囊藻毒素经提取及净化处理后与过量的针对微囊藻毒素的特异性抗体反应，多余的游离抗体则与酶标板内的预包被微囊藻毒素人工抗原结合。加入针对微囊藻抗体的酶标二抗和酶对应的底物显色，与微囊藻毒素标准的该反应结果比较，计算试样中微囊藻毒素的含量。当取样量为 5g 时，MC-LR 的 LOD 为 0.03μg/kg，LOQ 为 0.1μg/kg。

1）蛋白磷酸酶抑制法

由 MCs 毒性作用原理可知，MCs 进入体内后会特异性地与蛋白磷酸酶结合形成共价物，从而抑制蛋白磷酸酶的活性，给动物或人体造成伤害。依据这种特异性抑制的程度对 MCs 进行检测定量的方法，称为蛋白磷酸酶抑制法。起初这类研究多以 ^{32}P 标记的糖原磷酸化酶 a 为底物，当蛋白磷酸酶被 MCs 抑制后将不能特异性地水解糖原磷酸化酶 a，因此在 MCs、蛋白磷酸酶和糖原磷酸化酶反应后根据蛋白磷酸酶水解糖原磷酸化酶 a 释放出的 ^{32}P 的量就可计算出毒素的量。但由于 PPIA 将所有能抑制其酶活性的物质都计算在内，因此，监测的只是能抑制蛋白磷酸酶的总毒素量，并不能区分特异的毒素同系物，且每次检测都需要新制备的放射性底物，检测后会带来放射性污染物，处理起来较为困难。为解决上述问题，测定更简便、经济、无放射性污染等优点的蛋白磷酸酶抑制-比色法、蛋白磷酸酶抑制-荧光法相继被开发出来。Sassolas 等[70]采用蛋白磷酸酶-比色法对水体的 MCs 进行了检测，LOD 为 0.17μg/L。Mountfort 等[71]采用经典的蛋白磷酸酶抑制法与 ELISA 法组合的方式对 MC-LR 等 3 种 MCs 进行了检测，与 HPLC-MS 方法对比的结果表明，这种结合方式可以取得很好的检测结果。总体而言，PPIA 法灵敏度高、简便快速，具有高度的可靠性和可重复性。但对于水产品样品的检测而言，由于动物基质较为复杂，且组织中多存在着未结合的蛋白磷酸酶，因此不能达到很好的定量效果，测量结果会出现误差，只能用于样品的初筛。因此，样品经检测定性后，还需采用仪器方法定量。

2）免疫学检测方法

20 世纪 80 年代 ELISA 开始被应用于水体中 MCs 的检测，该方法目前已被开发应用于水产品中 MCs 的检测。ELISA 技术的关键是制备 MCs 的抗体。对此，国内外已有多篇文献进行了报道，所制备的有多克隆抗体和单克隆抗体。Sheng 等[72]将 MC-LR 与牛血清蛋白偶联制备相应的 MC-LR 抗原，然后将该抗原免疫新西兰大白兔，制备得到 MC-LR 的多克隆抗体。将得到的 MC-LR 抗体与过氧化物酶偶联，并以辣根过氧化物酶（HRP）为底物建立了相应的 ELISA 方法，检出限为 0.20μg/L。该抗体与 MC-LR、MC-RR 和 MC-YR 都具有一定的交叉反应，因此可以同时检测这 3 种 MCs 的总量。Preece 等[73]建立了一种新型的 ELISA 方法对鱼样与水样中的 MCs 进行检测，该方法检测范围较宽，为 0.05～10μg/L，检出限为 0.024μg/L。张君倩[74]采用同样的方法对 2008 年滇池的螺蛳样品进行了检测，检出限可以达到 0.1μg/L，取得了令人满意的结果。Lei 等[75]开发了一种类似于 ELISA 的时间分辨荧光分析技术对 MCs 进行检测，检出限可以达到 5ng/L。但这类方法一般对多种 MCs 都具有一定的交叉反应，同样不能区分特异的毒素同系物，只能对 MCs 污染的总量进行检测，检测结果均换算为 MC-LR 的浓度。因此检测结果多存在着一定的误差，存在着 MC-LR 被高估的现象。但该方法灵敏度高、操作简单，目前多被应用于 MCs 检测的初筛。

3）仪器检测方法

HPLC 法是 MCs 测定中报道最多的一种较为经典的定量分析方法，具有重现性好、定量相对准确等优点。文献报道 MCs 多在 238nm 波长具有最大的吸收峰，多采用紫外（UV）检测器、二极管阵列检测器（DAD）进行检测。Lawrence 等[67] 以 IAC 柱为净化手段，采用 HPLC-UV 在 238nm 波长下对蓝绿藻和鱼类样品中的 MC-RR、MC-YR 和 MC-LR 等 4 种 MCs 进行了检测，LOD 为 0.03mg/kg。Xie 等[60] 采用 HPLC-PDA 同样在 238nm 波长下，对鱼类样品中的 MC-RR 和 MC-LR 进行了检测，同一批次样品间的标准偏差小于 5%。有报道指出，塑料容器中含有与目标物共流出的部分干扰物质，具有相同的吸收效果，从而容易带来误判，因此采用 HPLC 方法进行检测时，应避免采用塑料容器。随着检测技术的进步，以及 HPLC-MS 法的相对普及，HPLC 应用日益减少，目前多用来纯化和制备 MCs 物质的标准品。

近年来，HPLC-MS 法已经被广泛应用于 MCs 样品的检测中。该分析方法具有灵敏、抗干扰、能够同时分析多种毒素的特点，不仅能够将 MCs 与杂质分离，还能将多种 MCs 分离，能够满足水产品中痕量 MCs 的定性定量分析。Bogialli 等[68] 采用 HPLC 串联三重四极杆质谱仪对鱼组织中的 5 种 MCs 与 NOD 进行了检测，以 10 倍信噪比为定量限，各物质的定量限达到 4μg/kg。

然而，HPLC-MS 法在生物样品分析中经常会遇到基质效应的问题，一方面，离子抑制作用带来的响应下降，会造成较差的回收率和精确度；另一方面，基质中杂质的污染将增加仪器的维护成本和时间。Pires 等[76] 曾采用蚌冻干样品在 0.1mg/kg 或 5mg/kg 水平下，进行加标回收试验，在未经净化的情况下直接经 HPLC-MS 法进行检测，回收率仅为 50%左右。在对原因进行分析时发现，除了 MC-LR 在组织中与蛋白磷酸酶进行结合造成了回收率下降外，离子抑制现象也是造成回收率下降的主要原因之一。在基质提取液与 75%甲醇溶剂中同时加入 0.1mg/kg 或 5mg/kg MC-LR，75%甲醇溶剂中目标物的响应是基质提取液中同样浓度目标物响应的 3 倍左右[76]。同时 Smith 等[63] 也报道了 MCs 检测过程中所遇到的离子抑制现象。因此在采用 HPLC-MS 法分析生物样品时，多采用复杂的净化措施来尽可能地降低离子抑制效应。但净化过程复杂化之后，又往往会带来回收率的下降，内标法的引入便相对解决了上述矛盾。Smith 等[63] 采用 β-1,3-巯基丙醇与 MC-LR 反应，生成了一种新的内标 thiol-LR，并采用该内标对鱼组织中的 MC-LR、MC-RR 和 MC-YR 进行检测，回收率为 80%～99%。但采用内标法仅仅是相对提高了方法的回收率，绝对回收率仍处在较低的水平。因此，仍需要开发更新的净化手段来满足样品净化的需要。

4）其他检测方法

对于 MCs 的检测同时还有更为传统的生物学检测方法一直沿用至今，其中包括采取对小白鼠进行灌喂或腹腔注射来鉴定藻毒素毒性的方法。此方法一般用作粗筛选，不仅可以在数小时内给出样品的总毒素潜力，还能检测肝毒素和神经毒素。但该方法不能区分毒素的种类，工作量大，成本高，并且水产样品中的 MCs 含量一般较低，很少能收集足够量的 MCs 用于小白鼠的毒性测试，因此一直未被应用于水产类样品的检测。此外，还有细胞毒性试验检测技术，也多用来作为水样的检测，未被应用于水产品样品的定量检测。

13.5　节球藻毒素

13.5.1　节球藻毒素概述

节球藻毒素（nodularin，NOD）是由泡沫节球藻产生的一种环状五肽肝毒素。NOD 对陆生动物和人体均具有毒性和致癌作用，还会影响水生生态系统的结构和功能，对许多陆生植物、水生动物的生长繁殖具有一定的威胁，受到了社会的广泛关注[77]。

NOD 的分子结构为（D-MeAsp-L-Y-Adda-D-Glu-Mdhb），NOD 的分子结构比 MCs 少两个氨基酸，并且在 NOD-R 中，其结构 L-Y 一般代表的是 L-精氨酸（L-Arg）。分子结构如图 13-9 所示，图中 D-MeAsp 代表 D-甲基天冬氨酸，Mdhb 为 N-脱氢-α-氨基丁酸，其中 Adda 为一种特殊的 β-氨基酸（3-氨基-9-甲氧基-2,6,8-三甲基-10-苯基-4,6-癸二烯酸），是所有已知的蓝藻毒素的共同结构。

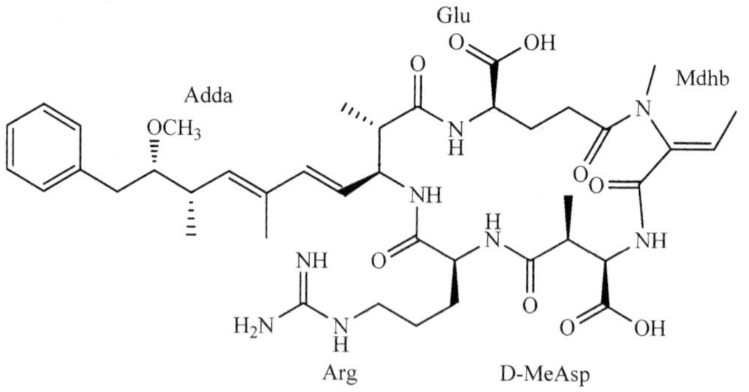

图 13-9　节球藻毒素的分子结构

肝毒素的共同结构 Adda 的氨基酸本身无毒，这可能是由于游离的 Adda

不能到达细胞的作用部位或者不能与相应的靶细胞相互作用，但其立体结构是肝毒素活性和毒性作用所必需的，其毒性可能与 Adda 和 L-精氨酸之间的空间关系有关。

NOD 是由泡沫节球藻产生，在世界各地的来源比较广泛。藻类是生长于淡水和咸水水体中的一类低等生物。藻类的种类很多，其中有毒的为 40 多种。近年来人类由于生产、生活活动的发展，向水体中大量排放含有氮、磷的污染物，使得水体富营养化，藻类大量繁殖，其中有毒藻的数量也急剧增多。污染淡水水体的有毒藻类主要为蓝藻门中的铜绿微囊藻、水华鱼腥藻、水华束丝藻、阿氏颤藻、颤藻和泡沫节球藻等。这些藻产生的毒素按其结构和毒性可分为肝毒素、神经毒素和其他毒素等 3 类。肝毒素主要有铜绿微囊藻、水华鱼腥藻等产生的 MCs 和泡沫节球藻产生的 NOD 等，其主要靶器官为肝脏。Michelle 等在 2001 年的研究中，利用特异性引物简并 PCR 技术检测出节球藻菌株中含有多肽合成酶基因和聚酮合成酶基因，证实了 NOD 的合成与 MCs 类似，均非核糖体合成，而是通过含有不同分子量酶的多酶复合物合成。

藻体内 NOD 的积累和释放受到多重环境因子的影响。2010 年 Bagmi Pattanaik 等研究了光合有效辐射、紫外照射和营养条件等对 NOD 积累和释放的影响，结果表明，当磷限制时，细胞内 NOD 的浓度达到最低；当进行紫外照射且处于氮限制条件时，细胞内和细胞外 NOD 的浓度达到最高。Jaana Lehtimaki 等对波罗的海中泡沫节球藻细胞内 NOD 的积累以及细胞外 NOD 的浓度变化进行了研究，发现当环境条件有利于泡沫节球藻生长时，细胞内 NOD 含量就会增加，即其含量会随环境温度、光照和磷含量的增加而增大，但会随氮浓度的升高而减少；细胞外 NOD 浓度则在藻细胞裂解时开始增加。

对于 NOD 中毒症状和机制已经有大量的文献报道。2017 年 10 月 27 日，世界卫生组织国际癌症研究机构公布的致癌物清单中，NOD 在 3 类致癌物清单中。NOD 的主要靶器官为肝脏和肾脏。

Tetsuya Ohta 等就 NOD 对 F344 雄性小鼠的肝脏毒性进行了研究，发现 NOD 对小鼠肝的致癌效应与二乙基亚硝胺单独作用时类似，揭示了 NOD 是一种致癌物质，而 MC-LR 只是肿瘤促进剂。NOD 可诱导组成小鼠肝细胞角蛋白的初始物质 8 肽和 18 肽的高度磷酸化，且其效率比 MC-LR 高 20 倍，说明 NOD 相对于 MC-LR 更容易进入细胞内，因此其对细胞的毒害作用比 MC-LR 更大。2002 年，张占英等的研究表明，经过腹腔注射、口服和静脉注射 3 种不同途径进入小鼠体内的 ^{125}I-NOD 主要分布在肾脏和肝脏，放射自显影技术研究发现标记的 NOD 主要定位于肾皮质的肾细胞核内和肝细胞核内。

NOD 对动物具有急性毒性作用。2002 年，Towner Rheal 等利用磁共振技术对大鼠体内 NOD 的毒性进行评估，结果显示，腹腔注射 3h 后肝组织中含有 NOD

的区域有明显损伤，同时发现肝血清功能酶（转氨酶和天冬氨酸转氨酶）的活性也受到一定的抑制[78]。NOD 可以抑制 NADH 脱氢酶和激活琥珀酸脱氢酶的活性，从而影响生物正常的呼吸作用，还可改变线粒体 Na^+-K^+ATP 酶活性，进而打破线粒体膜上的离子稳态，使线粒体膜电位消失[79]。

NOD 会对人体细胞产生遗传毒性，导致遗传疾病的发生。2006 年，Lankoff等[80]对 NOD 诱导的人类 HepG2 细胞 DNA 氧化损伤和非整倍性改变进行研究，结果显示 NOD 通过嘌呤氧化和由于非整倍性活动导致着丝粒微核形成的增加诱导了 DNA 的氧化损伤，还可引起 HepG2 细胞的凋亡，NOD 诱导基因发生改变有可能是引发致癌作用的主要原因。

目前世界各国尚未制定 NOD 的限量标准。

13.5.2　节球藻毒素的检测技术

NOD 的检测方法目前尚无国家标准、行业标准或团体标准对外颁布。NOD的传统检测方法有 HPLC 法、薄层层析法、ELISA 法、蛋白磷酸酶抑制分析（PPIA）法、放射性标记检测法、HPLC-MS 法、表面增强激光解吸电离飞行时间质谱（SELDL-TOF-MS）检测法等。但关于水产品中 NOD 含量检测的研究较少，除放射性标记检测法、HPLC 法、UPLC-MS/MS 法和 ELISA 法外，其他检测方法多用于水样中 NOD 的检测。放射性标记检测法可以检测 NOD 在生物体内的分布与转化，但无法对生物体内的 NOD 进行定量检测。

仪器分析法为主要的检测方法。许慧等[81]采用 HPLC 法测定鲫鱼肝胰脏、肾脏、血浆及肌肉中的 NOD，样品利用 90%甲醇超声萃取，C_{18} 固相萃取柱净化除杂，反相 HPLC 谱配置紫外检测器检测，由保留时间定性，外标法峰面积定量。结果表明，当样品称样量为 1g，定容体积为 1mL 时，血浆的方法 LOD 为 24.00μg/L，肝胰脏、肌肉以及肾脏的方法 LOD 为 11.30μg/kg。随着 UPLC-MS/MS 的普及，尤其是 Q-TOF-MS 被越来越多的检测单位所应用，NOD 的定性定量检测更加准确、快捷，但是购买仪器的成本比较高。虞锐鹏等[82]采用 UPLC-Q-TOF-MS 建立了同时检测水产品中 MC-RR、MC-YR、MC-LR 和 NOD 的方法，该法对 NOD 的LOD 为 5.00μg/kg。

13.6　鱼腥藻毒素

13.6.1　鱼腥藻毒素概述

鱼腥藻毒素（anatoxin）属于神经毒性蓝藻毒素，其化学成分为生物碱，包括鱼腥藻毒素 a 和鱼腥藻毒素 a（s）两种。鱼腥藻毒素由蓝细菌的水华鱼腥藻（*Anabaena flos-aquae*）产生，其他种的鱼腥藻也能产生毒素，不同的种产生毒素的量和种类也不一样，而且随着季节变化较大。除此之外，颤藻（*Oscillatoria*）、丝囊藻（*Aphanizomenon*）、结球藻（*Nodularia*）和孢藻（*Cylindrospermopsis*）等藻属也可以产生鱼腥藻毒素[83]。

　　鱼腥藻毒素 a 的晶体结构和绝对构型为：*S-trans*-(1*R*,6*R*)-(+)2-乙酰基-9-氮杂双环[4,2,1]-壬-2-烯，化学结构如图 13-10 所示[84]。

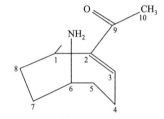

图 13-10　鱼腥藻毒素 a 的化学结构

　　鱼腥藻毒素为神经毒素的代表，鱼腥藻毒素 a 被证明是一种强效拟胆碱去极化神经肌肉阻断剂，作用于突触后膜。鱼腥藻毒素 a 对老鼠的 LD_{50} 为 250～375μg/kg b.w.。进一步的研究表明，鱼腥藻毒素 a 还是烟碱样胆碱受体激动剂，与烟碱样受体相互作用时可在神经肌肉连接点引起持续刺激，并且会影响呼吸系统，动物会因为呼吸被抑制而窒息死亡。鱼腥藻毒素 a（s）可以抑制乙酰胆碱酯酶对乙酰胆碱的降解，影响乙酰胆碱的正常释放，导致神经肌肉过度兴奋而痉挛，最后致使动物呼吸受到抑制而窒息死亡。鱼腥藻毒素 a（s）与鱼腥藻毒素 a 的中毒症状类似，主要表现为黏性流涎、流泪、小便失禁、肌束颤动、抽搐、呼吸窘迫后死亡，这些症状是由于外周乙酰胆碱酯酶抑制的作用产生的[85]。

　　鱼腥藻毒素导致的狗和牛的中毒死亡案例偶有发生[86]，导致人中毒死亡的案例尚未见报道。相对于其他藻毒素，对于鱼腥藻毒素的毒性研究尚不够充分，因为鱼腥藻毒素在环境中不够稳定，对光照和 pH 都很敏感，在自然条件下的半衰期低于 24h。

　　一些国家制定了鱼腥藻毒素的限量标准。加拿大魁北克省规定，饮用水中鱼腥藻毒素 a 的暂定最大浓度为 3.7μg/L。新西兰卫生部基于避免慢性暴露的健康副作用，规定饮用水中鱼腥藻毒素 a 最大可接受量为 6μg/L。除此之外，其他国家和组织尚未针对饮用水或食品中的鱼腥藻毒素做限量规定。

13.6.2　鱼腥藻毒素的检测技术

　　鱼腥藻毒素的检测方法目前尚没有国家标准检测方法或者行业标准检测方法。鱼腥藻毒素的检测方法主要分为小鼠测试法、化学分析法、免疫检测法等。其中，生物测试法用来粗略地判断藻提取物是否有毒性，结果较为直观、快速，但无法定量。例如，小鼠生物测试法只能测出其毒性大小，无法确知其组成及含量，并且测试过程复杂，不确定的因素多，重复性和灵敏性差，所需时间也较长[87]。

目前专一性检测水产品中鱼腥藻毒素的方法主要是HPLC法和HPLC-MS/MS法。Azevedo等[88]采用HPLC-荧光法建立了鲑鱼肉中的鱼腥藻毒素a测定方法，样品利用甲醇水溶液超声萃取，弱阳离子交换固相萃取柱净化除杂，经衍生化后采用反相高效液相色谱配置荧光检测器检测。由保留时间和光谱图定性，外标法峰面积定量。该方法的LOD为80ng/g（干重），LOQ为170ng/g（干重）。Bogialli等[89]采用HPLC-MS/MS法建立了鱼肉组织中的鱼腥藻毒素a测定方法，样品利用基质分散固相萃取净化，酸性水溶液提取，采用高效液相色谱串联质谱测定，内标法定量。该方法的LOD为0.2ng/g，LOQ为0.5ng/g。

参 考 文 献

[1]　王健伟，罗雪云，计融. 河豚中毒及其防治（综述）. 中国食品卫生杂志，1995，（1）：58-63.

[2]　阮丽萍，蔡梅，刘华良，等. 高效液相色谱-串联质谱法测定烤鱼片中的河豚毒素. 江苏预防医学，2014，25（2）：7-9.

[3]　梁素丹，陈剑刚，张瑰，等. 高效液相色谱-串联四极杆质谱法测定鱼体中河豚毒素. 中国食品卫生杂志，2015，27（1）：27-30.

[4]　梁田田，卢玉平，潘迎捷，等. 免疫磁珠层析试纸法快速检测野生横纹东方鲀毒性. 上海海洋大学学报，2018，27（6）：1-12.

[5]　Beani L, Bianchi C, Guerrini F, et al. High sensitivity bioassay of paralytic（PSP）and amnesic（ASP）algal toxins based on the fluorimetric detection of [Ca^{2+}]$_I$ in rat cortical primary cultures. Toxicon, 2000, 38（9）: 1283-1297.

[6]　王静，杨丽君，李兆杰，等. 昆明系小鼠生物法定量测定水产品中河豚毒素. 食品科学，2011，32（4）：181-184.

[7]　林蔚，林健，黄宗锈. 用ICR小鼠生物法测定烤鱼片河豚毒素的研究. 海峡预防医学杂志，2008，（4）：49-50.

[8]　张伍金，蒋云升. 金鱼比较生物试验法检测河鲀毒素的研究. 扬州大学烹饪学报，2011，28（2）：53-56.

[9]　Watabe S, Sato Y, Nakaya M, et al. Monoclonal antibody raised against tetrodonic acid, a derivative of tetrodotoxin. Toxicon, 1989, 27（2）: 265-268.

[10]　Matsumura K. A monoclonal antibody against tetrodotoxin that reacts to the active group for the toxicity. Eur J Pharmacol, 1995, 293（1）: 41-45.

[11]　苗小飞，高静波，宋杰军. 河豚毒素单克隆抗体的制备及特性. 第二军医大学学报，1993，（6）：540-544.

[12]　王健伟，王德斌，罗雪云，等. 抗河豚毒素单克隆抗体的制备及其特性的初步研究. 卫生研究，1996，（5）：53-56.

[13]　王健伟，罗雪云，计融，等. 间接竞争抑制性酶联免疫吸附试验测定豚毒鱼类中河豚毒素的研究. 卫生研究，1997，（2）：35-38.

[14]　计融，王健伟，罗雪云，等. 鲀毒鱼类中河鲀毒素直接竞争抑制性酶联免疫吸附试验测定方法的研究. 中国食品卫生杂志，2002，（5）：7-10.

[15]　董雪，钟青萍，黄安诚，等. 河豚毒素直接竞争ELISA检测方法的研究. 现代食品科技，2009，25（8）：977-981.

[16]　Man C N, Noor N M, Harn G L, et al. Screening of tetrodotoxin in puffers using gas chromatography-mass

spectrometry. J Chromatogr A, 2010, 1217 (47): 7455-7459.

[17] 黄清发, 孙振中, 戚隽渊, 等. 河鲀毒素固相萃取-气相色谱-质谱法研究. 上海海洋大学学报, 2012, 21 (6): 1058-1063.

[18] 刘海新, 张农, 董黎明, 等. 柱后衍生高效液相色谱法测定水产品中河豚毒素含量. 水产学报, 2006, (6): 812-817.

[19] 岑剑伟, 李来好, 杨贤庆, 等. 水产品中河鲀毒素的高效液相紫外测定法. 中国水产科学, 2010, 17 (5): 1036-1044.

[20] Tsai Y H, Hwang D F, Cheng C A, et al. Determination of tetrodotoxin in human urine and blood using C_{18} cartridge column, ultrafiltration and LC-MS. J Chromatogr B Analyt Technol Biomed Life Sci, 2006, 832 (1): 75-80.

[21] 李爱峰, 于仁成, 周名江. 液相色谱-电喷雾离子阱质谱联用分析河豚毒素. 分析化学, 2007, (3): 397-400.

[22] 方力, 余新威, 张志超, 等. 亲水液相色谱-串联质谱法检测即食烤鱼片中的河豚毒素. 中国卫生检验杂志, 2015, 25 (15): 2486-2488.

[23] 曹文卿, 林黎明, 吴振兴, 等. QuEChERS/液相色谱-串联质谱法测定红鳍东方鲀肉中河鲀毒素. 分析测试学报, 2014, 33 (5): 588-593.

[24] 王智, 褚学军, 郭萌萌, 等. 免疫亲和柱净化-亲水液相色谱-串联质谱法测定水产食品中河鲀毒素. 中国食品卫生杂志, 2016, 28 (3): 306-310.

[25] 岳亚军, 张律, 游杰, 等. 免疫亲和柱净化-高效液相色谱-串联质谱法测定鱼肉和肝脏中河鲀毒素. 中国食品卫生杂志, 2016, 28 (2): 214-218.

[26] 宫慧芝, 计融, 江涛, 等. 河豚毒素单抗 ELISA 检测试剂盒的研制. 中国公共卫生, 2005, (12): 1423-1424.

[27] 苏捷, 姜琳琳, 吴靖娜, 等. 河豚毒素胶体金免疫层析快速检测试剂盒的应用研究. 福建水产, 2013, 35 (4): 323-327.

[28] 张世伟, 王士峰, 姚添琪, 等. 荧光微球免疫层析技术定量检测河鲀毒素. 食品科学, 2017, 38 (20): 312-317.

[29] 蒋云升, 毛羽扬, 董杰, 等. 河鲀毒素生物传感器的研究. 食品科学, 2006, (11): 109-111.

[30] 崔建升, 陈婧, 王芳, 等. 微生物传感器测定河豚毒素研究. 海洋环境科学, 2009, 28 (6): 726-728.

[31] 刘媛, 王鐾. 免标记自增强电化学发光免疫传感器超灵敏检测河豚毒素. 分析测试学报, 2018, 37 (6): 676-681.

[32] 藤井实, 袁柏雄. 河豚毒素及其解毒方法. 国外医学 (卫生学分册), 1980, (5): 260-262.

[33] 张永贵, 刘树威, 张宇辉. 河豚毒素 (TTX) 解毒药的研究. 脑与神经疾病杂志, 1996, (2): 105-106.

[34] 方华, 陈伟珠, 洪碧红, 等. N-二异丙基磷酰化氨基酸-N-4-氨基吡啶衍生物的合成及对河豚毒素 (TTX) 解毒生物活性的研究. 有机化学, 2012, 32 (1): 178-182.

[35] 徐勤惠, 魏昌华, 黄凯, 等. 一种长效的河豚毒素抗毒疫苗的实验研究. 中国免疫学杂志, 2003, (5): 339-342.

[36] 乔艳萍, 孙江涛, 乔志芬. 一种治疗河豚中毒的中药: CN101804095A. 2010-08-18.

[37] 周磊, 杨宪立, 武爱波, 等. 麻痹性贝类毒素的安全评价与检测技术研究进展. 世界科技研究与发展, 2014, 36 (3): 336-342.

[38] 刘晓玉, 徐静, 黄莲芝, 等. 腹泻性贝类毒素及检测技术研究进展. 食品安全质量检测学报, 2015, 6 (10): 4096-4102.

[39] Jawaid W, Campbell K, Melville K, et al. Development and validation of a novel lateral flow immunoassay (LFIA) for the rapid screening of paralytic shellfish toxins (PSTs) from shellfish extracts. Anal Chem, 2015, 87 (10): 5324-5332.

[40] Yasumoto T, Nakajima I, Bagnis R, et al. Finding of a dinoflagellate as a likely culprit of ciguatera. B Jpn Soc Sci Fish, 1977, 43 (8): 1021-1026.

[41] 徐轶肖，江涛. 雪卡毒素产毒藻（岗比亚藻）研究进展. 海洋与湖沼，2014，45（2）：244-252.

[42] 闫鸿鹏. 雪卡毒素的提取鉴定及其细胞毒性与降解研究. 广州：广东工业大学，2011.

[43] Lehane L，Lewis R J. Ciguatera：Recent advances but the risk remains. Int J Food Microbiol，2000，61（2-3）：91-125.

[44] Pearn J. Neurology of ciguatera. J Neurol Neurosurg Psychiatry，2001，70（1）：4-8.

[45] Solino L，Costa P R. Differential toxin profiles of ciguatoxins in marine organisms：Chemistry，fate and global distribution. Toxicon，2018，150：124-143.

[46] 刘红河，刘桂华，杨俊，等. 高效液相色谱-电喷雾串联质谱法测定鱼体中雪卡毒素. 分析化学，2009，37（11）：1675-1678.

[47] 吴燕燕，郝志明，陈胜军，等. 雪卡毒素的研究现状. 中国食品卫生杂志，2005，（6）：63-66.

[48] 伍汉霖，庄棣华，陈永豪，等. 中国珊瑚礁毒鱼类的研究. 上海水产大学学报，2000，（4）：298-307.

[49] 闫鸿鹏，张彩霞，赵肃清，等. 雪卡毒素的提取纯化方法初步研究. 海洋科学进展，2012，30（3）：408-415.

[50] 王博，姚蜜蜜，晋慧，等. 微生物对纲比甲藻生长以及区域雪卡毒性分布的影响. 现代生物医学进展，2015，15（3）：401-406，412.

[51] Van Dolah F M. Marine algal toxins：Origins，health effects，and their increased occurrence. Environ Health Perspect，2000，108（S1）：133-141.

[52] 骆和东，洪华荣，周娜，等. 一起雪卡毒素中毒事件中裸胸鳝毒性的研究. 中国食品卫生杂志，2018，30（4）：357-361.

[53] 赵峰，周德庆，李钰金. 海洋鱼类雪卡毒素的研究进展. 食品工业科技，2015，36（21）：376-380.

[54] Campora C E，Hokama Y，Yabusaki K，et al. Development of an enzyme-linked immunosorbent assay for the detection of ciguatoxin in fish tissue using chicken immunoglobulin Y. J Clin Lab Anal，2008，22（4）：239-245.

[55] Kocher T D，Thomas W K，Meyer A，et al. Dynamics of mitochondrial DNA evolution in animals：Amplification and sequencing with conserved primers. Proc Natl Acad Sci U S A，1989，86（16）：6196-6200.

[56] Manger R L，Leja L S，Lee S Y，et al. Detection of sodium channel toxins：directed cytotoxicity assays of purified ciguatoxins，brevetoxins，saxitoxins，and seafood extracts. J AOAC Int，1995，78（2）：521-527.

[57] 骆和东，林健，冷建荣. 小鼠生物检测法测定热带性珊瑚礁鱼毒性的研究. 中国卫生检验杂志，2007，（12）：2182-2184.

[58] Lewis R J，Yang A，Jones A. Rapid extraction combined with LC-tandem mass spectrometry（CREM-LC/MS/MS）for the determination of ciguatoxins in ciguateric fish flesh. Toxicon，2009，54（1）：62-66.

[59] Wu L，Xie P，Chen J，et al. Development and validation of a liquid chromatography-tandem mass spectrometry assay for the simultaneous quantitation of microcystin-RR and its metabolites in fish liver. J Chromatogr A，2010，1217（9）：1455-1462.

[60] Xie L Q，Park H D. Determination of microcystins in fish tissues using HPLC with a rapid and efficient solid phase extraction. Aquaculture，2007，271（1-4）：530-536.

[61] Moreno I M，Molina R，Jos A，et al. Determination of microcystins in fish by solvent extraction and liquid chromatography. J Chromatogr A，2005，1080（2）：199-203.

[62] Williams D E，Craig M，McCready T L，et al. Evidence for a covalently bound form of microcystin-LR in salmon liver and Dungeness crab larvae. Chem Res Toxicol，1997，10（4）：463-469.

[63] Smith J L，Boyer G L. Standardization of microcystin extraction from fish tissues：A novel internal standard as a surrogate for polar and non-polar variants. Toxicon，2009，53（2）：238-245.

[64] Vezie C，Rapala J，Vaitomaa J，et al. Effect of nitrogen and phosphorus on growth of toxic and nontoxic Microcystis strains and on intracellular microcystin concentrations. Microb Ecol，2002，43（4）：443-454.

[65] Fu W Y, Chen J P, Wang X M, et al. Altered expression of p53, Bcl-2 and Bax induced by microcystin-LR *in vivo* and *in vitro*. Toxicon, 2005, 46 (2): 171-177.

[66] Kondo F, Matsumoto H, Yamada S, et al. Detection and identification of metabolites of microcystins formed *in vivo* in mouse and rat livers. Chem Res Toxicol, 1996, 9 (8): 1355-1359.

[67] Lawrence J F, Menard C. Determination of microcystins in blue-green algae, fish and water using liquid chromatography with ultraviolet detection after sample clean-up employing immunoaffinity chromatography. J Chromatogr A, 2001, 922 (1-2): 111-117.

[68] Bogialli S, Bruno M, Curini R, et al. Simple assay for analyzing five microcystins and nodularin in fish muscle tissue: hot water extraction followed by liquid chromatography-tandem mass spectrometry. J Agric Food Chem, 2005, 53 (17): 6586-6592.

[69] Soares R M, Magalhaes V F, Azevedo S M. Accumulation and depuration of microcystins (*Cyanobacteria hepatotoxins*) in *Tilapia rendalli* (Cichlidae) under laboratory conditions. Aquat Toxicol, 2004, 70 (1): 1-10.

[70] Sassolas A, Catanante G, Fournier D, et al. Development of a colorimetric inhibition assay for microcystin-LR detection: Comparison of the sensitivity of different protein phosphatases. Talanta, 2011, 85 (5): 2498-2503.

[71] Mountfort D O, Holland P, Sprosen J. Method for detecting classes of microcystins by combination of protein phosphatase inhibition assay and ELISA: Comparison with LC-MS. Toxicon, 2005, 45 (2): 199-206.

[72] Sheng J W, He M, Shi H C, et al. A comprehensive immunoassay for the detection of microcystins in waters based on polyclonal antibodies. Anal Chim Acta, 2006, 572 (2): 309-315.

[73] Preece E P, Moore B C, Swanson M E, et al. Identifying best methods for routine ELISA detection of microcystin in seafood. Environ Monit Assess, 2015, 187 (2): 12.

[74] 张君倩. 微囊藻毒素在滇池螺蛳各组织中的积累及动态分布. 长江流域资源与环境, 2011, 20 (2): 179-184.

[75] Lei L M, Wu Y S, Gan N Q, et al. An ELISA-like time-resolved fluorescence immunoassay for microcystin detection. Clin Chim Acta, 2004, 348 (1-2): 177-180.

[76] Pires L M, Karlsson K M, Meriluoto J A, et al. Assimilation and depuration of microcystin-LR by the zebra mussel, Dreissena polymorpha. Aquat Toxicol, 2004, 69 (4): 385-396.

[77] 江敏, 许慧. 节球藻毒素研究进展. 生态学报, 2014, 34 (16): 4473-4479.

[78] Towner R A, Sturgeon S A, Khan N, et al. *In vivo* assessment of nodularin-induced hepatotoxicity in the rat using magnetic resonance techniques (MRI, MRS and EPR oximetry). Chem-Biol Interact, 2002, 139 (3): 231-250.

[79] Zhang Z, Yu S, Chen C, et al. Study on the distribution of nodularin in tissues and cell level in mice. Chinese Journal of Preventive Medicine, 2002, 36 (2): 100-102.

[80] Lankoff A, Wojcik A, Fessard V, et al. Nodularin-induced genotoxicity following oxidative DNA damage and aneuploidy in HepG2 cells. Toxicol Lett, 2006, 164 (3): 239-248.

[81] 许慧, 江敏, 王婧. 反相高效液相色谱法检测鲫鱼组织中的节球藻毒素. 分析测试学报, 2015, 34 (9): 1072-1076.

[82] 虞锐鹏, 陶冠军, 杨健, 等. 超高效液相色谱-四极杆-飞行时间质谱法快速测定水产品中微囊藻毒素和节球藻毒素. 分析试验室, 2012, 31 (1): 80-83.

[83] Zervou S K, Christophoridis C, Kaloudis T, et al. New SPE-LC-MS/MS method for simultaneous determination of multi-class cyanobacterial and algal toxins. J Hazard Mater, 2017, 323 (Pt A): 56-66.

[84] Koskinen A M, Rapoport H. Synthetic and conformational studies on anatoxin-a: A potent acetylcholine agonist. J Med Chem, 1985, 28 (9): 1301-1309.

[85] 汪洋, 李樾, 冯悦, 等. 蓝藻毒素的类型及其产毒基因. 生态学杂志, 2017, 2: 517-523.

[86] Faassen E J，Harkema L，Begeman L，et al. First report of （homo）anatoxin-a and dog neurotoxicosis after ingestion of benthic cyanobacteria in the Netherlands. Toxicon，2012，60（3）：378-384.

[87] 蔡俊鹏，程璐，吴冰，等. 鱼腥藻毒素及其检测、去除方法研究进展. 水利渔业，2006，（3）：3-6.

[88] Azevedo J，Osswald J，Guilhermino L，et al. Development and validation of an SPE-HPLC-FL method for the determination of anatoxin-a in water and trout（*Oncorhincus mykiss*）. Analytical Letters，2011，44（8）：1431-1441.

[89] Bogialli S，Bruno M，Curini R，et al. Simple and rapid determination of anatoxin-a in lake water and fish muscle tissue by liquid-chromatography-tandem mass spectrometry. J Chromatogr A，2006，1122（1-2）：180-185.